익스트림 물리학

익스트림 물리학

수식 없이 읽는
여섯 가지 극한의 물리

옌보쥔 지음 | **홍순도** 옮김
안종제 감수

그린북

머리말

왜 극한인가

우리는 중학교에서 물리를 배운다. 고등학교에서도 배운다. 이공계열로 대학교에 입학하면 또다시 물리를 배워야 한다. 하지만 중학교, 고등학교, 대학교 심지어 대학원에서 가르치는 물리학 지식의 범위가 대체로 비슷하다는 사실을 알 만한 사람은 다 안다. 즉 우리가 기본적으로 배우는 물리학 지식은 역학, 열역학, 전자기학이다. 물론 물리학 전공자라면 대학교에서 양자역학quantum mechanics도 배우나 여기에서는 논외로 한다.

우리가 중학교, 고등학교 심지어 대학교에 가서도 거듭 물리학을 배워야 하는 중요한 이유 중 하나는 수학이 점점 어려워지기 때문이다. 중학교에서는 1원一元 2차방정식의 해법을 터득하는 것만으로 충분하다. 하지만 고등학교에 들어가면 해석기하를 접하게 될 뿐 아니라 3학년부터는 미적분calculus을 배운다. 대학교에 입학하면 미분방정식, 선형대수학, 추상대수학, 심지어 군론group theory과 위상수학topology까지 배워야 한다.

학교에서 전통 물리학을 가르칠 때 보통 역학, 열역학, 전자기학 더 나아가서 양자역학 순으로 가르친다. 이유는 있다. 물리학 연구에 필요한 수학적 도구도 물리학의 발전에 따라 발전했기 때문이다. 그럼에도 나는 사람들이 '수학'이라는 장벽 때문에 심오한 물리학 사상을 이해하는 데 어려움을 겪지 않았으면 좋겠다는 바람을 꾸준히 갖고 있었다.

내가 심오한 수학을 배우지 않고도 심오한 물리학을 이해할 수 있다는 사실을 알게 된 계기가 있다. 미국에서 학문을 탐구하던 시절에 중학생

과학창의력대회 심사위원을 맡은 적이 있었다. 당시 대회 참가자들 중에서 한 미국 중학생이 들고 나온 과제가 나의 관심을 끌었다. 그것은 뜻밖에도 리처드 파인만Richard Feynman의 경로 적분path integral에 관한 내용이었다. 나는 깜짝 놀랐다. 그럴 만도 했던 것이 경로 적분은 물리학을 전공한 학부생들조차 감히 배워볼 엄두를 내지 못할 정도로 매우 전문적인 물리학 분야이기 때문이었다. 당시 나에게 처음 든 생각은, '하룻강아지 범 무서운 줄 모른다'였다. 심지어 이 아이가 차근차근 배우려고 하지 않고 수박 겉핥기식으로 접근하다가는 나중에 물리학 전공 공부를 할 때 득보다 독이 될 수 있다는 생각도 들었다. 순서에 따라 착실히 한걸음, 또 한걸음 나아가는 것이 물리학 공부의 정석 아니던가. 하지만 결론부터 말하자면 이 중학생의 강연을 듣고 나서 물리학 공부에 대한 나의 인식은 완전히 뒤바뀌었다. 아이는 그 어떤 수학적 계산도 하지 않았다. 그저 논리적 추리와 실생활 속의 경험에만 의존해 경로 적분의 핵심 사상을 분명하고 명백하게 설명했다.

그때 나는 분명한 깨달음 하나를 얻었다. 심오한 물리학 지식이라도 사실 뜯어보면 수학적 도구를 이용하지 않고 분명하고 명백하게 설명할 수 있다는 사실이었다. '대도지간大道至簡(진리는 단순하다는 뜻—옮긴이)'이라고 하지 않았던가.

그 일을 계기로 탄생한 것이 바로 이 책 《익스트림 물리학》이다. 이 책은 사람의 감각으로 지각할 수 있는 세계를 실마리 삼아 기존 물리학을 새롭게 분해해 설명한다. 우리가 살고 있는 환경에서 모든 물리적 수치 정보는 우리에게 꼭 알맞는 온화한 상태로 존재한다. 그렇지 않으면 생명체가 존속할 수 없기 때문이다. 우리는 맨눈으로 우주 깊은 곳을 볼 수 없다. 우리의 운동 속도는 지나치게 빠를 수 없다. 지구의 중력은 지나치게 클 수 없다. 우리 눈으로는 미시적 세계를 볼 수 없다. 분자, 원자는 물론 세균조차도 볼 수 없다. 지구 기온은 지나치게 높을 수 없다. 지나치게 낮을 수도 없다. 그렇지 않으면 우리는 얼어 죽거나 더워서 죽기 때문이다. 그러므로 물리적 현상을 분명히 나타나게 만들어서 그 속의 신기한 모습을 보려면 환경 수치 정보를 극한으로 설정하는 방법이 단연 최적이라고 해도 좋다.

그래서 나는 물리학을 극쾌極快(the fastest), 극대極大(the largest), 극중極重(the most massive), 극소極小(the tiniest), 극열極熱(the hottest), 극냉極冷(the coldest) 등 여섯 개의 '극極'으로 분류했다. 각 내용을 간단히 소개하자면 다음과 같다.

1부 극쾌 편에서는 알버트 아인슈타인Albert Einstein의 특수상대성이론special relativity에 대해 주로 다뤘다. 즉 우리의 운동 속도가 빛의 속도에 가까울 때 어떤 신기한 현상을 볼 수 있는지 알아본다.

2부 극대 편에서는 지구에서 태양까지의 거리(대략 1억5천만 킬로미터), 우주의 크기(수백억 광년) 등을 포함해 물리학 연구 범위를 한층 더 큰 규모로 확장했다.

3부 극중 편에서는 아인슈타인의 일반상대성이론general relativity을 다뤘다. 영화 〈인터스텔라〉를 보면, 남녀 주인공이 블랙홀 주변 행성을 세 시간 동안 탐사하고 나서 우주선으로 복귀한다. 그때 동료들이 기다리고 있던 곳에서는 이미 20년이라는 시간이 지나가 있었다. 무엇 때문일까? 그 해답을 찾아보자.

4부 극소 편에서는 원자 내부가 어떻게 생겼는지, 우리가 사는 이 세계가 도대체 무엇으로 이루어졌는지 알아본다.

5부 극열 편에서는 온도를 상상 이상의 수준으로 높이면 어떤 현상이 발생할지 알아본다. 만약 인류가 섭씨 1억 도 이상의 초고온을 통제할 수 있다면 에너지 문제가 영원히 해결되고 석유를 에너지원으로 사용하지 않아도 될 것이다.

6부 극냉 편에서는 반대로 온도를 낮추어본다. 온도가 절대 0도에 가까울 때 물질은 여러 가지 기묘한 형태를 나타내게 된다. 이를테면 초전도체superconductor가 민간용으로 보급된다면 우리는 더 이상 교류 전류를 사용할 필요가 없다.

과학이란 무엇인가

물리에 대해 이야기하기 전에 과학이 무엇인지에 대해 생각해 보자.

사실 과학은 진리가 아니다. 과학은 다만 검증 가능성을 대변할 뿐이다. "과학은 다만 반증 가능성을 지니고 있을 뿐이다"라는 칼 포퍼Karl Popper의 말을 뇌리에 새길 필요가 있겠다. 즉 과학이 뒤집힐 가능성은 영원히 존재한다는 얘기이다. 바로 이런 반증 가능성 때문에 세계에 대한 인류의 인식은 끊임없이 발전할 수 있다. 무엇이 틀렸는지 검증이 돼야 무엇이 정확한지 알게 되고 그에 따라 인식 수준도 올라갈 수 있기 때문이다. 과학 발전사는 세계에 대한 인류 인식의 발전사라기보다는 인류의 인식이 끊임없이 부인돼 온 과정에 가깝다. 과학의 발전은 예전 성과를 끊임없이 뒤집는 과정을 통하거나 연구 저변을 끊임없이 확대하는 과정을 통해 이뤄진다. 눈부신 과학적 성과의 배후에는 그런 성과보다 훨씬 더 크고 많은 상흔이 남아 있게 마련이다. 현대 과학의 발전은 온전히 무거운 책임을 안고 묵묵히 앞으로 나아가는 과학자들 덕분이다.

물리학은 과학 분야에서 가장 중요한 학문이자, 이름 그대로 만물의 운행 법칙을 연구하는 과목이다. 물리학이 추구하는 목표는 인류가 물질적 측면에서 이 세계를 더 잘 인식할 수 있도록 돕는 것이다.

물리학의 연구 방법

물리학의 기본적인 연구 방법은 귀납, 연역, 검증 등 세 가지로 나눌 수 있다. 귀납법은 개개의 특수한 현상으로부터 일반적 법칙을 이끌어 내는 추리이다. 예를 들어 누군가가 유럽 전역에서 본 고니들이 전부 흰 고니들뿐이라면 그는 자신의 경험에 기초해 '이 세상 고니는 전부 흰 고니이다'라는 결론을 이끌어낼 수 있다. 귀납추리의 특징은 반증만 가능할 뿐 검증이 불가능하다는 것이다. 예를 들어 누군가가 오스트레일리아에서 검은 고니를 발견했다면 '이 세상 고니는 전부 흰 고니이다'라는 결론이 거짓임이 증명된 것이다.

연역법은 기본적인 가설을 전제로 삼아 새로운 결론을 도출하는 논리적 추론 방식이다. 연역법을 이용한 대표적인 삼단논법이 '사람은 모두 죽는다. 소크라테스는 사람이다. 고로 소크라테스는 죽는다'이다. 연역법의 특징은 증명만 가능할 뿐 반증이 불가능하다는 점이다. 진실인 명제로부터 결론을 도출해 내기 때문이다. 옳지 않은 결론이 도출됐다면 그것은 공리와 전제에 문제가 있기 때문이다. 예를 들어 '소크라테스는 죽는다'라는 결론은 '사람은 모두 죽는다'라는 공리를 바탕으로 도출해 낸 것이다. 하지만 정말로 사람은 모두 죽게 될까? 생명과학의 발전에 힘입어 미래에 영원히 죽지 않는 사람이 나타날 수도 있지 않은가? 그래서 빼놓을 수 없는 핵심 물리학 연구 방법 중 하나가 바로 검증법이다.

물리학은 실증과학이다. 물리학에 나오는 모든 결론들은 실험으로 검증되어야 정확성을 인정받을 수 있다. 또 이런 정확성은 특정 범위 내에서만 유효하다. 세상천지 어디에서나 모두 정확성을 인정받을 수 있는 물리학 성과는 존재하지 않는다. 지구상에서 잘 맞는다고 태양계에서도 잘 맞는다는 법은 없다. 또 태양계에서 잘 맞는다고 우주 전체에서 잘 맞는다고 말할 수도 없다.

물리학 연구 과정에서는 귀납, 연역, 검증 방법이 함께 쓰인다. 일반적으로 실험을 통해 귀납적으로 원리를 도출해 내고, 이론에 근거해 연역적 방식으로 결론을 유도해 낸 후, 연역법을 통해 유도해 낸 결론을 실험으로 검증하는 수순을 밟는다. 이를테면 전자기파electromagnetic wave는 처음에 실험을 통해서가 아니라 이론에 근거해 예측되었다. 쿨롱Charles-Augustin de Coulmb, 암페어André-Marie Ampère, 패러데이Michael Faraday 등 물리학자들이 실험을 통해 전기장과 자기장에 관한 많은 법칙들을 귀납적으로 도출해 낸 다음, 맥스웰James Clerk Maxwell이 강력한 계산 능력을 바탕으로 고전 전자기 현상의 모든 면을 통합적으로 기술한 맥스웰방정식을 이끌어 냈다. 맥스웰은 이 방정식을 근거로 전자기파가 존재한다고 예측했다. 또한 한걸음 더 나아가 빛이 곧 전자기파의 일종이라는 대담한 가설을 내놓았다. 맥스웰이 예측한 전자기파의 실체는 맥스웰방정식이 탄생한 지 수십 년 후에 물리학자 하인리히 헤르츠Heinrich Hertz의 실험으로 입증됐다.

《익스트림 물리학》은 귀납, 연역 및 검증의 물리학 연구 방법을 엄밀히 참조해 독자들에게 물리학 지식을 펼쳐 보이는 책이다.

나는 오래전부터 수학적 모형을 이용하지 않고 이론물리학의 핵심 지식을 대중적이고 알기 쉽게 소개하기를 바라왔다. 숙원을 이루어 드디어 이 책이 세상에 나오게 되어 대견하고 설렌다. 독자들이 이 책을 통해 이성의 날개를 달고 물리라는 창공을 마음껏 날아다니기를 기대한다.

차례

C O N T E N T S

2부 The Largest 極大

3부 The Most Massive 極重

4부 The Tiniest 極小

10장 원자물리학

11장 양자역학

12장 핵물리학

13장 입자물리학

14장 표준 모형

5부 The Hottest 極熱

15장 열역학과 통계역학

16장 고온의 세계

17장 복잡계

6부 The Coldest 極冷

18장 재료물리학

19장 고체물리학

20장 응집물질물리학

1부

The Fastest

극쾌 極快

1부 개요

빛의 속도로 운동하면 무엇이 보일까

극쾌 편에서는 물체의 운동 속도가 빛의 속도에 가까울 때 어떤 기묘한 물리적 현상이 나타나는지를 살펴보겠다. 극쾌 편에서 다루는 주요 내용은 아인슈타인의 특수상대성이론이다.

'특수'라고 부르는 이유는 등속직선운동uniform linear motion을 하는 물체를 연구 대상으로 삼기 때문이다. 즉 등속 운동만 다루고, 감속과 가속은 고려하지 않는다. 특수상대성이론은 또 중력도 고려하지 않는다. 중력은 일반상대성이론의 토론 범위에 포함된다.

특수상대성이론은 물체의 운동 상태를 시간·공간의 성질과 연결한 이론이다.

대다수 사람에게 아인슈타인의 상대성이론은 아마도 가장 신비로운 과학이론일 것이다. 상대성이론을 분명하고 구체적으로 설명할 수 있는 사람은 많지 않다. 아인슈타인의 상대성이론이 처음 발표됐을 당시 그 이론을 이해한 사람은 전 세계에 세 명밖에 없었다고 한다. 아인슈타인의 상대성이론이 그만큼 비상식적으로 느껴졌기 때문이다.

우리는 실생활에서 상대성이론의 신기한 효과를 느낄 수 없다. 무엇 때문일까? 그 이유는 우리의 운동 속도가 아주 느리기 때문이다. 빛의 속도와 비교하는 게 무의미할 만큼 너무 느리다. 빛의 속도는 초당 30만 킬로미터로, 1초 만에 지구를 7바퀴 반 돌 수 있다. 특수상대성이론의 효과는 운동 속도가 빛의 속도에 가까울 때 뚜렷하게 나타난다.

특수상대성이론은 물리학의 발전에 매우 중요한 의미를 가진다. 연구 범위가 원자 단위로 축소되거나 심지어 원자핵atomic nucleus 내부에 있는, 운동 속도가 매우 빠른 기본 입자 단위로 축소되면 반드시 상대성이론의 효과를 감안해야 한다. 특수상대성이론은 극한의 미시적 세계를 인식하기 위해 반드시 거쳐 가야 할 길이다.

물론 현실 문제 해결에 더 적합한 것은 일반상대성이론이다. 이를테면 우주, 천체에 대해 연구하는 경우가 이에 해당한다. 반면 특수상대성이론은 이상적인 상황에서만 성립한다.

만약 사람이 빛을 따라 빛의 속도로 이동한다면 무엇을 보게 될까? 이것이 아마 아인슈타인이 맨 처음 주목했던 상대성이론에 관한 문제였을 것이다. 물론 아인슈타인이 상대성이론을 제시하기 한참 전의 일이겠지만 말이다.

다음의 문제에 대해 생각해 보자. 이 문제를 통해 어떤 깨우침을 얻을 수 있는지 살펴보자. 알다시피 빛이 전파되려면 시간이 필요하다. 우리는 흔히 '우주에 있는 어떤 천체가 우리로부터 XX 광년 떨어져 있다'라는 표현을 사용한다(1광년은 빛이 1년 동안 나아가는 거리로 약 9조 4,600억 킬로미터이다).

우리가 지구로부터 10광년 떨어져 있는 천체를 관측한다고 가정해 보

자. 현재 우리 눈으로 들어온 빛은 10년 전에 그 천체에서 출발한 빛이다. 그 빛은 10년이라는 시간이 지나야만 비로소 지구에 도착해 우리 눈으로 들어올 수 있다.

만약 우리가 지구로부터 2천 광년 떨어져 있는 곳으로 순간 이동해 망원경으로 지구를 본다면 우리 눈으로 들어온 빛은 2천 년 전에 지구에서 출발한 빛이다. 즉 우리 눈에 보이는 것은 한漢나라 시대의 모습이다. 이번에는 당신이 지구로부터 2천 광년 떨어져 있는 곳에 서서 망원경으로 지구를 관측하면서 빠르게 뒤로 후퇴한다고 가정해 보자. 만약 당신이 후퇴하는 속도가 빛의 속도와 같다면 당신 눈앞의 빛은 당신을 따라잡기 힘들지 않을까?

당신은 지구에서 온 빛이 곧 당신 눈으로 들어올 듯 말 듯하면서 끝내 들어오지 못한다는 사실을 직감적으로 느낄 것이다. 당신이 후퇴하는 속도가 빛의 빠르기와 같아서 그 빛이 당신을 따라잡지 못하기 때문이다. 이때 당신의 눈에 보이는 지구의 모습은 정지 화면이다. 당신이 빛의 속도로 후퇴하는 한 지구상의 새로운 광경은 당신 눈에 들어올 수 없기 때문이다.

그렇다면 당신이 빛의 속도로 이동할 때 당신의 시간은 정지할까? 조금 더 극단적인 예를 든다면, 당신이 후퇴하는 속도가 빛의 속도보다 빠르다면 더 일찍 나온 빛을 따라잡을 수 있지 않을까? 그때 당신이 다시 지구를 본다면 당신 눈에 들어온 지구는 어떤 모습일까? 당신의 속도가 빛보다 빠르다면 당신은 더 일찍 나온 빛을 따라잡는다. 더불어 당신의 눈에 들어온 지구의 모습은 거꾸로 재생된 영화 화면 같을 것이다. 그렇다면 우리가 빛의 속도보다 빠르게 이동하면 시간이 거꾸로 흐른다고 느끼지 않을까? 초광속 운동이 가능한지 여부를 차치하고라도 이 같은 사고실험thought experiment을 통해 우리는 한 가지 깨우침을 얻을 수 있다. 즉 시간과 물체의 운동 속도 사이에 연관성이 있다는 가능성 말이다. 특수상대성이론에 따르면 이런 가정은 당연히 성립한다. 관찰자가 느끼는, 관찰 대상의 시간의 흐름과 관찰 대상의 상대적인 운동 속도는 밀접한 상관관계가 있다.

1부 극쾌 편의 내용을 요약하면 다음과 같다.

1장: 특수상대성이론의 기본 토대인 상대성 원리principle of relativity와 광속 불변의 원리principle of constant of light velocity를 소개한다. 이 두 가지 원리를 바탕으로 삼으면 특수상대성이론의 모든 효과를 논리적이고 필연적으로 이끌어낼 수 있다.

2장: 특수상대성이론에 대해 깊이 있게 이야기한다. 특수상대성이론은 이상적인 상황에 대한 논리적 추론으로, 대부분 실제 현실에 적용되지 않는다. 따라서 여러 가지 역설이 존재할 수밖에 없다. 이런 역설을 해결하는 과정에서 필연적으로 일반상대성이론이 탄생한다.

3장: 인류가 발명한 교통수단의 속도가 점점 빨라지면서 인류의 과학기술은 어떤 새로운 걸림돌에 부딪힐까? 실제 현상에 근거를 두고 이 문제에 대해 이야기해 보자. 그러려면 공기역학aerodynamics과 관련된 지식을 많이 알아야 한다. 정지 상태에서 가속 상태, 더 나아가 빛의 속도에 가까운 상태가 되기 위해서는 넘어야 할 기술적 간극이 너무 크다. 따라서 우리가 속도를 높이기 어려운 이유가 무엇인지 실제 현상을 근거로 차근차근 알아볼 필요가 있다.

CHAPTER 01

특수상대성이론

Special relativity

1-1 광속 불변의 원리

시간과 공간은 서로 별개의 존재인가

우리는 4차원 시공간에서 살고 있다. 그런데 우리가 사는 공간은 3차원이다. 예를 들어보자. 모든 물체는 길이, 너비와 높이가 있다. 길이, 너비와 높이는 모두 변할 수 있다. 시간도 변화 가능하다. 길이, 너비, 높이와 시간으로 이뤄진 것이 바로 4차원 시공간이다. 더 정확하게 말하면 우리는 3+1차원의 시공간에서 살고 있다. 달리 말해 우리가 우주에서 발생한 어떤 사건을 서술하기 위해서는 적어도 네 개의 좌표가 필요하다는 얘기다.

예컨대 당신이 다른 사람에게 택배를 보낸다고 하자. 그러면 당신은 상대방 주소를 적어야 한다. 주소가 바로 3차원 공간좌표이다. 상대방 주소를 쓸 때 반드시 도로명과 번지수를 구체적으로 적어야 한다. 여기에서 '도로명'과 '번지수'는 두 개의 공간좌표에 해당한다. 이 밖에 상대방이 몇 층에 있는지 층수도 적어야 한다. '층수'가 곧 세 번째 공간좌표이다. 상대방이 사는 곳이 단층 주택이라도 1층으로 표기할 수 있다. 어찌 됐든 모든 주소는 세 개의 등가 공간좌표를 갖는다.

이 밖에 택배원은 택배 물건을 수취인에게 배달하기 위해 몇 시에 수령 가능한지 시간을 확인해야 한다. 즉 시간좌표도 필요하다. 그러므로 하나의 사건이 완전히 정해지려면 네 개의 좌표, 즉 세 개의 공간좌표와 한 개의 시간좌표가 필요하다.

이쯤에서 '시간좌표와 공간좌표 사이에 연관성이 있을까?'라는 의문이 들 법도 하다. 달리 말해 '시간과 물체의 공간적 위치, 더 나아가 시간과 운동 속도 사이에 어떤 연관성이 있을까?'라는 의문이다.

성급하게 결론을 내리지 말고 우선 다음과 같은 상황을 가정해 보자. 나와 당신이 각자 손에 손목시계를 차고 있다. 두 시계는 똑같이 정확하게 시각을 맞춘 상태이다. 이 상황에서 당신이 우주선을 타고 우주여행을 다녀왔다면 우리 두 사람의 손목시계에 표시된 시각이 여전히 똑같을까?

이 문제는 언뜻 보기에 매우 쉬워 보인다. 실제 생활 경험에 비춰보면, 두 사람의 손목시계가 정확하다는 전제 아래 누가 우주선을 타고 우주여행을 몇 번 다녀오건 두 시계가 가리키는 시각은 똑같아야 마땅하다.

이 답안에 대응하는 이론이 바로 아이작 뉴턴Isaac Newton이 제시한 절대 공간과 시간absolute space and time 개념이다. 절대 공간과 시간 개념은 뉴턴을 비롯해 아인슈타인 이전의 모든 학자들이 공통으로 주장한 이론이다. 그들은 '시간은 절대적으로 존재하고 독립적으로 운행한다. 공간과는 별개로 둘 사이에 어떤 연관성도 없다. 시계 하나만 있으면 온 우주의 시간을 알 수 있다'고 여겼다.

물론 뉴턴이 내린 이 결론은 실증이 뒷받침되지 않은 경험적인 결론이었다. 실생활 경험에 비춰볼 때, 매일 비행기를 모는 비행사의 손목시계와 매일 지상에 있는 사람의 손목시계가 서로 다른 시각을 가리키는 경우가 없기 때문이다.

그런데 언뜻 보면 문제 같아 보이지 않는 이 문제가 아인슈타인의 관심을 끌었다. 상대성이론의 핵심은 '공간과 시간은 분리돼 있지 않고 별개의 차원이 아니다. 서로 깊은 내적 관련을 맺고 있다'는 것이다.

상대속도relative velocity

이번에는 다음과 같은 상황을 가정해 보자. 대부분 공항에는 여객의 편의를 위한 무빙워크가 설치돼 있다. 무빙워크가 10m/s의 속도로 움직이고 있다. 그 위에서 아인슈타인이 무빙워크의 운동 방향과 같은 방향으로 걷고 있다(무빙워크에 대한 아인슈타인의 상대속도는 1m/s). 이때 무빙워크 바깥쪽 지면에 플랑크가 서 있다. 이 경우 지면에 정지해 있는 플랑크에 대한 아인슈타인의 상대적 운동 속도는 얼마일까?

그림1-1 플랑크와 아인슈타인의 상대속도

경험에 비춰볼 때 이 문제는 그다지 어렵지 않다. 지면에 대한 무빙워크의 상대속도에 무빙워크에 대한 아인슈타인의 상대속도를 더하면 된다. 즉 답은 10+1=11(단위는 m/s)이다. 이는 우리 경험에 비춰 쉽게 풀 수 있는 문제이다. 실제로 실험을 통해 검증해 봐도 얻어낸 답은 똑같다. 이의가 생길 수 없다.

이를 갈릴레이 변환Galilean transformation이라 부른다. 즉 플랑크에 대한 아인슈타인의 상대속도=무빙워크에 대한 아인슈타인의 상대속도+플랑크에 대한 무빙워크의 상대속도이다.

이번에는 위의 상황을 조금 변형해 보자. 아인슈타인이 무빙워크 위에 정지한 채 손전등을 손에 들고 손전등의 스위치를 켰다. 한 줄기 빛이 앞으로 쏟아져나올 것이다. 알다시피 빛의 속도는 대략 30만km/s이다. 이 경우 플랑크가 본 손전등 빛의 속도는 얼마일까?

그림1-2 플랑크에 대한 빛의 상대속도

이 문제 역시 갈릴레이 변환 법칙을 적용해 풀 수 있다. 즉 플랑크가 본 손전등 빛의 속도는 빛의 속도(대략 30만km/s)에 무빙워크의 속도(10m/s)를 더하면 된다. 요컨대 이 경우 플랑크가 본 빛의 속도는 아인슈타인이 본 빛의 속도보다 빠르다.

방아쇠가 먼저 당겨졌을까, 탄알이 먼저 나갔을까

갈릴레이 변환이 정확하다는 가정 아래 세 번째 문제를 살펴보자. '방아쇠가 먼저 당겨졌을까 아니면 탄알이 먼저 나갔을까'라는 문제이다.

플랑크가 아인슈타인을 향해 권총을 한 발 쐈다고 가정해 보자. 아인슈타인의 반응이 매우 빨라서 총구에서 빠져나오는 총알을 볼 수 있다는 조건을 전제로 한다. 일련의 사격 과정을 살펴보자. 인과관계를 따져보면 분명히 플랑크가 먼저 방아쇠를 당겼다. 그로 인해 총알이 총구를 빠져나왔다.

아인슈타인은 다음과 같은 두 사건이 발생한 사실을 알 수 있다. 첫 번째 사건은 플랑크가 손으로 방아쇠를 당긴 것이다. 두 번째 사건은 총알이 총구를 빠져나온 것이다. 아인슈타인이 두 사건을 볼 수 있었던 이유는 플랑크가 손으로 방아쇠를 당겼을 때 손 표면의 빛과 총알이 총구를 빠져나올 때 총알 표면의 빛이 아인슈타인 눈에 들어왔기 때문이다.

여기에서 모순을 발견할 수 있다. 먼저 앞서 두 번째 가정을 통해 얻어낸 결론, 즉 갈릴레이 변환 법칙을 이 상황에 대입해 보자. 방아쇠를 당긴 손에서 나온 빛의 아인슈타인에 대한 상대속도는 빛의 손에 대한 상대속도에 방아쇠를 당기는 속도를 더한 것이다. 또 총알이 발사될 때 총알 표면 빛의 아인슈타인에 대한 상대속도는 빛의 총알에 대한 상대속도에 총알의 아인슈타인에 대한 상대속도를 더한 것이다.

더 말할 것도 없이, 총알이 총구에서 발사되는 속도는 손으로 방아쇠를 당기는 속도에 비해 훨씬 더 빠르다. 총알의 속도는 약 900m/s에 이른다. 하지만 세계에서 가장 빠른 권투선수라 해도 주먹을 날리는 속도는 초당 수십 미터밖에 되지 않는다. 따라서 아인슈타인 눈으로 볼 때, 총알 표면 빛의 속도는 방아쇠를 당기는 손 표면의 빛의 속도에 비해 빠르다.

총알 표면 빛의 속도가 더 빠르기 때문에 그 빛은 방아쇠를 당기는 손 표면 빛보다 먼저 아인슈타인의 눈에 들어온다. 따라서 아인슈타인에게는 총알이 먼저 총구를 빠져나오고, 뒤이어 플랑크가 손으로 방아쇠를 당긴 순서로 보여야 한다. 즉 아인슈타인에게는 전체 사건의 인과관계가 뒤바뀐 것이다.

어디에서 문제가 생긴 것일까? 전반적인 추론 과정을 되짚어 보자. 우리가 이와 같이 황당무계한 결론에 다다른 이유는 갈릴레이 변환 법칙을 이용했기 때문이다. 빛을 제외한 모든 물체의 운동은 갈릴레이 변환 법칙으로 충분히 서술 가능하다. 하지만 빛의 속도와 연결지으면 즉각 무용지물이 된다. 적어도 빛의 속도를 구하는 문제에서만큼은 갈릴레이 변환이 정확하지 않다.

여기에서 우리는 상대성이론의 핵심 원리 중 하나인 '광속 불변의 원리'를 끌어낼 수 있다. 광속 불변의 원리는 무엇인가? 간단하게 말하면, 관찰자가 어떤 운동을 하든 그의 운동 속도가 얼마인지 관계없이 그에게 보이는 빛의 속도는 항상 같은 값을 가진다는 것이다.

위의 두 문제에 광속 불변의 원리를 적용해 보자. 무빙워크 위에 있는 아인슈타인이 손전등을 켰을 때 아인슈타인의 눈에 보이는 빛의 속도는 대략 30만km/s이다. 또 플랑크의 눈에 보이는, 손전등에서 나온 빛의 속도 또한 대략 30만km/s이다. 이 밖에 아인슈타인의 눈에 보이는, 방아쇠를 당기는 손 표면의 빛의 속도는 대략 30만km/s이다. 또 아인슈타인의 눈에 보이는, 플랑크가 쏜 총알 표면의 빛의 속도 또한 대략 30만km/s이다. 이렇게 되면 총알 표면의 빛의 속도가 플랑크 손 표면의 빛의 속도보다 빠른 현상은 나타나지 않는다. 따라서 아인슈타인 눈으로 볼 때 총알이 먼저 총구를 빠져나오고 뒤이어 플랑크가 손으로 방아쇠를 당긴 것처럼 보이는 상황도 생기지 않는다. 아인슈타인의 입장에서 전체 사건의 인과관계가 뒤바뀌는 일은 생기지 않는다.

광속 불변의 원리는 특수상대성이론의 핵심 원리 중 하나이다. 특수상대성이론의 핵심 원리는 하나 더 있다. 바로 상대성 원리이다.

상대성 원리는 광속 불변의 원리보다 더 기초적인 이론이다. 상대성 원리의 기초 위에 광속 불변의 원리가 세워졌다고 해도 과언이 아니다. 또는 상대성 원리를 바탕으로 필연적으로 광속 불변의 원리가 발견되었다고 해도 좋다.

상대성 원리는 사실 이해하기 쉽다. 핵심 내용은 '서로 다른 관성계inertial frame of reference에서 동일한 물리법칙이 적용된다'는 것이다.

매우 간단해 보이지만 자세히 생각해 보면 풍부한 함의를 담고 있다. 다음과 같은 상황을 가정해 보자. 두 척의 우주비행선이 등속직선으로 우주를 항행하고 있다. 또 두 비행선 사이에는 상대속도가 존재한다. 이때 멀리에서 한줄기 빛이 비춰온다. 우리는 두 비행선이 측정한 빛의 속도가 같다는 사실을 입증하는 중이다.

두 비행선은 등속직선운동을 하고 있다. 즉 둘 다 가속도acceleration를 가지지 않은 상태이다. 두 비행선은 현재 운동 중인지 아닌지를 스스로 판단할 수 없다. 절대적인 운동이나 절대적인 정지는 존재하지 않으며, 운동과 정지는 모두 상대적이기 때문이다. 두 비행선은 그저 상대방을 기준으로 자신이 운동하고 있다는 사실을 알 수 있을 뿐이다. 또는 자신을 기준으로 상대방이 운동하고 있다는 사실을 알 수 있을 뿐이다. 달리 말해 두 비행선은 모두 관성계에 있다.

두 비행선이 관성계에 있으므로 상대성 원리에 따라 두 비행선에 같은 물리법칙이 적용돼야 마땅하다. 전자기학 물리법칙인 맥스웰 방정식을 예로 들면, 두 비행선의 좌표계에서 맥스웰 방정식은 똑같은 형태를 가져야 마땅하다. 그렇지 않으면 상대성 원리를 만족시키지 못하기 때문이다. 하지만 우리는 간단한 계산을 통해 '광속이 불변이 아닌 경우 서로 다른 좌표계에서 맥스웰 방정식이 서로 다른 형태를 가진다'는 사실을 알 수 있다. 따라서 특수상대성이론이 성립하려면 서로 다른 관성계에서 빛의 속도가 반드시 일정한 값을 가져야 한다. 광속 불변의 원리는 이렇게 맥스웰 방정식의 형태에 관한 문제 위에서 상대성 원리를 바탕으로 유도된 것이다.

다음과 같이 유추해 보자. 두 대의 비행기가 대기 중에서 등속직선운동을 하고 있다. 두 비행기 사이에는 상대속도가 존재한다. 그리고 저 멀리에서 음파acoustic wave가 두 비행기를 향해 다가온다고 가정했을 때, 두 비행기 안에 있는 관측자가 측정한 음파 속도는 서로 다르다. 공기 매질medium을 기준으로 했을 때 음파의 속도는 항상 일정하다. 그러나 공기 매질에 대한 두 비행기의 상대속도가 서로 다르기 때문에 두 비행기에서 측정한 음파 속도는 서로 다르다. 하지만 빛이라면 이와 같은 상황이 성립되지 않는다. 빛은 매질이 필요 없이 시공간에서 직접적인 전달이 가능하기 때문이다. 시공간 자체가 곧 빛을 전달하는 매질이라고 이해해도 좋다.

비행선이 우주에서 항행하면서 비행선 주변에 아무것도 없다고 가정해 보자. 그 어떤 천체도 보이지 않는다. 다른 기준계frame of reference도 보이지 않는다. 심지어 비행선의 운동 속도가 얼마인지도 알 수 없다. 공간 속의 모든 위치는 동일하기 때문이다. 그 어떤 기준계에 있는 관측자도 시공간 자체에 대한 자신의 상대적 속도가 얼마인지 알 수 없다. 관측자와 시공간 자체, 이 둘 사이에서 속도라는 개념은 의미를 상실하기 때문이다. 시공간이라는 매질과 관측자 사이에 속도라는 개념이 존재하지 않음에도 그들이 빛의 속도를 분명히 측정해 냈다면 딱 한 가지 합리적인 경우만 존재한다. 즉 서로 다른 관측자의 기준계가 모두 관성계이기 때문에 가속도가 존재하지 않는다면 그들이 측정한 빛의 속도가 동일하다는 것이다. 그렇지 않으면 서로 다른 관성계 사이에 등가원리가 성립하지 않는다. 이런 측면에서 볼 때 광속 불변의 원리가 특수상대성이론을 뚜렷하게 드러내 보인 게 틀림없다.

1-2

에테르는 존재하지 않는다

특수상대성이론의 근간인 광속 불변의 원리는 어떤 관측자가 측정해도 빛의 속도는 관측자의 운동 속도와 관계없이 변하지 않고 일정하다는 것이다. 그렇다면 과학자들은 빛의 속도가 변하지 않는다는 사실을 어떻게 입증했을까?

이 문제는 19세기 말에 있었던 유명한 마이컬슨-몰리 실험Michelson-Morley experiment을 빼놓고 논할 수 없다. 이 실험을 이해하려면 3단계 인지 과정을 거쳐야 한다.

파동은 어떻게 전달되는가

첫 번째 단계에서 우리는 역학적 파동mechanical wave을 전달할 때 매질이 필요하다는 사실을 이해해야 한다.

빛은 전자기파이다. 전자기파는 생활 속에서 접할 수 있는 음파 또는 물결파(물결)와 마찬가지로 파동의 일종이다. 전자기파는 전자기장electro-magnetic field의 파동이다.

물결파와 음파는 쉽게 이해할 수 있다. 예컨대 물에 돌을 던지면 물결이 인다. 물결은 돌을 중심으로 넓게 퍼져나간다. 우리가 소리를 들을 수 있는 이유는 공기의 파동이 귀로 전달돼 청각 신경을 자극하기 때문이다. 물결파와 음파는 물과 공기가 위아래, 앞뒤로 진동하면서 퍼져나가는 파동이다. 전자기파 역시 전기장과 자기장의 세기field strength가 시간의 흐름과 공간적 위치의 변화에 따라 전달되는 파동이다.

여기에서 한 가지 문제를 발견할 수 있다. 역학적 파동은 전달될 때 매질이 필요하다. 공기 중에서 소리가 전달될 때 공기가 바로 소리를 전달하는 매질이다. 중학교 때 했던 실험을 떠올려보자. 한참 열심히 울리는 알람시계를 용기 안에 넣은 다음 공기를 천천히 빼내면 알람 소리가 점점 작게 들린다. 용기가 완전히 진공 상태가 되면 더 이상 소리가 들리지 않는다. 소리의 매질인 공기가 없어서 소리가 전달되지 못하기 때문이다.

하지만 전자기파가 전달될 때는 매질이 필요 없는 것처럼 보인다. 사례를 들어보겠다. 우주비행선은 기본적으로 전자기파를 이용해 지구와 교신한다. 그러나 우주에는 물은 말할 것도 없고 공기도 없다. 그렇다면 전자기파는 어떻게 전달될까?

예전 과학자들은 이 문제에 대한 해답을 얻기 위해 '에테르ether'라는 가상의 매질을 생각해 냈다. 에테르는 보이지 않을뿐더러 만질 수도 없다. 그러나 우주 공간 전체를 채우고 있다. 그래서 과학자들은 빛, 다시 말해 전자기파는 에테르라는 매질을 통해 전파된다고 주장했다. 마이컬슨-몰리 실험은 에테르의 존재를 확인하기 위한 것이었다.

파波의 간섭

두 번째 단계에서는 먼저 파에 관한 한 가지 물리 현상을 이해해야 한다. 바로 음파, 광파, 심지어 나중에 소개하게 될 물질파를 포함한 모든 파에 '파의 간섭wave interference' 현상이 존재한다는 사실이다.

파, 더 정확하게 말해서 횡파의 형태는 대략 아래위로 진동하는 곡선이다. 중학교 때 사인파sine wave와 코사인파cosine wave에 대해 배웠던 기억이 있을 것이다. 파에는 마루와 골이 있다.

당신이 서핑을 즐기고 있다고 가정해 보자. 파도가 한 줄로 밀려오면 당신은 파도를 따라 아래위로 움직일 것이다. 당신은 파도의 마루가 밀려올 때 가장 높은 위치에 있게 된다. 또 골이 올 때 가장 낮은 위치에 있게 될 것이다.

이번에는 같은 진동수를 가진 두 줄의 파도가 서로 다른 방향에서 동시에 밀려오는 상황을 가정해 보자. 두 줄의 파도가 모두 당신을 지나칠 때 당신은 어떻게 진동할까? 이 문제의 답은 간단하다. 각각의 파도의 진폭을 합치면 된다. 두 줄의 파도가 모두 당신을 위로 밀어 올릴 때 당신의 진폭은 한 줄의 파도가 당신을 위로 밀어 올릴 때보다 커질 것이다. 반면 한 줄의 파도가 당신을 위로 밀어 올리고 다른 한 줄의 파도가 당신을 아래로 끌어내리면 당신의 진폭은 절충될 것이다. 심지어 당신은 정지 상태가 될 수도 있다. 이것이 바로 파의 '중첩 원리superposition principle'이다.

모든 파는 중첩 원리를 따른다. 광파를 예로 들어보자. 두 줄기 광파의 마루가 동시에 한 점을 지나면 그 점의 진폭이 커지고 에너지가 강해지면서 더 밝아진다. 반면 하나의 마루와 하나의 골이 동시에 한 점을 지날 경우에는 각각의 진동이 상쇄돼 진폭이 작아지고 에너지가 약해지면서 어두워진다.

동일한 표면에 두 줄기 빛을 비춰 간섭 현상이 나타날 때 어떤 위치에서는 마루와 마루가 만난다. 또 어떤 위치에서는 골과 골 혹은 마루와 골이 만난다. 마루와 골이 서로 만난 구역에는 어두운 줄무늬가 나타난다.

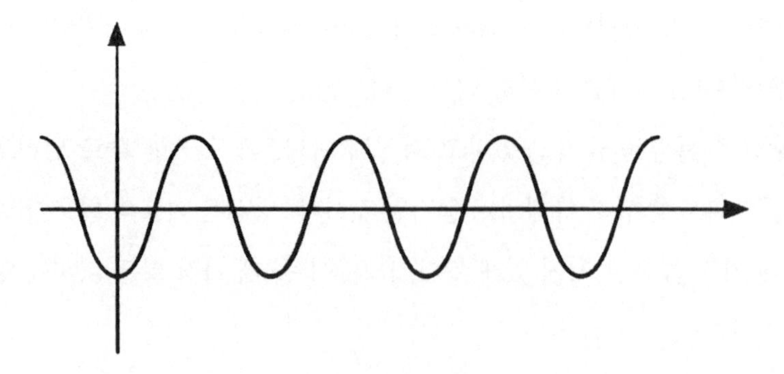

그림1-3 코사인파

마이컬슨-몰리 실험의 원리

세 번째 단계에서는 마이컬슨-몰리 실험의 원리에 대해 알아보자. 이 실험은 파의 간섭 현상을 바탕으로 고안해 냈다.

앨버트 마이컬슨Albert Abraham Michelson과 에드워드 몰리Edward Morley, 두 물리학자는 이 실험으로 1907년에 노벨물리학상을 수상했다. 이 실험의 목적은 에테르의 존재 여부를 확인하기 위한 것이었다.

먼저 동일한 매질에서 파동의 속력은 일정하다는 사실을 인지하고 시작하자.

소리의 속도(음속)는 대략 340m/s이다. 이는 사실 공기 중의 음속을 가리키는 말이다. 공기가 정지 상태일 때 음속은 대략 340m/s이다. 하지만 바람에 소리가 실려 올 때는 이 수치가 달라진다. 즉 사람에 대한 음속이 340m/s가 아니라는 얘기다.

에테르는 가상의 빛의 매질이다. 그러므로 빛이 에테르를 통과할 때의 속도는 항상 약 30만km/s이다.

당시 과학자들은 에테르가 우주 전체에 존재하고 태양에 대해 정지해 있다고 가정했다. 지구가 태양의 주위를 도는 공전 속도는 약 30km/s, 따라서 지구는 우주에 퍼져 있는 에테르 속을 날아다니고 있는 셈이다. 에테르는 태양에 대해 정지해 있고, 지구는 태양을 중심으로 공전하기 때문에 에테르를 기준으로 할 때 지구는 운동하고 있기 때문이다. 지구 표면에 있는 사람 입장에서는 에테르 바람이 항상 30km/s의 속도로 불고 있다고 생각할 수 있다.

마이컬슨과 몰리는 '마이컬슨 간섭계Michelson interferometer'라는 장치를 고안했다. 이 장치의 작동 방식은 다음과 같다. 왼쪽에 위치한 광원에서 나온 빛이 중간에 있는 반투과 거울에 입사되면 이 빛을 두 광선속束으로 나눠 그중의 하나는 계속 오른쪽으로 보내고 다른 하나는 원래 방향과 수직이 되게 위로 보낸다. 두 광선은 각각 오른쪽과 위쪽에 위치한 거울에서 반사된다. 반사돼 되돌아온 두 광선은 중간에서 다시 반투과 거울에 의해 아래쪽의 한 지점(관측 지점, 집광기)으로 뭉친다. 이 장치에서 반사거울들이 중간에 있는 반투과 거울과 거리가 동일하게 위치를 잘 조절해야 한다.

파동의 간섭 원리에 따르면, 두 광선은 한데 모인 다음 동일한 지점에 입사된다. 이때 파의 간섭 현상이 발생해 명암이 엇갈린 간섭무늬가 나타난다.

그렇다면 간섭무늬의 형태는 무엇과 관계되는가? 두 광선이 간섭계 아래에 있는 관측 지점에 도달하는 시간의 차이와 관계된다.

예를 들어 서로 같은 파장과 속도를 가진 두 개의 파가 있다면 이 두 개의 파의 주기는 같을 수밖에 없다.

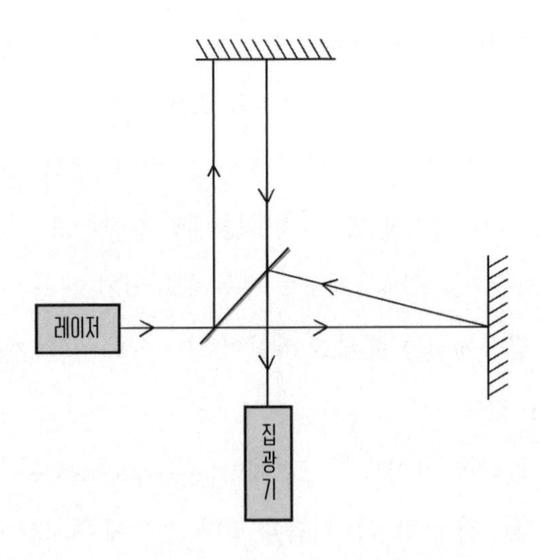

그림1-4 마이컬슨 간섭계의 작동 원리

파동의 주기가 2초라고 가정해 보자. 즉 파동이 완전히 한번 전달되는 데 걸리는 시간이 2초라고 가정한다면, 두 파동이 관측 지점에 도달하는 시간의 차이가 2초의 정수 배수일 때 두 파동은 일치한 움직임을 나타낸다. 다시 말해 반드시 동시에 마루와 골에 도달하게 된다. 반면 두 파동이 도달하는 시간의 차이가 1초, 3초, 5초, 7초 등 홀수 배수인 경우에는 두 파동 중 하나는 마루, 다른 하나는 골에 도달한다.

이번에는 실험 장치의 방향을 바꿔보자. 그러면 분광기(반투과 거울)에 분할된 두 광선 중에 하나는 '에테르 바람'을 거스르는 방향인 왼쪽으로 보내지고 다른 하나는 '에테르 바람'의 방향과 수직되게 아래로 보내진다.

이 상황에서 정말로 에테르가 존재한다면 두 파동이 아래쪽 지점에 모일 때 반드시 시간 차이가 날 것이다. 그 이유는 간단하다. 오른쪽으로 전파된 빛은 오른쪽 거울에 도달할 때까지는 에테르 바람을 거슬러 간다. 거울에서 반사돼 되돌아올 때는 에테르 바람을 타고 온다. 따라서 지구에서 정지 상태에 있는 간섭계를 기준으로 광선이 갈 때와 되돌아올 때의 속도는 다르다. 또 광선이 갔다가 되돌아오기까지의 거리, 즉 광선이 오른쪽 거울에 도달한 다음 다시 중간 분광기로 되돌아오기까지의 거리는 측정 가능하다. 이 방식으로 광선이 갔다가 되돌아오는 데 걸리는 시간도 계산할 수 있다.

같은 원리로 위로 보낸 광선이 갔다가 되돌아오는 데 걸리는 시간 역시 계산 가능하다. 비록 위로 보낸 광선이 에테르 바람을 거스르지도, 에테르 바람을 타지도 않지만 말이다. 두 광선이 갔다가 되돌아오는 데 걸리는 시간은 서로 다를 것이다. 그래서 두 광선이 중첩돼 특정한 간섭무늬가 만들어질 것이다.

간섭계를 45도 정도 돌리면 어떻게 될까? 간섭계를 돌리는 과정에서 에테르 바람에 대한 두 광선의 운동 방식은 계속 바뀌므로 실험 장치에 대한 이들의 상대적 속도도 계속 변할 것이다. 나아가 두 광선이 갔다가 되돌아오는 데 걸리는 시간의 차이 역시 계속 변할 것이다. 이를 통해 간섭무늬의 형태에 영향을 준다는 사실을 유추할 수 있을 것이다. 달리 말해 에테르 바람이 정말로 존재한다면 간섭무늬의 형태가 변화할 것이라는 얘기이다.

하지만 실험 결과는 사람들을 크게 실망시켰다. 실험 장치를 어떤 방향으로 돌려봐도 간섭무늬에 전혀 변화가 나타나지 않았던 것이다. 실험 결과는 에테르에 관한 기본 가설에 전혀 들어맞지 않았다.

요컨대 마이컬슨-몰리 실험 결과는 다음과 같은 두 가지를 입증했다.

(1) 에테르는 존재하지 않는다. 빛은 진공 속에서 매질 없이 전파될 수 있다.

(2) 빛의 속도는 관측자의 운동 상태와 아무런 관련이 없다. 빛의 속도는 어떤 상황에서도 변하지 않는다. 마찬가지로 사람이 측정한 빛의 속도는 지구 공전의 영향을 전혀 받지 않는다.

과학자들은 엄밀한 실증과학 정신을 발휘했다. 오랜 기간에 걸쳐 지구상의 여러 장소에서 동일한 실험을 진행한 것이다. 심지어 21세기에도 이 실험이 진행됐다. 하지만 정밀도가 $1/10^{16}$에 이르는 실험 장치로도 최초의 실험 결과와 다른 결과를 얻어내지 못했다.

에테르의 존재 여부에 관한 분석 과정은 머리말에서 언급했던 물리학 연구 방법론을 충실하게 구현했다. 즉 먼저 귀납법을 통해 '동일한 매질에서 파동의 속력은 일정하다'는 결론이 나왔다. 그리고 이를 기반으로 '에테르에 대한 빛의 상대속도도 변하지 않는다'는 가정을 세웠다. 이어 연역법을 통해 '에테르가 정말로 존재한다면 간섭무늬의 형태가 변할 것이다'는 결론을 이끌어냈다. 마지막으로 검증을 위한 실험을 진행했다. 실험 결과는 연역법을 통해 얻어낸 결론과 일치하지 않았다. 이는 '에테르가 존재한다'는 전제부터가 잘못됐다는 사실을 의미한다.

실험을 통해 광속 불변의 원리가 입증됐다. 하지만 만약 누군가가, "빛의 속도는 무엇 때문에 일정한가요?"라고 묻는다면 그 질문에는 대답할 수 없다. '광속 불변의 원리'는 기본 원리이다. 따라서 기껏해야, "특수 상대성 원리에 기반하면 빛의 속도는 반드시 일정해야 한다"고 설명할 수밖에 없다. 원리란 귀납법으로 얻어낸 논리적 추리의 근원이다. 연역법으로 입증할 수 없다. 따라서 "무엇 때문인가?"라고 물어서는 안 된다. 세계의 법칙이 본래부터 그럴 뿐이며, 다만 실험을 통해 검증 가능할 뿐이다. 그저 반증 가능성을 갖고 있을 뿐 논리적 연역을 통해 입증할 수는 없다. 따라서 우리는 광속 불변의 원리를 추리의 근원으로 삼고 그것의 정확성을 인정하면서 이 원리를 통해 또 다른 결론을 유도해 낼 수 있는지 알아볼 수밖에 없다.

• • • 1-3 • • •

시간 지연

중국 고대 신화에 '천상의 하루가 지상의 천년'이라는 말이 나온다. 천상의 하루가 인간 세상의 천년에 맞먹는다는 얘기이다. 사실 상대론 효과를 고려하면 이 말은 틀리지 않았다. 천상의 신들이 충분히 빠르게 운동한다면 말이다.

속도가 빠를수록 시간은 느리게 간다. 이 현상을 '시간 지연time delay(시간 팽창)' 효과라고 한다. 이는 특수상대성이론을 바탕으로 이끌어낸 추론이다.

속도가 빠를수록 시간은 느리게 간다

다음과 같은 상황을 가정해 보자. 아인슈타인이 달리는 열차 안에 앉아 있다. 열차 안 바닥에는 조명등이 하나 있다. 아인슈타인은 조명등 불빛이 위쪽을 비추도록 스위치를 켤 수 있다. 또 열차 천장에는 거울이 있다. 조명등 불빛은 거울에 반사돼 조명등 바로 옆에 있는 집광기로 모인다. 아인슈타인은 조명등 광선이 발사되는 순간 스톱워치 버튼을 누르고 거울에서 반사돼 되돌아온 광선이 집광기로 모이는 순간 다시 한 번 스톱워치 버튼을 누른다. 이러면 스톱워치로 잰 시간은 곧 광선이 발사된 후 되돌아와서 집광기로 모이기까지 걸리는 시간이다. 물론 여기에서는 아인슈타인의 행동이 충분히 빨라서 스톱워치 버튼을 누르는 데 시간 차이가 나지 않는다는 것을 전제로 한다.

그림1-5 플랑크와 아인슈타인의 열차 게임

또 다른 관측자 플랑크는 달리는 열차 밖 지면에 정지 상태로 서 있다. 플랑크 역시 광선이 열차 천장으로 발사된 후 다시 바닥으로 되돌아와서 집광기로 모이기까지 소요되는 시간을 측정한다.

여기에서 우리는 서로 다른 조건의 두 관측자가 동일한 사건의 진행에 소요되는 시간, 즉 빛이 발사된 후 다시 한 점에 모이기까지 소요되는 시간을 측정했을 때 그 값이 같은지 알아볼 것이다.

뉴턴이라면 아마도, "두 사람이 측정한 시간이 같다"고 단언할 것이다. 그렇다면 광속 불변의 원리를 적용했을 때도 두 사람이 측정한 시간이 똑같게 나올까?

아인슈타인이 측정한 시간은 쉽게 답을 구할 수 있다. 객실 높이에 2를 곱한 후 다시 빛의 속도로 나누면 된다(아인슈타인이 측정한 시간=객실 높이×2÷빛의 속도). 빛이 발사된 후 다시 되돌아오기까지 경과한 거리는 객실 높이의 2배이기 때문이다.

그렇다면 지면에 서 있는 플랑크는 어떻게 답을 구해야 할까? 빛이 전파되는 과정에서도 열차는 앞으로 이동하고 있기 때문에 지면에 서 있는 플랑크를 기준으로 했을 때 열차 천장에 있는 거울은 이미 일정 거리를 이동했다. 그러므로 플랑크를 기준으로 했을 때, 불빛이 발사된 후 다시 되돌아오기까지 경과한 거리는 수직 거리를 한 변으로 하는 직각삼각형 빗변 길이의 2배이다. 직각삼각형 빗변의 길이는 수직 변의 길이보다 길다. 즉 객실 높이보다 크다.

지면에 있는 플랑크는 달리는 열차 안에 있는 아인슈타인과 마찬가지로 빛이 발사된 후 반사돼 하나의 점에 모이는 과정 전체를 관측했다. 즉 동일한 사건이 시작돼서 종료될 때까지 모든 과정을 관측했다. 하지만 플랑크 눈에 보이는 빛의 경과 거리는 아인슈타인 눈에 보이는 빛의 경과 거리에 비해 길다.

광속 불변의 원리에 따르면 플랑크에게 보이는 빛의 속도와 아인슈타

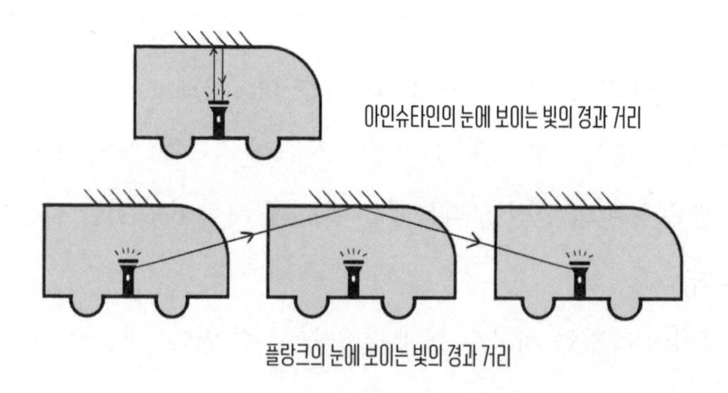

그림1-6 시간 지연 효과 시뮬레이션

인에게 보이는 빛의 속도는 약 30만km/s로 동일하다. 시간은 거리를 속도로 나눈 값이다. 따라서 빛이 발사된 후 다시 하나의 점에 모이는 사건에 대해 플랑크가 관찰해 측정한 시간은 아인슈타인이 측정한 시간보다 길다. 이 경우 플랑크가 아인슈타인의 손목시계를 볼 수 있다면 아인슈타인의 손목시계가 플랑크 자신의 손목시계보다 느리게 간다는 사실을 발견할 것이다. 이것이 바로 시간 지연 효과이다. 달리 말하면 지면에 서 있는 사람을 기준으로 했을 때 열차 안에 있는 사람의 시간이 팽창한 것이다. 열차 안 사람의 1초는 지면 위 사람의 2초에 맞먹을 수도 있다. 1초를 2초처럼 사용할 수 있으니 시간이 팽창한 셈이다.

그러므로 '천상의 하루가 지상의 천년'이라는 말은 이론상 충분히 성립 가능하다. 천상의 신들이 충분히 빠르게 운동한다면 말이다. 그렇다면 천상의 신들이 얼마나 빠르게 움직여야 이론이 성립될까? 계산해 보면 신들의 운동 속도가 적어도 광속의 99.999999996247퍼센트에 이르러야 한다.

관측자 눈에 당신의 시간은 느리게 가는 것처럼 보인다

앞의 내용을 바탕으로 이번에는 시간 지연 효과에 대해 구체적으로 알아보자. 여기에서 반드시 염두에 두어야 할 게 있다. 시간 지연 원리에 따르면 당신이 고속 운동을 할 때 다른 사람에게는 당신의 시간이 느리게 가는 것처럼 보이나 당신에게는 그렇게 보이지 않는다는 사실이다.

예를 들어 당신이 평소에 밥 먹는 데 대략 0.5시간이 걸린다고 할 때 매우 빠르게 움직이는 비행선 안에서 밥을 먹는다면 어느 정도의 시간이 걸릴까? 비행선의 속도가 광속에 가까울 정도로 빠르다고 해도 당신이 밥

그림1-7 천상의 하루는 지상의 천년이다

을 먹는 데 걸리는 시간은 여전히 0.5시간 정도일 것이다. 당신이 탄 비행선이 얼마나 빠른 속도로 움직이건 당신이 느끼는 시간의 흐름에는 변화가 없다.

이때 지면에 있는 관측자 눈에는 당신의 밥 먹는 모습이 마치 슬로모션 화면처럼 매우 느리게 보일 것이다. 어쩌면 당신이 비행선 안에서 밥 한 끼를 먹고 지구로 복귀했을 때 지구상에 있는 가족과 친지들은 10년 더 늙었을지도 모른다.

시간 지연 이론은 서로 다른 기준계에 있는 두 관측자가 상대운동을 한다는 기준 아래 동일한 사건을 볼 때 그 사건이 진행되는 시간이 각자 다르게 느껴지는 현상을 말한다. 반면 자신의 기준계에서 발생한 사건을 볼 때는 자신이 느끼는 시간의 흐름에 변화가 없다.

시간 지연 효과를 입증할 근거

시간 지연 효과는 언뜻 들으면 대단히 신기한 현상처럼 느껴진다. 하지만 시간이 느려지는 효과를 분명하게 확인하기 위해서는 거의 광속에 근접한 운동 속도가 필요하다. 가시적 세계에서 물체가 그토록 빠른 속도를 내는 것은 명백하게 불가능하다. 하지만 미시적 세계에서는 시간 지연 이론이 이미 입증됐다. 과학자들은 입자물리학particle physics 분야의 우주방사선cosmic rays 연구를 통해 시간 지연 효과를 충분히 입증했다.

우주방사선은 각종 입자들로 구성돼 있다. 이 입자들은 지구로 쏟아질 때 광속에 근접한 속력을 나타낸다. 우주방사선 입자 대부분은 대기권에 진입한 후 다른 입자로 붕괴한다. 이들 입자는 붕괴 주기, 즉 '수명'이 대단히 짧다. 이들 입자가 붕괴하기 전에 경과한 최대 거리를 계산하려면 입자의 수명에 입자의 운동 속도를 곱하면 된다. 계산 결과에 따르면 입자의 경과 거리는 대기권의 두께에 훨씬 못 미친다. 입자의 수명이 정말로 그렇게 짧다면 이들 입자는 지면에 도달할 수 없다. 인류의 실험 장치에 관측되지도 못할 것이다.

하지만 실상은 그렇지 않다. 인류는 실험 장치를 이용해 우주방사선 속 수많은 입자를 확인했다. 이 한 가지 사실만으로도 시간 지연 현상의 존재를 입증할 수 있다. 우주방사선 입자는 매우 빠르게 움직이기 때문에 지구상의 관측자가 볼 때 입자의 시간이 팽창하는 것으로 관측된다. 또 입자의 실제 수명이 몇 나노초nanosecond(10^{-9}초)에 불과하지만 입자의 속력이 충분히 빠르기 때문에 지구상의 실험 장치가 볼 때는 입자의 수명이 수십 나노초, 심지어 수백 나노초로 관측된다. 이는 입자들이 지구 표면에 도달하기에 충분한 시간이다. 이로써 시간 지연 효과의 존재가 입증됐다.

정지한 관측자가 운동하는 물체를 보면 시간이 느리게 간다고 관찰된다. 이 현상이 바로 상대성 원리이다. 그 이치는 매우 간단하다. 광속 불변의 원리에 기반해 해석할 수 있다. 이론상으로 보면 매일 하늘을 나는 비행사와 항공 승무원들의 시간은 지상에 있는 사람들의 시간보다 느리게 간다. 즉 그들의 늙는 속도는 지상에 있는 사람들보다 늦다. 다만 이런 시간 지연 효과는 무시해도 될 정도로 미미하다.

한 항공 승무원이 하루 8시간씩 20년 동안 근무했다고 가정해 보자. 그러면 그 승무원은 20년 근무를 마쳤을 때 지상에 있는 사람들보다 약 0.00006초 덜 늙었을 것이다. 상대성 원리는 우리 상식을 크게 벗어나는 현상이다. 사람의 평소 속도가 매우 느리기 때문에 실생활에서 상대성 원리의 효과를 거의 느끼지 못하는 것이다.

1-4
길이 수축 효과

이 절에서는 상대성 원리에 기반을 둔 또 다른 두 가지 신기한 현상을 소개하겠다.

첫 번째는 '길이 수축length contraction' 효과이다. 예를 들어 지면에 대해 상대운동하는 자의 길이를 관측했을 때 자의 운동 방향을 따라 길이가 짧아지는 현상을 가리킨다. 여기에서 주의할 점은 '지면에 정지해 있는 관찰자가 관측했을 때 자의 길이가 짧아진다고 관측된다'는 점이다. 만약 자 위에 서 있는 관찰자가 관측한다면 자의 길이는 변하지 않는다. 자 위에 있는 관찰자를 기준으로 했을 때 자는 운동하지 않기 때문이다.

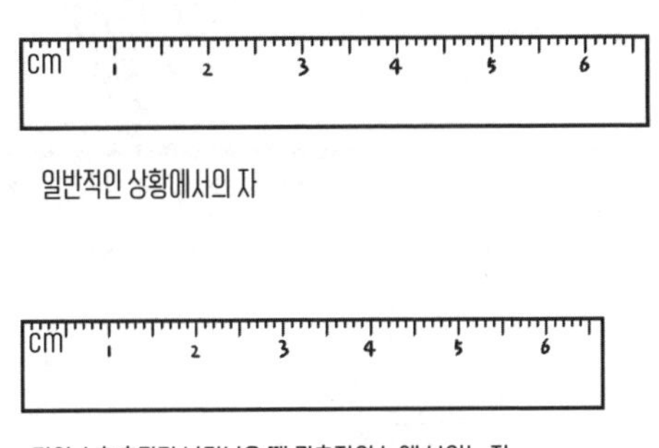

그림1-8 길이 수축 효과

또 지면에 정지해 있는 관찰자가 관측했을 때 자는 그저 운동 방향을 따라서만 길이가 짧아졌을 뿐이다. 운동 방향과 수직 방향의 길이는 변하지 않는다. 만약 정사각형이 한 변의 방향으로 움직인다면 관찰자가 관측했을 때 정사각형은 직사각형으로 바뀔 것이다. 만약 정사각형이 한 대각선 방향으로 움직인다면 관찰자가 관측했을 때 정사각형은 마름모로 바뀔 것이다.

길이에 대한 정의

사고실험을 통해 이 문제를 분석해 보자. 자의 길이를 측정하기 위해서는 먼저 서로 다른 기준계에서 자의 길이를 어떻게 측정하는지 살펴볼 필요가 있다.

그림1-9 아인슈타인과 플랑크의 자 게임

아인슈타인이 지면에 정지 상태로 서 있다고 가정해 보자. 아인슈타인은 다음과 같은 방법으로 자의 길이를 측정할 수 있다. 자의 머리 부분이 그를 지나가는 순간의 시각을 기록하고 이와 동시에 자의 머리 부분에 표시를 한다. 그리고 자의 꼬리 부분이 그를 지나가는 순간의 시각을 기록하고 그와 동시에 자의 꼬리 부분에 표시를 한다. 이 기준에 따르면 아인슈타인이 측정한 자의 길이는 그가 기록한 두 시각 사이의 차에 자의 운동 속도를 곱한 것이다.

그렇다면 자 위에 서 있는 플랑크는 어떻게 자의 길이를 측정해야 할까? 지면에 서 있는 아인슈타인이 자의 머리 부분과 꼬리 부분에 표시를 한다고 가정했으므로 플랑크는 아인슈타인이 표시를 할 때의 시각을 기록하고 두 시각 사이의 차를 구한 다음 여기에 플랑크에 대한 아인슈타인의 상대속도(즉 자의 운동 속도)를 곱하면 된다. 마지막으로 두 사람이 각기 구한 시각 차이를 비교하면 자의 길이가 얼마나 변했는지 알 수 있다.

길이 수축 효과 유도 방법

1-3에서 소개한 시간 지연 효과에 비춰볼 때 우리는 위에서 예로 든 플랑크와 아인슈타인이 구한 시각 차이가 같지 않다는 사실을 직감적으로 느낄 수 있다. 시간 지연 효과에 근거해 유추해 보면, 아인슈타인의 관점에서 그가 자의 머리 부분과 꼬리 부분에 표시를 한 두 사건은 동일한 장소에서 발생했다. 아인슈타인의 위치가 변하지 않았기 때문이다. 하지만 자 위에 서 있는 플랑크의 관점에서는 아인슈타인이 자의 머리 부분과 꼬리 부분에 표시를 한 두 사건이 동일한 장소에서 발생하지 않았다.

1-3에서 다룬 시간 지연 효과 사고실험과 매우 비슷하다는 생각이 들지 않는가? 시간 지연 효과 사고실험을 다시 살펴보면, 빛이 바닥에서 발사된 사건과 빛이 다시 바닥에 있는 집광기로 모이는 사건, 이 두 사건은 아인슈타인의 관점에서 보자면 동일한 장소에서 발생했다. 하지만 열차가 이동하고 있기 때문에 플랑크가 볼 때는 이 두 사건이 동일한 장소에서 발생하지 않았다. 그러므로 어떤 두 사건이 동일한 장소에서 발생한 것으로 관찰되는 관측자가 측정한 시각 차이는 두 사건이 서로 다른 장소

에서 발생한 것으로 관찰되는 관측자가 측정한 시각 차이에 비해 짧다.

같은 이치로 자의 길이를 재는 실험에서도 아인슈타인이 측정한 시각 차이는 플랑크가 측정한 시간 차이에 비해 짧다. 자의 머리 부분과 꼬리 부분에 표시를 한 두 사건은 아인슈타인 관점에서는 동일한 장소에서 발생했지만 플랑크 관점에서는 서로 다른 장소에서 발생했기 때문이다.

아인슈타인이 측정한 시각 차이가 플랑크가 측정한 시각 차이보다 짧다는 결론을 통해 아인슈타인이 측정한 플랑크의 자의 길이가 플랑크가 측정한 길이보다 짧다는 사실을 뚜렷이 알 수 있다. 아인슈타인이 측정한 시각 차이가 플랑크가 측정한 시각 차이보다 짧고, 자의 길이는 자의 운동 속도에 이 시각 차이를 곱한 것이기 때문이다. 관찰자가 볼 때 운동하는 물체가 이동 방향으로 길이가 짧아지는 현상, 이것이 바로 길이 수축 효과이다.

물론 특수상대성이론에 근거해 길이 수축 효과를 설명해 내려면 로렌츠 변환Lorentz transformation을 적용하는 게 마땅하다. 또 '자의 길이'의 정확한 정의는 '서로 다른 두 기준계에서 자의 두 끝의 좌표를 동시에 측정했을 때 두 좌표 사이 거리가 바로 자의 길이'라는 점을 반드시 염두에 두어야 한다. 그러므로 엄격한 기준으로 따지면 위에서 말한 정성定性적 유도 방법(물질의 성분이나 성질을 밝히기 위한 분석 방법—옮긴이)은 완전히 정확하다고 할 수 없다. 다만 정성적 유도 방법으로 얻어낸 결론과 로렌츠 변환을 적용한 수학적 방법으로 얻어낸 결론은 같다.

앞에서 언급했다시피 우주방사선 속의 수많은 입자들은 끊임없이 지구로 들어온다. 그리고 이들 입자의 수명은 매우 짧다. 다만 입자의 운동 속도가 매우 빠르기 때문에 시간 지연 효과에 따라 지구상의 관찰자를 기준으로 했을 때 입자의 수명이 길어진다. 이에 따라 입자들은 충분히 대기권을 뚫고 지구 표면에 도달할 수 있다.

이제 입자의 기준계에서 한번 살펴보자.

당신이 우주방사선 속의 수명이 매우 짧은 입자라고 가정해 보자. 당신의 기준계에서 당신이 측정한 자신의 수명은 매우 짧다. 그럼에도 당신이 대기권을 뚫고 지표면에 도달할 수 있는 이유는 길이 수축 효과 때문이다. 지면에 대한 당신의 상대속도가 매우 빠르기 때문에 당신을 기준으로 했을 때 대기권에서 지표면까지의 거리가 대폭 축소됐다. 따라서 당신은 늙어 세상을 떠나기 전에 지표면에 도달하게 된다.

다시 보는 상대속도

특수상대성이론과 관련된 또 다른 신기한 현상, 즉 앞에서 언급했던 상대속도 관련 사례를 다시 살펴보자. 무빙워크가 10m/s 속도로 움직이고 있다. 아인슈타인이 무빙워크 위에서 무빙워크의 이동 방향으로 걷고 있다(무빙워크에 대한 아인슈타인의 상대속도는 1m/s). 그리고 무빙워크 밖 지면에 플랑크가 서 있다. 이 경우 플랑크가 측정한 아인슈타인의 운동 속도는 얼마일까?

갈릴레이 변환을 적용하면 쉽게 답을 구할 수 있다. 즉 지면에 대한 무빙워크의 상대속도에 무빙워크에 대한 아인슈타인의 상대속도를 더하면 된다. 그러면 답은 10+1=11(단위는 m/s)이다. 하지만 시간 지연 원리와 길이 수축 원리를 적용하면 또 얘기가 달라진다.

아인슈타인이 무빙워크 위를 1초 동안 걸었다면 그가 이동한 거리는 1미터이다. 하지만 길이 수축 효과와 시간 지연 효과 때문에 플랑크 입장에서는 아인슈타인의 이동 거리는 1미터가 채 안 된다. 반면 아인슈타인의 이동 시간은 1초가 넘는다. 속도는 거리를 시간으로 나눈 값이다. 그런데 플랑크 입장에서는 속도=거리/시간의 분자가 1미터보다 작고 분모가 1초보다 크다. 따라서 플랑크가 봤을 때 무빙워크에 대한 아인슈타인의 상대속도는 1m/s가 채 되지 않는다. 그러므로 플랑크가 측정한 아인슈타인의 운동 속도도 11m/s가 채 되지 않는다.

이번에는 아인슈타인의 손전등에 관한 사고실험을 다시 살펴보자. 아인슈타인 입장에서 손전등 빛의 속도는 그냥 빛의 속도(30만km/s)이다. 반면 갈릴레이 변환을 적용할 경우 플랑크가 측정한 손전등 빛의 속도는 아인슈타인이 측정한 손전등 빛의 속도보다 빠르다. 하지만 상대성이론의 속도 중첩 원리에 따라 계산해 보면 플랑크가 측정한 빛의 속도와 무빙워크 위의 아인슈타인이 측정한 빛의 속도가 같다는 결론을 얻을 수 있다. 이는 '빛의 속도가 관찰자의 운동에 상관없이 항상 같은 값'이라는 기본 가설에 부합된다. 이로써 특수상대성이론이 이치에 맞는다는 것도 입증된다.

1-5

왜 빛의 속도를 초월할 수 없는가

사람들에게 가장 많이 알려진 물리학 방정식 중 하나가 바로 '질량-에너지 등가 법칙law of mass-energy equivalence'이다. $E=mc^2$, 즉 에너지는 질량과 광속의 제곱을 곱한 값이다. 그렇다면 이 방정식은 무엇을 설명하는가? 이 방정식은 어떻게 얻어냈을까? 또 무엇 때문에 빛의 속도를 초월할 수 없을까?

질량-에너지 등가 법칙을 소개하기 전에 먼저 상대성 원리에 기반한 특별한 효과를 한 가지 알아보자. 즉 지면에 정지해 있는 관찰자 입장에서, 운동하는 물체의 질량이 증가한다고 느껴지는 현상이다. 이 효과를 입증하는 과정은 비교적 복잡하다. 그 과정을 아래에서 자세히 살펴보자.

운동량 보존 법칙conservation of momentum

먼저 중요한 물리학 개념인 운동량에 대해 살펴보자. 간단하게 설명하면 물체의 운동량은 물체의 질량에 속도를 곱한 값이다. 물체 운동량의 크기는 그 물체의 운동을 멈추게 할 때의 난이도와 정비례한다. 물체의 운동 속도가 빠를수록 그 물체를 정지시키기 어렵다. 과속으로 가는 자동차가 천천히 가는 자동차보다 급정거하기 어려운 것과 마찬가지다. 또한 두 물체가 똑같은 속도로 운동할 때는 질량이 큰 물체일수록 운동을 멈추기 어렵다. 대형 트럭과 소형 승용차가 똑같이 시속 100킬로미터로 달릴 때 대형 트럭을 정지시키기 더 어려운 것과 마찬가지다. 운동량은 '운동의 양'을 줄인 물리학 용어로 공식은 운동량=질량×속도이다.

운동량과 관계된 굳건한 법칙이 있다. 바로 운동량 보존의 법칙이다. 이 법칙에 따르면 '하나의 시스템 안에서는 외력이 작용하지 않은 한 충돌, 마찰, 융합 등 어떤 상호작용이 일어나도 운동량의 총합은 처음부터 끝까지 일정하게 보존된다.'

예를 들어 질량이 m, 운동 속도가 v인 작은 공과 질량이 M, 속도가 V인 큰 공이 충돌한다면 어떤 상황이 벌어질까?

첫 번째 상황: 두 공의 표면이 모두 매끄럽다고 가정할 때 두 공은 충돌 후 분리돼 각기 서로 다른 속도를 가진다. 작은 공의 속도는 v에서 v_1로 바뀌고 큰 공의 속도는 V에서 V_1로 바뀐다. 운동량 보존 법칙에 따르면 v_1과 V_1의 구체적인 수치와 관계없이 충돌 후 운동량의 총합(mv_1+MV_1)과 충돌 전 운동량의 총합($mv+MV$)은 반드시 같다.

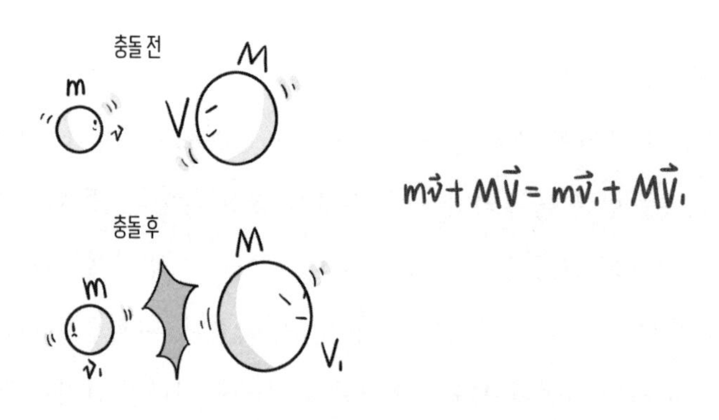

그림1-10 충돌 전후의 운동량 보존

만약 두 개의 공에 껌이 붙어 있다면 두 공은 충돌 후 분리되지 않고 붙어서 공통 속도 V_2를 가진다. 이때도 충돌 후 운동량의 총합(mV_2+MV_2)과 충돌 전 운동량의 총합($mv+MV$)은 반드시 같다. 그 이유는 분리되지 않은 두 공을 하나의 전체로 간주할 때 충돌 전후에 외력의 작용을 받지 않았기 때문이다. 따라서 운동량이 반드시 일정하게 보존된다.

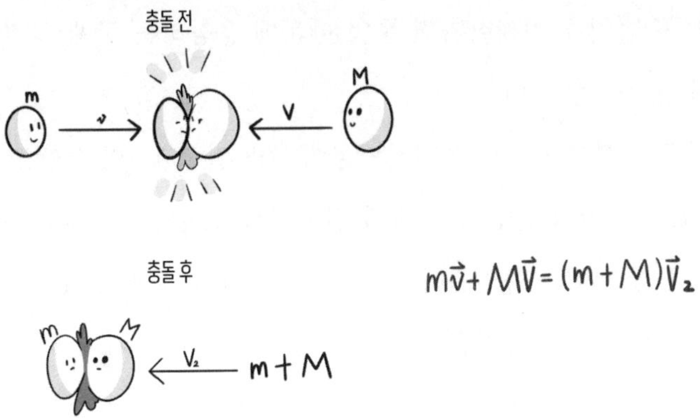

충돌 전

충돌 후

$$m\vec{v}+M\vec{V}=(m+M)\vec{V}_2$$

그림1-11 충돌 전후의 운동량 보존

반대 상황에서도 운동량 보존 법칙이 성립된다. 예를 들어 폭약이 들어 있는 큰 공이 M의 질량과 V의 속도로 운동하다가 폭약이 폭발해 두 개의 작은 공(질량은 각각 m_1과 m_2, 속도는 각각 v_1과 v_2)으로 분리됐다면 m_1과 m_2, v_1과 v_2의 구체적인 수치와 관계없이 반드시 $MV=m_1v_1+m_2v_2$이다. 큰 공은 폭발 전후에 외력의 작용을 받지 않았기 때문이다.

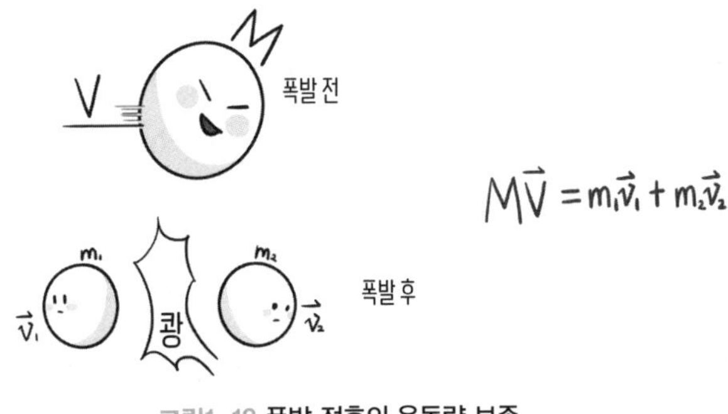

그림1-12 폭발 전후의 운동량 보존

속도가 빨라질수록 질량은 커진다

운동량 보존 법칙을 이해한다면 무엇 때문에 운동하는 물체의 질량이 증가하는지 설명할 수 있다.

다음과 같은 상황을 가정해 보자. 큰 공이 M의 질량과 v의 속도로 지면에 정지해 있는 관찰자 플랑크에 대해 왼쪽에서 오른쪽으로 상대운동을 하고 있다. 큰 공 위에는 아인슈타인이 서 있다. 아인슈타인은 큰 공에 대해서 정지해 있다. 이때 아인슈타인이 큰 공 위에서 갑자기 폭약을 터뜨렸다. 큰 공은 크기가 똑같은 두 개의 작은 공으로 나뉘어 양쪽으로 날아갔다. 두 개의 작은 공이 날아갈 때 아인슈타인에 대한 상대속도는 모두 v, 플랑크에 대한 아인슈타인의 상대속도도 여전히 v 그대로다.

지면에 있는 플랑크를 기준으로 했을 때 왼쪽의 작은 공은 폭약 폭발 후 왼쪽 방향의 속도 v를 얻었다. 이는 작은 공이 큰 공의 한 부분으로서 오른쪽으로 운동할 때의 속도 v와 상쇄된다. 그러므로 플랑크가 볼 때 왼쪽의 작은 공은 운동을 멈췄다. 속도가 0이다. 이번에는 오른쪽으로 날아간 작은 공을 살펴보자. 이 작은 공은 아인슈타인에 대해 오른쪽 방향의 상대속도 v를 갖고 있다. 하지만 플랑크가 볼 때 이 작은 공의 속도는 $2v$가 아니다. 앞에서 상대성이론의 속도 중첩 원리에 따라 계산했던 무빙워크 문제와 같은 맥락으로 이해하면 큰 공이 폭발한 후 오른쪽으로 운동하는 작은 공의 플랑크에 대한 상대속도는 $2v$보다 작다.

이쯤에서 운동량 보존 법칙을 적용해 보자. 외력이 작용하지 않았기 때문에 폭발 전과 폭발 후 공의 운동량은 변하지 않았다. 폭발 전의 운동량은 큰 공의 질량에 큰 공의 속도를 곱한 것이다. 즉 Mv이다. 폭발 후 왼쪽의 작은 공은 정지했으므로 속도가 0이다. 운동량 역시 0이다. 반면 오른쪽 작은 공의 속도가 2v보다 작으므로 운동량 보존 법칙에 따라 작은 공의 질량이 큰 공의 질량의 절반보다 크다는 결론을 얻을 수 있다.

그림1-13 **속도가 빨라질수록 질량이 커진다**

$E=mc^2$

운동하는 물체는 질량이 증가한다. 이 결론을 바탕으로 아인슈타인의 질량-에너지 등가 법칙($E=mc^2$)을 이끌어낼 수 있다.

중학교 때 운동에너지kinetic energy 개념에 대해 배웠을 것이다. 뉴턴 역학에 따르면 물체에 미는 일work을 해서 일정한 거리를 이동시키면 그 물체의 운동에너지는 증가한다. 운동에너지 공식은 뉴턴의 제2법칙과 간단한 미적분을 합쳐서 만들 수 있다. 즉 운동에너지=1/2 × 질량 × 속력의 제곱이다. 이것은 고전 역학에서 물체의 운동에너지 공식이다.

고전 역학에서는 질량이 변하지 않았다. 하지만 물체의 속도가 빨라질수록 질량이 커진다는 사실은 앞부분에서 이미 입증됐다. 그러므로 물체의 에너지를 온전하게 나타내려면 반드시 질량의 증가를 고려해 계산해야 한다. 즉 속도 변화에 따른 질량 변화를 운동에너지 공식에 대입한 후 상대적으로 복잡한 미적분 계산을 거쳐야 물체의 총에너지를 구할 수 있다. 이 과정을 정리한 공식이 바로 $E=mc^2$이다. 여기에서 m은 상대성이론의 효과를 적용한 질량이다.

질량-에너지 등가 법칙은 우리에게 중요한 사실을 알려준다. 즉 에너지가 곧 질량, 질량이 곧 에너지이고, 질량과 에너지는 한 사물의 다른 형태일 뿐이며 상호 전환이 가능하다는 것이다. 질량이 에너지로 전환될 때 방출되는 에너지는 엄청나다.

간단한 계산을 통해 알 수 있다. 빛의 속도는 3×10^8m/s로 매우 크다. 제곱하면 9×10^{16}m^2/s^{2}이다. 질량 1킬로그램을 전부 에너지로 전환할 때 방출되는 에너지는 9×10^{16} 줄(J)에 달한다. 이는 2백억 톤의 물을 팔팔 끓이기에 충분한 양이다. 원자폭탄과 수소폭탄의 위력이 엄청난 이유는 핵반응nuclear reaction을 통해 질량이 에너지로 전환됐기 때문이다.

빛의 속도는 추월할 수 없다

질량-에너지 등가 법칙을 토대로 '빛의 속도는 추월할 수 없다'는 중요한 사실을 추론해 보자.

입자의 속도가 빨라질수록 입자의 질량도 커진다. 속도에 따른 질량 증가 공식을 보면 입자의 속도가 빛의 속도보다 턱없이 느릴 때 질량 변화가 거의 없다. 하지만 속도가 빛의 속도에 근접할수록 분모는 점점 0에 가까워진다.

$$m = \frac{m_0}{\sqrt{1 - \frac{v^2}{c^2}}}$$

따라서 물체의 속도가 광속에 무한하게 근접할 때 물체의 총질량(m)은 무한대에 근접한다. 하지만 우주에 무한대에 가까운 에너지가 존재하기란 불가능하다. 따라서 정지 상태에서의 질량이 0이 아닌 물체가 빛의 속도로 가속될 가능성은 영원히 없다고 봐야 한다.

이쯤 되면 '빛의 속도로 이동하는 사람의 시간은 정지할까?'라는 문제에 대답할 수 있다. 답은 '어떤 관점에서 이 문제를 보느냐에 따라서 달라진다'가 된다. 시간 지연 효과에 따르면 어떤 관찰자에 대한 당신의 운동 속도가 빛의 속도에 가까울 때 관찰자가 관측한 당신의 시간은 매우 느리게 간다. 어쩌면 당신의 시간이 1분 경과하는 동안 관찰자의 시간은 몇 년이 경과했을지도 모른다. 당신의 속도가 빛의 속도에 근접할수록 이런 효과는 더욱 뚜렷하게 나타난다. 그리고 당신의 속도가 빛의 속도와 같아지면 당신의 1초는 관찰자에게 무한하게 긴 시간과 맞먹는다. 달리 말해 우주의 수명이 유한하다고 가정할 때 빛의 속도로 운동하는 당신은 눈 깜짝할 사이에 우주가 수명을 다하는 과정을 목격할 것이다. 그런 의미에서 당신이 볼 때 당신의 시간은 거의 정지 상태에 가깝다. 우주가 존재하는 동안 당신은 자신의 시간이 흐르는 것을 거의 느끼지 못했기 때문이다. 당신은 자신의 시간이 정상적인 속도로 흐른다고 생각하겠지만 그동안 우주는 수명을 다한 것이다.

그렇다면 빛의 속도를 초월하면 과거로 돌아갈 수 있을까? 질량-에너지 등가 법칙에 따르면 질량을 가진 물체는 빛의 속도로 움직일 수 없다.

빛의 속도를 초월한다는 가정은 더 말할 나위도 없다. 정지질량rest mass이 0이라면 또 모를까. 정지질량이 0이라면 총질량의 분자와 분모가 모두 0이므로 공식을 통해 계산해 낸 값이 제한된 값finite value이 될 가능성이 있다. 빛 자체가 빛의 속도에 도달할 수 있는 이유도 이 때문이다. 광자photon는 정지질량이 0이기 때문에 빛의 속도로 움직일 수밖에 없다.

우리는 광속 불변의 원리에 근거해 여러 가지 신기한 효과들을 추론해 보았다. 이를테면 속도가 빠를수록 시간이 느리게 가는 시간 지연 효과, 속도가 빠를수록 길이가 짧아지는 길이 수축 효과, 속도가 빨라질수록 질량이 증가하는 효과 등이다. 이런 추론을 통해 아인슈타인의 질량-에너지 등가 법칙($E=mc^2$)을 직접 이끌어낼 수 있다. 우리는 이 방정식을 통해 질량과 에너지는 같은 사물의 다른 형태이고 그 어떤 물체의 운동 속도도 빛의 속도를 추월할 수 없다는 사실을 확인했다.

우리는 또 상대성이론을 통해 공간과 시간은 분리돼 있지 않고 서로 관련을 맺고 있다는 사실을 확인했다. 더불어 상대성이론은 이 우주에서 물리적으로 관측된 결과는 모두 어떤 관찰자에 대한 상대적 결과라는 사실을 분명히 보여준다.

CHAPTER 02

특수상대성이론의 역설

Paradox in Relativity

특수상대성이론은 발표되자마자 학술계에 큰 반향을 불러일으켰다. 당시의 물리적 상식을 한참 뛰어넘는 이론으로 여겨졌기 때문이다. 물리학자들은 특수상대성이론에 대해 수많은 의문과 질의를 제기했다. 그중에는 주목할 만한 몇 가지 역설도 포함되어 있었다. 특수상대성이론의 부족한 점을 지적한 이런 역설들은 특수상대성이론이 나중에 일반상대성이론으로 확장되는 데 크게 기여했다.

2-1 사다리 역설: 상대성이론에서는 원인과 결과가 뒤바뀔 수 있는가

사다리 역설ladder paradox을 통해 상대성이론이 동시성simultaneity과 인과론law of causation에 대해 어떻게 설명하는지 들여다보자.

사다리 역설의 정의

원래는 사다리와 집을 예로 들어 설명해야 하지만, 이해를 돕기 위해 아인슈타인, 플랑크와 열차를 예로 들어 사다리 역설을 소개하겠다. 다음과 같은 상황을 가정해 보자. 광속에 근접한 속도로 달리고 있는 열차가 터널에 막 진입하려고 한다. 아인슈타인은 열차 안에 앉아 있고 관찰자 플랑크는 터널 근처의 지면에 정지해 있다. 이제 '사다리 역설'을 잠시 '열차 역설'로 바꿔 부르기로 하자.

그림2-1 아인슈타인과 플랑크의 터널 게임

정지 상태에서 열차의 길이는 터널 길이보다 조금 더 길다. 열차의 이동 속도가 매우 빠르다면 지면에 서 있는 플랑크가 봤을 때 열차의 길이가 줄어드는 길이 수축 효과가 발생한다. 플랑크가 관측한 열차의 길이(길이 수축 효과)와 터널의 길이가 정확하게 맞아떨어질 정도의 속도로 열차가 달리고 있다고 가정해 보자.

터널 출구와 입구에 개폐 가능한 문이 각각 하나씩 있다. 플랑크는 문을 열고 닫을 수 있는 스위치를 손에 쥐고 있다. 플랑크는 열차가 터널에 진입해 열차의 머리 부분이 마침 터널 출구에 도달하고 열차의 꼬리 부분이 마침 터널 입구에 도달했을 때 스위치 버튼을 눌러 두 개의 문을 동시에 닫는다. 물론 열차와 문의 충돌을 피하기 위해 문을 닫았다가 이내 다시 열어서 열차를 통과시킨다.

이 경우 플랑크가 봤을 때 열차 전체가 터널 속에 진입한 순간이 존재한다. 하지만 아인슈타인을 기준으로 했을 때는 모순이 존재한다.

아인슈타인을 기준으로 했을 때 열차는 정지 상태이고 오히려 터널이 그를 향해 마주 달려오는 것처럼 보인다. 그러므로 아인슈타인이 봤을 때는 터널 길이가 줄어든다. 심지어 열차의 길이보다 짧아진다. 달리 말해 아인슈타인의 입장에서는 플랑크가 버튼을 누른 후 열차 전체가 터널 속에 진입하는 상황이 생길 수 없다. 아인슈타인의 입장에서는 터널 길이가 열차 길이보다 짧기 때문이다. 열차보다 짧은 터널이 열차 전체를 담을 수는 없는 노릇이다.

열차 전체가 터널 속에 들어가 있는지 여부는 객관적인 사실이다. 그렇다면 무엇 때문에 두 관찰자가 동일한 객관적 사실에 대해 서로 다른 관측 결과를 가지게 됐는가? 이 문제를 통해 상대성이론이 동시성에 대해 어떻게 설명하는지 알 수 있다.

그림2-2 아인슈타인과 플랑크의 서로 다른 시각

'동시에'의 의미

그렇다면 열차의 역설을 어떻게 설명해야 할까? 열차 전체는 터널 속에 진입했는가, 하지 않았는가?

사실 이는 사건을 어떻게 정의하느냐에 따라 결정된다. 먼저 '열차 전체가 터널 속에 진입한 상태'에 대한 서술을 검토해 보자. "열차 전체가 터널 속에 진입했느냐?"는 질문을 좀 더 정확하게 정리하면, "열차 전체가 터널 속에 진입한 것과 더불어 터널의 입구와 출구에 있는 두 개의 문이 동시에 닫힌 순간이 있었느냐?"이다.

여기에서 키워드는 '동시에'이다. 열차 전체가 터널 속에 진입했느냐 하지 않았느냐를 판단하는 기준은 두 개의 문이 동시에 닫혔는지 여부이다.

플랑크가 봤을 때 열차 전체가 터널 속에 진입한 것과 함께 터널 입구와 출구에 있는 두 개의 문이 동시에 닫힌 순간이 존재한다면 '열차 전체가 터널 속에 진입했다'는 사실이 성립된다.

하지만 아인슈타인 입장에서는 열차 전체가 터널 속에 진입하는 상황이 생길 수 없다. 아인슈타인의 입장에서는 터널 길이가 열차 길이보다 짧기 때문이다.

플랑크가 정말로 버튼을 눌러서 두 개의 문을 동시에 닫았다면 아인슈타인의 눈에 어떻게 보였을까? 아인슈타인의 눈에는 먼저 터널 출구 쪽 문이 닫혔다가 이내 다시 열려서 열차 머리 부분이 순조롭게 출구를 빠져나간 후, 열차 꼬리 부분이 터널 입구를 통과할 때 비로소 입구 쪽 문이 닫힌 것으로 보였을 것이다. 즉 플랑크의 기준에서는 두 사건이 동시에 발생했으나 아인슈타인의 기준에서는 동시에 발생하지 않았다. 그러므로 서로 다른 관찰자를 기준으로 사건을 분리해 정의하면 구체적인 사실에 대한 모순이 존재하지 않는다.

'열차 전체가 터널 속에 진입했는지 여부'는 인위적으로 정의한 명제이지 물리학적 언어가 아니다. 따라서 이 명제를 물리학 언어로 바꿔야만 분석이 가능하다.

어떻게 원인과 결과가 뒤바뀌는가

위에 든 예를 통해 플랑크의 기준에서는 두 사건이 동시에 발생했으나 아인슈타인의 기준에서는 동시에 발생한 사건이 아니라는 사실을 알 수 있다. 즉 상대성이론에서는 관찰자의 기준 틀에 따라 사건의 발생 순서가 달라질 수도 있다.

이를 근거로 '두 사건이 발생했을 때 기준 틀에 따라 사건의 발생 순서가 뒤바뀔 수도 있다'는 대담한 추론을 내놓을 수 있다.

여전히 열차가 터널로 진입하는 사건을 예로 들어 이 점을 입증해 보자. 이번에는 아인슈타인이 탄 열차 속도가 아까보다 더 빠르고, 길이 수축 효과에 따라 열차 길이가 터널 길이보다 더 짧아졌다고 가정해 보자. 또 열차의 머리 부분이 터널 출구에 접근하면 출구 쪽 센서가 움직임을 감지해 자동으로 문을 닫고, 열차의 꼬리 부분이 터널 입구를 통과하면 입구 쪽 센서가 움직임을 감지해 문을 닫는다고 가정하자. 그러면 플랑크가 봤을 때 열차 머리 부분이 터널 출구에 채 도달하기도 전에 열차 꼬리 부분은 이미 터널 입구를 통과한다. 입구 쪽 문은 먼저 닫히고 출구 쪽 문이 나중에 닫힌다.

반면 아인슈타인이 봤을 때는 터널의 길이 수축 효과로 인해 터널 길이가 열차 길이보다 짧아진다. 출구 쪽 문이 먼저 닫히고 열차가 출구 쪽 문에 충돌하기 전에 다시 열린다고 가정한다면 입구 쪽 문은 그보다 나중에 닫힌다. 그렇지 않으면 열차 꼬리 부분이 입구를 통과하지 못했는데 입구 쪽 문이 닫혀버리는 불상사가 발생할 수 있다. 아인슈타인이 봤을 때 터널 길이는 열차 길이보다 짧다. 열차 머리 부분이 출구에 도달했을 때 열차 꼬리 부분은 아직 입구에 이르지 못했기 때문이다.

요컨대 플랑크와 아인슈타인의 입장에서는 두 개의 문이 닫힌 순서가 다르다. 이는 상대성이론에서 기준 틀에 따라 사건의 발생 순서가 뒤바뀔 수도 있다는 사실을 의미한다.

동시성의 상대성relativity of simultaneity 효과를 이해한 후에는 자연히 가장 기본적인 의문이 생긴다. '상대성이론에서 인과(원인과 결과)가 뒤바뀔 수

있는가?'

우리는 앞서 1장 1-1에서 권총과 총알에 관한 사고실험을 통해 이 문제를 다뤘었다. 논리적으로 볼 때, 총을 쐈다는 것은 먼저 방아쇠가 당겨지고 나중에 총알이 총구에서 발사됐음을 의미한다. 즉 반드시 인과론이 성립돼야 한다.

하지만 열차가 터널로 진입하는 사고실험에서는 사건의 발생 순서가 뒤바뀌는 것이 가능해 보인다. 이는 무엇 때문인가? 이쯤에서 '상대성이론에서는 원인과 결과가 뒤바뀔 수 있는가?'라는 의문이 생긴다. 달리 말해 두 사건 사이에 인과관계가 존재하는지 여부를 판단하는 근거가 무엇이냐는 것이다.

한 기준계에서 발생한 두 사건은 서로 다른 2조組의 4차원 시공간 좌표(한 개의 시간 좌표와 세 개의 공간 좌표)와 대응된다. 두 사건이 발생한 공간적 거리(공간 좌표)의 차이를 두 사건이 발생한 시간 차이로 나누면 속도를 얻을 수 있다.

인과관계 판단 근거는 다음과 같다. A라는 기준계에서 속도가 빛의 속도를 추월한 경우, B라는 기준계에서 봤을 때는 두 사건의 발생 순서가 뒤바뀐 것처럼 보일 수 있다. 즉 이들 사이에는 인과관계가 존재하지 않는다.

그렇다면 두 사건 사이의 인과관계란 무엇인가? 쉽게 이해하자면 '한 사건이 다른 사건의 원인이 되고, 그 다른 사건은 먼저의 사건의 결과가 되는 관계'를 의미한다.

예를 들어 사건 A가 발생했고 사건 A로 인해 사건 B가 발생하게 된다면, 사건 B는 발생하기 전에 반드시 사건 A가 발생했음을 '알아야' 한다.

사건 A가 이미 발생했다는 사실을 알려면 정보 전달이 필요하다.

정보 전달 속도 중 가장 빠른 것은 빛이다. 또 사건 A의 발생부터 사건 B가 사건 A의 발생 사실을 알게 되기까지 시간 차이가 존재한다. 이 시간 차이의 최솟값을 구하려면 두 사건이 발생한 공간 거리를 광속으로 나누면 된다. 정보를 가장 빨리 전달할 수 있는 것은 빛이나 전자기파이기 때문이다.

요컨대 두 사건이 발생한 시간 차이에 광속을 곱해 얻은 거리가 두 사건이 발생한 공간 거리보다 작으면 두 사건 사이에 인과관계가 존재하지 않는다. 두 사건 사이 시공간 간격이 너무 커서 사건 A의 발생 사실이 사건 B에게 알려지기도 전에 사건 B가 발생했기 때문에 이 두 사건은 틀림없이 서로 별개의 사건이다.

인류 문명이 온 우주로 진출한 미래 세계를 상상해 보자. 어느 별에서 살해 사건이 발생했다. 사건 조사에 나선 우주 탐정은 먼저 피해자의 사망 사건을 확인해 살해 사건이 언제 발생했는지 파악한 다음 현재 시각과 사망 시각 사이 시간 간격에 빛의 속도를 곱해 거리를 계산한다.

마지막으로 살해 사건 발생 지점을 구심球心으로, 앞서 계산한 거리를 반지름으로 하는 구球를 공간에 그린다. 그러면 현재 이 구 밖에 있는 생명체는 살해 혐의를 벗을 수 있다. 이 구 밖에서 발생한 모든 사건은 살해 사건과 인과관계가 없기 때문이다.

이것이 상대성이론에서 말하는 인과관계 판단 방법이다. 역으로 말하면, 인과관계에 있는 두 사건이 발생한 공간 거리를 시간 간격으로 나눠서 얻은 속도는 반드시 빛의 속도와 같거나 작다. 그래야 두 사건 사이에 인과관계가 존재할 가능성이 있는 것이다.

또 이런 두 사건은 어떤 기준계를 기준으로 해도 발생 순서가 뒤바뀔 수 없다. 그러므로 상대성이론에서는 이미 정해진 인과관계는 깨뜨려지지 않는다.

2-2

강체 역설: 재료의 성질에 대한 특수상대성이론의 영향

특수상대성이론에서 '어떤 물질도 빛의 속도를 추월할 수 없다'고 결론 내리자 과학자들은 빛의 속도 추월 가능성을 입증하기 위해 수많은 사고실험을 고안해 냈다.

초광속 관련 사고실험

다음과 같은 상황을 가정해 보자. 지면에 정지해 있는 손오공이 여의봉의 길이를 늘려 달까지 이르게 한 다음 달에 사는 여신 상아嫦娥에게, "여의봉이 움직이는 것이 보이면 불꽃을 터뜨려 달라"고 부탁했다. 그리고 지면에 서서 이쪽 끝을 손에 쥐고 여의봉을 흔들었다. 만약 여의봉이 절대 깨뜨려지지 않을 만큼 단단하다면 손오공이 여의봉을 흔들자마자 저쪽 끝에 있는 상아의 눈에 여의봉의 움직임이 보였을 것이다. 이 경우 손오공이 빛보다 더 빠른 속도로 상아에게 정보를 전달했다고 볼 수 있다.

달에서 지구까지 거리는 약 38만 킬로미터이다. 따라서 빛으로 신호를 전달하려면 1초 넘게 걸린다. 반면 손오공은 여의봉을 통해 빛보다 빠른 속도로 정보를 순간 전달한 것이다.

손오공이 여의봉을 이용해 빛의 속도를 추월할 수 있는 또 다른 방법도 있다. 예컨대 그는 여의봉의 길이를 늘려 은하계 중심까지 이르게 한 다음 여의봉을 힘껏 휘두르면 된다. 그러면 여의봉의 앞부분은 우주에서 손오공을 중심으로, 여의봉의 길이를 반지름으로 하는 원운동을 하게 된다. 원운동하는 물체의 속도는 반지름에 각속도를 곱한 값이다. 그러므로 여의봉의 길이가 충분히 길면 손오공이 아주 빠르게 휘두르지 않아도 여의봉 앞부분의 속도는 쉽게 광속을 넘어설 수 있다.

위에 든 두 가지 예가 현실적으로 성립하려면 여의봉이 반드시 물리적 형태가 변하지 않는 강체rigid body여야 한다. 강체는 탄성이 전혀 없는 단단한 물체이다. 현실 세계에서는 아무리 단단한 물체라도 외력이 가해지면 변형이 생긴다. 물론 똑같은 크기의 외력이 가해질 때 경도가 큰 물체는 경도가 작은 물체보다 변형된 정도가 약하다.

탄성역학 용어로 물체에 가해진 단위 면적당 외력을 변형력stress, 물체에 외력이 가해졌을 때 나타나는 부피의 변화를 변형strain이라고 한다. 또 변형력을 변형 비율로 나눈 값을 영률Young's modulus(탄성률)이라고 한다. 영률이 큰 물체일수록 경도가 크다. 따라서 강체는 변형이 0이므로 영률이 무한대인 물체이다.

하지만 강체는 현실에 존재하지 않는다. 세상 만물은 모두 원자로 구성돼 있다. 한 물체에 외력을 가하면 첫 줄에 있는 원자들이 먼저 운동하면서 다음 줄에 있는 원자들의 운동을 이끌어낸다. 원자들 사이에는 간격이 존재하고 첫 줄에 있는 원자들의 운동이 다음 줄에 전달되기까지 일정한 시간이 필요하다.

따라서 첫 줄에 있는 원자들이 아무리 빠르게 운동해도 그 운동이 다음 줄로 전달되는 속도는 빛의 속도를 뛰어넘을 수 없다. 손오공이 지면에 서서 여의봉을 흔들면 여의봉 뒷부분이 먼저 압축되면서 그 압축 추세가 앞부분까지 전달된다. 여의봉을 흔든 행동은 본질적으로 기계적 운동에 속한다. 고체 내부 기계적 운동의 전달 속도는 고체 내부의 음속과 같다.

사다리 역설 재분석

강체의 개념을 알았으니 열차 역설(사다리 역설)과 관련된 흥미로운 현상들을 몇 개 더 살펴보자.

앞서 든 예와 비슷한 상황을 가정해 보자. 빠른 속도로 달리고 있는 열차가 터널로 진입한다. 아인슈타인은 열차 안에 앉아 있다. 또 지면에 서 있는 플랑크는 터널 문을 열고 닫을 수 있는 스위치를 손에 쥐고 있다. 다만 이번에는 열차 전체가 터널로 진입했는데도 플랑크가 문을 열지 않았다. 따라서 열차는 터널 출구 쪽 문과 충돌할 수밖에 없다.

만약 문이 너무 단단해 열차가 문을 뚫고 나가지 못한다면 열차는 멈출 수밖에 없다. 이때 플랑크 눈에는 열차 전체가 터널 안에 갇힌 상태로 보일 것이다. 하지만 열차 속도가 0이 되면서 길이 수축 효과는 사라지고 열차는 본래의 길이를 회복한다. 따라서 터널 양쪽에 있는 문이 이미 닫혔기 때문에 터널 안에 갇힌 열차는 양쪽 문에 의해 압축되는 과정을 거친다.

한편 아인슈타인 눈에 보이는 현상은 더욱 기묘하다.

먼저 열차와 터널 출구 쪽 문이 부딪치는 장면이 아인슈타인 눈에 보일 것이다. 하지만 동시성의 상대성 원리에 따라 열차와 출구 쪽 문이 충돌할 때 입구 쪽 문은 아직 열려 있는 상태이다. 이치대로라면 열차가 멈춰 서고 열차 속도가 0이 되면 길이 수축 효과가 사라진다. 또 열차의 본래 길이는 터널 길이보다 크기 때문에 열차 전체가 터널 안에 갇히는 상황은 발생할 수 없다.

하지만 플랑크가 봤을 때 열차 전체가 터널 안에 갇혀서 양쪽 문에 의해 심하게 압축된 것은 객관적 사실이 분명하다.

무엇 때문에 이런 역설이 나타날까?

그 이유는 다음과 같다. 열차의 머리 부분이 터널 출구 쪽 문과 충돌하면서 그 충격력에 의해 멈췄을 때 꼬리 부분은 즉시 멈추지 못한다. 꼬리 부분이 곧바로 멈춰 서려면 '열차 머리 부분이 이미 멈춰 섰다'는 정보가 적어도 빛의 속도로 열차 꼬리 부분에 전달돼야 하기 때문이다. 그러므로 열차 머리 부분과 출구 쪽 문이 막 충돌했을 때 열차 꼬리 부분은 미처 반응하지 못하고 관성에 따라 계속 앞으로 나아간다.

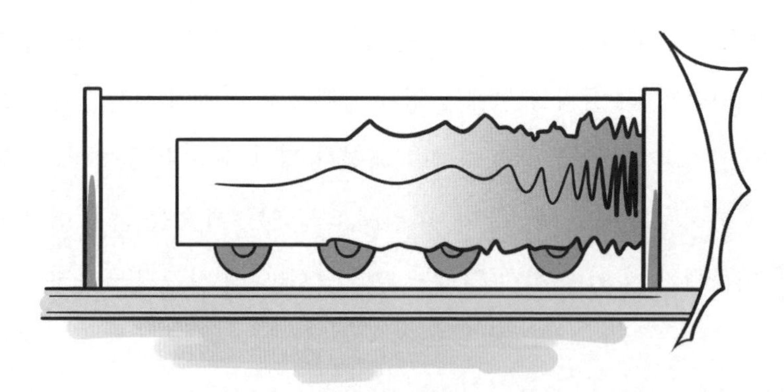

그림2-3 열차 안 역학적 파동의 전달

물체 재료의 속성에 따르면 '열차 머리 부분이 이미 멈춰 섰다'는 정보가 열차 꼬리 부분까지 전달되는 속도는 재료의 탄력성에 따라 결정된다. 재료가 변형을 일으키고 그 변형 정보가 재료 안에서 전파되는 과정이 곧 재료 안에서의 역학적 파동이다. 그리고 이런 정보 전달 속도는 재료 내부 음속과 같다.

일반적으로 영률이 높은 물체일수록 기계적 파동을 전달하는 속도가 빠르다. 예컨대 크기가 똑같은 두 개의 스프링을 흔들었을 때 팽팽한 스프링은 느슨한 스프링보다 진동 빈도수가 더 높다. 그러므로 '열차 머리 부분이 이미 멈춰 섰다'는 정보가 열차 꼬리 부분까지 전달되는 속도는 열차 재료의 속성에 따라 결정된다. 일반적으로 열차 재료가 단단할수록 열차가 빠르게 멈춰 선다.

그러나 다른 시각으로 보면 상황이 완전히 달라진다. 지면에 서 있는 플랑크가 볼 때 열차 전체가 특정 시간에 완전히 터널 속에 진입하는 상태는 객관적 사실이다. 출구 쪽 문과 입구 쪽 문은 동시에 닫힌다. 반면 특수상대성이론의 로렌츠 변환을 적용할 경우 아인슈타인 입장에서는 출구 쪽 문과 입구 쪽 문이 닫힐 때 시간 차이가 존재한다. 이 시간 차이는 유일하게 확정된 사실이다.

달리 말해 열차가 어떤 재료로 만들어졌든 반드시 정해진 시간에 터널로 진입한다는 얘기이다. 그렇게 되면 열차의 탄력성과 열차의 재료 사이에 필연적인 연관성이 없는 듯하다.

이쯤에서 또 모순을 발견할 수 있다. 현실 세계에서 물체의 탄력성이 물체의 재료와 무관한 경우는 있을 수 없다. 철강, 솜사탕 등 서로 다른 재료로 열차를 만든다면 이들의 탄력성에는 분명히 차이가 있다.

하지만 특수상대성이론을 토대로 계산해 보면 열차의 재료는 열차의 탄력성에 거의 영향을 주지 않는다는 결론이 나온다. 그렇다면 이 역설은 어떻게 해결해야 할까?

우리는 특수상대성이론을 배울 때 이 이론의 한계를 항상 염두에 둬야 한다. 특수상대성이론은 이상적인 상황에서만 성립된다. 즉 특수상대성이론의 연구 대상은 등속직선운동하는 물체에만 한정된다. 예컨대 아인슈타인이 탄 열차가 갑자가 멈춰 선 경우와 같이 가속운동이나 감속운동을 하는 물체는 특수상대성이론의 연구 범위에 포함되지 않는다.

요컨대 위에서 분석한 역설은 가속도와 관계되기 때문에 특수상대성이론으로 해결할 수 없다.

2-3

에렌페스트 역설: 시공간의 휘어짐

에렌페스트 역설Ehrenfest paradox은 파울 에렌페스트가 고안한 특수상대성이론 관련 사고실험이다. 아래 분석을 통해 알 수 있겠지만 에렌페스트 역설을 해결하려면 특수상대성이론만으로는 부족하다. 반드시 일반상대성이론의 일반 가설을 도입해야 해결할 수 있다.

이 역설 역시 아인슈타인의 일반상대성이론이 생겨나는 데 크게 기여했다.

에렌페스트 역설

먼저 중학교 때 배웠던 간단한 기하학을 복습해 보자. 원의 둘레의 길이는 원의 반지름에 2π를 곱한 값이다. 여기에서 π는 무리수irrational number이고, π의 값은 약 3.1415926이다.

반지름 r인 원반이 고속으로 회전하고 있다고 가정해 보자. 원반 가장자리의 회전 속도는 광속에 거의 근접하고 있다. 아인슈타인은 원반 중심에 서서(원반 중심은 회전하지 않기 때문에 아인슈타인은 정지 상태임) 두 가지 물리량을 관측하고자 한다. 하나는 아인슈타인이 정면으로 보고 있는 원반 가장자리 원호圓弧의 길이이다. 다른 하나는 아인슈타인과 이 원호를 연결하는 반지름이다.

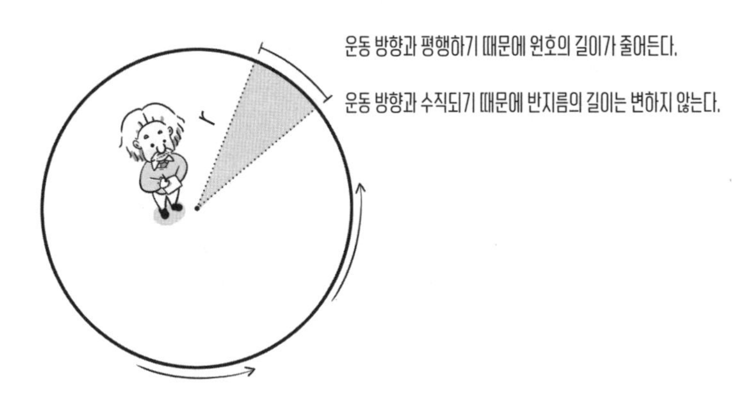

그림2-4 **아인슈타인이 원호의 길이와 원반의 반지름을 관측하다**

앞서 소개한 길이 수축 효과에 따르면 원호와 원반 가장자리의 회전 방향이 일치하기 때문에 아인슈타인이 봤을 때 원호의 길이가 줄어든 것처럼 보인다. 하지만 반지름의 방향은 원반 가장자리의 회전 방향에 수직되기 때문에 반지름의 길이는 줄어들지 않는다. 반지름에 길이 수축 효과가 일어나지 않기 때문이다.

원둘레는 여러 토막의 원호들로 구성된다. 따라서 이들 토막의 원호 길이가 줄어들었다면 원둘레의 길이도 줄어들어야 한다. 이쯤에서 모순을 발견할 수 있다. 원둘레의 길이는 원의 반지름에 2π를 곱한 값이다. 즉 원둘레의 길이와 반지름은 정비례한다. 하지만 위에서 예로 든 상황을 보면 원의 반지름이 변하지 않았음에도 원둘레의 길이는 작아졌다.

그렇다면 원반 둘레의 길이는 정말로 변했을까, 아니면 변하지 않았을까? 이것이 바로 에렌페스트 역설의 핵심이다.

유클리드 기하학Euclidean geometry의 한계

이 역설은 어떻게 설명해야 할까? 결론부터 말하자면 에렌페스트 역설 또한 2-2에서 이야기한 역설과 마찬가지로 특수상대성이론의 연구 범위에 포함되지 않는다.

거듭 강조하지만 특수상대성이론은 가속도를 가지지 않은 등속직선운동에만 적용된다. 하지만 원운동은 등속직선운동이 아니다. 위에서 예를 든 원반은 회전운동할 때 구심 가속도centripetal acceleration를 가진다.

원반이 회전운동할 때, 원반 가장자리를 구성하는 모든 점은 고정된 속도로 원의 중심을 에워싸고 돈다. 즉 운동 속도가 일정하다. 하지만 운동 방향은 계속 변한다. 따라서 원반 가장자리의 모든 점은 등속직선운동을 하지 않는다.

특수상대성이론을 적용할 수 없으므로 일반상대성이론으로 이 현상을 설명하면 된다. 일반상대성이론의 주요 주장 중 하나가 바로 '시공간의 휘어짐distortion of spacetime'이다.

먼저 평평한 시공간flat spacetime이 무엇인지 살펴보자. 우리는 중학교 때 유클리드 기하학을 배웠다. 유클리드 기하학의 기본 가설(또는 공리) 중 하나가 바로 '두 평행선은 영원히 만나지 않는다(또는 무한하게 먼 곳에서 만난다)'이다. 하지만 이 공리는 평평한 평면에서만 성립된다. 평평하지 않은 평면이나 곡면에서는 성립되지 않는다.

간단한 예를 들어보자. 평평한 종이 위에 정사각형 또는 직사각형을 그린다. 정사각형(또는 직사각형)은 네 각이 모두 직각이고 두 쌍의 마주 보는 변이 서로 평행이다. 달리 말해 두 직선이 한 직선과 정확하게 직각을 이루면서 교차한다면 이 두 직선은 평행선이다. 영원히 만나지 않는다.

하지만 지표면 같은 곡면은 이 같은 전제 조건이 성립되지 않는다. 알다시피 모든 경선(자오선)은 남극과 북극으로 모아져 한 점에서 만난다. 하지만 유클리드 기하학에서 설정한 임의의 두 경선은 지구상의 다른 곳에서는 절대로 만나지 않는다. 한편 이 두 경선과 만나는 위선은 반드시 서로 직각으로 교차한다. 그러므로 커다란 구면에서는 부분적으로 서로 평행하는 경선이 존재할 수 있으나 이 두 경선이 영원히 만나지 않는 것은 아니다. 즉 지구상에서는 남극과 북극에서 서로 만난다.

이와 같은 곡면을 연구하는 기하학이 리만 기하학Riemannian geometry이다. 리만G. F. Bernhard Riemann은 19세기 가장 위대한 수학자 중 한 사람이다. 아인슈타인의 일반상대성이론은 리만 기하학에 기반을 두고 있다.

주목할 점은 '원둘레의 길이는 원의 반지름에 2π를 곱한 값'이라는 결론이 유클리드 기하학에서만 성립된다는 것이다. 유클리드 기하학은 평평하지 않은 공간에서는 성립하지 않는다.

이제 우리는 에렌페스트 역설을 대략 설명할 수 있다. 우선 위에서 예로 든 원반은 등속직선운동을 하지 않기 때문에 이 경우에는 특수상대성이론이 아닌 일반상대성이론을 적용해야 한다. 일반상대성이론의 주요 개념인 '시공간의 휘어짐' 조건에서는 유클리드 기하학 공식을 이용해 원둘레 길이를 계산해서는 안 된다.

정리하자면 에렌페스트 역설에서 원둘레 길이가 줄어든 것도, 원의 반지름이 변하지 않은 것도 모두 분명한 사실이다. 둘 사이에 모순은 존재하지 않는다. 다만 '원둘레의 길이는 원의 반지름에 2π를 곱한 값'이라는 결론은 유클리드 기하학 공간, 즉 평평한 공간에서만 성립된다. 따라서 비非유클리드기하학 공간에서는 위와 같은 기하학적 관계가 성립되지 않는다.

2-4

쌍둥이 역설: 위기에 빠진 특수상대성이론

두 쌍둥이 중 누가 나이를 적게 먹었을까

특수상대성이론과 관련된 가장 유명한 역설이 바로 쌍둥이 역설twin paradox이다. 이 역설 역시 사고실험을 통해 이해해 보자.

쌍둥이 중에 형은 우주비행선을 타고 광속에 근접한 속도로 우주여행을 다녀왔고 그동안 동생은 지구에 남아 있었다고 가정하자. 쌍둥이 형이 지구에 착륙해 쌍둥이 동생을 만났을 때 쌍둥이 중 누가 더 나이를 먹었을까?

쌍둥이 형의 운동 속도는 매우 빠르다. 따라서 지구에 남아 있는 쌍둥이 동생의 시계로 측정했을 때 시간 지연 효과로 인해 쌍둥이 형의 시간은 매우 느리게 간다. 그렇게 되면 쌍둥이 형이 지구로 돌아온 후 쌍둥이 동생이 더 나이를 먹은 상태가 된다.

언뜻 보면 별 문제 없어 보이는 추론이나 자세히 따져보면 심각한 논리적 모순을 발견할 수 있다. 우주비행선을 타고 우주여행을 다녀온 것은 쌍둥이 형이다. 하지만 쌍둥이 형의 입장에서는 지구에 남아 있는 동생을 포함해 지구 전체가 우주비행선과 그를 기준으로 광속에 근접한 속도로 운동한 것처럼 보인다. 모든 운동은 상대운동이고 쌍둥이 형과 쌍둥이 동생 모두 자신은 정지해 있고 상대방이 운동하는 것처럼 느끼기 때문이다. 그러므로 쌍둥이 형의 입장에서 보면 쌍둥이 동생의 시간이 더 느리게 간다. 따라서 그가 지구에 돌아왔을 때 그 자신이 동생보다 나이를 더 먹은 상태가 되어야 한다.

열차를 타본 사람들은 한번쯤 다음과 같은 경험을 해봤을 것이다. 예를 들어 당신이 탄 열차는 아직 출발하지 않았는데 옆에 서 있던 다른 열차가 움직이기 시작하면, 당신은 지금 움직이고 있는 열차가 당신이 탄 열차인지 아니면 옆에 서 있던 열차인지 잠깐 헷갈린다.

모든 운동은 상대운동이기 때문에 당신은 옆에 서 있던 열차가 당신에 대해 상대운동한다는 사실만 분명히 알 수 있을 뿐이다. 당신이 탄 열차가 움직였는지 옆에 서 있던 열차가 움직였는지는 판단할 수 없다.

쌍둥이 형제 관련 사고실험에도 같은 원리를 적용할 수 있다. 만약 쌍둥이 형과 동생 모두 자신이 지구상에 있는지 아니면 우주비행선 안에 있는지 모르고 다만 자신에 대한 상대방의 상대운동 상태만 볼 수 있다면 어떻게 될까? 시간 지연 효과에 대한 역설이 생길 게 분명하다. 즉 쌍둥이 형의 입장에서는 동생이 나이를 더 적게 먹었다고 관측하고, 쌍둥이 동생의 입장에서는 형이 나이를 더 적게 먹었다고 관측할 것이다. 그렇다면 실제로 둘 중에서 누가 더 적게 나이를 먹었을까?

분명한 것은 한 가지 일에 두 가지 결과가 나타날 수 없다는 사실이다. 즉 쌍둥이 형제 관련 사고실험이 실제로 행해졌다면 최종적으로 쌍둥이 형이 더 적게 나이를 먹었거나 아니면 쌍둥이 동생이 더 적게 나이를 먹었거나 둘 중 한 가지 결과만 나와야 한다. 또는 절충해서 두 사람의 시간이 똑같이 흐른다면 시간 지연 이론에 오류가 생긴 것으로 봐도 되지 않을까?

가속도를 감안하면 어떻게 될까

거듭 강조하지만 특수상대성이론의 연구 대상은 등속직선운동하는 물체에 한정된다. 가속도가 존재하는 상황에는 적용되지 않는다. 가속도는 일반상대성이론의 토론 범위에 포함된다(일반상대성이론과 특수상대성이론의 구분 기준과 관련해 여러 학파들 사이에 의견이 엇갈린다. 예를 들어 어떤 학파는 일반상대성이론에 중력만 포함하고 가속도는 특수상대성이론의 연구 범위에 포함한다. 물론 이는 그저 의견 차이일 뿐 누가 옳고 그르다고 판단할 수 없다).

위에서 언급한 사고실험을 다시 분석해 보면 우리가 논리적으로 너무 앞서갔다는 사실을 알 수 있다. 쌍둥이 형과 동생은 둘 다 처음에 지구에 있었다. 두 사람은 서로에 대해 상대 정지 상태였다. 그 후 쌍둥이 형은 우 주여행을 떠났다. 우주비행선은 빠른 속도로 가속해 빛의 속도에 이르렀다. 쌍둥이 형은 말 그대로 가속하는 과정을 경험한 것이다.

하지만 앞서 말했다시피 특수상대성이론의 연구 대상은 등속직선운동하는 물체에 한정된다. 가속도가 존재하는 상황에 적용되지 않는다. 그러므로 이 문제를 분석할 때 특수상대성이론의 틀에 갇혀서는 안 된다. 반드시 일반상대성이론의 도움을 받아야 한다.

좀 더 자세히 분석해 보면 이 얘기가 역설이 되는 이유는 두 쌍둥이가 지구에서 다시 만났기 때문이다. 두 쌍둥이가 다시 만났기 때문에 '누가 더 적게 나이를 먹었는가?'라는 문제가 발생한 것이다. 만약 쌍둥이 형이 우주여행을 떠난 후 영영 지구로 돌아오지 않았다면 형이 봤을 때 동생의 시간이 더 느리게 흐른다. 동생이 봤을 때는 형의 시간이 더 느리게 흐른다. 모순이 존재할 것도 없다.

쌍둥이 형이 지구로 돌아와서 동생과 만나지 않았더라면 두 쌍둥이는 각자 자신의 시간이 정상적으로 흐르고 있다고 느낄 것이다. 즉 서로 상대방과 비교하는 과정이 없었다면 특수상대성이론의 오류도 발견되지 않았을 것이다.

구체적인 예를 들어 설명해 보자. 쌍둥이 형이 빠른 속도로 가속해 비행 속도가 광속의 99.5퍼센트에 이르렀고, 쌍둥이 동생이 봤을 때 형의 시간이 자신의 시간에 비해 10분의 1 정도로 느리게 흐른다고 가정해 보자. 운동은 상대적인 개념이므로 쌍둥이 형이 봤을 때 동생의 시간 역시 자신의 시간보다 10분의 1 정도로 느리게 흐른다.

쌍둥이 형이 지구를 출발했을 때 두 사람의 나이가 모두 20살이었고 지구에 남은 동생은 1년이 지난 뒤 형에게, "형, 내가 있는 곳에서는 이미 1년이라는 시간이 흘렀어. 나는 지금 21살이야"라는 내용의 메시지를 보냈다고 가정해 보자. 형의 입장에서 보면 동생의 시간이 매우 느리게 가기 때문에 동생이 이 메시지를 보낸 시점은 형의 시간이 10년이나 흐른 뒤였다. 또 형은 이 10년 동안 광속에 가까운 속도로 비행하고 있었기 때문에 동생이 메시지를 보낸 시점에 이미 지구에서 10광년 떨어진 곳에 다다른 상태이다. 따라서 동생이 발송한 메시지가 형에게 도달하려면 10년이라는 시간이 더 걸린다. 광속 불변의 원리에 따르면 메시지가 광속으로 형에게 전달된다고 해도 10광년이라는 공간적 거리를 거쳐 형을 따라잡아야 하기 때문이다. 그러므로 동생의 메시지가 형에게 전달됐을 때 형의 기준에서는 지구를 출발한 지 벌써 20년이 지난 시점이다.

그림2-5 쌍둥이 형은 동생보다 나이를 더 적게 먹었을까?

형은 동생의 메시지를 받고 나서 바로, "동생아, 나는 지금 40살이 됐어"라고 답장을 보냈다. 이 시점에 형이 계산해 본 동생의 나이는 22살이다. 하지만 동생 입장에서는 상황이 완전히 다르다. 동생은 형이 지구를 떠난 지 1년이 됐을 때 메시지를 보냈다. 따라서 동생이 봤을 때 형은 지구에서 1광년 떨어진 곳에 이르렀다. 동생이 보낸 메시지는 1광년이라는 공간적 거리를 지나기만 하면 형에게 도달할 수 있다.

문제는 동생이 발송한 메시지가 형을 따라잡기 위해 광속으로 이동하고 있는 동안 형 역시 광속보다 조금 느린 속도로 계속 비행하고 있다는 점이다. 그러므로 동생이 보낸 메시지가 형을 따라잡으려면 매우 오랜 시간이 걸린다. 메시지의 이동 속도가 광속이고, 형의 비행 속도가 광속의 99.5퍼센트이므로 형에 대한 메시지의 상대속도는 광속의 0.5퍼센트에 불과하다. 이 상대속도로 1광년이라는 상대적 거리를 경과하려면 200년이 걸린다. 즉 동생의 메시지가 형에게 전달됐을 때 동생의 시간은 이미 200년이 흘렀고 동생과 형 사이 공간적 거리도 200광년 이상 떨어져 있다.

광속 불변의 원리를 적용하면 형의 답장이 형과 동생 사이 공간적 거리를 지나서 동생에게 전달되려면 마찬가지로 매우 오랜 시간이 걸린다. 즉 약 200년이 지난 후 비로소 동생에게 전달된다. 따라서, "동생아, 나는 지금 40살이 됐어"라는 형의 메시지를 받았을 때 동생의 나이는 420살 정도가 된다.

이제 모순점이 해결된 듯하다. 쌍둥이 형과 동생 모두 상대방의 메시지를 받고 메시지에 적힌 상대방의 나이와 그 시점의 자신의 나이를 비교해 봤을 때 상대방이 자신보다 나이를 적게 먹었다는 사실을 발견했기 때문이다. 즉 특수상대성이론의 시간 지연 효과가 두 쌍둥이에게 모두 성립된 것이다.

그렇다면 누가 나이를 덜 먹을까

여기까지는 여전히 특수상대성이론에 기반해 분석한 내용이다. 만약 일반상대성이론을 적용한다면 쌍둥이 형이 지구로 돌아와서 동생을 만났을 때 두 사람 중 누가 나이를 덜 먹을까? 답은 '형'이다. 형은 속도 변화를 경험했기 때문이다.

일반상대성이론에 따르면 가속운동 또는 감속운동을 하는 주체의 시간이 느려진다. 쌍둥이 형은 우주여행을 하기 위해서 먼저 빠른 속도로 가속해 최종 목적지에 이른 후 속도를 줄여 멈췄다가 다시 가속과 감속 과정을 거쳐 지구로 돌아왔다.

일반상대성이론에 따르면 이 같은 일련의 과정을 거치면서 쌍둥이 형의 시간은 더욱 느려진다. 일반상대성이론을 적용하면 쌍둥이 역설을 원만하게 해결할 수 있다. 그 방법은 '극중 편'에서 자세하게 설명하겠다.

특수상대성이론과 관련된 몇 가지 역설을 통해 우리는 기존 관념으로 명확하게 정의할 수 없었던 개념들을 새롭게 정의했다. 사실 몇 가지 개념을 명확하게 정의하기만 해도 수많은 역설을 해결할 수 있다. 하지만 또 다른 측면에서 볼 때 이런 역설이 등장하면서 특수상대성이론의 한계가 발견됐다는 사실 또한 부인할 수 없다. 특수상대성이론은 특수 상황, 즉 등속직선운동을 할 때만 적용된다. 일반적인 상황에 적용하려면 일반상대성이론의 힘을 빌려야 한다.

특수상대성이론에 기반한 쌍둥이 역설의 해법

쌍둥이 역설은 아주 악명 높았다. 특수상대성이론이 명확하게 정립된 1950년대까지도 쌍둥이 역설 해법에 대한 논의가 활발하게 이뤄졌다. 아인슈타인은 위에서 언급한 가속도의 원리와 일반상대성이론의 중력 등가원리에 기반해 쌍둥이 역설의 해법을 제시했다. 하지만 사실 가속도를 감안하지 않고도 쌍둥이 역설을 해결할 방법은 있다.

다음과 같은 사고실험을 해보자. 관측자 A는 지구에 남아 있고, 또 다른 관측자 B는 우주비행선을 타고 지구를 떠나기로 한다. 관측자 B는 지구에서 빠른 속도로 가속한 후 다른 천체를 향해 등속으로 비행한다. 관측자 A와 B는 관측자 B가 지구를 출발한 순간 손목시계 시각을 똑같게 맞춘다. 다른 천체에 있던 관측자 C는 관측자 B가 그 천체에 도착하자마자 관측자 B와 같은 속도로 지구를 향해 비행한다. 더불어 관측자 C는 천체를 출발한 그 순간 관측자 B의 손목시계 시각에 맞춰 자신의 손목시계 시각을 조절한다. 이렇게 되면 관측자 C가 지구에 도달한 시점(관측자 C는 속도를 줄이지 않고 관측자 B와 같은 속도로 지구를 스쳐 지나감)에 C의 손목시계에 나타난 시각이 곧 지구와 천체를 왕복하는 데 걸린 시간일 것이다. 이것이 가속도를 감안하지 않은 쌍둥이 역설 사고실험이다.

가속도를 감안하지 않은 사고실험을 통해 쌍둥이 역설을 쉽게 이해할 수 있다. 이 쌍둥이 역설에 모순이 존재하는 이유는 형의 관성계와 동생의 관성계가 완전한 대칭을 이룬다고 가정하는 데 있다. 즉 양쪽에서 모두 상대방이 자신에 대해 상대운동하기 때문에 형 입장에서는 동생이 자신보다 나이를 덜 먹은 것처럼 느끼고 동생 입장에서는 형이 자신보다 나이를 덜 먹었다고 느끼는 것이다. 그런데 최종적으로 두 사람의 나이가 달라진 비대칭 결과가 나타났으니 논리적인 모순이 아닐 수 없다. 하지만 위에 든 예를 통해 지구를 출발한 사건과 지구로 돌아온 사건이 서로 다른 관성계에서 진행됐다는 사실을 알 수 있다. 속도는 같으나 방향이 서로 반대인 까닭에 관측자 A의 관성계와 관측자 B·C의 관성계는 대칭을 이루지 않는다. 따라서 최종 결과가 나이의 비대칭으로 나온 현상은 이상한 일이 아니다. 만약 구체적인 숫자를 대입해 로렌츠 변환식으로 계산해 본다면 지구를 떠나 우주를 비행한 사람의 시간이 실제로 더 느리게 간다는 사실을 확인할 수 있다. 요컨대 '관성계의 비대칭' 원리를 이용해 쌍둥이 역설을 해결할 수 있다.

CHAPTER 03

속도를 높이기 위한 인류의 노력

The path of Raising Speed

이제 상대성이론과 관련된 허무맹랑한 얘기에서 벗어나 좀 더 실제적인 문제에 대해 다뤄보자. 상대성이론의 효과에 도달하려면 속도에 대해 너무 높은 기준이 요구된다. 가시적 세계에서 사는 인류로서는 도무지 불가능할 정도로 말이다. 인류가 발명한 비행체 중 가장 빨라 봤자 속도가 고작 200km/s 정도이지 않는가.

따라서 이 장에서는 현실 세계에서 인류가 교통수단의 속도를 높이기 위해 어떤 어려움과 문제점을 극복해야 하는지 알아볼 것이다.

3-1 공기역학

인류가 교통수단의 속도를 높이기 위해 첫 번째로 통과해야 할 관문은 공기 저항air resistance이다. 공기 저항은 교통수단의 속도를 제한하는 큰 제약조건이다. 우리가 일상적으로 사용하는 교통수단은 모두 본질적으로 '공기와 싸우고 있다.'

공기 저항

지상 교통수단이 극복해야 할 저항력은 두 가지다. 바로 지면 마찰력friction force과 공기 저항력이다. 비행기 속도가 자동차보다 훨씬 빠른 이유는 비행기가 이륙한 후 더 이상 지면 마찰력이 작용하지 않기 때문이다. 물론 자기 부상magnetic levitation 기술을 이용하면 지면 마찰력을 근본적으로 극복할 수 있다. 반면 공기 저항을 극복하기란 그리 쉽지 않다.

직관적 느낌으로는 운동 속도가 빨라질수록 공기 저항이 커진다.

이 현상은 이해하기 쉽다. 예를 들어 당신이 막 움직이기 시작했을 때 살갗에 닿는 공기의 느낌은 마치 부드럽게 불어오는 바람과 같다. 하지만 운동 속도가 빨라질수록 풍속이 점점 빨라지면서 당신에게 작용하는 바람의 힘 역시 점점 거세진다. 풍력 등급이란 풍속에 근거해 바람의 세기를 구분한 것이다. 등급이 높을수록 풍속이 빠르고 파괴력 역시 강하다.

그렇다면 공기 저항력과 속도는 구체적으로 어떤 관계일까? 쉽게 설명하면 교통수단에 작용하는 저항력은 교통수단에 대한 공기의 상대속도의 제곱에 정비례한다. 즉 속도가 2배가 되면 공기 저항은 4배가 된다는 뜻이다.

이 같은 이유로 교통수단의 속도를 높이기는 매우 어렵다. 속도를 높이기 위해서는 엄청난 에너지 소모가 필요하다. 예컨대 중국은 고속철도의 운행 속도를 시속 300킬로미터에서 시속 350킬로미터로 높이기까지 상당히 오랜 시간이 걸렸다. 안전성은 말할 것도 없고 비용과 에너지 소모 문제도 매우 중요한 고려 요소였기 때문이다.

경주용 자동차를 정지 상태에서 시속 200킬로미터까지 가속하기는 어렵지 않다. 하지만 시속 200킬로미터에서 시속 400킬로미터까지 가속하려면 에너지 소모량이 5배 이상 증가한다.

공기 저항과 속도의 관계

공기 저항은 왜 속도의 제곱에 비례할까? 1장에서 알아본 운동량을 바탕으로 해답을 찾을 수 있다.

운동량은 운동하는 물체의 운동 효과를 나타내는 양으로 물체의 질량에 속도를 곱한 값이다. 달리 말해, 운동하는 물체를 멈추게 할 때의 난이도가 곧 운동량이다. 물체의 질량이 클수록, 운동 속도가 빠를수록 물체를 멈추게 하기 어렵다.

공기 저항력은 말 그대로 공기 분자들이 교통수단을 때리는 현상이다. 교통수단이 운행할 때 공기 분자들은 교통수단 표면에 대해 상대속도를 가진다. 교통수단은 이 상대속도를 0으로 만들기 위해, 즉 자신에 대한 공기분자들의 상대운동을 정지시키기 위해 그에 맞먹는 작용력이 필요하다.

뉴턴의 제3법칙(작용과 반작용의 법칙)에 따르면 한 물체가 다른 물체에 힘을 작용하면 다른 물체도 힘을 작용한 물체에 크기가 같고 방향이 반대인 힘을 작용한다. 그러므로 교통수단이 공기 분자들에 작용력을 가할 때 공기 분자들도 교통수단에 반작용력을 준다. 이 반작용력이 바로 공기 저항력이다.

이제 공기 저항력을 계산하는 공식을 알아보자. 앞서 이야기했듯이 공기 저항력은 교통수단이 자신에 대한 공기 분자들의 상대운동을 정지시키기 위해 작용하는 힘과 맞먹는다. 즉 공기 저항력은 단위 시간 동안에 교통수단의 표면을 때린 공기 운동량의 변화량에 정비례한다.

예컨대 단위 시간 동안에 일정한 양의 공기 분자들이 교통수단의 표면을 때렸다면 이 공기 질량은 체적volume에 밀도를 곱한 값이다. 일반적으로 공기 밀도는 항상 일정하다. 단위 시간 동안의 공기 체적은 공기 속도에 정비례한다. 단위 시간 동안에 얼마나 많은 공기 분자들이 교통수단의 표면을 때렸는지는 교통수단의 속도에 의해 결정된다. 속도가 빠를수록 단위 시간 동안 이동한 거리가 멀고 따라서 더 많은 양의 공기 저항을 받는다.

단위 시간 동안의 공기 저항력은 공기 운동량에 정비례한다. 운동량은 질량에 속도를 곱한 값이다. 또 교통수단을 때리고 지나가는 공기의 질량은 공기의 속도에 정비례한다. 따라서 공기 저항력은 속도의 제곱에 정비례하는 것이다. 이쯤 되면 비행기가 고도를 높일수록 속도가 빨라지는 이유를 알 수 있을 것이다. 해발고도가 높을수록 공기가 희박하고 공기 저항이 약해지기 때문에 연료를 절약하면서 비행 속도를 일정 수준으로 유지할 수 있는 것이다.

비행기 양력이 생기는 이유

공기 저항은 교통수단 운행에 악영향을 끼친다. 하지만 비행기가 하늘로 오를 수 있는 이유는 공기 저항력을 일부분 빌렸기 때문이다. 먼저 간단한 실험을 해보자. 종이 두 장을 나란히 펼쳐 놓고 두 종이 사이에 입김을 불어 넣는다.

직감적으로는 두 종이가 각기 양쪽으로 밀려날 것 같지만, 실험 결과를 보면 두 종이는 가운데로 모인다. 무엇 때문에 이처럼 상식적으로 이해하기 힘든 결과가 나왔을까? 그 이유는 속도가 빨라질수록 기압이 낮아지기 때문이다. 입김을 불면 종이 사이 공기의 흐름이 빨라져서 기압이 낮아지는 반면 종이 바깥쪽 기압은 그대로이기 때문에 상대적으로 기압이 낮은 가운데로 종이가 모인 것이다.

그림3-1 두 장의 종이 사이에 입김을 불어 넣는 실험

그렇다면 이 실험의 원리를 어떻게 이해해야 할까? 무엇 때문에 공기의 흐름이 빠를수록 기압이 낮아질까? 이 문제의 답을 알려면 먼저 공기의 기압이 어떻게 생기는지 알아야 한다. 상자 속에 공기가 가득 차 있다고 가정하면 공기 분자들은 미시적 운동을 하면서 끊임없이 상자 내벽을 때린다. 공기 분자들이 상자 내벽을 때리는 작용력이 곧 기압이다. 위에서 알아보았듯이 기압의 크기는 공기 밀도와 관련된다. 공기 밀도가 클수록 기압이 높다.

이는 실생활 경험에서도 알 수 있다. 예컨대 자전거 바퀴에 바람을 넣을 때 바퀴가 빵빵해질수록 바람을 넣기가 더 힘들어진다. 자전거 바퀴에 들어간 공기의 양이 많아진 반면 체적은 그대로여서 공기 밀도가 커졌고 기압도 높아졌기 때문이다.

그렇다면 무엇 때문에 공기의 흐름이 빠를수록 기압이 낮아질까? 공기처럼 흐르는 유체에서는 압력도 에너지(일할 수 있는 능력)이다. 베르누이Bernoulli는 유체의 운동에너지가 커지면 압력이 감소하면서 전체 역학 에너지가 보존된다는 사실을 알아냈다.

비행기를 예로 들 수 있다. 바로 공기의 흐름이 빨라지면서 기압이 낮아지는 원리에 의해 뜰 수 있는 것이다. 비행기 날개 단면을 보면 윗면은 둥그런 곡선형이다. 아랫면은 편평한 평면이거나 굴곡이 비교적 완만한 곡면이다.

비행기 몸체가 앞으로 움직이면 날개 앞부분의 공기는 아래위로 갈라졌다가 다시 날개 뒤쪽으로 흘러가서 만난다. 비행기 날개 윗면의 굴곡이 아랫면보다 크기 때문에 윗부분을 흘러 지나가는 공기는 아랫부분을 흘러 지나가는 공기보다 더 먼 거리를 지나 날개 뒤쪽에 이른다. 이때 날개 윗부분을 흘러 지나가는 공기의 흐름이 아랫부분 공기의 흐름보다 더 빠를 수밖에 없다. 그렇게 되면 날개 윗면의 기압이 아랫면보다 낮아진다. 이런 압력 차이로 인해 위로 떠오르는 힘을 얻는 것이다.

이것이 비행기 양력이 생기는 이유 중 하나이다. 이런 압력 차이는 비행기 운행 속도가 빨라질수록 커진다.

비행기 날개 뒷부분에 장착돼 있는 플랩flap 역시 베르누이 원리Bernoulli's principle에 따라 높은 양력을 발생시킨다. 플랩을 내리면 작용력과 반작용력 효과에 따라 위로 떠오르는 양력이 생긴다. 비행기가 하늘을 날면서 플랩을 움직일 때 발생하는 양력은 주로 베르누이 원리에 따른 것이다.

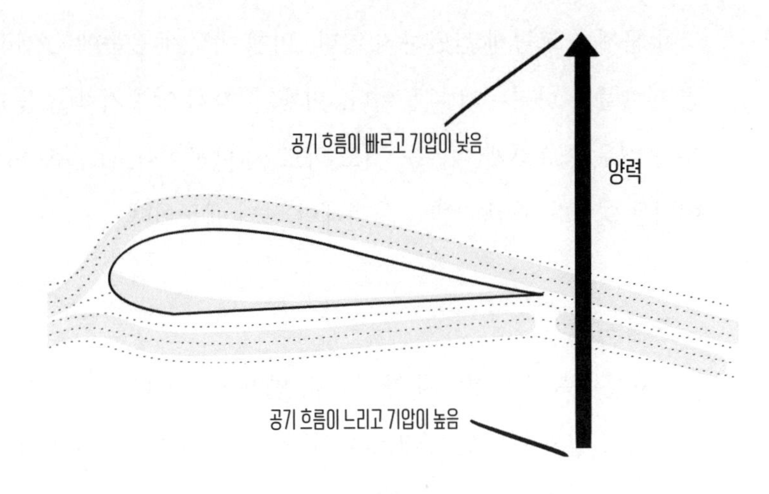

그림3-2 비행기 양력이 생기는 이유

현재 민간 여객기 최고 속도는 시속 1천 킬로미터에 이른다. 하지만 그 이상으로 선형 가속하기는 불가능하다. 음속장벽sonic barrier을 넘어설 수 없기 때문이다. 비행기가 초음속으로 비행하려면 반드시 소리의 벽을 돌파해야 한다.

3-2

초음속

비행 고도가 높아지면 비행기 주변의 공기 밀도는 낮아지면서 공기 저항이 약해진다. 그렇다면 비행 고도를 계속 높이면 비행기가 더 빠르게 날 수 있을까?

이 문제는 그렇게 간단하지 않다. 비행 속도가 음속에 근접하면 또 다른 장애물이 나타나기 때문이다. 비행기, 특히 전투기가 초음속 도달 여부를 매우 중요하게 여기는 것도 바로 이 때문이다. 초음속 비행은 매우 어려운 일이다. 음속장벽을 돌파해야 하기 때문이다.

초음속

먼저 초음속이 무엇인지 알아보자. 만약 '음속보다 빠른 속도가 곧 초음속'이라고 알고 있다면 제대로 이해한 것이 아니다. 우리가 알고 있는 음속은 대략 342m/s이다. 하지만 이 속도는 표준 대기압과 실온 상태에서 공기를 통해 전파되는 소리의 속도이다.

여기에서 말한 초음속은 비행기가 공기 중에서 항행할 때의 속도가 음속을 앞지른다는 의미이지 지면에 대한 상대속도를 의미하지 않는다. 그러면 둘 사이의 차이점은 무엇인가? 공기는 움직인다. 비행기가 비행할 때 주변 공기도 함께 앞으로 움직인다. 따라서 주변 공기의 흐름에 대한 비행기의 상대운동 속도가 음속을 앞질렀을 때 비로소 초음속이라고 할 수 있다.

고공에서는 공기가 희박해서 공기가 빠르게 움직인다. 따라서 고공에서의 소리 전파 속도는 342m/s보다 크다. 계산해 보면 고공에서는 지면에 대한 비행기의 상대속도가 400m/s에 근접할 때 진정한 의미의 초음속이라고 할 수 있다.

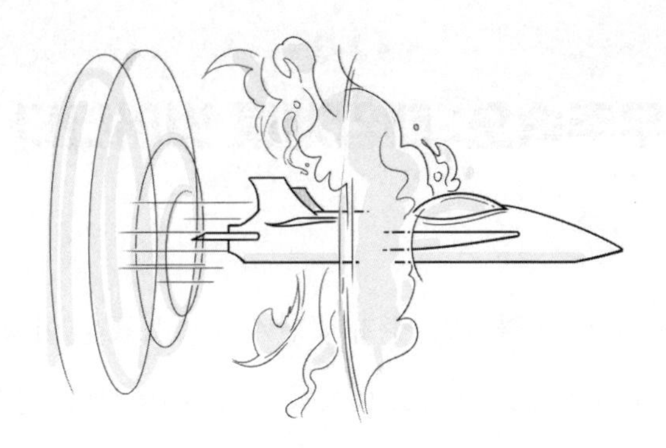

그림3-3 비행 속도가 음속을 앞지르다

비행기는 음속에 가까운 속도로 비행할 때 새로운 저항에 부딪힌다. 바로 음속장벽이다. 음속장벽은 말 그대로 '소리로 인한 장애물'이다. 그러면 음속장벽은 어떻게 생겨날까? 공기 중에 전파되는 소리는 사실 공기를 매질로 전달되는 역학적 파동이다. 모든 파동은 에너지를 전달한다.

비행기는 비행하면서 많은 소음을 일으킨다. 예를 들면 공기와의 마찰음, 엔진 소음 등은 모두 음파 에너지의 발생원이다. 비행기의 비행 속도가 음속에 다다르지 못했을 때 이런 소음은 비행기 주변 공기를 통해 음속으로 사방으로 방출된다.

비행기 속도가 음속에 가까워질수록 방금 전 비행기에서 방출한 역학적 파동의 에너지 덩어리들이 정면에서 항공기에 충격을 입힌다. 이렇게 발생한 충격이 바로 음속장벽이다. 음속장벽이 발생했을 때 비행기에 작용하는 저항력은 비행기가 음속보다 아주 느린 속도로 비행할 때보다 3~4배 더 높다. 그러므로 초음속 비행을 실현하기란 결코 쉽지 않다. 교통수단의 속도가 음속에 가까워지면 더 이상 가속하기 어렵다.

• • • 3-3 • • •

우주속도: 태양계를 벗어나다

인류가 우주 탐사를 하려면 세 가지 단계적인 목표를 이뤄야 한다. 즉 지표면, 지구와 태양계를 차례로 벗어날 수 있어야 한다. 물리학 언어로 표현하면 차례로 제1 우주속도, 제2 우주속도, 제3 우주속도에 도달할 수 있어야 한다.

제1 우주속도first cosmic velocity

지구를 벗어나기 전에 먼저 해결해야 할 문제가 있다. 바로 어떻게 하면 공중에서 떨어지지 않고 떠 있을 수 있느냐는 것이다. 뉴턴은 17세기에 벌써 이 문제에 대해 생각했다. 예를 들어 돌멩이를 던졌을 때 던진 힘이 클수록 돌멩이의 이동 거리는 멀어진다. 이는 생활 속에서 쉽게 경험할 수 있는 현상이다. 여기에서 주목해야 할 요소는 돌멩이를 던지는 데 든 힘의 크기가 아니라 돌멩이가 날아갈 때의 속도이다. 돌멩이의 속도가 빠를수록 이동 거리가 멀어지기 때문이다.

이쯤에서 뉴턴은 극한적 사고limit thought를 시도한다. 극한적 사고란 바로 조건 변수들은 극한으로 설정해 놓고 어떤 결과가 나타나는지 관찰하는 것이다. 뉴턴 시대에 지구가 둥글다는 사실은 이미 널리 알려진 상식이었다. 그렇다면 극한에 가까운 속도로 돌멩이를 던졌을 때 어떤 현상이 나타날까? 돌멩이가 지구를 한 바퀴 돌아서 원점에 서 있는 사람의 뒤통수로 날아들지 않을까?

이 문제에 대해 뉴턴은, "돌멩이 속도가 충분히 빠를 경우 땅에 떨어지지 않고 지구 표면을 계속 돌 것이다. 속도가 이보다 빠를 경우 영영 지구를 벗어나서 다시 돌아오지 않을 것이다"고 답했다.

나중에 사람들이 뉴턴의 만유인력의 법칙law of universal gravitation에 따라 이끌어낸 결론은 뉴턴이 당시 예상했던 답과 정확하게 일치했다.

인공위성, 비행체 등을 비롯한 모든 물체는 특정 임계속도에 이르렀을 때 지구에 추락하지 않은 채 지구 표면을 스치듯이 계속 돌 수 있다. 이 속도를 제1 우주속도라고 한다.

여기에서 반드시 알아야 할 것은 비행체는 대기권 밖에서만 제1 우주속도로 비행할 수 있다는 사실이다. 대기권 안에서는 공기와의 마찰 때문에 비행 속도가 줄어들면서 결국 지구로 추락할 수밖에 없다. 대기권 밖의 비행체는 제1 우주속도에 도달한 다음 지구 궤도에 진입할 수 있다. 이때부터 엔진이나 동력 장치의 도움을 받지 않고도 계속 지구 주위를 돌 수 있다.

제1 우주속도는 어떻게 구할까? 구심력centripetal force을 이용해 쉽게 구할 수 있다.

예를 들어 끈으로 무거운 물체를 묶은 다음 끈의 한쪽 끝을 잡고 무거운 물체를 빙빙 돌리면 물체의 도는 속도가 빠를수록 끈의 장력이 커진다. 끈의 장력이 물체에 작용해 원운동에 필요한 구심력이 생긴다. 구심력이 클수록 물체의 원운동 속도가 커진다. 같은 이치로 지구 주위를 도는 물체의 구심력은 곧 지구가 물체를 끌어당기는 중력이다. 지표면 근처에서 운동하는 물체에 작용하는 중력은 일정한 크기로 고정돼 있다. 이 중력의 크기는 지구 중심으로부터 비행체까지의 거리 및 지구의 질량과

그림3-4 뉴턴의 극한적 사고

관련되기 때문이다.

이처럼 만유인력의 크기는 구심력의 크기를 결정한다. 또 구심력의 크기는 지구 주위를 도는 비행체의 운동 속도를 결정한다. 끈으로 무거운 물체를 묶어서 돌리는 경우를 예로 들어 만유인력과 구심력이 같다는 전제 아래 제1 우주속도를 구해보면 대략 7.9km/s라는 결과가 나온다. 이는 음속의 20배가 넘는 빠른 속도이다. 일반 비행기는 물론이고 초음속 비행기도 이 속도에 도달할 수 없다. 인공위성을 발사할 때 반드시 로켓을 이용하는 이유도 이 때문이다.

에너지보존법칙conservation of energy

인류는 공중에서 떨어지지 않고 계속 비행할 수 있는 비행체를 성공적으로 발명해 냈다. 그렇다면 다음 단계로 지구 중력의 속박에서 벗어나 우주로 나아갈 수 있는 방법을 연구해야 하지 않을까? 직감적으로, '속도를 더 올리면 되지 않을까?'는 생각이 들 것이다.

사실 원리는 매우 간단하다. 만유인력은 매우 먼 곳까지 영향을 미친다. 지구에서 수십억 광년 떨어진 우주 가장자리에서도 지구의 중력을 느낄 수 있다. 다만 이 경우 지구 중력의 크기는 매우 작다. 비록 크기는 작더라도 중력은 항상 존재한다. 당신이 아무리 먼 곳에 있어도 일단 정지 상태에 있기만 하면 지구는 중력으로 당신을 끌어당긴다. 그러므로 언뜻 생각해 보면 우리가 지구 중력의 속박에서 벗어날 수 있는 방법은 없는 것처럼 보인다. 이 문제를 해결하려면 먼저 기본적인 물리학 법칙 중 하나인 에너지보존법칙에 대해 알아야 한다.

에너지보존법칙은 '고립계isolated system에서 에너지는 새로 생기거나 없어지지 않고 그 총량이 일정하게 유지된다'는 원리이다. 고립계는 다른 계와 에너지의 상호 교환이 없는 계를 가리킨다. 고립계 내의 에너지는 외부로 나갈 수 없다. 외부의 에너지도 고립계 안으로 유입될 수 없다. 하지만 계 안에서는 에너지가 서로 다른 형태로 전환 가능하다. 예를 들어 달리는 자동차의 시동을 끄고 브레이크를 밟는다면 자동차는 멈춰 선다. 이 경우 자동차의 운동에너지는 감소했으나 에너지 총량은 줄어들지 않았다.

자동차의 에너지는 없어진 게 아니라 타이어와 노면, 타이어와 브레이크 패드, 자동차와 공기의 마찰로 생성된 열에너지로 전환된다. 이 에너지들을 합친 양과 감소된 운동에너지 양은 반드시 같다. 이것이 에너지보존법칙이다.

에너지보존법칙 역시 가장 기본적인 법칙으로 이미 수없이 많은 실험을 통해 검증받았다. 우리는 연역법으로 이 법칙을 이끌어낼 수 없다. 그저 물질계 법칙이 본래부터 그렇다고 말할 수밖에 없다.

제2 우주속도와 제3 우주속도

이 에너지보존법칙을 바탕으로 지구 중력의 속박에서 벗어나는 방법을 찾아보자. 우선 '지구 중력의 속박에서 벗어난다'라는 말의 의미를 살펴보자.

우리는 지구의 중력에서 영원히 벗어날 수 없다. 당신이 아무리 먼 곳으로 날아가도 지구 중력은 여전히 당신에게 작용한다. 다만 지구에서 멀리 떨어질수록 지구 중력의 크기가 줄어들 뿐이다. 따라서 '지구 중력의 속박에서 벗어난 상태'는 '비행체가 지구에서 매우 멀리 떨어진 곳, 심지어 우주 가장자리에 도착한 후에도 더 먼 곳으로 날아갈 수 있는 운동에너지를 충분히 갖고 있는 상태'로 이해하면 된다. 이런 상태가 되면 근본적으로 지구 중력의 속박에서 벗어났다고 볼 수 있다. 이처럼 에너지 측면에서 '지구 중력의 속박에서 벗어난 상태'를 운동 과정으로 재정의한 시도는 놀라운 발상의 전환이다.

'지구 중력의 속박에서 벗어난 상태'에 대한 재정의를 바탕으로 에너지보존법칙을 결합해서 제2 우주속도를 계산해 낼 수 있다. 지구를 벗어나 우주를 항행하는 비행체의 에너지 총량은 두 부분으로 이뤄진다. 하나는 비행체의 운동에너지, 다른 하나는 지구가 중력으로 비행체를 끌어당기면서 생기는 중력 위치에너지이다. 중력 위치에너지는 이해하기 어렵지 않다. 지표면에서는 물체의 해발고도가 높을수록 중력 위치에너지도 크다. 물체가 높은 곳에서 아래로 떨어질 때, 오래 떨어질수록 떨어지는 속도가 빠르기 때문이다.

지구 표면에서 발사된 비행체는 엔진 가속운동에너지와 지구 중력 위치에너지를 모두 갖고 있다. 만약 지구 표면이 아닌 우주에서 비행체를 발사한다면 어떻게 될까? 분명한 것은 공기 마찰 문제를 고려하지 않아도 된다는 사실이다. 에너지보존법칙에 따르면 비행체가 어디로 가건 에너지 총량은 변하지 않는다. 즉 우주에서 발사된 비행체는 엔진을 가동하지 않는다면 중력 위치에너지가 증가하는 대신 운동에너지가 감소한다. 또 중력 위치에너지의 증가량은 반드시 운동에너지 감소량과 맞먹는다. 에너지 총량은 항상 일정하게 유지되기 때문이다.

'지구 중력의 속박에서 벗어난 상태'를 물리학적 언어로 표현한다면 '비행체가 무한히 먼 곳에 도달한 후에도 0 이상의 운동에너지를 갖고 있는 상태'라고 할 수 있다. 이 밖에 우리는 비행체가 무한히 먼 곳에 도달했을 때의 중력 위치에너지도 계산해 낼 수 있다(무한히 먼 곳에서의 중력 위치에너지는 0임).

이제 에너지보존법칙을 바탕으로 역행 귀납법으로 제2 우주속도를 계산해 보자. 지구에서 발사된 비행체의 운동에너지에 중력 위치에너지를 더한 값과 비행체가 무한히 먼 곳에 도달했을 때의 운동에너지에 중력 위치에너지를 더한 값이 같아지게 하고, 비행체가 무한히 먼 곳에 도달했을 때의 중력 위치에너지값이 0보다 크려면 최소한 얼마의 속도로 비행체를 발사해야 하는지 구하면 된다. 이 최소한의 속도가 바로 제2 우주속도이다.

이 방법으로 계산한 제2 우주속도는 대략 11.2km/s이다. 제1 우주속도(7.9km/s)에 비해 상당히 큰 수치이다.

하지만 실제 상황은 그렇게 간단하지 않다. 제2 우주속도에 도달했더라도 또 태양의 인력이라는 '장벽'이 기다리고 있다. 태양 인력의 속박에서 벗어나기 위해서는 제3 우주속도에 도달해야 한다.

제3 우주속도를 구하는 방법은 제2 우주속도 계산 방법과 비슷하다. 비행체가 발사될 때의 운동에너지에 태양 인력 위치에너지를 더한 값이 곧 비행체의 에너지 총량이다. 이 에너지 총량으로 무한히 먼 곳에 도달했을 때 비행체의 운동에너지 양이 여전히 0보다 크다면 이 비행체는 태양 인력의 속박에서 완전히 벗어난 것이다.

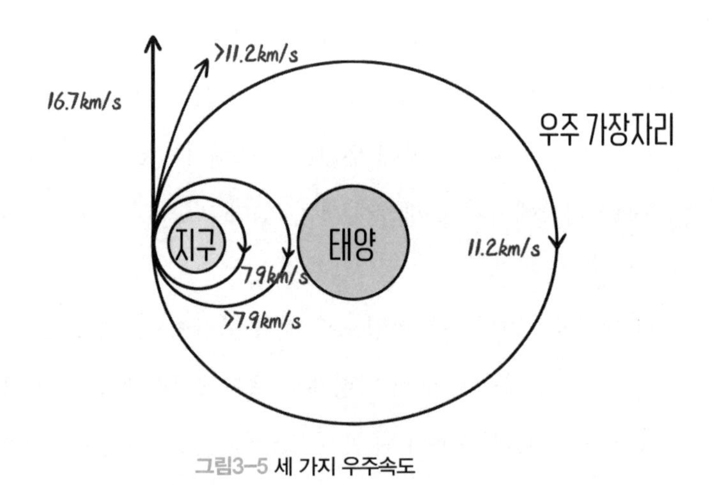

그림3-5 세 가지 우주속도

계산 결과를 보면 제3 우주속도는 대략 16.7km/s이다. 물론 태양 인력의 속박에서 벗어났다고 끝은 아니다. 태양계 밖에 은하계가 있을 뿐 아니라 은하계를 벗어나면 또 은하계외 성운이 기다리고 있기 때문이다. 그러므로 우주 탐사를 하려면 제3 우주속도만으로는 부족하다.

그렇다고 너무 비관적으로 생각할 필요는 없다. 일단 우주로 진입한 다음에는 비행체 가속에 필요한 에너지를 더 사용할 필요가 없기 때문이다. 다른 천체로부터 에너지를 '훔쳐서' 사용하는 방법도 있으니 말이다.

3-4

슬링샷 효과: 우주여행을 위한 신의 한 수

대기권을 벗어나 우주로 진입한 우주선은 고효율적인 비행을 위해 다른 천체들의 인력을 충분히 이용할 필요가 있다. 우주선이 가지고 갈 수 있는 연료는 한정돼 있기 때문이다. 여기에서 우주 항행과 관련된 매우 중요한 물리 현상, 슬링샷 효과slingshot effect에 대해 살펴보자.

탄성 충돌elastic collision

축구를 해본 사람이라면 한 번쯤 경험해 봤을 것이다. 정지해 있는 공을 찼을 때보다 정면으로 굴러오는 공을 찼을 때 공이 더 멀리, 더 높이 간다. 이 현상에는 어떤 물리적 원리가 숨어 있을까?

먼저 탄성 충돌이라는 역학 개념을 알 필요가 있다. 탄성 충돌의 특징은 두 물체가 충돌할 때 충돌 전후의 상대속도가 같다는 것이다.

탄력이 있는 축구공을 발로 차는 상황은 탄성 충돌 조건과 매우 비슷하다. 굴러오는 공을 발로 찬 순간의 상대속도는 정지된 공을 발로 찰 때의 상대속도보다 빠르다.

탄성 충돌 원리에 따르면 굴러오는 공과 발이 충돌한 이후의 상대속도는 충돌 전의 상대속도와 비슷하다. 즉 발에 대한 축구공의 상대속도는 충돌 전과 충돌 후가 비슷하다. 하지만 굴러오는 공을 찼을 때의 상대속도가 정지된 공을 찰 때의 속도보다 빠르다. 슬링샷 효과는 정지한 공을 찼을 때보다 정면으로 굴러오는 공을 찼을 때 공이 더 멀리, 더 높이 가는 원리와 같다.

슬링샷 효과의 기본 원리

몇 년 전에 흥행했던 〈마션〉이라는 영화가 있다. 줄거리를 간략하게 소개하면 다음과 같다. 지구에서 파견한 화성 탐사대는 화성을 탐사하던 중 모래폭풍을 만난다. 탐사대는 주인공이 사망했다고 판단, 그를 남기고 지구로 떠난다. 하지만 주인공은 자신이 알고 있었던 과학 지식과 기발한 재치로 화성에서 살아남았다. 이어 마침내 자신이 살아 있다는 사실을 탐사대에 알린다.

탐사대 대원들은 주인공을 구출하기 위해 그들만의 방법을 찾아냈다. 제자리에서 우주선 방향을 바꿔 화성으로 돌아가지 않고, 지구 방향으로 가속 비행하다가 지구를 반 바퀴 돈 다음 가장자리에서 방향을 바꿔 화성으로 돌아가는 방식이었다.

그들은 왜 이런 방법을 택했을까? 우주선 속도는 매우 빠르다. 따라서 우주선을 제자리에 멈춰 세운 뒤 다시 반대 방향으로 가속하려면 엄청난 에너지가 소모된다. 연료 양은 한정돼 있기 때문에 반대 방향으로 우주선을 가속시키는 데 부족할 수도 있다. 반면 지구를 향해 가속 비행해 지구 주위를 반 바퀴 정도 돌면 오히려 슬링샷 효과 덕분에 더 큰 속도를 얻을 수 있다. 지구가 '슬링샷' 역할을 맡아 우주선을 우주로 튕겨낸 것이다.

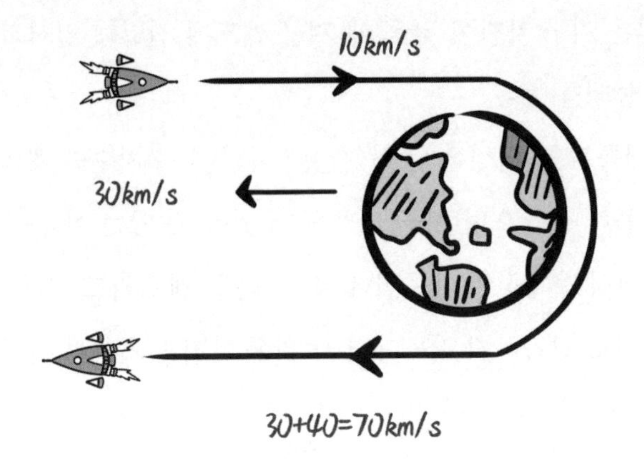

그림3-6 슬링샷 효과

크게 보자면 이 과정은 지구가 정면으로 굴러오는 우주선을 발로 뻥 차는 행위와 같다. 지구가 태양 주위를 공전하는 속도는 약 30km/s이다. 반면 우주선의 속도는 기껏해야 10km/s이다. 만약 우주선이 지구 공전 궤도와 마주 본 방향으로 날아왔다면 우주선과 지구 사이 상대속도는 30+10=40km/s이다.

우주선은 지구에 접근한 후 다시 지구에 의해 반대 방향으로 '튕겨나갔다.' 탄성 충돌 원리에 따르면 우주선이 튕겨나갈 때 지구에 대한 상대속도 역시 40km/s이다. 주목할 점은 지구는 우주선을 뻥 찬 그 순간에도 여전히 태양 주위를 30km/s의 속도로 공전하고 있다는 사실이다. 따라서 태양에 대한 우주선의 상대속도는 30+40=70km/s이다.

슬링샷 효과에 기반한 가속 메커니즘

우주선은 어떻게 지구에 의해 가속도를 얻었을까? 원리는 매우 간단하다. 우주선은 지구 가까이 왔을 때 지구 궤도에 진입해 일시적으로 위성처럼 지구 둘레를 돈다.

지구 둘레를 도는 위성은 달 하나뿐이 아니다. 수천수만 개의 인공위성이 서로 충돌하지 않으며 지구 상공에 떠 있을 수 있는 이유는 각자 정해진 노선을 따라 운행하기 때문이다. 이 노선을 '궤도'라고 한다. 수천 갈래의 레일이 서로 교차하지 않는다면 그 위를 달리는 기차들 사이에 충돌이 일어나지 않는 이치와 같다.

우주선이 슬링샷 효과를 이용해 가속하는 과정은 다음과 같다. 지구를 향해 다가오던 우주선은 빠른 속도로 지구 궤도에 진입한다.

지구 궤도에 진입한 우주선은 지구 중력에 의해 마치 지구에 포획된 포로처럼 지구 둘레를 돌기 시작한다. 지구 둘레를 도는 속도는 우주선과 지구 사이의 상대속도, 즉 30+10=40km/s이다.

우주선은 40km/s 속도로 지구 주위를 반 바퀴 돈 후 지구 궤도에서 이탈하기 위해 엔진을 작동시킨다. 우주선이 지구를 벗어날 때의 상대속도는 여전히 40km/s이다. 하지만 태양을 기준으로 했을 때의 상대속도(지구 공전 속도가 포함됨)는 다르다. 30+40=70km/s이다.

물론 실제로는 우주선이 슬링샷 효과로 이토록 큰 가속도를 얻기는 불가능하다. 이해를 돕기 위해 구체적인 숫자를 대입해 우주선의 가속 과정을 설명했을 뿐이다. 초속 70km는 지구의 제2 우주속도보다 훨씬 빠른 속도이다. 실제로 속도가 이렇게 빠르면 우주선은 지구 둘레를 반 바퀴 돌고 나서 다시 가속해 지구 궤도를 이탈하기까지 일련의 과정을 자연스럽게 진행할 수 없다.

우주선의 실제 운행 방식도 이와 같다. 지구에서 발사한 우주선이 태양계를 벗어나려면 16.7km/s의 제3 우주속도가 필요하다. 로켓에만 의존해서는 이 정도로 속도를 올릴 수 없다. 따라서 사전에 행성의 운행 궤도를 정확하게 파악할 필요가 있다. 이를테면 화성의 운행 궤도와 방향을 정확하게 파악한 다음 적절한 타이밍에 화성에 '슬링샷' 역할을 부여함으로써 우주선의 속도를 크게 높일 수 있다. 요컨대 천체 궤도 계산이 상당히 중요하다는 뜻이다.

2부

The Largest

극대 極大

2부 개요

우주의 기원

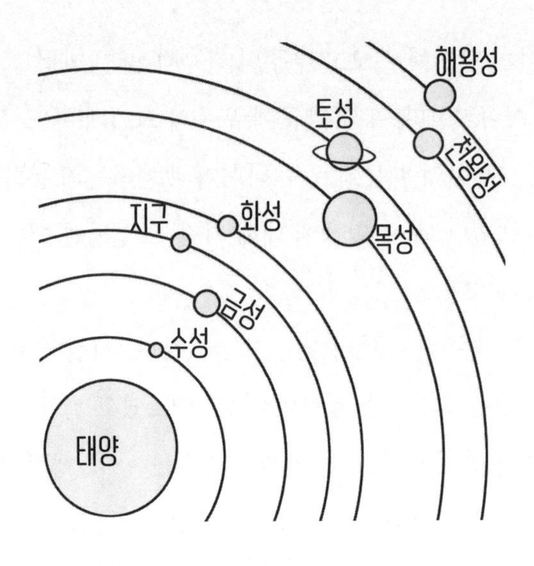

당신은 '크다'라는 말을 들으면 무엇이 연상되는가? 아마도 생활 경험에 근거해 먼저 '공간의 크기'를 떠올릴 것이다. 그렇다면 당신이 상상하는 최대 크기는 어느 정도인가? 두말할 필요 없이 온 우주만 한 크기이다.

누군가는 '시간의 크기'를 떠올릴 수도 있다. 시간의 크기는 곧 시간의 길이를 의미한다. 그렇다면 시간은 최대 얼마만큼 길 수 있는가? 답은 '우주가 탄생해서 소멸할 때까지'이다. 물론 우주가 언제인가는 반드시 소멸한다면 말이다.

극대 편에서는 스케일이 지극히 큰 존재에 대해 다루고자 한다. 공간의 크기, 시간의 길이 등이 여기에 포함된다.

2부 극대 편의 내용을 요약하면 다음과 같다.

4장: 우주를 하나의 단일체로 보고 우주의 탄생과 발전 과정 그리고 우주의 미래에 대해 이야기한다. 무엇 때문에 우주의 크기에 반드시 한계가 존재할 수밖에 없는지, 무엇 때문에 우주 나이가 존재하는지 등의 문제에 대한 해답을 얻을 수 있다. 우주 탄생에 대해 가장 잘 설명한 이론은 단연 빅뱅이론bigbang theory이다.

5장: 4장에 이어서 우주에 무엇이 있는지 알아본다. 사실 우주에는 여러 가지 천체들이 있다. 그중에는 질량이 작은 것도 있고 질량이 큰 것도 있다. 또 각기 형태와 성질이 다르다. 천체의 종류는 항성, 행성, 위성, 혜성, 중성자별neutron star, 백색왜성white dwarf, 적색왜성red dwarf, 흑색왜성black dwarf, 적색거성red giant, 초신성supernova 등 매우 다양하다. 단일 천체를 연구 대상으로 삼을 경우 가장 중요한 요소는 천체의 질량 등급이다. 질량에 따라 천체의 진화 방향이 결정된다.

6장: 우주에 존재하는 만물의 연관성을 살펴본다. 겉으로는 아무 상관이 없어 보이는 천체들이 어떤 방식으로 상호작용하는지 알아보겠다. 여기에서 익숙하면서도 낯선 개념인 '만유인력'을 다시 만날 것이다. 만유인력의 법칙을 맨 처음 발표한 사람은 아이작 뉴턴이다. 뉴턴이 요하네스 케플러Johannes Kepler와 갈릴레오 갈릴레이Galileo Galilei 두 거인의 어깨 위에 올라서서 만유인력의 법칙을 정립한 과정을 상세하게 소개한다.

극대 편을 읽고 나면 인류가 지금까지 우주 탐사의 길에서 이룩한 성과에 대해 비교적 폭넓은 인식을 갖게 되지 않을까 싶다.

CHAPTER 04

우주의 과거와 현재

The Past and the Future of the universe

4-1

우주의 현재 상황

우주가 탄생하고 발전해 미래에 이르는 과정은 지극히 긴 시간이 걸린다. 우주의 탄생에 앞서 우주의 발전에 대해 이야기해 보자.

그 이유는 현재 관측 가능한 정보에서부터 출발하는 것이 물리학의 기본 연구 방법이기 때문이다. 현재의 우주는 성장기에 놓여 있다. 우주는 아주 오래전에 탄생했다. 그러나 우리는 우주의 탄생을 보지 못했다. 우주의 미래도 볼 수 없다. 다만 성장기에 있는 현재의 우주에 대한 연구는 가능하다. 그러니 먼저 우주의 성질에 대해 연구한 다음 연역법으로 우주 탄생의 비밀을 파헤치고 우주의 미래를 예측해 보자.

우주는 얼마나 크고 얼마나 오래됐을까

수천 년 전의 철학자와 과학자들은 다음과 같은 두 가지 궁극적인 문제에 대해 고민했다.

(1) 우주의 크기는 유한한가, 무한한가? 즉 우주에 경계가 있는가?

(2) 우주의 수명은 유한한가, 무한한가? 우주도 인류처럼 탄생과 소멸 과정을 겪는가?

이 질문에 대해 뉴턴은 언뜻 보기에 반박이 불가능해 보이는 답안을 제시했다. '우주는 끝없이 펼쳐진 무한한 공간이다.'

당시 만유인력 법칙을 발견했던 뉴턴으로서는 당연히 그렇게 생각할 수밖에 없었다. 만유인력은 질량을 가진 모든 물체끼리 서로 끌어당기는 힘이다. 만유인력 법칙이 참이라면 우주에 있는 모든 천체 사이에 서로 끌어당기는 힘이 작용해야 마땅하다. 하지만 인류가 관찰 가능한 천체들과 은하계 사이에는 분명히 일정한 거리가 유지되고 있다. 이들 사이 거리는 수 광년, 심지어 수십 광년에 달하기도 한다.

천체들끼리 서로 끌어당기는 힘 때문에 충돌하는 현상은 일어나지 않는다. 이는 만유인력 법칙이 효력을 잃었기 때문일까? 도대체 어떤 힘 때문에 우주 만물은 한 덩어리로 합쳐지지 않고 일정한 거리를 유지하고 있을까? 오직 우주가 무한대일 때만 이 모든 현상을 설명할 수 있을 듯싶다.

뉴턴의 논증 방법은 매우 간단하다. 그는 다음과 같이 가정했다. 천체 A만 놓고 본다면, 천체 B의 인력이 천체 A에게 작용할 경우 만유인력 법칙에 따라 천체 A는 천체 B쪽으로 움직일 수밖에 없다. 우주는 무한대이기 때문에 천체 A의 다른 한쪽에 반드시 다른 천체 C가 존재한다. 천체 C의 인력도 반드시 천체 A에게 작용한다. 이 경우 천체 C의 인력은 천체 B의 인력과 크기가 같고 방향이 반대된다. 이렇게 되면 천체들 사이 힘의 평형이 이뤄지기 때문에 어느 한곳으로 모이는 현상이 생기지 않는다. 여기에서 핵심 전제는 '우주가 무한대'라는 것이다. '무한대'는 '찾아보면 반드시 발견된다'는 사실을 의미한다. '무한대'는 모든 가능성을 포함한다.

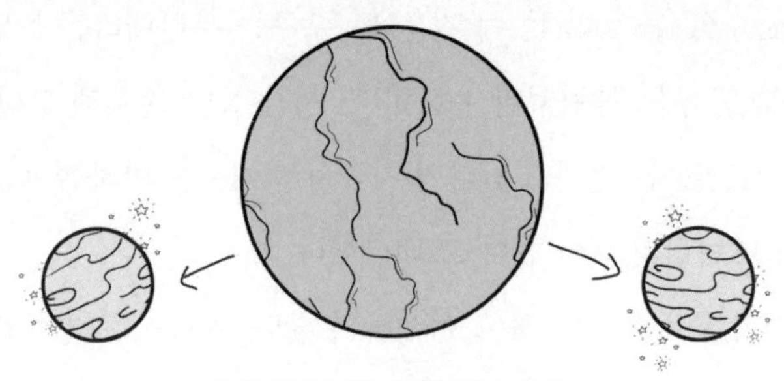

양쪽 방향으로 작용하는 인력이 평형을 이룬다.

그림4-1 우주 천체들 사이의 힘의 평형

물론 이 같은 추론은 물리학적 추론이라기보다 철학적 의미가 더 깊다. 실제로는 실험을 통한 검증이 불가능하기 때문이다.

요컨대 우주가 무한대이기 때문에 우주의 모든 점은 중심점이다. 중심점에 위치한 천체 주변에는 충분히 많은 물질들이 존재한다. 이 물질들 때문에 인력의 평형이 이뤄지고 우주 역시 한 덩어리로 수축되지 않는다. 반면 우주의 크기가 유한하다면 만유인력 때문에 반드시 하나의 중심점으로 수축할 것이다.

지금 보면 당시 뉴턴의 논증은 지나치게 이상적이다. 무한대는 그저 수학적 개념일 뿐 실생활에서 무한대의 실체를 지각할 수 없기 때문이다. 하지만 우주는 만유인력 때문에 수축되지 않았다. 우리 인류도 지구 위에서 잘 살아가고 있다. 한편으로 뉴턴의 논증은 흠잡을 데가 없어 보인다.

뉴턴의 논증이 맞다고 가정하고 다음 문제를 보자. 우주는 나이가 있을까? 우주의 수명은 유한할까, 무한할까?

지구는 약 46억 년 전에 탄생했다. 태양의 나이는 약 50억 년이다. 그렇다면 우주도 나이가 있을까? 19세기 독일의 철학자 하인리히 빌헬름 올베르스Heinrich Wilhelm Olbers는 이 질문에, "우주는 무한대라는 뉴턴의 논증에 근거하면 우주는 틀림없이 유한히 긴 시간 동안 존재해 왔다. 우주가 무한히 긴 시간 동안 존재해 왔다면 지금처럼 어두운 밤하늘이 존재할 수 없다. 밤도 낮처럼 환해야 한다"고 대답했다.

올베르스의 주장은 간결하고 이해하기 쉽다. 우주가 무한대라면 거기에는 빛을 뿜는 별들이 무수히 많이 존재할 것이다. 어느 방향으로 하늘을 보든 반드시 그곳에 이미 무한히 오랫동안 존재해 온, 빛을 뿜는 별이 보일 것이다. '무한대'는 '찾아보면 반드시 발견된다'는 의미이기 때문이다. 올베르스 시대에 빛의 전파에 시간이 필요하다는 사실은 이미 널리 알려진 상식이었다. 만약 우주가 무한히 오랫동안 존재해 왔다면 모든 별들이 뿜는 빛은 이미 지구로 전달돼 사람들 눈에 보였을 것이다. 즉 사람은 어느 방향으로 하늘을 보든 반드시 빛을 뿜는 별을 보았을 것이다. 우주에 빛을 뿜는 별들이 무수히 많으므로 지구에는 어두운 밤하늘이 존재할 수 없고 영원히 환한 낮만 존재하 수밖에 없을 것이다.

하지만 지구에서는 엄연히 환한 낮과 어두운 밤이 바뀌는 현상이 나타난다. 그러므로 우주가 무한대라면 우주의 수명은 반드시 유한할 수밖에 없다.

자가당착에 빠진 뉴턴과 올베르스

이렇게 보면 '우주는 무한대인가?' '우주는 무한히 오랫동안 존재해 왔는가?'라는 두 질문에 대한 답이 쉽게 나온 것 같다. 하지만 두 질문에 대한 답을 같이 놓고 보면 모순을 발견할 수 있다.

왜냐하면 이 두 질문의 답안은 자가당착에 빠졌기 때문이다.

올베르스의 논증에 따르면 우주는 유한히 긴 시간 동안 존재해 왔다. 지금까지 알려진 바로 우주의 나이는 약 138억 년이다. 즉 138억 년 전에는 우주가 존재하지 않았다. 그 후 일련의 과정을 거쳐 우주가 탄생했다는 얘기이다. 예를 들어보자. 우리는 집을 지을 때 유한한 시간 안에 유한한 크기의 집을 지을 수밖에 없다. 그런데 유한한 시간 동안 존재해 온 우주가 어떻게 무한대로 될 수 있겠는가? 달리 말해 무한대로 큰 우주가 유한한 나이를 먹었다는 가설은 논리적으로 모순된다. 우주가 탄생했을 때부터 무한대 상태가 아닌 이상 불가능하다. 오히려 창세 신화에 등장하는 천지창조 사상에 더 가깝다고 하는 편이 맞겠다. 어쨌든 물리학자들이 알고 있는 물리학 지식으로는 우주 탄생 과정을 이런 식으로 이해할 수도, 설명할 수도 없다.

문제 자체에 존재하는 문제점

그렇다면 이 같은 모순을 어떻게 해결해야 할까? 가끔 어떤 문제에 대해 정확한 답을 찾지 못할 때가 있다. 그런데 그런 경우 해법에 문제가 있는 게 아니라 질문 자체에 문제가 있을 수도 있다. 예를 들어 누군가가 사과의 심장 박동수가 얼마냐고 묻는다면 이는 질문 자체에 문제가 있는 것이다. 심장이 없는 사과에 심장 박동수가 있을 리 만무하지 않은가.

우주는 무한대인가? 우주는 무한한 시간 동안 존재해 왔는가? 이 두 가지 질문은 사실 우주의 현재 상태가 고정불변이라는 전제가 깔려 있다. 즉 우주가 시시각각 변화할 수도 있다는 가능성을 아예 배제한 질문이라고 할 수 있다. 우주를 집에 비유하면, 반쯤 지어진 건물일 수도 있지 않은가? 1929년에 이르러 미국 천문학자 에드윈 허블Edwin Hubble이 드디어

이 문제에 대한 설득력 있는 해답을 내놓았다.

4-2

허블 법칙: 우주는 팽창한다

허블 법칙Hubble's law

미국 천문학자 에드윈 허블은 1929년에 아주 놀랍고 중요한 우주 법칙을 발표했다. 허블 법칙의 요점은 '우주가 팽창하고 있다'는 것이다.

'팽창'이 어떤 의미인지는 쉽게 이해할 수 있다. 우주가 점점 커지고 있다는 뜻이다. 우주에 서로 멀리 떨어진 임의의 두 점이 있다고 가정하자. 우주가 팽창한다면 임의의 두 점은 멀리 떨어져 있을수록 더 빠르게 멀어진다. 예를 들어보면 더 알기 쉽다. 풍선 표면에 여러 개의 점을 찍고 그 점들이 우주 속의 천체와 은하라고 가정할 때, 풍선을 크게 불수록 모든 점들 사이 간격이 점점 멀어지는 것과 같은 이치이다.

허블은 어떻게 우주의 팽창을 발견했을까? 허블은 우주망원경으로 20개가 넘는 은하들을 관측하던 중 모든 은하들이 우리와 멀어지고 있다는 사실을 발견했다. 또 우리와 멀리 떨어져 있는 은하일수록 더 빠르게 멀어지고 있는 현상도 발견했다. 허블은 이 사실을 근거로 우주가 팽창한다는 결론을 내놓았다. 더불어 이를 토대로 허블 법칙을 제시했다. 허블 법칙의 공식은 다음과 같다.

$$v = HD$$

여기에서 v는 은하가 멀어지는 속도, D는 은하 사이의 거리, H는 허블상수Hubble constant이다. 허블상수는 약 70km/(s·Mpc)이다. 파섹(pc)은 거리의 단위로 약 3.26광년이다. 허블상수에 따르면 우리로부터 약 3.26광년 거리에 떨어져 있는 은하는 1초에 약 70킬로미터의 속도로 우리로부터 멀어져간다.

이쯤에서 '우주는 무엇 때문에 팽창하는가?'라는 질문이 생길 것이다.

풍선을 예로 들어보자. 풍선이 팽창하는 이유는 간단하다. 누군가가 풍선을 불었기 때문이다. 즉 풍선이 누군가에 의해 초기 원동력을 얻었기 때문이다. 현대 과학자들은 보편적으로 우주 팽창의 초기 원동력이 빅뱅에 의해 생겼다고 받아들인다.

헝가리 천문물리학자 조지 펄은 1992년 우주의 팽창 속도가 빨라지고 있다는 우주 가속 팽창 이론을 발표했다. 빅뱅이론으로는 우주의 팽창을 설명할 수 있으나 우주의 가속 팽창을 설명하기 어렵다. 풍선을 예로 들면 풍선이 팽창할수록 계속 공기를 불어 넣으려면 더 힘이 든다. 그런데 우주는 마치 송풍기가 장착된 풍선처럼 팽창할수록 점점 더 힘이 세진다는 것이다. 그렇다면 우주의 가속 팽창에 필요한 에너지는 어디에서 생겼을까?

우주 팽창에 필요한 에너지: 암흑에너지dark energy

지금까지 나온 물리학 이론으로는 우주 가속 팽창의 원인을 설명할 수 없다. 그래서 과학자들은 '암흑에너지'라는 새로운 개념을 제시했다.

암흑에너지는 과연 무엇인가? 바로 우주의 가속 팽창을 일으키는 에너지이다. 암흑에너지라 부르는 이유는 그것이 보이지 않고, 만질 수도 없을 뿐 아니라 관측 기기로 관측할 수도 없기 때문이다. 현대의 과학기술 수준으로는 암흑에너지에 대해 거의 아무것도 알아내지 못했다.

암흑에너지는 과학자들이 우주 팽창 현상을 설명하기 위해 '만들어낸' 개념이다. 암흑에너지가 실제로 존재한다면, 우주 공간의 에너지양과 물질량의 약 68퍼센트를 차지할 것으로 추산된다. 암흑에너지의 개념으로 일부 우주학 관련 문제를 설명할 수는 있다. 그러나 우주팽창 현상을 제외한 다른 현상에 대해서는 그다지 제대로 된 설명을 내놓을 수 없다.

우주의 나이

'우주의 크기는 유한한가, 아니면 무한한가?'라는 기본적인 질문으로 돌아가 보자. 인류가 현재 내놓을 수 있는 답은 '우주는 크기가 유한하다. 끊임없이 팽창한다'이다. 우주의 크기가 유한하다면 뉴턴이 맨 처음 했던 질문에 어떻게 대답해야 하는가? 즉 무엇 때문에 우주 공간에 있는 천체들은 만유인력 법칙에 따라 한곳으로 모이지 않는가?

허블 법칙을 적용하면 쉽게 답을 얻을 수 있다. 우주 공간에 있는 천체들이 만유인력 법칙에 따라 한곳으로 모이지 않는 이유는 우주 팽창 효과가 만유인력 효과보다 더 크기 때문이다. 모든 사물이 만유인력에 따라 중심점으로 모이려는 경향을 가지지만 천체들은 한곳으로 모이지 않는다. 오히려 천체들 사이의 간격이 점점 더 멀어지고 있다.

이번에는 '우주가 무한히 오랫동안 존재해 왔는가?'라는 문제를 살펴보자. 올베르스는 뉴턴의 우주 무한대 주장을 기반으로 '우주는 유한히 긴 시간 동안 존재해 왔다'는 결론을 유도해 냈다. 뉴턴의 우주 무한대 관점이 틀린 것으로 입증됐으니 '우주가 무한히 오랫동안 존재해 왔는가?'라는 문제를 다시 살펴볼 필요가 있다.

현대 물리학은 우주의 나이가 약 138억 년이라고 확실한 답을 제시하고 있다. 그렇다면 우주의 나이는 어떻게 알아냈을까?

우주의 나이는 허블우주망원경의 천체 관측 자료를 바탕으로 알아낸 것이다(허블우주망원경은 로켓에 실려 지구 상공에 오른 후 지구 궤도를 돌면서 우주를 관측하는 반사식 천체망원경이다. 우주에는 대기층이 없기 때문에 허블우주망원경은 대기층의 교란을 받지 않고 더 많은 빛과 정보를 수집할 수 있다. 천문학 발전에 지대하게 공헌한 허블을 기념하기 위해 그의 이름을 붙였다).

과학자들은 우주의 전자기파를 정밀하게 측정하여 허블상수를 알아낸 다음 우주 팽창 속도를 역으로 계산하여 우주의 크기가 0이 될 때까지의

그림4-2 허블우주망원경

시간을 계산했다.

허블우주망원경으로 관측 가능한 최대 한계가 지구에서 약 138억 광년 떨어진 곳이었으며, 더 멀리 떨어진 곳은 관측 불가능했다. 빛이 지구로 오는 데 걸리는 시간은 따라서 아무리 길어도 138억 년이다.

지구에서 138억 광년보다 멀리 떨어진 천체들의 빛은 지구까지 도달하지 못한다. 그러므로 빛이 지구까지 도달할 수 있는 시간은 곧 우주가 존재한 시간이다.

이로써 우리는 이번 장 첫머리에 나온 두 가지 궁극적인 질문의 답을 얻었다. 즉 우주의 크기는 유한하고 우주는 끊임없이 가속 팽창하고 있다. 또 우주는 유한한 시간 동안 존재해 왔고 우주의 나이는 약 138억 년이다.

우주의 크기가 유한하다면 과연 얼마나 클까? 우리가 138억 광년 떨어진 곳까지 볼 수 있다고 해서 우주의 반지름이 138억 광년이라고 생각하면 안 된다. 우리가 지금 볼 수 있는, 지구에서 가장 멀리 떨어진 천체들의 빛은 광속으로 138억 년 동안 날아서 지구에 도달한 것이다. 하지만 이 기간 동안 최초의 별들은 계속 지구에서 멀어지고 있다. 따라서 우주의 반지름은 138억 광년보다 훨씬 크다. 과학자들의 계산 결과에 따르면, 우주를 커다란 구체라고 생각할 경우 우주의 지름은 약 940억 광년이다.

두 가지 핵심 문제에 대한 답을 찾았으니 이어지는 질문은 우주 탄생에 관한 것이다. 그렇다면 우주는 어떻게 생겨났을까? 우주 탄생 초기 모습은 어땠을까? 우주 탄생의 비밀을 밝히려면 빅뱅이론을 알아야 한다.

4-3

스펙트럼과 도플러 효과

빅뱅이론을 공부하기 전에 에드윈 허블의 업적에 대해 조금 더 자세히 알아보자. 허블은 은하의 이동 상황을 관찰해 모든 은하들이 우리와 멀어지고 있을 뿐 아니라 우리와 멀리 떨어져 있는 은하일수록 더 빠르게 멀어지고 있다는 결론을 얻었다.

지구에서 천체까지 거리를 구하는 방법

천체망원경으로 우주를 보면 우리 눈에 보이는 것은 빛을 뿜는 천체들뿐이다. 그러면 어떤 천체가 우리로부터 얼마나 떨어져 있는지 어떻게 알 수 있을까? 천체가 우리와 멀어지고 있다는 사실은 또 어떻게 알 수 있을까? 허블이 특별한 망원경이라도 사용했다는 말인가?

지구에서 천체까지 거리를 구하는 방법의 핵심 키워드는 '스펙트럼spectrum'과 '도플러 효과Doppler effect'이다.

스펙트럼: 물질의 지문

원소 주기율표에 실린 원소들 중에서 자연계에 존재하는 원소는 모두 92종에 이른다(동위원소 제외).

모든 물질은 원자로 이뤄져 있다. 원자는 종류별로 내부 구조와 물리적·화학적 성질이 다르다. 원자의 내부 구조는 원자핵과 전자로 구성돼 있다. 그중 원자핵은 양전하positive charge를 띠고 전자는 음전하negative charge를 띤다. 같은 종류의 전하들은 서로 반발하고 다른 종류의 전하들은 서로 끌어당긴다. 정전하electric charge들 사이에 작용하는 힘을 쿨롱 힘Coulomb's force이라고 한다. 전자는 원자핵의 쿨롱 힘에 따라 원자핵 주위를 돈다.

원자가 갖고 있는 고유의 에너지 등급을 에너지 준위energy level라고 한다. 에너지 준위는 원자핵 주위를 회전하고 있는 전자의 에너지 수준으로 구현된다. 양자역학은 원자의 에너지 준위가 임의의 값이 아닌 특정 크기의 값만 가질 수 있다는 사실을 알아냈다. 양자역학에 따르면, 전자 에너지는 양자화quantized돼 있다. 전자의 에너지값은 클 수도, 작을 수도 있지만 미끄럼틀처럼 연속적인 값을 갖는 게 아니라 계단처럼 띄엄띄엄 떨어진 값만을 갖는데 이를 에너지 양자화라고 한다.

에너지보존법칙에 따르면 고립계에서 에너지는 새로 생기지도 없어지지도 않고 총량이 일정하게 유지된다.

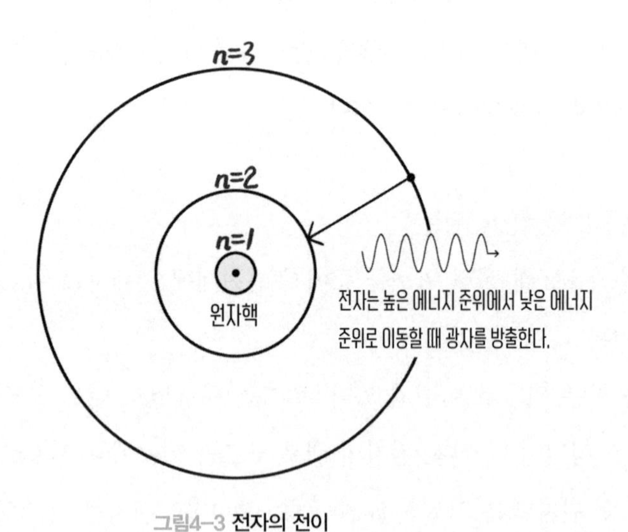

그림4-3 전자의 전이

전자는 높은 에너지 준위에서 낮은 에너지 준위로 이동할 때 에너지가 감소한다. 에너지보존법칙에 따르면 에너지는 없어지지 않는다. 그렇다면 감소한 에너지는 어디로 갔을까? 감소한 에너지는 광자로 변해 원자로부터 방출된다. 광자가 갖고 있는 에너지양은 전자가 높은 에너지 준위에서 낮은 에너지 준위로 이동할 때 감소한 에너지양과 같다. 원자가 광자를 내뿜는 현상을 열복사thermal radiation라고 한다.

전자 에너지는 양자화돼 있기 때문에 특정 크기의 값만 가질 수 있다. 따라서 전자가 다른 에너지 준위로 이동할 때 방출된 광자 에너지도 특정 크기의 값만 가진다.

광자의 에너지는 진동수에 의해 결정된다. 따라서 특정 원자의 열복사로 방출된 빛 또한 몇 가지 특정 진동수를 주로 가진다.

가시광선의 진동수 변화는 색깔의 변화로 나타난다. 이를테면 태양광은 빨간색, 주황색, 노란색, 초록색, 파란색, 남색, 보라색으로 구분되고 빨간색 빛~보라색 빛의 순서로 진동수가 커진다. 어떤 원자의 열복사 현상을 관찰할 때 방출된 모든 빛을 기록해 그 원자의 스펙트럼을 얻을 수 있다. 예를 들어 수소 원자의 스펙트럼에 대응하는 파장은 그림4-4와 같다.

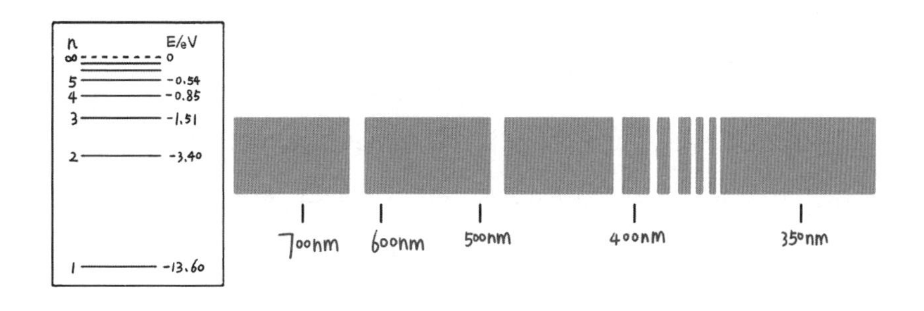

그림4-4 수소 원자의 스펙트럼

모든 원자는 고유의 스펙트럼을 갖고 있다. 당연히 원자들마다 갖고 있는 스펙트럼이 다르다. 즉 원자의 스펙트럼은 해당 원자를 표현하는 '지문'과 같다. 스펙트럼을 보면 어떤 원자가 빛을 내고 있는지 알 수 있다. 또 서로 다른 진동수의 빛의 세기를 측정해 빛을 내고 있는 물질의 온도를 추측할 수 있다.

도플러 효과: 천체 속도계

도플러 효과는 일상생활에서도 쉽게 찾을 수 있다. 자동차가 가까워질수록 경적 소리가 크게 들리고 멀어질수록 소리가 작아지는 현상을 떠올리면 바로 이해할 수 있다.

이처럼 음원과 관찰자의 상대운동에 따라 관찰자가 음원의 진동수와 다른 진동수를 관찰하게 되는 현상을 도플러 효과라고 한다. 음원이 관찰자에게 다가올 때 소리의 진동수는 커지고, 음원이 관찰자로부터 멀어질 때 소리의 주파수는 작아진다. 도플러 효과의 형성 과정은 다음과 같다. 우리가 듣는 소리는 음파이고 음파는 공기의 주기적인 진동이다. 파동의 머리에서 꼬리까지 이뤄지는 완전한 진동을 '파동 묶음wave packet'이라고 한다. 첫 번째 파동 묶음의 꼬리는 곧 이어지는 두 번째 파동 묶음의 꼬리이다. 우리 귀에 들리는 소리가 높아지는 이유는 단위 시간 동안에 우리 귀에 더 많은 파동 묶음이 전달되기 때문이다.

자동차가 경적을 울리면서 달려올 때 음파의 머리 부분이 관찰자에게 전달되고 뒤이어 음파의 꼬리 부분도 전달된다. 하나의 진동 주기가 끝날 때, 즉 음파의 꼬리 부분이 관찰자에게 전달될 때 자동차(음원)는 관찰자에게 조금 더 가까이 다가온 상태이다. 달리 말해 음파 꼬리 부분은 음파 머리 부분보다 더 짧은 거리를 이동해 관찰자의 귀로 전달된다. 이 경우 하나의 완전한 파동 묶음이 관찰자 귀로 전달되는 데 걸리는 시간은 자동차가 정지 상태일 때 관찰자 귀로 전달되는 데 걸리는 시간보다 짧다. 따라서 단위 시간 동안에 관찰자 귀로 더 많은 파동 묶음이 전달되기 때문에 소리의 진동수가 커지는 것이다.

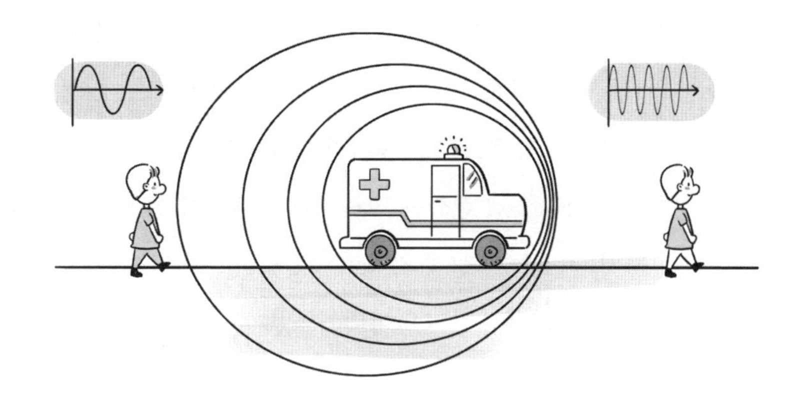

그림4-5 **음파 전달 과정**

반면 자동차가 관찰자로부터 멀어지는 경우에는 음파 꼬리 부분이 관찰자에게 전달될 때 자동차(음원)는 관찰자로부터 일정 거리 멀어진 상태이다. 따라서 음파 꼬리 부분이 관찰자 귀로 전달되는 데 걸리는 시간은 음파 머리 부분이 전달되는 데 걸리는 시간보다 길다. 달리 말해 단위 시간 동안에 관찰자 귀로 전달되는 파동 묶음의 개수가 감소되므로 소리 진동수가 작아지는 것이다.

도플러 효과는 음파뿐만 아니라 다른 모든 파동에 적용된다. 빛(전자기파)은 전기장과 자기장이 서로를 번갈아 유도하면서 공간으로 퍼져나가는 파동이다. 따라서 도플러 효과는 빛에도 적용된다.

이와 같은 이치로 광원이 관찰자에게 가까워질수록 관찰자가 측정한 빛의 진동수는 광원에서 나온 원래 진동수보다 커진다. 이 현상을 천문학 용어로 '청색이동(청색편이)blue shift'이라고 한다. 반면 광원이 관찰자로부터 멀어질 때는 관찰자가 측정한 빛의 진동수는 광원에서 나온 원래 진동수보다 작아진다. 이를 '적색이동(적색편이)red shift'이라고 한다. 이렇게 부르는 이유는 빛의 스펙트럼에서 주파수가 작을수록 적색 쪽으로 치우치고 주파수가 커질수록 청색 쪽으로 기울어지기 때문이다.

천체 관측 결과를 바탕으로 현상을 고려해서 천체들이 지구로부터 얼마나 떨어져 있는지, 천체들이 현재 지구로부터 멀어지고 있는지, 가까워지고 있는지, 아니면 정지 상태인지 알아낼 수 있다.

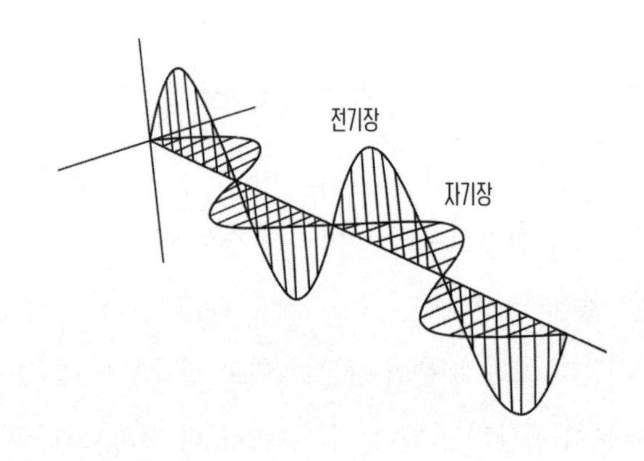

그림4–6 전자기파

4-4

우주 팽창의 증거

천체의 멀어지는 속도 측정 방법

천체가 지구로부터 멀어지는 속도를 측정하는 방법은 대단히 간단하다. 인류가 측정한 천체의 진동수와 천체의 고유 진동수를 비교한 후 도플러 효과를 적용해 계산하면 된다.

허블의 측정 결과에 따르면 천체에서 방출된 빛의 진동수는 모두 작아졌다. 달리 말해 천체들이 적색이동을 일으켰다는 얘기이다. 허블은 이 결과를 토대로 천체들이 지구로부터 멀어지고 있다는 결론을 얻었다. 문제는 어떤 천체의 고유 진동수가 얼마인지 어떻게 아느냐는 것이다. 스펙트럼을 적용해 이 문제의 답을 구할 수 있다. 즉 천체의 스펙트럼을 알면 천체의 고유 진동수가 얼마인지 역으로 추산할 수 있다. 스펙트럼은 빛을 내는 천체를 표현하는 지문과 같다. 따라서 천체의 스펙트럼에 대한 분석 결과를 토대로 천체의 고유 진동수를 대략적으로 계산해 낼 수 있다.

하지만 인류가 측정한 스펙트럼은 이미 적색이동이 일어난 후의 스펙트럼이다. 그렇다면 어떻게 본래의 스펙트럼을 알 수 있을까? 사실 스펙트럼을 통해 빛의 진동수뿐만 아니라 더 중요한 정보도 알 수 있다. 즉 파장이 서로 다른 빛의 조합에 대한 정보를 알 수 있다. 예를 들어 어떤 물질의 스펙트럼이 주황색, 녹색, 보라색으로 구성됐다면 이 세 가지 빛의 세기 비율은 1:2:3일 가능성이 크다.

적색이동이 일어난 후에도 세 가지 빛의 진동수 비율과 빛의 세기 비율은 고정불변이므로 성분과 비율 관계에 근거해 그것이 어떤 한 가지 또는 몇 가지 물질의 스펙트럼인지 판단할 수 있다. 즉 적색이동이 일어난 후의 빛의 진동수와 고유 진동수를 비교해 천체가 멀어지는 속도를 측정해 낼 수 있다.

지구-천체 간 거리 측정 방법

지구와 천체 간 거리도 측정 가능하다. 주로 천체의 광도luminosity에 기반해 측정한다.

발광체가 관찰자로부터 멀어질수록 발광체 밝기는 약해진다. 그러므로 인류가 관측한 천체의 광도와 천체의 고유 광도를 비교하면 천체가 지구에서 얼마나 떨어져 있는지 계산할 수 있다. 문제는 천체의 고유 광도가 얼마인지 어떻게 아느냐는 것이다. 이 문제 역시 스펙트럼을 적용해 답을 구할 수 있다. 빛을 내는 물질이 무엇인지, 빛을 내는 물질의 온도가 얼마인지 모두 스펙트럼으로 그 답을 알 수 있다. 천체물리학에서는 천체의 온도만 알면 그 천체의 질량을 유추할 수 있다. 또 천체의 질량을 알면 수학적 모형을 이용해 천체의 고유 광도를 추산해 낼 수 있다. 결론적으로 인류가 관측한 광도와 고유 광도를 비교해 지구와 천체 간 거리를 측정해 낼 수 있다.

4-5

우주의 탄생

빅뱅이론

허블 법칙에 따르면 우주는 시간이 지나면서 팽창을 거듭한다. 역으로 생각해서 과거로 거슬러 올라가 보면 태초의 우주는 매우 작았을 것이다. 이것이 빅뱅이론의 기본 아이디어이다.

빅뱅이론은 사람들이 널리 받아들인 우주 기원에 관한 이론이다. 빅뱅이론은 무한대의 밀도를 가지나 부피는 제로인 한 점, 수학적으로 '특이점'이라고 부르는 한 점의 대폭발로 시간과 공간이 생겨나 현재의 우주를 이뤘다고 주장한다.

태초의 우주는 에너지로 가득 찬 초고온 상태였으며 끊임없이 팽창하면서 천천히 냉각됐다. 이후 여러 가지 입자들이 만들어졌다. 또 만유인력에 따라 물질들이 한곳으로 모여 천체와 은하가 형성됐다. 그리고 138억 년의 시간이 흐르면서 점차 오늘날 우주의 모습을 갖췄다.

빅뱅이론은 1927년 벨기에 천문학자인 조르주 르메트르Georges Lemaitre가 처음으로 제시했다. 그는 아인슈타인의 일반상대성이론의 장 방정식(중력, 전자기력, 강력, 약력의 네 가지 힘이 물질과 상호작용하는 방법을 나타내는 방정식—옮긴이)을 바탕으로 '우주는 원시원자primordial atom의 폭발로 시작됐다'는 주장을 처음으로 내놓았다. 이것이 최초의 빅뱅이론이다. 당시에는 빅뱅이론이 정설로 받아들여지지 않았다. 그저 일종의 가설로만 간주됐다. 실험에 의한 검증이 거의 불가능했기 때문이다.

빅뱅이론의 확립과 확장에 크게 기여한 주역들은 미국 과학자인 아노 펜지어스Arno Penzias와 로버트 윌슨Robert Wilson이다. 두 과학자가 1965년에 발견한 우주배경복사cosmic microwave background radiation는 빅뱅이론의 결정적인 증거로 활용됐다.

우주배경복사

1960년대에 전파망원경이 발명됐다. 일반적인 천체 망원경은 두 개의 렌즈를 조합해 빛을 모은다. 즉 두 개의 유리를 통해 별이 가득한 하늘을 관측할 수 있다. 반면 전파망원경은 렌즈로 만들어지지 않았다. 안테나 형태의 망원경이다. 전파망원경의 장점은 일반 망원경으로는 관측할 수 없는 신호를 수집할 수 있다.

일반 천체망원경은 주로 가시광선을 수집한다. 반면 전파망원경은 적외선infrared보다 파장이 긴 전자기파 신호를 수집해 분석한다. 따라서 안테나 형태로 만들어진다.

적외선보다 파장이 긴 전자기파는 대기권을 통과하면서 그다지 산란감쇠attenuation by scattering되지 않는다. 그러므로 전파망원경의 구경이 클수록 더 많은 전자기파 신호를 수신해 분석할 수 있다. 당시 아노 펜지어스와 로버트 윌슨은 뚜렷한 목적 없이 그저 우주에 어떤 전자기파 신호가 있는지 전파망원경으로 관측해 볼 생각이었다. 그들은 지상의 여러 가지 전파원들로부터 오는 방해를 피하기 위해 도시에서 멀리 떨어진 조용한 곳을 찾아 관측을 시작했다.

그림4-7 전파망원경

그런데도 신기하게도 전파망원경의 관측 방향과 상관없이 주파수가 마이크로파 범위에 있는(우리가 사용하는 전자레인지의 전파 주파수와 비슷하다) 미약한 전파 신호가 계속 발견됐다.

실제 현장에서 관측 기기로 취득한 결과에 오차가 생길 수도 있다. 따라서 보통 사람 같으면 우주 곳곳에서 발견된 이 전파 신호를 전파 잡음으로 취급해 깊이 생각하지 않았을 것이다. 하지만 두 과학자는 끝을 보고야마는 외곬 기질의 소유자였다. 그들은 모든 가능성을 배제한 끝에 그 신호가 우주 가장 깊은 곳에서 나왔다고 결론을 내렸다.

두 과학자는 왜 그런 결론을 내렸을까? 만약 그 신호가 우주의 특정 위치에서 나왔다면 방향에 따라 신호의 강약이 달라졌을 것이다. 즉 전파망원경으로 특정 방향을 관측했을 때 세기가 가장 큰 신호를 수신했을 것이다. 하지만 두 과학자가 잡아낸 미지의 신호는 관측 방향과 상관없이 전체 하늘에서 균일하게 잡혔다. 이는 신호 발생원이 특정 천체가 아니라는 뜻이다.

이 현상을 합리적으로 설명하려면 두 과학자에게 잡힌 미지의 신호가 우주 깊은 곳에서 나온 '배경 신호'라는 결론이 나온다. 즉 특정 천체에서 나온 신호가 아니라 우주 공간의 배경을 이루면서 모든 방향에서 같은 강도로 나온 신호라는 얘기이다. 우주 공간 전체에 고루 퍼져 있는 이 신호는 '우주배경복사'로 명명됐다. 사실 우주배경복사는 실생활에서도 쉽게 볼 수 있다. 과거 흑백 TV를 틀면 방송이 없는 채널에서 지지직거리는 소리와 함께 TV 화면에 흰 점들이 지글거리고는 했다. 그 흰 점들이 대부분 우주배경복사 신호였다.

그림4-8 우주배경복사의 세기와 분포

우주배경복사를 이용한 빅뱅이론의 증명

우주배경복사는 빅뱅이론의 정확성을 입증하는 데 훌륭하게 활용되었다.

도플러 효과에 따르면 우주 깊은 곳에서 나온 전자기파는 모두 충분한 적색이동을 일으킨다. 달리 말해 우주 깊은 곳에서 방출되기 전의 전자기파의 주파수는 마이크로파보다 훨씬 크다. 만약 빅뱅이론이 맞는다면 대폭발 당시 우주는 엄청난 에너지와 높은 온도 때문에 펄펄 끓는 가마솥 같은 상태였다.

우주배경복사는 우주 깊은 곳에서 방출됐다. 따라서 우주배경복사에는 약 138억 년 전 우주 탄생 초기의 모습이 '기록'돼 있다. 적색이동을 이용해 우주배경복사 신호의 고유 주파수를 계산해 보면 마이크로파 우주배경복사가 우주 깊은 곳에서 방출됐을 당시 우주가 매우 뜨거운 상태였음을 알 수 있다. 우주배경복사에 기록된 탄생 초기 우주의 '흔적'은 빅뱅이론의 신뢰도를 크게 높여주었다.

4-6
우주도 소멸할까

우주의 미래

기존 물리학 지식에 따르면 우주의 크기는 유한하고 끊임없이 가속 팽창하고 있다. 또 우주의 나이는 약 138억 년이다. 우주는 대폭발로 인해 생겨났다. 즉 우리가 현재까지 알고 있는 것은 우주의 시작과 현재일 뿐이다. 그렇다면 우주는 탄생 전에 어떤 상태였을까? 우주의 미래는 어떻게 될까? 우주는 언제까지 계속 팽창할까? 우주도 언제인가는 결국 소멸할까? 만약 시간을 까마득히 오랜 과거로 되돌리거나 아득히 먼 미래로 이동시킬 수 있다면 이 몇 가지 궁극적인 문제들에 대한 답을 얻을 수 있을지도 모른다.

우주는 탄생 전에 어떤 상태였을까? 우주의 미래는 어떻게 될까? 물리학계는 아직까지도 이 두 가지 질문에 대한 명확한 답을 내놓지 못하고 있다. 인류는 아직 태양계를 벗어나지 못했다. 물리학이 생겨난 것도 몇 백 년밖에 되지 않는다. 그러니 138억 년 전의 과거와 수백억 년 이후의 미래에 대해 어떻게 알 수 있겠는가?

이 문제와 관련해 물리학자 스티븐 호킹은 철학적 의미가 다분한 답을 제시했다. 바로 '하틀-호킹 상태Hartle-Hawking state' 모델이다. 몇 가지 물리 이론이 이 모델을 뒷받침하고 있다.

빅뱅 이전에는 무엇이 있었을까

하틀-호킹 상태 모델은 첫 번째 궁극적인 질문, 즉 빅뱅이 일어나기 전 우주의 상태에 대한 해답을 제시했다.

스티븐 호킹은 이 질문 자체가 잘못됐다고 주장했다. 그의 주장에 따르면 시간과 공간은 빅뱅으로부터 만들어졌으므로 빅뱅 이전에 시간이 존재했다고 전제한 질문은 성립되지 않는다. 빅뱅 이전에 시간이 존재하지 않았다면 그 이전에 대해 묻는 것은 의미가 없기 때문이다.

하틀-호킹 상태 모델은 우주의 공간에 대해서도 설명했다. 예를 들어 공간이 구의 표면 같은 모양이라고 가정할 때, "빅뱅 이전에 무엇이 있었는가?"라는 질문은 "지구상에 북극보다 더 북쪽에 무엇이 있는가?"라는 질문처럼 질문 자체가 성립되지 않는다. 북극은 지구의 가장 북쪽에 있으며 이 북극에서 어느 방향을 향하건 그쪽은 남쪽이 되기 때문이다.

빅뱅이 일어나면서 시간과 공간이 생겨났다. 우주도 팽창하기 시작했다. 마치 사람이 북극점에서 남쪽을 향해 움직이는 것처럼 말이다. 그리고 시간이 흐르면서 우주는 팽창에 팽창을 거듭해 왔다.

하틀-호킹 상태 모델: 우주는 무한대로 팽창하지 않는다

이번에는 두 번째 궁극적인 질문을 살펴보자. 우주의 미래는 어떻게 될까? 우주는 무한대로 팽창할까?

하틀-호킹의 무경계 가설에 따르면 시간이 흐르면서 우주는 극한까지 팽창한다. 극한에 이른 순간 시간이 거꾸로 흐르면서 다시 수축하기 시작해 빅뱅의 첫 순간처럼 다시 하나의 특이점으로 돌아간다. 그리고 다시 새로운 빅뱅이 시작되면서 팽창과 수축을 무한 반복한다.

예컨대 사람이 북극에서 출발해 남쪽으로 계속 가다가 남극에 이르면 더 이상 남쪽으로 향할 수 없는 것과 마찬가지이다. 남극에서 어느 방향을 향하건 그쪽은 모두 북쪽이 되는 것처럼 우주는 극한의 팽창 상태에 이른 후 수축을 시작하면서 시간도 거꾸로 흐르게 된다.

이것이 우주의 과거와 현재에 대해 설명한 하틀-호킹 상태 모델의 요점이다. 이 모델의 관점에서 보면 우주는 시공간 속에 단단히 속박돼 있다. 시공간이 없으면 만물이 존재하지 않기 때문이다. 철학적 관점에서 보면 이는 세계에 대한 인류의 정신적인 인식 문제와 연결된다. 사람의 정신은 시공간을 토대로 형성되었으며 시공간을 빼놓고 그 무엇도 사유할 수 없다. 즉 사람은 시공간 밖의 것을 인지할 수 없다. 시공간 밖의 것을 인지할 수 없는데 굳이 그것을 논하는 것은 의미가 없다.

하틀-호킹 상태 모델은 시간이 거꾸로 흐르는 문제에 대해서도 동일한 답변을 내놓았다. 사람은 감각기관을 통해 시간이 거꾸로 흐르는 현상을 경험하지 못했을 뿐 아니라 정신적인 인식 또한 시간의 단방향 흐름에만 머물러 있기 때문이다.

시간은 무엇인가

아리스토텔레스Aristotle는, "시간은 사람의 기억에 불과할 뿐이다"고 말했다. 사람은 기억을 갖고 있기 때문에 시간의 존재를 느낄 수 있다는 뜻이다.

시간에 대한 인식에 구애받지 않는다면 시간의 흐름에 순방향과 역방향의 구분이 없다고 말해도 틀린 말은 아니다. 시간은 방향이 없는데 사람이 그저 시간의 순방향 흐름에 따라 이 세계를 인식할 뿐이다. 우리는 시간과 공간이 별개의 개념이라고 생각할 수 있다. 감각기관을 통해서는 공간만 감지하고 시간을 감지할 수 없고 시간의 흐름은 기억에 의해서만 판단할 수 있기 때문이다.

물리학 관점에서 보면 한 전자가 시간의 순방향 흐름에 따라 A에서 B까지 이동하는 과정과 양전하를 가진 양전자positron(전자의 반입자anti-particle)가 시간의 역방향 흐름에 따라 B에서 A까지 이동하는 과정, 이 두 가지 물리적 과정은 완전히 일치한다. 즉 전자의 이동은 시간의 방향과 아무 상관이 없다.

물리학의 틀 안에서 특히 미시적 세계에서 시간과 공간은 서로 등가관계에 있다. 공간과 마찬가지로 시간적 위치 역시 좌표로 표현 가능하다. 시간은 소립자의 네 번째 좌표일 뿐이다. 시간과 공간이 서로 등가관계에 있는데 물리학에서는 왜 시간과 공간을 구분해서 사용할까? 그 이유는 이 책의 머리말에 언급한 것처럼 기본적인 물리학적 인지 과정이 귀납, 연역, 검증 순으로 이뤄지기 때문이다.

물리학 원리는 반드시 관찰과 귀납을 통해 얻어진다. 하지만 더 높은 차원의 과학 분야, 이를테면 상대성이론과 양자장론, 초끈 이론super string theory(우주를 구성하는 최소 단위를 끊임없이 진동하는 끈으로 보고 원리를 밝히려는 이론—옮긴이), 양자중력역학 등에서는 시간과 공간의 구분이 거의 없다. 시간 좌표 역시 공간 좌표와 마찬가지로 좌표 형태로 표현될 뿐이다.

우주는 무엇으로 구성돼 있는가
What do we have in the Universe

5-1

우주에는 무엇이 있는가

우주에는 여러 가지 천체들이 있다. 그중에 태양처럼 스스로 빛을 내는 천체도 있고, 달처럼 스스로 빛을 내지 못하고 태양의 빛을 반사하는 천체도 있다. 또 블랙홀black hole처럼 전혀 빛을 낼 수 없는 천체도 있다. 요컨대 우주에는 매우 다양한 종류의 천체가 있다.

사실 천체가 빛을 내는 특성 한 가지만 놓고도 여러 측면으로 분석할 수 있다. 이를테면 천체 스스로 빛을 낼 수 있는지, 어떤 색깔의 빛을 내는지, 천체가 내는 빛이 가시광선인지 아니면 다른 광선인지 같은 문제들이다. 그렇다면 천체들의 다양한 성질은 무엇에 의해 결정될까? 결론부터 말하자면 천체들 간의 최대 차이점이나 천체들의 다양한 성질을 결정하는 가장 중요한 요소는 천체의 질량이다.

천체의 질량에 따른 분류

우주에 존재하는 천체는 질량에 따라 세 부류로 나눌 수 있다.

천체가 태양 질량의 0.07배보다 가벼우면 스스로 눈부신 빛을 낼 수 없다. 이를테면 태양계 8대 행성, 달, 목성의 위성, 이보다 더 작은 혜성, 소행성asteroid, 왜행성dwarf planet 등이 이 부류에 포함된다.

스스로 빛을 내지 못하는 천체들이 저마다 다른 이름을 가지게 된 이유는 이들의 질량과 궤도와 운행 특징이 서로 다르기 때문이다. 예컨대 행성은 항성 주위를 공전하는 천체이자 자체 궤도 주변에서 질량이 가장 큰 천체이기도 하다. 반면 소행성과 왜행성도 태양 주위를 공전하기는 하나 자체 궤도 주변에서 질량이 가장 큰 천체는 아니다. 이 밖의 위성은 행성 주위를 도는 천체이다. 초기 질량이 태양 질량의 0.07배에 이르는 원시성(원시별)은 스스로 빛을 내는 항성이 될 수 있다.

천체들은 자체 에너지가 소진되고 나면 질량에 따라 서로 다른 최후를 맞이한다. 여기에서 질량이란 '천체가 항성이었을 때의 질량'을 일컫는다. 항성은 핵융합nuclear fusion을 통해 에너지를 방출하는 과정에서 엄청난 질량을 잃는다(핵융합 반응의 본질은 줄어든 질량이 에너지로 전환돼 복사 형태로 방출되는 것이다). 따라서 천체 질량은 천체가 항성이었을 때의 질량을 말하지, 핵융합 반응을 거쳐 이미 노령에 접어든 천체의 질량을 말하는 것이 아니다. 질량이 유난히 큰 천체에는 마지막에 블랙홀이 될 기회가 주어진다. 블랙홀이 되기 위해서는 항성이었을 때의 질량이 태양 질량의 29배 이상이어야 좋다. 따라서 우리는 항성이었을 때의 질량이 태양 질량의 29배 이상인 천체들을 또 하나의 부류로 묶을 수 있다. 이들은 마지막에 블랙홀이 될 가능성이 높은 천체들이다.

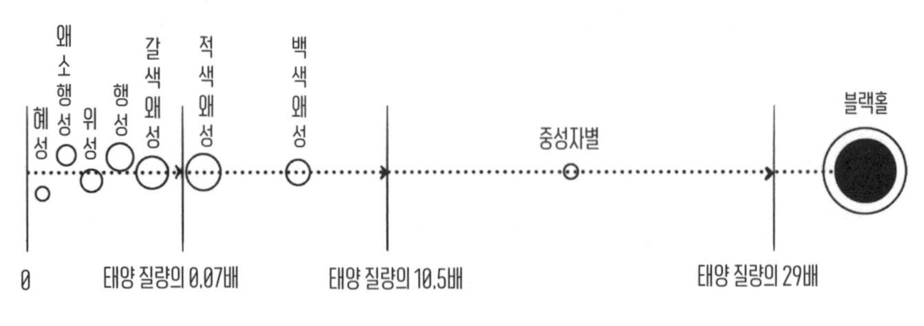

그림5-1 **천체의 질량에 따른 분류**

다만 '태양 질량의 29배'라는 수치는 블랙홀 생성 여부를 결정짓는 절대적 기준이 아니다. 이론적으로 블랙홀이 생겨나기 위한 임계질량critical mass은 필요하지 않다. 표면중력이 충분히 강하기만 하면 블랙홀이 형성될 수 있기 때문이다. 과학자들의 계산 결과에 따르면 초기 질량이 태양 질량의 29배 이상인 항성이 블랙홀이 될 확률이 높은 것은 사실이다.

요컨대 우리의 중점 연구 대상은 태양 질량의 0.07~29배의 질량을 가진 천체들이다. 이 구간에 속한 천체들은 '젊었을 때'는 스스로 열과 빛을 내뿜는 항성이었다. 그러다가 어느 날 에너지가 깡그리 소진되면서 질량에 따라 각기 다른 천체로 변화한다. 이 가운데 중요하게 눈여겨 볼 항성은 질량이 태양 질량의 약 10.5배인 항성이다. 질량이 태양 질량의 약 10.5배인 항성은 핵융합 반응을 거치고 나면 질량이 태양 질량의 약 1.44배로 줄어든다. 태양 질량의 1.44배 정도 되는 질량을 '찬드라세카르 한계Chandrasekhar limit 질량'이라고 한다. 찬드라세카르 한계 질량, 즉 태양 질량의 1.44배 이하의 별은 백색왜성으로 최후를 맞는다. 그러나 그 이상 질량을 갖는 별은 중성자별이나 펄서pulsar가 된다. 중성자별과 펄서의 질량도 상한선이 있다. 이 상한선을 'TOV 한계Tolman-Oppenheimer-Volkoff limit

질량'이라고 한다. 중성자별의 TOV 한계 질량은 태양 질량의 약 3배이다. 핵융합 반응이 일어나기 전 항성이었을 때의 질량을 기준으로 하면 태양 질량의 30배 정도이다. 펄서의 경우 고속 회전할 때의 원심력이 중력의 일부분과 상쇄되기 때문에 TOV 한계 질량이 중성자별보다 크다.

그러므로 핵융합 반응이 일어나기 전의 초기 질량에 따른 천체 분류 기준은 각각 태양 질량의 약 0.07배, 10.5배, 29배로 정할 수 있다. 반면 핵융합 반응을 거친 후의 최종 질량에 따른 천체 분류 기준은 각각 태양 질량의 약 0.07배(질량이 태양 질량의 0.07배 정도인 천체는 핵융합 반응 속도가 극히 느리다. 심지어 이들의 수명은 조 단위에 달해 우주의 현재 나이인 138억 년보다 더 길 수 있다), 1.44배, 3배로 정할 수 있다.

대질량 천체의 공통점

태양 질량의 0.07배 이하인 천체는 종류가 다양하고 성질도 제각각이지만 이들에 대한 연구는 오히려 천체물리학, 지구물리학, 지질학 심지어 화학 분야 쪽에 더 가깝다.

여기서는 질량이 태양 질량의 0.07~29배 구간에 속한 항성들에 대해 주목해 보자. 이 대질량 천체들은 성질이 흥미롭고 변덕스럽다.

가장 먼저 눈에 띄는 특징은 대질량 천체들이 모두 구형球形이라는 점이다. 무엇 때문에 대질량 천체들은 공처럼 둥근 형태를 띠고 있을까? 원인은 바로 질량 때문이다.

질량이 큰 천체는 표면중력도 크다. 달리 말해 천체 표면에 있는 모든 물체가 받는 중력이 크다는 얘기이다. 중력의 크기는 방향과 관계없이 일정하게 작용한다. 한 질점material particle(물체의 크기를 무시하고 질량이 모여 있다고 보는 점—옮긴이)이 어떤 공간적 위치에서 받는 중력의 크기는 해당 공간적 위치와 질점까지의 거리와 관계될 뿐 중력의 작용 방향과는 무관하다. 그러므로 구형 천체의 중력은 3차원 공간에서 구면 대칭spherical symmetric 형태로 분포된다.

이런 상태가 오래 지속되면서 천체는 점차 둥근 형태를 띠게 된다. 게다가 질량이 큰 천체일수록 표면이 점점 더 매끈해지면서 완벽한 구형에 가까워진다. 그 이유는 무엇 때문인가? 예를 들어 우리가 지구에 초고층 빌딩을 짓는다고 가정해 보자. 두말할 필요도 없이 빌딩 높이가 높아질수록 무게가 커질 것이다. 하지만 모든 건축 재료가 감당 가능한 하중에는 한계가 있다.

그림5-2 세계에서 가장 높은 건물, 부르즈 할리파(828미터)

하중이 지나치게 증가해 한계를 벗어나면 건축 재료는 원래 형태를 유지하지 못하고 변형된다. 심지어 붕괴될 수도 있다. 달리 말해 우리는 지구 위에 무한히 높은 빌딩을 세울 수 없다.

마찬가지로 한 천체의 질량이 어느 정도까지 커지면 천체 표면의 물질의 높이도 무한히 높아질 수 없다. 높이가 어느 정도에 이르렀을 때 반드시 무너지고 만다. 그러므로 질량이 큰 천체일수록 표면이 평평해지면서 형태가 매끈하고 완벽한 구형에 가까워진다. 태양계 행성 중에서 화성과 금성은 지구보다 중력이 작다. 이 두 행성의 최고봉의 높이는 모두 지구의 최고봉인 에베레스트보다 높다. 화성의 중력은 지구의 약 3분의 1이다. 화성의 최고봉 올림푸스 화산의 높이는 에베레스트의 세 배가 넘는다.

이것이 천체 대부분의 외형이 대체적으로 구형인 이유이다. 물론 천체 표면에도 울퉁불퉁한 기복은 있다. 하지만 이런 기복의 높이는 천체의 반지름에 비하면 그야말로 매우 작다. 반면 우주에 존재하는 질량이 비교적 작은 천체들의 외형은 꼭 구형만은 아니다. 이를테면 소행성, 운석과 혜성 등 천체들은 질량이 아주 작기 때문에 중력에 의해 표면이 매끄러운 구형으로 '다듬어지기' 어렵다.

5-2

항성은 왜 스스로 빛을 낼까

핵융합

먼저 한 가지 중요한 질문에 대답해 보자. 항성은 왜 스스로 빛을 낼까? 답은 '핵융합 때문'이다.

아인슈타인의 질량-에너지 등가 법칙에 따르면 에너지는 질량과 광속의 제곱을 곱한 값($E=mc^2$)이다. 간단한 계산을 통해서 알 수 있듯이 방정식에 따르면 방출되는 에너지의 양은 어마어마하다. 핵융합 과정에서 가벼운 원자핵들이 서로 충돌해 더 무거운 원자핵이 되고, 이때 질량 결손 때문에 막대한 에너지가 뿜어져 나온다.

비록 질량 결손의 양은 매우 적지만 공식 $E=mc^2$에 따르면 에너지로 전

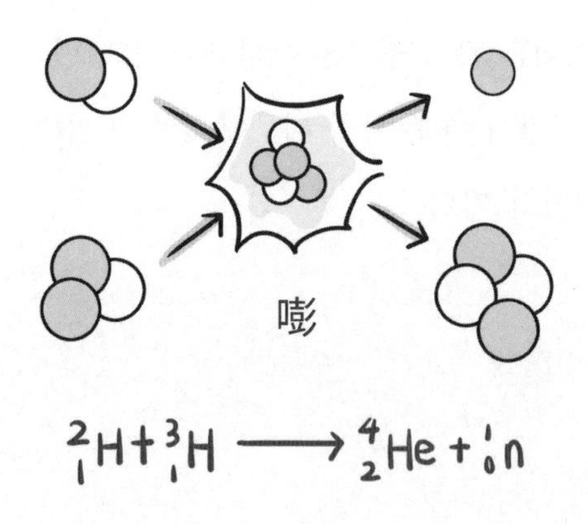

그림5-3 중수소와 삼중수소의 핵융합 반응

환된 양은 어마어마하다. 그렇다면 어떤 상태에서 핵융합이 일어날까? 답은 '고온 상태'이다.

가벼운 원자핵들이 무거운 원자핵으로 융합하려면 반드시 엄청나게 빠른 속도로 충돌하는 과정을 거쳐야 한다. 원자핵의 구조는 매우 견고하다. 따라서 이들이 서로 충돌해서 하나로 뭉치려면 반드시 한 원자핵이 다른 원자핵의 구조를 깨뜨려야 한다. 단단한 철갑을 두른 탱크를 상대하려면 엄청난 속도를 가진 포탄으로 공격해야 하는 것과 같은 이치이다.

요컨대 핵융합이 일어나려면 원자핵들의 운동 속도가 엄청나게 빨라야 한다. 달리 말해 원자핵들의 운동에너지가 엄청나게 커야 한다.

항성이 빛을 뿜는 물리적 과정

그렇다면 항성에서 핵융합이 일어나는 원인은 무엇인가? 주요 원인은 항성의 질량이 매우 크기 때문이다. 질량이 충분히 크기 때문에 원자핵에 충분히 큰 운동에너지를 줄 수 있는 것이다.

질량이 큰 천체일수록 자체 중력이 크다. 천체 내부로 깊이 들어갈수록 그곳에 있는 물질은 위쪽 물질들로부터 오는 중력을 더 많이 받고, 따라서 단위 면적당 받는 압력도 커진다. 단위 면적당 받는 압력과 온도는 양의 상관관계를 가진다. 즉 체적이 일정할 때 단위 면적당 압력이 클수록 온도가 높아진다. 일상 생활에서 비슷한 경험을 한 적이 있을 것이다. 이를테면 자전거 바퀴에 바람을 많이 넣을수록 자전거 펌프가 뜨거워진다. 한마디로 부피가 일정할 때 단위 면적당 압력은 온도에 비례한다.

온도란 무엇인가? '온도'의 정의는 중학교 교과서에 '물체의 차갑고 뜨거운 정도를 나타내는 물리량'이라고 나와 있다. 하지만 이 말은 온도의 본질을 제대로 설명하지 못한다. 뜨겁다거나 차갑다는 표현은 인체의 주관적인 느낌을 표현한 말이지 정확한 물리학 개념이 아니다. 열역학thermodynamics에서는 온도가 소립자의 평균 운동에너지에 정비례한다고 한다. 즉 소립자의 운동 속도가 빨라질수록 입자의 온도가 높아진다.

위의 내용에 근거해 종합해 보면 천체의 질량이 클수록 내부의 단위 면적당 압력이 커진다. 온도도 높아진다. 더 나아가 소립자의 운동 속도 역시 빨라진다. 소립자들의 운동 속도가 핵융합이 일어날 정도로 빨라지면 항성은 드디어 '점화'돼 빛과 열을 내뿜는다.

핵융합 반응에 따라 열이 발생하고, 이 열로 인해 항성의 온도가 한층 높아지면서 지속적인 핵융합이 일어난다. 새로 생겨난 에너지는 천체 표면으로 방출돼 마지막에 동적 평형dynamic equilibrium 상태에 이른다. 항성의 온도 역시 상대적으로 안정된다.

요컨대 항성이 되려면 최소한의 질량, 즉 임계질량을 갖춰야 한다. 질량이 임계질량에 도달한 천체만 항성이 될 수 있다. 그렇다면 항성이 될 수 있는 임계질량은 얼마일까? 태양 질량의 약 7퍼센트이다. 이보다 낮으면 스스로 빛과 열을 내는 항성이 될 수 없다. 물론 질량 기준을 만족시킨다고 다 항성이 되지는 않는다. 항성에는 반드시 핵융합 반응을 일으킬 수 있는 물질이 있어야 한다. 예를 들면 알기 쉽다. 태양은 주로 수소와 수소의 동위원소isotope로 구성돼 있다. 이 물질들은 모두 핵융합 반응의 원료이다. 문제는 항성의 에너지가 무한하지 않다는 점이다. 항성의 에너지는 언제인가는 전부 소진되고 만다. 그렇다면 '연료'가 다 타고 난 후에 항성은 어떤 최후를 맞게 될까? 항성도 '생명'이 다하는 날이 올까?

• • ● 5-3 ● • •

항성의 첫 번째 종착지: 백색왜성

항성이 탄생해서 소멸하기까지 과정을 사람의 일생에 비유한다면 항성이 빛을 발하는 단계는 청장년기에 해당한다. 항성도 사람과 마찬가지로 점점 늙어간다. 그렇다면 항성의 노년은 어떠할까? 사망 과정은 또 어떠할까?

무엇 때문에 천체의 크기는 일정할까

먼저 천체의 진화와 직접적 관계가 없는 문제를 살펴보자. 천체의 크기는 왜 일정할까? 천체는 만유인력이 작용하면서 수많은 물질들이 한곳으로 모여 형성된다. 즉 만유인력의 작용 아래 영원히 안으로 수축하려는 경향을 갖는다.

천체가 형성된 후에도 만유인력은 여전히 존재한다. 천체 위의 단 한 치의 땅도 만유인력의 영향에서 벗어나지 못한다. 하지만 천체는 형성된 후 크기가 일정하게 고정돼 있다. 이는 만유인력과 평형을 이루는, 외부로 향하는 힘이 존재한다는 사실을 의미한다. 그렇지 않으면 천체의 수축은 계속되기 때문이다.

그렇다면 천체의 중력과 평형을 이루는 이 힘은 어디서 온 것일까? 이 힘은 바로 항성 내부에서 핵융합 반응이 일어나면서 방출되는 거대한 에너지의 반동력이다.

핵융합 반응으로 생성된 빛과 열은 수소폭탄이 폭발할 때처럼 밖으로 뿜어나온다. 밖으로 향하는 이 힘이 항성의 중력과 평형을 이뤄 항성의 크기를 일정 수준으로 안정시킨다.

항성 연료가 소진된 후의 결말: 적색거성과 초신성

핵융합 연료가 떨어지면 항성은 어떻게 될까? 이를테면 핵융합 연료인 수소는 핵융합에 따라 헬륨으로 바뀐다. 이렇게 되면 항성의 중력과 균형을 이루던 힘이 사라져 계속 수축한다. 즉 항성은 크기가 점점 작아진다.

그렇다고 항성이 단번에 아주 작은 크기로 수축하는 것은 아니다. 힘의 균형이 깨짐으로써 안정적인 상태에서 불안정적인 상태로 바뀐 다음 격렬한 변화가 동반되는 중간 단계를 거친다. 이 중간 단계는 항성 질량에 따라 적색거성으로 가는 길일 수도 있고, 청색거성blue giant 또는 다양한 종류의 초신성으로 변하는 단계일 수도 있다. 그러므로 적색거성, 청색거성, 다양한 종류의 초신성은 안정적인 천체가 아니라 노쇠기에 접어든 항성의 한 가지 형태이다.

태양을 포함해 중간 정도의 질량을 갖는 항성들은 에너지가 소진되고 나면 적색거성으로 진화한다. 이어 적색거성 형태로 약 수십만 년에서 수백만 년 동안 머물게 된다. 사람이 볼 때는 이 기간이 매우 길어 보인다. 그러나 항성의 수명이 수십억 년, 심지어 수백억 년이라는 사실을 감안하면 사실 매우 짧은 시간이다. 적색거성 지름은 항성 지름의 수백 배에 이를 정도로 크기가 엄청나다. 태양이 적색거성이 되면 지구를 집어삼킬 정도로 부피가 커질 것이다. 그때가 되면 지구상의 모든 생명체는 멸종하지 않을 수 없다.

무엇 때문에 적색거성은 수축하지 않고 오히려 팽창할까? 수소 핵융합이 끝나고 나면 수소 핵융합으로 생성된 헬륨 원자들이 특정 조건에서 계속 핵융합하기 때문이다. 헬륨 핵융합은 수소 핵융합보다 진행이 더 어렵다. 태양 중심부에서 수소 핵융합은 섭씨 1천만 도에서 가능하지만 헬륨 핵융합이 일어나려면 섭씨 1~2억 도가 필요하다.

수소 핵융합이 끝나면 항성은 부피가 점점 줄어들기 시작한다. 부피가 작아지면 내부 압력이 커진다. 단위 면적당 압력이 급격히 증가하면서 항성 내부 온도는 섭씨 1~2억 도로 상승한다. 이로써 새로운 핵융합 반응 조건이 갖춰지는 셈이다.

헬륨 원자는 핵융합 반응을 거쳐 탄소 원자를 형성하고 계속 에너지를 방출한다. 이 물리 현상을 헬륨 섬광helium flash라고 한다. 헬륨 섬광 현상은 항성 중심부가 어느 정도까지 수축한 후 발생한다. 동시에 엄청난 에너지를 외부로 분출한다. 이 같은 순간적인 에너지 분출 때문에 적색거성은 밖으로 팽창할 힘을 갖게 된다. 따라서 헬륨 섬광 현상을 이해하기만 하면 적색거성의 팽창 원인도 알 수 있다. 물론 모든 항성에서 헬륨 섬광 현상이 발생하지는 않는다. 질량이 태양 질량의 0.8배 이하인 항성은 중력이 약하기 때문에 헬륨 섬광 현상이 일어날 만한 온도 조건을 만들어내지 못한다.

청색거성은 사실 에너지 수준이 더 높은 적색거성의 초기 형태이다. 에너지가 높기 때문에 복사 형태로 방출하는 전자기파의 진동수가 적색 빛보다 커지면서 빛 색깔이 청색으로 이동하는 것이다. 하지만 청색거성도 에너지가 소진되면서 점차 적색거성으로 변한다.

초신성은 크게 두 종류로 나눌 수 있다. 폭발 이후 밝기가 조금씩 감소하는 I형과 급격히 감소하는 II형이 있다. 질량이 태양 질량의 8~25배에 이르는 대질량 항성은 에너지가 소진된 후 II형 초신성으로 진화한다. 초신성은 엄청난 에너지를 순간적으로 방출하는데 방출되는 속도는 광속의 10분의 1에 이른다. 그 밝기는 은하계 전체의 밝기와 맞먹는다. 이 밖에 초신성 중에서도 비교적 특별한 Ia형 초신성도 있다. 이 초신성의 형성 과정은 상대적으로 복잡하다. 이른바 쌍성계binary star에서 나타난다. 쌍성은 이름 그대로 두 개의 별이 짝을 이뤄 공전하는 천체이다. 쌍성계를 이루는 백색왜성은 동반성companion star으로부터 물질을 계속해서 받아들인다. 만약 계속해서 흡수한 물질 때문에 백색왜성의 질량이 태양 질량의 1.44배, 즉 찬드라세카르 한계 질량에 이르러 내부의 축퇴압력degenerate pressure이 더 이상 강력한 중력에 대항하지 못하는 수준에 이르면 매우 높은 온도에서만 진행되는 핵융합 반응이 촉발되면서 백색왜성은 또다시 대규모 폭발을 일으킨다. 찬드라세카르 한계는 비교적 정확한 값을 가지기 때문에 Ia형 초신성의 폭발에 따른 밝기 역시 항상 일정한 값을 가진다. Ia형 초신성의 겉보기 밝기와 실제 광도를 비교하면 이 별에서 지구까지의 거리를 알 수 있다. 또 광선의 적색이동 정도를 측정해 지구로부터 멀어지는 속도를 구할 수 있다.

백색왜성

이번에는 헬륨 핵융합이 끝난 후의 항성에 대해 살펴보자. 질량이 매우 큰 항성은 헬륨 핵융합이 끝난 후에도 계속해서 탄소 핵융합, 산소 핵융합 반응을 통해 나트륨, 마그네슘 같은 원소들을 만들어낸다. 그렇다면 모든 핵융합이 끝난 후에는 무슨 일이 발생할까?

결론부터 말하자면 모든 핵융합이 끝난 후의 행성은 어떤 일이 발생하

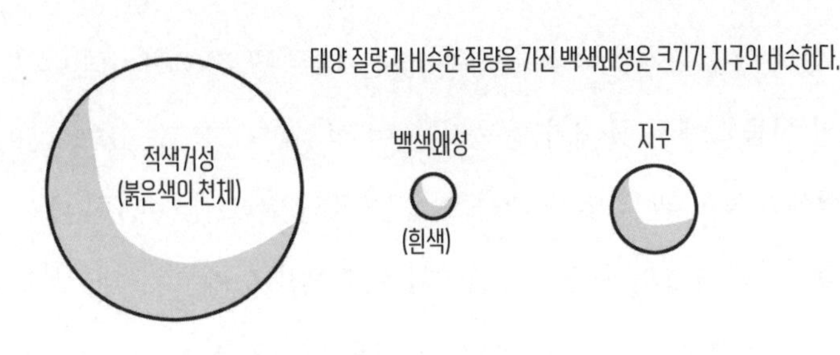

그림5-4 적색거성, 백색왜성과 지구 비교

든 간에 이미 완전한 노년기에 접어든다. 어쩌면 백성왜성은 항성이 마지막으로 받아들여야 하는 숙명 같은 것인지도 모른다.

백색왜성은 연료가 모두 소진돼 더 이상 핵융합이 불가능한 항성이다. 당연히 핵융합 반응을 통한 에너지 방출도 불가능하다. 하지만 여전히 질량과 내부 압력을 갖고 있기 때문에 온도가 존재한다. 백색왜성은 흰색 빛을 낸다. 이는 핵융합으로 생성된 빛이 아니라 단순히 열복사 때문에 흰색으로 보이는 것뿐이다.

백색왜성을 구성하는 성분은 초기 질량에 따라 달라진다. 질량이 큰 항성, 이를테면 태양 질량의 8~10.5배에 이르는 항성은 백색왜성이 되기 전에 산소 핵융합, 네온 핵융합 반응을 통해 마그네슘을 만들어낸다.

열복사

온도를 갖고 있는 모든 물체는 밖으로 전자기파를 전달(복사)한다. 당연히 온도가 높을수록 복사에너지가 커진다. 철을 높은 온도로 가열하면 붉은색을 나타내는 것과 같은 이치이다.

일상생활에서 접하는 많은 물체들도 온도가 충분히 높아지면 빛을 낼 수 있다. 이 물체들이 방출하는 빛은 대부분 적외선이다. 야간투시경을 쓰면 어둠속에서 물체가 방출하는 이 적외선을 볼 수 있다.

백색왜성이 흰색 빛을 내는 이유는 표면 온도가 여전히 매우 높기 때문이다. 백색왜성의 표면 온도는 섭씨 7~8천 도에 이른다. 물질은 이처럼 높은 온도에서 흰색 빛을 낸다. 항성과 마찬가지로 백색왜성의 에너지도 무한하지 않다. 언제인가는 열복사로 인해 소진되고 만다. 백색왜성은 에너지가 바닥나면 흑색왜성이 된다. 백색왜성이 열에너지를 방출하는 효율은 매우 낮다. 핵융합을 통한 에너지 방출과는 비교도 안 될 정도이다. 따라서 오랜 시간이 지난 다음 비로소 항성의 마지막 단계, 즉 흑색왜성으로 진화한다. 흑색왜성은 말 그대로 가시광선을 내뿜지 못하는 암체이다. 흑색왜성은 극소량의 전자기파만 복사하면서 주위 우주 공간과 동일한 온도로 식는다.

하지만 백색왜성의 수명은 매우 길다. 이론적으로는 우주가 존재한 시간보다 길다. 그러므로 현재까지는 우주에 흑색왜성이 나타날 수 없다.

과학자들의 계산 결과에 따르면 질량이 태양 질량의 0.07~10.5배인 항성만이 마지막에 백색왜성이 될 수 있다. 질량이 태양 질량의 10.5배 이상인 항성의 마지막 종착지는 백색왜성이 아니다.

5-4

항성의 두 번째 종착지: 중성자별

모든 핵융합이 끝난 뒤에 태양 질량의 1.44배, 즉 찬드라세카르 한계 질량에 도달한 항성은 백색왜성이 아닌 중성자별로 진화해 최후를 맞이할 가능성이 높다.

중성자별에 대해 설명하기에 앞서 '파울리의 배타 원리Pauli exclusion principle'라는 양자역학 지식을 간단하게 소개하겠다.

파울리의 배타 원리

양자역학에서 파울리의 배타 원리란 두 개의 페르미온Fermion(페르미 입자)이 같은 양자 상태를 취하지 않는다는 원리를 말한다. 페르미온 개념은 매우 복잡해서 한두 마디로 설명하기 어렵다. 여기에서는 '전자를 페르미온이라고 한다'라는 정도로 간단하게 짚고 넘어가고, 이 책의 뒷부분에서 자세하게 다루겠다. 어쨌거나 파울리의 배타 원리에 따르면 두 개 이상의 전자는 같은 양자 상태를 가질 수 없다.

파울리의 배타 원리를 대략 이해했으면 '무엇 때문에 항성의 크기는 일정한가?'라는 의문에 답해보자. 항성은 백색왜성이 된 후에도 크기가 일정하다. 그렇다면 백색왜성의 중력과 평형을 이루는 힘은 어떤 힘일까?

물리학에서는 이 힘을 축퇴압력이라고 한다. 축퇴압력을 설명하는 이론이 파울리의 배타 원리이다.

백색왜성의 구성 물질에 대해 이해하려면 먼저 원자의 구조를 알아야 한다. 간단하게 말하자면, 원자는 양전하를 띤 원자핵과 음전하를 띤 전자로 이뤄진다. 전자들은 고유 궤도를 따라 원자핵 주위를 돈다. 이 궤도 안에서 전자는 항상 일정한 에너지값을 갖는다. 궤도와 에너지값이 정해졌으니 이 전자의 양자 상태도 이미 결정되었다. 파울리의 배타 원리에 따르면, 이때 만약 다른 전자가 이 전자의 궤도에 진입하려면 반드시 다른 양자 상태를 가져야 한다.

전자가 지닌 또 다른 중요한 성질은 스핀spin이다. 모든 전자는 작은 자석처럼 N극과 S극을 갖고 있다. 따라서 전자의 스핀 상태는 N극이 위로 향하거나 S극이 위로 향하거나 둘 중 하나이다.

그러므로 원자핵 바깥의 한 궤도에 최대로 수용 가능한 전자의 수는 두 개이다. 또 두 전자는 서로 반대 스핀이어야 한다. 즉 그중 한 전자는 N극이 위로 향하고 다른 한 전자는 S극이 위로 향해야 한다. 두 개 이상의 전자는 하나의 양자 상태를 공유할 수 없다. 이처럼 한 궤도에 있는 두 전자의 스핀이 서로 반대 방향이고 에너지값이 같은 경우를 축퇴 상태라고 한다.

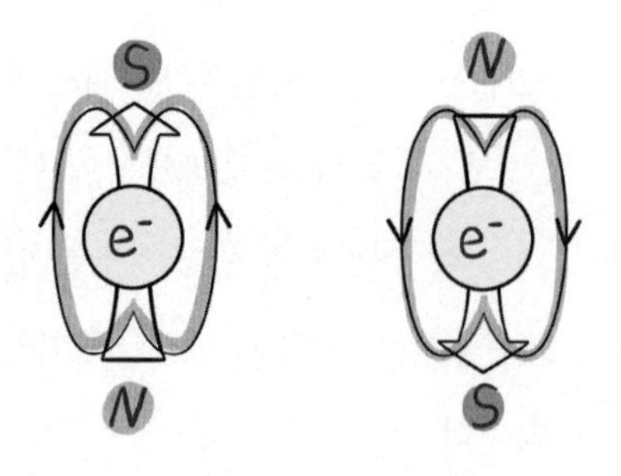

그림5-5 전자의 스핀

이제 원자의 구조를 다시 살펴보자. 원자핵은 원자의 중심에 위치하고 많은 전자들이 이 원자핵 주위를 돈다. 전자들의 에너지 준위는 각기 다르다. 하나의 궤도는 서로 반대 스핀의 전자를 최대 두 개만 수용 할 수 있다. 전자들은 궤도에 따라 배치되고 가장 낮은 에너지 준위가 채워지면 나머지 전자들은 에너지 준위가 높은 바깥 궤도에 배치된다.

원자는 유한한 크기를 갖고 있다. 실제 원자 내부는 거의 텅 비어 있다. 또 원자 질량의 대부분은 원자핵에 집중돼 있다. 원자핵의 질량은 원자 총질량의 99.96퍼센트를 차지한다. 하지만 원자핵의 부피는 원자 부피의 수천 억분의 1에 불과할 정도로 매우 작다.

백색왜성이 계속 수축하지 않는 이유는 파울리의 배타 원리 때문이다. 바깥 궤도에 있는 전자들은 중심부 쪽으로 수축하려는 중력에 따라 안쪽 궤도에 압력을 가한다. 하지만 한 궤도에 최대 두 개의 전자만 수용된다는 파울리의 배타 원리에 따라 결국 중력과 축퇴압력은 평형을 이룬다. 이로써 백색왜성은 더 이상 수축하지 않는다.

백색왜성을 구성한 원자들은 중력의 작용 아래 간격 없이 빽빽하게 뭉쳐 있다. 하지만 원자 내부 공간은 매우 크다. 따라서 백색왜성의 밀도는 단일 원자의 밀도와 같을 뿐 아니라 매우 크다. 백색왜성 1㎤의 질량은 약 10톤이다. 즉 컵 하나 크기의 백색왜성 질량은 1만 톤급 선박의 질량과 같다.

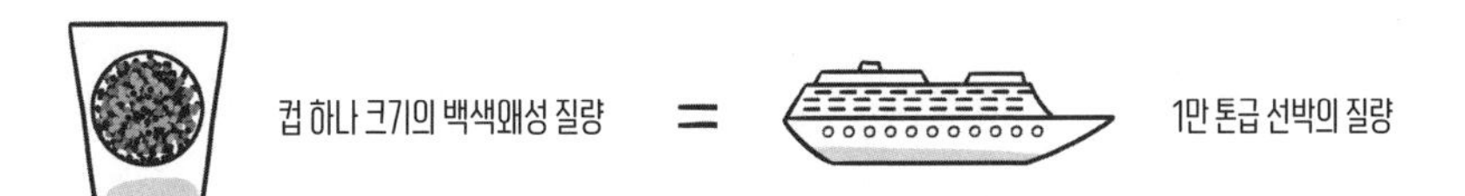

그림5-6 **백색왜성의 밀도는 매우 크다**

중성자별

만약 항성의 질량이 계속 증가해 찬드라세카르 한계를 벗어나고 축퇴압력을 초과할 정도가 되면 어떤 현상이 발생할까? 축퇴압력이 중력에 대항하지 못해 원자 구조가 붕괴되고 항성은 또 다른 종착지인 중성자별 단계로 진화할 것이다. 중성자별은 말 그대로 중성자neutron들로만 이뤄진 천체이다. 알다시피 원자의 중심부에는 원자핵이 있다. 원자핵은 양전하를 가진 양성자proton와 전하가 없는 중성자로 구성돼 있다.

중성자는 원자핵의 구성 요소로서 어떤 역할을 할까? 양성자는 양전하를 띤 입자이다. 전하의 주요 성질 중 하나는 다른 전하끼리 서로 끌어당기고 같은 전하끼리 서로 밀어내는 것이다. 대부분의 원자핵은 많은 양성자를 갖고 있다. 이들 양성자들은 원자핵 내부에 얌전하게 뭉쳐 있다. 같은 전하를 띤 양성자끼리 반발하지 않고 뭉쳐 있을 수 있는 이유는 무엇일까? 양성자끼리 반발하는 쿨롱 힘에 대항하는 이 힘이 바로 중성자이다. 중성자는 양성자들 사이에서 접착제 역할을 한다. 중성자의 강한 상호작용력(뒷부분에서 자세하게 설명하겠다) 덕분에 양성자들이 반발력을 이겨내고 한곳에 뭉칠 수 있는 것이다.

천체 질량이 태양 질량의 1.44배를 넘어서면 축퇴압력은 더 이상 중력에 대항하지 못한다. 그렇게 되면 원자핵 속에 있는 양전하를 띤 양성자와 음전하를 띤 전자가 결합해 중성자로 변한다. 그렇게 거의 중성자들로만 이뤄진 중성자별이 된다.

하지만 중성자의 상태가 불안정하기 때문에 중성자별 내부에서 베타붕괴베타Decay가 일어나면서 중성자는 양성자로 변한다. 동시에 전자와 반중성미자antineutrino를 방출한다. 이런 방식으로 동적 평형 상태에 이른다.

우리는 중성자별의 밀도를 추산할 수 있다. 원래의 원자 구조가 붕괴되고 꽤 크던 원자 내부 공간이 납작하게 압축됐기 때문에 중성자별의 밀도는 원자핵의 밀도와 비슷하다. 이 밀도는 대략 얼마일까? 1㎤당 약 수백조 톤에 달한다. 중성자별 한 주걱의 질량은 히말라야 전체의 질량과 맞먹는다. 원자 내부 공간이 극도로 압축됐기 때문에 중성자별의 체적은 매우 작다. 반지름은 겨우 10킬로미터 정도에 불과하다. 반면 태양과 질량이 같은 항성이 백색왜성으로 변할 경우 그 크기는 지구와 비슷하다.

펄서

중성자는 전기적으로 중성을 띠지만 성질이 불안정하므로 양전하를 띤 양성자와 음전하를 띤 전자로 붕괴된다. 따라서 중성자별은 대량의 전하를 갖고 있으며, 이 전하들은 빠르게 회전하면서 매우 강한 전자기 펄스electromagnetic pulse를 방출한다. 이렇게 고속으로 자전하면서 전자기파를 방출하는 중성자별을 펄서라고 한다. 천문학자들은 1960년대에 처음으로 펄서를 발견했다. 펄서가 방출하는 펄스파가 매우 강렬하고 규칙적이기 때문에 처음에는 외계 문명이 보낸 신호로 오해하기도 했다.

많은 천체들은 자전을 한다. 이를테면 지구와 태양도 자전한다. 천체들은 붕괴하고 수축하는 과정에서도 자전을 멈추지 않는다. 또 천체 체적이 작아지면서 자전 속도는 점점 빨라진다.

천체들의 자전에 적용되는 물리법칙이 바로 '각운동량 보존 법칙law of conservation of angular momentum'이다. 간단하게 서술하면 물체가 어떤 축을 중심으로 원운동을 할 때 이 회전축에 대한 각운동량은 원의 중심점과 원주상의 물체를 이은 회전반지름과 물체의 운동량(질량×회전 속도)을 곱한

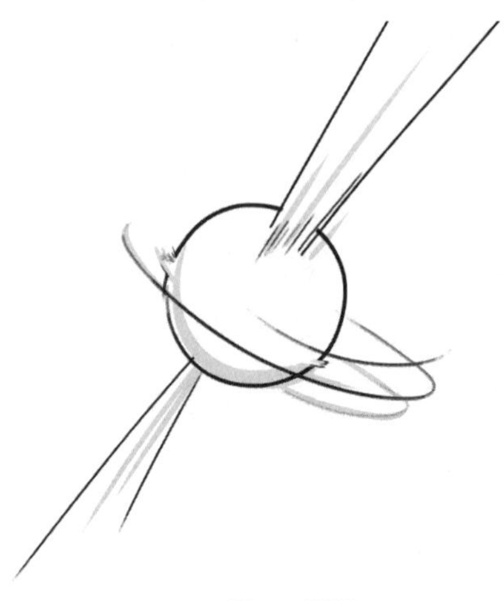

그림5-7 펄서

값과 정비례 관계를 가진다는 법칙이다.

물체에 외력이 작용하지 않을 때 각운동량은 일정한 값으로 보존된다. 따라서 물체의 회전반지름이 작아지면 각운동량 보존 법칙에 따라 물체의 회전 속도가 커질 수밖에 없다.

사실 각운동량 보존 현상은 생활 속에서 쉽게 볼 수 있다. 이를테면 피겨스케이팅 선수들이 쪼그려 앉은 자세에서 팔과 다리를 벌리면서 회전을 시작하다가 회전할 때 천천히 일어서면서 팔과 다리를 다시 모으는 모습을 본 적이 있을 것이다. 팔을 벌려 회전반지름을 크게 했다가 일어선 후 다시 팔을 모아 회전반지름을 작게 함으로써 각운동량 보존 법칙에 의해 회전을 쉽고 빠르게 하기 위한 동작이다.

중성자별의 체적은 매우 작다. 지름은 겨우 수십 킬로미터에 불과하다. 하지만 항성이었을 때는 지름 수백만 킬로미터에 달했다. 체적이 큰 항성이 체적이 작은 중성자별로 수축된 후에는 각운동량 보존 법칙에 따라 반드시 더 빠른 속도로 자전해야 한다. 자전 속도가 빠른 펄서는 심지어 표면 회전 속도가 광속의 10분의 1에 이른다. 그렇다면 항성의 질량이 한층 더 증가해 중성자별로도 중력의 수축 추세를 감당하지 못할 경우 어떤 현상이 일어날까? 이런 항성은 블랙홀이 되는 최후를 맞이한다.

5-5

고전적 의미의 블랙홀

백색왜성과 중성자별에 대한 이해를 바탕으로 이번에는 블랙홀에 대해 알아보자. 먼저 고전 물리학 관점에서 블랙홀이 지닌 성질, 블랙홀이 검게 보이는 이유, 그리고 블랙홀이 구멍으로 보이는 이유를 살펴보자. 물론 고전 물리학에 기반해 분석하는 블랙홀은 실제로 존재하지 않는다. 그저 이론적인 가설과 추론일 뿐이다. 실제로 존재하는 블랙홀을 연구하려면 일반상대성이론에 기반한 추론이 필요하다. 하지만 고전적인 블랙홀 이론을 알기만 해도 블랙홀에 대한 기초적인 이해에 크게 도움이 될 것이다.

블랙홀을 한마디로 요약하면 '너무 강한 중력 때문에 빛조차 빠져나올 수 없는 천체'이다.

탈출속도와 질량의 관계

우리는 1부 극쾌 편 3장에서 제2 우주속도 개념에 대해 알아보았다.

제2 우주속도는 지구 중력의 속박에서 벗어나기 위한 최소 속도, 즉 11.2㎞/s를 말한다. 이 속도를 탈출속도escape velocity라고도 한다.

탈출속도는 지구 중력장에만 적용되는 것이 아니다. 모든 천체는 중력장에 대응하는 탈출속도를 갖고 있다. 천체를 탈출하려면 천체의 인력에서 벗어나야 하기 때문이다. 요컨대 한 천체의 질량이 클수록, 반지름이 작을수록 탈출속도가 크다. 천체 표면의 만유인력은 천체의 질량에 정비례하고 천체 반지름의 제곱에 반비례한다.

그림5-8 **빛조차 빠져나올 수 없는 블랙홀**

탈출속도가 빛의 속도 이상이 되면 어떻게 될까

천체의 질량과 반지름이 특정 수준에 이르러 탈출속도가 빛의 속도 이상이 되면 어떤 현상이 벌어질까?

두말할 필요 없이 빛조차 이 천체에서 빠져나오지 못할 것이다. 이런 천체가 바로 고전적 의미의 블랙홀이다.

아인슈타인의 상대성이론에 따르면 질량을 가진 물체의 속도가 광속에 도달할 때 그 물체는 무한대의 에너지를 갖는다. 물론 현실에서는 있을 수 없는 일이다. 그러므로 질량을 가진 모든 물체의 운동 속도는 광속을 추월할 수 없다. 따라서 블랙홀에서도 빠져나올 수 없다(빛도 마찬가지다).

블랙홀의 성질

고전 물리학에서는 블랙홀이 검게 보이는 이유를 다음과 같이 설명한다. 사람이 물체의 색깔을 볼 수 있는 이유는 물체가 반사한 빛이 사람 눈으로 전달되기 때문이다. 하지만 블랙홀은 중력이 너무 강하기 때문에 빛조차 그 속에서 빠져나오지 못한다. 즉 그 어떤 빛도 사람 눈으로 전달할 수 없기 때문에 검게 보이는 것이다.

그렇다면 무엇 때문에 블랙홀은 구의 형태가 아니라 동굴 형태일까? 블랙홀의 '흡수' 능력이 너무 강하기 때문이다. 블랙홀로 흡수된 물질은 다시 빠져나오지 못한다. 마치 끝없이 깊은 동굴처럼 들어가기만 하고 나오지 못한다고 해서 이름도 '블랙홀'이라고 붙여졌다.

블랙홀은 천체 표면 중력이 충분히 큰 극단적인 상황에서 형성된다. 그러려면 질량이 매우 크거나 반지름이 매우 작아야 한다. 반지름이 매우 작은 중성자별 단계에서 질량이 더 증가하면 표면 중력이 충분히 커져서 블랙홀이 될 수 있다.

5-6

우주에는 또 무엇이 있을까

고개를 들어 하늘을 보면 다양한 종류의 천체가 보인다. 그중에서 빛을 내는 천체는 주로 항성이다. 하지만 정작 우주의 주요 구성 물질은 사람의 눈에 보이지 않는다. 현대의 과학기술 기기로도 관측되지 않고 있다. 바로 암흑물질dark matter이다.

간단하게 서술하면 암흑물질은 우주에 널리 분포하는 물질로서 중력만 작동할 뿐 일반 물질과 거의 상호작용하지 않는 물질이다. 게다가 중력이 매우 약하기 때문에 지구 차원에서는 암흑물질을 관측하기 매우 어렵다. 그렇다면 관측되지도 않는 암흑물질의 개념은 어떻게 생겨났을까?

은하계의 빠른 회전 속도

암흑물질 가설은 은하계 자전 속도를 관측한 결과에서 비롯됐다. 은하계는 커다란 원반 모양이며, 내부에는 수많은 천체가 있다. 은하계 별들은 은하계의 중심을 기점으로 회전한다.

회전운동을 하려면 구심력이 필요하다. 구심력이란 무엇인가? 예를 들어보자. 끈으로 무거운 물체를 묶은 후 끈의 한쪽 끝을 잡고 무거운 물체를 빙빙 돌리면 물체의 도는 속도가 빠를수록 끈의 장력이 커진다. 끈의 장력이 물체에 작용해 원운동에 필요한 구심력이 생긴다.

은하계가 계속 회전한다는 것은 은하 중심을 향해 구심력이 작용하고 있다는 뜻이다. 이 구심력은 사실 은하계 천체들이 발휘하는 만유인력이다. 은하계에 보이는 천체들이 얼마나 많은지는 천문 관측을 통해 대략적으로 알 수 있다. 이 수치를 바탕으로 이들 천체가 은하계 회전을 위해 얼마나 큰 만유인력을 작용하는지 추산할 수 있다.

계산 결과는 사람들을 놀라게 하기에 충분했다. 천체들만으로는 은하계 회전을 위해 충분한 만유인력을 제공할 수 없다는 결론이 나왔기 때문이다. 달리 말해 은하계는 회전 속도가 너무 빠르기 때문에 기존 천체들의 만유인력에만 의존했다면 벌써 해체됐을거라는 뜻이다.

하지만 은하계는 아직까지 해체되지 않고 잘 회전하고 있다. 이 같은 모순을 설명하기 위해 과학자들이 도입한 개념이 바로 암흑물질이다.

가상의 물질, 암흑물질

암흑물질은 과학자들이 만들어낸 가상의 물질로 일반 물질과 거의 상호작용하지 않고 오직 중력을 통해서 존재를 인식할 수 있는 이론상의 물질이다. 따라서 현재까지는 첨단 관측 기기로도 그 실체를 파악하지 못하고 있다. 암흑물질은 처음에 은하계의 회전 속도가 왜 빠른지를 설명하기 위해 끌어온 가상의 물질이다.

암흑물질은 물질과의 상호작용에 거의 참여하지 않는다. 전자기장과도 상호작용하지 않는다. 왜 전자기장과의 상호작용 여부가 중요할까? 실험실에서 어떤 물질이나 어떤 기본 입자를 연구할 때 일반적으로 전자기파와의 상호작용을 통해 그 실체를 파악한다. 만약 암흑물질이 전자기장과 상호작용하지 않는다면 일반적인 방법과 수단으로는 그 존재를 관측할 수 없다는 얘기이다.

암흑물질은 전자기력과 상호작용하지 않을뿐더러 강한 핵력이나 약한 핵력을 통한 상호작용에도 거의 참여하지 않는다. 이렇게 되면 입자물리학 기반으로는 암흑물질의 정체를 밝혀낼 수 없다. 달리 말해 현실 세계에 암흑물질이 존재한다면 이 암흑물질은 어느 것에도 방해받지 않고 모든 물질을 '통과'할 수 있다.

암흑물질 개념이 세상에 나온 지 수십 년이 지났으나(물리학자 켈빈 경Lord Kelvin은 19세기 말에 벌써 은하계 회전 속도 계산 결과를 바탕으로 암체Dark body 개념을 제시했다) 아직까지 중력 효과를 통해 그 존재가 간접적으로 확인됐을 뿐 관련 실험 정보가 전무한 이유도 이 때문이다. 암흑물질의 중력은 매우 약하다. 따라서 지구 권역에서 실험 기기로 암흑물질의 중력 효과를 감지하기 매우 어렵다. 관측 척도를 은하계 차원으로 확대해야 암흑물질의 존재를 분명하게 느낄 수 있다.

충돌형 가속기를 이용한 암흑물질 관측을 제안한 과학자도 있다. 암흑물질은 중력을 제외한 다른 힘과 상호작용하지 않으면서 모든 물질을 '통과'할 수 있다. 따라서 가속기에서 생성된 암흑물질은 생성되자마자 가속기 밖으로 '탈출'할 것이다. 그렇게 되면 가속기 내 물질의 에너지와 운동량이 변하게 된다. 바로 그 변화량을 측정해 암흑물질의 존재를 확인할 수 있다는 것이다.

이 제안은 이론적으로 그럴듯해 보인다. 하지만 관련 실험이 뚜렷한 진전을 거뒀다는 소식은 아직 들려오지 않는다.

암흑물질에 대한 추측

암흑물질이 실제로 존재한다고 가정해 보자. 천문 관측을 통해 우주에 얼마나 많이 분포돼 있는지 추산할 수 있다. 계산 결과에 따르면 암흑물질은 우주 총 질량 - 에너지의 20퍼센트 이상 차지한다. 보통 물질ordinary matter이 우주 총질량에서 차지하는 비중이 겨우 5퍼센트라는 점을 고려하면 이는 엄청난 수치라고 할 수 있다.

앞부분에서 우주의 팽창을 주도하는 암흑에너지에 대해 알아보았다. 이 암흑에너지와 암흑물질을 합치면 우주 총에너지의 95퍼센트 이상을 차지한다. 요컨대 우주 구성 물질의 대부분은 감춰져 있으며 현대 과학기술 능력으로는 감지할 수 없다. 그렇기 때문에 우주에 대한 신비감이 한층 더 커지는지도 모른다.

물론 인류가 지금까지 정립한 이론이 아직 완전하지도, 완벽하지도 못하기 때문일 가능성도 존재한다. 우주의 규모는 매우 크다. 하지만 실험과 탐사 측면에서만 봤을 때 인류의 연구 범위는 아직 태양계도 벗어나지 못했다. 인류가 정립한 과학이론이 태양계 차원에서는 정확도가 매우 높을지는 몰라도 태양계 밖의 우주 관측에 100퍼센트 적용 가능하다고 장담할 수는 없다. 이를테면 아인슈타인의 일반상대성이론이 은하계, 더 나아가 가장 큰 규모의 우주에도 정확하게 적용될지는 아무도 알 수 없다.

그러므로 암흑물질 개념이 꼭 정확하다고 말할 수 없다. 암흑물질이 틀림없이 존재한다고 말할 수도 없다. 인류가 정립한 이론이 아직 완벽하지 않기 때문에 은하계의 빠른 이동 속도에 대한 완벽한 설명을 내놓지 못한 것뿐이다. 요컨대 인류의 우주 탐사는 아직도 갈 길이 멀다.

중력
Gravity

6-1
천체 운동의 제1요인: 중력

우주에서는 모든 천체들이 같은 시공간에서 상호작용한다. 예컨대 지구는 태양 주위를 돌고, 달은 지구 둘레를 공전한다. 천체 사이의 기본 상호작용 중에서 가장 중요한 힘은 만유인력인 중력gravity(만유인력과 원심력을 합한 힘—옮긴이)이다. 그렇다면 중력에 영향을 주는 요인은 어떤 것이 있을까? 천체들은 중력의 작용 아래 어떤 법칙에 따라 운동할까?

달은 왜 지구에 떨어지지 않을까

중력을 발견한 사람은 아이작 뉴턴이다(영국 과학자 로버트 훅이 중력을 발견했다는 일설도 있다). 뉴턴은 17세기 후반기에 활동한 영국 과학자로 물리학의 시조로 불린다. 뉴턴이 머리에 사과를 맞고 만유인력의 원리를 발견했다는 일화는 사람들에게 널리 알려져 있다.

머리에 사과를 맞은 사람이 한둘이 아닐 텐데 왜 그중에서 뉴턴만이 만유인력 법칙을 발견할 수 있었을까? 그 배경에는 유명한 '뉴턴의 세 가지

운동 법칙Newton's law of motion'이 있다. 뉴턴의 운동 제1법칙은 외력이 작용하지 않으면 정지해 있는 물체는 계속 정지해 있고, 움직이던 물체는 계속 등속직선운동을 한다는 법칙이다. 달리 말해 한 물체의 운동 상태가 변했다면 틀림없이 외력이 작용한 것이다.

허공에서 떨어뜨린 모든 물체는 땅에 떨어진다. 허공에 정지 상태로 있던 사과가 땅에 떨어진 현상은 사과의 운동 상태가 변했다는 의미이다. 뉴턴의 운동 제1법칙에 따르면 틀림없이 어떤 힘이 사과에 작용한 것이다. 또 그 힘은 아래로 향하는 힘이다.

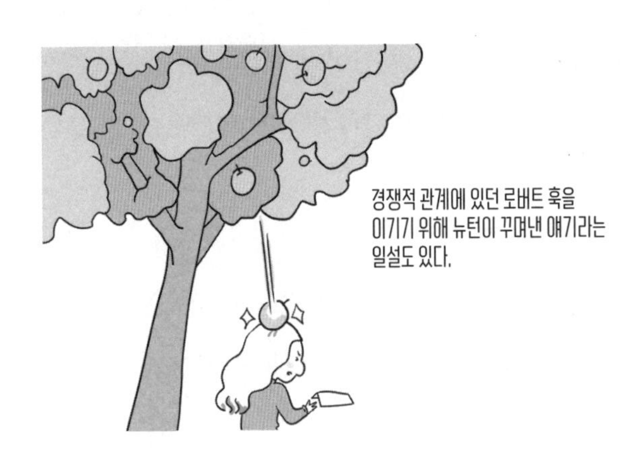

그림6-1 **뉴턴과 사과**

나뭇가지에 달려 있던 사과는 지구 중력에 이끌려 땅으로 떨어지는데 하늘에 있는 달은 왜 땅에 떨어지지 않을까? 지구 중력이 달에도 작용할 텐데 말이다. 답은 '달이 지구를 중심으로 공전하기 때문이다.' 달이 지구 주위를 공전할 수 있는 이유도 달을 끌어당기는 지구 중력 덕분이다. 그렇지 않으면 달은 진작 지구를 벗어나 우주 공간으로 사라졌을 것이다.

예를 들어 끈으로 무거운 물체를 묶은 다음 끈의 한쪽 끝을 잡고 무거운 물체를 빙빙 돌리면 물체의 도는 속도가 빠를수록 끈의 장력이 커진다. 끈의 장력이 물체에 작용해 원운동에 필요한 구심력이 생긴다. 끈의 장력 역시 달을 끌어당기는 지구의 중력과 마찬가지로 무거운 물체의 원운동을 지탱해 주는 힘이다. 만약 끈이 끊어져서 더 이상 장력이 존재하지 않는다면 끈에 매달려 있던 물체는 멀리 날아갈 것이다.

이로써 뉴턴은 지구와 달 사이에 만유인력이 존재한다는 사실을 확인했다. 그렇지 않으면 달이 지구를 중심으로 돌 수 없다고 판단했다. 뉴턴이 이어 해야 할 일은 자신이 발견한 만유인력을 수학적으로 공식화하는 것이었다. 즉 중력의 세기와 방향에 영향을 주는 요인이 무엇인지 찾아내는 것이었다.

뉴턴은 어떻게 만유인력 법칙을 찾아냈을까

뉴턴은, "내가 남들보다 멀리 볼 수 있다면 거인들의 어깨 위에 올라서 있었기 때문이다"라는 말을 남겼다. 뉴턴의 이 말은 겸양의 말이 아니다. 그는 있는 그대로의 사실을 말했을 뿐이다.

뉴턴에게 '어깨'를 기꺼이 내준 거인은 적어도 두 명이다. 한 명은 갈릴레오 갈릴레이, 다른 한 명은 갈릴레이와 같은 시대에 활동했던 천문학자 요하네스 케플러이다.

케플러는 스승인 티코 브라헤Tycho Brahe의 가르침에 따라 뉴턴보다 일찍 천체를 관측했다. 케플러와 브라헤는 약 30년에 걸쳐 수만 점이 넘는 천체 관측 기록을 정리해 냈다.

케플러는 그 어떤 이론적 지도도 받지 않은 상황에서 단순히 관측 결과에 근거해 천체의 운동 궤도가 타원형을 그린다는 사실을 발견했다. 이어 케플러의 천체 운동 법칙Kepler's laws of planetary motion을 발표했다. 케플러 법칙의 요점은 다음과 같다.

(1) 케플러 제1법칙(타원 궤도 법칙): 모든 행성은 태양을 하나의 초점으로 하는 타원 궤도를 따라 공전한다.

(2) 케플러 제2법칙(면적 법칙): 행성과 태양을 연결한 직선이 같은 시간 동안에 휩쓸고 지나가는 면적은 항상 일정하다.

(3) 케플러 제3법칙(조화 법칙): 행성의 공전 주기의 제곱은 공전 궤도 긴 반지름의 세제곱에 정비례한다.

뉴턴은 이 세 가지 법칙에 근거해 만유인력 공식을 만들었다.

$$F = G\frac{Mm}{r^2}$$

이 공식에 따르면 두 물체 사이에 작용하는 만유인력의 크기는 두 물체의 질량에 정비례하고 두 물체 사이 거리의 제곱에 반비례한다. 이는 두 물체 사이 거리가 두 배로 늘어날 경우 두 물체 사이에 작용하는 만유인력의 크기는 원래의 4분의 1로 줄어든다는 사실을 의미한다.

만유인력은 항상 반지름 방향으로 작용하며 접선 방향으로 작용하지 않는다. 반지름 방향은 두 점을 연결한 선과 같은 방향이고 접선 방향은 두 점을 연결한 선에 수직되는 방향이다. 예를 들어 지구가 태양의 주위를 공전할 때 지구에 작용하는 태양의 중력은 태양 방향으로만 향하며 다른 방향으로 향하지 않는다.

그림6-2 요하네스 케플러(1571~1630)

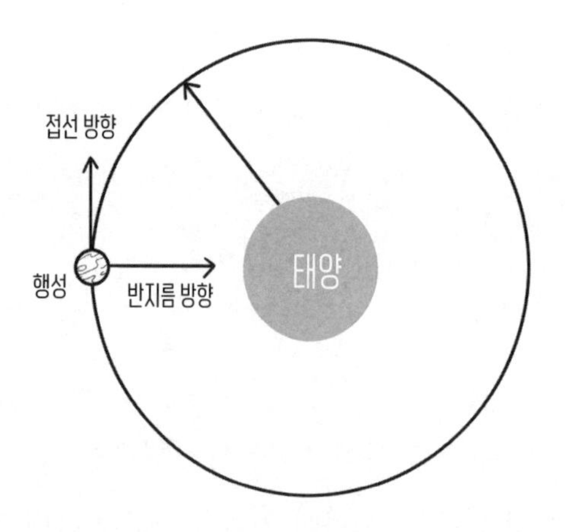

그림6-3 만유인력은 반지름 방향으로 작용한다

뉴턴은 어떻게 위의 공식을 정리해 냈을까? 사실 뉴턴은 당시 두 물체 사이에 작용하는 만유인력의 크기가 두 물체 사이 거리의 제곱에 반비례한다는 사실을 어렴풋이 추측했었다.

뉴턴은 계산을 통해 지구 표면에 있는 물체의 중력 가속도는 지구 주위를 공전하는 달의 구심 가속도의 3,600배에 달한다는 사실을 알아냈다. 당시 사람들은 지구에서 달까지의 거리가 지구 반지름의 60배라는 사실을 알고 있었다. 60의 제곱은 3,600이다. 여기에서 뉴턴은, '혹시 거리의 제곱에 반비례하지 않을까?'라고 추측한 것이다. 뉴턴은 나중에 이 반비례 관계 법칙을 만유인력 공식에 대입해 천체가 타원 궤도를 따라 공전한다는 사실을 입증해 냈다.

뉴턴은 이 밖에 뉴턴의 제3법칙과, 당시 사람들에게 널리 알려져 있던 갈릴레이의 '낙체 법칙(같은 높이에서 자유 낙하하는 물체는 질량과 관계없이 동시에 떨어진다는 법칙)'에 기반해 만유인력과 질량의 관계를 알아냈다.

6-2

갈릴레이의 어깨 위에 올라선 뉴턴: 중력의 공식

중력은 거리의 제곱에 반비례한다

케플러 제1법칙에 따르면 모든 행성은 태양을 하나의 초점으로 하는 타원 궤도를 따라 공전한다. 또 행성이 태양 주위를 공전하는 이유는 태양과 행성 사이에 작용하는 만유인력 때문이다. 여기에서 몇 가지 의문이 생긴다. 타원형 궤도를 만들어내는 만유인력은 도대체 어떤 힘인가? 중력은 거리가 멀수록 커지는가, 아니면 작아지는가? 그것도 아니면 거리와 관계없이 항상 일정한 값을 가지는가?

타원형 궤도를 만들어내는 힘은 두 가지이다. 하나는 앞에서 설명한 거리의 제곱에 반비례하는 힘이다. 중력과 거리가 정비례 관계일 때도 타원형 궤적이 만들어질 수 있다. 주목할 사실은 케플러 제1법칙이 '태양을 하나의 초점으로 할 때 모든 행성이 타원 궤도를 그린다'라는 점이다. 따라서 중력과 거리가 정비례해 타원형 궤도가 만들어지는 경우를 배제할 수 있다. 이 방식으로 타원 궤도가 만들어지려면 태양이 타원 궤도의 하나의 초점이 아닌 중심에 위치해야 하기 때문이다.

뉴턴 이후에 중력과 거리의 관계를 체계적으로 정리한 사람이 있었다. 그의 연구 결과에 따르면 중력이 위의 두 가지 방식으로 작용하지 않을 경우 온갖 괴상망측한 운동 궤적이 만들어질 것이고 그중에서 대부분은 심지어 닫힌 궤도가 아닐 가능성이 크다.

외곬으로 과학에 집중하는 사람들은 이쯤에서 의문이 생길 법도 하다. 왜 하필 중력은 거리의 제곱에 반비례하는가? 지수가 2.000000001도 아니고 왜 하필 2인가? 2에서 조금의 편차도 없다는 말인가?

사실 편차가 매우 작은 경우에는 '거리의 제곱에 반비례하는 중력에 의해 닫힌 타원 궤도가 만들어진다'는 결론에 별 영향을 주지 못한다. 그렇다면 무엇 때문에 이 지수는 정확하게 2로 나타나는가? 우주 법칙이 그토록 완벽하다는 말인가? 사실 이 문제는 실험실 연구 차원에서는 대답할 방법이 없다. 측정 오차는 항상 존재하기 때문이다. 아무리 정교하게 설계된 실험도 이 지수가 반드시 2라는 충분한 증거를 제시할 수 없다.

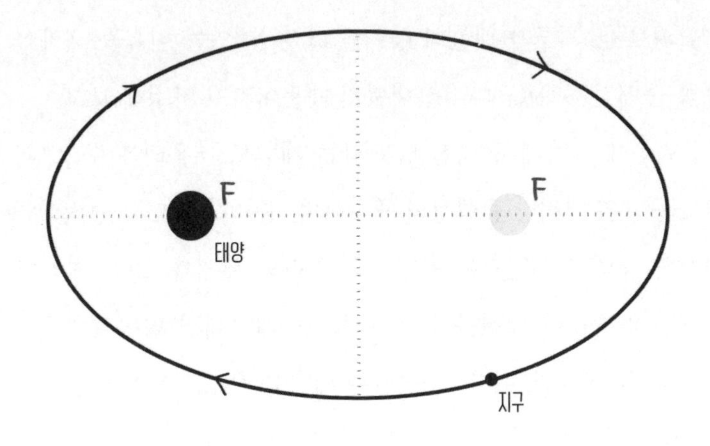

그림6-4 태양은 타원 궤도의 한 초점에 위치해 있다.

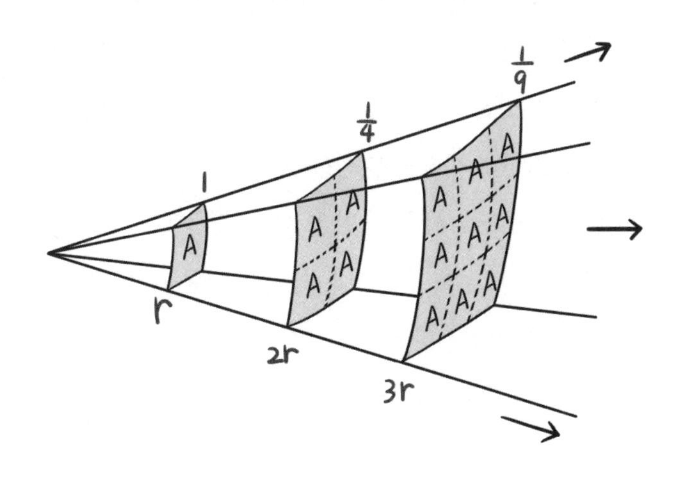

그림6-5 중력선의 밀도는 면적에 반비례한다

하지만 우리는 기하학적인 접근 방식으로 이 문제의 답을 구할 수 있다. '거리의 제곱'에서 지수가 정확하게 2인 이유는 우리가 사는 공간이 3차원 공간이기 때문이다. 먼저 지구가 어떻게 태양의 중력을 느낄 수 있는지 살펴보자. 지구가 태양의 중력을 느낄 수 있는 이유는 태양이 지구를 향해 '중력선gravitational line'을 내뿜기 때문이라고 가정해 보자.

이 중력선에 기반해 '중력선 밀도'라는 개념도 떠올려볼 수 있다. 중력선 밀도는 단위 면적당 중력선의 개수이다. 중력선 밀도는 중력의 세기를 반영한다. 중력선이 밀집된 곳일수록 중력의 세기가 크다. 태양이 내뿜는 중력선의 수량이 일정하다고 가정하면 태양에서 멀어질수록 중력선은 듬성듬성하게 배열된다. 중력선은 태양을 중심으로 방사상으로 퍼져나가기 때문이다.

이번에는 태양이 얼마나 많은 중력선을 내뿜는지 계산해 보자. 어떤 방법으로 계산해야 할까? 거리와 상관없이 태양 밖의 어느 한 위치에 태양을 감쌀 정도의 커다란 구를 그린다. 그리고 이 구면 위에 몇 개의 중력선이 있는지 세어본다. 태양으로부터 아무리 멀리 떨어진 곳에 구를 그려도 구면 위에 있는 중력선의 개수는 일정하다. 중력선의 총량은 변하지 않기 때문이다. 수도꼭지를 틀어서 물을 받을 때 수도꼭지와 가까운 곳에서 받든 멀리 떨어진 곳에서 받든 단위 시간 동안에 받은 물의 양이 같은 것과 같은 이치라고 할 수 있다.

반지름 r인 구의 표면적은 $4\pi r^2$이다. 중력선의 총량은 구의 표면적에 구가 위치한 곳의 중력선 밀도(중력선의 세기)를 곱한 값이다.

중력선의 총량이 변하지 않게 하려면, 즉 구의 표면적에 중력선 밀도를 곱한 값이 반지름과 무관하게 하려면 반드시 중력선의 세기가 거리의 제곱에 반비례해야 한다. 그렇지 않으면 중력선의 총량이 일정할 수 없기 때문이다. 요컨대 기하학적 방식으로 접근하면 중력이 정확하게 거리의 제곱에 반비례한다는 사실을 확인할 수 있다.

우리가 이 같은 결론을 얻은 이유는 우리가 사는 공간이 3차원 공간이라는 전제를 미리 깔았기 때문이다. 3차원 공간에서 구의 표면적은 반지름의 제곱에 정비례한다. 만약 우리가 살고 있는 공간이 3차원이 아닌 2차원 공간이라면 중력은 거리에 반비례할 것이다. 반면 4차원 공간에서는 중력이 거리의 세제곱에 반비례할 것이다.

중력은 반지름 방향으로만 작용한다

다음으로 중력의 작용 방향에 대해 알아보자. 중력은 왜 두 물체를 연결한 선과 같은 방향으로만 작용할까? 중력은 무엇 때문에 접선력이 될 수 없을까? 달리 말하면 두 물체 사이에 작용하는 만유인력은 왜 두 물체를 앞뒤로만 움직이게 하고 좌우로 움직이지 못할까?

정지 상태에서 바닥에 물체를 떨어뜨리면 물체는 바로 아래쪽에 떨어진다. 즉 물체는 수평 방향의 운동 속도를 가지지 않는다. 이는 지표면과 비교적 가까운 곳에서의 중력의 방향은 지구 중심을 향한다는 사실을 의미한다.

하지만 엄밀한 의미에서 위 추론은 문제가 있다. 지구 자전의 영향 때문에 지표면에 있는 모든 물체에 전향력coliolis force(코리올리의 힘, 물체가 떨어질 때 휘어지는 힘—옮긴이)이 작용하기 때문이다. 태풍이나 회오리바람은 전향력이 크게 작용한다. 그러므로 엄밀하게 말하면 물체가 바로 아래쪽 지면에 떨어지는 일은 생길 수 없다. 즉 바닥에 물체를 떨어뜨리는 실험의 결과에만 근거해서는 중력이 반경 방향으로 작용하는 원리를 설명할 수 없다.

중력이 접선 방향으로 작용하는지 여부를 알기 위해서는 관측 범위를 행성 궤도로 확장해야 한다.

케플러 제2법칙

중력이 접선 방향으로 작용하는지 여부를 알려면 반드시 케플러 제2법칙을 이용해야 한다. 케플러 제2법칙에 따르면 행성과 태양을 연결한 직선이 같은 시간 동안에 휩쓸고 지나가는 면적은 항상 일정하다.

태양과 행성을 연결하는 직선을 긋는다면 행성이 공전함에 따라 이 직선은 일정 시간 동안 일정 면적의 우주 공간을 휩쓸고 지나간다. 행성이 한 바퀴 돌고 나면 이 직선이 휩쓸고 지나간 면적은 타원 궤도의 면적과 같다. 달리 말하면 행성의 공전 속도는 태양에서 멀어진 위치에서는 느려지고 태양과 가까운 위치에서는 빨라진다.

케플러 제2법칙에 근거해 중력이 반지름 방향으로만 작용하는 원리를 설명할 수 있다. 만약 행성에 접선력이 작용한다면 그 행성은 계속 가속하거나 계속 감속할 것이다. 마치 어떤 힘에 의해 앞으로 계속 끌려가거나 또는 어떤 힘에 의해 앞으로 나아가기 힘들어지는 것처럼 말이다. 그렇게 되면 면적 속도 일정의 법칙law of equal area을 만족할 수 없다. 어떤 접선력 때문에 행성이 계속 가속할 경우 태양과의 거리가 멀어질수록 행성의 접선 속도는 점점 커질 것이다. 또 단위 시간 동안 휩쓸고 지나가는 면적도 점점 커질 것이다. 접선력 때문에 행성이 계속 감속할 경우에는 이와 정반대 결과가 나올 것이다. 요컨대 계속 가속하거나 계속 감속하면 케플러 제2법칙이 성립할 수 없다. 그러므로 중력은 접선 방향으로 작용할 수 없다.

케플러 제2법칙은 훗날 '천체 시스템 각운동량 보존 법칙'으로 정리돼 뉴턴의 역학 체계로 들어왔다. 천체의 질량에 속도와 순간 반지름(어떤 순간의 반지름)을 곱한 값이 항상 일정하다는 법칙이다. 행성의 질량은 보통 일정하다. 또 속도에 순간 반지름을 곱한 값은 바로 케플러 제2법칙에 언급된 면적 속도이다.

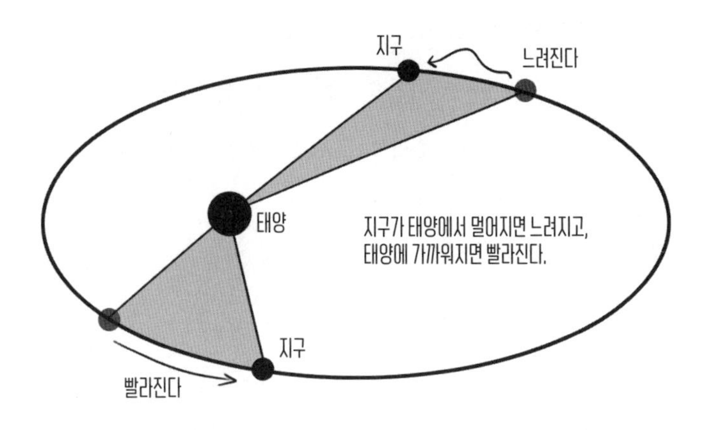

그림6-6 **케플러 제2법칙에 나오는 면적 속도**

중력과 질량의 관계

만유인력 법칙을 보면 중력은 거리와 관계될 뿐만 아니라 두 물체의 질량에 각각 비례한다. 중력과 질량의 관계를 알려면 갈릴레이의 연구 성과를 기반으로 분석해야 한다.

갈릴레이의 자유낙하 실험은 다들 들어봤을 것이다. 갈릴레이가 피사의 사탑 꼭대기에 서서 무거운 쇠 공과 가벼운 나무 공을 들고 두 개를 동시에 떨어뜨렸더니 무거운 쇠 공과 가벼운 나무 공이 같이 떨어졌다는 내용이다. 이 실험을 통해 낙하하는 물체의 속도는 질량과 관계없다는 사실이 증명됐다.

낙하하는 물체의 속도가 질량과 관계없으니 낙하할 물체의 가속도도 질량과 관계없다는 결론도 쉽게 이끌어낼 수 있다.

가속도를 이야기할 때 뉴턴의 제2법칙을 빼놓을 수 없다. 이 법칙에 따르면 물체 외부에 알짜힘net force(물체에 작용하는 모든 힘의 벡터합. 합력이라고도 한다—옮긴이)이 작용할 때 그 알짜힘은 물체의 가속도에 물체의 질량을 곱한 값과 같다. 공식으로 표현하면 $F=ma$이다.

여기에서 가속도 a는 단위 시간당 속도의 변화이다. 예를 들어 자동차의 속도가 1초 사이에 10m/s에서 11m/s로 빨라졌다면 이 차의 가속도는 1m/s를 1s로 나눈 값, 즉 $1m/s^2$이다.

중력은 질량에 정비례한다

낙하하는 물체에 작용하는 힘은 중력뿐이다. 낙하하는 물체의 가속도가 질량과 관계없다면 물체에 작용하는 중력을 물체의 질량으로 나눈 값은 항상 일정하다.

$F=ma$이므로 $a=F/m$이다. a가 m과 관계없으므로 중력의 크기 F는 물체의 질량에 정비례한다. 뉴턴의 제3법칙에 따르면 중력은 두 물체 사이에 상호작용한다. 태양의 중력이 지구에 작용할 때 지구 역시 크기가 같고 방향이 반대인 중력을 태양에 작용한다.

같은 이치로 지구에 작용하는 태양의 중력이 지구의 질량에 정비례한다면 태양에 작용하는 지구의 중력 역시 태양의 질량에 정비례한다. 이 두 힘은 크기가 같고 방향이 반대이다.

즉 두 물체 사이에 작용하는 중력은 두 물체의 질량에 각각 정비례한다. 여기에 중력과 거리의 관계를 통해 중력 공식을 이끌어낼 수 있다. 즉 두 물체 사이 중력은 두 물체의 질량의 곱에 비례하고, 그들 사이 거리의 제곱에 반비례한다. 또 두 물체를 연결한 직선과 같은 방향으로 작용한다.

6-3

뉴턴이 케플러에게 배운 것: 중력상수 측정 방법

중력은 얼마나 약할까

만유인력 법칙까지 나왔으니 이제 마지막 질문만 남았다. '중력상수 G의 값은 얼마인가?' G의 크기는 중력의 강약과 직결된다. 중력상수 G는 매우 작은 숫자로 대략 $6.67 \times 10^{-11} \mathrm{N \cdot m^2/kg^2}$이다.

중력이 얼마나 약한지는 실생활에서도 쉽게 체험할 수 있다. 쇠로 된 작은 나사못이 바닥에 떨어졌다고 가정해 보자. 나사못은 지구 중력의 작용으로 바닥에 떨어진 것이다. 이때 당신은 아주 작은 자석으로 쉽게 나사못을 들어 올릴 수 있다. 달리 말하면 아주 작은 자석이 갖고 있는 자력이 커다란 지구의 중력을 쉽게 제압한 것이다. 이로써 지구의 크기가 자석의 몇 배이면 지구 중력은 자석의 몇 분의 1이라는 대략적인 결론을 얻을 수 있다. 즉 중력상수 G는 매우 작은 숫자이다.

그렇다면 이렇게 작은 중력상수는 어떻게 측정했을까? 사실 중력상수 G에 대한 정밀한 측정은 현대 과학기술이 탄생하기 이전에 이뤄졌다. 영국 과학자 헨리 캐번디시Henry Cavendish는 18세기 말에 중력상수를 측정할 수 있는 비틀림 저울torsion balance 실험을 고안해 냈다.

중력상수 측정의 '일등공신'이 캐번디시가 맞는지 여부에 대해서는 학계에서도 의견이 엇갈린다. 캐번디시가 중력상수를 직접 측정하지 않았기 때문이다. 캐번디시가 측정해 낸 것은 지구 밀도였다(사실 지구 밀도를 알면 중력상수 값을 계산해 낼 수 있다).

그림6-7 **헨리 캐번디시(1731~1810)**

비틀림 저울 실험

캐번디시가 고안한 실험 방법은 다음과 같다. 캐번디시는 영국의 지리학자 존 미첼John Michell이 발명한 비틀림 저울을 실험 도구로 사용했다. 비틀림 저울은 회전하면서 탄성이 생겨난다. 한마디로 '회전하는 스프링'이다.

비틀림 저울은 돌림힘torque이 작용할 때 방향이 바뀐다(편향). 비틀림 저울의 편향 각도를 알면 비틀림 저울에 작용한 돌림힘의 크기를 알 수 있다. 돌림힘은 축으로부터 떨어진 거리와 수직으로 가해지는 힘을 곱한 값이다. 따라서 돌림힘을 축으로부터 떨어진 거리로 나누면 물체에 작용한 외력의 크기를 구할 수 있다.

지구상에서 중력의 미약한 효과를 측정하려면 중력의 크기를 가급적 크게 설정할 수밖에 없다. 캐번디시는 지름 30센티미터에 무게 158킬로그램의 납 공 두 개를 만유인력 발생원으로 삼고, 지름 5센티미터에 무게 0.73킬로그램의 속이 빈 작은 공 두 개를 연구 대상으로 삼았다. 그는 속이 빈 작은 공 두 개를 막대기로 연결한 뒤 막대기 중심부를 비틀림 저울의 아래쪽에 매달았다.

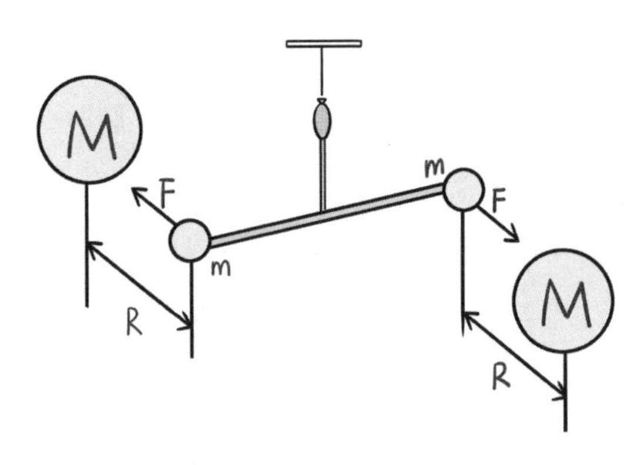

그림6-8 **비틀림 저울 실험의 원리**

만유인력 법칙에 따르면 막대기로 연결된 작은 공 두 개는 큰 공 두 개의 인력이 작용하면서 일정한 각도로 편향한다. 이 편향 각도를 측정해 작은 공에 작용한 인력의 크기를 계산해 낼 수 있다.

당시 사람들은 지구 반지름이 얼마인지 알고 있었다. 따라서 납공의 인력과 지구의 중력을 비교해 지구의 밀도를 구할 수 있었다. 캐번디시는 이 방법으로 지구 밀도가 약 $5.4g/cm^3$으로 철의 밀도의 80퍼센트 정도라는 사실을 알아냈다. 또 이 결과을 바탕으로 지구 내핵이 금속물질로 이뤄졌을 것이라고 예측했다.

처음에 캐번디시는 중력상수 *G*가 아닌 지구의 질량과 밀도를 측정하려고 이 실험을 시도했다. 하지만 질량과 밀도만 알면 뉴턴의 만유인력 공식으로 중력상수 *G*를 쉽게 계산해 낼 수 있다.

캐번디시는 이 실험의 정확도를 높이기 위해 실험에 방해될 만한 요소들을 없애는 데 최선을 다했다. 우선 실험 규모가 큰 점을 고려해 무거운 납공을 실험 도구로 사용했다. 또 공 사이에 작용하는 인력은 매우 작으므로, 인력이 작게 작용해도 편향이 일어날 수 있도록 비틀림 저울을 느슨하게 조절했다. 대기 유동과 온도 변화 때문에 오차가 발생하지 않도록 기구 전체를 길이와 너비, 높이가 각각 3미터에 두께가 60센티미터인 밀폐된 나무상자에 가뒀다.

실험 오차를 줄이기 위해 사람이 나무상자 주위에서 직접 관찰하는 대신 나무상자에 구멍 두 개를 내고 망원경을 달아서 지침을 관찰할 수 있게 했다. 이처럼 치밀하게 정밀성을 추구한 덕분에 그가 측정해 낸 비틀림 저울의 회전 거리의 정밀도는 0.25밀리미터에 이르렀다.

당시 캐번디시의 실험 결과에 근거해 계산해 낸 중력상수 *G*는 $6.674 \times 10^{-11} m^3 \cdot kg^{-1} \cdot s^{-2}$로 나타났다. 현대 기술로 측정한 결과와 비교해도 오차가 1퍼센트밖에 나지 않을 정도로 매우 정확했다.

18세기 말 영국은 공업 시대로 완전히 진입하기 전이라 실험 기기의 정밀도가 그다지 높지 않았다. 하지만 당시 과학자들은 온갖 심혈을 기울여 실험을 실시하고 현대인들도 감탄할 만한 정밀한 결과를 얻어냈다. 실로 대단한 일이었다.

6-4
천체의 실제 운동 궤적

이론적으로는 만유인력 법칙을 바탕으로 모든 천체 궤도를 계산해 낼 수 있다. 그렇다면 천체의 실제 이동 궤적은 완전한 타원을 그리는가? 사실 꼭 그렇다고 말할 수 없다.

타원 궤도의 세차운동precession motion

케플러 법칙은 천체의 이동 궤도가 완전한 원이라고 생각했던 사람들의 믿음을 뒤집었다. 사람들은 고대그리스 시대 때부터 지구가 천체 운동의 중심이고 모든 천체가 원 궤도를 그리면서 지구 주위를 돌고 있다고 믿어왔다. 이 지구 중심설을 뒷받침하는 명확한 증거는 당시에도 없었다.

훗날 코페르니쿠스Nicolaus Copernicus가 태양 중심설을 제시하고 케플러가 3대 법칙을 발표하면서 지구 중심설이 뒤집혔다. 더불어 천체의 운동 궤도가 원이라고 여겼던 사람들의 생각도 뒤집혔다. 케플러의 3대 법칙은 코페르니쿠스의 태양 중심설을 어느 정도 뒷받침한다. 케플러는, "태양계의 모든 행성은 태양의 주위를 공전한다"고 말했다.

일반적으로 천체의 이동 궤적은 타원형을 그린다. 하지만 원운동을 할 때도 없지 않다. 원운동은 타원운동의 특별한 경우이다. 타원의 두 초점이 하나로 합쳐져 장축과 단축의 길이가 같아지면 원운동 형태가 된다.

다만 정확한 원 궤도가 만들어지려면 더 까다로운 조건이 요구된다. 최적의 거리 조건이 충족된 전제 아래 운동 속도의 크기와 방향 모두 원운동 기준에 정밀하게 부합될 때 비로소 정확한 원 궤도가 만들어지는 것이다. 그러므로 천체의 실제 운동 궤도는 정확한 원 형태가 되기 어렵다. 이를테면 태양의 주위를 공전하는 지구 궤도는 원에 근접한 타원형이다.

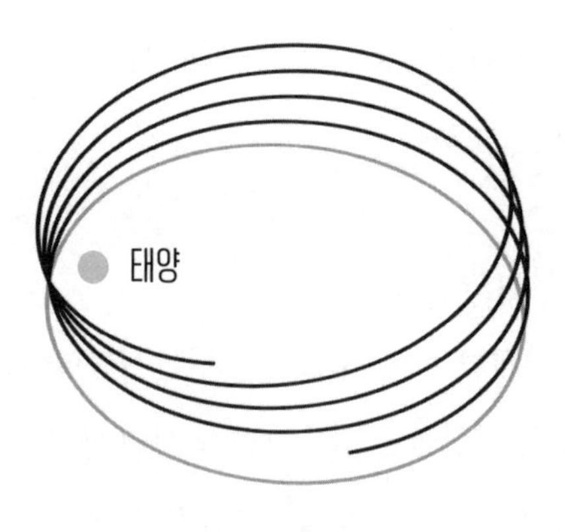

그림6-9 **타원운동 궤도**

그렇다면 천체의 실제 이동 궤적은 표준적인 타원을 그리는가? 실상은 그렇지 않다. 우리는 일반적으로 지구의 공전 궤도를 계산할 때 태양과 지구 두 천체만 존재한다고 가정한다.

하지만 여기에서 잊지 말아야 할 조건이 있다. 태양계에는 지구 외에 일곱 개 행성이 더 있고 무수히 많은 다른 천체도 존재한다. 심지어 우주

공간에 있는 먼지와 작은 운석들도 만유인력 법칙에 따라 지구에 영향을 미친다. 다만 이들의 질량이 태양에 비해 매우 작기 때문에 지구의 공전을 크게 방해하지 못하고 지구의 공전 궤도 변화에 뚜렷한 영향을 미치지 못할 뿐이다.

지구는 1년에 걸쳐 태양 주위를 한 바퀴 돌고 나서 정확하게 1년 전에 출발했던 원래 위치로 돌아오기 어렵다. 그동안 여러 가지 힘이 지구에 작용했을 뿐 아니라 공전 속도와 방향 역시 1년 전과 완전히 똑같을 수 없기 때문이다.

그러므로 행성의 이동 궤적은 닫힌 타원 궤도가 아니다. 대개 타원을 그리면서 항성 주위를 한 바퀴 돌고 난 다음 새로운 출발점에 도달한다. 이 새로운 출발점은 원래 출발점으로부터 그리 멀리 떨어져 있지 않다. 이어진 공전 주기에서도 여전히 타원에 근접한 궤적을 따라 한 바퀴 돌고 나서 또 새로운 출발점에 이른다.

천체의 실제 이동 궤적은 세차운동(회전하는 물체의 회전축이 변하는 운동—옮긴이)을 하는 타원 형태라고 할 수 있다. 한편으로는 천체가 궤도를 따라 공전하고 다른 한편으로는 타원 궤도 또한 태양을 중심으로 회전하기 때문이다. 오랜 시간이 지나면서 천체의 지난 이동 궤적을 모두 모으면 꽃잎 모양을 띤다.

사람들은 작은 천체가 큰 천체 주위를 공전할 거라고 습관적으로 생각하는데 이는 백 퍼센트 정확한 관점은 아니다. 중력은 상호작용이기 때문이다. 태양의 중력이 지구에 작용할 때 지구 중력도 태양에 작용한다.

그러므로 '태양과 지구가 저마다 질량 중심center of mass을 중심으로 돈다'는 표현이 정확하다. 다만 태양의 질량이 지구보다 훨씬 크기 때문에 둘의 질량 중심이 모두 태양 내부에 위치해 있을 뿐이다.

혜성의 궤도

이로써 우리는 천체 운동에 대해 비교적 정확히 해석할 수 있다. 즉 모든 천체는 전체 시스템(해당 시스템 내의 모든 천체 포함)의 질량 중심을 중심으로 타원 궤도를 그리면서 세차운동을 한다.

다양한 타원 궤도 중에는 지구 궤도처럼 원에 근접한 궤도가 있는가 하면 혜성 궤도처럼 매우 납작한 타원 궤도도 있다. 혜성이 매우 오랜 시간이 지나서 다시 나타나는 이유는 혜성의 궤도가 매우 긴 타원 형태이기 때문이다. 혜성은 태양과 아주 가까운 위치에 도달했을 때 비로소 지구상에 있는 우리 눈에 띈다.

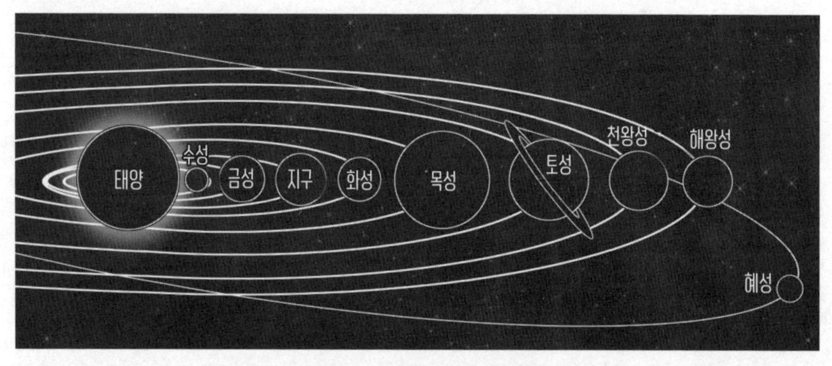

그림6-10 천체의 운행 궤적

궤도 공명orbital resonance

단일 천체의 이동 궤적을 서술할 때 '세차운동하는 타원 궤도'라고 표현할 수 있다. 그렇다면 서로 다른 궤도 사이에 연관성이 있지 않을까? 답은 '있다'이다. 행성과 행성 사이에도 중력이 작용하기 때문이다.

사람들은 태양계를 관측하면서 매우 특별한 현상을 발견했다. 한 천체의 주위를 공전하는 여러 천체들의 공전 주기 사이에 정수비constant ratio(비율의 값이 정수로 나타남—옮긴이)가 이뤄진다는 점이다. 이 현상을 '궤도 공명'이라고 부른다. 이를테면 목성의 세 위성 이오, 유로파, 가니메데가 목성 주위를 공전할 때의 공전 주기의 비는 1:2:4이다. 또 다른 예도 꼽을 수 있다. 토성의 위성 히페리온과 타이탄의 공전 주기의 비는 3:4, 해왕성과 명왕성의 공전 주기의 비는 2:3이다.

왜 이런 현상이 생기는가?

물리적 측면에서 볼 때 태양계의 나이는 수십억 년에 이른다. 이 수십억 년 동안 주기적인 순환 운동 상태를 유지하기 위해서는 안정적인 내부 환경이 필요하다. 즉 일정 기간이 지난 후(그 기간이 얼마나 길든 상관없이)에는 반드시 지난 주기와 상대적으로 근접한 초기 상태로 돌아와야 한다.

해왕성과 명왕성의 공전 주기의 비는 2:3이다. 해왕성과 명왕성을 하나의 시스템으로 간주할 때 이 시스템이 안정되려면 해왕성과 명왕성은 일정 기간마다 한 번씩 지난 공전 주기 시작 시점의 상태로 돌아가야 한다. 달리 말해 시스템 리셋이 필요하다.

그러므로 이 두 행성의 공전 주기의 비는 반드시 몇분의 몇으로 표시 가능한 유리수여야 한다. 그래야 두 행성의 공전 주기가 최소공배수를 가질 수 있기 때문이다.

해왕성 공전 주기의 2분의 1을 하나의 시간 단위로 하면 명왕성이 한 바퀴 공전하는 데 세 개의 시간 단위가 소요된다. 그러므로 해왕성과 명왕성은 여섯 개의 시간 단위가 지날 때마다 처음 위치로 돌아와 다음 라운드의 공전을 시작한다.

만약 두 행성의 공전 주기의 비가 무리수, 즉 비순환 무한소수라면 어떻게 될까? 그렇게 되면 두 행성의 공전 주기는 최소공배수를 가질 수 없다. 따라서 아무리 오랜 시간이 지나도 초기 상태로 돌아갈 수 없다. 운행궤도 역시 지속적인 안정성을 유지할 수 없다.

그러고 보면 뉴턴의 만유인력 법칙은 참으로 대단한 원리이다. 태양계에 있는 모든 천체의 운동에 대해 설명할 수 있으니 말이다. 그렇다면 만유인력 법칙은 정말로 만능일까? 태양계를 벗어난 더 큰 규모의 우주 공간에서도 이 법칙이 성립할까?

뉴턴의 시대가 끝난 후 역사에 등장한 아인슈타인은 난공불락처럼 보이던 뉴턴의 만유인력 법칙에 정면으로 도전장을 던졌다. 아인슈타인의 시공간 이론은 사람들의 중력에 대한 인식을 완전히 뒤집어놓았다.

3부

The Most Massive

극중 極重

3부 개요

일반상대성이론

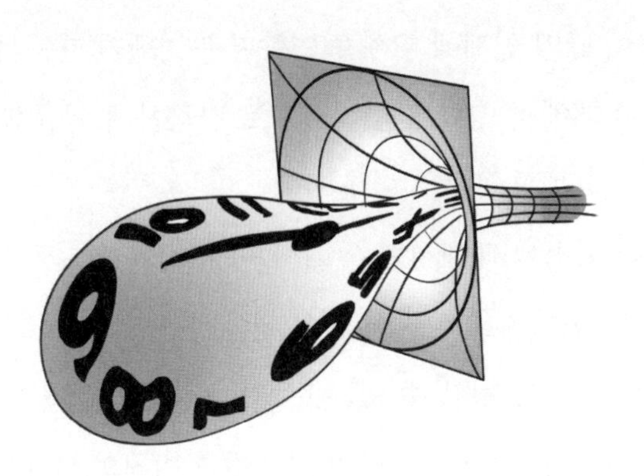

사람들은 '무겁다'고 하면 직감적으로 매우 무거운 물체, 즉 질량이 매우 큰 물체를 떠올린다. 그렇다면 사람들이 생각하는 '무겁다'의 기준은 무엇일까? 몇 톤, 몇십 톤, 아니면 몇만 톤?

사실 이 정도의 질량은 우주적 차원에서 볼 때 그야말로 미미한 수준이다. 우리는 여기에서 지극히 무거운 존재, 즉 질량이 지극히 큰 존재를 다뤄볼 예정이다. 이를테면 천체 같은 대상이다. '1' 뒤에 '0'이 수십 개 붙을 정도의 질량, 적어도 항성이나 중성자별 정도의 질량 수준이 돼야 우리의 연구 범위에 포함될 수 있다.

우리는 앞의 극대 편을 통해 우주 천체들의 종류와 성질에 대해 알아봤다. 또 어떤 천체가 항성이 될 수 있는지, 자체 에너지를 소진한 항성이 백색왜성, 중성자별, 더 나아가 블랙홀이 되어 어떤 최후를 맞이하는지에 대한 궁금증도 해결했다. 사실 항성의 최종 종착지를 결정하는 것은 항성 자체의 질량(또는 중량)이다.

앞부분에서 이미 다양한 관점에서 중량에 대해 이야기했는데 무엇 때문에 극중 편이라는 항목을 따로 만들었을까? 분명한 이유가 있다. 지금까지 질량이 단일 천체에 미치는 영향만 분석했기 때문이다. 천체들 사이 상호작용에 대해서 수박 겉핥기식으로 간략하게 언급했을 뿐 그 본질을 자세하게 살펴보지 못한 것이다.

만유인력 법칙에 대해서는 앞에서 비교적 자세하게 이야기했다. 하지만 만유인력 법칙으로는 천체 사이 관계를 완전하게 설명할 수 없다. 만유인력 법칙으로 설명할 수 없는 문제는 이 밖에도 매우 많다. 또 시공간 규모와 범위를 한층 더 확대하면 만유인력 법칙의 한계는 더욱 뚜렷하게 드러난다. 더 큰 차원의 공간과 시간을 효과적으로 설명할 수 있는 이론이 있다. 바로 아인슈타인의 일반상대성이론이다. 우주적인 시공간 범위에서는 천체의 운행 법칙, 심지어 천체의 종류까지 모두 일반상대성이론으로 재해석할 수 있다.

일반상대성이론은 질량이 지극히 클 때 나타나는 독특한 물리 효과이다. 또 연구 범위를 우주적 시공간으로 확장한 학문, 즉 우주학의 근간이기도 하다. 이 극중 편은 바로 아인슈타인의 일반상대성이론을 다루기 위해 특별히 추가한 부분이다.

일반상대성이론이 물리학에서 차지하는 지위는 매우 특별하다. 이 이론이 지극히 심오하거나 탁월해서가 아니다. 아인슈타인의 천재적인 아이디어의 소산이어서도 아니다. 일반상대성이론이 다른 물리학 분야와 거의 겹치는 부분이 없기 때문이다. 일반상대성이론은 전체 물리학 분야에서 '고고한 존재'라고 해도 과언이 아니다(물론 일반상대성이론과 양자역학을 결합하려는 시도에서 나온 현대적이고 선진적인 끈 이론string theory이 등장하기는 했으나 실험적으로 검증되지 않았다).

일반상대성이론은 시공간의 휘어짐에 대해 설명한다. 또 특수상대성이론에 등장하는 시간 지연 효과, 길이 수축 효과 등 신기한 효과도 일반상대성이론에 재등장한다. 게다가 시공간의 휘어짐 원리로 이들 효과를 더욱 직관적으로 설명할 수 있다.

일반상대성이론이 탄생한 배경 과정은 특수상대성이론과 완전히 다르다. 특수상대성이론의 광속 불변의 원리는 아인슈타인 이전에 과학자들 사이에 공감대가 형성된 원리였다. 또 마이컬슨-몰리 실험을 통해 정확성이 입증됐다. 심지어 로렌츠 변환도 아인슈타인 이전에 물리학자 로렌츠에 의해 등장한 이론이다. 로렌츠 변환을 통해 시간 지연 효과와 길이 수축 효과를 유도해 낼 수 있다. 아인슈타인의 특수상대성이론은 이런 물리학 성과들을 통합한 것에 지나지 않는다. 말하자면 물리학의 발전 과정에서 자연스럽게 형성되었다.

반면 일반상대성이론은 아인슈타인의 천재적인 아이디어의 소산이라고 단언해도 좋다. 아인슈타인은 실험이 아니라 순전히 상상력과 사고력에 기반해 무에서 유를 만들어내듯 일반상대성이론을 창조해 냈다. 나아가 이 일반상대성이론을 모태로 현대 우주학이 탄생했다.

물론 아인슈타인이 아니라도 일반상대성이론의 탄생은 필연적이었다.

우주와 천체에 대한 연구가 깊어지면서 엄청난 양의 정보가 쏟아졌다. 과학자들이 천체물리학 분야에서 특수상대성이론의 한계를 발견하는 것은 시간 문제였다. 또 일반상대성이론이 특수상대성이론보다 천체의 운동 법칙을 더 정확하게 서술할 수 있다는 사실 역시 필연적으로 발견될 터였다. 그러므로 일반상대성이론은 아인슈타인이 아니라도 누군가에 의해 필연적으로 탄생하게 돼 있었다. 다만 아인슈타인이 천재적인 통찰력으로 일반상대성이론의 탄생을 앞당겼을 뿐이다.

아인슈타인은 10년에 걸쳐 일반상대성이론을 정립했다. 이렇게 시간이 오래 걸린 이유는 아인슈타인이 리만 기하학을 공부하는 데 오랜 시간과 정력을 쏟아부었기 때문이다. 리만 기하학은 전통적인 유클리드 기하학과 다르다. 곡면을 연구 대상으로 삼는다. 따라서 시공간의 휘어짐을 연구하는 일반상대성이론은 리만 기하학의 뒷받침이 필요했다.

그러므로 아인슈타인의 천재적인 일반상대성이론은 상당한 분량을 할애할 만한 가치가 있다. 이 이론은 가장 중요한 물리학 분야 중 하나이자 우주의 비밀을 전면적으로 파헤치기 위한 인류의 다양한 시도의 출발점이기도 하다.

3부 극중 편의 내용을 요약하면 다음과 같다.

7장: 주로 일반상대성이론의 가장 중요한 원리인 등가원리Eguivalance Principle를 다룬다. 등가원리를 이해하면 일반상대성이론에서 중력의 본질이 힘이 아니라고 말하는 이유를 알게 될 것이다. 일반상대성이론에 따르면 중력은 힘이 아니다. 공간의 휘어짐에 따른 물체의 가속운동 효과이다.

8장: 실험으로 어떻게 일반상대성이론을 검증할 수 있는지 알아본다. 일반상대성이론의 정확성은 중력파gravitational wave가 발견되면서 검증됐다. 이 밖에 위성항법장치Grobal Position System, GPS에 대한 일반상대성이론의 중요성에 대해서도 이야기해 보겠다.

9장: 일반상대성이론이 등장하면서 그 존재가 예측된 신비한 천체, 블랙홀에 대해 탐구한다. 물론 극대 편에서 블랙홀에 대해 소개하기는 했다. 하지만 극대 편에 소개된 블랙홀은 고전 물리학에 기반한 가상의 블랙홀이지 우주에 실제로 존재하는 블랙홀이 아니다. 실제 블랙홀은 시공간의 휘어짐이 극에 이르러 생겨났으며 그 형성 과정과 구조는 고전적 의미의 블랙홀과 완전히 다르다.

일반상대성이론의 기본 원리

Principle of General Relativity

7-1

중력은 도대체 무엇인가

만유인력으로 설명할 수 없는 문제들

뉴턴의 만유인력 법칙에 따르면 천체들 사이에는 서로 끌어당기는 중력이 작용한다. 천체들은 이 중력의 작용 아래 다양한 타원 궤도를 그리면서 공전한다. 두 천체 사이에 작용하는 중력은 두 천체의 질량의 곱에 비례한다. 또 그들 사이 거리의 제곱에 반비례한다.

뉴턴의 만유인력 법칙은 매우 간결하고 아름답다. 또 우주에 존재하는 모든 천체의 운행 법칙을 완벽하게 증명한 것처럼 보인다. 그럼에도 만유인력으로 설명되지 않는 의문 몇 가지가 남는다. 첫 번째 의문은 천체가 어떻게 다른 천체의 중력을 감지하느냐는 것이다(두 천체 사이에 직접적인 접촉이 없다). 달리 말해 중력은 무엇을 통해 전달되느냐는 것이다. 예컨대 지구는 태양의 중력을 감지했기 때문에 태양 주위를 공전한다. 분명한 사실은 지구와 태양 사이에 아무것도 없다는 점이다. 태양이 손을 내밀어 지구를 끌어당긴 것도 아니고, 지구에 눈이 달려 태양이 어디 있는지 볼 수 있는 것도 아닌데, 지구는 어떻게 용케도 태양의 주위를 돌 수 있는가?

두 번째 의문은 천체의 중력이 순간적으로 작용하느냐는 것이다. 만약 태양이 갑자기 사라진다면 지구는 그 사실을 순간적으로 느낄 수 있을까? 지구에 작용하던 태양의 중력도 갑자기 사라질까? 알다시피 빛의 전파에는 시간이 필요하다. 지구에서 몇 광년 떨어진 별이 내뿜는 빛이 우리 눈에 보이는 이유는 몇 년 전에 그 별로부터 나온 빛이 지금 지구에 도달했기 때문이다. 그렇다면 중력은 어떨까? 중력이 전달될 때도 시간이 필요할까? 아니면 중력의 작용은 순간적일까? 뉴턴의 말처럼 중력은 원격 작용action at a distance일까?

그림7–1 원격 작용

원격 작용이란 멀리 떨어진 거리에서도 전혀 시간이 걸리지 않고 순간적으로 작용한다는 의미이다. 그렇다면 중력은 원격 작용일까? 뉴턴은 이 문제에 대해서 이렇다 할 결론을 내놓지 못했다. 뉴턴의 만유인력 체계는 중력이 상호작용한다는 데 암묵적으로 동의한다. 요컨대 중력과 관련해 뉴턴의 만유인력 법칙으로 설명하기 어려운 몇 가지 문제는 다음과 같다.

(1) 중력 전달에 매질이 필요한가? 필요하다면 그 매질은 무엇인가?

지금까지의 연구에 따르면 중력은 진공 상태에서도 전달이 가능하다.

(2) 중력은 거리와 관계없이 순간적인 작용이 가능한 원격 작용인가?

뉴턴의 만유인력 법칙으로는 이 몇 가지 문제를 설명하는 데 한계가 있다. 이들 문제를 해결하려면 아인슈타인의 일반상대성이론이 필요하다.

중력은 힘인가

일반상대성이론은 중력이 힘이 아니라고 주장한다. 참으로 놀라운 주장이다. 아인슈타인은, "중력은 휘어진 시공간에서 물체가 등속직선운동을 하지 않는 것처럼 보이게 하는 효과"라고 말했다.

먼저 첫 번째 문제를 살펴보자. 천체와 천체 사이에서 중력은 무엇을 통해 전달될까? 지구는 어떻게 태양의 중력을 감지할까? 일반상대성이론은 이 문제에 대해 '지구와 태양 사이에 아무것도 없는 것이 아니다. 그들 사이에 시간과 공간이 존재한다'고 해석한다. 일반상대성이론은 시간과 공간을 매질의 일종으로 간주한다. 예를 들어 평생을 깊은 바다에서 사는 물고기에게 물은 삶의 배경이다. 죽을 때까지 물 밖으로 나와보지 않는다면 물의 존재를 전혀 의식하지 못하고 평생을 살아갈 것이다. 물고기에게 물은 너무 자연스러운 존재이기 때문이다.

사람도 마찬가지이다. 시공간이 있기에 사람도 존재 가능하다. 시공간이 없다면 존재할 수 없다. 한편 시간과 공간 자체도 실재하는 존재이다.

시간과 공간이 실재하는 존재라면 사람이 시간과 공간을 변하게 할 수 있지 않을까? 어떤 방법으로 시공간의 변화를 만들어낼 수 있을까? 아인슈타인은 질량을 이용하는 방법을 선택했다. 그는 질량이 주위 시공간을 휘어지게 할 수 있다고 생각했다.

예를 들어 테이블보를 반듯하게 편 후 네 사람이 테이블보 네 귀퉁이를 잡고 서 있다고 가정해 보자. 이때 무거운 공을 테이블보에 내려놓으면 공의 무게 때문에 테이블보는 우묵하게 들어갈 것이다. 이어 탁구공을 테이블보에 내려놓으면 탁구공은 무거운 공 옆으로 굴러갈 것이다. 마치 무거운 공의 중력이 탁구공에 작용해 탁구공이 이동한 것처럼 보인다. 하지만 중력은 존재하지 않는다. 탁구공은 단지 테이블보의 휘어짐을 감지하고 이동했을 뿐이다.

질량은 테이블보 위의 무거운 공처럼 주변 공간을 휘게 만든다. 지구는 태양의 존재를 모른다. 다만 시공간의 휘어짐을 감지하고 태양을 중심으로 공전할 뿐이다. 우리 감각에는 지구가 어떤 힘의 작용에 따라 운동하는 것처럼 보일 뿐이다.

뉴턴은 천체의 공전 운동을 설명하기 위해 만유인력의 개념을 만들어냈다. 하지만 일반상대성이론은 만유인력의 존재를 부정한다. 그저 천체 운동을 설명하는 모형 중 하나로 여길 뿐이다.

이번에는 두 번째 문제를 살펴보자. 중력은 순간적으로 전달될까? 시공간의 휘어짐을 이해했다면 이 문제 역시 쉽게 설명할 수 있다. 중력이 전달되려면 반드시 시간이 필요하다. 중력은 원격 작용이 아니다.

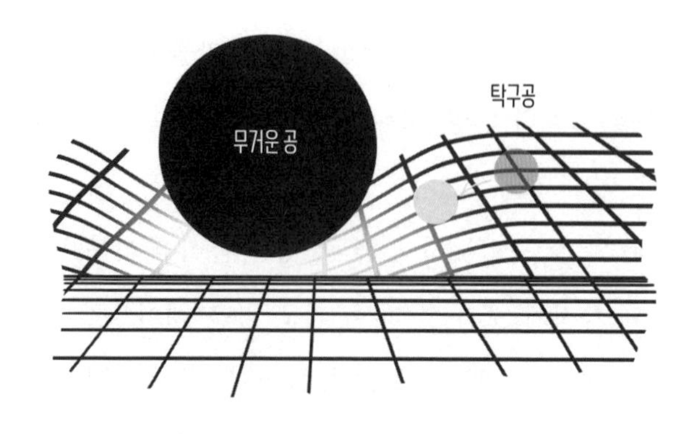

그림7-2 일상 생활에서 볼 수 있는 시공간의 휘어짐 현상

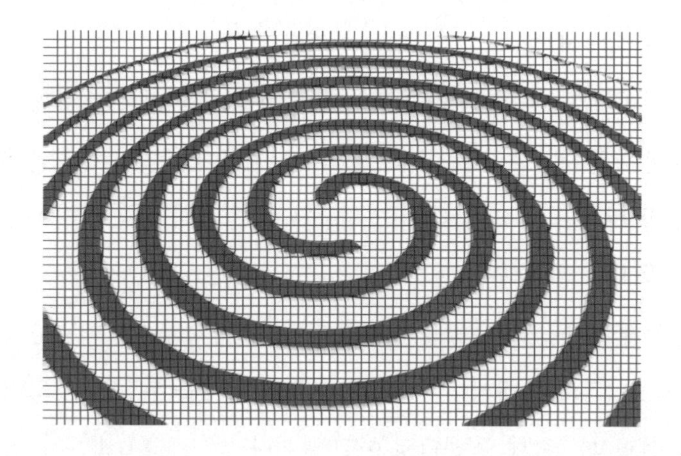

그림7-3 중력파

예컨대 물에 돌을 던지면 물결이 인다. 이 물결은 돌을 중심으로 일정한 속도로 넓게 퍼져나간다. 중력도 마찬가지이다. 따라서 태양이 갑자기 사라진다고 해서 지구에 영향을 주는 시공간의 휘어짐이 갑자기 없어

지지는 않는다. 어느 정도 시간이 지나서 없어진다. 그렇다면 중력의 전달 속도는 얼마인가? 일반상대성이론에 따르면 중력의 속도는 빛의 속도와 같다.

어느 한 공간적 위치에서 질량의 크기가 커졌다 작아졌다 하면 그 주변 시공간의 휘어짐도 물결파처럼 계속 변화한다. 이런 변화가 빛의 속도로 전달되면서 중력파가 생긴다.

이로써 뉴턴의 만유인력 법칙으로 해결할 수 없었던 몇 가지 문제의 해답을 얻었다.

시공간의 휘어짐

위에서 예로 든 테이블보는 2차원 평면이다. 여기에 공의 무게가 작용하면서 3차원 공간의 휘어짐이 발생했다. 그렇다면 우리가 살고 있는 3차원 공간에서는 어떤 방식으로 시공간의 휘어짐이 발생할까?

공간이 스펀지라고 상상해 보자. 스펀지를 누르면 압축된다. 공간의 휘어짐은 스펀지가 압축되는 것과 같은 이치이다. 질량이 가해지면서 모든 공간적 위치가 압축되면서 공간의 휘어짐으로 나타난다. 중력이 강한 곳일수록 압축 정도가 심하다. 위치에 따라 시공간의 휘어짐 정도가 달라지면 그곳의 물리적 속성에도 변화가 생긴다. 시공간의 휘어짐은 시간이 느려지고(시간 지연 효과), 공간이 줄어드는(길이 수축 효과) 현상으로 나타난다. 이는 특수상대성이론에도 등장하는 몇 가지 효과와 비슷하다.

7-2

등가원리

일반상대성이론의 적용 범위는 얼마나 광범위할까

특수상대성이론은 상대성 원리와 광속 불변의 원리 이 두 가지 공리에 기반해 모든 결론을 이끌어낸다. 그렇다면 일반상대성이론의 기본 원리는 무엇인가? 바로 등가원리이다. 물론 일반상대성이론에서도 광속 불변의 원리는 여전히 성립된다. 특수상대성이론은 물체의 등속직선운동이라는 특별한 경우(가속도가 0인 상태)에만 적용 가능한 일반상대성이론의 일종이라고 말할 수 있다.

일반상대성이론의 연구 범위는 특수상대성이론에 비해 광범위하다. 특수상대성이론에서 다루지 않는 가속도와 중력까지 다룬다.

중력과 가속도는 동일하다

등가원리를 한마디로 요약하면 '중력과 가속도는 동일하다'는 것이다. 물론 다양한 방식으로 등가원리의 개념을 설명할 수 있다. 그중에서 비교적 공식적인 정의는 '중력 질량gravitational mass과 관성 질량inertial mass의 본질은 같다'이다. 등가원리의 표현 방식은 다양하나 그 의미는 다 같다. 여기에서는 '중력과 가속도가 동일하다'는 명제에 중점을 두고 생각을 이어가 보자.

가속도 개념은 상대적으로 이해하기 쉽다(2부 극대 편 6장 참조). 가속도 개념을 이해하면 등가원리에 기반해 중력에 대해서도 이해할 수 있다.

아인슈타인과 관련된 에피소드가 있다. 아인슈타인이 퀴리 부인을 비롯한 몇몇 과학자들과 함께 등산을 갔다. 아인슈타인은 산 위의 케이블카에 사람들이 앉아 있는 모습을 보고 문득 이런 생각이 들었다.

'만약 와이어가 갑자기 끊어져 케이블카가 자유낙하운동을 한다면 케이블카에 앉아 있던 사람들은 어떤 느낌을 받을까? 우주에 있을 때처럼 무중력 상태를 경험하지 않을까?'

아인슈타인의 생각을 좇아 이 문제를 좀 더 전면적으로 분석해 보자.

플랑크가 사과를 손에 들고 우주선 안에 앉아 있다고 가정해 보자. 우주선에는 창문이 없어서 밖을 내다볼 수 없다. 방음이 잘돼 있어서 엔진 소리도 전혀 들리지 않는다. 만약 우주선이 우주에 정지해 있거나 등속직선비행(가속도가 0임)을 한다면 이 우주선은 무중력 상태에 있다고 말할 수 있다. 이때 플랑크가 손에 쥐고 있던 사과를 놓으면 사과는 우주선 바닥에 떨어지지 않고 원래 위치에 둥둥 떠 있을 것이다.

이번에는 자유낙하운동에 대해 살펴보자. 자유낙하운동 역시 무중력 상태의 일종이다. 플랑크가 탄 우주선이 우주에서 지구로 자유낙하한다고 가정하자. 이때 플랑크가 손에 쥐고 있던 사과를 놓으면 플랑크가 볼 때 사과는 우주선 바닥에 떨어지지 않고 원래 위치에 둥둥 떠 있는다. 따라서 플랑크는 우주선이 등속직선운동을 하는지 아니면 자유낙하운동을 하는지 구분할 수 없다. 플랑크와 사과 모두 완전한 무중력 상태에 있기 때문이다.

물리학적 언어로 위의 두 가지 상황을 설명하자면 플랑크는 어떤 물리 실험을 통해서도 자신의 운동 상태 변화를 알 수 없다. 즉 자신이 정지 상태인지, 등속직선운동을 하고 있는지, 아니면 중력장 안에서 자유낙하운동을 하고 있는지 판단할 수 없다. 하지만 우주선 밖에 있는 관찰자가 봤을 때 플랑크의 운동 상태는 분명히 변화했다.

우리는 중력이 없는 우주 공간에 있을 때도, 자유낙하할 때도 그 어떤 힘의 작용도 느낄 수 없다. 이 사실을 통해 우리는 중력은 힘이 아니고 물체의 운동을 가속하는 효과라는 사실을 어렴풋이 알 수 있다. 따라서 등가원리의 요점은 '균일한 중력장 안에서의 물리법칙과 균일하게 가속하는 좌표계 안에서의 물리법칙이 동일하다'는 것이다.

자유낙하운동

이번에는 자유낙하와 상반되는 운동을 하는 경우를 가정해 보자. 플랑크는 여전히 우주선 안에 앉아 있다. 우주선에는 창문이 없어 밖을 내다볼 수 없다. 방음이 잘돼 있어서 엔진 소리도 전혀 들리지 않는다.

그런데 우주선이 갑자기 움직이기 시작했다. 일정한 가속도로 위를 향해 가속운동한 것이다. 이때 만약 우주선 밖의 누군가가 우주선 엔진을 원격 조종해 우주선의 가속도와 지구의 중력 가속도가 같아졌다면 우주선 안의 플랑크는 어떤 느낌을 받을까? 갑자기 자신의 몸의 무게가 느껴졌을 것이다. 플랑크가 자신의 체중을 측정해 보면 우주선의 가속도와 지구의 중력 가속도가 같기 때문에 지구에서 체중과 똑같게 나올 것이다.

이 현상을 물리학적 언어로 표현하면 다음과 같다. '지구의 중력 가속도와 같은 속도로 위를 향해 가속운동하는 우주선 안에서 물리 실험을 했을 때 얻어지는 결과와 지표면에 정지 상태로 있는 우주선 안에서 같은 물리 실험을 했을 때 얻어지는 결과는 같다.'

가속하는 우주선 안에서 플랑크가 떨어뜨린 사과는 자연히 우주선 바닥으로 떨어진다. 우주선 안에 있는 플랑크 눈에는 사과가 자유낙하운동을 해 바닥에 떨어진 것으로 보인다. 그는 자신이 가속하는 우주선 안에 있는지, 아니면 지표면에 정지 상태로 있는지 판단할 수 없다.

그림7-4 **등가원리**

사람은 지표면에 있을 때나 가속운동하는 우주선 안에 있을 때 중력의 작용을 느낀다. 하지만 이 힘은 지표면이 사람에게 작용하는 지지력이지 중력이 아니다. 요컨대 중력은 물체에 작용하는 힘이 아니라 물체의 운동을 가속하는 효과일 뿐이다. 이 몇 가지 사고실험을 통해 '중력은 실재하는 힘이 아니라 운동을 가속하는 효과'라는 결론에 이르렀다.

7-3

시공간의 휘어짐

등가원리를 바탕으로 '중력은 시공간의 휘어짐 현상'이라는 결론을 어떻게 유도해 낼 수 있을까?

빛은 방향을 바꿀 수 있을까

먼저 등가원리에 기반해 빛이 중력장에서 곡선으로 갈 수 있다는 사실을 증명해 보자.

이번에도 사고실험을 해보자. 우주에 창문이 달린 엘리베이터가 있다고 가정한다. 엘리베이터는 중력장 밖에 있다. 엘리베이터가 가속운동하지 않으면 엘리베이터 안의 사람들은 무중력 상태를 유지한다.

지금 엘리베이터가 가속하여 상승하기 시작한다. 엘리베이터 안의 사람들은 발로 바닥을 밟는 느낌을 받는다. 즉 자신의 몸의 무게가 느껴진 것이다. 엘리베이터가 가속해 상승할 때 엘리베이터 밖에 있는 레이저가 창문을 통해 광선을 왼쪽에서 오른쪽으로 발사한다.

엘리베이터 밖에 있는 관찰자가 봤을 때 레이저 광선의 이동 경로는 왼쪽에서 오른쪽으로 향하는 직선이다. 만약 광선이 지각을 가졌다면 스스로가 직선으로 이동했다고 느낄 것이다.

하지만 엘리베이터 안 사람들 눈에는 다르게 보인다. 빛의 속도는 아무리 빨라도 결국은 유한하다. 따라서 왼쪽에서 발사된 빛이 오른쪽으로 전파되려면 일정 시간이 걸린다. 그동안 엘리베이터는 가속해 일정 거리를 상승한다. 그러므로 엘리베이터 안의 사람이 봤을 때 빛이 오른쪽에 도달했을 때의 높이는 원래의 높이(왼쪽에 입사됐을 때의 높이)보다 낮다.

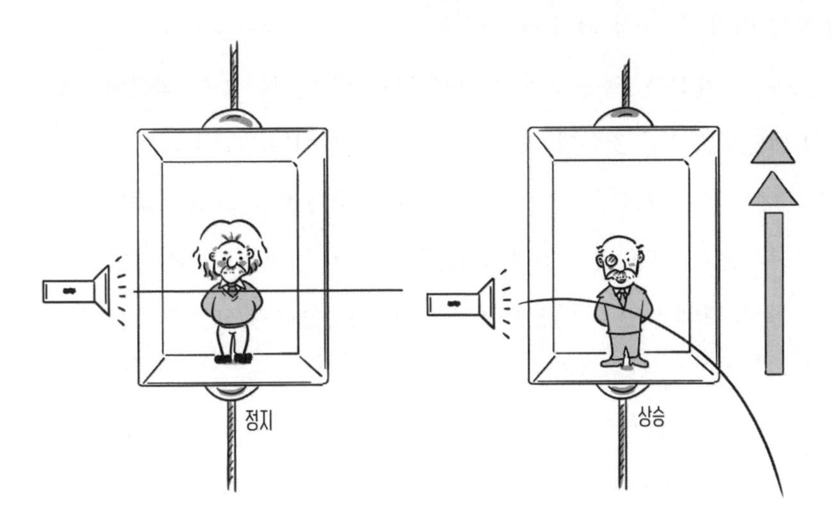

그림7-5 정지 상태의 엘리베이터(왼쪽)와 가속해 상승하는 엘리베이터(오른쪽)

레이저 광선이 왼쪽에서 오른쪽으로 입사하는 과정을 좀 더 자세하게 분석하자면 엘리베이터 안의 사람이 봤을 때 광선의 이동 경로는 곡선이다. 엘리베이터가 가속운동하고 있기 때문이다(엘리베이터가 등속으로 상승할 때의 이동 경로는 아래로 향하는 사선이다). 요컨대 엘리베이터 안 사람에게는 빛의 방향이 바뀐 것으로 보인다. 하지만 엘리베이터 밖에 있는 사람이 봤을 때는 빛의 이동 경로가 여전히 직선이다.

이쯤에서 등가원리를 적용해 보자. 우주에서 가속해 상승하는 엘리베이터 안 사람들이 봤을 때 빛의 이동 경로가 곡선으로 보였다면 지구에서 똑같은 실험을 했을 때도 빛은 마땅히 곡선으로 가야 한다.

중력장에서 빛의 이동

빛은 중력장 안에서 곡선을 그리면서 이동한다. 달리 말해 중력장이 빛에도 작용한다는 얘기이다. 빛은 에너지이다. 그러므로 빛은 질량-에너지 등가 법칙($E=mc^2$)에 따라 운동질량(상대론적 역학계에서 운동하고 있을 때 가지는 질량)을 가진다. 질량을 가졌으니 만유인력 원리에 따라 직선이 아닌 곡선 궤도를 그리는 것이다. 이는 정상적인 현상이다.

여기에서 주목할 점은 빛 자체는 스스로가 곡선으로 가고 있다는 사실을 모른다는 것이다. 빛의 입장에서는 스스로가 직선으로 이동한다고 느낀다. 달리 말해 빛은 중력장 안에 있으면서도 중력의 작용을 느끼지 못한다.

뉴턴의 운동 제1법칙에 따르면 '외력이 작용하지 않으면 정지해 있던 물체는 계속 정지해 있고, 움직이던 물체는 계속 등속직선운동을 한다.' 그런데 외력이 작용하지 않았는데도 빛은 등속직선운동을 하지 않았다. 이는 뉴턴의 운동 제1법칙에 위배되는 현상이 아닌가? 도대체 뭐가 문제인 걸까?

문제는 뉴턴의 운동 제1법칙이 완벽한 법칙이 아니라는 데 있다. 뉴턴의 운동 제1법칙의 적용 조건은 평평한 시공간이다. 그러므로 외력이 작용하지 않았는데도 빛이 곡선운동을 했다면 이는 중력장 안에서 시공간의 휘어짐이 발생했기 때문이다. 마치 궤도 위를 달리는 열차의 입장에서는 스스로가 곧게 앞으로 주행한다고 느끼지만 궤도 밖의 관찰자가 봤을 때 열차가 구부러진 궤도를 따라 곡선운동하고 있는 상태와 같다.

시공간의 휘어짐 효과로 재해석한 뉴턴의 운동 법칙

이제 시공간의 휘어짐 현상은 진일보한 증명이 가능하다. 미래에 인류가 다른 천체로 이주하려면 먼저 우주정거장을 세우고 내부를 지구와 비슷한 중력 환경으로 만들어야 한다. 그런데 우주정거장에는 지구만 한 질량을 가진 물체가 없다. 어떻게 지구의 중력을 모방할 수 있을까? 방법이 전혀 없지는 않다. 원운동을 하는 물체에 나타나는 관성력인 원심력을 이용하면 된다.

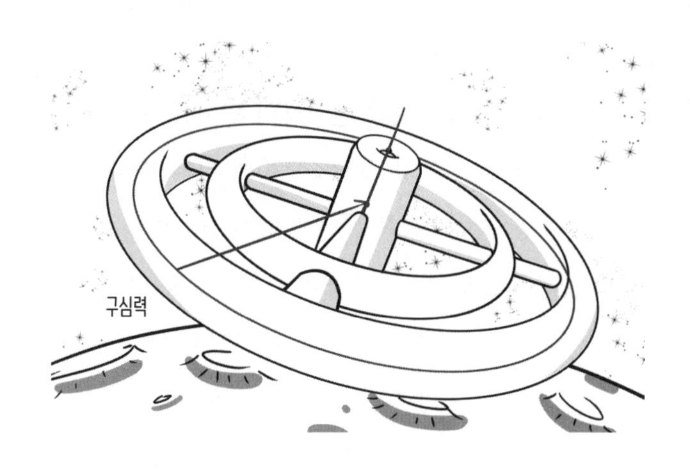

그림7-6 **우주정거장**

SF영화에서 거대한 우주선이 어떻게 생겼는지 많이 봤을 것이다. 이를테면 크리스토퍼 놀란의 영화 〈인터스텔라〉의 마지막 부분에 미래의 인류가 이주해 간 우주선 모습이 공개된다. 미래의 인류는 원기둥 모양 구조물의 안쪽 표면에서 살아간다. 원기둥형 구조물이 자체 중심축을 중심으로 회전하면서 구심력이 발생하고, 이 구심력은 구조물 안쪽 표면에 있는 사람들에게 지지력으로 작용한다. 따라서 원기둥형 구조물의 안쪽 표면에 있는 사람들은 지구와 비슷한 중력을 느낀다.

이번에는 당신이 지구를 중심으로 원운동하는 우주정거장에서 근무하고 있다고 가정해 보자. 뉴턴의 운동 법칙에 따르면 당신이 지구를 중심으로 원운동을 지속할 수 있는 이유는 구심력이 당신에게 작용했기 때문이다. 하지만 당신을 비롯해 우주정거장 안에 있는 모든 사람들은 여전히 무중력 상태라고 느낀다.

이제 미래 인류의 삶의 터전인 원기둥형 우주선과 당신이 근무하고 있는 우주정거장을 비교해 보자. 원기둥형 우주선의 지름이 지구의 지름과 같다고 하자. 회전하는 속도가 우주정거장의 원운동 속도(당신이 근무하고 있는 우주정거장이 지구를 중심으로 원운동하는 속도)와 같다면 우주정거장 안에 있는 당신과 원기둥형 우주선 안쪽 표면에 있는 사람의 운동 상태는 동일하다. 즉 둘 다 일정 속도로 원운동을 하고 있고, 운동 속도가 같을 뿐 아니라 원운동 반지름도 동일하다. 하지만 두 사람이 받는 느낌은 완전히 다르다. 원기둥형 우주선 안에 있는 사람은 안쪽 표면의 지지력을 느낄 수 있으나 우주정거장 안에 있는 사람은 힘의 작용을 느낄 수 없다.

여기에서 모순을 발견할 수 있다. 뉴턴의 운동 법칙에 따르면 특정 운동 상태는 특정 힘의 작용에 의해 정해진다. 그런데 위의 두 가지 예를 비교해 보면 운동 상태가 완전히 똑같은데 작용한 힘은 같지 않다. 이는 어찌된 까닭일까? 뉴턴의 운동 법칙에 오류가 있기 때문일까? 이 문제를 해결하려면 시공간의 휘어짐 효과를 적용하지 않으면 안 된다. 즉 원기둥형 구조물 안에서는 시공간의 휘어짐이 발생하지 않았으나 지구 주위에서는 시공간의 휘어짐이 발생한 것이다.

이로써 두 물체의 운동 상태가 똑같은데 작용한 힘이 다른 이유를 설명할 수 있다. 지구 주위를 도는 우주정거장 안의 우주비행사는 스스로는 직선운동을 하고 있는 것처럼 느끼지만 사실은 지구의 질량에 따른 시공간 휘어짐 효과 때문에 곡선운동을 하고 있다. 물론 뉴턴의 운동 법칙에 따르면 원운동을 하고 있다고 해도 틀린 말은 아니다.

7-4

길이 수축과 시간 지연

뉴턴의 운동 법칙은 운동 상태 변화가 중력 때문에 생긴다고 말한다. 그러나 등가원리에 기반해 보면 중력은 힘이 아니다. 시공간의 휘어짐 효과이다. 시공간의 휘어짐은 질량 때문에 발생한다. 이처럼 시공간은 물체의 운동 상태를 변화시킨다. 요컨대 중력은 존재하지 않는다.

시공간은 휘어질 수 있다. 그렇다면 휘어진 시공간에서는 어떤 신기한 현상이 나타날까? 특수상대성이론에 등장하는 신기한 효과, 이를테면 길이 수축이나 시간 지연 같은 현상이 일반상대성이론에서도 나타난다.

길이 수축 효과는 공간의 압축으로, 시간 지연 효과는 시간의 수축으로 이해할 수 있다. 일반상대성이론을 적용하여 길이 수축 효과와 시간 지연 효과를 해석할 수 있다. 이 절에서는 일반상대성이론의 시공간 휘어짐 원리에 따라 이 두 가지 효과를 추론해 보자.

리만 기하학: 곡면에서의 기하학

먼저 기본적인 문제 하나를 살펴보자. 공간에서 두 점 사이의 최단 거리를 어떻게 계산하는가?

두 점 사이의 최단 거리는 직선이다. 예를 들어 평평하게 펴놓은 종이에 임의로 점 두 개를 찍고 직선으로 두 점을 연결하면 그 직선의 길이가 곧 종이 위에서의 최단 거리이다.

여기에서 주목할 점이 있다. 평평하게 펴 놓은 종이 위에서만 두 점 사이의 최단 거리가 직선이라는 사실이다. 평면이 아닌 곡면 위에서는 그렇게 될 수 없다. 예컨대 지구 표면에 임의로 점 두 개를 찍으면 지표를 뚫고 들어가서 연결하지 않는 한 최단 거리는 직선이 될 수 없다. 곡면 위의 최단 거리는 두 점에 의해 한정된 원호, 즉 곡선이다.

달리 말해 서로 다른 공간에서 두 점 사이의 거리는 서로 다를 수도 있다는 얘기이다. 일반상대성이론은 시공간의 휘어짐을 다루는 이론이다. 따라서 두 점 사이의 거리 계산 방식은 공간의 구체적인 휘어짐 형태와 관련된다. 곡면에서의 기하학적 관계를 연구하는 분야가 바로 리만 기하학이다.

유클리드 기하학 공리들 대부분은 리만 기하학에서 성립되지 않는다. 이를테면 유클리드 기하학은 '두 평행선이 만날 수 없다'고 정의하지만 리만 기하학에서는 두 평행선이 만날 수 있다.

지구의 경선과 위선은 서로 수직으로 교차한다. 달리 말해 임의의 두 경선은 서로 평행을 이룬다. 하지만 임의의 두 경선을 포함해 모든 경선은 남극과 북극에서 한 점으로 모인다. 그러므로 리만 기하학은 유클리드 기하학과 완전히 다른 기하학 체계다.

그림7-7 지구의 경선은 양극에서 한 점에 모인다

길이 수축 효과

리만 기하학을 이해하면 일반상대성이론으로 길이 수축 효과와 시간 지연 효과를 쉽게 해석할 수 있다.

먼저 시공간의 곡률curvature 개념을 알아보자. 곡률은 시공간의 휘어짐 정도를 반영하는 물리량이다. 만유인력 법칙 관점에서 보면 중력이 클수록 주변 시공간이 더 많이 휘어져 더 큰 곡률을 갖게 된다.

시공간의 휘어짐은 시공간의 압축을 의미할 뿐, 팽창을 의미하지 않는다. 중력은 끌어당기는 힘으로 작용하며 밀어내는 힘으로 나타나지 않기 때문이다. 따라서 질량을 가진 물체끼리는 서로 가까이 다가가지 서로 멀어지지 않는다. 또 공간이 압축할 때만 두 물체 사이의 거리가 가까워질 수 있다. 질량이 큰 천체일수록 주변 시공간이 더 많이 휘어져 더 큰 곡률을 갖는다. 마치 질량이 큰 물체로 스펀지를 누를 때 스펀지가 더 많이 압축되고 휘어지는 현상과 같은 이치이다.

이쯤 되면 길이 수축 효과를 쉽게 이해할 수 있다. 공간이 스펀지와 같다고 생각하고 공간을 압축해 곡면으로 만들었을 때 나타나는 효과가 바로 길이 수축 효과이다. 예를 들어 탄성을 가진 눈금자를 눈금이 있는 방향으로 구부렸을 때 눈금자의 안쪽 부분이 압축된다. 이때 눈금자의 눈금과 눈금 사이의 거리는 짧아진다. 이것이 길이 수축 효과이다. 여기에서 주목할 점은 약한 중력장 안에 있는 관찰자가 강한 중력장 안에 있는 눈금자를 봤을 때 눈금자 주변 공간이 압축되고 눈금자 길이가 짧아져 보인다는 것이다. 반면 눈금자 위에 있는 관찰자 입장에서는 눈금자 길이가 짧아진다고 느끼지 않는다. 자의 기준계에서는 모든 척도가 똑같이 짧아졌기 때문이다. 그러므로 눈금자 위에 있는 관찰자는 길이 수축 효과를 느낄 수 없다.

시간 지연 효과

시간 지연 효과도 길이 수축 효과와 마찬가지로 일반상대성이론으로 해석할 수 있다. 극대 편에서 시간과 공간은 등가 관계에 있고 서로 별개의 존재가 아니라고 확인했다.

이번에는 시공간이 스펀지와 같다고 가정해 보자. 스펀지의 높이가 시간을 나타내고 길이와 너비가 공간을 나타낸다고 가정한다. 물론 실제로는 스펀지를 3차원 공간과 1차원 시간을 합친 4차원 시공간에 비유해야 정확할 것이다. 하지만 사람의 감각기관으로 4차원을 인지하기란 거의 불가능하기 때문에 여기에서는 2차원 공간 좌표와 1차원 시간 좌표를 합친 3차원 시공간을 예로 들기로 한다.

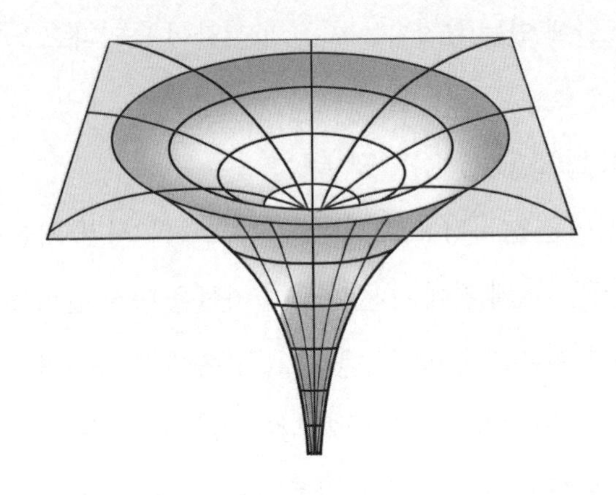

그림7-8 블랙홀 주변 시공간의 휘어짐

이 경우 스펀지가 어떤 질량 때문에 압축되면 길이와 너비뿐만 아니라 높이도 압축된다. 즉 공간적 차원뿐만 아니라 시간적 차원도 압축된다. 예컨대 어떤 사건의 지속 시간이 원래는 2초였는데 시간이 압축된 후에는 지속 시간이 1초로 단축될 수 있다. 영화 〈인터스텔라〉를 보면 남녀 주인공이 블랙홀 주변 행성을 세 시간 동안 탐사하고 나서 우주선으로 복귀했을 때 동료들이 기다리던 그곳은 이미 20년이 지나 있었다. 이것이 바로 일반상대성이론의 시간 지연 효과이다. 그렇다면 무엇 때문에 이런 현상이 생기는가?

블랙홀 가장자리 중력장이 매우 강해서 주변 행성들의 시간이 크게 압축됐기 때문이다. 여기에서 주목할 점은 약한 중력장 안에 있는 관찰자가 강한 중력장 안에 있는 관찰자를 봤을 때 강한 중력장 속 관찰자의 시간이 느리게 흐른다는 사실이다. 즉 약한 중력장 안에서 시간이 2초 흘렀을 때 강한 중력장 안에서는 시간이 1초밖에 흐르지 않았을 수 있다. 반면 강한 중력장 안에 있는 관찰자는 자신의 시간이 느리다고 느끼지 않는다.

쌍둥이 역설에 대한 마지막 해석

일반상대성이론을 바탕으로 길이 수축 효과와 시간 지연 효과를 이해했으니 이번에는 극쾌 편에 나온 쌍둥이 역설을 다시 살펴보자.

쌍둥이 중의 형은 우주비행선을 타고 광속에 가까운 속도로 우주여행을 다녀왔다. 그동안 동생은 지구에 남아 있었다. 쌍둥이 형이 지구에 돌아와 쌍둥이 동생을 만났을 때 두 쌍둥이 중 누가 더 나이를 먹었을까?

쌍둥이 형의 운동 속도는 매우 빠르다. 따라서 지구에 남아 있는 쌍둥이 동생의 시계로 측정했을 때 시간 지연 효과에 따라 쌍둥이 형의 시간은 매우 느리게 간다. 그렇게 되면 쌍둥이 형이 지구로 돌아온 후 쌍둥이 동생이 형보다 더 나이를 먹었을 것이다. 언뜻 보면 별 문제 없어 보이는 추론이지만 자세히 따져보면 심각한 논리적 모순을 발견할 수 있다.

우주비행선을 타고 우주여행을 다녀온 사람은 쌍둥이 형이다. 그럼에도 쌍둥이 형의 입장에서 보면 지구에 남아 있는 동생을 포함해 지구 전체가 우주비행선과 그를 기준으로 광속에 가까운 속도로 운동한 것처럼 보인다. 모든 운동은 상대운동이며 따라서 쌍둥이 형과 쌍둥이 동생 모두 자신은 정지해 있고 상대방이 운동하는 것처럼 느끼기 때문이다. 그러므로 쌍둥이 형의 입장에서 보면 쌍둥이 동생의 시간이 더 느리게 간다. 따라서 그가 지구에 돌아왔을 때 그 자신이 동생보다 나이를 더 먹었다고 관측될 것이다.

이 모순을 해결하려면 일반상대성이론의 도움을 받아야 한다. 쌍둥이 형은 우주여행을 하기 위해 속도의 변화, 즉 가속과 감속 과정을 경험했다. 지구를 벗어날 때 가속하고 지구로 돌아올 때 감속해야 하기 때문이다. 감속은 '반대 방향으로 가속하는 과정'이라고 할 수 있다. 등가원리에 따르면 쌍둥이 형의 가속운동은 중력장 속을 이동한 것과 마찬가지이다. 즉 휘어진 시공간을 여행한 것이다. 따라서 쌍둥이 형의 시간은 지구에 있는 동생의 시간보다 천천히 간다. 그러므로 두 쌍둥이 모두 쌍둥이 형이 나이를 덜 먹었다고 측정하게 되며, 역설은 사라진다.

7-5
중력 적색이동

허블 법칙에 따르면 우주는 가속 팽창하고 있다. 허블은 도플러 효과와 스펙트럼에 기반해 지구에서 천체까지 거리와 천체의 멀어지는 속도를 계산한 다음 이 같은 결론을 얻어냈다.

한 천체가 지구로부터 멀어짐에 따라 지구로 전달되는 이 천체의 빛의 주파수가 고유 주파수보다 낮아지는 현상을 '도플러 적색이동(적색편이)'이라고 한다. 신호 발생원과 관찰자 사이의 상대속도 때문에 나타나는 도플러 효과는 중력장에 의해서도 나타난다. 이 현상은 등가원리로 해석할 수 있다.

우주에는 각양각색의 천체가 있다. 그리고 모든 천체 주변에는 중력장이 생긴다. 빛이 이 중력장을 지날 때 적색이동이나 청색이동이 일어난다. 지면에 수직되게 우주로 빛을 발사했을 때 우주에 있는 수신기에 접수된 빛의 파동수는 원래의 파동수보다 느리다. 왜 이런 현상이 일어날까?

등가원리로 이 현상을 설명할 수 있다. 다음과 같은 상황을 가정해 보자. 두 척의 우주선이 일정한 간격을 유지한 채 동시에 가속해 앞으로 나아가고 있다. 앞에 있는 우주선 꼬리 부분에는 광학 수신기가 달려 있다. 뒤에 있는 우주선이 앞으로 빛을 발사하면 앞에 있는 우주선 수신기에 그 빛이 접수된다.

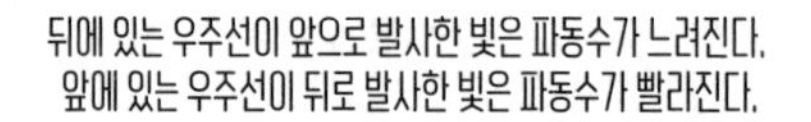

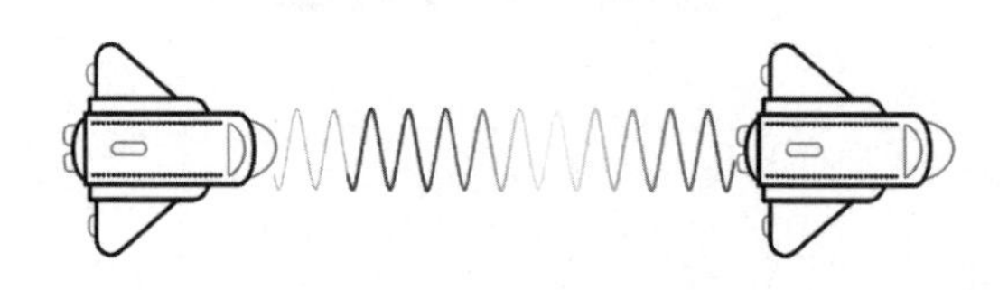

그림7-9 가속도 상태에서 일어나는 적색이동 또는 청색이동

두 우주선 사이에 일정한 간격이 존재하기 때문에 뒤에 있는 우주선이 발사한 빛이 앞에 있는 우주선의 수신기에 접수되려면 얼마간의 시간이 걸린다. 그동안 앞에 있는 우주선은 가속 이동하기 때문에 속도가 일정하게 증가한다. 따라서 앞에 있는 우주선에서 볼 때 속력이 일정한 빛과 비교하면 자신의 우주선은 더 이상 상대적 정지 상태가 아니다. 빛과 우주선이 동시에 일정한 속도를 가진다. 상대속도가 존재하는 조건에서는 자연히 도플러 효과가 나타난다. 그러므로 앞에 있는 우주선이 접수한 빛의

파동수는 광원에서 발생한 빛의 파동수보다 느리다.

반대의 경우도 성립된다. 즉 앞에 있는 우주선이 뒤에 있는 우주선에 빛을 발사했을 때 뒤에 있는 우주선에 접수된 빛은 청색이동이 일어난다. 더 알기 쉽게 설명할 수도 있다. 두 척의 우주선이 서로 일정한 간격을 유지한 채 동시에 가속해 앞으로 나아가고 있다. 또 뒤에 있는 우주선에는 광학 수신기가 달려 있다. 이때 앞에 있는 우주선이 뒤로 빛을 발사하면 그 빛이 뒤에 있는 우주선에 도달하기까지 얼마간의 시간이 걸린다. 그동안 뒤에 있는 우주선은 가속해 이동하기 때문에 속도가 일정하게 증가한다. 따라서 뒤에 있는 우주선이 봤을 때 빛을 내는 광원이 더 빠르게 가까워지면서 도플러 효과에 따라 청색이동이 일어나는 것이다.

가속도가 존재할 때 빛의 적색이동이나 청색이동이 일어난다는 사실은 이미 입증됐다. 나아가 등가원리에 의해 지구상에서나 다른 중력장에서도 빛의 적색이동 또는 청색이동이 일어난다.

지면에서 수직으로 우주에 빛을 발사했을 때 우주에 있는 수신기에 접수된 빛은 중력 적색이동이 일어난 후의 빛이다. 주파수가 원래 주파수보다 작다. 반대로 우주에서 지면으로 빛을 발사했을 때 지면에 있는 수신기에 접수된 빛은 청색이동이 일어난 후의 빛이다. 주파수가 원래 주파수보다 크다.

이 장에서는 기초적인 일반상대성이론을 다뤘다. 일반상대성이론은 획기적인 발상으로 중력을 새롭게 정의한 점에서 큰 의의가 있다. 일반상대성이론에 따르면 중력은 실재하는 힘이 아니고, 질량에 의해 휘어진 시공간이 물체의 운동에 영향을 주고 있을 뿐이다.

일반상대성이론도 특수상대성이론과 마찬가지로 간결하고 아름다운 원리에 기반해 논리적인 연역추론을 펼쳤다. 진정한 이론물리학이라고 해도 과언이 아니다. 상대성이론은 과학적 사유의 아름다움을 깊이 느끼게 해준다. 아인슈타인은 천재적인 물리학자일 뿐만 아니라 진정한 의미의 사상가라고 해도 좋다.

일반상대성이론의 검증과 응용

Proof and Application of General Relativity

8-1 수성의 세차운동

등가원리

일반상대성이론의 핵심 원리는 등가원리이다. 등가원리는 중력의 효과와 가속도의 효과가 동일하다는 원리이다.

당신이 고립계에서 물리 실험을 진행하고 있다고 가정해 보자. 당신은 실험 결과를 통해서는 자신이 천체 중력의 영향을 받고 있는지 아니면 가속으로 운동하는 우주선 안에 있는지 판단할 수 없다. 마찬가지로 당신 주변에 중력장이 없는 경우에는 자신이 우주에서 무중력 상태에 있는지 아니면 중력장 안에서 자유낙하를 하고 있는지 판단할 수 없다.

등가원리를 기반으로 아인슈타인의 생각을 따라가다 보면 '중력은 실재하는 힘이 아니고 시공간의 휘어짐'이라는 결론을 내릴 수 있다. 모든 물체는 말할 것도 없고 심지어 빛도 중력장 안에서 운동 상태가 변한다.

이를테면 천체는 중력장의 영향으로 궤도운동을 하고 빛은 중력장을 지날 때 중력장의 영향으로 휘어진다. 이런 운동 상태 변화와 궤도 변화 현상은 힘의 작용이 아니라 시공간의 휘어짐 때문에 생긴 것이다.

또 다른 예를 들 수도 있다. 지구 궤도에 진입해 지구를 중심으로 원운동하는 우주비행사는 이치대로라면 어떤 힘이 자신에게 작용하는 느낌을 받아야 한다. 하지만 실제로 그는 완전한 무중력 상태를 경험한다. 그의 주변 시공간이 중력의 영향으로 휘어졌기 때문이다. 궤도를 도는 느낌이 없어서 그는 직선운동을 한다고 생각하겠지만 실제로는 그 '직선'이 포함된 시공간이 이미 휘어진 상태이다.

그렇다면 어떤 구체적인 실험으로 이토록 신비한 일반상대성이론의 증거를 확보할 수 있을까? 어떤 방법으로 일반상대성이론의 정확성을 입증할 수 있을까? 일반상대성이론은 어떻게 일상생활에 적용되고 있을까? 사실 자세히 관찰해 보면 일반상대성이론은 우리 생활과 매우 밀접하게 연관돼 있다. 또 미래에는 일반상대성이론에 기반한 시공간 성질에 대한 인식이 인류의 초장거리 우주여행의 성패를 좌우하는 결정적인 요인이 될 수도 있다. 여기에서 '초장거리 우주여행'이란 은하계를 벗어난 전 우주적 탐사를 말한다.

수성의 세차운동

일반상대성이론이 만유인력 법칙보다 정확하고 우주적 본질에 가깝다면 만유인력 법칙으로 정확한 계산이 불가능하지만 일반상대성이론으로 정확한 계산이 가능한 현상이 적어도 하나쯤은 분명히 존재해야 한다. 그 현상이 바로 수성의 세차운동이다. 일반상대성이론은 수성의 세차운동을 정확하게 설명함으로써 만유인력 법칙을 상대로 첫 번째 기록할 만한 '승리'를 거뒀다.

2부 극대 편 6장에서 천체의 실제 이동 궤적이 세차운동하는 타원 형태라고 배웠다. 예를 들어보자. 태양계 행성들은 태양 주위를 한 바퀴 공전하고 나서 정확하게 원래 출발점으로 돌아올 수 없다. 따라서 한 바퀴 공전할 때마다 그때의 공전 궤도와 그전의 공전 궤도 사이에 일정한 편차가 생긴다. 이것이 바로 세차운동이다.

수성의 세차운동은 수성이 태양 주위를 한 바퀴 공전할 때마다 공전 궤도가 조금씩 변하는 현상을 말한다. 이 편차는 매우 작기 때문에 오랜 시간이 지나서야 발견되었다. 만유인력 법칙에 기반해 수성의 세차운동 편차를 계산해 낸 결과를 보면, 100년마다 겨우 5557.62초의 각도차가 발생한다. 여기서 초second는 각도 단위이다. 원의 각도는 360도이며, 1도의 60분의 1을 1분minute, 1분의 60분의 1을 1초라고 한다.

수성의 세차운동에 따라 100년마다 5557.62초의 각도차가 발생한다는 뜻은 100년 이후 타원 궤도의 장축과 100년 전 타원 궤도의 장축 사이에 약 1.5도 정도의 끼인각inciuded angle(어떤 각이 두 변으로 이뤄졌을 때 두 변 사이의 각—옮긴이)이 생긴다는 의미이다.

하지만 천체 관측 결과에 따르면, 수성의 세차운동으로 발생한 각도차는 5557.62초가 아니라 5600.73초이다. 즉 관측 값이 만유인력 법칙으로 계산해 낸 이론적인 계산 값보다 43.11초 컸다.

왜 다른 천체들을 제쳐놓고 하필 수성의 세차운동을 연구 대상으로 삼았을까? 원칙적으로는 다른 천체들의 세차운동도 만유인력 법칙으로 정확한 계산이 불가능하기는 매한가지이다. 하지만 다른 천체들은 태양으로부터 멀리 떨어져 있고 세차운동 편차가 뚜렷하지 않다. 태양계 여덟 행성 가운데 수성은 태양과 가장 가까운 행성이고 공전 주기가 짧다(수성의 공전 주기는 지구 시간으로 약 88일이다). 공전 주기가 짧은 천체는 단위 시간 동안에 다른 천체보다 궤도를 몇 바퀴 더 돈다. 한 바퀴 돌때마다 조금씩 편차가 발생하니까 도는 횟수가 많을수록 편차가 뚜렷해진다. 수성의 세차운동을 연구 대상으로 삼은 이유는 이 때문이다.

물리학자들은 세차운동 편차가 발생하는 원인을 규명하기 위해 다양한 방법을 시도했다. 전자기 상호작용 때문에 생긴 현상이라는 사람도 있었고, 우주 먼지의 저항력이 원인이라는 사람도 있었다. 심지어 아직 인류에게 발견되지 않은 천체가 수성 주변에서 수성의 공전에 영향을 미친다는 주장이 한동안 우세한 적도 있었다.

하지만 얼마 후 이런 주장들이 모두 옳지 않다고 입증됐다. 또 사람들은 수성의 공전에 영향을 미치는 미지의 천체를 찾아내기 위해 온갖 노력을 기울였으나 그런 천체는 발견되지 않았다. 훗날 드디어 누군가가, '뉴턴의 만유인력 법칙에 문제가 있는 게 아닐까?'라는 근원적인 의문을 제기했다. 중력이 거리의 제곱에 반비례하지 않을 수도 있다는 말이었다. 달리 말해 중력이 반드시 r^2에 반비례하지 않을 수 있다, 즉 r의 지수가 정확히 2가 아닐 수도 있다는 얘기였다. 이 주장이 옳다는 가정 아래 43.11초라는 오차가 어떻게 발생했는지 역계산해 보면 r의 지수가 2가 아닌 2.15가 돼야 한다는 결론이 나온다. 하지만 이런 결과는 아무래도 물리학 원리에 부합하지 않는다.

물리학적 직관에 따르면, 기본 물리법칙이 이처럼 불규칙한 숫자로 구현될 가능성은 거의 없다. '우주 만물의 법칙은 간결하고 아름다워야 한다'는 명제는 물리학자들의 공통된 신념이다.

훗날 아인슈타인의 일반상대성이론이 등장해서야 이 문제의 답이 나왔다. 일반상대성이론 방정식으로 수성의 세차운동 각도차를 계산해 봤더니 그 값이 만유인력 법칙으로 계산해 낸 값보다 43.07초 더 컸다. 즉 실제 관측 값에 근접했다는 얘기이다(실제 관측 값은 만유인력 법칙으로 계산해 낸 값보다 43.11초 더 컸음). 이로써 일반상대성이론의 타당성이 입증됐다.

만유인력 법칙이 물리학 본질에 부합하는 정확한 법칙이 맞는지 여부를 떠나서 시공간 규모와 범위를 한층 더 확대했을 때 이 법칙으로 계산한 결과의 정확도가 낮다는 사실은 부인할 수 없다. 이는 한편으로 모든 과학이론이 태생적인 한계를 갖고 있음을 보여준다.

엄밀하게 따지면 우리는 어떤 과학이론의 옳고 그름을 함부로 판단할 수 없다. 굳이 따지자면 어떤 법칙이 일정한 조건에서 어떤 현상을 정확하게 설명하고 예측할 수 있는지 여부만 판단하면 된다. 그러므로 무턱대고 만유인력 법칙을 부정해서는 안 된다. 그저 더 큰 시공간적 범위에서는 만유인력 법칙이 성립되지 않는다는 사실을 확인했을 뿐이다. 일반상대성이론은 지금까지는 태양계 범위에서 그 정확성을 검증받았다. 하지만 연구 범위를 더 확장해서도 여전히 성립된다고 단언할 수 없다. 예컨대 극대 편 5장에서 언급한 암흑물질은 일반상대성이론만으로는 설명이 불가능하다.

8-2
중력렌즈 현상

일반상대성이론을 검증할 방법이 또 하나 있다. 가장 기본적인 추론에서 출발하여 일반상대성이론이 예측한 물리 현상이 실제로 일어났는지 여부를 관찰하는 방법이다. 일반상대성이론의 연구 범위와 규모는 매우 크다. 따라서 관찰 대상도 우주에서 일어나는 물리 현상이다. 즉 천문학적 관측이 필요하다.

천문학적 관측을 간단하게 표현하면 '별을 관찰하는 행위'이다. 즉 천체에서 나오는 빛을 관찰한다는 의미이다. 그러므로 천문학 관측을 통해 일반상대성이론의 정확성을 검증하려면 정말로 중력장의 영향으로 빛이 휘는지 여부만 관찰하면 된다.

일반상대성이론의 요점은 시공간의 휘어짐이다. 일반상대성이론은 시공간의 휘어짐에 따라 빛의 휘어짐 현상이 생길 거라고 예측한다. 더 나아가 천체 주변에서 중력렌즈gravitational lens 효과도 생길 거라고 예측한다. 렌즈는 일상에서 흔하게 사용하는 물건이다. 예를 들면 근시 안경은 오목렌즈로 만들고, 원시 안경과 돋보기는 볼록렌즈로 만든다.

렌즈는 유리나 플라스틱 따위의 투명한 물체를 갈아서 두께가 다른 곡면으로 만든 것이다. 렌즈에 닿은 빛은 방향이 변한다(굴절). 중력장도 렌즈처럼 빛의 전파 경로를 휘어지게 하며, 이 때문에 중력렌즈 개념이 생겼다.

중력렌즈 현상도 일반상대성이론이 예언한 천체 물리 현상 중 하나이

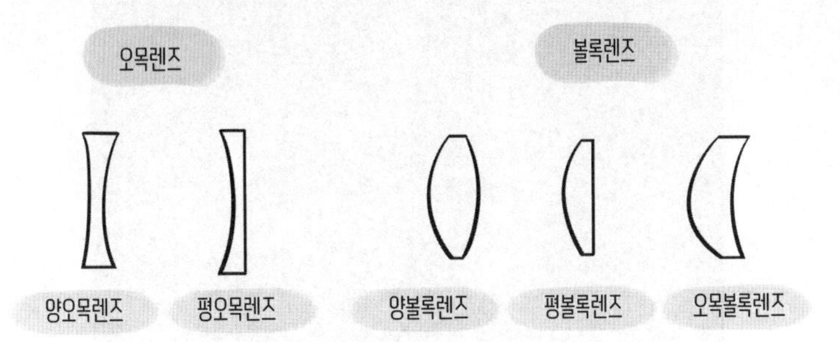

그림8-1 오목렌즈와 볼록렌즈

다. 중력렌즈 현상이 무엇인지 사고실험을 통해 알아보자. 질량이 큰 천체가 있다고 가정하자. 그러면 빛이 이 천체 주변을 지날 때 뚜렷한 휘어짐 현상이 나타난다. 이번에는 이 대형 천체 뒤에 스스로 빛을 내는 천체가 있다고 가정해 보자. 원칙적으로는 관찰자가 정면에서 관찰했을 때 대형 천체 뒤에 있는 발광 천체가 보이지 않아야 한다. 빛을 내는 천체가 대형 천체에 가려져 보이지 않기 때문이다. 하지만 앞쪽의 대형 천체의 질량이 매우 크기 때문에 빛을 내는 천체가 뿜은 빛은 대형 천체의 주변을 지날 때 휘어진다. 마치 누가 손으로 끌어당기기라도 한 것처럼 위로 향하려던 빛이 아래로 끌려 내려와 앞으로 향한다. 이는 대형 천체 중력장의 영향으로 생긴 현상이다. 대형 천체의 질량이 매우 크다면 발광 천체의 모습은 대형 천체에 가려져 보이지 않아도 빛을 내는 천체가 내뿜는 빛은 정면의 관찰자에게 관측된다. 또 천체는 둥그런 구형이기 때문에 모든 방향에서 빛의 휘어짐 현상이 똑같게 나타난다. 만약 대형 천체 뒤에 있는 빛을 내는 천체도 구형이라면 관찰자의 눈에 빛의 휘어짐으로 생긴 '빛을 뿜는 고리'가 관측된다.

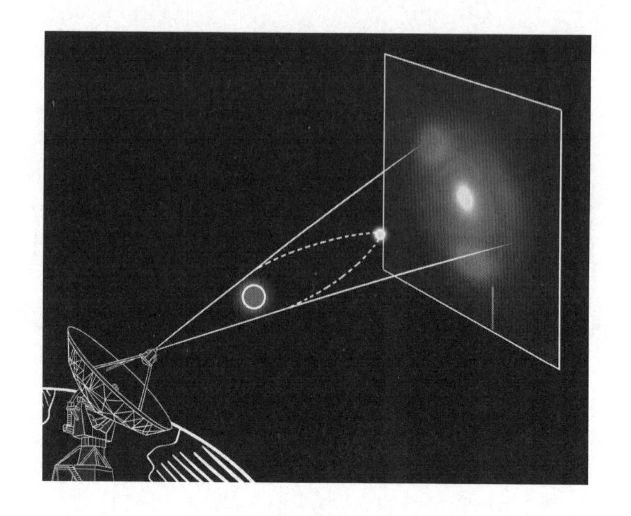

그림8-2 중력렌즈의 투시 효과

만약 대형 천체 뒤에 빛을 내는 천체가 여러 개라면 어떤 현상이 관측될까? 빛의 휘어짐 효과로 대형 천체 주변에 형성된 이미지들이 모두 휘어진 형태로 보인다. 정상적인 우주의 이미지가 아니라 마치 포토샵의 리퀴파이liquify 기능으로 보정한 이미지처럼 보일 것이다. 확대경으로 물체를 보면 물체의 이미지가 왜곡돼 보이는데 중력렌즈 현상이 바로 이같이 중력에 의해 빛이 굴절되는 현상이다. 엄청나게 큰 질량과 강한 중력장을 가진 대표적인 천체가 바로 블랙홀이다.

블랙홀이 실제로 우주에 존재한다면 중력렌즈 효과로 인해 블랙홀 주변의 모습이 왜곡돼 보일 것이다. 중력렌즈 효과를 생동감 있게 보여준 SF영화도 적지 않다.

블랙홀은 매우 강한 중력을 가진 천체이다. 이처럼 강한 중력을 가진 천체 때문에 생기는 중력렌즈 효과를 '강한 중력렌즈 효과'라고 한다. 블

사진8-3 블랙홀 중력장의 시공간 왜곡

랙홀은 매우 보기 드문 천체이다. 2019년에야 인류 역사상 최초로 블랙홀의 이미지를 확인할 수 있었다.

블랙홀만큼 강한 중력을 가진 천체는 많지 않다. 하지만 중력렌즈 효과는 모든 천체에서 나타난다. 다만 얼마나 뚜렷하게 나타나느냐의 차이일 뿐이다. 원칙적으로 일반 천체들은 모두 중력렌즈 역할을 담당한다. 블랙홀만큼 강하지는 않으나 그렇다고 너무 약하지도 않은 보통 정도의 중력을 가진 천체가 있다고 가정해 보자. 이 천체 뒤에 있는 빛을 내는 천체로부터 나온 빛이 이 천체의 가장자리를 스치듯 지나가는 장면을 천체 앞에 있던 관찰자가 목격했다고 가정한다.

빛을 내는 천체는 일정한 크기를 갖고 있다. 빛을 내는 천체로부터 나온 빛은 단일 광선이 아니라 일정한 굵기를 가진 광속光束(단위 면적을 단위 시간에 통과하는 빛의 양—옮긴이)이다. 광속 아래쪽에 위치한 빛은 렌즈 역할을 하는 천체를 스쳐 지나갈 때 광속 위쪽에 위치한 빛보다 렌즈 천체의 구심(중심)에 더 가까워진다. 즉 광속 위쪽에 위치한 빛보다 아래쪽에 위치한 빛이 중력장의 영향을 더 크게 받고 휘어지는 정도가 더 심하다. 그러므로 관찰자가 봤을 때 이 빛은 중력장의 영향을 받지 않았을 때보다 커 보인다. 즉 발광 천체의 상이 확대돼 보인다. 이유는 더 말할 필요도 없다. 중력렌즈 효과가 일어났기 때문이다.

일반상대성이론에 따르면 중력렌즈 효과는 필연적으로 생긴다. 그렇다면 중력렌즈 효과가 검증됐다고 해서 일반상대성이론의 정확성이 입증됐는가? 꼭 그렇다고는 할 수 없다.

특수상대성이론은 에너지와 질량의 관계가 등가라고 밝혔다. 빛은 에너지이기 때문에 일정한 질량을 가진다. 질량을 가진 물체는 중력장을 지날 때 중력의 영향으로 경로가 구부러진다. 수성의 세차운동 현상과 중력렌즈 효과는 일반상대성이론에 오류가 없다는 사실을 입증하는 증거로만 활용 가능하다. 다른 물리학 이론으로도 수성의 세차운동 현상과 중력렌즈 효과를 해석할 수 있기 때문이다. 일반상대성이론의 핵심 증거는 최근에 발견됐다. 바로 중력파이다.

8-3

중력파

수성의 세차운동 현상과 중력렌즈 현상은 일반상대성이론으로 해석하고 예측할 수 있다. 하지만 이 두 가지 현상을 설명 가능한 이론은 일반상대성이론 말고도 더 있다. 따라서 이 두 현상에 대한 일반상대성이론의 해석에 오류가 없다는 것만 검증됐을 뿐이다. 사실 만유인력 법칙으로도 이 두 가지 현상은 설명 가능하다. 높은 정확도를 요구하지 않는다면 말이다. 이에 비해 일반상대성이론이 아니면 설명이 불가능한 현상도 있다. 바로 중력파이다.

시공간의 물결: 중력파

중력파는 말 그대로 중력이 발생시키는 파동이다. 중력파란 '시공간 휘어짐의 주기적인 변화가 파동 형태로 전달되는 현상'이다. 즉 중력파는 시공간 곡률의 파동을 일컫는다.

앞에서 시공간의 휘어짐 현상을 해석하기 위해 설정했던 사고실험으로 중력파에 대해 알아보자. 테이블보를 반듯하게 편 다음 네 사람이 테이블보 네 귀퉁이를 잡고 서 있다고 가정해 보자. 이때 무거운 공을 테이블보에 내려놓으면 공의 중력 때문에 테이블보가 우묵하게 들어간다. 테이블보는 우묵하게 들어간 다음 더 이상 움직이지 않는다. 여기에 무거운 공을 또 하나 테이블보에 던지면 두 개의 공이 테이블보 위에 굴러다니면서 그 진동으로 테이블보도 흔들릴 것이다. 여기에서 무거운 공은 질량이 큰 천체이고, 두 공이 굴러다니는 운동은 시공간 속에서 질량의 분포가 변화된 현상으로 이해할 수 있다. 일반상대성이론에 따르면 시공간의 휘어짐 현상이 생겼으며, 이런 변화가 공간으로 전파되면서 중력파가 형성된 것이다.

일반상대성이론의 추론에 따르면 중력파의 전파 속도는 빛의 속도와 같다. 현재로서는 인류가 정립한 모든 과학이론 중에서 일반상대성이론만이 중력파의 존재를 예측했다. 따라서 실제 중력파를 직접 탐지해 내기만 하면 일반상대성이론의 정확성이 검증되는 셈이다.

중력파를 어떻게 탐지했을까

미국의 초대형 관측 시설 LIGO는 2015년 9월에 인류 역사상 처음으로 중력파를 직접 탐지하는 데 성공했다. LIGO는 Laser Interferometer Gravitational-Wave Observatory(레이저 간섭계 중력파 관측소)의 약자이다. LIGO가 중력파를 검출한 원리는 1부 극쾌 편 1장 '특수상대성이론' 부분에서 설명한 마이컬슨-몰리 실험 원리와 비슷하다.

마이컬슨-몰리 실험은 가상 물질인 에테르의 존재 여부를 확인하기 위해 고안되었다. 물론 나중에 에테르가 실제로 존재하지 않는다고 밝혀졌지만 이같이 정밀한 실험을 고안해 낸 앨버트 마이컬슨과 에드워드 몰리는 1907년에 노벨물리학상을 수상했다. 중력파를 최초로 검출해 낸 LIGO 연구진도 2017년에 노벨물리학상을 수상했다.

마이컬슨 간섭계의 작동 방식은 다음과 같다. 왼쪽 광원으로부터 나온 빛이 중간에 있는 반투과 거울에 입사되면 거울은 이 빛을 두 갈래로 나눠 그중 하나는 계속 오른쪽으로 보내고 다른 하나는 원래 방향과 수직되게 위로 보낸다. 두 광선은 똑같은 거리를 이동한 후 거울에 반사돼 되돌아 와서 아래쪽의 한 지점으로 모이면서 명암이 엇갈린 간섭무늬를 만들어낸다.

LIGO의 구조와 작동 원리는 마이컬슨 간섭계와 거의 동일하다. 즉 둘로 나뉜 레이저를 90도 각도로 걸어놓은 두 거울에 각각 비춰 반사되게 한 다음 반사된 빛이 다시 하나로 합쳐지면서 간섭 현상을 일으키게 한 것이다. LIGO는 마이컬슨 간섭계에 비해 훨씬 컸다. 마이컬슨 간섭계의 '팔(빛의 이동 경로)' 길이는 대략 수십 센티미터였으나 LIGO의 '팔' 길이는 4킬로미터에 이르렀다. 즉 두 빛은 정해진 경로를 따라 거울에 반사된 후 다시 하나로 합쳐지기까지 각각 8킬로미터를 이동해야 했다.

중력파의 본질은 시공간의 휘어짐이 퍼져나가는 파동이다. 그러므로 지구를 지나는 중력파가 실제로 존재한다면 중력파가 휩쓸고 지나간 곳의 시공간은 모두 휘어질 것이다. 그러면 원래 각각 4킬로미터였던 '팔' 길이가 중력파의 영향으로 변화한다. 또 각 '팔'이 위치해 있는 공간의 휘어짐 정도가 다르기 때문에 각 '팔'을 지난 두 빛의 경로에서 차이가 발생한다.

그러므로 두 빛이 탐지기에 도달하는 시각에도 차이가 발생한다. LIGO는 이처럼 도달 시각 차이 때문에 생겨난 간섭무늬의 명암 변화를 검출한다. 이것이 LIGO의 중력파 검출 원리이다.

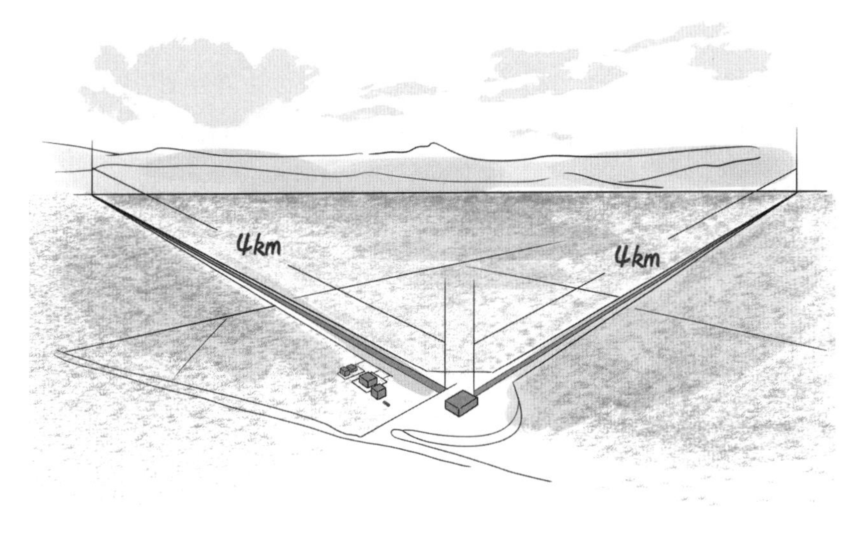

그림8-4 LIGO

LIGO 프로젝트는 1960년대부터 시작됐다. 미국을 비롯해서 세계 각지에 중력파를 직접 관측하기 위한 실험실도 세워졌다. 하지만 측정 장치의 정밀도가 충분히 높지 않아서 몇십 년이 지나도록 중력파 검출에 성공하지 못했다. 결국 21세기 초에 이르러 이 프로젝트는 한동안 중단됐다. 프로젝트 진행에 소진되는 막대한 비용을 감당하기 어려운 탓이었다. 그리고 2015년 9월에 드디어 인류 역사상 처음으로 중력파를 직접 탐지하는 데 성공했다. 이때 감지된 중력파는 지구로부터 13억 광년 떨어진 곳에서 질량이 태양의 30배인 블랙홀 두 개가 충돌해 새로운 블랙홀이 탄생하는 과정에서 발생한 것이었다.

그전까지 왜 중력파를 탐지하지 못했을까

LIGO 프로젝트를 시작해서 최초로 중력파를 감지하기까지 그토록 오랜 시간이 걸렸던 이유는 두 가지이다.

(1) 실험 장치와 실험 수단의 정밀도를 꾸준히 높이는 과정이 필요했다.

(2) 중력파의 세기는 상상 이상으로 약하다. 이것이 핵심 원인이다.

중력의 세기는 매우 약하다. 얼마나 약한지는 극대 편 6장 '만유인력' 부분에서 든 예를 통해서도 알 수 있다. 쇠로 된 작은 나사못이 바닥에 떨어졌다고 가정해 보자. 나사못은 지구 중력의 작용으로 바닥에 떨어졌다. 이때 아주 작은 자석으로 쉽게 나사못을 들어올릴 수 있다. 달리 말해 아주 작은 자석이 가진 자력이 커다란 지구의 중력을 쉽게 이기는 셈이다. 우리는 지구의 체적이 자석의 몇 배이면 지구 중력은 자력의 몇 분의 1이라는 대략적인 결론을 얻을 수 있다.

요컨대 중력파를 탐지하기란 매우 어렵다. LIGO의 '팔' 길이를 그토록 길게 한 이유도 이 때문이다. 중력파의 세기가 매우 약하기 때문에 중력파에 따른 빛의 이동 경로 변화도 매우 작다. 그러므로 '팔' 길이를 최대한 길게 해야 한다. '팔' 길이가 충분히 길면 빛의 이동 경로 변화가 아주 작아도 두 빛이 탐지기에 도달하는 시간 차이를 측정해 낼 수 있다. 과학자들은 또 중력파 검출에 영향을 줄 정도의 실험 오차가 발생하지 않도록 레이저로 LIGO의 정밀도를 대폭 높였다.

그런데 왜 하필 2015년 9월에 중력파가 검출됐을까? 지구로부터 13억 광년 떨어진 곳에서 천체물리학 분야의 대형 사건이 발생했기 때문이다. 질량이 태양의 30배나 되는 블랙홀 두 개가 충돌해 더 무거운 블랙홀이 탄생한 것이다. 두 블랙홀은 질량이 엄청나게 큰 만큼 서로에게 작용하는 중력도 엄청나게 강했다. 당연히 서로 가까이 다가가 하나로 융합되는 과정에서 격렬한 변화를 겪었다. 또 주변 시공간계가 뒤집힐 정도의 대소동을 일으켰다. 그렇게 형성된 매우 강한 중력파가 13억 년이 지나서 그날 지구에 도달한 것이다. 요컨대 중력파 감지에 성공한 데는 운도 따라준 셈이다. 거대한 두 블랙홀의 충돌과 같은 천문학적 대형 사건은 흔하게 발생하지 않으니 말이다.

중력파의 발견과 검출은 아인슈타인의 일반상대성이론을 완벽하게 검증했다. 일반상대성이론으로는 중력파 현상을 예측·해석 가능했으나 뉴턴의 만유인력 법칙을 비롯한 다른 물리 이론으로는 불가능했기 때문이다.

8-4

GPS

일반상대성이론이 없었다면 현대인에게 유용하게 쓰이는 위치 측정 서비스는 실현하지 못했을 것이다. 군사 분야의 정밀 유도 기술은 더 말할 나위도 없다. 또 GPS(위성항법장치) 정확도도 지금처럼 높지 못했을 것이다.

어떻게 지구상 위치를 정할까

지구상에서 어떤 지점의 위치는 네 개의 좌표, 즉 세 개의 공간좌표와 한 개의 시간 좌표를 사용해 정한다. 극쾌 편 1장 '특수상대성이론' 부분에서 세 개의 공간 좌표가 지구상의 경도, 위도, 해발고도에 대응한다고 이야기했었다. 스마트폰은 GPS에 기반해 위치 측정이 가능하다. GPS는 네 개의 시공간 좌표에 근거해 위치를 파악한다.

GPS 작동 원리

GPS는 최소 네 개의 위성을 이용해 네 개의 좌표를 관측한다. 미국의 GPS는 지구 궤도를 도는 24개 위성으로부터 위치 정보를 얻어낸다. 왜 하필이면 24개의 위성이 필요할까? 지상의 어느 지점이든 최소 네 개의 위성으로부터 신호를 받아야 하기 때문이다(물론 반드시 24개만 필요한 것은 아니다. 위성의 개수가 많을수록 좋다. 실용적으로 보자면 24개로 충분하다. 그중에서 작동하는 위성은 21개이고 나머지 세 개는 예비 위성이다).

24개 위성의 궤도는 이미 정해져 있다. 24개 위성에는 전부 세슘 원자 시계가 탑재돼 있다. 세슘 원자 시계는 오차가 2천만 년에 1초일 정도로 정확도가 매우 높다. 이 밖에 이들 위성에 탑재된 세슘 원자 시계는 지구 시계와 동기화돼 작동한다.

이들 위성은 한 가지 일만 한다. 내장된 시계의 시간과 현재 자기 위치(좌표)를 지상에 전파로 보내는 일이다. 전 세계 어느 곳에서나 이 시간과 위치 정보를 수신할 수 있다. 만약 당신이 스마트폰으로 현재 위치를 알아보려는 순간 최소 네 개의 위성으로부터 시간과 위치 정보가 전달된다.

GPS 위성이 전파로 보낸 시간 정보와 스마트폰에 나타난 시간을 비교해 시간 차이를 구한 다음, 위성의 위치 정보와 연결되어 GPS 위성에서 측정 위치까지의 거리를 구한다. 물론 이 경우에도 광속 불변의 원리가 적용된다.

빛의 속도는 위성과 스마트폰의 이동 여부와 관계없이 항상 일정한 값을 가진다. 그러므로 빛의 속도에 시간 차이를 곱한 값으로 GPS 위성과 스마트폰 사이 거리를 알아낸다.

이어 각 위성의 위치에서 스마트폰까지 거리를 반지름 삼아 원을 그리면 몇 개의 원이 서로 겹쳐지는 지점이 스마트폰의 현재 위치가 된다. 이것이 GPS의 작동 원리이다. 세 개의 위성은 정확한 위치를 파악하고 나머지 한 개 위성은 시간 오차를 보정하는 데 사용된다.

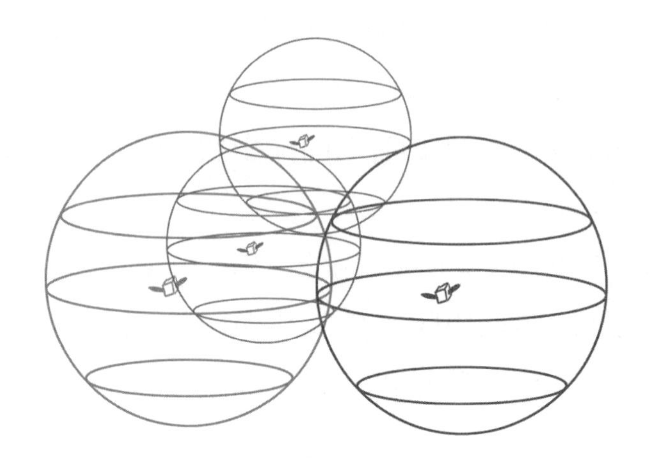

그림8-5 GPS 작동 원리

일반상대성이론에 기반한 오차 보정

일반상대성이론은 GPS 사용에 어떤 영향을 미치는가? 스마트폰과 GPS 위성 사이 거리는 빛의 속도에 시간 차이를 곱한 값이다. 이때 전파 신호의 진행 경로는 당연히 직선이다. 하지만 일반상대성이론에 따르면 전자기파는 지구 중력장을 지날 때 직선이 아닌 곡선으로 이동한다.

따라서 일반상대성이론에 기반한 오차 보정을 거치지 않으면 측정한 위치에 평균 100미터쯤 오차가 생긴다. 100미터는 결코 짧지 않은 거리이다. 따라서 배달원이나 콜택시가 정확한 위치를 확인하는 데 어려움을 겪는 것은 말할 것도 없고 센티미터 급의 정밀도를 요하는 군사 위성은 거의 업무를 수행하기 불가능하다. 일반상대성이론이 없었다면 우리의 삶이 어떤 상태일지 상상이 되지 않는다. 이처럼 일반상대성이론은 심오한 고급 물리학 이론일 뿐만 아니라 현대인의 삶에 반드시 필요한 이론적 도구이기도 하다.

8-5
워프 항법

〈스타워즈〉나 〈스타트렉〉 같은 SF영화에 초광속으로 비행하는 우주선이 자주 등장한다. 비행사들은 초광속 비행을 '워프 항법Warp Drive'이라고 부른다. 무엇 때문에 임의로 이름을 짓지 않고 하나같이 '워프 항법'이라고 부를까? SF영화는 우주선의 작동 원리를 제멋대로 꾸며내지 않고 일정한 과학이론에 근거를 둔다. 워프 항법의 이론적 토대는 바로 일반상대성이론이다.

멕시코 이론물리학자 미구엘 알쿠비에르Miguel Alcubierre는 1944년에, 빛의 속도는 추월 불가능하다는 상대성이론에 위배되지 않으면서 초광속 비행이 가능한 가상의 우주선을 설계해 냈다.

우주의 팽창 속도는 왜 빛의 속도보다 빠를까

허블 법칙을 다시 떠올려보자. 허블 법칙에 따르면 천체가 지구로부터 멀어지는 속도는 천체와 지구 사이의 거리에 정비례한다. 또 속도와 거리의 관계를 나타나는 비례상수를 '허블상수'라고 한다. 허블상수는 약 70km/(s·Mpc)이다. 이 공식에 따라 계산해 보면 지구로부터 수십억, 심지어 수백억 광년 떨어져 있는 천체들은 광속보다 빠른 속도로 지구로부터 멀어지고 있다. 달리 말해 우주의 전체적인 팽창 속도는 광속을 넘는다는 얘기이다. 하지만 아인슈타인의 특수상대성이론은 모든 물체의 운동 속도는 빛의 속도를 추월할 수 없다고 했다.

여기에서 '우주의 팽창 속도가 빛의 속도보다 빠르다'는 말의 뜻을 분명하게 알 필요가 있다. 이 말은 특정 천체의 운동 속도가 아니라 우주 시공간의 팽창 속도가 광속을 추월했다는 의미이다. 아인슈타인의 상대성이론은 관찰자를 기준으로 했을 때 물체의 상대속도가 빛의 속도를 넘을 수 없다는 얘기이다. 하지만 우주 시공간의 팽창은 비교할 상대가 없이 시공간 자체가 팽창하는 것이다. 어떤 천체가 지구로부터 멀어진다는 것은 그 천체가 지구에 대해 상대적 운동을 한다는 의미가 아니라 천체의 시공간 자체가 지구로부터 멀어진다는 의미이다. 예컨대 풍선 표면에 여러 개의 점을 찍고 그 점들이 우주 속의 지구와 천체라고 가정할 때 풍선을 크게 불수록 '지구'와 '천체' 사이의 간격이 점점 멀어지지만 '지구'와 '천체' 모두 처음의 위치에서 전혀 움직이지 않은 것과 같은 이치이다. 그러므로 아인슈타인의 특수상대성이론에 위배되지 않는다.

워프 항법의 기본 원리

위에서 이야기한 '초광속'의 의미를 알면 워프 항법 우주선을 설계할 수 있다. 사실 워프 우주선의 기본 원리는 이해하기 어렵지 않다. 우주선 앞쪽의 시공간을 수축시키고(이를테면 에너지 밀도를 극대화하는 방법을 이용할 수 있음) 뒤쪽의 시공간을 팽창시켜 앞의 수축 공간과 뒤의 팽창 공간 사이의 워프 버블에 우주선이 들어 있게 하면 된다. 그러면 앞쪽의 시공간 수축과 뒤쪽의 시공간 팽창이 균형을 이뤄 우주선과 우주선 주변 시공간을 앞으로 끌어당긴다. 이것이 워프 항법 원리이다. 여기에서 주목해야 할 점은 우주선이 공간 안에서 상대운동을 하지 않았다는 사실이다. 다만 우주선과 주변 공간 전체가 앞으로 움직였을 뿐이다.

이때 우주선은 충분히 큰 에너지를 갖기만 하면 무한대로 속도를 높일 수 있다. 그럼에도 공간 안에서 상대운동을 하지 않기 때문에 특수상대성 이론에도 위배되지 않는다.

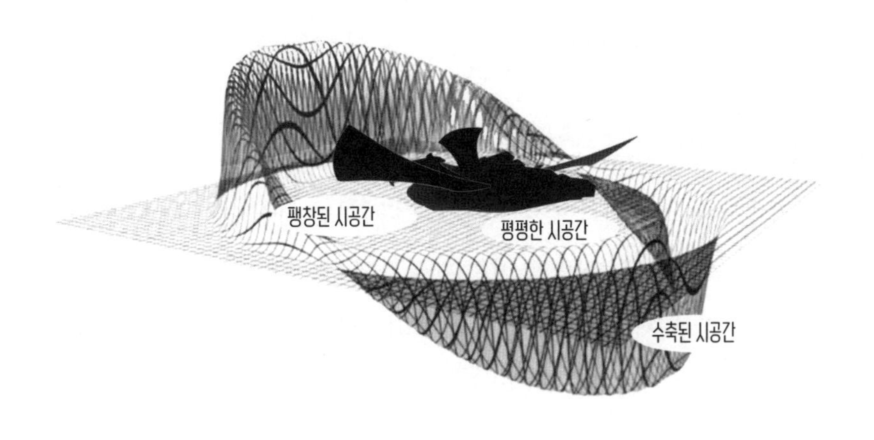

그림8-6 **워프 항법의 기본 원리**

우주선과 시공간을 달팽이와 고무찰흙에 비유해 설명하면 이해하기 쉽다. 달팽이가 고무찰흙 위에 서 있다고 가정할 때 달팽이가 서 있는 곳의 앞부분을 납작하게 눌러놓고 뒷부분을 길게 늘이면 고무찰흙이 다시 수축하면서 달팽이는 주변의 고무찰흙과 함께 앞으로 이동한다. 하지만 달팽이가 서 있는 곳의 고무찰흙을 기준으로 했을 때 달팽이는 운동하지 않았다.

여러 SF영화에 등장하는 우주선의 이동 방식을 살펴보면 제작자들이 나름 세세한 부분까지 신경 썼음을 알 수 있다. 이를테면 우주 공간에서 전투를 할 때 우주선을 조종하는 비행사들은 우주선의 방향 변화에 따라 몸의 균형을 제대로 잡지 못하고 이리저리 비틀거린다. 반면 워프 항법으로 가속하는 비행사들은 전혀 흔들림이 없다. 심지어 순간이동할 때도 우주선의 가속이나 감속에 관계없이 앞뒤로 비틀거리지 않는다. 이것이 워프 항법의 장점이다. 즉 우주선의 시공간 좌표는 변했으나 실제로는 상대운동을 하지 않은 것이다.

음의 에너지negative energy

여기에서 짚고 넘어가야 할 문제가 있다. 사실 시공간을 수축시키는 일은 상대적으로 쉽다. 질량에 따른 시공간의 왜곡 효과를 이용하면 되기 때문이다. 질량-에너지 등가 법칙에 따라 에너지를 질량으로 전환하면 된다. 즉 이론적으로 우주선 앞쪽 공간의 에너지 밀도를 충분히 높이면 가공할 만한 시공간 수축 효과를 얻을 수 있다. 반면 우주선 뒤쪽의 시공간을 팽창시키는 일은 결코 쉽지 않다. 인류가 대량으로 만들어낼 수 있는 에너지는 모두 양의 에너지positive energy로 시공간 수축에만 이용할 수 있기 때문이다. 그렇다면 어떤 방법으로 시공간을 팽창시킬 수 있을까?

가능한 한 가지 방법은 음의 에너지negative energy를 이용하는 것이다. 음의 에너지는 말 그대로 0보다 작은 음의 부호를 갖는 에너지이다. 음의 에너지는 양자역학에 나오는 개념으로 4부 극소 편에서 집중적으로 다루겠다. 여기에서는 음의 에너지를 '진공 에너지보다 더 낮은 상태의 에너지'라고 간단하게 이해하고 넘어가자. 음의 에너지는 '카시미르 효과Casimir effect'라는 특별한 양자역학 현상과 관계된다. 이론상으로는 카시미르 효과를 이용해 음의 에너지를 얻을 수 있다. 하지만 이 방법으로 얻을 수 있는 음의 에너지양은 매우 제한돼 있다. 불쌍하리만치 적은 수준이다. 그러므로 음의 에너지를 대량으로 만들어내는 일은 워프 항법 우주선을 만들기 위해 꼭 넘어야 할 산이다.

일반상대성이론이 예측한 블랙홀

Black Hole

9-1 블랙홀의 실체

특이점

이 장에서는 일반상대성이론에 바탕을 두고 블랙홀을 재해석해 보자. 앞에서 이야기한 블랙홀은 뉴턴의 고전 물리학에 기반한 가상의 블랙홀이지 우주에 실제로 존재하는 블랙홀이 아니다. 요컨대 고전적 의미의 블랙홀은 빛조차 빠져나올 수 없을 정도의 강한 중력을 가진 천체이다. 하지만 실재하는 블랙홀의 성질은 그렇지 않다. 블랙홀의 존재는 처음에 관측을 통해서가 아니라 일반상대성이론을 통해 추론되었다.

그렇다면 일반상대성이론은 어떻게 블랙홀이 반드시 존재한다고 추론했을까? 이 문제의 답을 알려면 먼저 '특이점' 개념을 이해해야 한다. 앞쪽 빅뱅이론 부분에서 '무한대의 밀도를 가지나 부피는 제로인 특이점의 대폭발로 우주가 생겨났다'고 이야기했었다.

사실 특이점은 수학적 개념에 더 가깝다. 독립변수와 종속변수가 각각 하나씩 있다고 가정해 보자. 보통 독립변수를 X로 표시하고 종속변수를

Y로 표시한다. 독립변수 X가 변하면 종속변수 Y도 변한다.

중학교에서 반비례 함수(Y=1/X)에 대해 배웠을 것이다. 그때 선생님께서, "반비례 함수의 X는 0이 될 수 없고, X가 0에 가까워질 때 Y는 무한대에 가까워진다"고 말했을 것이다.

그렇다면 X=0일 때 Y의 값은 얼마일까? Y의 값이 정말로 무한대일까?

사실 그렇지 않다. 반비례 함수 Y=1/X에서 X=0인 지점에서는 이 함수가 정의되지 않는다. 함수의 값도 존재하지 않는다. 달리 말해 X=0일 때 Y에 대응하는 숫자가 없다는 얘기이다. 따라서 함수 Y=1/X에 있어서 X=0을 특이점이라고 부른다. 거칠게 표현하자면 X=0일 때 Y의 값은 '터져버린 것이다.'

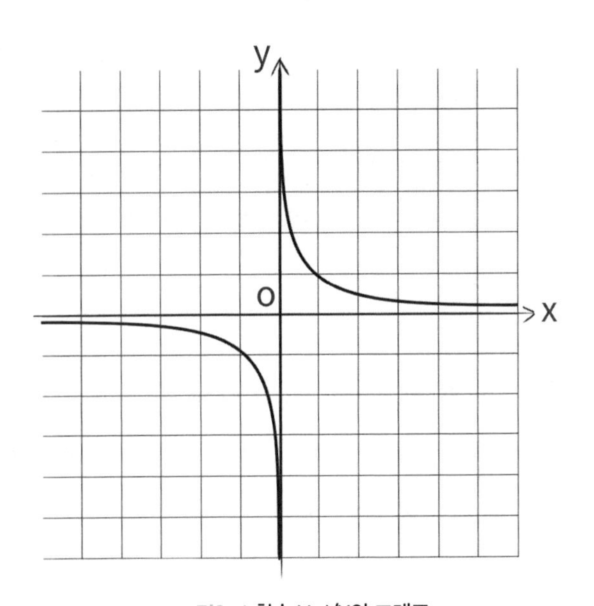

그림9-1 함수 Y=1/X의 그래프

우리는 보통 특정 이론에 기반해 물리학적 현상이나 행위를 기술한다. 모든 이론은 적용 범위가 따로 있다. 모든 현상을 완벽하게 해석할 수 있는 궁극적인 이론은 아직 탄생하지 않았다. 이를테면 뉴턴의 법칙은 비교적 작은 규모의 천체 운동을 설명하는 데 적용된다. 연구 범위와 규모가 어느 정도 커지면 뉴턴의 법칙으로 정확한 해석이 불가능하다. 이 경우에는 아인슈타인의 일반상대성이론의 도움을 받아야 한다. 그렇다면 일반상대성이론으로 우주의 모든 현상을 설명할 수 있을까? 꼭 그렇지만은 않다. 일반상대성이론은 적어도 암흑물질의 정체에 대해서는 아직까지 이렇다 할 결론을 내놓지 못했다.

특이점이란 무엇인가? 물리학적 관점에서 보면 어떤 행위나 현상을 서술하는 기존의 물리학 이론이 효력을 잃게 되는 구역을 특이점이라고 한다. 예를 들어 물리학 방정식으로 어떤 물리계의 성질을 설명하려는데 특정 상황에서 해당 물리학 방정식이 정의되지 않거나 해당 물리학 방정식으로 물리계의 성질을 전혀 해석할 수 없을 때 이 특정 상황을 특이점이라고 한다. 수학 공식 $Y=1/X$에서 $X=0$이 특이점인 것과 같은 이치이다.

시공간의 특이점

특이점에 대해 이해했다면 일반상대성이론으로 블랙홀의 존재를 추론한 과정을 살펴보자. 사실 블랙홀은 일반상대성이론에서의 아인슈타인 장방정식Einstein field equation의 특이점이다.

아인슈타인 장방정식은 아인슈타인이 만든 방정식이자 일반상대성이론에서 가장 핵심적인 방정식이다.

$$R_{\mu\nu} - \frac{1}{2}Rg_{\mu\nu} + \Lambda g_{\mu\nu} = \frac{8\pi G}{c^4}T_{\mu\nu}$$

이 방정식 좌변의 R과 g는 시공간의 왜곡 정도를 나타낸다. 우변의 G는 중력상수로 측정을 통해 얻은 값이다. c는 광속이다. T는 물질의 에너지와 움직임을 표현하는 물리량으로 스트레스-에너지 텐서stress-energy tensor라고 부른다.

요컨대 아인슈타인 장방정식은 시공간의 휘어짐, 시공간의 에너지와 물질의 운동을 연결시킨 방정식이다.

사실 Singularity를 '특이점'으로 번역하는 것은 어폐가 있다. 영어 단어 Singularity의 원뜻은 '특이성'이며, 어떤 성질을 나타낸다. 따라서 반드시 하나의 '점'은 아니다. 하나의 '구역'일 수도 있다. Singularity가 '특이점'으로 번역돼 통용되는 이유는 수학적으로는 흔히 '한 점'으로 나타나기 때문이다. 하지만 물리학적으로는 '구역'으로 나타나는 경우도 있기 때문에 Singularity를 '특이점' 또는 '특이구역' 두 가지로 이해하면 좋을 듯싶다.

일반상대성이론에 따르면 물체의 질량 때문에 주변 시공간이 휘어지고, 휘어진 시공간을 따라 물체의 운동 상태가 변한다. 마치 어떤 힘이 물체에 작용한 것처럼 말이다. 무거운 공을 평평한 테이블보에 내려놓았을 때 공의 질량 때문에 테이블보가 우묵하게 들어가면서 공이 주변 테이블보의 휘어짐과 압축을 감지하는 것과 같은 이치이다.

뉴턴의 고전 물리학은 블랙홀을 '빛조차 빠져나올 수 없을 정도의 강한 중력을 가진 천체'라고 정의했다. 일반상대성이론은 블랙홀이 주변 시공간을 극도로 왜곡시킨다'고 정의한다. 테이블보를 예로 들 경우 공의 중량이 커질수록 테이블보를 점점 무겁게 눌러 심하게 왜곡시킨다. 공의 중량이 너무 커서 테이블보가 버텨내지 못하고 찢어지면서 생기는 구멍을 블랙홀에 비유할 수 있다. 즉 한 천체의 질량이 너무 커서 주변 시공간이 휘어지다 못해 찢어지면서(또는 터져버려서) 생긴 구멍이 바로 블랙홀이다. 이것이 일반상대성이론의 블랙홀에 대한 감성적인 인식이다.

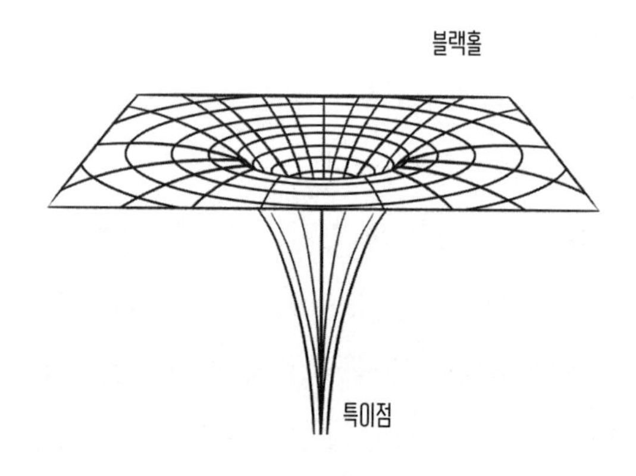

그림9-2 시공간의 특이점, 블랙홀

일반상대성이론에서 블랙홀은 특이성을 띤 시공간상의 한 구역이다. 달리 말해 일반상대성이론으로 설명되는 시공간 개념이 이 특이점(또는 특이구역)에서는 정의되지 않는다는 얘기이다. 일반상대성이론의 방정식은 블랙홀 지점에서 효력을 잃으면서 블랙홀 내부의 물리적 상황을 서술할 수 없다. 그러므로 일반상대성이론은 블랙홀을 '시공간의 특이점'이라고 정의한다.

어쩌면 지금까지 이야기한 내용이 너무 추상적으로 느껴질 수도 있겠다. 일반상대성이론으로 시공간의 '폭발' 현상을 설명할 수 없다고 해서 그것을 블랙홀이라고 단정할 수 있을까? 빛을 포함해 모든 물질이 한번 들어가면 다시 빠져나올 수 없는 검은 천체가 블랙홀일 수도 있지 않은가? 그러므로 우리는 일반상대성이론으로 해석이 불가능한 특이점(특이구역)이 블랙홀이라는 사실을 증명할 필요가 있다.

시공간의 특이점이 정말 블랙홀일까

알다시피 질량은 시공간 왜곡 현상을 일으킨다. 일반상대성이론은 휘어지고 압축된 시공간에서 나타나는 길이 수축 효과와 시간 지연 효과를 훌륭하게 기술해 냈다. 약한 중력장 안에 있는 관찰자가 강한 중력장 안에 있는 관찰자를 봤을 때 강한 중력장 안에 있는 관찰자의 시간이 느려지고 공간이 줄어든다.

블랙홀은 매우 강한 중력을 가진 천체이니만큼 블랙홀과 가까운 시공간일수록 시간이 느리게 가고 공간도 점점 압축된다. 결국 관찰자가 블랙홀의 가장자리에 이르렀다면 시공간 특이점 부근에 도달한 것과 마찬가지이다.

블랙홀 바깥의 관찰자가 봤을 때 시공간의 특이점에 근접할수록 시간이 거의 멈추다시피 느리게 흐르고 공간도 극도로 압축된다. 나아가 블랙홀의 가장자리에서는 시간이 아예 멈춰버린다. 바깥의 관찰자가 봤을 때 가장자리에 있는 시곗바늘은 움직이지 않고 정지 상태이다. 또 공간은 0에 가까울 정도로 극도로 압축된다.

블랙홀 바깥에서 무한히 긴 시간이 흐르는 동안에도 바깥의 관찰자가 봤을 때 시공간의 특이점에서는 시간이 멈춘 채 더 이상 흐르지 않는다.

반대로 시공간의 특이점 주변에 있는 관찰자가 봤을 때 자신의 시간은 정상으로 흐르고 블랙홀 바깥의 시간은 무한히 빠르게 흐른다. 어쩌면 시공간의 특이점에서 1초가 지나는 동안 블랙홀 바깥에서는 수십억 년이 지났을지도 모른다. 심지어 그동안 우주가 수명을 다했을지도 모른다. 예를 들어 당신이 한줄기 빛이라고 가정해 보자. 당신은 시공간의 특이점, 즉 블랙홀 가장자리에 도달했다가 그곳을 탈출해야겠다고 생각한다. 탈출을 하려면 시간이 걸린다. 하지만 당신이 유한한 시간을 들여 탈출하는 동안 블랙홀 바깥 세상은 이미 길고 긴 세월을 지나 종말이 가까워졌을 것이다.

블랙홀 바깥의 관찰자가 봤을 때 블랙홀로 빨려 들어간 빛이 다시 빠져나오지 못하는 것처럼 보이는 이유는 블랙홀 경계면에서 시간이 완전히 정지하기 때문이다. 블랙홀에서는 빛조차 빠져나오지 못하기 때문에 검게 보인다. 일단 블랙홀로 빨려 들어간 물질은 영원히 다시 빠져나오지 못하기 때문에 끝없이 깊은 동굴처럼 보인다.

이로써 일반상대성이론을 통해 블랙홀의 존재가 증명됐다. 일반상대성이론의 핵심은 시공간의 휘어짐이다. 시공간의 휘어짐 현상에는 한계가 존재한다. 시공간의 휘어짐이 한계에 이르렀을 때 시공간의 특이점 현상이 발생한다. 바깥의 관찰자를 기준으로 했을 때 시공간의 특이점에서 시간은 정지한 채 더 이상 흐르지 않는다. 또 블랙홀에 들어간 물질이 다시 빠져나오려면 무한히 긴 시간이 걸린다. 그러므로 바깥의 관찰자가 봤을 때 블랙홀 경계면에 접근한 물질은 유한한 시간 동안에는 다시 빠져나올 수 없다. 빛은 물론이고, 블랙홀로 빨려 들어간 모든 물질은 영원히 다시 빠져나오지 못한다. 이 때문에 블랙홀은 시커먼 동굴처럼 보인다.

9-2
블랙홀의 탄생

블랙홀 탄생 과정

일반상대성이론은 시공간의 휘어짐이 극한에 이르렀을 때 블랙홀로 표현된다고 해석한다. 그렇다면 어떤 물리적 조건에서 블랙홀이 형성될까?

직감적으로 드는 느낌으로는 블랙홀이 형성되려면 엄청나게 큰 질량을 가진 천체가 필요할 것 같다. 엄청나게 큰 질량을 가진 천체만이 강력한 중력장을 만들어낼 수 있으며, 이 강력한 중력장에 의해 시공간이 극도로 휘어져야 블랙홀이 형성되기 때문이다. 실제로 존재하는 블랙홀은 확실히 이 조건에 부합한다. 일반 블랙홀의 질량은 태양 질량의 10배가 넘는다. 심지어 혀를 내두를 정도의 초대질량을 가진 블랙홀도 있다. 이를테면 은하계에 있는 M87 블랙홀의 질량은 태양 질량의 64억 배에 이른다. 이처럼 블랙홀이 형성되려면 초대형 질량을 가진 천체가 필요할 것 같지만 사실은 그렇지 않다. 시공간의 특이점을 만들어내는 데 본질적으로 필요한 조건은 아주 강한 중력장이지 대질량 천체가 아니다.

뉴턴의 만유인력 공식에 따르면 중력의 크기는 천체 질량에 정비례하고 거리의 제곱에 반비례한다. 즉 천체(천체가 아니라도 됨)의 밀도가 충분히 높기만 하면 블랙홀이 형성될 수 있다. 달리 말해 물체의 질량이 크지 않더라도 물체의 부피를 아주 작게 압축하기면 하면 작은 블랙홀로 될 수 있다. 물론 이렇게 형성된 블랙홀도 부피가 매우 작아서 주변 시공간에 그다지 큰 영향을 미치지 않는다. 2013년에 스위스에서 LHC(Large Hadron

Collider, 대형 강입자 충돌기)가 가동을 시작했을 때 블랙홀이 지구를 삼킬지도 모른다고 우려한 사람들이 있었다. LHC에서 높은 에너지 충돌이 일어나면 미시적 차원의 블랙홀이 만들어질 수 있다고 생각했기 때문이다.

이론적으로는 질량이 작은 블랙홀이 생겨날 가능성이 없지 않다. 하지만 실제로 천체를 관측한 결과 우주에 있는 모든 블랙홀은 질량이 작지 않다. 그 이유는 블랙홀이 단번에 완성되지 않을뿐더러 항성 단계를 비롯해 여러 단계를 거쳐 질량이 축적돼야 하기 때문이다. 우주공간에서 블랙홀은 점진적인 과정을 통해 이뤄진다. 그러므로 자연 상태에서 매우 작은 질량을 가진 천체가 엄청나게 큰 외부 압력에 의해 시공간이 압축돼 블랙홀로 만들어졌을 가능성은 거의 없다.

요컨대 이론적으로는 밀도가 충분히 크기만 하면 블랙홀이 형성될 수 있다. 질량에 대해서는 특별한 기준이 없다. 하지만 우주에 실제로 존재하는 블랙홀은 대부분 매우 큰 질량을 갖고 있다. 질량이 충분히 커야 블랙홀이 자연적으로 생성될 정도의 엄청난 밀도를 만들어낼 수 있기 때문이다. 천체는 물질과 에너지를 축적하는 과정에서 핵융합 반응, 축퇴압력 등 중력에 대항하는 다양한 요인을 만난다. 따라서 충분히 큰 질량을 가져야 충분히 큰 중력을 만들어내 최종적으로 저항 요인의 영향에서 벗어날 수 있다.

질량이 작은 블랙홀의 형성 가능성은 하나 또 있다. 빅뱅 이후 태초의 우주공간은 밀도가 매우 높은 에너지로 꽉 차 있었다. 에너지 밀도가 극도로 높은 상태에서 물질의 밀도도 극도로 치달아 블랙홀이 생성될 수 있다. 이렇게 형성된 블랙홀을 '원시 블랙홀primordial black hole'이라고 한다. 원시 블랙홀은 이론적으로는 매우 작은 질량을 갖고 있다. 스티븐 호킹은

10^{-8}킬로그램 정도의 질량을 가진 원시 블랙홀의 존재 가능성을 예측했다. 다만 아직까지 원시 블랙홀의 존재가 확인된 적은 없다.

스티븐 호킹의 주요 공헌 중 하나는 호킹 복사Hawking radiation를 예측한 것이다. 호킹 복사 이론은 양자역학 효과를 감안할 때 블랙홀 내부에서 외부로 방출되는 무언가가 존재한다는 이론이다. 즉 양자역학 현상 때문에 블랙홀의 '사건의 지평선event horizon(어떤 시공간에서 일어난 사건이 그 시공간계 바깥쪽에 있는 관측자에게 아무리 오랜 시간이 걸려도 영향을 미치지 못할 때 그 시공간의 경계를 말한다—옮긴이)' 근처에서 입자와 반입자가 생성되고 그중에서 입자가 외부로 방출된다는 얘기이다. 블랙홀의 크기가 작을수록 호킹 복사 현상이 뚜렷하게 나타나고 블랙홀의 '증발' 속도도 더 빨라진다. 따라서 호킹 복사 이론에 따르면 작은 원시 블랙홀이 생성됐다고 해도 우주 초기에 이미 소멸됐을 것이다.

블랙홀의 경계: 슈바르츠실트 반지름Schwarzschild radius

블랙홀이 무엇인지, 또 어떻게 형성됐는지 알았으니 2부 극대 편에 자주 등장했던 문제 하나를 살펴보자. 일정한 크기를 갖춘 천체의 중력과 평형을 이루는 힘은 어디에서 오는가? 블랙홀에도 이와 똑같은 질문을 할 수 있다.

(1) 블랙홀의 크기는 얼마인가?

(2) 어떤 힘이 블랙홀의 중력과 평형을 이루는가?

블랙홀은 일반 천체와 다르다. 일반상대성이론으로는 블랙홀 내부를 기술할 수 없다. 블랙홀로 빨려 들어가면 그 무엇이라도 다시 빠져나올 수 없다. 달리 말해 블랙홀 내부에서 어떤 정보도 얻어낼 수 없다. 어떤 정보도 얻어낼 수 없는 상황에서 어떻게 연구해야 한다는 말인가?

거듭 강조하지만 물리학의 기본적인 연구 방법은 귀납, 연역, 검증 순으로 진행된다. 관측을 통해 원리를 도출해 내야 뒤이어 연역과 검증이 가능하다. 하지만 블랙홀은 우리에게 어떤 정보도 주지 않았다. 우리는 블랙홀 내부가 어떻게 생겼는지 전혀 알 수 없다. 블랙홀 바깥의 시공간에서 성립하는 물리법칙은 블랙홀 내부에서 전혀 들어맞지 않을 수 있다. 블랙홀 내부 상태가 어떤지 전혀 알 수 없으니 어떤 힘이 블랙홀의 중력과 평형을 이루는지도 알 수 없다. 어쩌면 블랙홀에서는 '힘의 평형'이라는 개념 자체가 존재하지 않는지도 모른다.

우리는 심지어 블랙홀의 크기가 일정한지 여부조차 확인할 길이 없다. 어떤 책에서는 '블랙홀은 크기가 없고 밀도가 무한히 큰, 치밀한 기하학적 점'이라고 하는데 사실 이런 견해는 너무 독단적이다. 블랙홀 내부에 무엇이 있는지조차 모르는데 어떻게 밀도를 정의할 수 있다는 말인가?

블랙홀 내부 상황을 전혀 모르면 블랙홀의 안팎, 크기와 경계를 정의할 수 없는가? 꼭 그렇지만은 않다. 이쯤에서 '사건의 지평선' 개념을 알 필요가 있다. 사건의 지평선은 바로 블랙홀의 경계이다. 사건의 지평선을 넘으면 블랙홀 안에 들어간 것이다. 사건의 지평선 바깥의 시공간은 매우 심하게 휘어져 있다. 사건의 지평선은 사실은 구면球面이다. 블랙홀에 접근해 한쪽 발을 사건의 지평선에 들여놓는 순간 블랙홀 안으로 빨려 들어가 다시 나오지 못한다. 사건의 지평선(구면)의 반지름을 '블랙홀의 반지름'이라고 한다. 블랙홀의 경계와 관련된 중요한 개념이 하나 있는데 바로 '슈바르츠실트 반지름'이다.

카를 슈바르츠실트Karl Schwarzschild는 독일 물리학자로 1916년에 슈바르츠실트 반지름 개념을 내놓았다. 구형 천체의 질량이 특정 밀도까지 높아지면 천체 주변에서 일반상대성이론(아인슈타인의 장방정식)에 따라 시공간의 곡률이 무한대가 된다. 이때 천체가 압축되어 천체의 반지름이 슈바르츠실트 반지름보다 작아지면 블랙홀이 생성된다는 이론이다. 계산법은 복잡하지만 원리를 이해하기는 어렵지 않다. 함수 $Y=1/X$에서 Y의 값이 존재하지 않게 하려면 X가 어떤 값을 취해야 하는지를 구하는 원리와 비슷하다.

모든 천체는 슈바르츠실트 반지름을 갖고 있다. 질량에 따라 반지름 크기는 다르다. 슈바르츠실트 반지름은 천체의 실제 반지름보다 작다. 즉 천체 내부에 슈바르츠실트 반지름이 위치해 있다. 만약 한 천체를 압축해 천체의 실제 반지름이 슈바르츠실트 반지름보다 작아지면 그 천체는 붕괴돼 블랙홀이 된다. 예를 들어보자. 태양의 반지름은 약 70만 킬로미터인데 슈바르츠실트 반지름은 3킬로미터에 불과하다. 달리 말해 태양은 부피가 1.3×10^{16}분의 1로 압축돼야 블랙홀이 될 수 있다. 지구의 슈바르츠실트 반지름은 더 작다. 겨우 3센티미터이다. 지구가 블랙홀이 된다면 그 크기가 작은 구슬 정도밖에 안 된다는 얘기이다.

슈바르츠실트 반지름 이론에 따라 블랙홀의 크기도 계산할 수 있다. 블랙홀의 반지름은 슈바르츠실트 반지름보다 작다. 반지름이 슈바르츠실트 반지름보다 큰 천체는 블랙홀이 아니다.

우주에 실제로 존재하는 블랙홀 대부분은 매우 큰 질량을 가졌다. 충분히 큰 질량을 가져야 충분히 큰 중력을 만들어서 실제 반지름이 슈바르츠실트 반지름보다 작아지도록 압축될 수 있기 때문이다. 항성이 압축되는 과정에서는 많은 장애물을 만난다. 처음에는 항성의 핵융합 반응이 천체의 압축을 방해하고, 이어 백색왜성과 중성자별의 축퇴압력이 방해 요인으로 작용한다. 따라서 충분히 큰 질량을 가져야 이들 방해 요인의 영향에서 벗어나 실제 반지름을 슈바르츠실트 반지름보다 작게 압축해서 최종적으로 블랙홀로 진화할 수 있다.

요약하자면 블랙홀이 형성되려면 충분히 큰 밀도가 필요하다. 블랙홀의 형성 여부를 판단하는 핵심 기준은 슈바르츠실트 반지름이다. 정상적인 천체는 중력 작용으로 수축하는 과정에서 다양한 방해물을 만난다. 전자기력, 축퇴압력, 핵융합 반응 등이 방해 요인으로 작용한다. 그러므로 충분히 큰 질량을 가진 천체만이 블랙홀이 될 가능성이 있다.

9-3
블랙홀에 들어가면 어떻게 될까

블랙홀의 형성 과정과 특징을 알았으니 이제 실증 단계이다. 하지만 현재 기술로 실재하는 블랙홀을 대상으로 실험하기란 불가능하다. 인류는 2019년에 이르러 겨우 실재하는 블랙홀의 이미지를 구할 수 있었다. 그렇다고 낙담할 필요는 없다. 블랙홀에 접근할 때, 더 나아가 블랙홀로 들어갈 때 어떤 일이 발생하는지 사고실험을 통해 알아볼 수 있으니 말이다.

조석력tidal force

만약 블랙홀에 접근한다면 우리 몸은 엿가락처럼 쭉 늘어난다. 사람을 엿가락처럼 쭉 늘리는 이 힘을 '조석력潮汐力'이라고 한다. 엄밀하게 말하면 조석력은 실재하는 힘이 아니다. 시공간의 휘어짐이 고르지 않아 나타나는 현상으로 일종의 힘처럼 느껴지는 것이다.

조석력은 말 그대로 지구상에서 조석을 일으키는 '힘'이다. 지구상의 조석은 달의 인력이 바다에 작용해 일어나는 현상이다. 인력 관점에서 보면 조석력은 지표면의 위치에 따른 인력 차이 때문에 생성된다. 일정한 크기를 가진 물체는 천체 중력의 영향을 받는다. 천체와 가까운 위치에 작용하는 중력의 크기는 멀리 떨어진 위치에 작용하는 중력보다 크다.

뉴턴의 제2법칙에 따르면 물체의 가속도는 물체에 작용하는 외력에 정비례한다. 천체와 가까운 위치에 작용하는 힘이 천체에서 멀리 떨어진 위치에 작용하는 힘보다 크므로 천체와 가까운 위치의 가속도가 멀리 떨어진 위치의 가속도보다 크다. 천체 중력장 안에 스프링의 한쪽은 천체와 가깝게, 다른 쪽은 천체에서 멀리 떨어져 있다고 가정해 보자. 천체와 가까운 쪽은 천체에서 떨어진 쪽보다 빠르게 가속한다. 스프링 양쪽의 가속도 크기가 다르므로 일정 시간 동안 이동한 거리도 다르다. 예컨대 스프링의 원래 길이가 1미터이고 천체와 가까운 쪽은 가속도가 크게 붙어서 1초에 1미터 이동한 반면 천체에서 멀리 떨어진 쪽은 가속도가 작게 붙어서 1초에 0.5미터 이동했다면 스프링의 길이는 1.5미터로 늘어난다. 이것이 물체를 길게 늘리는 조석력의 효과이다.

그림9-3 블랙홀의 조석력(블랙홀에 접근한 아인슈타인의 몸이 쭉 늘어난다)

지구의 조석 현상은 주로 달의 인력 작용으로 해수면이 높아지거나 낮아지는 현상이다. 블랙홀처럼 매우 강한 인력을 가진 천체에 접근한 물체는 매우 강한 조석력의 영향으로 길게 늘어난다. 심지어 너무 늘어나다 못해 끊어질 수도 있다.

위의 내용은 만유인력 이론을 바탕으로 분석한 것이다. 하지만 일반상대성이론의 관점은 다르다. 일반상대성이론은 만유인력 법칙의 도움을 받지 않고 시공간의 휘어짐 효과만 적용해 이 문제를 해석할 수 있다. 예를 들어 원기둥형 물체가 천체의 중력장 안에 있다고 가정할 때 천체와 가까운 쪽의 공간은 천체에서 떨어진 쪽의 공간보다 더 심하게 압축한다. 그러면 물체의 형태는 길고 가는 원추형으로 바뀐다. 이때 생기는 변형력이 조석력과 동일한 효과를 나타낸다.

블랙홀에 접근하면 매우 강한 조석력을 경험하게 된다. 이 힘은 아무리 강력한 물체라도 찢어놓을 정도로 강력하다. 그러므로 사람이 블랙홀로 들어가기는커녕 블랙홀에 접근하기조차 어렵다. 물론 블랙홀의 종류에 따라 조석력의 크기에도 차이가 있다. 일반적으로 질량이 작은 블랙홀일수록 오히려 조석력이 강해서 접근하기 어렵다. 반면 초대질량(예컨대 태양 질량의 수백만 배에 달하는 경우)을 가진 블랙홀은 오히려 조석력이 그렇게 강하지 않다. 조석력의 크기는 블랙홀과의 거리 차이와 관계되기 때문이다. 길이가 긴 물체일수록 블랙홀에 접근할 때 조석력의 영향을 더 크게 받는다. 질량이 큰 블랙홀은 질량이 작은 블랙홀보다 거리 차이로 인한 중력 변화가 뚜렷하지 않다. 그러니 정말로 블랙홀에 접근해 관찰할 생각이라면 질량이 큰 블랙홀을 고르는 게 좋다.

외부 관찰자가 관찰한 블랙홀

조석력만 극복하면 블랙홀 내부로 들어갈 수 있을까? 일반상대성이론에 기반해 이 문제를 분석하려면 먼저 누구를 기준으로 하는지를 정해야 한다. 누구를 기준으로 삼느냐에 따라 블랙홀로 들어갈 수 있는지 여부가 달라지기 때문이다.

먼저 블랙홀 바깥에 있는 관찰자의 입장에서 살펴보자. 일반상대성이론에 따르면 강한 중력장에서는 시간이 천천히 간다. 물론 이는 상대적인 느낌이다. 즉 약한 중력장 안에 있는 관찰자 눈에는 강한 중력장 속 관찰자의 시간이 느려진다면 보이는 것이다. 하지만 강한 중력장 안에 있는 관찰자는 자신의 시간이 천천히 간다는 사실을 느끼지 못한다.

아인슈타인과 플랑크를 주인공으로 사고실험을 해보자. 플랑크는 블랙

그림9-4 아인슈타인과 플랑크 중에서 누가 나이를 덜 먹었을까

홀 모험을 떠나고, 아인슈타인은 블랙홀에서 멀리 떨어져서 플랑크를 관찰한다. 아인슈타인이 봤을 때 플랑크가 블랙홀에 접근할수록 플랑크의 시간은 점점 느려진다. 블랙홀로 떠나기 전 플랑크는 1분에 한 번씩 아인슈타인에게 메시지를 보내기로 약속한다. 플랑크가 블랙홀에 가까워질수록 아인슈타인에게 메시지가 전달되는 시간 간격은 점점 길어진다. 플랑크는 자신의 손목시계에 나타난 시각을 기준으로 정확하게 1분에 한 번씩 메시지를 보낸다. 하지만 아인슈타인을 기준으로 했을 때 메시지가 도착하는 시간 간격은 1분보다 길어진다. 플랑크 주변의 중력장이 너무 강해서 시간이 압축됐기 때문이다. 극한의 상황을 가정해서 플랑크가 정말로 블랙홀에 가까이 다가갔다면 아인슈타인에게 플랑크의 1분은 무한히 긴 시간처럼 느껴질 것이다. 블랙홀 이론에 따르면 블랙홀 정상적인 시공간에서의 시간 간격은 사건의 지평선에서 0으로 압축되기 때문이다. 블랙홀 외부에서 아무리 긴 시간이 흘러가도 블랙 바깥의 내부에서는 모

든 시간이 0으로 압축된다.

요컨대 블랙홀 바깥에 있는 관찰자가 봤을 때 관찰 대상이 사건의 지평선에 가까워질수록 관찰 대상의 시간이 점점 더 느려진다. 따라서 아인슈타인의 눈에 보이는 플랑크는 움직임이 점점 느려지다가 나중에는 아예 움직임을 멈추고 정지한다. 그러므로 블랙홀 바깥에 있는 아인슈타인은 플랑크가 블랙홀로 들어가는 모습을 영원히 볼 수 없다.

내부 관찰자가 경험한 블랙홀

이번에는 플랑크의 입장에서 상황을 분석해 보자. 플랑크는 블랙홀로 들어갈 수 있을까? 이론적으로는 가능하다. 플랑크를 기준으로 했을 때 그는 유한한 거리를 이동해 사건의 지평선에 도달할 수 있다. 이때 그의 시간은 정상적인 속도로 흐른다. 따라서 그는 어렵지 않게 사건의 지평선에 다다를 수 있다. 하지만 그가 사건의 지평선에 도달한 순간 우주 전체는 소멸하고 만다. 우주가 영원히 존재한다는 전제가 깔려 있다면 또 모르지만 말이다. 플랑크가 사건의 지평선에 접근할수록 블랙홀 외부의 시간은 점점 더 빠르게 흐르기 때문이다. 플랑크의 시간이 1초 지났을 때 블랙홀 바깥의 시간은 1년, 심지어 1억 년이 지났을 수 있다. 플랑크가 사건의 지평선에 도착했을 때 블랙홀 외부의 시간은 무한대에 이른다. 따라서 플랑크는 사건의 지평선에 도착한 순간 온 우주가 한순간에 소멸하는 광경을 보게 된다. 물론 이때 우주의 일부인 블랙홀도 함께 소멸한다. 그러므로 우주가 영원히 존재하지 않는 한 플랑크는 자신이 블랙홀로 들어가는 모습을 볼 수 없다.

이렇게 보면 블랙홀로 들어가는 일은 불가능해 보인다. 그런데 우리는 앞에서 지구로부터 13억 광년 떨어진 곳에서 블랙홀 두 개가 충돌해 새로운 블랙홀로 융합된 사건을 이야기했었다. 아무것도 블랙홀에 들어갈 수 없는데 두 개의 블랙홀이 융합한 사건이 발생했다니 무슨 말도 안 되는 소리인가? 두 블랙홀은 어떻게 새로운 블랙홀로 융합했을까? 두 블랙홀이 가까이 다가가는 과정에서 두 블랙홀의 사건의 지평선은 계속 확장했을 것이다. 블랙홀 이론에 따르면 블랙홀의 사건의 지평선에서 시공간 곡률은 극한에 이른다. 따라서 두 블랙홀이 가까워질수록 사건의 지평선 바깥의 시공간 곡률은 점점 커진다. 두 블랙홀 사이 거리가 일정하게 가까워졌을 때 두 블랙홀의 사건의 지평선은 서로 맞붙을 정도로 확장돼 결국 두 블랙홀은 융합한다.

요컨대 두 블랙홀의 융합은 한 블랙홀이 다른 블랙홀에 빨려 들어가는 현상이 아니다. 두 블랙홀 사이의 거리가 가까워지면서 두 블랙홀의 사건의 지평선이 계속 확장돼 서로 맞붙어 하나가 되는 현상이다.

그렇다면 관찰자와 블랙홀의 융합은 가능할까? 만약 관찰자가 질량과 에너지를 전혀 가지지 않고 순수하게 정신과 의식만 가진 존재라면 그는 영원히 블랙홀에 들어갈 수 없다. 하지만 실제로 존재하는 관찰자는 모두 질량을 갖고 있다. 따라서 질량을 가진 관찰자와 블랙홀 사이의 거리가 점점 가까워지면서 관찰자의 질량 때문에 관찰자의 사건의 지평선은 관찰자를 감쌀 정도로 확장된다. 그러므로 실재하는 관찰자와 블랙홀의 융합은 충분히 가능하다. 다만 시간이 오래 걸릴 뿐이다. 질량이 큰 관찰자일수록 더 빠르게 블랙홀과 융합할 수 있다.

••• 9-4 •••

블랙홀로 들어가면 다시 나올 수 없을까

블랙홀로 들어가면 왜 다시 나올 수 없을까?

고전적 블랙홀과 상대론적 블랙홀의 차이

앞부분에서 설명한 고전적 블랙홀에 대해 다시 살펴보자. 고전적 블랙홀은 빛조차 빠져나올 수 없을 만큼 강한 중력을 가진 천체이다. 고전적 블랙홀에 빨려 들어가면 정말 아무것도 빠져나올 수 없을까?

그렇지 않다. 탈출속도가 무엇인지 다시 살펴보자. 탈출속도는 물체가 천체 중력의 속박에서 벗어나 천체로부터 무한히 먼 곳으로 이동할 수 있는 최소한의 속도를 말한다. 물체는 계속 천체로부터 멀어지면서 필요한 탈출속도가 점점 줄어든다. 하지만 무한히 먼 곳에 도달하기 전에는 탈출속도가 0이 되지 않는다. 그러므로 탈출속도가 광속인 블랙홀 안에서도 계속 일정한 속도를 유지한다면 거북이처럼 느린 속도로 이동하더라도 언제인가는 블랙홀에서 탈출할 수 있다. 게다가 가속하는 데 무한대의 에너지가 필요한 것도 아니다. 고전적 블랙홀의 질량과 중력 위치에너지가 무한히 크지 않기 때문이다. 그러므로 고전적 블랙홀로 빨려 들어간 우주선이 시동을 끄지 않고 계속해 가속한다면 충분히 빠져나올 수 있다.

블랙홀에서 나온 빛이 블랙홀에서 어느 정도 떨어진 곳까지 탈출했다고 가정해 보자. 블랙홀과 빛 사이에 위치해 있는 관찰자의 눈에는 그 빛이 보인다. 그러므로 이 관찰자의 눈에 블랙홀이 계속 검게만 보이지는 않는다. 반면 빛의 바깥쪽에 있는 관찰자의 눈에는 그 빛이 보이지 않으므로 블랙홀도 마냥 검게 보인다. 요컨대 블랙홀에서 어느 정도 떨어진 곳에서 봤을 때 블랙홀은 빛을 내뿜는 천체이다.

후퇴할 수 없는 블랙홀

반면 상대론적 블랙홀은 고전적 블랙홀과 완전히 다르다. 이론적으로는 블랙홀로 들어가면 다시 나올 수 없다. 아인슈타인과 플랑크를 예로 들어 블랙홀에 점점 가까워질 때의 상황을 살펴보자. 플랑크는 블랙홀 모험을 떠나고 아인슈타인은 블랙홀 바깥에서 플랑크를 관찰한다. 아인슈타인이 봤을 때 플랑크는 영원히 블랙홀의 사건의 지평선에 도달할 수 없다. 아인슈타인이 봤을 때 플랑크가 블랙홀에 가까이 다가갈수록 플랑크의 속도가 점점 느려지기 때문이다. 플랑크의 입장에서는 자신이 한 발씩 움직일 때의 시간 간격은 일정하지만 아인슈타인을 기준으로 했을 때 플랑크의 걸음 간격은 점점 더 길어진다. 아인슈타인의 시간이 무한히 길게 흘렀을 때 플랑크가 드디어 블랙홀의 사건의 지평선 표면에 도달했다고 가정하자. 플랑크는 사건의 지평선에 도달하기 전까지는 마음만 먹으면 돌아올 수 있다. 아인슈타인을 기준으로 했을 때 플랑크의 시간은 매우 천천히 가지만 완전히 정지하지는 않았기 때문이다. 하지만 사건의 지평선에 도착한 후에는 상황이 달라진다. 아인슈타인이 봤을 때 플랑크의 시간은 완전히 정지했기 때문이다. 이때 플랑크가 돌아오려고 움직였다고 해도 아인슈타인은 플랑크가 돌아오는 모습을 볼 수 없다. 무한히 긴 시간을 기다려야 하기 때문이다.

이번에는 플랑크의 입장에서 살펴보자. 플랑크는 블랙홀로 들어간 후 다시 나올 수 있을까? 불가능하다. 플랑크는 블랙홀의 사건의 지평선에 도달한 이후에는 다시 빠져나올 수 없다. 플랑크는 오던 길로 탈출하겠다는 의지를 갖고 결심을 행동에 옮기지만 결코 탈출할 수 없다. 그 이유는 다음과 같다. 플랑크가 사건의 지평선에 도달했을 때 아인슈타인의 입장에서는 플랑크의 시공간이 무한대로 압축돼 0에 가까워진다. 즉 사건의 지평선에 서 있는 플랑크가 봤을 때 자신의 시공간 크기는 0이 아니지만 사건의 지평선 바깥의 시공간은 무한대로 확장됐다. 사건의 지평선 바깥의 시공간 크기에 대한 플랑크의 시공간 크기의 비율은 0이기 때문이다. 플랑크의 기준계에서 시공간의 크기가 0이 아니므로 0이라는 비율이 의미를 가지려면 사건의 지평선 바깥의 시공간 크기는 반드시 무한대에 가까워야 한다.

중력장 크기가 정해진 이상 이 비율도 고정불변이다. 그러므로 플랑크의 기준계에서 공간 크기가 유한할 경우 바깥 공간의 크기는 무한대이다. 이런 상황에서 블랙홀 내부에 있는 플랑크는 빛의 속도로 이동하더라도 유한한 시간 안에 사건의 지평선까지 돌아올 수 없다. 플랑크와 사건의 지평선(즉 블랙홀의 경계면) 사이의 거리가 무한히 멀기 때문이다. 그러므로 플랑크는 블랙홀의 사건의 지평선 너머로 들어간 후에는 다시 빠져나올 수 없다. 그런 의미에서 블랙홀은 들어갈 수 있어도 빠져나올 수 없는 '구멍'이다. 이는 블랙홀의 중력이 너무 크기 때문이 아니라 블랙홀 주변 시공간이 극도로 왜곡됐기 때문이다.

위의 내용은 일반상대성이론의 시공간 특이점 개념을 바탕으로 분석한 것이다. 하지만 블랙홀에 들어간 후 정말로 다시 빠져나올 수 없는지 여부는 아무도 알 수가 없다. 인류는 블랙홀 내부 상황을 전혀 모르기 때문이다. 블랙홀 내부 정보를 밖으로 내보낼 수 있는 방법은 현재로서는 없다. 어쩌면 블랙홀 바깥의 시공간에서 성립하는 물리법칙은 블랙홀 내부에서 전혀 들어맞지 않을 수도 있다. 〈인터스텔라〉를 비롯한 SF영화가 블랙홀 내부 모습에 대해 오히려 마음껏 상상의 나래를 펼칠 수 있었던 이유도 이 때문이다.

4부

The Tiniest

극소 極小

4부 개요

기묘한 미시적 세계

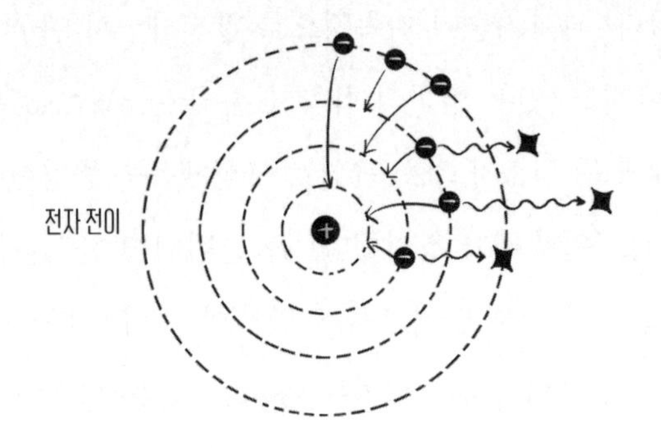

극소 편에서는 미시적 세계의 물리법칙을 다룬다. 미시적이라 하면 어느 정도 크기일까? 1나노미터(nm) 미만인 원자 수준은 돼야 미시적이라 할 수 있다.

만물의 최소 구성 단위는 무엇일까? 물질을 계속해서 쪼갤 수 있을까? 가장 기본 단위까지 쪼갠 뒤에는 더 이상 쪼갤 수 없지 않을까? 쪼개고 또 쪼개면 마지막에는 무엇이 남을까? 이런 질문들은 고대 그리스 시대부터 수많은 철학자와 과학자들이 지대한 관심을 갖고 연구해 온 주제였다.

이와 관련해서 사제지간인 고대 그리스 철학자 레우키포스Leucippus와 데모크리토스Democritus는, "만물의 근원은 원자이며 이 원자와 빈 공간void을 제외하면 아무것도 없다"고 주장했다. 이것이 인류 역사상 최초의 원자설hypothesis of atom이다.

그로부터 수천 년이 지난 오늘날까지도 만물의 최소 구성 단위 관련 질문에 대한 답은 절반밖에 나오지 않았다. 결론부터 말하자면 '만물의 최소 구성 단위가 존재한다'는 게 현재 물리학계의 주류 학설이다. 하지만 기본 단위가 무엇이고 몇 가지로 구성됐는지에 대해서는 최종 결론이 나오지 않았다. 과학기술이 지속적으로 발전하면서 연구 대상의 크기도 점점 더 작아지고 있다. 영국의 화학자 존 돌턴John Dalton은 19세기 초에 실험을 통해 모든 원소가 최소 단위로 구성됐음을 증명했다. 아울러 원소의 최소 단위를 '원자'라고 정의했다. 존 돌턴이 말한 '원자'는 데모크리토스가 말한 '만물의 기본 단위로서의 원자'와 의미가 다르다. 각각의 원소마다 최소 구성 단위가 원자이기는 하지만, 다른 원소의 원자들은 서로 다르기 때문이다. 원자의 존재가 확인되면서부터 과학자들은 진정한 의미에서의 미시적 차원을 연구하기 시작했다.

이어 영국의 물리학자 존 톰슨J. J. Thomson이 19세기 말에 전자를 발견해 원자 내부 구조가 기존 지식보다 복잡하다는 사실을 증명했다. 즉 원자는 더 작은 단위로 쪼개진다. 20세기 초에 이르러 물리학자 어니스트 러더퍼드Ernest Rutherford는 알파(α)입자 산란 실험을 통해 원자가 원자 질량 대부분을 차지하는 원자핵과 질량을 조금 차지하는 전자로 이뤄졌음을 알아냈다. 또 원자핵의 부피가 원자의 수천조분의 1 정도로 매우 작으며 원자 내부는 대부분 빈 공간이라는 사실도 밝혀냈다. 러더퍼드 시기에 이르러 미시적 세계에 대한 과학자들의 인식은 양자역학 언저리에 도달했다. 기존 전자기학 이론으로는 더 이상 원자 내부의 전자와 원자핵의 관계를 설명할 수 없다는 사실을 알았기 때문이다.

양자역학은 다양한 측면으로 미시적 세계에 대한 사람들의 고유 인식을 뒤집었다. 그런 의미에서 양자역학은 뉴턴이나 맥스웰 같은 물리학 대가들이 정립한 고전 물리학 법칙과 완전히 다르다. 4부에서는 원자설을 시작으로 연구 대상 크기를 점점 줄여 표준 모형standard model 이론까지 다루겠다. 여기에는 지금까지 실험으로 검증한 첨단 입자물리학 성과, 즉 미시적 세계에 대한 인류의 인식이 포함된다(끈 이론이나 초대칭supersymmetry 같은 최첨단 이론은 아직 검증되지 못했다. 따라서 여기에서는 이들 첨단 이론의 기본 원리만 소개하겠다).

4부 극소 편의 내용을 요약하면 다음과 같다.

10장과 11장에서는 원자물리학을 알아본다.

10장: 인류가 어떻게 원자를 연구하기 시작했는지 소개한다. 고전 이론이 원자 구조 앞에서 속수무책 무너지면서 양자역학이 필연적으로 탄생했다. 양자역학으로 원자 내부의 전자 운동을 해석해 본다.

11장: 슈뢰딩거 방정식Schrödinger equation과 코펜하겐 해석Copenhagen interpretation, 두 가지 관점으로 전자 운동을 설명하고 양자역학의 핵심 철학을 소개한다.

12장에서는 연구 대상 크기를 한층 더 축소해 원자핵을 들여다본다. 원자핵은 부피가 원자의 수천조분의 1밖에 안되며 더 작은 구성 요소인 양성자와 중성자를 포함하고 있다. 이 양성자와 중성자의 상호작용과 핵 반응에 대해서도 이야기해 보자.

13장과 14장에서는 한층 더 미시적인 분야인 입자물리학을 탐구한다.

13장: 양성자와 중성자를 구성하는 최소 단위인 쿼크quark를 소개한다. 원자핵보다 작은 기본 입자의 종류, 그들 사이의 관계, 상호작용, 분류 방법에 대해 알아보겠다. 우주방사선은 각종 입자들로 구성돼 있다. 이 입자들은 지구로 들어올 때 광속에 근접한 속력을 나타낸다. 이 입자들을 연구하려면 특수상대성이론을 적용하지 않으면 안 된다. 영국 물리학자 폴 디랙Paul Dirac은 양자역학과 아인슈타인의 일반상대성이론을 조화롭게 결합해 반입자antipaticle의 존재를 예측했다.

14장: 입자물리학의 핵심 내용을 종합하고 정리한다.

기본 입자의 종류는 매우 다양하다. 이들 입자를 일괄적으로 설명하기 위해서는 더욱 근본적인 이론이 필요하다. 다양한 입자들을 어떻게 하나의 이론 틀 안에 포함시킬 수 있을까? 이 문제를 해결하려면 반드시 양-밀스 장Yang-Mills field 이론과 표준 모형 이론의 도움을 받아야 한다. 그중에서 핵심 개념은 '게이지 대칭성gauge symmetry'이다.

CHAPTER 10

원자물리학

Atomic Physics

10-1

만물을 구성하는 최소 단위

고대 학자들의 관점

인류는 '이 세상 만물을 구성하는 기본적인 최소 단위가 존재할까?'라는 의문을 품으면서부터 미시적 세계의 운행 법칙을 탐색하기 시작했다.

사제지간인 고대 그리스의 철학자 레우키포스와 데모크리토스는 지금으로부터 2천여 년 전에 '원자설'을 내놓았다. 그들의 주장에 따르면 만물의 근원은 원자와 빈 공간이다. 모든 물질은 원자라는 기본 단위로 구성되며, 원자를 제외한 나머지 부분은 빈 공간이다. 또 무수한 원자들이 이 빈 공간을 움직이고 각각의 원자는 더 이상 쪼갤 수 없을 정도로 꽉 차 있다. 두 철학자의 주장을 간단하게 요약한다면 '각각의 원자는 크기가 매우 작고 속이 꽉 찬 공 모양으로 더 이상 쪼갤 수 없는 최소 개체이다.'

최소 단위의 존재를 어떻게 증명할까

레우키포스와 데모크리토스의 원자 이론은 철학적 측면에만 머물렀기 때문에 정확성을 증명하기 위해서는 과학 실험으로 검증이 필요했다.

여러 과학 실험을 거쳐 오늘날 우리는 만물이 원자로 구성돼 있지만 원자가 만물을 구성하는 최소 단위가 아니라는 사실을 알고 있다. 원자의 존재는 영국의 화학자이자 물리학자 존 돌턴에 의해 19세기 초에 처음 증명됐다. 돌턴이 원자의 존재를 증명하기 위해 고안해 낸 실험 방법은 간단했다. 당시 사람들은 탄소와 산소가 결합해 일산화탄소와 이산화탄소 두 기체 화합물이 생성된다는 사실을 알고 있었다. 일산화탄소는 가연성, 이산화탄소는 비가연성으로 두 기체의 화학적 성질은 완전히 다르다.

돌턴은 탄소와 산소의 화학 반응 실험을 통해 일산화탄소와 이산화탄소에서 일정량의 탄소와 결합하고 있는 산소의 양이 항상 1:2라는 사실을 밝혀냈다. 달리 말해 같은 양의 일산화탄소와 이산화탄소에서 이산화탄소의 산소 함유량은 항상 일산화탄소의 산소 함유량의 2배이다. 이는 탄소와 산소가 결합해 생성된 두 물질의 화학적 성질의 차이가 주로 산소 함유량에 따라 결정된다는 사실을 의미한다.

탄소와 산소의 화합물이 이렇게 일정 성분비를 갖는다는 사실은 결합할 때 최소 질량 단위로만 반응한다는 의미이다. 그렇지 않으면 탄소와 산소의 성분비가 일정 값을 가질 수 없기 때문이다. 일산화탄소와 이산화탄소의 산소 함유량 비율이 항상 1:2이므로 일산화탄소의 산소 함유량을 최소 단위만큼 늘리면 이산화탄소로 바뀐다. 이로써 물질의 최소 단위가 반드시 존재한다는 사실이 입증된 셈이다. 화학자들은 이렇게 증명된 물질의 최소 단위를 원자라고 정의했다. 이것이 원자설을 확인한 최초의 실험 증거이다.

존 돌턴이 증명한 원자는 데모크리토스가 말한 원자와 의미가 다르다. 돌턴은 각각의 원소마다 최소 구성 단위가 존재한다는 사실을 증명하고 이 최소 단위가 바로 '원소를 이루는 원자'라고 정의했을 뿐이다. 예컨대 산소 원자는 산소 원소를 구성하는 최소 단위이다. 원자물리학은 존 돌턴이 정의한 원자를 연구 대상으로 한다.

한발 나아간 원자설 증명: 브라운 운동Brownian motion

존 돌턴의 뒤를 이어 스코틀랜드의 식물학자 로버트 브라운Robert Brown은 1827년에 '브라운 운동' 실험을 통해 원자가 확실히 존재한다는 간접 증거를 제시했다.

브라운은 고요한 수면 위에 꽃가루 입자를 떨어뜨린 다음 현미경으로 꽃가루의 움직임을 관찰하다가 신기한 현상을 발견했다. 꽃가루가 마치

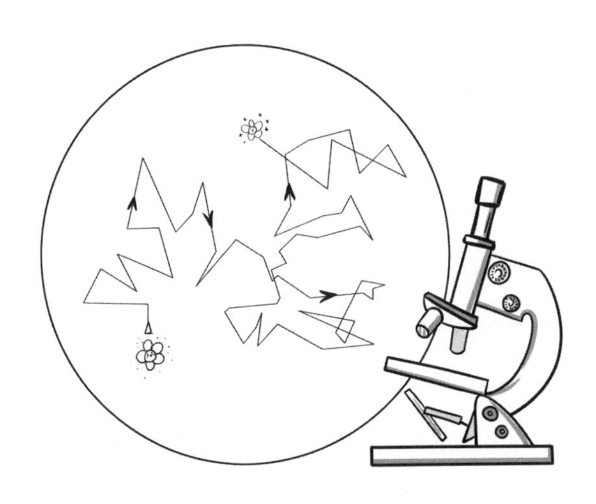

그림10-1 브라운 운동의 궤적

무언가에 의해 튕기듯이 물 위에서 빠르게 이리저리 움직인 것이다. 수면은 고요하고 외부 힘이 전혀 작용하지 않았는데 꽃가루는 무엇 때문에 이리저리 움직였을까?

브라운은 당시에 물 분자의 미시적 운동이라고 생각됐다. 언뜻 보기에 수면은 매우 고요하지만 물이 일정 온도를 갖고 있기 때문에 물 분자들은 미시적 운동을 하고 있다. 물 분자들의 운동 속도가 빠른 이유는 물의 온도가 높기 때문이다. 물체를 구성하는 각각의 분자와 원자들의 운동 속도는 다 다르다. 속도가 빠르기도 하고 느리기도 하다. 이들 분자와 원자들이 운동할 때의 운동에너지 평균값은 물체의 전체 온도에 비례한다.

겉으로 보기에 잔잔한 물속에서도 모든 물 분자들은 운동을 멈추지 않고 있다. 게다가 어떤 물 분자는 매우 빠른 속도로 움직인다. 따라서 꽃가루는 크기가 물 분자보다 훨씬 큰데도 빠르게 운동하는 물 분자와 충돌하면서 이리저리 움직인 것이다. 브라운 운동 실험을 통해 물 분자의 존재가 입증됐다. 물 분자는 물이라는 물질을 구성하는 최소 단위이다. 20세기 초에 이르러 아인슈타인은 이론적 계산을 통해 브라운 운동 법칙을 뚜렷하게 밝혀냈다. 이 또한 아인슈타인의 놀라운 업적 중 하나이다.

원자는 최소 단위가 아니다

지금까지 내용을 보면 데모크리토스의 원자설도 틀린 이론은 아닌 듯 싶다. 하지만 이것이 끝이 아니다. 하지만 돌턴과 브라운이 증명한 원자와 데모크리토스의 원자설에 언급된 원자는 다르다.

데모크리토스가 말한 원자는 물질을 구성하는 가장 기본적인 단위이다. '기본적인 구성 단위'라는 말은 모든 원자의 성질이 똑같다는 의미이다. 하지만 실제로 원자의 종류는 매우 다양하다. 예컨대 일산화탄소는 탄소 원자와 산소 원자의 화합물이고 물 분자는 수소 원자와 산소 원자를 포함하고 있다. 탄소, 수소, 산소 이 세 원자의 화학적 성질은 확연히 다르다. 그렇지 않으면 서로 다른 성질을 가진 물질이 만들어질 수 없다.

각각의 원자가 서로 다른 성질을 갖고 있다는 것은 그들이 서로 다른 개체라는 사실을 의미한다. 달리 말해 서로 다른 원자는 내부 구조도 다르다. 원자들의 내부 구조가 다르다면 원자가 만물을 구성하는 최소 단위가 아니며, 나아가 원자를 더 쪼갤 수 있다는 얘기이다.

10-2
원자의 내부 구조

원자의 존재는 입증됐다. 서로 다른 원자들은 서로 다른 성질을 가졌기 때문에 내부 구조도 다르다. 원자가 내부 구조를 갖고 있다면 당연히 원자를 더 작은 기본 단위로 쪼갤 수 있다. 이제 원자 내부에 무엇이 들어 있는지 알아보자. 가장 바람직한 방법은 실험을 통해 원자를 분해해 보는 것이다. 호두 껍데기를 깨트려야 그 속에 있는 씨앗을 발견할 수 있는 법이다. 이제 실험을 통해 원자의 내부 구조를 파헤쳐 보자.

전자의 발견과 건포도 푸딩 모형plum-pudding model

19세기 과학자들은 원자가 내부 구조를 갖고 있다고 생각하지 않았다.

수소 원자들이 결합하는 양의 차이에 따라 서로 다른 원자를 구성한다고 생각했다. 모든 원자 중에서 가장 가벼운 수소 원자가 아마도 데모크리토스가 말한 '가장 기본적인 구성 단위'라고 생각한 것이다.

데모크리토스가 말한 원자가 바로 수소 원자라는 보편적인 인식은 1897년에 영국 과학자 존 톰슨에 의해 거짓임이 증명됐다. 존 톰슨은 실험을 통해 원자 속에 있는 전자의 존재를 발견했다. 전자의 발견을 계기로 원자를 더 작은 단위로 쪼갤 수 있다는 사실이 증명됐다. 전자는 음 전하를 가진 기본 입자이다. 전자의 전하량, 질량과 부피는 매우 작다.

일상생활에서도 전자의 존재를 쉽게 확인할 수 있다. 예컨대 우리가 사용하는 전기는 전자가 금속 전기선을 이동하면서 전달하는 에너지이다. 또 건조한 겨울철에 생기는 정전기는 전자가 축적돼 생기는 현상이다. 전자 하나가 지니고 있는 전하량은 절댓값을 가진다. 이 전하량을 기본 전하elementary charge라고 한다. 19세기 사람들은 마찰 때문에 정전기가 발생하는 현상을 보고도 전기의 실체가 축적된 전자라는 사실을 몰랐다. 존 톰슨은 음극선cathode ray 실험을 통해 전자의 존재를 발견했다. 이를 통해 원자를 구성하는 더 작은 기본 단위가 있다는 사실을 증명했다. 기본적으로 원자는 전하를 가지지 않는다. 원자 내부에서 음전하를 가진 전자를 제외한 나머지 부분은 양전하를 띤다. 이 양전하의 양과 전자가 가진 음전하의 양은 같다. 그러므로 원자는 전기적으로 중성이다.

존 톰슨은 전자를 발견하고 이를 바탕으로 '건포도 푸딩 모형'이라는 원자 모형을 제시했다. 그는 고르게 분포해 있는 양전하 속에 매우 작고 음전하를 띤 전자가 건포도처럼 띄엄띄엄 박혀 있기 때문에 원자가 전기적으로 중성을 띤다고 주장했다.

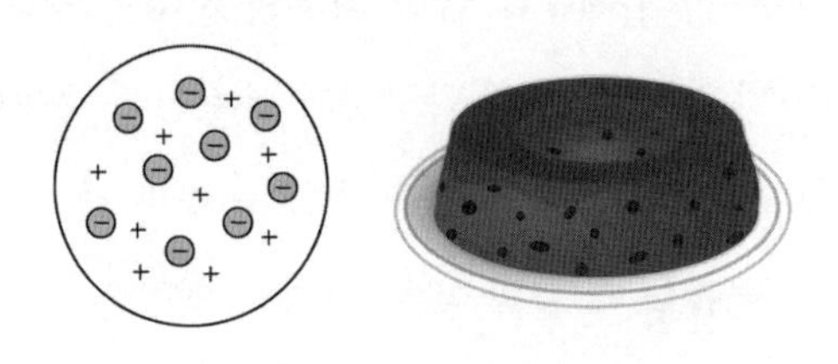

그림10-2 건포도 푸딩 모형

원자핵의 발견: 러더퍼드의 알파입자 산란 실험

하지만 얼마 지나지 않아 건포도 푸딩 모형은 뒤집혔다. 1911년 영국 물리학자 러더퍼드는 알파입자 산란 실험을 통해 건포도 푸딩 모형을 반박했다. 그는 '양전하가 원자 전체에 고르게 분포해 있다'는 톰슨의 가설을 반박하면서, "크기가 매우 작고 양전하를 띤 핵이 원자 중심에 위치해 있다"고 주장했다. 러더퍼드가 발견한 '핵'이 바로 원자핵이다. 이 원자핵은 양전하를 띠고 원자의 질량 대부분을 차지하지만 부피가 원자의 수천조분의 1밖에 되지 않는다.

러더퍼드는 전하량 보존 법칙에 기반해 헬륨 원자에서 전자를 제거하는 방식으로 양전하를 띤 헬륨 원자핵을 얻었다. 물론 당시에는 원자핵이라는 개념이 없었으므로 러더퍼드는 자신이 발견한 헬륨 핵에 '알파입자'라고 이름을 붙였다.

러더퍼드는 알파입자를 얇은 금박에 충돌시켜 알파입자와 금박 내부 양전하의 상호작용을 관찰했다. 물론 양전하를 띤 알파입자가 금박을 통과할 때 금박 내부의 음전하를 띤 전자와 상호작용할 가능성도 감안해야 한다. 하지만 존 톰슨의 실험에 따르면 전자의 질량은 원자 질량의 수천분의 1 정도로 매우 작기 때문에 금박 내부의 전자는 알파입자의 진로에 거의 영향을 미치지 않는다. 마치 탁구공과 볼링공이 충돌했을 때 탁구공이 볼링공의 진로에 거의 영향을 미치지 않는 것과 같다. 그러므로 알파입자와 금박이 충돌했을 때 금박 내부 전자의 영향은 무시해도 된다. 금박 내부 양전하와 알파입자의 상호작용만 관찰하면 되는 것이다.

만약 건포도 푸딩 모형이 정확하다면 알파입자는 양전하를 골고루 띤 평판平板을 지나가는 셈이다. 그러면 대부분 알파입자는 양전하 사이를 지나 곧장 금박을 관통하고, 일부 알파입자는 양전하와 상호작용해서 조금씩 방향을 바꿔(1도 이하) 금박을 빠져나올 것이다. 하지만 러더퍼드의 실험 결과는 놀라웠다. 대부분의 알파입자가 금박을 관통한 현상은 예상치와 들어맞았지만, 극소수 알파입자가 정반대편으로 튕겨 나온 것이다.

왜 이런 실험 결과가 나왔을까? 이는 금박을 구성하는 원자 내부의 대부분 공간이 텅 비어 있으며, 또한 양전하가 전체 크기에 비해 아주 작은 핵 속에 들어 있다는 사실을 의미한다. 이 때문에 핵과 충돌한 극소수 알파입자만 반대 방향으로 튕겨나온 것이다. 러더퍼드는 이 밖에 대부분의 알파입자들이 거의 직선으로 금박을 관통했으나 아주 일부는 관통 후 큰 각도로 꺾인 현상도 발견했다. 이는 양전하를 띤 원자 속의 핵과 상호작용이 예상보다 컸음을 의미한다.

알파입자와 금박 원자 속 핵은 모두 양전하를 띠기 때문에 서로 배척한다. 따라서 금박 원자의 중심부와 정면으로 충돌한 알파입자는 정반대편으로 튕겨나오고, 금박 원자와 스치듯 충돌한 알파입자는 금박을 관통한 후 큰 각도로 꺾인 것이다.

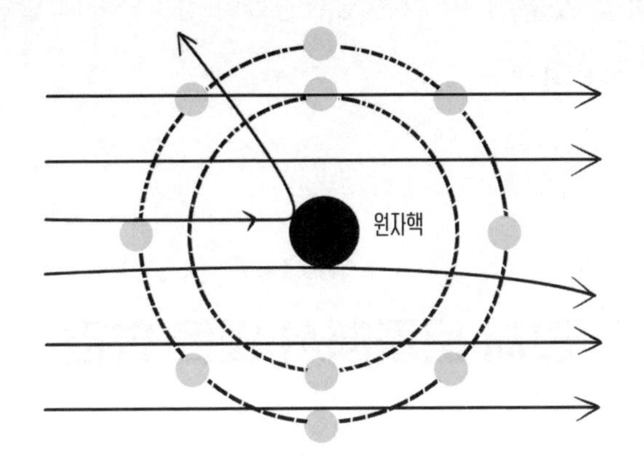

그림10-3 러더퍼드의 알파입자 산란 실험

러더퍼드는 알파입자 산란 실험을 통해 건포도 푸딩 모형이 틀렸음을 증명했다. 또 원자의 질량 대부분이 부피가 아주 작은 '핵'에 모여 있음을 밝혀냈다. 이 '핵'은 '원자핵'으로 명명됐다. 원자핵은 양전하를 띤다. 원자핵의 전하량(+)과 원자 속 전자의 전하량(-)의 총합이 같기 때문에 원자는 전기적으로 중성이다.

이후 실험 기술 수준이 높아지면서 과학자들은 원자의 내부 구조를 정확하게 그려낼 수 있었다. 원자는 원자핵과 전자로 구성돼 있다. 또 음전하를 띤 전자는 원자핵의 주위를 돈다. 원자핵의 지름은 원자의 약 10만분의 1이다. 원자핵의 부피는 원자의 수천억분의 1에서 수조분의 1밖에 되지 않는다. 원자 질량의 대부분은 원자핵에 집중돼 있다.

원자의 내부 구조를 알았으니 자연스럽게 다음과 같은 의문이 생길 것이다. 원자 속의 전자와 원자핵은 어떤 관계일까? 전자와 원자핵은 정지해 있을까, 아니면 운동하고 있을까? 만약 운동하고 있다면 어떤 법칙에 따라 운동하고 있을까? 이 같은 궁금증들이 양자역학의 발전을 이끄는 원동력으로 작용했다.

10-3

천체 운동에서 얻은 영감

원자의 질량 대부분은 원자핵에 집중돼 있다. 전자의 질량은 원자핵의 수천분의 1 또는 수만분의 1 정도에 불과하다. 그러므로 전자와 원자핵의 운동을 연구할 때 원자핵이 움직이지 않는다고 가정해도 좋다. 마치 태양계에서 태양의 질량이 다른 천체들보다 훨씬 크고 행성들이 태양을 중심으로 운동하기 때문에 태양이 움직이지 않는다고 가정하고 태양계 운동을 연구하는 것과 마찬가지다. 원자핵의 질량이 전자보다 훨씬 크기 때문에 원자핵이 움직이지 않는다고 가정하고 전자의 운동을 알아보자.

쿨롱 힘과 만유인력

전자와 원자핵의 상호작용을 수학적으로 표현한 쿨롱 법칙은 만유인력 공식과 같다.

$$F_e = k\frac{q_1 q_2}{r^2}$$

여기에서 q는 전하량, r은 두 전하 사이 거리를 나타낸다.

쿨롱 힘은 프랑스 물리학자 샤를 드 쿨롱이 18세기 말에 발견했다(헨리 캐번디시는 쿨롱에 훨씬 앞서 이 법칙을 발견했으나 발표하지 않았다. 후세 사람들이 캐번디시의 친필 원고를 정리하면서 이 사실을 알게 됐다). 두 전하 사이에 작용하는 쿨롱 힘 크기는 두 전하의 양의 곱에 정비례하고 두 전하 사이 거리의 제곱에 반비례한다. 다만 쿨롱상수 k는 중력상수 G보다 훨씬 크다.

중력상수 G는 $6.67 \times 10^{-11} N \cdot m^2/kg^2$이고 쿨롱상수 k는 $9 \times 10^9 N \cdot m^2/C^2$이다. 수치를 보면 쿨롱상수는 중력상수의 45×10^{16}배이다. 따라서 전자와 원자핵의 상호작용을 살펴볼 때 중력의 영향을 무시하고 쿨롱 힘만 고려하면 된다. 전자와 원자핵 모두 질량을 가지고 있어서 중력의 영향을 받지만 쿨롱 힘이 중력보다 훨씬 크기 때문이다.

과학자들은 처음에 쿨롱 힘과 중력의 작용 방식이 같으므로 원자핵 주위를 도는 전자의 운행 법칙도 항성 주위를 도는 행성의 운행 법칙과 같을 거라고 생각했다. 즉 전자의 궤도도 타원이라고 예측한 것이다.

러더퍼드 원자 모형(천체 운동 모형)의 문제점

러더퍼드 원자 모형의 근본적인 문제점은 에너지보존법칙을 만족시킬 수 없다는 것이다.

영국 과학자 맥스웰은 19세기에 맥스웰 방정식으로 전자기와 관련된 모든 현상을 통합적으로 해석했다. 맥스웰 방정식이 정리한 전자기 법칙에 따르면 전하는 전기장을 일으킨다. 또 전류의 흐름과 전기장의 변화는 자기장을 발생시킨다. 자기장의 변화는 전기장도 만든다. 나아가 맥스웰은 전자기파의 존재를 예측했다.

여기에서 모순을 발견할 수 있다. 전자는 원자핵을 중심으로 원운동,

즉 가속운동을 하고 있다. 속도는 크기와 방향을 가진 벡터vector 양이다. 물체는 등속 원운동을 할 때 속력은 일정하지만 속도의 방향은 계속 변한다. 맥스웰 방정식에 따르면 가속도를 가진 전하는 전자기파를 복사(방출)하면서 점점 에너지를 잃는다. 원자핵 주위를 돌고 있는 전자들은 가속운동하면서 끊임없이 전자기파를 방출해서 점점 에너지를 잃고 원자핵으로 떨어진다는 얘기이다. 결국 전자의 음전하와 원자핵의 양전하가 중화돼 원자의 구조가 무너진다. 즉 원자핵과 전자를 구분할 수 없게 된다. 하지만 실제 원자 구조는 매우 안정적이다.

전자가 원자핵을 중심으로 원운동하면서 맥스웰 방정식도 성립되는 두 가지 조건을 동시에 만족시키려면 에너지보존법칙을 포기해야 한다. 따라서 원자 속의 전자가 끊임없이 전자기파를 방출하면서 원운동한다고 가정한 원자 모형은 물리학적 논리에 부합하지 않는다.

10-4

보어의 원자 모형

최소 에너지 원리principle of minimum energy

원자핵을 중심으로 원운동하는 전자가 끊임없이 전자기파를 방출하는데도 에너지 손실이 전혀 없다? 이것이 가능한 일인가? 이런 경우가 성립하려면 에너지보존법칙을 포기해야 한다. 아니면 전자가 아예 전자기파를 방출하지 않아야 한다.

그런데 실험을 통해 놀랍게도 이보다 더 상식을 거스르는 현상이 관찰됐다. 이 현상을 설명하기에 앞서 '최소 에너지 원리'라는 기초적인 물리학 원리를 소개하겠다. 최소 에너지 원리는 '물리계는 최소 에너지값을 가질 때 가장 안정된 상태에 놓인다'는 원리이다. 어떤 상태에 놓여 있던 물리계는 방해를 받아 원래 상태에서 이탈했을 때 다시 스스로 원래 상태로 돌아오려는 성질을 보이는데 이 '원래 상태'가 '가장 안정된 상태'이다. 예를 들어 꽃병은 눕혀놓았을 때 최소 에너지 상태에 놓인다. 무게중심이 낮아져서 중력 위치에너지가 최소화됐기 때문이다. 이때 꽃병을 밀어서 세워놓으려면 외력이 많이 작용해야 한다. 반면 세워져 있는 꽃병은 무게중심이 높고 에너지가 크기 때문에 슬쩍 밀기만 해도 쉽게 넘어진다. 오뚝이가 넘어지지 않는 이유도 같은 원리이다. 오뚝이 밑바닥은 일정한 기하학적 형상으로 돼 있어 슬쩍 밀면 무게중심이 높아지고 에너지가 커진다. 무게중심은 항상 낮아지려는 성질이 있다. 그래서 오뚝이는 무게중심이 가장 낮을 때의 상태, 즉 서 있을 때의 상태로 돌아오기 위해 넘어졌다가도 늘 일어서는 것이다.

원자의 스펙트럼

최소 에너지 원리를 알았으니 '원자의 원운동 모형'에 어떤 이상한 현상이 일어나는지 살펴보자.

2부 극대 편 4장 '우주의 과거와 현재' 부분에서 스펙트럼을 분석하면 천체의 질량과 거리를 알 수 있다는 사실을 알았다. 원자 스펙트럼은 원자의 고유한 성질로 원자 내부 구조의 특성 때문에 생긴다. 원자핵을 중심으로 운동하는 전자의 궤도가 천체 운행 궤적처럼 타원 또는 원 궤도라고 가정해 보자. 서로 다른 궤도를 도는 전자는 에너지가 서로 다르다. 원자핵에서 멀리 떨어져 있는 전자일수록 더 높은 에너지 상태이다. 전자는 높은 에너지 준위에서 낮은 에너지 준위로 이동할 때 에너지가 감소한다. 에너지보존법칙에 따르면 에너지는 없어지지 않는다. 감소 에너지는 사라지지 않고 다른 무엇인가로 전환된다. 사실 감소한 에너지는 전자기파로 변해 원자로부터 방출된다. 전자기파 형태로 방출된 에너지양은 당연히 전자가 높은 에너지 준위에서 낮은 에너지 준위로 이동하면서 감소된 에너지양과 같다. 빛도 전자기파이다. 다만 가시광선은 인간이 눈으로 볼 수 있는 파장을 가진 전자기파일 뿐이다.

만약 전자의 원운동 모형이 정확하다면, 즉 전자의 운동 법칙이 천체의 운동 법칙과 같다면, 전자와 원자핵 사이 거리는 임의의 값을 가질 수 있다. 즉 전자의 에너지는 일정한 범위 안에서 마음대로 변할 수 있다. 달리 말해 전자는 높은 에너지 준위에서 임의의 낮은 에너지 준위로 이동할 수 있다. 전자가 서로 다른 에너지 준위 사이를 이동할 때 에너지도 임의의 값(변화량)을 가질 수 있다. 전자는 일정한 범위 안에서 연속적인 에너지 값을 가질 수 있다는 얘기이다.

만약 열을 가해서 인위적으로 원자의 에너지값을 높인다면 최소 에너지 원리에 따라 전자는 낮은 에너지 준위로 이동할 것이다. 전자는 낮은 에너지 준위로 이동할 때 전자기파를 방출한다. 이렇게 방출된 서로 다른 주파수를 가진 전자기파가 원자의 스펙트럼을 구성한다. 전자가 임의의 낮은 에너지 준위로 이동하고 전자와 원자핵 사이 거리가 임의의 값을 가질 수 있다고 가정했기 때문에 원자의 스펙트럼은 무지개처럼 연속적이어야 한다. 하지만 실험 결과는 사람들의 예상을 뒤엎었다. 원자의 스펙트럼은 빛의 모든 파장을 포함하는 연속 스펙트럼이 아니라 몇 가지 특정 파장만 포함한 스펙트럼으로 나타났기 때문이다. 이 결과는 전자의 원운동 모형이 틀렸다는 사실을 의미한다.

보어의 원자 모형

이 문제는 물리학자 닐스 보어Niels Bohr가 '보어의 원자 모형'을 제시하면서 반쯤 해결됐다.

닐스 보어는 덴마크 물리학자이자 코펜하겐학파의 리더이다. 보어의 원자 모형은 수소 원자의 스펙트럼을 매우 정확하게 설명할 수 있다. 하지만 보어의 원자 모형은 전자의 원운동 모형을 조금 수정하는 데 머물렀다. 게다가 수정한 목적도 실험 결과를 보완하기 위해서였다.

보어의 원자 모형은 보어와 러더퍼드가 함께 제시했다. 이 모형은 전자와 원자핵 사이에 쿨롱 힘이 작용하고 전자는 원자핵을 중심으로 원운동을 한다고 보았다. 여기까지는 전자의 원운동 모형과 같다. 보어의 원자 모형이 전자의 원운동 모형과 다른 점이라면 '전자는 원자핵을 중심으로 원운동할 때 반드시 양자화된 각운동량quantization of angular momentum을 가진다'는 제한 조건을 설정한 데 있다. 전자의 각운동량은 전자의 질량에 속도와 궤도 반지름을 곱한 값이다. 각운동량은 임의의 값을 가질 수 없고 반드시 플랑크 상수plank constant의 정수배이다. 즉 1, 2, 3···n배는 될 수 있지만 1.1배, 1.11배, 1.5배 같은 값을 가질 수 없다.

플랑크 상수는 양자역학의 기본 법칙을 나타내는 상수로, 만유인력 상수 G가 만유인력 법칙에서 중요한 지위를 가지는 것처럼 양자역학의 전 분야에서 중요한 역할을 맡고 있다. 플랑크 상수 역시 실험을 통해서만 얻을 수 있다. 광자의 에너지는 플랑크 상수에 빛의 주파수를 곱한 값이다. 사실 플랑크 상수는 현재의 국제단위계를 기준으로, 줄(J)을 단위로 하는 전자기파 에너지와 헤르츠(Hz)를 단위로 하는 전자기파 진동수를 비교해 수치로 나타낸 비율이다.

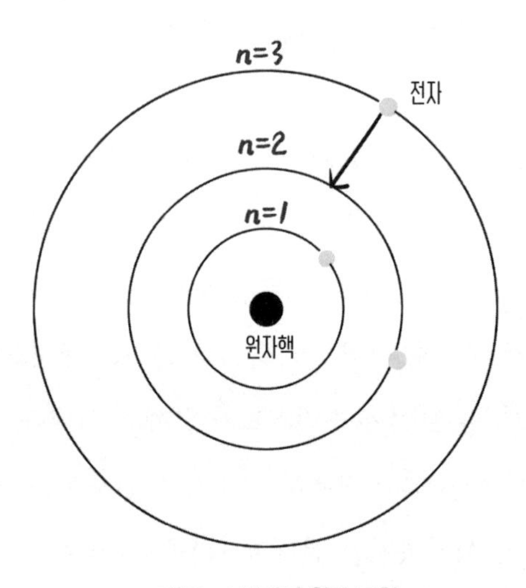

그림10-4 보어의 원자 모형

놀랍게도 보어의 원자 모형을 이용해 수소 원자(또는 수소 유사 원자), 즉 전자를 단 하나만 갖고 있는 원자의 스펙트럼을 이론적으로 측정해 낸 결과는 실제 스펙트럼 실험 결과와 똑같았다. 보어는 이 모형을 연구한 공로로 1922년에 노벨물리학상을 수상했다. 사실 보어의 원자 모형은 훗날 전자 운동의 본질을 잡아내지 못했다고 밝혀졌다.

보어의 원자 모형으로는 다전자 원자의 스펙트럼을 설명할 수 없다. 즉 하나 이상의 전자를 갖고 있는 다전자 원자들에는 적용되지 않는다. 보어의 원자 모형은 전자와 전자 사이의 상호작용을 설명할 수 없으므로 다전자 원자를 대상으로 하면 이론적인 측정 결과와 실제 스펙트럼 실험 결과에 큰 차이가 나타난다. 이 밖에 전자의 에너지가 보존될 수 없다는 문제점도 해석하지 못한다.

10-5
물질파 이론

빛은 파동일까, 입자일까

프랑스 물리학자 루이 드브로이Louis de Broglie는 1924년에 발표한 논문에서 처음으로 '물질파(드브로이파)' 개념을 제시했다. 물질파 이론theory of matter wave은 각운동량 양자화의 필연성을 해석해 낸 듯했다. 또 전자가 원운동하면서 전자기파를 방출하지 않는 이유도 밝혀낸 듯했다.

물질파 개념을 알아보기 전에 먼저 오랜 시간 물리학계에서 논쟁이 됐던 문제를 살펴보자. 그것은 빛이 파동이냐, 아니면 입자이냐 하는 문제이다. 과학자들은 저마다 빛의 입자설과 빛의 파동설을 지지하며 서로 팽팽하게 맞섰다. 각자의 주장을 뒷받침하는 실험도 많이 진행됐다.

빛의 입자성: 광전 효과photoelectric effect

먼저 빛의 입자성을 뒷받침하는 광전 효과에 대해 알아보자. 최초로 광전 효과를 설명한 과학자는 아인슈타인이다. 광전 효과 이론으로 노벨물리학상도 수상했다.

광전 효과 실험 내용을 요약하면 다음과 같다. 금속판에 한 줄기 빛을 쏘이면서 빛의 진동수를 조절한다. 금속판에 입사된 빛의 진동수가 특정 진동수 이상일 때 금속판 안에 있던 전자들이 튀어나온다. 신기한 점은 빛의 진동수가 특정 진동수 이상일 때만 전자들이 튀어나온다는 사실이다. 빛의 진동수가 특정한 값보다 작으면 아무리 센 빛을 쪼여도 전자가 방출되지 않는다. 상식을 뒤엎는 현상이다. 아인슈타인은 빛의 입자성으로 이 현상을 해석했다. 즉 빛이 입자여야 전자 방출 여부가 빛의 진동수와만 관련되고 빛의 세기와 무관하다는 사실을 설명할 수 있다는 것이다.

전자를 구덩이 속에 들어 있는 돌멩이가 전자라고 가정해 보자. 여기에 빛을 쪼이면 에너지를 얻은 돌멩이는 구덩이에서 튀어나올 것이다.

만약 빛이 파동이라면 빛이 돌멩이(전자)에 에너지를 부여하는 원리는 전자레인지 가열 원리와 같다. 즉 연속적으로 돌멩이에 에너지를 부여해

그림10–5 빛의 입자설을 증명한 광전 효과 실험

에너지양이 특정 수준에 도달하면 돌멩이가 튀어나와야 한다. 이 경우 전자(돌멩이)가 튀어나오는지 여부는 빛의 세기와 관련된다. 만약 빛이 입자라면 구덩이에 다른 돌멩이들을 던져 넣어 원래의 돌멩이를 구덩이 밖으로 밀어내는 것과 같은 이치이다. 이 경우 돌멩이가 튀어나오는지 여부는 구덩이에 던져 넣은 다른 돌멩이의 에너지 크기와 관련된다. 투입된 돌멩이의 에너지가 충분히 크다면 원래 돌멩이를 구덩이 밖으로 내보낼 수 있다. 던져 넣은 돌멩이가 광자라면 그 에너지 크기는 진동수와 관계된다.

빛의 파동성: 이중 슬릿 실험double-slit experiment

이번에는 빛의 파동성을 뒷받침하는 이중 슬릿 실험을 살펴보자.

이중 슬릿 실험 장치는 매우 간단하다. 널빤지에 세로로 길고 서로 평행한 두 개의 틈을 낸 다음 조명등과 벽 사이에 설치한다. 만약 빛이 입자라면 조명등에서 나온 빛은 널빤지에 있는 두 개의 틈을 직선으로 통과해 벽에 선명한 두 줄의 무늬를 그릴 것이다. 하지만 실험 결과를 보면 벽에는 두 줄의 무늬가 아니라 명암이 엇갈린 간섭무늬가 나타난다. 이는 빛이 파동일 경우에만 나타날 수 있는 현상이다.

1부 극쾌 편 2장 '특수상대성이론의 역설'에서 간섭무늬를 만들어낸 마이컬슨-몰리 실험도 빛의 파동성을 이용한 실험이었다.

만약 빛이 파동이라면 마루와 골을 갖고 있을 것이다. 이중 슬릿 실험에서 벽면의 한 점에서 널빤지에 있는 두 틈까지 거리는 다르다. 이 두 빛의 경로(거리) 차이가 반파장half wave length의 짝수배일 때 두 줄기 빛이 겹치면서 진폭이 커지고 밝은 무늬가 생긴다. 반면 벽면의 한 점에서 두 틈까지의 거리 차이가 반파장의 홀수배일 때는 마루와 골이 엇갈리게 만나

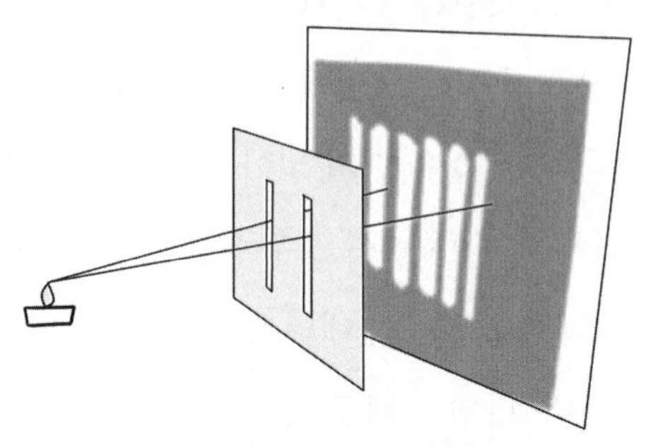

이중 슬릿 실험 결과는 빛이 파동임을 증명한다.

그림10-6 **이중 슬릿 실험**

면서 진폭이 상쇄되고 어두운 무늬가 생긴다. 요컨대 두 빛의 거리 차이 때문에 명암이 엇갈린 간섭무늬가 생기는 것이다. 이중 슬릿 실험 결과를 통해 빛이 파동임이 증명됐다.

파동-입자 이중성wave-particle duality

빛이 입자인지 파동인지에 대한 논쟁은 '파동-입자 이중성'이라는 새로운 이론이 등장하면서 드디어 종결됐다. 파동-입자 이중성 이론에 따르면 빛은 파동이면서 동시에 입자이다. 또 어떤 실험적 증거를 선택하느냐에 따라 결론이 달라진다.

빛이 몇 개의 파동으로 구성된, 크기가 변할 수 있는 파동 묶음이라고 가정해 보자. 즉 각각의 파동을 한데 모아서 묶어놓은 덩어리라고 생각하면 된다. 이 파동 묶음은 크기가 아주 커지면 내부의 파동성이 두드러지게 나타난다. 반대로 크기가 아주 작아지면 내부에서 여전히 뚜렷한 파동성이 관측되기는 하지만 전체적으로 보면 에너지가 한곳에 집중된 입자의 특성을 나타낸다. 이것이 빛의 파동-입자 이중성이다.

드브로이는 빛의 이중성 이론에서 영감을 얻어 물질파 개념을 제시했다. 그의 주장에 따르면 빛뿐만 아니라 전자와 원자를 포함한 모든 물질이 파동-입자 이중성을 갖고 있다. 물체의 파동성이 강할수록 입자성이 약해지고 반대의 경우도 마찬가지이다. 예를 들어 커다란 자동차도 파동성과 입자성을 모두 갖고 있으나 입자성이 너무 강하기 때문에 파동성이 잘 관측되지 않는다.

드브로이는 이 밖에 물질파 파장을 계산하는 '드브로이 방정식'을 만들어냈다. 이 공식에 따르면 물질파의 파장은 플랑크 상수를 물질파의 운동량(운동량은 물질의 입자성을 나타내는 물리량임)으로 나눈 값이다.

$$\lambda = \frac{h}{p}$$

드브로이의 물질파 이론은 온전히 직관에 기댄 추론이었다. 어쩌면 물리학 이론이 아니라 철학에 더 가까웠다. 당시에는 그의 이론에 관심을 두는 사람이 별로 없었으나 나중에 그의 이론은 정확성을 검증받았다.

물질파 이론까지 알아보았으니 이제 원자 모형을 비롯해 전자와 원자핵에 대한 인식을 다시 검토해 보자. 우리는 전자와 원자핵이 매우 작은 입자라는 사실을 알고 있다. 크기뿐만 아니라 질량과 운동량도 매우 작다. 그런데 물질파 이론에 비춰보자면 전자와 원자핵의 파동성이 매우 강할 수 있지 않을까?

10-6

보어의 원자 모형 재해석

물질파 이론을 바탕으로 보어가 말한 전자의 각운동량 양자화 현상을 해석할 수 있다. 또 전자가 원운동을 하면서 전자기파를 방출하지 않는 이유도 설명할 수 있다.

주기적 경계 조건

먼저 주기적 경계 조건periodic boundary condition이라는 개념을 이해해 보자. 긴 끈의 한쪽 끝을 잡고 아래위로 흔들면 끈 전체가 파동 형태로 진동한다. 이번에는 끈 양쪽 끝을 연결해 고리 형태로 만든 다음 흔들어보자.

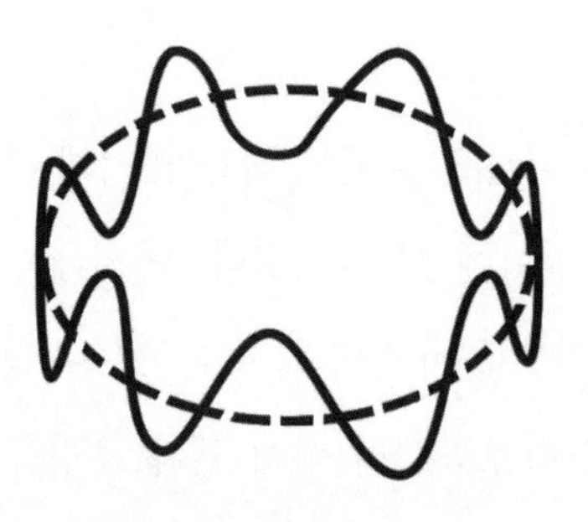

그림10-7 닫힌 끈의 파동

이때 고리 모양의 끈 전체에 파동이 생기려면 반드시 한 가지 조건을 만족시켜야 한다. 즉 어떻게 진동시키건 파동이 끊어지지 않고 이어져야 한다. 달리 말해 파동은 끈의 한 점에서 출발해 끈을 따라 한 바퀴 전달된 후 다시 원래 위치로 돌아와야 한다. 이것이 끈의 파동이 유지되는 데 필요한 조건, 즉 주기적 경계 조건이다. 여기에서 '하나의 주기'는 한 바퀴를 의미한다. 또 파동은 반드시 끈을 따라 한 바퀴 전달된 다음 원래 위치로 돌아와야 한다. 그러므로 끈의 길이는 반드시 파장의 정수배여야 한다.

보어의 원자 모형 재검토

주기적 경계 조건 개념을 염두에 두고 보어의 원자 모형을 다시 살펴보자. 보어의 원자 모형은 전자를 입자로 본다. 하지만 물질파 이론에 따르면 전자는 질량이 매우 작고 운동 속도도 제한돼 있기 때문에 운동량도 매우 작다.

따라서 원자 속에 있는 전자는 매우 약한 입자성과 매우 강한 파동성을 갖고 있다. 즉 전자의 입자성이 매우 약하므로 아예 무시하고 전자를 파동으로 받아들여도 문제 없다는 뜻이다. 여기에 따르면 전자는 원자핵을 중심으로 파동 형태로 운동한다. 이때 전자의 물질파는 주기적 경계 조건을 만족시켜야 한다. 동시에 전자 이동 궤적의 둘레 길이는 전자 물질파 파장의 정수배여야 한다. 실험 결과를 드브로이 물질파 공식에 대입해 보면 주기적 경계 조건이 보어 원자 모형의 각운동량 양자화 조건과 완전히 일치한다. 즉 드브로이 물질파 공식으로 계산하면 보어의 원자 모형 공식을 자동으로 이끌어낼 수 있다. 이제 각운동량 양자화 이론은 더 이상 임의로 만든 가설이 아니라 정설로 자리매김했다. 전자를 파동으로 이해하는 순간 모든 모순이 자연스럽게 해결된 것이다.

전자는 입자가 아닌 파동이므로 가속도가 붙을 수 없다. 가속도가 없으므로 전자기파를 방출하지 않는다. 이로써 전자가 왜 원운동을 하면서 전자기파를 방출하지 않는지에 대한 의문도 해결됐다. 요컨대 드브로이의 물질파 이론은 대도지간의 가치를 극대화한 전형이다.

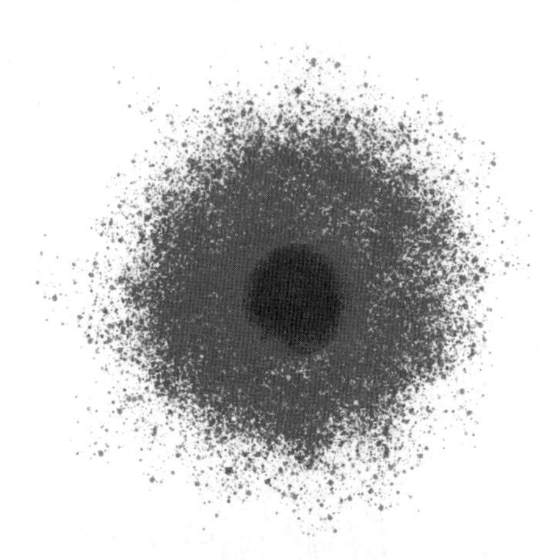

그림10-8 **전자구름**

보어의 원자 모형의 오류: 전자구름

그렇다고 해서 물질파 이론으로 전자 운동을 완벽하게 해석하지는 못한다. 물질파 이론으로도 다전자 원자의 스펙트럼 현상은 해석할 수 없다. 즉 전자와 전자 사이의 상호작용에 따른 스펙트럼을 측정했을 때 이론적인 측정 결과와 실험 관측 결과에 큰 차이가 나타난 것이다.

이보다 더 큰 문제는 또 있었다. 보어의 원자 모형이 예측한 전자의 운동 궤적과 실험으로 실제 관측한 전자의 궤적이 다르게 나타난 것이다. 보어의 원자 모형이 정확하다면 원자 속 전자의 운동 궤적은 고리 형태를 띠어야 한다. 하지만 전자들의 위치를 실제로 관측해 보면 전자들은 매우 불규칙하게 배열돼 있다. 전자들은 원자핵 주위에 여기저기 위치해 있고,

고리 모양의 궤적은 눈 씻고 봐도 찾아낼 수 없다. 정말로 '제멋대로'라는 표현이 어울릴 정도로 불규칙하게 흩어져 있다.

관측 횟수를 늘려 더 많은 데이터를 수집해 보았더니 전자는 원자핵 주변에 구름처럼 퍼져 있었다. '전자구름'의 발견은 보어의 원자 모형을 다시 난관에 빠뜨렸다. 보어의 원자 모형은 전자의 위치를 정확히 측정할 수 있다는 전제 아래 전자의 운동 궤도를 찾는 데 주력했으나 실제로 그런 궤도는 존재하지 않았다. 전자의 구체적인 운동 궤적이 없다는 얘기는 전자가 다음 순간에 어떤 위치에 나타날지 아무도 예측할 수 없다는 뜻이다.

과학자들이 처음으로 제시한 원자의 물리적 구조에 대한 기본 정보는 여기까지가 한계였다. 전자의 운동을 제대로 해석하려면 양자역학의 도움을 받지 않으면 안 된다.

CHAPTER 11

양자역학
Quantum Mechanics

11-1
자외선 파탄

20세기 초 원자물리학이 크게 발전하면서 과학자들은 원자 내 전자의 운동 법칙을 풀어내기 위해 다양한 시도를 펼쳤다. 보어의 원자 모형과 드브로이의 물질파 개념이 결합해서 드디어 원자 내부 구조를 반쯤 해석할 수 있었다. 여기에서 가장 중요한 개념은 '전자의 에너지 양자화'이다. 원자 내부 전자가 지니고 있는 고유 에너지값을 에너지 준위라고 한다. 전자는 이처럼 특정된 에너지값만 가질 수 있다. 보어의 원자 모형은 원자 내 전자의 운동 법칙을 완벽하게 설명하지 못했다. 보어의 원자 모형은 원자가 전자를 하나만 갖고 있는 경우에만 성립된다. 두 개 이상의 전자를 가진 다전자 원자에는 적용되지 않는다.

이렇게 되자 완전히 새로운 시각으로 원자를 연구할 필요성이 떠올랐다. 이 같은 필요성에 따라 필연적으로 양자역학이 탄생했다.

양자역학의 핵심 메시지는 '이 세계의 본질은 양자화이다. 만물을 구성하는 최소 단위가 존재한다'이다. 양자역학에 따르면 우리가 살고 있는 이 세계는 고무찰흙으로 빚어진 게 아니라 레고처럼 블록을 조합해 만들어졌다. 고무찰흙으로는 연속된 곡선을 자유롭게 만들 수 있다. 미세한 변화도 얼마든지 허용된다. 그러나 레고는 연속적이지 않고 마음대로 미세하게 변형할 수 없다. 변형의 최소 단위는 블록 한 개의 크기이다.

20세기 초 물리학계의 난제: 흑체복사black body radiation

원자의 에너지 양자화 개념은 보어의 원자 모형이 탄생하기 전에도 물리학자들에게 생소한 개념이 아니었다. 19세기 말 물리학자들은 더 이상 새로운 연구 대상이 없다고 생각했다. 완벽한 고전 물리학 체계의 완성이 코앞에 다가왔다면서 강한 자신감을 드러냈다. 심지어 물리학의 완성까지 6개월도 남지 않았다고 큰소리 친 물리학자도 있었다. 하지만 20세기 초에 이르러 다음과 같은 두 가지 난제가 제기되면서 고전 물리학은 위기에 빠졌다.

(1) 이 책의 극쾌 편에서 언급한 마이컬슨-몰리 실험으로 에테르가 존재한다는 가설이 거짓임이 증명됐다.

이 문제는 훗날 특수상대성이론에 기반해 해답이 제시됐다.

(2) 흑체복사

흑체복사 문제는 비교적 복잡하고 이해하기 어렵다. 여기에서는 핵심적인 부분만 간단하게 들여다보자. 예를 들어 쇠를 가열하면 처음에는 붉은색을 띠다가 온도가 높아지면서 점점 밝은색을 띤다. 이같이 온도를 가진 물체가 전자기파를 방출하는 현상을 열복사라고 한다(흑체란 자신에게 입사되는 모든 전자기파를 백 퍼센트 흡수해 다시 방출하는 가상의 물체로 현실에 존재하지 않는다. 흑체복사는 곧 흑체의 열복사이다).

이런 현상이 일어나는 이유는 무엇일까? 물체를 가열하면 내부 원자들의 움직임이 활발해지면서 운동 속도가 빨라진다. 즉 원자의 운동에너지가 커진다. 따라서 원자 내부 전자들의 에너지도 커진다. 하지만 최소 에너지 원리에 따라 고에너지 상태는 불안정하므로 원자들은 저에너지 상태로 돌아가려고 한다. 원자는 저에너지 상태로 돌아갈 때 에너지보존법칙에 따라 전자기파를 내뿜는다. 이것이 열복사 현상의 원리이다.

열복사 현상을 그래프로 나타내보자. 먼저 가열된 물체가 방출하는 빛의 진동수와 더불어 진동수가 서로 다른 전자기파의 에너지 강도를 측정한다. 그다음 에너지 강도를 진동수의 함수로 삼아 서로 다른 온도 조건에서 진동수 변화에 따른 복사에너지 변화를 그래프로 나타내면 된다. 이 그래프는 가운데가 높고 양쪽이 낮은 곡선 모양이다.

열복사 곡선의 가로축은 일반적으로 진동수가 아닌 파장이다. 진동수와 파장은 서로 반비례하기 때문에 가로축이 파장이건 진동수이건 상관

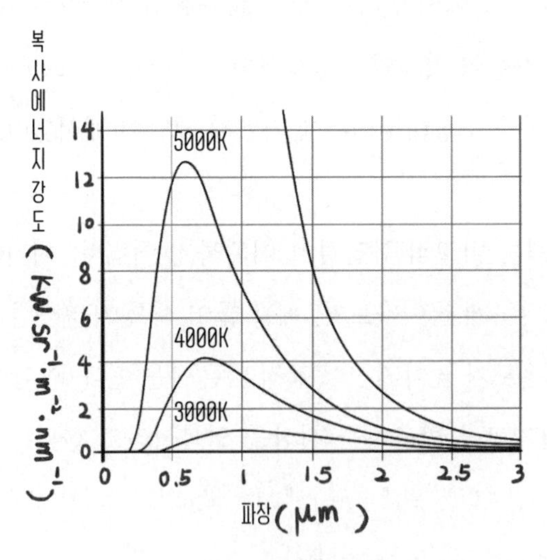

그림11-1 열복사 그래프

없이 그래프 형태는 여전히 가운데가 높고 양쪽이 낮은 곡선이다. 특정 온도 조건에서 진동수가 극히 높을 때와 극히 낮을 때 복사에너지 강도는 매우 약하다. 복사에너지 강도는 진동수가 중간 정도일 때 크다. 온도가 높아지면서 중간 진동수에 대응하는 복사에너지의 최댓값은 높은 진동수 방향으로 이동한다. 이 때문에 일정한 온도 범위에서 온도가 높아질수록 쇠의 색깔이 점점 밝은색을 띤다. 온도가 높아지면 에너지값을 키우는 중간 진동수도 점점 커진다. 하지만 온도가 일정 수준 이상으로 올라간 뒤에는 가열된 물체의 색깔이 더 밝아지지 않는다. 중간 진동수가 자외선 방향으로 이동했으며, 자외선은 눈으로 보이지 않기 때문이다.

고전 물리학 이론의 한계

당시 이론물리학자들은 기존 이론으로 열복사 곡선을 해석하려고 다양하게 시도했다. 그러나 이 곡선을 명쾌하게 증명할 이론을 찾아내지 못했다. 어떤 이론은 진동수가 낮은 부분의 현상을 정확하게 풀어냈지만 진동수가 높은 부분의 현상을 해석하지 못했다. 또 어떤 이론은 진동수가 높은 부분에서는 정확하게 성립됐으나 진동수가 낮은 부분에서는 아예 들어맞지 않았다. 고전 물리학 이론으로는 상승곡선이나 하강곡선만 가능할 뿐, 가운데가 높고 양쪽이 낮은 열복사 곡선을 설명할 수 없었다.

고전 물리학 이론을 바탕으로 계산해 보면 자외선 영역에서 복사에너지 강도가 무한대로 커지는 결과가 나온다. 이 같은 결과는 실험적 관측 결과와 일반 상식 모두에 위배된다. 자외선 영역에서 복사 스펙트럼의 에너지가 무한대가 되는 문제는 당시 고전 물리학 이론으로 해결이 불가능한 재앙 같았다. 그래서 '자외선 파탄ultraviolet catastrophe'이라고 불렸다.

플랑크의 양자설

자외선 파탄 현상을 해결한 사람은 플랑크였다. 그가 새로운 이론으로 그려낸 열복사 곡선은 실험 관측 결과와 정확하게 일치했다. 고전 물리학 이론은 열복사 현상의 빛을 파동으로 이해했다. 또 이를 토대로 전자기파 에너지가 연속적이라고 가정했다.

반면 플랑크는 문제를 해결하기 위해 과감하게 에너지를 양자화했다. 그는 전자기파를 광자라는 에너지 묶음으로 생각했다. 달리 말해 전자기파가 열복사 형태로 내뿜어질 때 흐르는 물처럼 연속적으로 빠져나오는 게 아니라 총알처럼 불연속적으로 방출된다고 가정한 것이다. 플랑크는 전자기파 에너지를 계산할 때 전자기파 진동수에 대해 수학적인 적분을 하지 않았다. 대신 전자기파 에너지가 광자 에너지의 n배(n은 정수) 값만 가진다고 가정했다. 이 방법으로 이끌어낸 진동수 변화에 따른 열복사 에너지 변화 법칙은 실험 측정 결과와 완전히 일치했다. 이것이 최초의 양자화 수식이다. 플랑크는 흑체복사를 설명하기 위해 전자기파 에너지의 양자화 아이디어를 제안했으면서도 정작 본인은 에너지가 양자화된다는 사실을 믿지 못했다. 그럼에도 그는 1918년에 노벨물리학상을 수상했으며 '양자역학의 아버지'로 불리고 있다. 보어의 원자 모형도 사실 플랑크의 이론을 바탕으로 수립되었다.

원자 에너지의 양자화

플랑크의 가설은 원자 스펙트럼에 관한 실험을 통해 증명됐다. 원자 내부의 에너지는 양자화돼 있고 전자는 특정 에너지값만 가진다. 보어의 원자 모형과 드브로이의 물질파 이론도 이 점을 입증했다. 하지만 보어의 원자 모형은 매우 큰 한계점을 지니고 있다. 원자 모형 자체에 불확실하고 애매모호한 부분이 많을뿐더러 원자 모형으로 해석할 수 없는 문제도 많기 때문이다. 그러므로 진정한 양자역학은 보어의 원자 모형이 아닌 슈뢰딩거와 하이젠베르크Werner Karl Heisenberg의 이론을 토대로 한다. 이렇게 해야 원자 내부 전자의 특징을 정확하게 설명할 수 있다.

11-2
파동함수

보어의 원자 모형은 원자핵 주위를 도는 전자의 운동 궤도가 원이라고 가정했다. 드브로이의 물질파 이론을 바탕으로 분석해 보면 전자 궤도는 원자핵을 중심으로 진행되는 고리 모양의 파동과 같다. 파동이라면 주기적 경계 조건을 만족시켜야 한다. 따라서 각운동량의 양자화는 보어 원자 모형의 필수 조건이다.

전자가 파동이건 입자건 관계없이 고리 모양의 궤도를 따라 이동한다는 이론은 매우 그럴듯해 보인다. 하지만 원자 내부 전자들의 위치를 실제로 관측한 결과를 보면 전자들은 원자핵 주위에 제멋대로 박혀 있다. 고리 모양의 궤적은 찾을 수 없다.

전자는 정해진 궤도가 없다

이는 전자가 정해진 궤도 없이 원자핵 주위에서 운동하고 있다는 사실을 의미한다. 또 실제 실험을 통해서도 보어의 원자 모형이 틀렸다는 사실이 증명됐다. 보어의 원자 모형은 전자들의 실제 움직임을 정확하게 파악하지 못했다. 다만 전자를 하나만 갖고 있는 수소 원자의 선스펙트럼line spectrum(몇 개의 특정한 파장만 포함하는 빛의 스펙트럼—옮긴이)만 제대로 해석했을 뿐이다. 따라서 전자들의 운동을 제대로 이해하려면 한층 선진적인 이론이 필요하다. 물론 이 이론은 수소처럼 전자가 하나뿐인 원자의 스펙트럼도 보어의 원자 모형처럼 효과적으로 설명할 수 있어야 한다.

전자가 정해진 궤도 없이 원자핵 주변을 불규칙하게 운동한다면 전자의 에너지 양자화 현상은 왜 나타날까? 전자가 불규칙하게 운동하는데 전자의 에너지 분포는 어떻게 그토록 규칙적일 수 있는가? 과학자들은 '전자가 원자 내부에서 정해진 궤도로만 규칙적으로 회전한다'는 선입견을 과감하게 버리고 새로운 방식으로 접근하기 시작했다.

확률적 접근

새로운 방식은 바로 확률적인 측면으로의 접근이다. 양자역학에 처음으로 확률 개념을 끌어들인 사람은 독일 물리학자 막스 보른Max Born이다. 앞서 말했듯이 원자 내부 전자들은 원자핵 주변에 불규칙하게 위치해 있다. 하지만 측정 횟수를 1만 번 정도로 크게 늘려서 측정해 보면 일정한 통계적인 규칙을 발견할 수 있다. 전자의 위치를 1만 번 측정한 결과를 나타낸 것이 전자구름이다.

전자구름 형태를 보면 전자의 분포 규칙을 대략적으로 알 수 있다. 전자구름은 전자의 에너지 준위에 따라 구형, 아령형 등 다양한 모양을 가진다. 즉 전자구름의 서로 다른 형태는 서로 다른 에너지 준위에 대응한다. 다양한 형태의 전자구름은 전자가 어떤 위치에서 발견될 확률 분포가 다르다는 사실을 의미한다. 예를 들어 전자구름이 구형이면 전자가 원자핵에서 멀리 떨어진 곳보다 가까운 곳에 더 많이 분포될 확률이 크다.

물론 언제 어느 위치에서 전자가 발견될지 정확하게 예측하기는 불가능하다. 하지만 측정 횟수를 늘리면 어느 위치에서 전자가 발견될 확률은 예측할 수 있다. 이것이 확률적 접근 방식이다. 미시적 세계에서 물체의 운동 상태를 기술할 때 많이 사용하는 표준 방식이기도 하다.

가시적 세계에서는 물체의 운동 상태를 대부분 단정적으로 서술할 수 있다. 예를 들어 경찰이 차를 몰고 도망가는 탈주범을 쫓고 있다면 경찰은 탈주범의 위치를 실시간으로 확인할 수 있다. 이를테면 탈주범이 15시 10분에 A 도로와 B 도로의 교차로에 도착한 후 시속 80킬로미터의 속도로 동쪽을 향해 도망갔다면, 15시 10분 시점에서 탈주범의 운동 상태는 이미 확정돼 있다. 이 정보를 바탕으로 탈주범의 1초 뒤의 위치를 정확하게 예측할 수 있다. 가시적 세계에서는 물체의 실시간 위치와 속도만 알면 물체의 운동 궤적을 정확하게 알 수 있다.

하지만 전자의 운동은 완전히 다르다. 우리는 확률적 측면으로만 전자의 운동 상태를 서술할 수 있다. 예를 들어 전자가 15시 10분에 원자핵의 1나노미터 아래에 위치해 있었다면 이 전자가 1만m/s 속도로 위쪽을 향해 이동할 확률은 X퍼센트이다. 미시적 세계에서 전자가 어느 위치에 있고 어떤 속도로 이동하는지 어느 정도 가늠할 수 있으나 전자가 어디에서 발견된다고 정확하게 예측할 수는 없다.

확률파동probability wave

시간의 변화에 따라 전자기파 파동의 확률 분포는 달라진다. 이 원리에 기반해 물리학적 언어로 전자 운동의 확률파동을 서술해 보자. 이제부터는 전자의 운동 법칙을 전자구름이라 하지 않고 '확률파동'이라고 부르기로 한다. 간단한 그림으로 확률파동이 무엇인지 살펴보자. 전자와 원자핵 사이 거리를 가로축으로, 전자의 확률파동 ψ(프사이)를 세로축으로 나타낸 그림은 그림11-2와 같다. 여기에서 ψ의 제곱은 특정 위치 주변에서 입자가 발견될 확률에 정비례한다. 수학에서 ψ는 복소수이다(복소수는 실수와 허수의 합으로 이루어진 수다. 형태는 $a+bi$로 표시한다. 여기에서 a와 b는 모두 실수이고, i는 허수이다. $i^2=-1$이다). ψ는 그 자체로는 측정 가능한 양이 아니므로 복소수여도 아무 문제가 되지 않는다.

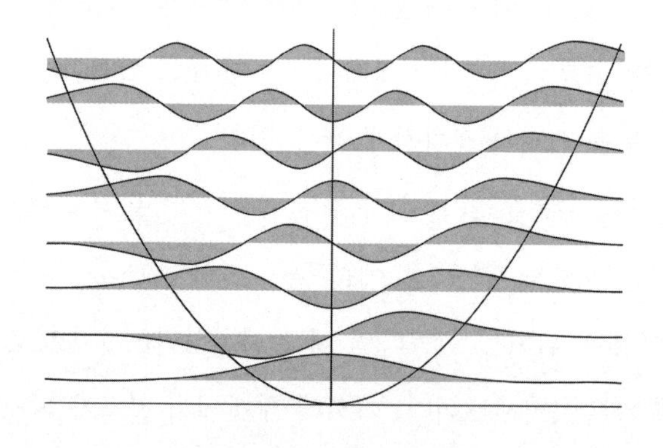

그림11-2 서로 다른 에너지 준위에 대응하는 파동함수

위의 그림을 보면 파동 다발(묶음)을 닮았다. 이 그림은 시간의 변화에

따라 형태가 변한다. 시간 변화에 따라 확률 분포가 변한다는 뜻이다. 전자기파 파동이나 물결파 파동 같은 일반적인 파동도 이와 비슷한 현상을 나타낸다.

확률파동 ψ의 제곱을 나타낸 그림의 총면적은 반드시 1이어야 한다. 전체 공간 범위에서 어떤 전자 하나를 찾는 일은 항상 가능하기 때문이다. 전체 공간에서 전자를 발견할 수 있는 확률은 백 퍼센트이다. 전자는 분명히 존재하기 때문이다.

$$\int |\phi(x)|^2 dx = 1$$

전자의 운동을 확률파동으로만 해석할 수 있다면 전자의 확률파동은 어떤 법칙에 따라 변화할까? 시간의 변화에 따라 전자가 발견될 확률도 변화할까? 예를 들어 지금 이 순간 전자가 특정 위치에서 발견될 확률이 얼마라면 1초 후 같은 위치에서 전자가 발견될 확률은 얼마일까? 1초 전과 같을까? 확률 분포가 시간 변화에 따라 변한다는 법칙은 어떤 요인에 따라 결정됐을까? 슈뢰딩거 방정식이 이 문제에 대한 해답을 제시했다. 슈뢰딩거 방정식에 따르면 일단 에너지값이 정해지면 확률파동의 시간에 따른 변화율도 정해진다.

11-3

슈뢰딩거 방정식

파동함수의 시간에 따른 변화 법칙이 중요한 이유

원자 내부 전자의 운동 상태는 확률파동으로만 서술이 가능하다. 우리는 전자가 특정 시간에 어떤 위치에 나타날지 구체적으로 알 수 없다. 다만 전자가 어떤 위치에 나타날 확률만 서술할 수 있을 뿐이다. 그렇다면 시간이 지남에 따라 전자의 확률 분포는 어떤 변화를 나타낼까? 즉 전자의 확률파동의 형태는 어떻게 변할까?

우리는 시간에 따른 물체 성질의 변화 법칙에 왜 이토록 집착하고 있을까? 사실 이는 물리학의 기본 임무이다. 이 책의 머리말에서 물리학 연구는 귀납, 연역 그리고 검증 순으로 이뤄진다고 이야기했다. 먼저 귀납법으로 자연계 법칙을 도출해 내고 그 결과를 바탕으로 연역추리를 펼친 다음, 유도해 낸 결론을 실험으로 검증하는 수순을 밟는 것이 상례라고 했다. 그중에서 검증은 귀납과 연역추리의 정확성을 판단하기 위해 꼭 필요한 단계이다. 검증 결과와 추리 결과가 일치할 때 그 이론이 일정한 범주 안에서 정확하다고 인정받는다. 검증 과정을 거치지 않고 추리에만 의존해 기존 현상을 설명하기란 사실 어렵지 않다. 여러 가지 이론으로 같은 현상을 설명할 수 있기 때문이다. 예를 들어 만유인력 법칙으로 천체 현상 중 일부분을 정확하게 서술할 수 있다거나 보어의 원자 모형으로 단전자 원자의 스펙트럼을 설명해도 멋진 결과를 얻어낼 수 있다.

기존 이론으로 기존 현상을 설명하는 일은 어렵지 않다. 기존 현상 한 가지를 설명하는 데 수백 가지 이론을 적용할 수도 있다. 하지만 과학은 항상 반증의 가능성을 열어두는 학문이다. 정확성을 검증하기 위해서는 반드시 이론에 기반해 아직 발생하지 않은 현상을 예측한 후 실험을 통해 그 예측이 정확한지 확인해야 한다. 예컨대 만유인력 법칙은 수성의 세차운동을 예측하는 데 실패했으나 일반상대성이론은 수성의 세차운동을 완벽하게 해석했으며, 더 나아가 블랙홀의 존재를 예측했다. 또 보어의 원자 모형은 단전자 원자의 스펙트럼을 훌륭하게 설명했지만 전자 궤도와 다전자 원자 스펙트럼을 해석할 때는 한계에 부딪혔다.

그러므로 어떤 이론의 정확성을 검증하려면 물리계에서 또 어떤 새로운 현상이 발견될지 예측해야 한다. 우리가 살고 있는 세계는 시공간이 펼쳐낸 세계이다. 따라서 '예측'이란 시공간 변화에 따른 물리계 현상을 찾아낸다는 의미이다. 어떤 현상에 부합되는 이론이 무엇일지를 먼저 예측해야 실험을 통해 실험 결과와 예측 결과의 일치성을 검증할 수 있다.

슈뢰딩거 방정식: 시간에 따른 확률파동의 변화 법칙

앞에서 확률파동으로 전자의 운동 법칙을 예측할 수 있다는 사실을 알았다. 음파, 물결파, 전자기파 같은 일반적인 파동의 시간에 따른 변화 법칙은 매우 뚜렷하다. 예를 들어 진폭, 파장, 파속 같은 물리량으로 전자기파를 서술할 수 있다. 전자기파의 파속은 광속과 같다. 전자기파의 진폭은 해당 전자기파를 만들어내는 전자기장의 세기이다. 전자기파의 파장은 전자기파의 시공간적 규모, 즉 전자기파의 크기를 의미한다. 음파, 물결파와 전자기파는 모두 고전적인 파동 방정식을 만족시킨다. 음파와 물결파는 뉴턴의 법칙에 기반한 역학적 파동 방정식을 만족시킨다. 또 전자기파는 맥스웰 방정식을 만족시킨다.

그렇다면 시간에 따른 확률파동의 변화 법칙을 서술할 수 있는 방정식도 존재하지 않을까? 물론이다. 슈뢰딩거 방정식으로 시간에 따른 확률파동의 변화 양상을 서술할 수 있다. 슈뢰딩거 방정식은 전통 파동 방정식과 닮았다. 슈뢰딩거 본인도 전통 파동 방정식에서 영감을 얻어 슈뢰딩거 방정식을 만들었다고 말했다.

확률파동은 처음에 가상의 파동이라는 아이디어에서 출발했다. 슈뢰딩거는 '확률파동'이라는 이름까지 붙였으니 아예 실제 파동으로 간주하고 공식을 만들어보자는 취지에서 슈뢰딩거 방정식을 고안해 냈다고 한다.

$$i\hbar\frac{\partial}{\partial t}\phi = H\phi$$

이 식에서 H는 입자의 총에너지이다. 슈뢰딩거 방정식에 시간에 따른 확률파동의 변화율이 단지 에너지에 의해 결정된다. 즉 원자 내부 전자들의 확률 분포가 시간 변화에 따라 어떻게 변화할지는 오직 전자의 에너지 상태에 따라 결정된다. 예를 들어 높은 에너지를 가진 전자일수록 확률 분포 변화가 빠르다. 이는 확률파동이 파동적 특성을 지녔다는 사실을 충분히 설명한다.

음파나 전자기파를 비롯한 고전적 의미의 파동은 진동수가 클수록 에너지가 크고 파장이 짧다. 진동수가 클수록 단위 길이에 포함된 파동 횟수가 많아지고 파동의 모든 위치에서의 구부러진 정도가 크기 때문이다. 마치 탄성을 가진 고무줄의 구부러진 정도가 심할수록 고무줄 내부의 탄성 위치에너지가 큰 현상과 같다.

슈뢰딩거 방정식을 통해 보자면 큰 에너지를 가진 소립자일수록 시간에 따른 확률 분포 변화가 빠르다. 달리 말해 확률 분포 그래프에서 파동이 아래위로 진동하는 횟수가 많다는 얘기이다. 이 밖에 소립자가 갖고 있는 에너지가 확률파동의 형태를 결정하는 유일한 요인이라는 사실도 알 수 있다. 요컨대 슈뢰딩거 방정식은 소립자의 양자역학적 특성을 뚜렷이 규명했다(물론 슈뢰딩거 방정식은 양자역학적 물리계를 나타낸 방정식으로 특수상대성이론을 고려하지 않고 만들었기 때문에 비교적 작은 에너지를 가진 입자계에만 적용된다. 매우 큰 에너지를 가진 입자를 연구할 때는 상대성이론 효과를 고려해야 한다. 슈뢰딩거 방정식이 적용되지 않을 수도 있다는 뜻이다. 이런 경우 디랙 방정식Dirac equation을 쓰면 된다). 슈뢰딩거 방정식을 수학적으로 기술한 파동함수를 보면, 원자 내부 전자 에너지는 양자화될 수밖에 없다. 이는 슈뢰딩거 미분방정식에 전자의 운동 조건을 대입해 해解를 구해보면 필연적으로 얻어지는 결과이다. 보어의 원자 모형처럼 각운동량 양자화 조건을 인위적으로 추가할 필요가 없다.

슈뢰딩거 방정식은 양자역학계 활동 법칙을 기술한 방정식으로 거의 모든 양자역학계에 적용된다(단, 매우 큰 에너지를 가져서 상대성이론 효과가 뚜렷하게 나타나는 계는 제외). 원칙적으로는 슈뢰딩거 방정식의 해를 구하기만 하면 확률파동으로 해당 계의 현상을 서술할 수 있다. 슈뢰딩거 방정식을 위대한 방정식이라고 하는 이유가 바로 이 때문이다.

물질파와 파동-입자 이중성 재검토

확률파동 개념과 확률파동 변화 법칙에 대한 슈뢰딩거 방정식을 이해하고 돌이켜보면, 물질파 이론과 파동-입자 이중성 이론은 슈뢰딩거 방정식의 성질을 특별한 방식으로 설명한 이론이었다. 달리 말해 물질파 이론과 파동-입자 이중성 이론은 슈뢰딩거 방정식의 특별한 적용 사례라고 할 수 있다. 물론 물질파 이론과 파동-입자 이중성 이론은 현상만 서술했을 뿐 본질은 파헤치지 못했다.

그렇다면 확률파동 개념과 슈뢰딩거 방정식을 바탕으로 물질파와 파동-입자 이중성을 어떻게 설명해야 할까?

모든 물질의 성질은 확률파동으로 설명할 수 있다. 슈뢰딩거 방정식으로 물질의 확률파동 형태를 알아낼 수 있다. 만약 한 물질의 확률파동이 집중된 형태를 가진다면, 즉 좁은 구역에 모든 확률이 집중적으로 분포돼 있다면 이 물질은 입자의 성질을 가진다. 만약 한 물질의 확률파동이 분산된 형태를 가진다면 이 물질은 파동의 성질을 가진다.

물질파 이론과 파동-입자 이중성 이론으로는 양자역학적 현상을 정확하게 서술할 수 없다. 확률파동 이론에 비춰보면 이 세상에는 순수한 파동도, 순수한 입자도 존재하지 않는다. '파동'과 '입자'는 물리학 연구 과정에서 임의로 만들어낸 추상적인 개념이다. 순수한 파동이 존재한다면 그 길이는 무한대일 것이다. 하지만 이 세상에는 무한히 긴 파동이 존재하지 않는다. 또 순수한 입자는 크기가 없이 질량의 질점만 가진다고 설정된다. 하지만 질점 역시 한 점에 질량이 집중돼 있다고 가정한 이상적인 개념일 뿐이다.

양자역학은 우리에게 순수한 확률 분포만 존재한다고 알려준다. 또 확률 분포가 다름에 따라 물질의 형태(파동 형태를 가지거나 입자 형태를 가지거나 둘 중 하나임)도 달라진다고 알려준다. 물체가 최종적으로 파동의 성질을 가지느냐 아니면 입자의 성질을 가지느냐는 파동함수의 분포에 따라 결정된다. 서로 다른 상황에서 슈뢰딩거 방정식의 해, 즉 파동함수는 서로 다른 형태를 가진다. 광전 효과 실험에서 빛이 입자성을 나타내는 이유는 광전 효과에 대응하는 슈뢰딩거 방정식의 해(파동함수)가 집중된 형태를 나타내기 때문이다. 또 이중 슬릿 실험에서 빛이 파동성을 나타내는 이유는 이중 슬릿 실험에 대응하는 슈뢰딩거 방정식의 해가 길게 분산된 형태이기 때문이다.

이처럼 슈뢰딩거 방정식은 양자역학의 근간을 마련했다. 확률파동은 시간의 변화에 따라 변화하며, 이 현상을 제대로 관찰하면 양자역학계를 해석할 수 있다.

11-4
양자 터널 효과

미시적 세계에 대한 양자역학적 해석에는 불확정성이 존재한다. 우리는 원자 내부 전자의 위치를 정확하게 예측할 수 없다. 그저 특정 위치에서 전자가 발견될 확률만 예측할 수 있을 뿐이다. 이는 가시적 세계에서 물체의 활동 상태를 거의 단정할 수 있는 것과 엄연히 대조된다.

모든 가능성이 열려 있다

가시적 세계에서는 '언제 어디에 도착했고 어떤 속도로 어느 방향을 향해 이동한다'는 식으로 물체의 운동을 거의 단정적으로 나타낼 수 있다.

굳이 확률로 표현하자면 그 확률은 100퍼센트 아니면 0퍼센트 둘 중 하나이다. 말로 표현한다면, "반드시 어떻게 된다"가 아니면 "절대 어떻게 될 수 없다" 둘 중 하나이다. 반면 미시적 세계에서는, "어떻게 될 가능성이 존재한다"라고 표현된다. 또 슈뢰딩거 방정식으로 '어떻게 될 가능성'이 몇 퍼센트인지 계산해 낼 수 있다. 양자역학은 미시적 세계를 '모든 가능성이 열려 있는' 세계로 나타낸다. 즉 가시적 세계에서 절대 일어날 수 없는 일이 미시적 세계에서는 일어날 수 있다는 얘기이다. 대표적인 예로 '양자 터널 효과quantum tunneling'를 들 수 있다.

양자 터널 효과: 불가능을 가능으로

가시적 영역의 예를 하나 들어보자. 2미터 높이의 장벽을 넘으려고 하는데 당신이 뛰어오를 수 있는 최대 높이는 1.9미터이다. 즉 당신은 뛰어오른 그 순간 위로 향하는 속도와 운동에너지를 가지지만, 이 운동에너지의 크기는 최고 1.9미터 높이에 대응하는 중력 위치에너지와 맞먹을 뿐, 2미터 이상의 높이에 대응하는 중력 위치에너지와 맞먹지 못한다. 그러므로 당신은 2미터 높이의 장벽을 뛰어넘을 수 없다. 하지만 미시적 세계에서는 그렇지 않다. 슈뢰딩거 방정식에 따르면 에너지값이 변할 때 파동함수의 형태도 변한다. 슈뢰딩거 방정식은 연속 방정식이다. 따라서 에너지값의 변화가 연속적으로 천천히 이뤄진다면 파동함수 형태 또한 부드럽게 점진적으로 변형될 것이다.

가령 하나의 소립자가 일정한 높이를 가진 장벽을 뛰어넘으려 한다고 가정해 보자. 입자가 가진 운동에너지가 장벽이 가진 위치에너지보다 크면 두말할 필요 없이 입자는 장벽을 뛰어넘을 수 있다. 또 입자가 장벽을 뛰어넘은 후 지닌 에너지는 운동에너지에서 장벽의 높이에 대응하는 중력 위치에너지를 뺀 값과 같다. 이제 입자의 운동에너지를 천천히 줄여보자. 즉 입자가 장벽을 뛰어넘은 후 지닌 에너지를 0보다 큰 값에서 0보다 작은 값으로 천천히 줄인다. 그러면 입자가 장벽을 뛰어넘을 수 있는 확률도 천천히 점진적으로 줄어들 것이다. 그러나 슈뢰딩거 방정식의 해를 구해보면 놀라운 사실을 발견할 수 있다. 즉 입자가 가진 에너지값이 0보다 작게 되더라도(입자가 갖고 있는 운동에너지가 장벽의 위치에너지보다 작게 되더라도) 입자가 장벽을 뛰어넘을 수 있는 확률이 0이 되지 않는다. 물론 확률이 크게 줄어들기는 하겠지만 말이다. 미시적 세계의 현상은 파동함수로 나타낼 수 있다. 파동함수는 가시적 세계에서의 100퍼센트나 0퍼센트처럼 불연속적으로 결정되지 않고 연속적으로 부드럽게 변화한다. 그러므로 장벽이 지닌 위치에너지가 입자 자체의 운동에너지보다 큰 경우, 가시적 세계에서는 입자가 장벽을 뛰어넘을 수 있는 확률이 0퍼센트지만 미시적 세계에서는 0보다 큰 확률을 가진다.

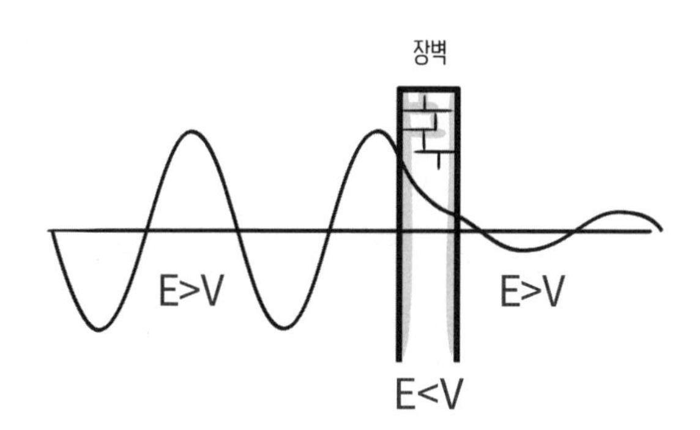

진폭이 크다는 것은 발견된 확률이 크다는 뜻이다.

그림11-3 **터널 효과**

미시적 세계에서는 매우 작은 운동에너지를 지닌 입자가 그보다 높은 에너지 장벽을 넘을 수 있다. 다만 그 가능성이 매우 작을 뿐이다. 입자들 중에 극소수는 자신보다 높은 에너지 장벽에 마치 터널이라도 뚫려 있는 듯 장벽을 빠져나온다.

무어의 법칙Moore's law의 한계

터널 효과는 양자역학의 특수성을 보여주는 대표적인 물리 현상이다. 터널 효과는 양자 세계의 법칙과 가시적 세계의 경험이 완전히 일치하지 않을 수 있다는 사실을 알려준다. 터널 효과는 인류의 과학기술에 큰 시련을 가져다주었다.

'무어의 법칙'도 그중 하나이다. 무어의 법칙은 컴퓨터의 성능이 18개월마다 2배로 증가한다는 법칙이다. 컴퓨터의 연산 처리 능력은 CPU의 연산 유닛에 의해 결정된다. 단위 면적당 메모리칩에 포함된 연산 유닛이 많을수록 컴퓨터의 연산 속도가 빨라진다. 연산 유닛은 실리콘 판에 트랜지스터를 집적시켜 만든다. 연산 유닛 크기를 작게 하면 단위 면적당 메모리칩에 들어가는 연산 유닛 수가 증가해 연산 속도도 빨라진다.

'컴퓨터 성능이 18개월마다 2배로 증가한다'는 말은 18개월마다 연산 유닛의 크기가 원래의 2분의 1로 줄어들고, 트랜지스터 집적도가 2배로 늘어난다는 뜻이다. 이에 따라 연산 속도도 2배로 빨라진다. 그러나 무어의 법칙에는 한계가 있다. 연산 유닛의 크기를 무한히 작게 줄일 수 없기 때문이다.

컴퓨터는 모든 정보를 0과 1 두 개의 숫자로만 표현한다. 따라서 0이냐 1이냐는 매우 중요한 문제이다. 0과 1이 어떤 순서로 배열되는지에 따라 다른 정보를 나타내기 때문이다. 요컨대 컴퓨터는 0과 1이라는 신호를 반드시 정확하게 전달해야 한다.

연산 유닛의 크기가 너무 작으면 컴퓨터가 전달하는 정보의 정확도가 떨어질 수 있다. 컴퓨터가 전달하는 신호는 0과 1 둘 중 하나이며, 구체적으로 0인지 아니면 1인지는 연산 유닛 양 끝의 전압에 따라 결정된다. 컴퓨터 작동에 필요한 전류는 온전히 전기학 법칙에 따라 흐른다. 만약 연산 유닛의 크기를 지나치게 줄여 양자역학계 현상이 발생한다면 전기학 법칙만으로는 전자의 운동을 설명할 수 없게 된다.

양자역학계 현상이 나타나기 시작하면 터널 효과도 나타난다. 그러면 원래 1이라는 신호를 전달해야 하는데 엉뚱하게 0이라는 신호를 전달할 수 있다. 이렇게 되면 전달되는 정보의 정확도가 떨어져 연산 능력에 영향을 끼친다. 현재 연산 유닛의 최소 크기는 약 7나노미터로, 이보다 더 작아져서는 안 된다. 7나노미터는 수소 원자 몇 개를 나란히 늘어놓은 크기로, 이 정도 크기라면 터널 효과가 쉽게 나타날 수 있다. 무어의 법칙이 양자역학이라는 걸림돌에 부딪혀 붕괴 위기에 놓인 이유도 이 때문이다.

이처럼 양자역학적 개념인 확률파동과 슈뢰딩거 방정식으로 양자역학계의 운동 현상을 충분히 해석할 수 있다. 사실 전자 궤도가 구체적으로 어떤 것인지 따지지 않는다면 원자 내부 전자의 운동 법칙을 철저하고 분명하게 해석할 수 있다. 하지만 이 정도 해결 방식으로 충분히 만족할 수 없다. 구체적인 전자 궤도를 알아낼 수 없을까? 전자의 이동 궤적이 시간 변화에 따라 어떻게 변할까? 확정적인 언어로 설명이 가능할까? 불가능하다면 어떻게 그 불가능함을 증명할 수 있을까?

• • ● 11-5 ● • •

원자 구조에 대한 최종 해석

'슈뢰딩거 방정식'이라는 강력한 이론적 도구를 확보하면서 원자 내부 전자들의 운동 법칙을 명확하게 서술할 수 있게 됐다. 원자핵의 질량이 전자보다 훨씬 크기 때문에 과학자들은 원자핵이 원자 중심에서 움직이지 않는다고 가정하고 원자핵 주변 전자들의 운동을 집중적으로 연구해 왔다.

에너지 준위

원자의 내부 구조는 슈뢰딩거 방정식이 아니라도 알 수 있다. 원자 스펙트럼 실험으로 전자가 원자핵 주변에 흩어져 있고 서로 다른 에너지 준위 사이에서 이동한다는 사실을 알 수 있다. 물론 슈뢰딩거 방정식으로 전자의 에너지를 계산해도 이와 똑같은 결론이 나온다.

전자가 가진 에너지에 따라 다양한 파동함수가 만들어지는데 이 파동함수가 전자 에너지에 따른 전자 운동 궤도이다. 여기에서 말하는 '궤도'는 전통적 의미의 천체 운동 '궤도'와 개념이 다르다. 천체 운동 궤도는 하나의 곡선이지만 원자 내부 전자 궤도는 특정 형태를 가진 전자구름 또는 특정 확률 분포를 가진 파동함수이다. 여기에서 주목해야 할 점이 또 있다. 원자 구조를 이야기할 때 원자의 최소 에너지 상태를 전제로 한다는 점이다. 최소 에너지 원리에 따라 원자는 최소 에너지값을 가질 때 가장 안정된 상태에 놓인다. 원자가 불안정 상태일 때는 변수가 너무 많아진다. 물리 법칙을 알아내려면 먼저 원자의 가장 안정된 상태에서 시작해야 한다.

에너지 준위에 따라 대응하는 궤도가 정해지면 최소 에너지 원리에 따라 궤도별로 전자가 배치된다. 예를 들어 수소 원자는 전자를 하나만 갖고 있기 때문에 그 전자는 에너지 준위가 가장 낮은 곳에 배치된다. 하지만 다전자 원자의 경우 원자핵의 질량이 크고 전자 수가 많기 때문에 원자핵 주변에 전자를 배치하는 일이 쉽지 않다. 반드시 일정한 법칙을 따라야 한다.

스핀

먼저 '스핀'이라는 양자역학 개념에 대해 알아보자.

모든 소립자는 자석과 비슷한 성질을 갖고 있다. 자기장 속에 입자를 가져다놓으면 일정한 각도로 방향이 바뀐다(편향). 마치 나침반의 자석처럼 스핀 방향이 자기장 방향과 평행을 이룬다. 스핀은 크기를 갖고 있으나 양자화돼 있기 때문에 정해진 값만 가질 수 있다. 입자가 가질 수 있는 스핀 값은 아래와 같은 환산 플랑크 상수reduced planck constant의 정수배 또는 1/2 정수배이다.

$$\hbar = \frac{h}{2\pi}$$

예를 들어 전자는 환산 플랑크 상수의 1/2만큼의 스핀 값을 가지고, 광자는 환산 플랑크 상수의 1배만큼의 스핀 값을 가진다. 환산 플랑크 상수는 약 1.06×10^{-34}J·s로 매우 작다. 양자역학의 최소 에너지 단위이다. 달리 말해 플랑크 상수는 만물을 구성하는 최소 단위의 크기를 대략적으로 나타낸다. 무엇 때문에 소립자가 스핀을 가지고, 스핀 값이 양자화돼 있는지에 대해서는 아직 명확하게 밝혀지지 않았다. 그래서 스핀을 소립자의 고유 특성으로 간주할 뿐이다.

전류는 자기장을 만든다. 스핀도 고유의 자기장을 형성할 수 있다. 그러므로 스핀을 전자가 스스로 회전하는 성질로만 인식한다면 절반만 이해한 셈이다. 전자나 양성자와 같이 전하를 띤 입자가 원자핵 주위를 회전할 경우 그 속도가 광속을 추월할 정도가 돼야 관측이 가능하다. 또 광자, 중성자, 중성미자neutrino처럼 전하를 띠지 않은 입자들도 스핀을 갖고 있다.

보손boson과 페르미온

양자역학 법칙을 만족하는 모든 소립자는 일반적으로 자체 보유 스핀에 따라 보손과 페르미온 두 가지 유형으로 분류된다.

스핀 값이 환산 플랑크 상수의 정수배인 입자를 보손이라고 한다. 광자, 글루온gluon 등이 여기에 포함된다. 또 스핀 값이 환산 플랑크 상수의 반정수배(1/2, 3/2, 5/2 등)인 입자를 페르미온이라고 한다. 양성자, 중성자, 전자 등이 여기에 포함된다. 보손은 인도 물리학자 보스Satyendra Nath Bose의 이름에서 따왔다. 또 페르미온은 이탈리아계 미국 물리학자이자 '핵물리학의 아버지'라고 불리는 페르미Enrico Fermi의 이름에서 빌려왔다.

파울리의 배타 원리

보손과 페르미온을 구분하는 원리는 파울리의 배타 원리이다.

파울리의 배타 원리는 같은 계에서 두 개의 페르미온 입자의 동일한 상태가 허용되지 않는다는 원리를 말한다. 말하자면 서로 다른 성질을 가진 두 페르미온 입자는 같은 계에 있어도 아무 문제가 없지만 같은 성질을 가진 두 페르미온 입자는 같은 계에 있을 수 없다는 얘기이다. 보손은 파울리의 배타 원리를 따르지 않는다.

스핀 개념과 파울리의 배타 원리를 적용하면 원자 내 전자 궤도를 서술할 수 있다.

전자껍질electron shell

원자 내부에서는 에너지 준위가 낮은 전자껍질부터 전자가 배치된다. 우리의 탐구 대상은 최소 에너지 상태를 가진 원자의 내부 구조이다.

각 원소의 전자 수는 전부 다르다. 또 원자의 전자 수와 양성자 수는 같다. 어떤 원자가 N개의 양성자와 N개의 전자를 갖고 있다면 이 N개의 전자는 일정한 순서에 따라 원자의 궤도 함수에 배열된다. 첫 번째 전자는 당연히 에너지 준위가 가장 낮은 안쪽 궤도에 배치된다. 그렇다면 두 번째 전자는 어디에 배치될까? 두말할 필요 없이 나머지 궤도 중에서 에너지 준위가 낮은 궤도에 자리 잡는다. 모든 전자는 스핀을 갖고 있다. 전자의 스핀 상태는 N극이 위로 향하거나 S극이 위로 향하거나 둘 중 하나이다. 그러므로 하나의 궤도에 최대로 수용 가능한 전자의 수는 두 개이다. 두 전자의 스핀은 서로 반대 방향이고 크기는 같다. 또 같은 궤도에 있는 두 전자가 가진 에너지는 같다.

첫 번째(맨 안쪽) 전자껍질은 에너지 준위가 가장 낮은 단일 궤도 함수로 돼 있다. 전자를 최대 두 개까지 포함한다. 먼저 배치된 두 개의 전자와 다른 상태를 가진 전자가 없기 때문에 파울리의 배타 원리에 의해 다른 전자를 더 포함할 수 없다. 첫 번째 전자껍질에 포함된 전자들의 파동함수는 동그란 모양이다.

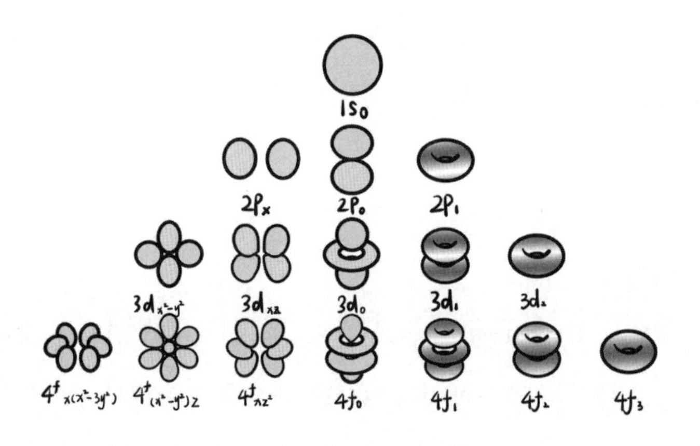

그림11-4 서로 다른 에너지 준위에 대응하는 3차원 파동함수

두 번째 전자껍질은 매우 흥미로운 특징을 띤다. 즉 네 개의 궤도(한 개의 구형 궤도와 세 개의 아령형 궤도)를 갖고 있다. 이 네 개 궤도의 에너지 준위는 같지만 궤도 각운동량은 다르다. 두 번째 전자껍질에 대한 슈뢰딩거 방정식의 해를 구해보면 두 번째 전자껍질에 대응하는 파동함수가 대체로 아령 모양이다. 세 개의 아령형 궤도는 각각 공간 좌표의 x축 방향, y축 방향과 z축 방향을 향한다. 나머지 한 개의 구형 궤도는 첫 번째 전자껍질의 구형 궤도보다 훨씬 크다.

이 네 개의 궤도는 각기 다른 상태를 나타내는데 이를 각운동량 양자수라고 한다. 파울리의 배타 원리에 따라 하나의 궤도에 최고 두 개의 전자가 들어갈 수 있다. 네 개 궤도의 에너지 준위는 같지만 각운동량 양자수라는 새로운 성질에 따라 네 개 궤도에 포함된 전자들의 상태는 다 다르다. 하나의 궤도에 전자가 두 개씩 포함되므로 두 번째 전자껍질은 최고 여덟 개의 전자를 가질 수 있다.

첫 번째와 두 번째 전자껍질에 모두 10개의 전자가 채워지고 나면 11번째 전자는 세 번째 껍질로 들어간다. 세 번째 껍질은 더 많은 궤도를 갖고 있다. 최대 18개의 전자를 보유할 수 있다.

전자들은 이렇게 일정한 순서로 전자껍질에 배열된다. 천연 원소는 원자 번호가 92번인 우라늄을 포함해 총 92종이다. 그중에서 우라늄이 갖고 있는 전자 수는 92개로 가장 많다. 인공적으로 만들어진 원소까지 포함해도 원자가 갖고 있는 전자 수는 118개를 넘지 못한다. 이처럼 원자핵 안에 들어 있는 양성자 수가 제한돼 있기 때문에 전자가 그보다 많아지면 원자 상태가 불안정해져서 핵분열이 일어날 수 있다.

에너지 준위 변동

전자 배치에 영향을 주는 것은 파울리의 배타 원리 하나뿐일까? 그렇지 않다. 크게 보면 파울리의 배타 원리를 따르지만 다른 요인의 영향도 많이 받는다. 예를 들어 전자는 원자핵을 중심으로 운동할 때 스스로 전류를 만들어낸다. 또 전류는 자기장을 발생시킨다. 자기장은 전자가 갖고 있는 스핀과 상호작용해 에너지 변화를 이끌어낸다. 원자핵의 양전하 중 일부는 안쪽 껍질에 있는 전자의 음전하 때문에 상쇄되기 때문에 바깥 껍질의 전자가 갖고 있는 에너지도 변화한다. 결국 원자는 여러 가지 요인의 영향을 받아 최소 에너지 상태를 유지한다. 원자 내부의 전자 배치 문제와 관련해 계산하고 실험적 검증을 하려면 매우 복잡한 과정이 필요하다. 여기에서는 원자 내부의 전자 배치를 결정한 중요한 요인이 슈뢰딩거 방정식, 최소 에너지 원리, 파울리의 배타 원리 이 세 가지라는 사실만 기억하자.

이로써 우리는 슈뢰딩거 방정식, 최소 에너지 원리, 파울리의 배타 원리를 바탕으로 원자의 내부 구조를 자세하게 살펴봤다. 그렇다면 무엇 때문에 파동함수를 양자역학의 표현 형태라고 할까? 양자역학의 제1원리는 무엇일까? 파동함수로 표현되는 양자역학의 본질은 무엇일까?

11-6
코펜하겐 해석

확률적인 측면에서 미시적 물리계를 서술하려면 슈뢰딩거 방정식 하나만 있으면 된다. 슈뢰딩거 방정식으로 원자 내부 전자들의 특정 위치에 나타날 확률이 얼마인지 알 수 있기 때문이다. 원자 내부 전자들이 특정 위치에 나타날 확률이 얼마인지 알면 전자들의 운동 상태를 비교적 정확하게 서술할 수 있다.

소립자의 운동 상태를 연구할 때 위치뿐만 아니라 속도, 에너지값, 스핀 등 다양한 물리량이 측정 대상에 포함된다. 하지만 소립자의 위치는 정확한 예측이 불가능하다. 그저 확률파동으로 표현할 수 있다. 그러면 소립자의 다른 성질, 이를테면 속도 같은 물리량도 정확한 예측이 불가능하다는 결론이 나온다. 속도 변화도 파동함수로 표현할 수 있다. 이 경우 파동함수의 독립변수는 위치가 아닌 속도이다. y축은 여전히 확률 밀도probability density를 의미한다.

지금까지는 양자계의 운동 법칙을 단지 확률적 측면에서만 서술할 수 있다. 그 이유는 무엇인가? 닐스 보어와 그 제자인 독일 물리학자 베르너 하이젠베르크 등은 양자계의 이런 특성을 해석할 방법을 찾아냈다. 그 방법이 바로 코펜하겐 해석이다. 코펜하겐 해석은 양자계 측정 과정을 물리학적으로 서술한 것이다. 보어는 덴마크 코펜하겐대학교의 학술 분야 대표자로 보어와 하이젠베르크를 주축으로 코펜하겐학파가 만들어졌다.

여러 가지 상태가 동시에 겹칠 수 있는 계

양자역학에서 양자계의 상태는 파동함수로 기술된다. 이는 무엇을 의미하는가? 코펜하겐 해석에 따르면 양자계는 여러 상태를 동시에 가질 수 있다. 이런 상태를 '양자 중첩 상태'라고 부른다. 하지만 관측자가 양자계 상태에 대한 측정을 시행하면 그중에서 무작위로 하나의 상태만 관측된다. 달리 말해 양자계 상태를 서술하는 파동함수는 측정되기 전에는 여러 가지 상태가 확률적으로 겹쳐 있지만 관측자가 측정을 시행하는 순간 무작위로 파동함수가 붕괴하기 때문에 겹침 상태가 아닌 하나의 상태로만 결정된다는 것이다.

하나의 입자는 원자핵 주변의 서로 다른 지점에 동시에 위치할 수 있다. 하지만 관측자가 입자의 위치를 측정하면 그중 하나의 위치에서만 관측된다. 구체적으로 어느 위치에서 관측될지는 무작위로 결정된다. 완전히 똑같은 양자계가 1만 개 존재한다고 가정할 때 각각의 양자계 상태를 측정하면 1만 가지 결과를 얻을 수 있다. 그중에서 어떤 결과는 나타날 가능성이 높고 또 어떤 결과는 나타날 가능성이 낮을 뿐이다. 이 같은 가능성 분포가 곧 확률 분포, 즉 확률파동이다.

측정을 시행하는 순간 일어나는 '파동함수의 붕괴'

전자를 예로 들어 코펜하겐 해석을 알아보자. 원자 내부 전자는 측정되기 전에는 여러 상태를 동시에 가질 수 있다. 하지만 관측자가 전자에 대한 측정을 시행하면 전자의 최종적인 상태만 관측된다. 달리 말해 전자의 파동함수는 측정되기 전에 분산된 형태로 존재하다가 측정을 시행하는 순간 하나의 위치에서 100퍼센트로 나타나고 다른 위치에서는 0퍼센트로 나타난다. 즉 전자의 파동함수는 측정 시행 전후에 순간적으로 변화한다. 분산된 형태에서 한 점에 집중된 형태로 바뀌는 것이다. 코펜하겐 해석에 따르면 전자를 관측하는 순간 파동함수가 급변하는 현상을 '파동함수의 붕괴'라고 한다.

분산돼 있던 파동함수는 관측자가 전자를 관측하는 순간 붕괴해 임의의 한 점에 집중된 상태로 바뀐다. 붕괴하는 과정은 무작위로 이뤄진다. 예측이 불가능하다. 크기가 줄어드는 중간 과정을 거치지 않고 불연속적인 도약을 일으켜 순간적으로 완성된다. 마치 당신이 손에 들고 있던 아이스크림이 녹는 과정이나 누군가가 먹는 과정을 거치지 않고 갑자기 반토막이 난 셈이다. 이것이 코펜하겐 해석이다.

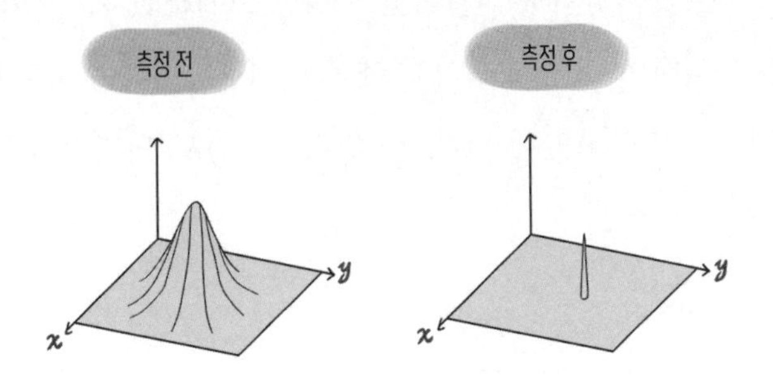

그림11-5 파동함수의 붕괴

슈뢰딩거의 고양이Schrödinger's cat

양자역학의 다양한 해석 가운데 하나인 코펜하겐 해석은 개념 자체가 이해하기 어려울 뿐만 아니라 기존 인과관계 철학관에 도전장을 던졌다. '동일한 상태를 가진 여러 계가 존재한다고 가정했을 때 똑같은 방법으로 이 여러 계의 상태를 측정하면 무작위로 임의의 결과가 얻어진다. 그저 확률 분포만 일정한 특징을 나타낸다'는 코펜하겐 해석은 인과론을 정면으로 부정한 것이다.

인과론의 핵심은 모든 결과에는 원인이 존재한다는 것이다. 똑같은 방식으로 측정했는데 서로 다른 결과가 나온다는 건 상식적으로 이해하기 어렵다. 이 문제를 이해하려면 접근 방식을 바꿔야 한다. 즉 양자역학적 관점에서 인과론을 새롭게 해석하자면 유일하게 정해진 대전제는 확률 분포일 뿐이다. 구체적인 결과는 유일하게 정해지지 않고 무작위로 나타난다.

당시 물리학자들은 코펜하겐 해석을 받아들이지 못했다. 슈뢰딩거 방정식을 창안한 슈뢰딩거도 인과론을 부정한 코펜하겐 해석에 대해 비판적이었다. 그리하여 그는 코펜하겐 해석이 터무니없다는 사실을 증명하기 위한 사고실험을 고안해 냈다. 이것이 바로 '슈뢰딩거의 고양이' 실험이다.

그림11-6 슈뢰딩거의 고양이

실험 내용은 다음과 같다. 어떤 밀폐된 상자에 고양이가 갇혀 있다. 상자 안에는 독극물이 담긴 병이 들어 있다. 이 병은 양자 중첩 상태를 나타내는 양자 스위치와 연결돼 있다. 이제 상자를 여는 순간 양자 스위치에 대한 관측을 시행한다. 즉 양자 스위치가 켜져 있느냐, 아니면 꺼져 있느냐를 관측하는 것이다. 만약 양자 스위치가 켜져 있다면 스위치와 연결된 병에 담긴 독극물이 분사돼 고양이는 죽는다. 반면 양자 스위치가 꺼져 있다면 독극물이 분사되지 않아 고양이는 살아남는다.

만약 관측하기 전의 고양이 상태에 대해 양자역학적 방식으로 서술하자면 '살아 있는 고양이와 죽어 있는 고양이가 중첩된 상태로 존재한다.'

또는 '고양이가 절반은 살아 있고 절반은 죽어 있다.' 이 같은 결론은 상식적으로 말이 안 된다. 현실에 존재하는 고양이는 죽어 있거나 살아 있는 두 상태 중 하나이기 때문이다. 일상적으로 사용되는 '반쯤 죽어 있다'는 표현도 사실은 살아 있는 상태를 말한다. 이 사고실험을 통해 얻어진 상식 파괴적인 결론은 언뜻 코펜하겐 해석을 반박할 유력한 증거로 보였다.

하지만 코펜하겐 해석의 불합리성을 증명하려는 의도로 만들어진 슈뢰딩거의 고양이 실험은 결과적으로는 오히려 코펜하겐 해석의 타당성을 높여주었다. 사실 우리가 알고 있는 이런저런 생활 상식은 따지고 보면 생활 실에서 오감으로 여러 가지 사물을 감지했기 때문이다. 이런 생활 속 '감지'는 물리학적인 '측정(또는 관측)'과 본질적으로 같다.

고양이가 살았는지 죽었는지 알려면 눈으로 고양이의 상태를 살펴보거나 귀로 고양이의 울음소리를 듣는 등 다양한 방식으로 고양이의 상태를 감지해야 한다. 이는 '양자역학에서는 모든 것이 관측을 통해 의미를 가진다. 관측되기 전에는 서술할 수 없다'고 한 코펜하겐 해석의 주장과 맞아떨어진다. 우리는 관측 결과에 기반해서만 사물을 서술할 수 있다. 그러므로 상자를 열기 전에 고양이 상태를 '절반은 살아 있고 절반은 죽어 있는 상태'라고 서술하는 것은 논리적으로 문제가 없다. '절반은 살아 있고 절반은 죽어 있는 상태'는 관측한 후의 결과와 일치하지 않을 뿐이다. 관측하기 전에 그런 상태가 아니었다고 증명할 방법은 없다.

'진정한 무작위'는 어떤 의미인가

이로써 양자역학계는 양대 진영으로 나뉘어졌다. 보어와 하이젠베르크를 비롯한 코펜하겐학파는 양자 중첩 상태 이론을 내세우면서 양자계가

'진정한 무작위성'을 갖고 있다고 주장했다. 즉 측정 결과가 어떻게 나올지는 완전히 예측이 불가능할 뿐 아니라 무작위성을 띤다는 것이다.

'진정한 무작위'는 우리가 흔히 말하는 '무작위'와 다른 의미이다. 예를 들어 주사위를 던졌을 때 각각의 수가 나올 확률은 6분의 1이다. 하지만 이는 주사위가 던져진 순간의 주사위 속도와 각도를 보지 못했을 때 얻어진 결론이다. 만약 주사위가 던져진 순간의 주사위 속도, 각도와 높이를 고속카메라로 촬영해 분석한다면 어떤 숫자가 나올지 정확하게 예측할 수 있다. 여기에서 숨은 변수는 주사위가 던져질 때의 운동 상태이다. 눈으로 봤을 때는 무작위인 것 같지만 실제로는 '거짓 무작위'이다. 코펜하겐 해석에 따르면, 양자계에는 숨은 변수가 존재하지 않는다. 측정 결과는 진짜로 예측이 불가능한 진정한 무작위성을 띤다.

코펜하겐 해석 반대파의 중심 인물은 슈뢰딩거와 아인슈타인이었다. 그들은 양자 중첩 상태의 발생 원인이 인류의 실험 기술과 이론이 부족하기 때문이라고 생각했다. 또 인과론은 주사위 게임을 비롯해서 세상 만물에 적용된다고 주장했다. 확률파동으로 양자역학을 서술하는 이유는 인류가 양자역학 현상에 숨어 있는 변수를 아직 찾아내지 못했기 때문이라고 보았다.

양대 진영은 각자 나름의 연구 결과를 유력한 증거로 제시하면서 팽팽한 논쟁을 이어갔다. 현대 물리학 관점에서 보면 코펜하겐학파의 주장이 더 신빙성이 있어 보인다. 그렇다면 진정만 무작위성이 발생하는 원인은 무엇인가? 진정한 무작위성의 배경 원리는 무엇인가? 하이젠베르크의 '불확정성 원리uncertainty principle'가 이에 대한 해답을 제시한다.

11-7
불확정성 원리

불확정성 원리의 개념

코펜하겐 해석이 맞다면 양자역학계는 중첩된 상태라고 서술할 수밖에 없다. 양자계는 근원적으로 정확한 예측이 불가능하다. 코펜하겐 해석의 배경은 양자역학의 기본 원리인 하이젠베르크의 불확정성 원리이다.

불확정성 원리는 양자역학에서 소립자의 위치와 속도 같은 서로 관계가 있는 한 쌍의 물리량을 동시에 정확하게 측정할 수 없다는 원리이다. 즉 입자의 정확한 위치를 알면 정확한 속도를 알 수 없고, 속도를 알면 위치를 알 수 없다는 얘기이다.

확률파동으로 양자계를 서술하는 이유는 양자계가 불확정성 원리에 따라 정확한 예측이 불가능하기 때문이다. 확률파동과 불확정성 원리는 서로의 필요충분조건이다. 양자계가 불확정성 원리로 움직이기 때문에 확률파동으로 서술할 수밖에 없다. 또 확률파동적인 서술은 반드시 불확정성 원리에 대응한다.

이 점을 어떻게 증명할 수 있을까? 역발상으로 접근해 보자. 가령 불확정성 원리가 틀렸다고 가정하면, 즉 소립자의 위치와 속도를 동시에 정확하게 측정할 수 있다고 가정하면 확률파동함수는 붕괴된다. 왜일까? 만약 한 소립자의 위치를 이미 알고 있는 상태에서 입자 속도까지 알아냈다면 '속도 곱하기 시간은 이동 거리'라는 수식에 따라 입자가 다음 순간에 어느 위치에 나타날지 정확하게 예측할 수 있다. 만약 불확정성 원리가 성립되지 않는다면 입자의 이동 궤적은 하나로 정해진다. 확률파동으로 서술할 필요가 없다. 그러므로 확률파동적 서술이 양자역학계의 기본 방식이라면 불확정성 원리도 틀림없이 정확하다는 결론이 나온다. 또 양자역학의 기본 원리인 불확정성 원리가 성립되는 한 확률파동으로 양자계를 서술할 수 있다.

전자는 '작은 공'인가

그럼에도 불확정성 원리를 이해하기란 쉽지 않다. 소립자라면 부피가 매우 작은 공이 아닌가? 위치와 속도를 동시에 정확하게 측정할 수 없다는 게 말이 되는가? 모든 가시적 물체는 위치와 속도를 동시에 측정할 수 있는데 왜 소립자는 불가능하다는 말인가?

이 문제를 이해하려면 소립자에 대한 정확한 인식이 필요하다. 많은 사람들은 양성자나 전자 같은 소립자는 1천분의 1나노미터 정도 크기의 '작은 공'일 거라고 생각한다. 하지만 소립자가 작은 공이라는 생각은 검증된 사실이 아니다.

형광 물질을 칠한 벽에 전자를 쏘는 실험을 해보면 벽에 작은 점이 찍힌다. 그래서 사람들은 전자가 틀림없이 작은 공을 닮았을 거라고 부지불식간에 인식한다. 벽에 전자를 쏘는 행위는 하나의 측정 과정이다. 이 측정 과정을 통해 우리는 전자의 위치 정보를 알 수 있다. 즉 전자는 위치가 관측될 때 작은 공의 속성을 지니고 공간에 존재한다. 하지만 속도를 측정할 때는 그렇지 않다. 전자가 일정한 속도로 이동할 때도 여전히 작은 공의 속성과 형태를 가진다고 아무도 확신하지 못한다.

'전자는 작은 공이다'는 선입견을 버리면 서로 다른 한 쌍의 물리량을 동시에 측정할 수 없다는 원리를 이해할 수 있다. 가시적 세계에서도 이와 비슷한 경우를 많이 볼 수 있다. 예컨대 체력 테스트를 할 때 심폐 기능 측정 지표가 두 가지 있다. 그중 하나는 폐활량 테스트이고 다른 하나는 격렬하게 운동하고 난 뒤 심장 박동수를 체크하는 것이다. 두말할 필요 없이 이 두 지표를 동시에 측정하기란 불가능하다. 폐활량은 안정된 상태에서 측정해야 하는 반면 심장 박동수는 달리기 같은 격렬한 운동이 끝난 다음 측정해야 한다. 그러므로 폐활량과 격렬한 운동 후의 심장 박동수를 동시에 측정할 수 없다. 이 같은 상황은 이해하기 어렵지 않다.

전자를 측정하는 것도 마찬가지다. 전자 한 쌍의 물리량을 동시에 측정하는 것이 불가능하다는 사실을 받아들이기 어려운 이유는 소립자는 작은 공이라는 주관적인 선입견에 사로잡혀 있기 때문이다. 선입견을 버리고 전자가 '무엇'이라고 가정하지 않으면 불확정성 원리를 이해하기 어렵지 않다. 소립자의 속도와 위치는 동시에 측정할 수 없다. 마치 폐활량과 격렬한 운동 후의 심장 박동수를 동시에 측정할 수 없는 것과 마찬가지이다. 요컨대 소립자는 작은 공이 아니다.

불확정성 원리가 주는 철학적 깨우침

그렇다면 소립자는 도대체 무엇인가? 매우 좋은 질문이다. 이 문제의 답을 구하기 전에 먼저 다음 질문에 대답하기 바란다. '당신은 한 물체에 대해 설명할 때 무엇에 초점을 두는가?' 사실 대부분 사람들은 물체를 서술할 때 주로 물체의 성질을 설명하는 데 초점을 둔다. 한 물체가 무엇이냐는 그 물체가 나타내는 모든 성질에 따라 구체적으로 결정된다.

사람들은 '사과' '공' 이런 식으로 물체에 여러 가지 이름을 붙여준다. 하지만 '사과'가 무엇이고 '공'이 무엇인지 설명하려면 사과나 공의 성질을 일일이 서술하지 않으면 안 된다. 이를테면 '사과는 맛이 달고 시다. 동그란 모양이다. 붉은색과 푸른색을 띤다'는 식으로 사과에 대해 설명해야 한다. 사람들은 이와 같이 몇 가지 공통적인 성질을 가진 과일을 '사과'라는 추상적인 개념으로 분류한 것이다. 우리가 쇠공을 '공'이라고 부르는 이유는 구형 물체를 '공'이라고 부르기 때문이다. 또 우리가 공은 구형이라고 인식하는 이유는 공에 대해 눈으로 관측했기 때문이다. 요컨대 우리는 한 물체가 무엇이냐에 대해 물체를 여러 방식으로 측정한 결과를 종합해 설명한다.

사람은 전자처럼 매우 작은 크기를 가진 소립자를 시각적으로 감지할 수 없다. 사람이 가시적 물체가 갖고 있는 색깔이나 형태를 눈으로 볼 수 있는 이유는 물체의 크기가 광파의 파장보다 훨씬 커서 빛을 반사하기 때문이다. 하지만 전자나 원자를 비롯한 소립자는 광파의 파장보다 훨씬 작기 때문에 빛을 반사할 수 없다. 그래서 사람의 눈으로 소립자를 볼 수 없다. 이 때문에 우리는 시각적 개념으로 소립자를 인식할 수 없다. 소립자의 존재를 감지하려면 반드시 여러 가지 실험을 통해 다양한 측면으로 관측해야 한다. 우리는 이런 관측 결과를 종합해 소립자가 무엇이냐에 대해 해석할 수 있다.

여기에서 한 가지 깨달음을 얻을 수 있다. 양자역학에서는 물체가 '무엇'이라고 단정적으로 말하지 못한다. 다만 '어떤 방식으로 물체 또는 계를 측정했더니 어떤 결과가 나왔다'고 해석할 뿐이다.

불확정성 원리에 따르면 소립자의 위치와 속도를 동시에 측정할 수 없다. 그러므로 양자계에서 소립자의 운동 궤적은 정해지지 않는다. 소립자가 이동 궤도를 갖는다고 생각하는 이유는 '입자가 작은 공'이라는 검증 안 된 선입견에 사로잡혀 있기 때문이다. 이는 양자계 서술 원칙에 들어맞지 않는다.

비가환성non-commutability

슈뢰딩거 방정식의 해를 구하면 시공간 좌표를 독립변수로 하는 양자계 확률파동함수를 얻을 수 있다. 또 파동함수를 이용해 양자계에서 측정 가능한 다양한 물리량을 계산해 낼 수 있다. 예를 들어 슈뢰딩거 방정식의 해를 구하면 전자의 파동함수를 통해 전자 에너지의 양자화된 값을 계산해 낼 수 있다. 물론 이는 수학적 방법으로 얻은 결론이다. 미분 방정식을 풀어보면 양자화는 수학적 추리의 필연적 결과이다. 그렇다면 수학적 방법에 의존하지 않고 양자계의 양자화 특성을 이해할 수 있는 방법이 없을까? 물론 있다. 불확정성 원리로 양자계의 양자화 특성의 본질을 이해할 수 있다.

양자역학의 양자화 특징은 다음과 같이 요약할 수 있다. 만물은 모두 최소 단위를 갖고 있다. 심지어 여러 계의 다양한 물리량도 수치상으로 최소 간격을 갖고 있다. 즉 물리량은 수학 곡선처럼 연속적으로 변화하는 게 아니라 불연속적인 변화 값을 가진다. 이 세계는 고무찰흙으로 빚어진 게 아니라 레고처럼 블록을 조합해 만들어졌다. 플랑크 상수는 이 세계를 구성하는 블록 중에서 크기가 제일 작은 '블록'이다.

불확정성 원리에 따르면 소립자의 속도와 위치를 동시에 정확하게 측정할 수 없다. 그렇다면 '정확하게 측정할 수 없다'는 게 어느 정도의 정확도를 기준으로 하는가? 측정 결과가 정확하지 않아도 적어도 하나의 숫자로 표시할 수는 있지 않을까? 세계를 구성하는 최소 단위는 분명히 존재한다고 했다. 그렇다면 양자계에서 측정 정확도는 최소 단위 척도를 벗어날 정도로 높을 수 없다. 정확도가 최소 단위 척도를 벗어났다면 더 이상 최소 단위가 아닐 뿐더러 더 쪼갤 수 있다는 사실을 의미하기 때문이다. 그러므로 환산 플랑크 상수를 불확정성 원리에 기반한 최고 기준의 측정 정확도라고 보아도 좋다. 불확정성 원리 연산식은 다음과 같다.

$$\sigma_x \sigma_p \geq \frac{\hbar}{2}$$

여기에서 σ_x는 입자의 위치에 대한 최소 측정 오차, 즉 위치 측정의 정확도를 나타낸다. σ_p는 입자의 운동량에 대한 최소 측정 오차, 즉 운동량 측정의 정확도를 나타낸다. σ_x에 σ_p를 곱한 값은 반드시 환산 플랑크 상수의 2분의 1보다 커야 한다. 만약 위치를 매우 정확하게 측정해 측정 오차가 0인 경우, 즉 $\sigma_x=0$인 경우 이 부등식이 성립하려면 σ_p의 값은 반드시 무한대에 가까워야 한다. 0에 어떤 수를 곱해도 값은 0이 되기 때문이다. 달리 말해 위치 측정 정확도가 지극히 높으면 속도에 정비례하는 운동량의 측정 정확도는 지극히 낮아진다. 아무리 측정 방법을 다르게 해도 총 오차는 0이 될 수 없다. 반드시 두 값 사이 간격이 존재한다. 이 간격이 바로 양자화의 본질이다.

불확정성 원리는 입자의 위치와 속도 두 변수가 비가환성을 가진다고 주장한다. 즉 두 변수의 측정 순서를 서로 바꿀 수 없다. 비가환성이란 소립자의 위치를 먼저 측정한 후 속도를 측정해 곱한 값과 속도를 먼저 측정한 다음 위치를 측정해 곱한 값이 같지 않다는 뜻이다. 이는 '수의 곱셈에서 곱하는 순서를 바꿔도 결과가 같다'는 수학적 교환 법칙과 완전히 다르다. 즉 $a \times b \neq b \times a$라는 얘기이다. 선형대수학을 배운 사람은 a와 b가 행렬일 때 $a \times b \neq b \times a$가 성립된다는 사실을 알 것이다. 하이젠베르크가 양자역학계를 수학적으로 나타내기 위해 만든 행렬역학matrix mechanics에서는 양자역학계 변수들을 행렬로 표시할 수 있다. 요컨대 불확정성 원리는 수학적 형태인 행렬역학으로 나타낼 수 있다.

비가환성 원리는 양자계의 양자화 현상을 해석하는 기본 원리이다. 가시적 세계의 사례로도 양자계의 양자화 현상은 설명 가능하다. 공(구체) 속에 x-y-z축으로 구성된 3차원 직각좌표계를 그린다고 가정해 보자. 공의 중심이 좌표계 원점이고, z축은 남극과 북극을 향하고, 공의 북극점에 북쪽을 향한 화살표가 그려져 있다. 먼저 x축을 회전축으로 공을 시계 방향으로 90도 회전시킨다. 이어 y축을 회전축으로 해서 시곗바늘 반대 방향으로 90도 회전시킨다. 비가환성 원리에 따르면 이 경우에는 공의 회전 순서를 바꿀 수 없다. 회전 순서를 바꿨을 때 북극점의 화살표는 원래와 다른 방향을 가리킨다. 측정 결과를 보면 일정한 각도 차이가 생긴다. 이 사례로부터 불확정성 원리를 이끌어낼 수 있다. 나아가 양자 변수의 비가환성이 양자계 양자화를 결정한다는 사실도 알 수 있다.

11-8

EPR 역설

불확정성 원리와 코펜하겐 해석

불확정성 원리는 양자역학의 기본 원리이다. 불확정성 원리는 엄밀한 의미에서 증명이 불가능하다. 실험과 귀납 추리를 통해서만 얻어낼 수 있는 원리이다. 불확정성 원리를 인정하고 받아들이는 것은 코펜하겐 해석을 인정하고 받아들이는 것과 같다. 우리는 불확정성 원리로 코펜하겐 해석을 기술할 수 있다.

코펜하겐 해석에 따르면 양자계는 여러 상태를 동시에 가질 수 있다. 이런 상태를 '양자 중첩 상태'라고 부른다. 하지만 관측자가 양자계의 상태를 측정하는 순간 그중에서 무작위로 하나의 상태만 관측된다. 달리 말해 양자계 상태를 서술하는 파동함수는 관측자가 측정하는 동시에 중간 과정이 없는 순간적인 붕괴가 일어난다.

하이젠베르크의 불확정성 원리에 따르면 소립자의 속도와 위치를 동시에 정확하게 측정할 수 없다. 이는 소립자의 속도와 위치 측정 순서를 서로 바꿀 수 없다는 뜻이다. 양자역학 용어로 표현하자면 '양자역학 법칙을 만족하는 소립자는 속도와 위치 두 물리적 변수를 측정할 때 비가환성을 가진다.' 속도와 위치뿐만 아니라 에너지와 시간 등 많은 물리적 변수들이 비가환성을 가진다.

어떻게 불확정성 원리로 코펜하겐 해석을 설명할 것인가? 코펜하겐 해석에 따르면 입자는 양자 중첩 상태로 나타난다. 이때 한 입자는 여러 위치에 존재할 수 있다. 각 위치에 존재할 확률은 다 다르다. 각 위치에 존재할 확률을 모두 더한 값은 반드시 1이다. 이 입자의 속도 또한 중첩 상태이다. 속도를 독립변수 삼아 확률파동함수를 그릴 수 있다.

만약 한 입자의 위치가 정확하게 측정됐다면 불확정성 원리에 따라 입자의 속도는 정확한 측정이 불가능하다. 코펜하겐 해석에 따르면 속도를 독립변수로 하는 파동함수는 여러 개의 파동함수가 중첩된 상태로 나타난다. 하지만 입자를 관측하는 순간 중첩됐던 파동함수가 붕괴되면서 무작위로 그중 하나의 상태로만 결정된다. 이 때문에 우리는 입자의 속도를 알수 있다. 입자의 정확한 위치를 알고, 비록 무작위로 얻었지만 그 시점에서 입자의 속도도 알아냈으니 입자가 1초 후에 어느 위치에서 발견될지 예측할 수 있지 않을까? 하지만 실제로는 그렇지 않다. 입자의 속도가 하나의 상태로 결정됐을 때 불확정성 원리에 따라 입자의 위치가 불확정해지기 때문이다. 코펜하겐 해석에 따르면 이 경우 위치를 독립변수로 하는 파동함수는 여러 개의 파동함수가 중첩된 상태로 나타난다. 이때 위치를 측정하면 중첩됐던 파동함수가 붕괴되면서 입자의 위치가 무작위로 결정된다. 그러므로 우리는 입자가 1초 후에 어디에서 발견될지 여전히 알 수 없다. 위의 내용을 종합해 보면 코펜하겐 해석과 불확정성 원리는 등가관계에 있다. 서로에 의해 규정되고 해석된다.

아인슈타인의 양자 얽힘quantum entanglement 사고실험

아인슈타인은 불확정성 원리를 받아들이지 않았다. 불확정성 원리처럼 인과론을 뿌리째 뒤집은 이론을 받아들일 수 없었기 때문이다. 아인슈타인은 양자역학의 '무작위'는 '진정한 무작위'가 아닐뿐더러 측정 결과에 영향을 미치는 숨은 변수가 반드시 존재한다고 생각했다. 또 파동함수의 붕괴가 연속적이라고 주장했다. 아인슈타인은 코펜하겐 해석과 불확정성 원리의 잘못을 증명하기 위해 이른바 'EPR 역설'이라는 사고실험을 고안해 냈다. EPR는 아인슈타인과 포돌스키Boris Podolsky, 로젠Nathan Rogen 이 세 과학자의 이니셜을 따서 명명한 것이다.

EPR 사고실험은 다음과 같다. A라는 상태 또는 B라는 상태 둘 중에서 한 가지 상태만 갖는 양자계가 존재한다고 가정해 보자. 코펜하겐 해석에 따르면 이 양자계는 A와 B가 일정한 확률로 중첩된 상태이다. 또 A로 존재할 확률과 B로 존재할 확률을 더한 값은 백 퍼센트이다. 하지만 측정하는 순간 양자계의 상태는 A 아니면 B 둘 중에서 하나로 결정된다. 마찬가지로 양자계의 상태를 조절하는 방식으로 두 양자계의 상관관계를 만들어낼 수도 있다.

편의상 상호 상관관계를 갖고 있는 두 전자의 상태만 살펴보자. 업스핀up spin 상태의 전자를 'A', 다운스핀down spin 상태의 전자를 'B'라고 가정할 때 A와 B 두 전자가 서로 연관돼 있는 상태를 얽힘 상태라고 한다. 두 개의 전자로 구성돼 있는 계에서 '두 전자 모두 A 상태에 있을 확률과 두 전자 모두 B 상태에 있을 확률이 중첩된 상태' 또한 얽힘 상태이다. 이제 그중의 한 전자를 측정해 그 전자가 A 상태에 있다는 결과가 나왔다면 더 측정할 필요 없이 다른 전자 또한 A 상태라고 판단할 수 있다. 마찬가지로 두 양자계 중에서 하나를 측정해 B 상태에 있다는 결론을 얻었다면 더 측정할 필요 없이 다른 양자계 또한 B 상태에 있다.

이로써 아인슈타인은 특수상대성이론과 모순되는 결론을 유도해 냈다. 즉 두 양자계의 얽힘 상태는 두 양자계 사이의 물리적 거리와 필연적인 관계가 없으며, 두 양자계를 매우 멀리 떨어뜨려 놓아도 서로 얽혀 있는 상태는 계속 유지된다. 여기에서 역설이 생긴다.

아인슈타인과 플랑크가 각자 전자를 하나씩 들고 있다고 가정해 보자. 두 전자는 양자 얽힘 상태에 있다. 아인슈타인은 전자를 든 채 우주선을 타고 지구로부터 1광년 떨어진 곳에 갔다. 이제 플랑크가 들고 있는 전자의 상태를 관측하기만 하면 아인슈타인이 들고 있는 전자의 상태도 알 수 있다. 두 전자는 양자 얽힘 상태에 있기 때문이다. 즉 플랑크가 들고 있는 전자가 A 상태에 있다면 플랑크는 아인슈타인이 들고 있는 전자도 A 상태에 있다. 달리 말해 플랑크는 자신이 들고 있는 전자의 상태를 관측한 순간 아인슈타인이 들고 있는 전자의 정보를 알 수 있다는 얘기이다. 이는 거리의 제한을 전혀 받지 않는 상호작용, 즉 원거리 작용에 의한 것이다. 하지만 주지하다시피 모든 정보의 전달 속도는 광속을 앞지를 수 없

그림11-7 아인슈타인과 플랑크의 정보 전달 게임

다. 따라서 원거리 작용은 존재할 수 없다. 상대성이론에 위배되기 때문이다. 그렇다면 어디에서 문제가 생겼을까? 거슬러 올라가 보면 결국 양자 얽힘 상태가 존재할 수 없다. 코펜하겐 해석은 틀렸다는 결론이 나온다. 이것이 EPR 역설이다.

양자 얽힘은 광속을 추월한 원거리 작용인가

양자 얽힘은 실제로 존재하는 현상이다. 심지어 과학자들은 양자 얽힘 원리를 이용해 양자컴퓨터quantum computer도 만들어냈다. 아인슈타인은 EPR 역설로 코펜하겐 해석과 불확정성 원리를 뒤집지 못했으며 오히려 양자 얽힘 현상으로 코펜하겐 해석과 불확정성 원리의 정확성을 입증한 셈이었다.

그렇다면 아인슈타인이 놓친 부분은 무엇일까? 설마 상대성이론이 틀렸다는 말인가? 광속을 추월한 정보 전달이 가능하다는 말인가? 문제는 '정보'에 대한 그릇된 인식에서 비롯됐다. 사람들은 양자 얽힘 현상 덕분에 몇 광년 떨어져 있는 곳의 상황을 순식간에 알게 됐다고 생각하는데 여기에서 '안다'는 것은 '정보 전달'을 의미하지 않는다. '안다'는 것은 불확정성을 띠기 때문이다.

정보란 무엇인가? 상대에게 전달하는 확정적인 내용이 바로 정보이다. 플랑크와 아인슈타인이 양자 얽힘 상태의 전자를 각자 하나씩 갖고 있다고 가정하자. 이제 플랑크는 외계의 물을 찾아 다른 천체로 떠난다. 떠나기 전에 두 사람이 약속하기를, 만약 플랑크가 물을 발견했다면 자신의 전자 상태를 A 상태로 만들고 물을 발견하지 못했다면 B 상태로 만들기로 했다. 만약 플랑크가 정말로 물을 발견했다면 그는 이 사실을 아인슈타인에게 알리고 아인슈타인의 손에 있는 전자가 A 상태에 있는지 확인하게 할 수 있을까? 답은 '불가능하다'이다. 두 사람이 갖고 있는 전자가 같은 상태에 있다는 사실은 분명하다. 하지만 아인슈타인이 측정하는 순간 전자가 A 상태로 결정되든 B 상태로 결정되든 플랑크는 그 결과를 조절할 수 없다. 물론 플랑크는 전자가 어떤 상태에 있는지 측정할 수는 있다. 하지만 측정 결과를 조절할 수는 없다. 플랑크가 측정을 통해 전자가 A 상태 또는 B 상태에 있다는 결과를 얻었다면 아인슈타인도 반드시 똑같은 결과를 얻는다. 하지만 플랑크는 결과를 조절할 수 없기 때문에 아인슈타인에게 확정적인 정보를 알려줄 수 없다.

요컨대 측정 과정에서는 확정적인 정보가 전달되지 않았기 때문에 일반상대성이론에 위배되지 않는다. 또 측정이 끝난 뒤에는 두 사람이 갖고 있는 전자가 똑같은 상태에 있다는 사실이 확정됐으므로 두 전자 사이 양자 얽힘도 깨지고 만다.

파동함수 붕괴는 연속적인 과정이다

아인슈타인의 논증을 거쳐 코펜하겐 해석과 불확정성 원리의 입지는 더욱더 단단해졌다. 하지만 최근에 코펜하겐 해석으로 파동함수 붕괴를 해석한 내용 중에 정확하지 않은 부분이 발견됐다.

2019년 6월 예일대학 연구진은 정밀한 실험을 통해 파동함수의 붕괴는 순간적으로 일어나지 않고 중간 과정을 거쳐 연속적으로 일어난다는 것(물론 최종적으로 어떤 파동함수가 남을지는 무작위로 결정된다)을 증명했다. 즉 파동함수는 어떤 상태로 붕괴될지 정확하게 결정된 후 중간 상태가 포함된 연속적인 붕괴 과정을 겪는다는 얘기이다. 그런 의미에서 아인슈타인은 파동함수의 연속성을 직감적으로 예측한 셈이다.

현재까지 '양자역학적 무작위성은 진정한 무작위성'이라는 서술은 난공불락으로 받아들여지고 있다. 그렇다면 물리학적 측면에서 이 서술을 어떻게 이해할 수 있을까? 이 서술을 적용한 이론 중 하나가 바로 평행우주론Parallel Universe이다.

11-9
평행우주론

평행우주론이란 무엇인가

'평행우주'라는 말은 SF 소설이나 영화에 단골로 등장하는 매우 신비한 개념이다. 평행우주는 물리학 개념이라기보다 철학적 사유에 더 가깝다. 아직까지 평행우주의 존재는 실제로 확인되지 않았다. 확인될 가능성도 매우 작다. 하지만 평행우주론으로 양자역학의 불확정성 원리를 설명할 수는 있다.

평행우주론을 가장 처음 제시한 사람은 슈뢰딩거이다. 슈뢰딩거는 물리학 분야에서 대단한 업적을 자랑한 물리학자일 뿐만 아니라 탁월한 철학가이자 사상가이기도 하다. 그는 1952년에 아일랜드 수도 더블린에서 열린 학술세미나에서 처음으로 평행우주론을 발표했다. 그는 발표에 앞서, "저의 연설이 여러분을 미치게 할지도 모르니 마음의 준비를 단단히 하실 것을 부탁드린다"고 회의 참석자들에게 미리 언질을 줬다.

평행우주론은 불확정성 원리와 코펜하겐 해석을 설명하는 데 적격이다. 코펜하겐 해석에 따르면 하나의 계는 측정되기 전에 여러 상태가 겹친 중첩 상태이지만 관측자가 측정하는 순간 그중에서 임의의 한 상태로 결정된다.

평행우주론은 파동함수의 붕괴에 대해 다음과 같이 설명한다. '관측자의 측정 때문에 임의의 한 상태가 결정되어 나타나는 것이 아니다. 파동함수가 붕괴 특성을 갖고 있는 것도 아니다. 사실 측정을 시행하는 순간에 모든 가능한 결과는 이미 전부 나타났다. 이렇게 나타난 서로 다른 결과는 여러 개의 서로 다른 평행우주와 대응된다.'

예를 들어 당신이 대학 입시를 보는데 답을 알듯 말듯한 객관식 문제가 출제됐다고 가정해 보자. 아무리 생각해도 문제의 정답을 확신할 수 없었던 당신은 양자계의 도움을 받고자 양자 스위치를 켠다. 양자계가 가질 수 있는 상태는 모두 네 가지이다. 당신이 풀지 못한 객관식 문제의 보기 A, B, C, D와 각각 대응한다. 코펜하겐 해석에 따르면 당신은 양자계의 도움을 받아 A, B, C, D 네 개의 보기 중에서 임의의 하나를 선택한다. 물론 네 개의 보기 중에서 정답은 하나뿐이다. 평행우주론으로 당신의 상황을 다음과 같이 설명할 수 있다. '당신이 대학에 합격할지 여부는 정해지지 않았다. 당신이 선택을 마친 순간 네 개의 평행우주가 생겨나면서 네 개의 평행우주 중 한 곳에서 당신은 객관식 문제의 정답을 맞혀 대학에 입학하고 나머지 세 곳에 있는 당신은 정답을 맞히지 못해서 입시에 떨어진다.'

이것이 평행우주론으로 코펜하겐 해석을 설명한 예시이다. 평행우주론에 따르면 무작위 결정이란 존재하지 않는다. 모든 가능성은 새로운 평행

우주 형태로 실재한다. 다만 우리는 그중 하나의 결과와 정신적으로 연결되기 때문에 무작위로 하나의 결과가 선택됐다고 믿는 것뿐이다.

그림11-8 상상 속의 평행우주

5차원

평행우주론은 새로운 시공간 차원을 펼쳐 보였다. 이 새로운 차원을 '가능성의 차원' 또는 '5차원'이라고 부르기로 하자.

사람은 4차원 시공간 세계에서 살고 있다. 그러면 5차원이란 무엇인가? 사람(또는 우주)이 태어나서 죽을 때까지 일생을 선 하나로 표시해 보자. 이 시간선 위의 모든 점은 네 개의 좌표축(1차원 시간 좌표와 3차원 공간 좌표)을 갖고 있다. 즉 시간선은 4차원이다.

기학학적 측면에서 1차원과 2차원을 어떻게 표현하는지 살펴보자. 일반적으로 종이에 선 하나를 그어서 1차원을 표현한다. 그러면 2차원을 표현하기 위해서는 어떻게 해야 할까? 1차원을 표현한 하나의 선을 두 개의 선으로 분화시키면 된다. 분화된 두 선이 연결돼 2차원 평면을 이루는 것이다. 같은 방법으로 5차원도 표현할 수 있다. 한 우주가 생겨나서 소멸할 때까지의 기간은 온전한 시간선으로 표시된다. 그러므로 4차원 시간선을 분화시켜서 5차원을 표현할 수 있다. 4차원 세계에서 살고 있는 우리에게 5차원이란 무엇인가? 매번 양자계에 대한 측정을 통해 분화돼 나온 서로 다른 시간선이 바로 5차원이다. 그래서 5차원을 '가능성의 차원'이라고 한다.

우주가 오늘날까지 진화해 온 과정에서 무수히 많은 양자 현상이 일어났다. 그리고 매번 측정되는 순간마다 새로운 평행우주가 생겨났다. 이렇게 생겨난 평행우주들은 처음에는 서로 비슷했다. 그러나 시간이 지나면서 점점 차별화된 모습을 보였다. 마치 하나의 나무에서 자란 가지들이 자라면서 다양한 형태로 또 다른 가지들을 뻗어나가듯이 말이다. 무수히 많은 평행우주 속에 무수히 많은 '내'가 있고, 무수히 많은 '나'는 다른 '나'와 완전히 다른 삶을 살아가고 있다. 이를테면 직업이 다 다르고 성격도 다 다르다.

평행우주론은 아직까지 실험적 검증이 불가능하다. 관련 분야 연구도 이뤄지고 있으나 주류 연구로 평가받지는 못한다. 그보다는 코펜하겐 해석이나 불확정성 원리에 대한 철학적 해석에 가깝다고 봐도 좋다.

이로써 우리는 사물의 기본 구성에 대한 답을 찾아냈다. 즉 세상 만물은 모두 원자로 구성됐다. 존 돌턴과 로버트 브라운은 원자의 존재를 증명했다. 존 톰슨은 전자를 발견해 원자 내부 구조가 기존 가설보다 복잡하다는 사실을 증명했다. 또 러더퍼드의 알파입자 산란 실험을 통해 원자가 양전하를 띤 원자핵과 음전하를 가진 전자로 구성되어 있다는 사실을 알게 됐다. 원자 내부의 음전하 수(전자 수)와 양전하 수(원자핵 내부 양성자 수)가 같다는 사실 역시 밝혀냈다.

원자 내부 전자의 이동 궤적은 정해지지 않았다. 확률파동으로 전자의 운동 법칙을 기술할 수 있다. 원자핵 주변 전자들의 운동은 슈뢰딩거 방정식을 만족한다. 슈뢰딩거 방정식의 해를 풀어서 전자의 에너지값을 구할 수 있으며 나아가 전자의 파동함수를 수학적으로 해석할 수 있다. 또 전자 에너지 준위 이론과 파울리의 배타 원리를 통해 원자 내부 전자의 배치 상태도 알 수 있다. 이때 원자의 화학적 성질은 전자 배치에 따라 결정된다.

양자역학의 기본 원리인 불확정성 원리는 양자계 파동함수에 기반해 이끌어낼 수 있다. 코펜하겐 해석과 불확정성 원리는 등가관계에 있다. 코펜하겐 해석에 따르면 양자계는 여러 상태를 동시에 가질 수 있다. 즉 양자 중첩 상태이다. 하지만 관측자가 양자계 상태를 측정하면 그중에서 무작위로 하나의 상태로 결정된다.

이 정도면 원자에 대해 어느 정도 이해했다고 봐도 되지 않을까? 물론 이쯤에서 새로운 질문을 쏟아내는 사람도 있을 것이다. 원자핵은 어떤 성질을 갖고 있을까? 원자핵을 더 작은 단위로 쪼갤 수 있을까? 원소마다 서로 다른 성질을 갖는 이유는 원자핵이 보유한 전하량이 다 다르기 때문이다. 그렇다면 원자핵도 내부 구조를 갖고 있지 않을까? 원자핵 내부에는 무엇이 있을까? 원자핵은 어떤 성질과 운동 법칙을 갖고 있을까? 연구 대상을 원자 수준에서 원자핵 차원으로 한층 더 줄여 원자핵 내부를 관찰하면 자연스럽게 새로운 물리학 분야인 핵물리학에 접근할 수 있다.

CHAPTER 12

핵물리학

Nuclear Physics

12-1 원자핵의 내부 구조

핵물리학은 어떤 학문인가

핵물리학은 원자핵을 연구하는 학문으로 원자물리학과 엄연히 다르다. 원자물리학의 연구 대상은 원자이다. 원자물리학은 또 원자 내부 전자와 원자핵의 관계, 그리고 전자 배치 연구에 초점을 둔다. 전자의 성질은 비교적 쉽게 이해할 수 있다. 전자는 한 개 단위의 음전하를 갖고 있는 소립자이다. 전자의 질량은 수소 원자핵의 1,800분의 1 정도로 매우 작다. 킬로그램으로 표시한다면 전자의 질량은 약 9.1×10^{-31}kg이다. 전자는 환산 플랑크 상수의 2분의 1만큼의 스핀 값을 가진다. 원자 내부의 음전하 수는 전자 수에 따라 결정된다.

반면 원자핵의 성질은 이해하기 쉽지 않다. 우선 원자핵은 양의 전하를 띠고 있다. 원자핵의 양전하 수는 전자 수와 같다. 또 원자핵 종류에 따라 크기, 스핀과 질량이 다르다. 요컨대 원자핵은 전자보다 훨씬 더 복잡한 구조를 갖고 있다. 원자핵의 물리적 성질을 연구하는 학문이 바로 핵물리학이다.

원자핵을 더 작은 기본 단위로 쪼갤 수 있을까? 쪼갤 수 있다면 원자핵은 몇 가지 기본 입자로 이뤄졌을까? 이 몇 가지 기본 입자는 어떤 성질을 갖고 있을까? 또 이들은 원자핵 내부의 그토록 작은 공간에서 어떤 방식으로 상호작용할까? 핵물리학에서 이 몇 가지 문제의 답을 찾을 수 있다. 중학교에서 원자핵이 양성자와 중성자로 이뤘졌다고 배웠을 것이다. 이 내용은 매우 보잘것없어 보이지만 발견 과정은 결코 간단하지 않다.

3종 핵붕괴

과학자들은 20세기 초에 방사성 물질에 대한 실험을 통해 원자핵이 복잡한 내부 구조를 갖고 있다는 사실을 알았다.

방사능radioactivity은 일정한 조건에서 원자핵이 뿜어낸 특정 물질을 가리킨다. 사람들은 훗날 방사능이 곧 핵붕괴(방사성 붕괴)라는 사실을 알게 됐다. 방사성 붕괴에는 알파α붕괴, 베타β붕괴, 감마γ붕괴가 있다.

알파붕괴로 방출되는 물질은 헬륨 원자핵이다. 양전하를 띤 양성자 두 개와 중성자 두 개가 한 세트로 밖으로 나가는 현상이다. 베타붕괴는 대량의 전자가 전자속(다발)을 이뤄 밖으로 튀어나오는 현상이다. 감마붕괴는 진동수가 아주 높은 전자기파가 튀어나오는 현상으로 그 에너지는 엑스레이의 몇백 배에 이른다.

흔히 말하는 핵 오염이란 이 세 가지 방사성 붕괴에 따른 방사성 오염을 의미한다. 세 가지 방사성 붕괴가 일어날 때 방출되는 에너지는 어마어마하다. 유기물에 엄청난 피해를 끼친다. 생물 세포의 단백질 구조, 심지어 유전자 사슬까지 파괴해 유전자 변형을 일으킨다. 어떤 원자핵은 특정 조건에서 방사성 물질을 방출할 수 있다. 현재까지 발견된 방사성 원소는 매우 많다. 이는 원자핵의 내부 구조가 매우 복잡하다는 뜻이다.

양성자의 발견

원자핵의 존재가 단번에 존재가 발견되지는 않았다. 처음에는 실험을 통해 수소 원자가 가장 가벼운 원자라는 사실만 밝혀냈다. 다양한 종류의 원자 질량이 모두 수소 원자 질량의 정수배라는 측정 결과가 나왔기 때문이다. 그래서 당시 과학자들은 모든 원자는 다양한 개수의 수소 원자로만 구성돼 있다고 생각했다. 훗날 러더퍼드가 알파입자 산란 실험을 통해 원자핵의 존재를 증명했다. 또 존 톰슨이 전자를 발견하면서 전자의 질량이 원자핵 질량보다 훨씬 작다는 사실을 알게 됐다. 나아가 각종 원자의 원자핵은 수소 원자핵의 정수배의 질량을 갖고 있다는 사실을 알아냈다.

1920년대에 이르러 러더퍼드는 알파입자(헬륨 원자핵)와 질소 원자가 격렬한 반응을 일으켜 산소 원자가 생성되면서 동시에 수소 원자와 거의 같은 질량과 양전하를 가진 작은 입자가 방출된다는 사실을 발견했다. 양성자였다. 달리 말해 수소 원자의 원자핵이 사실은 하나의 양성자라는 뜻이다. 이와 같이 여러 종류의 핵이 반응해 새로운 핵으로 변환하는 현상을 핵 반응이라고 한다. 원자는 전기적으로 중성이다. 그러므로 원자 내부 원자핵이 보유한 양전하 수는 원자 내부 전자 수와 같다. 이로써 서로 다른 원자핵은 각자 보유한 양전하뿐만 아니라 양성자의 수도 서로 다르다는 사실을 알 수 있다.

수소 원자핵이 양성자라면 두 개의 양전하를 보유한 헬륨 원자핵은 두 개의 양성자를 갖고 있어야 마땅하지 않겠는가? 그렇다면 헬륨 원자핵의 질량은 수소 원자핵의 2배여야 한다. 하지만 실험 결과는 예상을 뒤집었다. 헬륨 원자핵의 질량이 수소 원자핵의 4배로 측정됐기 때문이다. 또 여섯 개의 양전하를 가진 탄소 원자핵의 질량은 수소 원자핵의 12배, 여덟 개의 양전하를 보유한 산소 원자핵의 질량은 무려 수소 원자핵의 16배였다.

요컨대 원자핵의 질량을 수소 원자핵의 질량으로 나눈 값이 보유한 전하량의 2배로 나타났다. 이는 양성자 말고도 또 다른 입자가 핵 안에 존재한다는 뜻이다.

당시 학자들은 원자핵 내부에 양성자 외에도 전자가 존재한다고 생각했다. 예를 들면 헬륨 원자핵은 네 개의 양성자와 두 개의 전자를 보유하고 있다는 식이었다. 이 가설에 따르면 헬륨 원자핵이 보유한 네 개의 양성자와 두 개의 전자 중에서 전자 두 개가 가진 음전하는 양성자 두 개가 가진 양전하를 상쇄하고, 나머지 양성자 두 개에 의해 원자핵이 전체적으로 양전하를 띤다. 그렇다면 여기에서 의문이 생긴다. 무엇 때문에 두 개의 전자만 원자핵 안으로 들어갈 수 있고 다른 전자들은 핵 안으로 들어갈 수 없는가? 이 의문은 중성자가 발견되면서 비로소 해결됐다.

동위원소

중성자 발견 과정은 쉽지 않았다. 중성자를 직접 관측하기가 매우 어렵기 때문이다. 소립자를 관측하려면 소립자와 실험 장치와의 상호작용이 필요하다. 지금은 여러 상호작용을 활용한 연구가 가능하지만 당시에는 전자기 상호작용밖에 측정할 수 없었다.

전자기 상호작용은 전자기력이 전하를 띠는 입자, 즉 하전입자charged particle에 영향을 주는 현상을 말한다. 달리 말해 전하를 띠지 않은 입자는 전자기 상호작용을 통해 관측이 불가능하다는 얘기이다. 하전입자를 관측하기는 어렵지 않다. 자기장 속에 있는 하전입자는 로렌츠 힘의 영향으로 원운동을 하기 때문이다. 형광 물질을 칠한 벽에 전자를 부딪치게 만들어서 빛을 내게 하는 방식으로 전자를 발견할 수 있다.

중성자는 크기가 매우 작다. 양성자와 비슷하다. 하지만 질량은 양성자보다 조금 더 크다. 중성자는 전하를 갖고 있지 않다. 그러므로 중성자를 직접 관측하기는 매우 어렵다. 처음에 사람들은 중성자가 존재한다는 사실조차 몰랐다. 원자핵이 전자보다 훨씬 큰 질량을 갖고 있는 이유는 원자핵 속에 전자가 들어 있어 양성자의 양전하 일부를 상쇄했기 때문이라고 생각했다.

하지만 방사성 동위원소를 발견하면서 사람들은 원자핵 속에 양성자 말고도 다른 입자가 있다는 사실을 알게 됐다. 과학자들은 1920년대에 많은 방사성 원소를 발견했다. 발견된 방사성 원소는 수십 종이었다. 원소마다 질량이 다 달랐다. 흥미로운 사실은 이들 방사성 원소가 화학적 성질에 따라 같은 원소로 분류되었다는 점이다. 화학적인 성질은 같아서 같은 원소로 분류되지만 원소마다 질량은 다 달랐다.

원소 주기율표는 화학적 성질을 기준으로 원소를 배열한 표이다. 같은 화학적 성질을 가진 방사성 원소들은 주기율표에서 같은 위치를 차지한다. 즉 안정적인 원소가 원소 주기율표에서 하나의 위치를 차지하고 있을 때 이 원소와 화학적 성질은 같으나 질량이 다른 원소를 동위원소라고 한다. 예컨대 정상적인 상황에서 탄소 원자의 상대적 질량(원자의 상대적 질량은 수소 원자에 대한 다른 원자의 질량비로 나타냄)은 12이다. 그런데 상대적 질량(원자량)이 14인 탄소 원자도 극미량이지만 분명히 존재한다. 탄소-14와 탄소-12의 화학적 성질은 같다. 둘의 차이점이라면 탄소-14는 방사성 원소이고 탄소-12는 방사성 원소가 아니다. 탄소-14와 탄소-12는 모두 탄소의 동위원소이다.

지금까지 배운 지식에 따르면 화학적 성질이 같은 원소는 원자핵에 같은 양 전하가 들어 있다. 무엇 때문인가? 원소의 화학적 성질은 원자 내부 전자 배치에 따라 결정되기 때문이다. 모든 화학 반응은 전자 차원에서 일어나는 현상으로 원자핵과는 무관하다. 원자핵과 관련된 반응은 핵 반응이기 때문이다. 따라서 두 원소의 화학적 성질이 같다는 것은 두 원소의 전자 배치가 같고 원자핵의 양전하량이 같다는 사실을 의미한다. 하지만 동위원소는 원자핵 질량이 서로 다르다. 이는 단일 원소의 서로 다른 동위원소들이 같은 양의 원자핵을 가졌지만 뭔가 다른 점도 있다는 사실을 의미한다.

중성자의 발견

동위원소를 발견하고 나서 원자핵 속에 양성자 말고 다른 입자가 있을 것이라는 확신이 더욱 뚜렷해졌다.

1930년 영국 과학자 제임스 채드윅James Chadwick이 드디어 중성자를 발견했다. 그는 어떻게 중성자를 발견했을까? 당시 과학자들은 원자핵 속에 양성자 외의 다른 입자가 존재한다고 예측했다. 헬륨 원자핵은 두 개의 양전하만 가지고 있지만 헬륨 원자량은 4이다. 이는 원자핵 속에 전하를 띠지 않은 다른 물질이 존재한다는 뜻이다. 이 물질이 바로 중성자이다.

앞서 말했듯 전자기 상호작용을 통해서는 중성자를 관측할 수 없다. 독일 과학자들은 폴로늄polonium에서 나오는 고에너지 알파입자를 베릴륨beryllium 같은 비교적 가벼운 원자에 충돌시키면 새로운 물질이 방출된다는 사실을 발견했다. 폴로늄은 퀴리 부부가 1898년에 발견한 매우 강력한 방사성 원소이다. 폴로늄은 우라늄보다 몇백 배 강한 방사능을 갖고 있다. 새로 방출된 물질은 전하를 띠지 않았다. 당시 과학자들은 이 물질이 고에너지 감마선이라고 생각했다. 이 물질을 다시 일종의 파라핀에 충돌시켰더니 이번에는 양성자가 방출됐다. 채드윅은 여러 실험을 거쳐, 베릴륨 원자와 반응해 방출된 새로운 물질이 전하를 띠지 않았으나 절대 감마선은 아니라는 결론을 얻어냈다. 감마선은 그렇게 큰 동적 질량dynamic mass을 갖지 않기 때문이다.

채드윅은 파라핀에서 양성자가 튀어나올 때의 속도 등을 연구한 끝에 베릴륨 원소에서 방출된 물질이 감마선이 아닌 새로운 입자라는 사실을 밝혀냈다. 새로운 입자는 전하를 띠지 않았고 양성자보다 조금 더 무거웠다. 채드윅은 새로운 입자에 '중성자'라는 이름을 붙였다.

중성자가 발견됐으니 앞서 했던 몇 가지 질문에 대한 해답도 찾게 됐다. 원자핵이 무거운 이유는 안에 양성자 외에 중성자가 더 들어 있기 때문이다. 이렇게 해서 1930년대에 이르러 원자핵 내부 구조가 완전히 밝혀졌다. 즉 원자핵은 양성자와 중성자로 구성돼 있으며 원자핵의 양성자 수는 양전하 수와 같다. 실험과 계산을 통해 얻어낸 결과에 따르면 원자 질량이 큰 원소일수록 양성자 한 개당 더 많은 중성자를 보유하고 있다.

••• 12-2 •••

원자핵은 어떻게 안정된 상태로 존재하는가

원자핵은 양성자와 중성자로 구성돼 있다. 양성자와 중성자의 질량은 비슷하다. 중성자가 양성자보다 조금 더 무겁다. 양성자는 한 개 단위의 양전하를 갖고 있고, 중성자는 전하를 띠지 않는다. 원자핵의 내부 구조에 이어 이번에는 중성자와 양성자 사이의 상호작용에 대해 알아보자.

양성자는 어떻게 원자핵 속에 묶여 있을까

원자핵은 부피가 원자의 수천조분의 1 정도로 매우 작다. 달리 말해 원자 내부는 거의 텅 비어 있다는 얘기이다. 원자핵은 이처럼 크기가 매우 작지만 여러 개의 양성자와 중성자를 보유하고 있다. 양성자와 중성자 역시 크기가 매우 작다. 또 서로 매우 가까운 거리에 위치해 있다. 여기에서 하나의 의문이 생긴다. 양성자는 모두 양의 전하를 갖고 있다. 같은 전하끼리는 서로 배척한다고 하지 않았던가? 수소 원자처럼 양성자를 하나만 갖고 있는 원자는 괜찮지만, 다른 원소의 원자는 양성자를 여러 개 갖고 있기 때문에 이치대로라면 양성자끼리 서로 강하게 밀어내야 마땅하다. 하지만 실제로 원자핵 내 양성자끼리 서로 밀어내는 일은 일어나지 않는다. 그렇다면 그 이유는 한 가지밖에 없다. 즉 원자핵 안에 양성자들을 한데 묶는 강한 힘이 존재한다는 것이다. 이 힘은 반드시 전자기력보다 훨씬 커야 한다. 그렇지 않으면 원자핵은 안정된 구조를 가질 수 없다. 또 이 힘의 크기가 전자기력과 비슷하다면 양성자들을 원자핵 안에 가두는 역할만 할 것이다. 그렇게 되면 원자핵 구조는 매우 약해서 외부 힘에 쉽게 부서질 것이다.

이쯤 되면 왜 원자핵이 중성자의 존재를 필요로 하는지 짐작이 간다. 원자핵 속에 양성자만 있다면 양성자들을 강하게 끌어당겨 한데 묶는 힘이 존재할 수 없으니 중성자가 필요한 것이다. 연구 결과에 따르면 원자핵 내부 양성자 수가 증가하면 중성자 수도 반드시 증가한다. 나아가 중성자 수는 점점 증가해 양성자 수를 초과한다. 무엇 때문에 이런 현상이 생기는가? 어떤 방법으로 두 개의 양성자를 한데 묶을 수 있는지 간단한 추리를 해보자.

두 개의 양성자를 중성자 스프링이 연결하고 있다고 가정해 보자. 이 원소의 원자핵은 두 개의 양성자와 한 개의 중성자로 구성돼 있다. 실제로 두 개의 양성자와 한 개의 중성자를 갖고 있는 헬륨-3 원소가 존재한다. 이 원소는 훌륭한 핵 반응 재료로 달에 매우 풍부하게 존재한다. 만약 양성자가 세 개라면 중성자는 몇 개가 필요할까? 세 개의 양성자는 각각 나머지 두 양성자를 배척하기 때문에 이들을 묶어놓기 위해서는 세 개의 중성자가 스프링 역할을 담당해야 한다. 리튬lithium 동위원소의 일종인 리튬-6의 원자핵 안에는 양성자와 중성자가 각각 세 개씩 들어 있다. 이렇게 양성자 수가 증가하면 두 개의 양성자 사이에서 힘의 평형 상태를 유지하기 위해 중성자 수도 증가한다.

요컨대 원자핵 내부 양성자 수가 증가하면 중성자 수도 따라서 증가한다. 질량이 큰 원소의 원자핵 내부 중성자 수는 양성자 수를 초과한다. 특히 방사성 원소의 원자핵 내부 중성자 수는 양성자 수보다 훨씬 많다. 예를 들어 원자번호 92번 원소 우라늄의 원자핵은 92개의 양성자와

143~146개의 중성자를 갖고 있다. 양성자들 사이에 매우 강한 전자기 척력repulsive force이 작용하는데도 원자핵이 안정된 상태를 유지하는 이유는 전자기력보다 훨씬 강한 힘이 작용하기 때문이다. 그리고 이 힘은 원자핵 내부의 또 다른 입자인 중성자에서 나왔다.

강한 상호작용(강력)

중성자는 전하를 가지지 않는다. 중성자가 전기적으로 중성이라는 이유로 사람들은 중성자가 끌어당기는 힘을 갖고 있다는 추론을 받아들이기 어려워했다. 그렇다면 양성자를 끌어당기는 인력은 어디에서 생겼을까? 혹은 어떤 메커니즘으로 생긴 것일까? 이 문제는 일본 물리학자 유카와 히데키湯川秀樹의 관심을 불러일으켰다.

유카와 히데키는 1934년에 발표한 논문에서, "원자핵이 양성자들 사이 척력에 의해 사분오열되지 않는 이유는 새로운 힘이 작용하기 때문이다"라고 밝혔다. 그는 이 새로운 힘을 강력('강한 상호작용'이라고도 함)이라고 명명했다. 그의 주장에 따르면 강력의 세기는 전자기력의 백여 배에 달한다. 이 정도 힘이면 식은 죽 먹기로 양성자들을 한데 묶을 수 있다. 그러나 우리는 일상생활에서 이런 강력을 느낄 수 없다. 일상에서 감지할 수 있는 힘은 만유인력과 전자기력뿐이다. 강력이 매우 강한 힘인데도 감지할 수 없는 이유는 무엇인가? 이 문제에 대해 유카와 히데키는, "강력은 매우 강한 힘이지만 매우 짧은 거리에서만 작용한다. 강력의 작용 범위는 원자핵 내부에 제한된다"고 설명했다. 이는 마치 권투선수의 주먹이 매우 강하지만 공격 범위가 팔의 길이를 벗어나지 못하는 것과 마찬가지이다. 전자기력과 중력의 크기는 거리의 제곱에 반비례한다. 그러므로 전자기력과 중력은 무한히 먼 곳까지 작용할 수 있다. 하지만 강력의 적용 거리는 매우 짧다.

유카와 히데키는 거리에 따른 강력의 세기 변화 공식도 찾아냈다. '유카와 퍼텐셜Yukawa potential'로 불리는 이 공식은 사실 전기 퍼텐셜 에너지 표현식에 감쇠계수attenuation coefficient를 곱한 것에 불과하다. 이 공식은 강한 핵력에 대응하는 위치에너지의 거리에 따른 변화 법칙을 기술했다.

$$V(r) = \frac{e^{-\alpha m r}}{r}$$

이 공식에 따르면 강력은 거리가 멀어질수록 힘의 크기가 급격하게 감소한다. 그러므로 양성자가 원자핵 밖으로 튕겨나가면 강력으로 다시 끌어당길 수 없다.

유카와 퍼텐셜을 적용하면 강력에 대응하는 위치에너지를 계산해 낼 수 있다. 이로써 중성자의 위치에너지값을 계산해 낸 유카와 히데키는 1949년에 노벨물리학상을 수상했다.

유카와 히데키의 중간자meson 발견

양성자들을 끌어당기는 강한 힘을 마침내 발견했다. 그렇다면 이 힘은 어디에서 생긴 것인가? 중성 입자인 중성자가 이 힘의 근원일 리는 없다. 유카와 히데키는 강력을 제공하는 새로운 입자가 분명히 존재할 것이라고 예측했다. 유카와의 말은 논리적으로 맞다. 주지하다시피 전자기력은 하전입자 간의 상호작용이다. 그렇다면 강한 핵력을 매개하는 입자도 분명히 존재할 것이다.

강한 핵력을 매개하는 입자가 바로 중간자meson이다. 양성자의 질량은 전자의 1,800배에 이른다. 유카와 히데키의 계산에 따르면 중간자의 질량은 양성자의 6분의 1 정도이다. 양성자, 중성자, 전자 등 입자들을 질량에 따라 전자처럼 가벼운 입자는 경입자lepton(렙톤), 양성자와 중성자는 중입자baryon(바리온), 이들의 중간 질량 입자는 중간자로 분류할 수 있다.

중간자는 강한 핵력을 매개하는 입자로 중성자와 양성자 사이에서 '접착제' 역할을 한다. 중간자의 존재로 인해 원자핵은 안정된 구조를 유지할 수 있다. 왜 핵물리학 연구 초기에 양성자와 중성자만 발견되고 중간자는 발견되지 않았을까? 이유는 있었다. 중간자의 수명이 매우 짧기(중간자의 수명은 대부분 몇 나노초ns로 심지어 몇 나노초의 10억분의 1인 경우도 있음) 때문이다. 중간자는 순식간에 붕괴해 다른 입자로 바뀐다. 따라서 당시 관측 기술로는 극히 짧은 시간 동안만 존재하는 중간자의 존재를 관측할 수 없었다. 훗날 실험 기술이 발전하면서 중간자의 존재도 확인됐다. 중간자의 종류는 매우 다양하다. 그중에는 전하를 띤 것도 있고 전하를 띠지 않은 것도 있다.

중간자의 존재와 강한 핵력의 작용 원리를 찾아낸 덕분에 원자핵의 구조를 더 잘 알 수 있었다. 원자핵은 양성자와 중성자로 구성돼 있다. 또 중간자는 양성자와 중성자 사이 강한 상호작용 매개한다. 또 양성자끼리는 중성자로 간접 결합돼 원자핵의 안정된 구조를 형성한다.

• • ● 12-3 ● • •

원자핵의 특성

원자핵 구조에 이어 이번에는 원자핵의 독특한 성질을 알아보자. 어떤 방법으로 원자핵의 성질을 연구할 수 있을까?

원자핵 반응과 화학 반응 비교

먼저 화학 반응에 대해 살펴보자. 화학 반응의 본질은 서로 다른 원소의 원자 간 반응이다. 중학교에서 배운 지식을 되새겨보면 화학 반응은 '어떤 물질이 새로운 물질로 변하는 반응'을 가리킨다. 예컨대 탄소와 산소가 결합해 새로운 물질인 이산화탄소로 변하는 현상이 바로 화학 반응이다.

화학 반응의 전제 조건은 새로운 물질을 만들어내되 새로운 원소를 만들어내서는 안 된다는 것이다. 탄소와 산소를 예로 들면 화학 반응 전후에 두 가지 원소의 종류는 변하지 않는다. 새로운 원소가 만들어지지 않는다. 요컨대 화학 반응은 원자핵 차원의 변화를 초래하지 않는다.

화학 반응으로 새로운 물질이 만들어지는 원리는 서로 다른 원자의 전자 간 상호작용이다. 예를 들어 탄소와 산소가 결합해 이산화탄소가 만들어지는 이유는 탄소와 산소의 원자 바깥쪽 궤도에 있는 전자들이 상대 전자층으로 침투해 공유 결합하기 때문이다. 단일 탄소 원자나 산소 원자 내부 전자의 운동 법칙을 알려면 하나의 원자핵에 대한 슈뢰딩거 방정식의 해만 구하면 된다. 하지만 탄소와 산소가 결합한 이후 이들이 공유한 전자의 운동 법칙을 알려면 탄소 원자핵과 산소 원자핵에 대한 슈뢰딩거 방정식의 해를 둘 다 구해야 한다. 이렇게 얻어낸 파동함수 중 일부를 화학적으로 표현한 것이 '공유 결합'이다. 그러므로 어떤 원소의 화학적 성질을 이야기할 때는 일반적으로 원소의 원자 내부 전자 배치를 해석한다. 심지어 제일 바깥쪽 궤도의 전자 배치만 들여다볼 때도 있다.

반면 원자핵 반응은 말 그대로 원자핵 사이에 일어나는 반응으로 화학 반응과 본질적인 차이가 있다. 핵 반응을 통해서도 새로운 물질이 만들어진다. 핵 반응으로 생성되는 새로운 물질은 반응 전에 없었던 새로운 원소이다. 예를 들어 수소의 동위원소인 중수소deuterium와 삼중수소tritium가 핵 반응으로 만들어진 새로운 물질이다. 수소 원소의 원자핵은 하나의 양성자만 갖고 있고 중성자를 갖지 않는다. 중수소의 원자핵은 양성자와 중성자를 하나씩 갖고 있다. 삼중수소는 한 개의 양성자와 두 개의 중성자를 갖고 있다. 중수소와 삼중수소가 융합하면 헬륨 원자가 생성되며 동시에 중성자 한 개가 방출된다. 이것이 핵 반응의 일종인 핵융합이다. 원자핵은 원자보다 구조가 훨씬 단단하고 크기가 훨씬 작기 때문에 핵 반응을 일으키려면 많은 에너지가 필요하다.

화학적 측면에서는 '돌을 금으로 바꾸는 일'이 불가능하지만은 않다. 핵 반응을 이용해 규소 원소의 원자핵을 금 원소의 원자핵으로 변환하면 되기 때문이다. 하지만 17세기에 성행한 연금술 수준으로는 돌을 금으로 바꾸지 못했다. 당시의 연금술은 핵 반응 수준에 미치지 못하고 화학 반응 수준에 머물렀기 때문이다.

알파붕괴

앞서 알파붕괴, 베타붕괴, 감마붕괴에 대해 잠깐 이야기했다. 이 3종 붕괴는 모두 핵 반응에 속한다. 알파붕괴는 원자핵이 알파입자를 방출하고 다른 원자핵으로 바뀌는 현상이다. 즉 헬륨 원자핵의 핵 반응이다. 알파붕괴가 일어나면 두 개의 양전하를 가진 헬륨 원자핵이 방출된다. 알파붕괴의 원리는 매우 간단하다. 앞부분에서 소개했던 터널 효과를 되새겨보면 쉽게 이해할 수 있다. 우선 알파입자는 매우 안정적이다. 원자핵 내부 구조를 보면 각각의 양성자와 중성자는 똑같은 크기의 상호작용으로 연결돼 있지 않다. 알파입자가 갖고 있는 두 개의 양성자와 두 개의 중성자가 부분적으로 가장 안정적인 서브유닛subunit을 형성하고, 이 서브유닛들이 서로 연결돼 원자핵을 구성한다. 서브유닛과 서브유닛 사이의 상호작용력은 서브유닛 내부의 상호작용력보다 약하다. 그러므로 알파입자 유닛을 하나의 전체로 간주해 연구 대상으로 삼아도 된다.

앞서 이야기했듯이 양성자들 사이에는 척력이 작용한다. 그러나 강한 상호작용(강력)이 발동해 이 척력을 무기력하게 만든다. 마치 알파입자가 구덩이에 갇혀 있는 모양새다. 알파입자가 갇혀 있는 '구덩이'를 물리학적으로 표현하면 에너지의 '퍼텐셜 우물potential well'이라고 한다. 알파입자는 전자기력의 영향으로 구덩이 밖으로 튀어나가려고 하지만 강력의 속박에서 벗어날 수 없다. 달리 말해 전자기력이 알파입자에 '점프력'으로 작용하지만 구덩이가 너무 깊어서 밖으로 나갈 수 없는 셈이다. 하지만 양자역학의 터널 효과에 따르면 양자계의 입자들은 아무리 깊은 구덩이라도 튀어나갈 확률이 어느 정도 존재한다. 다만 구덩이가 얕을수록 터널 효과가 나타날 확률이 커진다.

알파붕괴는 무거운 원소에서 자주 일어나는 현상이다. 질량이 큰 원자일수록 강력 때문에 생긴 구덩이의 깊이가 얕다. 앞서 이야기했듯이 강력은 도달 거리가 매우 짧다. 원자핵은 무거울수록 크기가 크고 강력의 도달 거리가 짧기 때문에 강력이 미치는 영향력이 약하다. 반면 전자기력은 원거리력이므로 원자핵 크기에 관계없이 어디서나 비슷한 효력을 나타낸다.

요컨대 원자핵이 무겁고 클수록 강력이 만들어내는 구덩이는 얕고 터널 효과가 일어나기 쉽다. 즉 원자핵이 무거울수록 강력의 구속력이 약해져서 알파입자 유닛을 붙잡아둘 수 없다. 천연 원소의 질량이 일정 수준(현재까지 발견된 가장 무거운 천연 원소는 원자번호 92번 우라늄)에 이른 다음 더 커지기 어려운 이유도 이 때문이다. 이것이 알파붕괴의 기본 원리이다. 알파붕괴를 하면 원자번호(양성자 수)는 2가 줄어들고, 원자량(질량)은 4가 줄어든다. 즉 알파붕괴가 일어나면 원래의 원소는 다른 원소로 바뀐다. 물론 인공적으로 만들어진 원소까지 합치면 원소의 종류는 118개에 달한다. 원자번호 118번 원소는 118개의 양성자를 갖고 있다.

베타붕괴: 약한 상호작용

베타붕괴는 알파붕괴보다 더 흥미로운 현상이다. 베타붕괴는 베타감쇠라고도 한다. 베타붕괴는 전자가 방출되는 경우와 양전자가 방출되는 경우 두 가지로 나눌 수 있다. 베타붕괴의 본질은 중성자와 양성자 간 상호전환이다. 예를 들어 음의 베타붕괴는 중성자가 양성자로 바뀌면서 전자와 반중성미자antineutrino를 하나씩 방출한다. 이와 반대로 양의 베타붕괴는 양성자가 중성자로 바뀌면서 양전자와 중성미자를 방출한다. 양의 베타붕괴는 고립된 양성자에서 스스로 일어날 수 없다.

베타붕괴의 물리학적 원리는 알파붕괴와 완전히 다르다. 알파붕괴는 강한 핵력과 전자기력 사이의 싸움이다. 반면 베타붕괴의 원인이 되는 힘은 약한 상호작용('약한 핵력' 또는 '약력'이라고 함)이다. 약한 핵력은 말 그대로 매우 약한 힘이다. 중력보다 조금 더 강하지만 강력이나 전자기력보다 훨씬 약하다. 즉 약한 핵력은 강한 핵력이나 전자기력에 대항할 수 없다. 그러므로 약한 핵력의 영향권은 강력보다 작다. 하나의 양성자 혹은 중성자에만 작용할 수 있다.

여기에서는 약한 핵력의 본질이 무엇인지 제대로 소개하기 어렵다. 쿼크 모형을 다루는 13장 '입자물리학'에서 약한 핵력에 대해 자세하게 이야기해 보자. 약한 핵력 개념을 최초로 발표한 물리학자는 엔리코 페르미이다.

감마붕괴

감마붕괴의 메커니즘은 알파붕괴나 베타붕괴보다 이해하기 쉽다. 감마붕괴는 원자핵 내부 양성자와 중성자의 에너지 상태가 변화하면서 광자를 방출하는 방사능 붕괴의 한 형태이다. 원자핵 내부 입자들의 에너지 준위가 매우 높을 때 에너지 준위에 변화가 생기면서 에너지보존법칙에 따라 전자기파 형태로 매우 큰 에너지가 방출되는데 이 전자기파가 바로 감마선이다. 그러므로 감마선의 진동수는 매우 크다. 감마붕괴가 일어나도 원자핵 내부 양성자 수와 중성자 수는 변화가 없다. 알파붕괴와 베타붕괴가 일어나면 핵자nucleon(양성자와 중성자)들의 에너지 상태도 변화한다. 이런 에너지 상태 변화에 따라 감마붕괴가 일어난다.

요컨대 핵 반응을 거쳐 원자핵 내부 양성자 수와 중성자 수가 변할 수도 있고, 양성자와 중성자 간 상호전환이 일어날 수도 있다. 이 두 가지 경우에 모두 원소의 종류가 바뀐다. 양성자 수가 변하면 한 원소가 다른 원소로 전환되고 중성자 수가 변하면 동위원소가 탄생한다. 이 밖에 핵 반응 과정에서 중성미자, 반중성미자 등 여러 가지 소립자가 방출된다. 핵 반응은 대부분 알파붕괴, 베타붕괴, 감마붕괴를 이끌어낸다. 원자핵이 어떤 신호를 입력하느냐에 따라 출력되는 신호도 달라지는 '블랙박스'라면, 알파·베타·감마붕괴 3종 세트는 블랙박스의 출력 신호와 같다. 물론 핵 반응에 의한 붕괴 현상은 이 세 가지 말고도 더 있다. 이를테면 중성자 붕괴 같은 것이다.

원자핵 또는 원자로에 소립자를 쏟아붓는 것은 원자핵이라는 '블랙박스'에 신호를 입력하는 것과 같다. 원자핵은 서로 다른 조건에서 저마다 다른 결과물을 만들어낸다. 에너지, 선량線量은 말할 것도 없고 심지어 공간적 각도도 원자핵 반응에 큰 영향을 미친다. 그러므로 원자핵 성질을 이해하기 위해 방사성 감쇠와 방사능 현상을 주요 연구 대상으로 삼는 것이다.

12-4
핵분열

20세기 가장 획기적인 과학기술 성과로 원자력의 발견과 이용을 꼽을 수 있다. 특히 원자폭탄의 발명은 제2차 세계대전의 종식을 앞당기는 데 객관적으로 기여했다. 물론 원자폭탄의 발명이 좋은 일이라고는 말할 수 없다. 또한 20세기에 세워진 원자력발전소는 새롭고 고효율적인 방식으로 에너지를 만들어내고 있다. 원자력발전소가 인류에게 가져다주는 폐해도 무시할 수 없다. 1986년 소련 체르노빌 원전 사고와 2011년 일본 후쿠시마 원전 사고 모두 인류 역사에 일대 비극으로 기록된다.

원자폭탄과 원자력발전소는 동일한 방식으로 에너지를 뿜어낸다. 즉 둘 다 핵분열 반응을 거쳐 에너지를 방출한다.

핵분열

핵분열 현상의 발견은 정말 우연이었다.

1930년대에 몇몇 독일 과학자들은 인공적인 원소를 만들어내기 위해 실험했다. 일종의 '연금술'을 연구한 것이다. 알다시피 모든 원자핵은 일정 양의 중성자와 양성자로 구성돼 있다. 따라서 이론적으로는 원자핵에 새로운 양성자와 중성자를 추가하기만 하면 새로운 원소들을 다양하게 만들어낼 수 있다. 처음에는 모든 과정이 순조롭게 진행됐다. 그런데 원자번호 92번 원소 우라늄에서 문제가 생겼다. 어떤 방법으로도 우라늄 원자핵에 중성자와 양성자를 추가할 수 없었던 것이다. 그 결과 새로운 원소를 만들지 못했으며, 그 대신 새로운 핵 반응이 발견됐다. 새로 발견된 핵 반응이 바로 핵분열 현상이다. 원자핵에 새로운 입자를 쏘아 넣어 더 무거운 원소를 생성시키는 방법은 원자번호 92번 우라늄에 이르러 무용지물이 됐다. 우라늄 원소가 핵분열을 일으켜 원자 질량이 더 작은 원소로 쪼개졌기 때문이다. 핵분열은 말 그대로 원자핵이 여러 개의 작은 핵들로 나뉘는 현상이다. 우라늄 원소의 원자핵에 중성자를 쏘아 넣으면 바륨barium과 크립톤krypton으로 원자핵이 쪼개지면서 세 개의 중성자와 함께 에너지가 방출된다. 이 에너지는 어디에서 나온 것일까? 두 가지 해석이 있는데 두 가지 모두 타당한 해석이다.

(1) 원자핵 내부 양성자와 중성자의 결합 에너지가 방출된 것이다. 원자핵 내부 핵자 사이의 결합력은 강한 핵력으로 상당히 강력하다. 중간자는 마치 스프링처럼 강한 핵력으로 양성자와 중성자를 연결시킨다. 핵력은 매우 강한 힘이므로 양성자와 중성자를 연결한 '스프링'도 매우 팽팽하게 압축됐다. 충분히 압축된 '스프링'은 큰 탄성 위치에너지를 갖고 있다. 이 '스프링'이 갖고 있는 탄성 위치에너지가 곧 원자핵 내부의 결합 에너지이다. 이 결합 에너지가 핵에너지를 발생시킨다. 핵분열의 본질은 무거운 원자가 가벼운 원자로 쪼개지는 것이다. 핵분열 과정은 '강력 스프링'에 내재돼 있던 거대한 에너지가 방출되는 과정이다.

(2) 아인슈타인의 특수상대성이론에 따르면 핵 반응 전과 후의 원자 질량에 차이가 생긴다. 즉 질량 결손이 생긴다. 결손된 부분은 에너지로 전환한다. 질량-에너지 등가 법칙에 따르면 질량 결손이 아주 조금만 발생해도 결손된 질량은 엄청난 양의 에너지로 전환한다.

연쇄반응chain reaction

인류는 처음에 군사적 목적을 위해 인위적으로 핵분열을 일으켰다. 원자폭탄을 제조하려면 다른 조건도 필요하다. 바로 연쇄반응 조건이다. 원자핵과 중성자가 충돌해 핵분열이 일어나면 무거운 원자가 가벼운 원자로 쪼개지면서 에너지가 빠져나오고 동시에 새로운 중성자가 방출된다. 새로 방출된 중성자는 다시 주변의 무거운 원자핵과 충돌하면서 핵분열을 일으켜 새로운 중성자들을 생성하는 과정이 도미노처럼 계속된다. 이와 같이 사슬처럼 연속적으로 연결된 반응 현상을 연쇄반응이라고 한다. 핵분열 연쇄반응이 일어나면서 어마어마한 에너지가 방출된다.

우라늄 원소는 원자폭탄의 원료로 사용된다. 우라늄 원소의 동위원소인 우라늄-235(우라늄-235는 14세 개의 중성자를 가진 방사성 동위원소임)가 충분한 에너지를 가진 중성자를 방출해 연쇄반응을 일으키기 때문이다. 천연 우라늄의 대부분을 차지하는 우라늄-238도 핵분열 과정에서 중성자를 방출하지만 방출된 중성자의 에너지가 크지 않기 때문에 핵분열 연쇄반응을 일으킬 확률이 적다. 그러므로 우라늄-235가 원자폭탄 원료로 사용된다.

임계질량

핵분열 연쇄반응만 가능하면 이론적으로는 원자폭탄을 터트릴 수 있다. 하지만 원자폭탄이 폭발을 일으키려면 또 다른 조건이 필요하다. 즉 임계질량에 도달해야 한다. 이는 확률과 관계된 문제이다. 하나의 우라늄-235 원자핵에서 방출된 중성자들이 모두 다른 우라늄-235 원자핵과 충돌하지는 않는다. 주변에 얼마나 많은 우라늄-235 원자가 있느냐에 따라서 충돌 횟수가 결정된다. 그러므로 원자폭탄의 완전한 폭발이 일어나려면 반드시 충분히 많은 우라늄-235 원자가 필요하다. 완전한 핵분열 연쇄반응에 필요한 우라늄-235의 양이 바로 '임계질량'이다.

원자폭탄의 폭발 원리는 사실 간단하다. 보통 때는 우라늄-235 원자를 임계질량보다 적은 양으로 나눠 저장하다가 필요할 때 한 덩어리로 모아서 임계질량에 도달했을 때 점화하면 폭발이 일어나는 것이다.

중성자 감속재neutron moderator

중성자와 우라늄 원자의 반응 확률을 인위적으로 높이는 방법도 사용된다. 바로 중성자 감속재를 활용하는 방법이다. 일반적으로 핵분열로 생성된 중성자는 매우 빠른 속도를 갖는다. 속도가 빠르면 에너지가 충분히 증가한다. 충분한 에너지를 가진 중성자는 우라늄 원자핵을 쪼개어 새로운 핵분열을 일으킨다. 하지만 한편으로 문제점도 존재한다. 속도가 너무 빠르면 중성자가 우라늄 원자와 충돌하는 확률이 낮아지기 때문이다. 그래서 중성자 감속재가 필요하다.

그림12-1 원자폭탄의 폭발

흔히 흑연과 중수(D_2O)가 중성자 감속재로 많이 쓰인다. 중수는 물 분자의 수소 원소를 수소 동위원소인 중수소로 대체한 분자이다. 중수소는 양성자와 중성자를 하나씩 갖고 있다. 흑연이나 중수를 우라늄 속에 넣으면 중성자 감속재 역할을 한다. 중성자 감속재를 사용하면 중성자의 속도를 감속시켜 충돌 명중률을 높일 수 있다. 물론 핵분열이 불가능할 정도까지 중성자의 속도를 크게 떨어뜨리지는 않는다.

핵분열은 엄청난 양의 에너지를 방출한다. 그 대신에 매우 심각한 환경 오염을 초래한다. 원자폭탄 폭발에 의한 방사능 피해는 백 년이 지나도 복구가 어렵다. 이에 반해 핵융합은 친환경 에너지를 생산하고 에너지 방출 효율이 더 높다는 장점을 갖고 있다.

12-5
핵융합

극대 편 5장 '우주는 무엇으로 구성돼 있을까?'에서 항성이 스스로 빛과 열을 낼 수 있는 이유가 핵융합 때문이라고 이야기했었다. 수소폭탄이 바로 핵융합 반응을 활용한 무기이다.

핵융합

핵융합은 가벼운 원소들이 결합해 더 무거운 원소를 생성하면서 에너지를 내뿜는 현상이다. 수소폭탄은 핵융합 원리를 이용해 만든다. 수소폭탄은 폭발할 때 중수소와 삼중수소가 융합해 헬륨과 중성자 그리고 막대한 에너지를 방출한다.

핵융합을 통해 생성되는 에너지의 본질은 결합 에너지이다. 이 에너지는 어디에서 나온 것일까? 앞서 핵분열 에너지를 분석하면서 소개했던 두 가지 해석이 여기에도 적용된다.

(1) 양성자와 중성자를 결합시켜 헬륨 원자핵을 만드는 데 필요한 에너

지는 중수소와 삼중수소의 결합 에너지보다 작다. 그러므로 중수소와 삼중수소가 핵융합하면 헬륨 원자핵이 만들어지면서 일정량의 에너지가 방출된다. 원자핵 내부 핵자 사이 결합력은 강한 핵력이다. 강한 핵력은 자연계에서 가장 강한 힘으로 알려져 있다. 강한 핵력에 기반한 결합 에너지가 뿜어져나올 때 그 위력은 어마어마하다.

(2) 핵 반응 전과 후의 원자 질량 차이, 즉 질량 결손이 생기면서 결손된 부분이 에너지로 전환된다. 아인슈타인의 질량-에너지 등가 법칙에 따르면 에너지는 질량에 광속의 제곱을 곱한 값($E=mc^2$)이다. 그러므로 질량 결손이 아주 조금만 발생해도 엄청난 양의 에너지로 전환된다.

점화 온도

핵융합이 실제로 일어나려면 반드시 큰 에너지를 가진 중수소와 삼중수소가 충돌해야 한다. 양성자와 중성자를 결합시켜 원자핵을 이루게 하는 핵력은 엄청나게 큰 힘이다. 따라서 두 원자핵의 구조를 깨뜨려 새로운 원자핵으로 변환하려면 반드시 핵력보다 큰 힘이 작용해야 한다.

핵 반응이 일어나려면 고온 환경이 필요하다. 온도는 소립자가 활동할 때의 운동에너지의 크기를 나타낸다. 온도가 높을수록 소립자의 활동이 더 활발해지고 운동 속도가 빨라진다. 그러므로 고온에서는 입자들이 핵융합을 일으킬 확률이 증가한다. 연쇄반응을 통한 도미노 효과가 없어도 충분히 높은 고온 환경이 조성되기만 하면 대규모 핵융합이 가능하다.

수소폭탄 원료는 매우 구하기 쉽다. 중수소와 삼중수소는 바닷물에 풍부하게 존재한다. 따라서 섭씨 1억 도가 넘는 고온 환경만 조성하면 된다. 그렇다면 이토록 높은 고온 환경을 어떻게 조성할까? 원자폭탄이 폭발할 때 중심부 온도는 섭씨 1억 도에 이른다. 그러므로 섭씨 1억 도 가까운 온도를 끌어올리기 위해서는 원자폭탄의 도움을 받아야 한다. 먼저 수소폭탄의 주재료인 중수소와 삼중수소를 중심으로 그 둘레에 원자폭탄을 배치한다. 그다음에 원자폭탄을 점화하면 거대한 핵폭발이 일어나 중심부 온도가 순식간에 핵융합이 일어날 수 있는 수준까지 올라간다. 이에 따라 중심에 있는 수소폭탄 재료들이 폭발한다.

핵융합과 핵분열이 일어나는 이유

핵융합과 핵분열이 일어나는 이유는 무엇일까? 핵융합은 가벼운 원소들이 결합해 더 무거운 원소를 만들어내는 핵 반응이다. 또 핵분열은 무거운 원소가 분열돼 가벼운 원소로 나눠지는 핵 반응이다. 이 두 핵 반응이 발생하는 주요 원리는 최소 에너지 원리이다.

모든 핵 반응 후의 에너지는 반응 전에 비해 감소한다. 원자핵은 낮은 에너지 상태일 때 안정적이기 때문이다. 실험 결과에 따르면 가벼운 원소는 무거워지려는 경향을 나타낸다. 반면 무거운 원소는 가벼워지려는 경향을 나타낸다. 이는 원자가 너무 크지도 작지도 않은 중간 정도의 질량을 갖고 있을 때 가장 안정적이라는 뜻이다. 원소 주기율표를 보면 중간쯤에 '철Fe' 원소가 있다. 철은 원소들 중에서 가장 안정적이다. 또 원자핵의 단위 질량당 에너지값이 가장 작다. 그러므로 다른 원소들이 핵융합이나 핵분열을 거쳐 최종적으로 변환되고자 하는 목표 원소는 철이라고 해도 틀린 말이 아니다.

통제된 핵융합

과학자들은 더 많은 에너지를 얻기 위한 최선의 방법을 꾸준히 연구, 개발하고 있다. 핵융합은 핵분열보다 이상적인 에너지 획득 모델로 주목받고 있다.

수소폭탄은 원자폭탄보다 더 강력하다. 같은 양의 반응 물질을 기준으로 방출되는 핵융합 에너지는 핵분열 에너지보다 훨씬 크다. 또 핵융합 반응 물질은 핵분열 반응 물질보다 구하기 쉽다. 핵융합 원료인 중수소와 삼중수소는 바닷물에 풍부하게 들어 있다. 반면 핵분열 주재료를 얻으려면 플루토늄-239를 인위적으로 합성하거나 우라늄-235를 추출해야 한다(자연계에서 흔하게 볼 수 있는 천연 우라늄 원소는 우라늄-238이다. 우라늄-238은 연쇄반응이 어렵다. 우라늄-235는 우라늄-238의 동위원소로 천연 우라늄의 1퍼센트 미만을 차지할 정도로 자연에 존재하는 양이 매우 적다).

핵분열에 따른 환경오염은 핵융합 때문에 발생하는 오염보다 훨씬 심각하다. 핵융합 반응 물질 중에서 방사성 물질은 중성자뿐이다. 이 중성자의 반감기(방사성 물질의 방사능이 반으로 감소하는 데 걸리는 시간)는 대략 0.5시간으로 매우 짧다.

핵융합 반응을 안정적으로 통제할 수 있다면 인류는 무궁무진한 친환경 에너지원을 확보할 수 있다. 통제된 핵융합이란 원자폭탄을 점화해 핵폭발을 일으키는 것과 반대되는 개념이다. 통제된 핵융합의 최종 목표는 엄청난 에너지를 안정적으로 획득할 수 있는 '인공태양'을 만드는 것이다.

핵융합 반응을 통제하려면 극강의 난이도를 해결해야 한다. 핵융합 반응이 일어나려면 섭씨 1억 도에 이르는 고온 환경이 필요하다. 현재 기술 수준에서 이토록 높은 온도를 끌어올리기 위해서 원자폭탄의 도움을 받는 방법 말고 강력한 레이저를 쏘아서 온도를 높이는 방법도 연구되고 있다. 이때 문제는 섭씨 1억 도 이상으로 가열된 고온 반응 물질을 어떤 용기에 담느냐는 것이다. 어찌어찌 반응 물질 온도를 1억 도 이상으로 끌어올리는 데 성공하더라도 이토록 뜨거운 온도를 견딜 수 있는 재료를 찾기는 힘들다.

현재는 자기 밀폐 방식으로 핵융합 반응 물질을 가둬두고 있다. 반응 물질은 고온에서 플라스마plasma 상태로 존재한다. 즉 원자 내부 전자가 모두 제거됐기 때문에 양전하로 대전electrification(어떤 물체가 전자의 이동으로 전기를 띠는 현상—옮긴이)된다. 이처럼 양전하를 갖고 있기 때문에 움직일 때 자기장의 영향을 받는다.

핵융합 반응을 통제하기 위해 반응 물질을 담아두는 용기로 토카막tokamak이라는 장치가 사용되고 있다. 토카막은 도넛을 닮았다. 플라스마는 이 도넛 모양의 터널 안을 빙빙 돈다. 도넛 평면에 수직으로 강력한 자기장이 형성돼 있기 때문에 하전입자들은 로렌츠 힘의 영향으로 원운동을 한다. 따라서 밖으로 튀어나가지도, 다른 물질과 접촉하지도 않는다.

그럼에도 고온 점화의 난이도는 매우 높다. 입자들이 고속 운동을 하고 있어서 레이저를 쏘아서 반응 물질에 초점을 맞추기 어렵기 때문이다. 그러다 보니 오랜 시간 동안 고온 상태를 유지하기 어렵다. 과학자들은 통제된 핵융합을 일으키기 위해 수십 년 동안 연구해 왔지만 아직 이렇다 할 진전을 이루지 못하고 있다.

항성에서 일어나는 핵융합 반응, 수소폭탄에 이용되는 핵융합 현상과 토카막 내부에서 일어나는 핵융합은 모두 열핵융합이다. 즉 반응 물질의

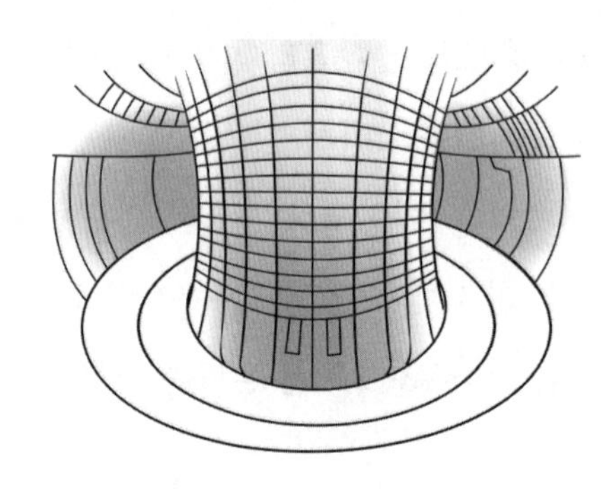

그림12-2 **토카막 장치**

온도를 높여 충돌 속도를 핵융합 임계점까지 끌어올리는 방식으로 이뤄진다. 그런데 핵융합 반응의 핵심 조건은 입자의 충돌 속도이지 온도가 아니다. 입자의 운동 속도가 충분히 빠르기만 하면 핵융합이 일어날 수 있다. 고온 환경은 입자의 운동 속도를 충분히 가속하기 위한 조건일 뿐이다.

원칙적으로 입자의 운동 속도가 충분히 빠르면 핵융합이 일어날 수 있기 때문에 냉冷핵융합이라는 새로운 방법도 시도되고 있다. 냉핵융합은 말 그대로 고온 환경을 조성하지 않고 입자 가속기 등을 이용해 입자 속도를 핵융합 임계점까지 끌어올리는 방식이다. 하지만 냉핵융합 방식은 통제된 핵융합 연구의 주류 방안으로 떠오르지 못하고 있다. 대부분 과학자들은 냉핵융합 반응의 실행 가능성에 의문을 제기하고 있다. SF 영화나 소설에서는 냉핵융합 기술이 낯설지 않다. 이를테면 영화 〈아이언맨〉을 보면 주인공이 가슴에 아크 원자로를 장착하고 있는데 이 원자로가 냉핵융합 기술을 활용한 장치로 보인다.

이제 핵물리학에 대한 이야기를 마칠 시간이다. 지금까지 알아본 내용을 정리해 보자.

먼저 원자의 구조를 알아보았다. 또 양자역학을 바탕으로, 즉 슈뢰딩거 방정식의 해를 구해 얻은 파동함수로 원자 내부 전자와 원자핵의 관계를 해석해 보았다.

핵물리학은 연구 대상을 원자핵 수준으로 축소한 학문이다. 우리는 원자의 수천조분의 1 정도의 부피를 갖고 있는 원자핵이 양성자와 중성자로 구성돼 있고 중성자와 양성자 사이에서 강한 핵력을 매개하는 중간자 덕분에 원자핵이 안정된 구조를 유지한다는 사실을 알게 됐다.

우리의 첫 목표는 만물을 구성하는 최소 단위를 찾는 것이었다. 적어도 양성자, 중성자나 중간자가 만물의 최소 단위가 아닌 것만은 확실하다. 이들 입자가 서로 다른 성질을 갖고 있다는 사실은 만물을 구성하는 기본 단위가 아니라는 의미이다. 그러므로 양성자, 중성자와 중간자보다도 더 작은 기본 입자를 찾아봐야 한다.

지금까지 우리가 알아본 기본 입자의 범위는 원자핵 내부로 규정되었다. 사전에 원자핵 구조에 대한 가정을 세웠기 때문이다. 하지만 넓은 의미에서 기본 입자를 연구하려면 원자핵 내부만 들여다보아서는 안 된다. 기본 입자는 원자핵 내부에만 존재하지는 않기 때문이다. 예를 들어 우주 공간에서 지구로 들어오는 우주방사선에도 기본 입자들이 포함돼 있다. 입자물리학에서 중성자와 양성자는 가장 작은 기본 입자가 아니다. 원자핵 내부에는 없지만 중성자와 양성자보다 더 작은 입자도 많다. 다음 장에서 시야를 넓혀 이들 입자들에 대해 알아보자.

CHAPTER 13

입자물리학

Particle Physics

13-1

입자물리학의 시작: 반입자의 발견

원자물리학과 핵물리학의 연구 대상은 원자와 원자 내부 핵자들이다. 반면 입자물리학의 연구 대상은 핵물리학보다 작다. 왜 이토록 작은 입자를 탐구해야 할까? 차례로 알아보자. 원자 안에 있는 양성자, 중성자, 중간자 같은 소립자들은 서로 다른 성질을 갖고 있다. 이들 입자가 서로 다른 성질을 가진다는 사실은 만물을 구성하는 기본 단위가 아니라는 뜻이다. 그러므로 이들 입자보다 더 작은 기본 단위가 존재하는지 살펴볼 필요가 있다. 1930년대에 이르러 실험 기술이 발전하면서 인류는 우주방사선 관측이 가능해졌다. 과학자들은 우주공간에서 지구로 들어온 우주방사선 속에 다량의 특이한 입자들이 들어 있다는 사실을 발견했다. 입자물리학의 연구 범위는 매우 넓다. 모든 기본 입자를 연구 대상으로 삼아 개체의 성질과 입자 간 상호작용을 연구한다. 입자물리학은 한층 전면적으로 기본 입자를 연구하는 물리학 분야이다.

입자물리학과 상대성이론의 관계

원자핵을 벗어나 연구 대상 범위를 확대하면 소립자의 종류가 생각보다 다양하고 이들 입자에게 적용되는 물리법칙도 매우 복잡해진다. 예를 들어 우주공간에 광범위하게 존재하는 우주방사선에는 각양각색의 소립자들이 포함돼 있다. 이들 입자의 운동 속도는 광속에 근접할 정도로 매우 빠르다. 고속 운동과 관련된 현상을 연구할 때는 반드시 특수상대성이론을 고려해야 한다.

특수상대성이론에 따르면 고속으로 이동하는 입자는 일반 입자와 완전히 다른 성질을 가진다. 극쾌 편 1장 '특수상대성이론'에서 알아본 시간 지연 효과와 길이 수축 효과에 따르면 입자는 고속 운동할 때 수명이 길어진다. 그러므로 입자의 활동을 전면적으로 연구하려면 특수상대성이론의 물리적 효과들을 깊이 반영해야 한다. 스웨덴 물리학자 오스카르 클레인Oskar Klein, 독일 물리학자 월터 고든Walter Gordon, 영국 물리학자 폴 디랙이 먼저 이 분야를 연구하기 시작했다.

특수상대성이론과 양자역학의 결합

소립자는 모두 양자역학의 법칙을 따른다. 또 슈뢰딩거 방정식으로 소립자의 파동함수를 기술할 수 있다. 주지하다시피 광속은 상대성이론의 표현식에 단골로 등장하는 상수 중 하나이다. 하지만 슈뢰딩거 방정식에는 광속 항이 들어 있지 않다. 이는 슈뢰딩거 방정식이 광속 불변의 법칙 등 상대성이론 효과를 고려하지 않는다는 사실을 의미한다. 그러므로 빠르게 운동하는 입자의 양자역학적 상태를 서술하려면 슈뢰딩거 방정식만으로는 충분하지 않다.

폴 디랙은 최초로 양자역학에 특수상대성이론을 접목한 과학자로 알려져 있다. 하지만 엄밀하게 말하면 폴 디랙보다 먼저 관련 연구를 시작한 사람들이 있다. 바로 월터 고든과 오스카르 클레인이다. 클레인-고든 방정식은 스핀이 0인 보손 입자에 대해 기술한 방정식이고, 디랙 방정식은 스핀이 2분의 1인 페르미 입자에 대해 서술한 방정식이다(스핀이 1이고 질량을 가진 보손 입자에 대해 기술한 프로카 방정식proca equation도 있다).

폴 디랙은 방정식의 해를 쉽게 구할 수 있도록 페르미온의 특성을 이용해 클레인-고든의 비선형 방정식을 선형 방정식으로 전환했다. 이렇게 해서 디랙 방정식이 탄생했다.

$$i\hbar\gamma^{\mu}\partial_{\mu}\psi - mc\psi = 0$$

우리에게 디랙 방정식의 해를 어떻게 구하느냐는 그리 중요하지 않다. 다만 이 방정식을 풀어서 얻은 결론은 눈여겨 보아야 한다. 디랙 방정식을 풀면 놀랍게도 양의 부호를 갖는 에너지 해와 음의 부호를 갖는 에너지 해가 나온다. 또 정상적인 에너지(양의 에너지)의 크기와 음의 에너지의 크기가 똑같다. 이런 경우에는 일반적으로 음의 부호를 갖는 에너지 해가 물리법칙에 어긋난다고 여겨 배제된다.

폴 디랙이 제시한 반입자 개념

하지만 디렉은 이쯤에서 만족하지 않았다. 그는 음의 부호를 갖는 에너지 해를 버리지 않고 그런 해가 나온 이유와 물리적 의미를 파헤치기 시작했다. 그리고 드디어 '반입자' 가설을 제시하기에 이르렀다. 앞서 12장에서 '베타붕괴란 중성자가 양성자로 바뀌면서 전자와 반중성미자를 각각 하나씩 방출하는 현상이다'라고 이야기했었다. 여기에서 반중성미자가 바로 중성미자의 반입자이다.

전자를 예로 들어보자. 전자는 음전하를 갖고 있다. 전자의 반입자는 양전하를 띤 양전자이다. 양전자는 전자와 충돌하면 소멸annihilation한다. 소멸은 물리학 용어로 입자와 반입자가 충돌해 사라지는 반응을 가리킨다. 입자와 반입자는 충돌해 소멸하는 과정에서 에너지보존법칙에 따라 전자기파 형태로 에너지를 방출한다. 넓은 의미의 반입자는 입자와 질량이 같지만 양자역학적 성질은 완전히 상반되는 소립자이다.

음의 에너지는 상식적으로 이해되지 않거니와 물리학적 논리에도 부합하지 않는다. 그렇다면 음의 에너지는 대체 무엇인가?

폴 디랙은 매우 독창적인 해석을 내놓았다. 그의 주장에 따르면 사람들은 어떤 값이 음이냐 양이냐를 판단할 때 암묵적으로 0인 상태를 기준으로 삼는다. 즉 0보다 큰 값을 양이라고 하고 0보다 작으면 음이라고 한다. 예를 들어 '섭씨 영하 3도'라는 표현은 섭씨 0도 개념을 기준으로 했기 때문이다. 그러므로 어떤 입자의 에너지값이 음의 부호를 가졌다면 에너지가 0인 상태도 존재한다는 뜻이다. 즉 음의 에너지는 에너지 상태가 0보다 낮은 상태를 의미한다.

그렇다면 에너지가 0인 상태는 어떤 상태일까?

우리는 진공 상태를 흔히 '아무것도 없는 무無의 상태'라고 한다. 즉 진공 상태란 에너지가 0인 상태라고 할 수 있다. 따라서 진공 상태보다 낮은 에너지 상태가 곧 음의 에너지 상태라고 쉽게 생각할 수 있다. 하지만 이 문제는 기준을 어디에 두느냐에 따라 답이 달라진다. 예를 들어 진공 상태의 에너지값이 0이 아니라고 가정해도 아무 문제가 없다. 입자와 반입자가 결합하면 소멸하니까 입자와 반입자가 결합해 소멸한 상태를 진공 상태라고 가정해 보자. 즉 '입자+반입자=진공 상태'라고 가정하고 간단한 가감법을 적용해 보자. '입자+반입자=진공 상태'를 변형하면 '반입자=진공 상태-입자'가 된다. 쉽게 이해하면 진공 상태가 평평한 땅이라고 할 때 삽으로 흙(입자)을 파내면 구덩이가 생기는데 이 구덩이가 바로 반입자인 것이다.

또 다른 예를 들 수도 있다. 물이 가득 찬 생수병을 흔들면 물속에 기포가 생기지 않는다. 하지만 병 속의 물을 한 방울 덜어내면 물속에 기포가 하나 생긴다. 이때 생수병을 흔들면 기포도 함께 움직인다. 이 기포의 운동 형태는 입자의 운동 형태와 매우 비슷하다. 반입자를 생수병 속의 기포에 비유할 수 있다. 덜어낸 물 한 방울이 '입자'라면 물속에 남아 있는 기포가 바로 '반입자'인 셈이다. 덜어낸 물 한 방울을 다시 제자리로 돌려놓으면 원래 있던 기포가 메워지고 생수병 속의 물은 진공 상태처럼 안정을 찾는다.

진공 상태는 아무것도 없는 무의 상태가 아닌가? 그런데 어떻게 그 속에서 뭔가를 덜어낼 수 있다는 말인가?

진공 상태와 사람의 관계는 순수한 물로 가득 찬 연못과 그곳에서 평생을 살아온 물고기의 관계와 같다. 물고기의 입장에서 보면 연못에 물이 가득 찬 상태야말로 아무것도 없는 무의 상태이다. 이때 누군가가 연못의 물을 조금 퍼 가면 물속에 생긴 기포가 물고기 눈에 보일 것이다. 물고기 눈에는 기포가 위로 올라가는 모습은 마치 어떤 물체가 운동하는 것처럼 보인다. 폴 디랙은 반입자에 대해, "진공 상태라는 물속에서 물방울을 퍼내고 남은 기포와 같다"고 비유했다. 이에 따라 '디랙의 바다Dirac sea'라는 개념이 생겼다. 진공 상태를 바다에 비유하면 입자는 바닷물, 반입자는 바닷물 속 기포이다. 바다가 바닷물만으로 꽉 찼을 때 겉으로는 아무것도 없는 것처럼 보이지만 아무것도 없는 것처럼 보이는 바다는 바로 바닷물로 가득 찬 디랙의 바다이다.

전자를 포함한 모든 기본 입자는 자신의 파트너인 반입자를 갖고 있다. 상대성이론을 따르면 음의 부호를 갖는 에너지 해가 반드시 존재하기 때문이다. 입자와 반입자의 양자역학적 성질은 완전히 상반된다. 이를테면 입자가 양전하를 갖고 있다면 그 반입자는 음전하를 띤다. 입자와 반입자가 충돌하면 에너지를 방출하고 소멸한다. 폴 디랙이 제시한 반입자 개념은 얼마 후 실험으로 검증됐다. 실험을 통해 양전자의 존재가 확인된 것이다. 이어서 반양자의 존재도 확인됐다. 반양자는 양성자의 반입자로 음전하를 띤다.

주목할 점은, 디랙 방정식은 페르미온의 양자역학적 운동을 기술하는 방정식이므로 여기에서 말하는 반입자는 페르미온의 반입자를 특별 지칭한다는 것이다. 보손 입자도 반입자를 갖고 있다. 하지만 보손 입자의 반입자는 대부분 보손 입자 자신이다. 이를테면 광자의 반입자는 광자이고, 글루온의 반입자는 글루온이다. 그렇다고 모든 보손 입자의 반입자가 그 자신은 아니다. 예컨대 약한 핵력을 매개하는 W^+ 보손의 반입자는 W^- 보손이다. 이들 입자에 대해서는 뒷부분에서 자세하게 알아보겠다.

반입자는 시간에 역행하는 입자인가

반입자의 물리적 의미에 대해 한층 더 대담한 가설을 내놓은 과학자들도 있다. 즉 반입자는 시간을 거슬러 올라가는 입자라는 주장이다.

앞서 이야기했듯이 소립자에게 시간의 방향은 아무 의미가 없다. 또 아래위, 앞뒤, 좌우의 공간적 구분도 아무 의미가 없다. 시간과 공간은 일체이기 때문에 시간 또한 공간과 마찬가지로 소립자에게 다만 하나의 좌표일 뿐이다.

한 전자가 정상적인 시간을 따라 A에서 B로 이동하는 현상과 한 양전자가 시간을 거슬러 B에서 A로 이동하는 현상은 물리적 측면에서 완전한 등가관계에 있다. 슈뢰딩거 방정식에는 에너지와 시간이 곱의 형태로 함께 들어 있다. 즉 $E \times t = (-E) \times (-t)$이다. 마이너스와 마이너스를 곱하면 플러스가 된다. 일반 입자가 정상적인 시간을 따라 운동하는 것은 음의 에너지를 가진 반입자가 시간을 거슬러 운동하는 것과 같다. 그런 의미에서 반입자를 시간에 역행하는 입자라고 규정한 것이다.

반입자 개념을 논리적으로 추론해 낼 수도 있다. 예를 들어 넓은 의미의 기본 입자를 연구하려면 우주방사선을 빼놓을 수 없다. 우주방사선을 연구하려면 가속과 충돌 실험으로 광속에 가까운 속도로 입자를 가속시킨 뒤 입자의 구조를 살펴보아야 한다. 입자의 속도가 광속에 가까워졌을 때는 특수상대성이론을 적용해야 한다. 특수상대성이론에 기반해 디랙 방정식의 해를 구하면 반입자 개념을 추론해 낼 수 있다.

반입자 개념은 매우 중요하다. 반입자 개념을 끌어들이지 않고서는 수많은 입자 반응을 합리적으로 해석할 수 없다. 이를테면 반입자 개념이 없었다면 베타붕괴에 따라 반중성미자가 생성된다는 사실을 지금까지도 몰랐을 것이다.

반입자 발견을 계기로 진정한 의미에서의 입자물리학 연구가 시작됐다고 할 수 있다.

카시미르 효과Casimir effect

반입자는 잠시 접어두고 음의 에너지 개념에 대해서만 살펴보자. 음의 에너지 상태란 진공 상태보다 더 낮은 에너지 상태이다. 여기에서 진공 상태는 에너지가 0인 상태를 의미하지 않는다. 진공 상태에 영점 에너지 zero point energy가 존재한다는 사실이 이를 증명한다. 즉 진공은 에너지가 0인 상태가 아니다. 텅 비어 있는 상태가 아니다.

진공 속에 영점 에너지가 존재한다는 사실은 카시미르 효과로 증명할 수 있다. 카시미르 효과를 증명하는 실험 장치는 간단하다. 얇은 금속판 두 개를 아주 가깝게 마주 댔을 때 두 금속판 사이에 인력이 발생하는 현상을 카시미르 효과라고 한다. 두 금속판 사이에 발생한 인력은 분자들 사이에 작용한 힘이 아니다. 이때 두 금속판 사이에 남아 있는 에너지는 진공 상태의 에너지보다 작다. 따라서 음의 에너지라고 할 수 있다.

카시미르 효과는 양자역학적인 현상이다. 양자역학의 불확정성 원리에 따르면 진공은 아예 아무것도 없는 빈 공간이 아니라 양자들이 끊임없이 쌍생성pair creation(에너지가 질량을 가진 입자로 변환되는 현상—옮긴이)과 소멸을 반복하는 상태로 이뤄져 있다. 높은 곳에서 바다를 내려다봤을 때 수면은 매우 고요한 것처럼 보인다. 그러나 사실 수면은 수많은 물방울들이 위로 튀어올랐다 내려앉았다를 반복하는 상태다. 진공 상태도 이와 비슷하게 입자와 반입자를 포함한 수많은 가상 입자virtual particle들이 나타났다 사라졌다를 반복하는 상태이다. 가상 입자는 짧은 시간 동안에만 존재하는 입자로 오랫동안 존재하는 실제 입자의 반대 개념이다. 양자영역의 중간 과정처럼 순식간에 나타났다가 순식간에 사라지기 때문에 실제로 관측하거나 추출할 수 없다. 가상 입자의 생성과 소멸은 전자기장을 비롯한 양자장quantum field의 변화를 불러일으킨다.

양자가 요동치면서 두 금속판 사이에 생긴 전자기장의 크기는 제한돼 있다. 전기장은 금속 내부에 존재할 수 없다. 따라서 두 금속판 사이에 형성된 전자기장의 크기와 전자기파 파장도 제한돼 있다. 두 금속판 사이 간격은 반드시 전자기파 파장의 정수배여야 한다. 그렇지 않으면 전자기파의 진폭이 금속판에 이르러 0이 될 수 없기 때문이다. 달리 말해 두 금속판 사이에 생성된 전자기파는 특정 진동수를 가진 전자기파(양자화된 전자기장)이다. 하지만 금속판 외부에서는 상황이 달라진다. 금속판 외부는 무한한 공간이기 때문에 온갖 파장을 가진 전자기파가 모두 존재할 수 있다. 그러므로 두 금속판 사이의 에너지는 금속판 외부의 진공 에너지보다 작다. 즉 진공 상태에 영점 에너지가 존재한다는 의미이다. 이 경우 두 금속판 사이의 에너지를 음의 에너지라고 할 수 있다.

13-2
쿼크 모형

양성자와 중성자를 구성하는 최소 단위, 쿼크

원자핵은 양성자와 중성자로 이뤄져 있다. 중간자가 제공하는 강한 핵력이 양성자와 양성자 사이 쿨롱 힘에 대항해 양성자와 중성자를 한데 연결하기 때문에 원자핵은 안정된 구조를 유지할 수 있다.

양성자와 중성자는 성질이 다르지만 질량은 비슷하다. 그렇다면 이 두 가지 입자도 내부 구조를 갖고 있을까? 물론이다. 양성자와 중성자를 구성하는 기본 입자가 바로 쿼크이다.

'입자물리학의 제왕'으로 불리는 미국 물리학자 머리 겔만Murray Gell-Mann이 1960년대에 처음으로 '쿼크' 이론을 제시했다. 쿼크 이론에 따르면 양성자와 중성자는 더 작은 기본 단위로 구성돼 있다. 또 양성자와 중성자를 포함한 10종의 중입자(바리온)는 저마다 세 개의 쿼크로 이뤄져 있다. 이 밖에 9종의 중간자(머리 겔만 시대에 관측된 것은 총 8종이다)는 각기 한 개의 쿼크와 한 개의 반反쿼크로 구성돼 있다.

양성자와 중성자는 성질이 다르기 때문에 갖고 있는 쿼크의 종류도 다르다. 머리 겔만의 쿼크 이론에 따르면 쿼크는 업up쿼크, 다운down쿼크, 스트레인지strange쿼크 세 종류가 있다. 쿼크는 종류별로 서로 다른 질량과 전하량을 갖고 있다. 그중에서 업쿼크가 가장 가볍다. 그다음으로 다운쿼크가 업쿼크보다 조금 더 무겁다. 스트레인지쿼크가 가장 무겁다. 쿼크는 페르미온으로 쿼크의 스핀은 2분의 1이다(정확한 표기는 '2분의 1 환산

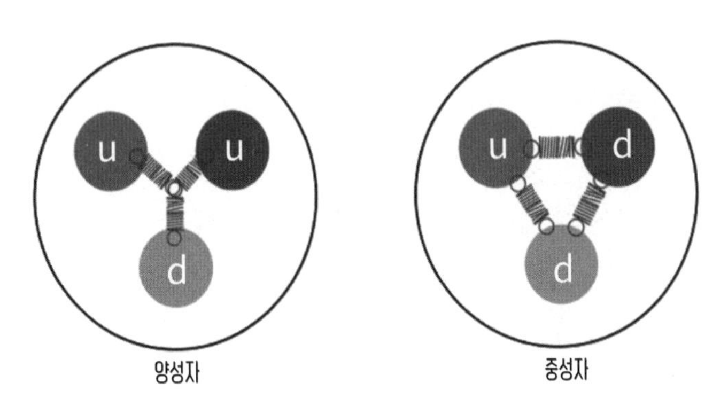

그림13-1 양성자와 중성자의 쿼크 구조

플랑크상수'이지만 편의를 위해 숫자로만 스핀 크기를 표시한다). 쿼크의 전하량도 종류별로 다르다. 업쿼크는 기본 전하의 2/3 전하량을 갖고 있고, 다운쿼크와 스트레인지쿼크는 기본 전하의 -1/3 전하량을 갖고 있다.

여기에서 의문이 생길 수 있다. 중학교에서 '기본 전하는 전하량의 최소 단위'라고 배웠다. 그런데 어떻게 쿼크가 기본 전하의 2/3 또는 -1/3 전하량을 가질 수 있을까? 사실 기본 전하 개념은 실험 측정 결과에 기반해 만들어졌으며, 기본 전하보다 작은 전하 단위가 존재하지 않는다는 의미는 아니다. 실제 실험을 통해 기본 전하보다 작은 전하 단위가 측정되기도 한다.

양성자는 두 개의 업쿼크와 한 개의 다운쿼크로, 중성자는 한 개의 업쿼크와 두 개의 다운쿼크로 이루어져 있다. 다운쿼크가 업쿼크보다 무겁기 때문에 중성자는 양성자보다 무겁다. 이 사실은 실험을 통해서도 확인됐다. 업쿼크는 3분의 2개의 양전하를 띠고, 다운쿼크는 3분의 1개의 음전하를 띤다. 따라서 양성자의 전하량은 $2\times(2/3)-1/3=1$이고, 중성자의 전하량은 $2/3-2\times(1/3)=0$이다. 이는 양성자가 하나의 양전하를 갖고, 중성자는 전하를 갖지 않는다는 측정 결과와 일치하다.

쿼크가 양성자와 중성자를 구성하는 원리

업쿼크와 다운쿼크만으로도 양성자와 중성자가 형성될 수 있는데 스트레인지쿼크는 또 무엇인가? 머리 겔만은 왜 스트레인지쿼크도 존재한다고 말했을까? 스트레인지쿼크가 무엇인지 먼저 살펴보자. 간단하게 설명하면 스트레인지쿼크는 기묘수strange number가 -1인 쿼크이다. 기묘수란 무엇인가?

기묘수가 무엇인지 알려면 입자물리학의 발전 과정에 대해 알아야 한다. 1940년대부터 새로운 입자들이 속속 발견되었다. 입자는 질량에 따라 세 가지로 분류할 수 있다. 양성자와 중성자 등 질량이 비교적 큰 입자는 중입자로 분류되고, 전자 또는 중성미자(베타붕괴로 생성되는 입자)같이 매우 작은 질량을 가진 입자는 경입자(렙톤)에 속한다. 그리고 중간자는 중입자와 경입자 사이 질량을 갖고 있는 입자이다. 전자 질량은 양성자의 1,800분의 1 정도이고, 중간자 질량은 양성자의 6분의 1 정도이다.

훗날 실험 기술이 발전하면서 새로운 중입자와 중간자들이 대량으로 발견됐다. 예컨대 우주방사선을 구성하는 수많은 특이한 중입자와 중간자 가운데 K입자와 σ입자들이었다. 이렇게 발견된 입자의 종류는 양성자와 중성자를 포함해 무려 10종에 달했다. 물리학자들은 이 10종의 입자들을 분류하기 위해 꽤 고심했다. 연구 결과에 따르면 이들 입자는 서로 반응을 일으키기도 하고 서로 변환하기도 했다. 과학자들은 입자들 간 반응을 연구하면서 더 놀라운 사실을 발견했다. 이론적으로 가능할 것 같은 반응을 실제 실험실에서 시도해 봤더니 반응이 일어나지 않았다. 즉 '금지된forbidden 반응'이 대량으로 발견된 것이다. 금지된 반응이란 어떤 메커니즘 때문에 반응이 일어나지 않는지 알 수 없는, 인위적으로 실험할 수 없는 반응을 뜻한다.

화학 반응을 예로 들어보자. 어떤 반응이 성공적으로 일어나려면 반드시 기본적인 보존 원칙을 따라야 한다. 예를 들어 화학 반응은 핵 반응과 달리 반응 전후의 원소의 종류, 질량, 각 원소의 원자 수가 변하지 않는다. 뿐만 아니라 반응 전후의 총전하량도 변하지 않는다. 이를테면 나트륨이온(Na^+)과 황산이온($SO4^{2-}$)이 결합해 황산나트륨(Na_2SO_4)이 생성되는 데, 황산나트륨은 전하를 갖지 않는다. 황산이온은 두 개의 음전하를 갖고 있고, 나트륨이온은 한 개의 양전하를 갖고 있다. 그러므로 +1가의 나트륨이온과 −2가의 황산이온이 2:1로 결합해야 총전하량이 1이 된다. 이것이 우리가 중학교에서 배웠던 '화학 반응식 균형 맞추기' 원리이다.

입자 간 반응에서도 균형 맞추기 법칙이 적용돼야 한다. 에너지보존 법칙에 따르면 에너지는 새로 생기지도 없어지지도 않고 총량이 일정하게 유지된다. 그러므로 입자 간 반응에도 에너지보존 법칙이 적용된다. 전하 또한 새로 생기지도 없어지지도 않기 때문에 반응 전후의 총전하량도 일정하게 유지돼야 한다. 예를 들어 입자들이 반응 전에 세 개의 양전하와 두 개의 음전하를 갖고 있었다면 총전하량은 3−2=1개이다. 그러면 반응 후 입자들이 갖고 있는 양전하와 음전하의 합계도 반드시 1이어야 한다. 물론 이 밖에도 운동량 보존 법칙, 각운동량 보존 법칙 등 기타 보존 법칙도 존재한다.

당시 과학자들은 기존 모든 보존 법칙들을 고려해 거듭 시도해 봤으나 여전히 일부 반응은 일어나지 않았다. 이는 과학자들이 아직 모르고 있는, 입자 간 반응에 적용되는 새로운 보존 법칙이 존재한다는 뜻이다. 그렇지 않으면 금지된 반응이 나올 수 없기 때문이다. 지켜야 할 보존 법칙이 많을수록 여러 제한 조건 때문에 반응이 성공적으로 일어날 확률이 줄어든다.

과학자들은 금지된 반응의 존재 이유를 규명하기 위해 '기묘도strangeness(기묘수)'라는 새로운 개념을 창조했다. 또 '모든 입자 간 반응에서 반응 전후의 기묘도 총량이 일정하게 유지된다'는 '기묘도 보존 법칙'도 만들어냈다. 기묘도 보존의 법칙에 기반해 금지된 반응이 나타나는 이유를 설명할 수 있게 됐다. 예컨대 반응 전의 기묘수 총합이 +2라면 반응 후의 기묘수 총합도 +2가 되어야 하는데 그렇지 않고 +1이 되었다면 그 반응은 일어날 수 없다.

훗날 입자물리학이 발전하면서 흥미로운 사실이 발견됐다. 많은 입자들이 반응 과정에서 기묘도 보존 법칙을 엄격하게 지키지 않는다는 것이었다. 거칠게 표현하면 대충 지키는 척했다. 결국 머리 겔만을 비롯한 과학자들이 입자 간 반응에 적용되는 새로운 보존 법칙이 반드시 존재할 것이라고 했던 예상은 보기 좋게 빗나갔다.

과학자들은 실험실에서 이미 시행됐던 입자 간 반응과 시행이 불가능했던 금지된 반응들을 귀납하고 정리한 끝에 기묘수가 1, -1, 0일 때 모든 입자 간 반응을 설명 할 수 있다는 사실을 발견했다. 기묘도 개념에 기반해 스트레인지쿼크를 설명할 수 있다. 스트레인지쿼크는 기묘수가 -1인 쿼크이다. 스트레인지쿼크의 반입자는 기묘수가 1인 반스트레인지쿼크이다. 업쿼크와 다운쿼크의 기묘수는 모두 0이다.

쿼크 모형이 탄생한 이유

당시에 다양한 종류의 중입자와 중간자가 발견되면서 쿼크 개념이 제시됐다(당시에 10종류의 중입자와 9종류의 중간자가 발견됐다). 중입자는 양성자나 중성자처럼 비교적 큰 질량을 가진 소립자이다. 과학자들의 처음 목표는 만물을 구성하는 기본 입자를 찾는 것이었다. 따라서 고대 그리스의 철학자 데모크리토스가 제시한 진정한 의미의 원자를 찾아낼 수만 있다면 더없이 이상적일 터였다. 데모크리토스는, "만물의 근원은 원자이다. 원자와 빈 공간을 제외하면 아무것도 없다"고 주장했다. 그런데 왜 찾으면 찾을수록 점점 더 많이 발견될까?

이미 발견된 중입자의 종류가 10종이고 중간자의 종류가 9종이었으니 중입자와 중간자를 기본 입자라고 할 수 없다. 적어도 데모크리토스의 원자설에 언급된 '만물을 구성하는 단일한 기본 단위' 요구에는 부합하지 않았다. 즉 이들 중입자를 구성하는 더 작은 기본 단위가 존재한다는 얘기이다. 이렇게 해서 머리 겔만이 쿼크 이론을 제시했던 것이다.

머리 겔만이 제시한 쿼크 이론에 따르면 쿼크는 업, 다운, 스트레인지 세 종류가 있다. 중성자는 세 개의 쿼크로 이뤄지고 중간자는 한 개의 쿼크와 한 개의 반쿼크로 이뤄진다. 배열 순서를 따지지 않고 3종의 쿼크를 조합하면 마침 10종류의 중입자가 만들어진다. 또 3종의 쿼크와 반쿼크

표13-1 3종의 쿼크로 조합해 낸 10종의 중입자

쿼크 구성	전하량	기묘수	중입자 종류
uuu	2	0	Δ^{++}
uud	1	0	Δ^{+}/p
udd	0	0	Δ^{0}/n
ddd	-1	0	Δ^{-}
uus	1	-1	Σ^{++}
uds	0	-1	Σ^{0}
dds	-1	-1	Σ^{-}
uss	0	-2	Ξ^{0}
dss	-1	-2	Ξ^{-}
sss	-1	-3	Ω^{-}

로 9종류의 중간자를 조합해 낼 수 있다. 관심 있는 독자들은 스스로 조합해 보기 바란다.

중간자는 보손이고 중입자는 페르미온이다. 보손은 정수 스핀을 가진 입자이고, 페르미온은 1/2 같은 반정수 스핀을 가진 입자이다. 반정수로는 정수를 만들어낼 수 있다. 이를테면 1=1/2+1/2인 것처럼 말이다. 하지만 정수로는 반정수를 만들어낼 수 없다. 정수끼리 더하면 3/2 같은 반정수가 나올 수 없기 때문이다. 중입자는 페르미온이다. 따라서 중입자를 구성하는 기본 입자 또한 페르미온일 수밖에 없다. 그러므로 쿼크는 모두 페르미온이다. 중입자가 페르미온이고 중간자가 보손이라는 사실로부터 중입자는 홀수의 쿼크로 이뤄지고 중간자는 짝수의 쿼크로 이뤄졌다는 결론을 끌어낼 수 있다. 중입자가 세 개의 쿼크로 이뤄지고 중간자가 한 개의 쿼크와 한 개의 반쿼크로 이뤄진다는 최초의 가설은 훗날 실험 측정 결과와 일치했다.

13-3
쿼크의 종류와 성질

중입자와 중간자는 모두 쿼크로 구성돼 있다

쿼크의 개념을 알았으니 이제 쿼크들이 어떻게 중입자를 구성하는지 살펴보자. 중입자의 종류는 양성자와 중성자를 비롯해 10종이다. 쿼크들이 상호 결합을 통해 중입자를 구성했다면 쿼크들 사이에 어떤 힘이 작용했을까? 앞서 알아본 지식으로 추측하자면 제일 먼저 강한 핵력이 떠오를 것이다. 강한 핵력은 약한 핵력이나 전자기력보다 훨씬 강한 힘이기 때문이다. 쿼크들 사이에도 전자기 척력이 작용한다. 그러므로 전자기 척력에 대항해 쿼크들을 한데 묶을 수 있는 힘은 강한 핵력밖에 없다. 요컨대 강한 핵력이 세 개의 쿼크를 한데 묶어서 중입자를 구성한다. 쿼크는 종류별로 서로 다른 성질을 지니고 있다. 그러므로 쿼크 세 개의 조합으로 이루어진 10종의 중입자도 서로 다른 성질을 갖는다. 이를테면 세 개의 업쿼크로 구성된 Δ^{++}입자는 두 개의 양전하를 지니고 있다.

이번에는 중간자가 어떻게 강한 핵력을 제공하는지 살펴보자. 중간자는 한 개의 쿼크와 한 개의 반쿼크로 이뤄져 있다. 반쿼크는 쿼크의 반입자이다. 양성자와 중성자가 매우 가까운 거리에 있을 때 양성자와 중성자 내부에 있던 쿼크들이 상호작용을 통해 중간자를 형성한다. 이 중간자를 교환하는 과정에서 강한 핵력이 생성된다. 쿼크들은 이런 방식으로 중입자와 중간자를 구성하고 강한 핵력을 만들어낸다. 하나의 중간자를 구성하는 쿼크와 반쿼크가 꼭 같은 종류여야 하는 것은 아니다. 쿼크 한 개와 다른 종류의 반쿼크 한 개가 결합해도 중간자가 만들어질 수 있다.

현재까지 발견된 중입자는 10종이 넘는다. 중간자 종류도 9종이 넘는다. 앞에서 밝힌 중입자와 중간자 수치는 당시에 발견된 종류만을 다룬 것이다.

이쯤에서 새로운 의문이 들 수도 있다. 앞서 입자와 반입자가 충돌하면 소멸한다고 했었다. 그런데 어떻게 쿼크와 쿼크의 반입자인 반쿼크가 소멸하지 않고 함께 중간자를 구성할 수 있을까? 그 이유는 쿼크와 반쿼크가 속박 상태bound state를 이루기 때문이다.

'속박 상태'는 양자역학적 개념이지만 낯선 개념은 아니다. 원자 내부 전자들이 바로 속박 상태에 있다. 원자 내부 전자에 대한 슈뢰딩거 방정식의 해를 구하면 양자화된 에너지 준위를 알 수 있다. 전자들이 양자화된 에너지 준위에 놓여 있을 때 속박 상태라고 할 수 있다. 원자핵의 양전하에 따른 전자기 인력이 작용해 전자를 원자 안에 가둬두는 것이다. 쿼크와 반쿼크는 서로 상반되는 전하를 지니고 있다. 따라서 쿼크와 반쿼크를 원자핵이 지닌 양전하와 전자가 지닌 음전하에 비유해 인력에 의한 속박 상태로 해석할 수 있다. 다만 원자핵이 전자보다 훨씬 무겁기 때문에 원자 내부 전자에 대한 슈뢰딩거 방정식의 해(파동함수)를 구할 때 원자핵이 움직이지 않는다는 가정을 미리 세워놓는 데 비해 쿼크와 반쿼크는 질

표13-2 중간자 종류

쿼크 구성	전하량	기묘수	중간자 명칭
uu	0	0	π^0
ud	1	0	π^+
du	-1	0	π^-
dd	0	0	η
us	1	1	K^+
ds	0	1	K^0
su	-1	-1	K^-
sd	0	-1	$\bar{K}^0$
ss	0	0	η'

량이 서로 비슷하기 때문에 두 입자의 운동 상태를 모두 고려해야 한다. 요컨대 쿼크와 반쿼크가 갖고 있는 전하는 크기가 같고 부호가 반대이므로 원자핵과 전자처럼 속박 상태를 이룬다. 다만 쿼크와 반쿼크로 이뤄진 속박 상태는 매우 불안정하고 소멸되기 쉽다. π^0 중간자의 수명이 π^+ 또는 π^-중간자 수명의 3억분의 1 정도밖에 안 된다. π^+와 π^- 중간자는 같은 종류의 쿼크와 반쿼크로 구성되지 않았기 때문에 쉽게 소멸하지 않는다.

그렇다면 중입자는 왜 최대 세 개의 쿼크로 구성돼 있을까? 또 중간자는 왜 한 개의 쿼크와 한 개의 반쿼크로 이뤄질까? 왜 네 개, 다섯 개의 쿼크로 더 무거운 입자가 만들어질 수 없을까? 입자가 형성되려면 몇 가지 제약 조건을 만족시켜야 하기 때문이다.

쿼크 사이 강한 핵력의 근원: 쿼크의 색

새로운 제약 조건을 만들어내려면 쿼크에 새로운 성질을 부여해야 한다. 새롭게 가정한 쿼크의 성질을 '색전하color charge'라고 한다. 모든 쿼크는 '색'이라는 양자적 속성을 갖고 있으며 이를 전하에 비유해 '색전하'라고 이름 붙였다.

색전하는 세 가지 종류가 있다. 빛의 삼원색에서 개념을 빌려와 각각에 빨간색, 초록색, 파란색이라고 이름을 붙였다. 이름만 빨간색, 초록색, 파란색이라고 붙여놓았을 뿐, 쿼크가 실제로 색을 갖지는 않는다. 쿼크의 크기는 광파 파장보다 훨씬 작기 때문에 실제로는 색깔을 띠지 않는다.

전하가 전자기력을 제공하듯 색전하는 강한 핵력을 제공한다. 그래서 강한 핵력을 색력color force이라고도 한다. 강한 핵력, 즉 색력은 쿼크들 사이의 글루온 교환 때문에 발생한다. 글루온은 입자의 일종이다. 이 내용은 14장에서 더 자세하게 다뤄보자. 색의 성질을 연구하는 학문을 색역학chromodynamics이라고 한다. 전하는 양전하와 음전하 두 종류가 있다. 하지만 색전하 종류는 세 가지이다. 무엇 때문에 색전하 종류는 세 가지인가? 지구상의 생물 대부분은 암컷과 수컷 두 종류이지만 지구 밖의 다른 별에 세 가지 성별을 가진 생물체가 존재할 수도 있다. 평행우주의 문명을 다룬 아이작 아시모프의 소설 《신들 자신》에는 세 가지 성별을 가진 생물체가 등장한다. 소설에서는 이 생물체가 두 성별이 짝짓기해서 후대를 번식할 수 있고, 세 성별 사이에 교배가 이뤄지면 최고등 생물체를 탄생시킬 수 있다고 묘사한다.

시공간 속에 존재 가능한 모든 중입자는 하얀색이다. 중입자의 실제 색깔이 하얀색이라는 말이 아니라 삼원색에서 빌려온 개념이다. 빨간색, 초록색, 파란색이 합쳐지면 하얀색이 된다. 이는 중입자를 구성하는 세 개의 쿼크 색깔이 빨간색, 초록색, 파란색이라는 뜻이다. 이렇게 구성된 입자만이 안정적으로 존재할 수 있다. 중입자가 세 개의 쿼크로 구성된 이유도 이 때문이다. 서로 다른 색깔을 가진 네 개의 쿼크로는 하얀색을 만들어낼 수 없다. 중간자는 한 개의 쿼크와 한 개의 반쿼크로 이뤄져 있다. 반쿼크는 쿼크 보색을 가진다. 예를 들어 쿼크의 색이 빨강이면 반쿼크의 색은 반빨강이다. 빨강과 반빨강이 합쳐지면 서로 상쇄돼 하얀색이 된다.

실험을 통해 수많은 쿼크가 발견됐으나 하나의 쿼크가 홀로 발견된 적은 없다. 개개의 쿼크는 하얀색이 아닌 단색을 가지기 때문에 외따로 안정적으로 존재할 수 없기 때문이다. 쿼크가 홀로 발견되지 않은 현상을 서술하는 물리학 개념이 있다. 바로 '쿼크 감금colour confinement('색 감금'이라고도 한다)'이다. 쿼크는 단독으로 존재할 수 없을뿐더러 실험을 통해 쿼크를 밖으로 떼어낼 수도 없다. 그러므로 쿼크는 영원히 입자 안에 감금돼 있어야 한다. 이론적으로는 극히 큰 에너지 상태(2조K 정도의 고온 상태)에서 쿼크를 분리할 수 있다고 하는데 현재까지 실험으로 검증되지 않았다.

굳이 하나의 쿼크를 분리하려 한다면 다음과 같은 상황이 예상된다. 예를 들어 중간자 내부 쿼크와 반쿼크는 글루온으로 연결돼 있다. 이 글루온을 '스프링'에 비유할 수 있다. 쿼크와 반쿼크를 분리하려면 둘 사이를 이어주는 '스프링'을 당겨서 끊어야 한다. 하지만 '스프링'이 끊어지면 곧바로 새로운 '스프링(글루온)'과 쿼크, 반쿼크가 생성되면서 원래의 쿼크, 반쿼크와 짝을 이뤄 새로운 중간자 한 쌍을 형성한다. 즉 쿼크는 단독으로 분리할 수 없다.

쿼크의 맛

쿼크들 사이의 강한 상호작용은 쿼크의 색의 영향을 받는다. 쿼크는 전하를 갖고 있으므로 전자기력을 제공한다. 또 질량을 갖고 있으므로 쿼크들 사이에 인력도 작용한다. 다만 이 인력은 매우 미약하다. 앞서 12장에서 베타붕괴라는 핵 반응에 대해 알아보았듯이 베타붕괴를 일으키는 힘은 약한 핵력이다. 베타붕괴는 '중성자 붕괴'라고도 할 수 있다. 중성자도 쿼크로 이뤄진 입자이다. 그렇다면 쿼크 입장에서 베타붕괴의 메커니즘을 어떻게 해석해야 할까? 달리 말해 약한 핵력과 쿼크 사이에 어떤 관계가 있을까? 이 문제를 설명하려면 쿼크의 또 다른 성질 '맛'에 대해 알아야 한다.

머리 겔만의 쿼크 이론에 따르면 쿼크는 업, 다운, 스트레인지 세 종류가 있다. 여기에서 업, 다운, 스트레인지를 쿼크의 '맛'이라고 한다. 쿼크의 맛이란 사실 쿼크의 종류 그 자체를 말하는 것이다.

쿼크의 맛은 약한 핵력에 영향을 주는 핵심 요인이다. 베타붕괴는 쿼크의 맛에 의해 발생한다. 베타붕괴가 일어나면 중성자가 양성자로 바뀌는데 이 현상의 본질은 중성자 내부 다운쿼크의 맛이 다운에서 업으로 바뀐 것이다. 쿼크의 맛이 바뀌면서 베타붕괴가 일어나는 것이다.

6종의 쿼크

머리 겔만이 쿼크 이론을 발표했을 때 모든 해석이 완벽한 것처럼 보였다. 이제 쿼크는 업, 다운, 스트레인지 세 종류 맛과 빨간색, 초록색, 파란색의 세 가지 색전하를 갖는다고 인식되었다. 또 홀로 존재하는 입자의 색전하는 반드시 하얀색(중입자, 쿼크와 반쿼크로 구성된 중간자 등)으로 표현되었다. 하지만 1974년 입자물리학계에 '11월 혁명'으로 불린 획기적인 사건이 일어나면서 사람들의 인식이 뒤바뀌었다. 중국계 미국인 물리학자 딩자오중Samuel C.C. Ting, 丁肇中과 미국 물리학자 버튼 리히터Burton Ricthter가 각자 연구진을 이끌고 실험을 통해 매우 특이한 중간자를 발견한 것이다. 새로 발견된 중간자는 무려 양성자의 세 배에 이르는 질량을 갖고 있었다. 질량만 놓고 본다면 중간자라고 하기도 어려울 정도였다. 지금까지 발견된 중간자와는 완전히 다른 새로운 종류였다.

이 중간자는 새로운 종류의 쿼크와 반쿼크로 구성됐다는 사실이 훗날 증명됐다. 새로운 쿼크는 기존 쿼크와 다른 맛을 갖고 있었으며 훗날 '참charm쿼크'로 명명되었다. 참쿼크는 2/3의 양전하와 1/2의 스핀을 갖는다. 하지만 질량은 양성자보다 크다. 새로 발견된 중간자는 딩자오중과 리히

터에 의해 각기 'J 중간자'와 'Ψ 중간자'로 명명됐다. 그러다 나중에 'J/Ψ 중간자'로 불리게 됐다. 딩자오중과 리히터는 새로운 중간자를 발견한 공로로 1976년 노벨물리학상을 공동 수상했다. 여기서 끝이 아니었다. 실험 기술이 발전하면서 다시 새로운 쿼크 두 종류가 발견됐다. 바로 참 쿼크보다 큰 질량을 가진 '탑top쿼크'와 '바톰bottom쿼크'이다. 이 세 가지 쿼크의 발견을 계기로 새로운 중입자와 중간자가 더 많이 존재한다는 예측이 제기되었다. 또 실제 실험을 통해 이들 중입자와 중간자들의 존재가 입증되었다.

이로써 기본 입자에 대해 한층 더 깊이 알게 됐다. 원자핵 내부 구조뿐만 아니라 중입자와 중간자의 내부 구조도 어느 정도 알게 됐다. 요컨대 모든 중입자와 중간자는 6종의 쿼크로 구성돼 있다. 또 쿼크는 세 가지 색전하를 갖고 있다. 물론 쿼크의 반입자인 반쿼크도 빠뜨릴 수 없다. 반쿼크까지 포함하면 쿼크의 종류는 무려 36종에 이른다. 중입자와 중간자를 합쳐 '강입자hadron'라고 부른다. 중입자와 중간자 모두 쿼크들이 강한 핵력으로 결합한 입자이기 때문이다.

우주공간에 강입자가 아닌 다른 입자들도 존재한다는 사실을 잊지 말아야 한다. 우주공간에 존재하는 입자들이 모두 다 쿼크로 구성된 것은 아니다. 전자를 비롯한 가벼운 기본 입자들은 쿼크나 강한 핵력과 직접적인 관계가 없다. 지금까지 알아본 쿼크 관련 내용을 기반으로 비교적 무겁고 강한 핵력과 직접적인 관계가 있는 입자들을 기술할 수 있게 됐다. 이제 강한 핵력과 직접적인 관계가 없는 입자(경입자, 렙톤)들에 대해 알아보자.

13-4
중성미자

쿼크에 대해 알았으니 이번에는 기본 입자 패밀리의 또 다른 구성원인 경입자에 대해 알아보자.

기본 입자는 질량에 따라 중입자, 중간자와 경입자로 분류할 수 있다. 하지만 입자물리학이 발전하면서 기본 입자를 질량에 따라 분류하는 방식이 그다지 합리적이지 못하다고 드러났다. 중입자와 중간자 모두 쿼크와 반쿼크들이 강한 핵력으로 결합한 입자이기 때문이다. 쿼크 모형에 따르면 중입자와 중간자는 모두 강입자에 속한다.

현재까지 실험을 통해 발견된 경입자는 6종이다. 경입자는 강한 핵력의 영향을 받지 않는다. 경입자의 반입자 또한 6종이다. 따라서 경입자와 반입자를 합치면 12종이다. 대표적인 경입자로는 전자를 꼽을 수 있다. 이 밖에 12장 '핵물리학'에서 이야기했던 중성미자와 반중성미자(베타붕괴 관련 입자)도 경입자이다.

전자와 중성미자의 질량은 매우 작다. 하지만 질량이 큰 경입자도 있다. 이를테면 타우τ입자의 질량은 양성자의 두 배에 이른다. 그러므로 질량을 기준으로 입자 종류를 구분하는 방법은 타당하지 않다. 그렇다면 무엇을 기준으로 입자의 종류를 구분해야 할까? 답은 '상호작용력'이다. 쿼크에는 강한 핵력, 전자기력, 약한 핵력 세 가지 힘이 동시에 작용한다. 즉 쿼크는 색, 전하와 맛을 모두 갖고 있다. 그러므로 쿼크들로 구성된 입자는 원칙적으로 세 가지 힘의 영향을 모두 받아야 마땅하다. 하지만 경입자는 그렇지 않다. 경입자는 전자기력과 약한 핵력의 영향만 받는다. 강입자는 강한 상호작용을 하지만 경입자는 그렇지 않다.

경입자에 전자만 포함돼 있다면 입자물리학 연구가 한결 쉬웠을 것이다. 쿼크에 대해서만 탐구하면 되었을 테니 말이다. 중성미자를 발견하면서 입자물리학의 새로운 장이 열린 셈이다.

베타붕괴에서 발견된 기이한 현상

중성미자의 발견 과정은 순탄치 않았다. 중성미자는 너무 가볍고 작았다. 중성미자의 질량은 전자의 수백만분의 1에 불과하다. 처음에 실험을 통해 중성미자를 관측할 수 없었던 이유도 바로 이 때문이다. 중성미자는 질량이 얼마인지도 구체적으로 밝혀지지 않았다. 다만 중성미자의 정지 질량이 0에 근접한다는 정도만 알 수 있었다. 하지만 0은 절대 아니다.

실험적 관측이 불가능한 상황에서 어떻게 중성미자의 존재를 예측했을까? 이 문제는 12장에서 이야기한 베타붕괴 현상을 빼놓고 풀어낼 수 없다. 베타붕괴 현상이 처음 발견됐을 당시 사람들은 중성자의 존재조차 모르고 있었다. 그저 A입자가 어떤 핵 반응을 거쳐 전자 하나를 방출하면서 B입자로 변환한다는 사실만 알고 있었다. 사람들은 전하량 보존 법칙에 따라 B입자가 A입자보다 양전하 하나를 더 갖고 있을 거라고 추측했다. 이 핵 반응이 바로 베타붕괴이다.

그런데 베타붕괴 현상을 연구하는 과정에서 기이한 현상이 발견됐다. 알다시피 모든 반응은 일련의 보존 법칙을 따라야 한다. 이를테면 반응 전후의 에너지 총량이나 운동량 총량이 일정한 값을 유지해야 한다는 등이다. 하지만 베타붕괴 전후의 에너지양을 측정했더니 반응 후의 에너지

양이 반응 전보다 줄어들어 있었다. 즉 베타붕괴 후 일정량의 에너지가 까닭 없이 없어져버린 것이다. 실험 결과를 보면 A입자는 핵 반응을 거쳐 B입자로 바뀌면서 전자 하나만 방출했을 뿐 다른 입자를 방출하지 않았다. 하지만 B입자와 전자가 갖고 있는 에너지를 합쳤더니 A입자의 에너지보다 적게 나타났다. 참으로 이상한 현상이었다.

에너지보존법칙은 연역법으로 증명할 수 없지만 지금까지 철칙처럼 여겨지던 법칙이다. 베타붕괴에서 나타난 이상한 현상에 대한 해답이 계속 나오지 않자 물리학자 보어는, "에너지보존법칙을 포기해야 할 때가 됐다"고 주장하기도 했다.

중성미자의 정체

오스트리아의 이론물리학자 파울리는 베타붕괴에서 에너지가 사라지는 현상이 나타난 이유는 전자 외에도 새로운 입자가 더 방출됐기 때문이라고 주장했다. 다만 새로운 입자는 전기적으로 중성이고 질량이 매우 작기 때문에 당시 실험 기술로 관측할 수 없을 뿐이라고 했다.

파울리는 새로운 입자를 '중성자'라고 명명했다. 당시는 현대적 의미의 중성자가 발견되기 전이었다. 훗날 채드윅이 발견한 새로운 입자가 최종적으로 '중성자'라는 이름을 갖게 됐다. 파울리의 주장은 어디까지나 검증받지 못한 가설일 뿐이었다. 보어는 파울리의 가설에 동의하지 않았다.

훗날 엔리코 페르미는 '약한 상호작용' 개념을 제시했다. 그는 베타붕괴를 주도하는 힘은 약한 상호작용이라면서 파울리와 마찬가지로 베타붕괴에서 새로운 입자가 생성된다고 주장했다. 또 새로운 입자에 이탈리아식으로 '중성미자'라는 이름을 붙였다. 나중에 안 사실이지만 베타붕괴를 통해 생성되는 중성미자는 중성미자의 반입자인 반중성미자이다.

중성미자의 검증

페르미의 이론이 세상에 나온 뒤에도 중성미자와 반중성미자 개념은 상당히 오랫동안 가설로만 여겨졌다. 달리 말해 중성미자는 에너지보존 법칙을 철석같이 믿었던 과학자들이 베타붕괴에서 발견한 이상한 현상을 설명하기 위해 인위적으로 만들어낸 가상 물질이었다. 이론적 예측에 따르면 중성미자는 크기가 매우 작고 전하를 갖지 않기 때문에 실험을 통해 관측하기가 어려웠다. 그리고 1950년대에 이르러 두 명의 미국 물리학자 클라이드 카원Clyde L. Cowan과 프레더릭 라이너스Frederick Reines가 대규모 실험 장치를 이용해 드디어 중성미자의 존재를 확인했다.

실험으로 중성미자의 존재를 확인하려면 먼저 중성미자의 성질을 예측해야 한다. 중성미자는 매우 작고 가볍기 때문에 낱개의 중성미자는 극히 약하게 실험 장치에 반응한다. 따라서 중성미자를 직접 관측하려면 중성미자를 한곳에 대량으로 모아야 한다. 두 과학자는 원자로에서 많은 중성미자가 생겨난다는 사실을 알아내고 거기에 중성미자 검출기를 세웠다.

핵분열의 본질은 대규모 베타붕괴가 일어나는 과정이다. 베타붕괴 과정에서 핵 반응이 충분히 일어나면서 엄청난 에너지가 방출되기 때문이다. 이론적 예측이 정확하다면 베타붕괴를 통해 반중성미자가 뿜어나가고 원자로에서 엄청난 양의 중성미자가 생성될 터였다.

12장 '핵물리학'에서 베타붕괴의 본질은 중성자가 약한 핵력의 영향으로 양성자로 바뀌면서 전자와 반중성미자를 방출하는 반응이라고 이야기했었다. 반중성미자가 정말로 존재한다면, 반중성미자에 충분한 에너지를 쏟아부어 양성자와 충돌시킨다면 중성자와 양전자가 생성되지 않을까? 즉 베타붕괴의 역방향 프로세스도 가능하지 않을까? 중성미자의 존재 여부를 알아내기 위한 베타붕괴의 역방향 프로세스 구상은 중국 물리학자 왕간창王淦昌이 제일 먼저 제안했다. 왕간창은 1942년에 미국 학술지 《피지컬 리뷰》에 게재한 〈중성미자 탐지를 위한 제안〉이라는 글에서 베타붕괴의 역방향 프로세스 구상을 발표했다. 중성미자 관측을 위한 핵 반응 과정을 식으로 나타내면 다음과 같다.

$$\bar{\nu}_e + p^+ \rightarrow n^0 + e^+$$

카원-라이너스 중성미자 실험의 목표는 대량의 반중성미자를 양성자에 충돌시켜 양전자와 중성자 생성 여부를 관찰하는 것이었다. 이 실험은 이론적으로 충분히 가능해 보였다. 우선 반응 원료의 하나인 반중성미자를 구하려면 원자로를 이용하면 된다. 원자로에서 대규모 베타붕괴가 일어나면서 반중성미자를 대량으로 방출하기 때문이다. 반중성미자와 충돌할 양성자를 대량으로 구하는 일도 그리 어렵지 않았다. 물 분자에 대량의 양성자가 들어 있기 때문이었다. 카원과 라이너스는 순수한 물 한 통을 준비했다. 실험에 성공해 반응이 제대로 이뤄진다면 중성자와 양전자가 생성될 터였다. 양전자는 전자의 반입자이다. 따라서 양전자와 전자는 충돌과 함께 소멸하고 방향이 서로 다른 두 개의 감마선을 방출한다.

카원과 라이너스는 감마선과 접촉하면 빛을 뿜는 특수 용액을 물통 옆에 놓았다. 전자와 양전자의 충돌로 생성된 감마광자를 감지하기 위해서였다. 또 생성되는 중성자를 감지하기 위해 염화카드뮴도 준비했다. 염화카드뮴은 중성자와 반응할 때 카드뮴 원소가 카드뮴의 동위원소로 바뀌면서 감마광자를 한 개 방출한다. 요컨대 카원-라이너스 중성미자 실험에서는 3종의 감마광자가 방출된다. 다만 전자와 양전자 사이 충돌 반응은 빠르게 진행되고 염화카드뮴과 중성자 사이 반응은 조금 느리게 진행된다. 실험 결과는 두 과학자의 예상과 일치했다. 두 과학자는 예상했던 대로 실험을 통해 3종의 감마광자를 관측해 냈다. 2종의 감마광자가 거의 동시에 나타난 후 몇 마이크로초가 지나서 세 번째 감마광자가 나타났다. 이로써 반중성미자의 존재가 확인됐다. 이 실험은 1951년부터 시작되어 1956년에 결과가 발표됐다. 클라이드 카원은 1974년에 54세 나이로 사망했다. 프레더릭 라이너스는 1995년에 중성미자를 발견한 공로로 노벨물리학상을 수상했다.

이렇게 경입자족族에 중성미자라는 새로운 일원이 추가됐다. 여기에서 끝이 아니었다. 중성미자 종류가 여러 가지이며 전자와 비슷한 다른 경입자도 존재한다는 사실이 나중에 또 확인됐다.

13-5
경입자의 종류와 특성

지금까지 발견된 경입자는 6종이다. 그중에는 전자와 중성미자가 포함된다. 그러면 나머지 4종의 경입자는 어떻게 발견됐을까? 앞서 12장에 등장했던 일본 물리학자 유카와 히데키가 여기에서 또 등장한다.

뮤온μ입자

중간자 개념을 최초로 제시한 사람이 바로 유카와 히데키이다. 그는, "중성자와 양성자는 중간자 교환에 따라 강한 핵력으로 결속돼 안정적이고 견고한 원자핵을 구성한다"고 주장했다. 또 계산을 통해 중간자 질량이 양성자와 중성자의 6분의 1 정도라고 추측했다. 유카와가 제시한 중간자 이론을 검증하려면 먼저 중간자의 존재를 확인해야 했다. 하지만 다양한 실험을 시도해 봐도 중간자의 그림자조차 찾을 수 없었다. 나중에는 유카와 본인이 중간자 이론에 회의를 느꼈을 정도였다.

한참 지난 뒤에야 우주방사선에서 중간자가 발견됐다. 어떻게 우주방사선에서 발견됐을까? 실험으로 중간자를 관측하기 어려운 이유는 중간자의 수명이 매우 짧기 때문이다. 수명이 짧아서 순식간에 다른 입자로 붕괴된다. 그런데 우주방사선 속 중간자의 속도는 광속에 가깝다. 상대성이론의 시간 지연 효과에 따르면 지구상의 관찰자를 기준으로 했을 때 빠른 속도로 움직이는 중간자의 수명은 길어진다. 이 같은 이유로 우주방사선 속의 중간자가 관측된 것이다. 1937년 두 연구진이 우주방사선 연구를 통해 유카와의 중간자 이론에 맞아떨어지는 중간자를 찾아냈다.

여기까지는 모든 것이 완벽해 보였다. 하지만 1946년 로마에서 우주방사선 관련한 이해할 수 없는 연구 결과가 발표됐다. 중간자는 강한 핵력을 제공하는 입자이다. 즉 중간자는 원자핵과 매우 강하게 반응해야 마땅하다. 강한 핵력이 없으면 원자핵이 존재할 수 없기 때문이다. 그런데 로마 연구진은, "우주방사선 속에서 중간자와 매우 비슷한 입자가 발견됐는

데 이 입자는 이상하게도 원자핵과 매우 미약하게 반응한다"는 이해할 수 없는 실험 결과를 내놓았다. 즉 중간자를 닮은 새로운 입자가 강한 상호작용에 반응하지 않는다는 것이었다. 두말할 필요 없이 이 새로운 입자는 유카와가 예측한 중간자가 아니었다.

좀 더 자세한 연구를 거쳐 드디어 새로운 입자가 정체를 드러냈다. 이 새로운 입자가 바로 뮤온입자이다. 뮤온입자는 질량이 중간자와 비슷하고 하나의 음전하와 1/2 스핀을 갖는다. 질량이 전자보다 아주 크다는 점 말고 나머지 성질은 전자와 매우 비슷하다.

뮤온중성미자

이렇게 경입자족에 뮤온입자라는 새로운 일원이 또 추가됐다. 뮤온입자는 한 개의 전자, 한 개의 중성미자와 한 개의 반중성미자로 붕괴할 수 있다.

그런데 새로운 문제가 발견됐다. 같은 종류의 입자와 반입자는 충돌을 하면 소멸하면서 광자를 내뿜는다. 그러므로 뮤온입자가 붕괴하면서 생성된 중성미자와 반중성미자는 생성되자마자 광자를 방출하면서 소멸돼야 마땅하다. 하지만 놀랍게도 어떤 실험에서도 하나의 뮤온입자가 한 개의 전자와 두 개의 광자로 변환된 현상을 발견하지 못했다.

이 실험 결과는 생성된 중성미자와 반중성미자가 같은 종류가 아니라는 사실을 의미한다. 또 중성미자가 한 종류가 아니라는 사실을 의미한다. 이렇게 해서 뮤온중성미자라는 새로운 입자가 발견됐다. 뮤온중성미자는 뮤온입자와 상호작용한다. 덕분에 경입자족 구성원은 전자, 중성미자, 뮤온입자, 뮤온중성미자로 확대됐다.

베타붕괴에서 생성되는 중성미자는 '반전자 중성미자'라는 구체적인 이름을 갖고 있다. 제일 먼저 전자 중성미자가 발견되었기 때문에 일반적으로 '중성미자'라고 하면 전자 중성미자를 지칭한다. 입자 반응에서 전자 중성미자는 전자와 상호작용하고 뮤온중성미자는 뮤온입자와 상호작용한다.

타우입자와 타우중성미자

1971년 중국계 물리학자 차이융시Yung-Su Tsai, 蔡永賜는 이론적 연구를 통해 타우입자라는 새로운 경입자의 존재를 예측했다. 타우입자가 실제로 존재한다면 타우입자에 대응하는 타우중성미자도 존재할 터였다. 타우입자와 타우중성미자의 존재는 각각 1974년과 1997년에 확인됐다.

타우입자는 질량이 양성자의 두 배에 이를 정도로 매우 무겁다. 타우입자는 전자와 양전자의 충돌로 생성된다. 양전자는 전자의 반입자이다. 양전자와 전자가 충돌하면 소멸할 수도 있고, 두 입자의 에너지가 충분히 큰 경우에는 새로운 입자(타우입자와 반타우입자)를 만들어낼 수도 있다. 타우입자는 하나의 음전하를 갖고 있고, 반타우입자는 하나의 양전하를 가진다. 타우입자의 질량은 매우 크다. 따라서 매우 큰 에너지를 가진 전자와 양전자가 충돌해야 에너지를 질량으로 변환시켜 타우입자와 반타우입자를 생성할 수 있다.

요컨대 경입자는 전자, 전자중성미자, 뮤온입자, 뮤온중성미자, 타우입자, 타우중성미자 등 6종이 있다.

중성미자 진동Neutrino oscillation

6종의 경입자 중에서 3종의 중성미자(전자 중성미자, 뮤온중성미자, 타우중성미자)들은 상호 전환하는 매우 신기한 현상을 나타낸다. 이처럼 한 가지 중성미자가 일정한 시간이 지나면서 다른 종류의 중성미자로 전환되는 현상을 '중성미자 진동'이라고 한다. 중성미자 진동 원인은 아직 이렇다 할 정설이 나오지 않은 상태이다.

중성미자 진동 현상은 태양을 연구하는 과정에서 발견됐다. 태양 내부에서는 네 개의 수소 원자핵이 한 개의 헬륨 원자핵으로 결합하는 핵 반응이 일어난다. 이 핵 반응 과정은 아주 복잡한데 여기에서는 자세하게 다루지 않겠다. 태양 내부에서 실제로 위와 같은 핵 반응이 일어나는지 여부를 알려면 실험적 검증이 필요하다. 검증 방법 중 하나가 바로 태양 내부 핵 반응으로 생성된 입자들을 관측하는 것이다. 태양 내부에서 일어나는 핵 반응은 매우 복잡한 과정을 거친다. 태양 중심부에서 핵 반응으로 생성된 광자가 태양 표면까지 도달하는 데 걸리는 시간은 무려 1천 년이 넘는다.

태양 내부에서는 핵 반응과 함께 무수히 많은 전자중성미자가 생성된다. 중성미자는 크기가 매우 작고, 질량이 0에 근접할 정도로 아주 가볍다. 또 전하를 갖지 않고 전자기력에 반응하지 않는다. 그러므로 중성미자는 어떤 간섭도 받지 않고 곧장 지구로 날아올 수 있다. 중성미자 속도는 광속에 가깝다. 태양에서 지구까지 날아오는 데 8분밖에 걸리지 않는다. 1초 동안 단위 면적당 얼마나 많은 중성미자가 지구 표면에 와 닿을까? 수학적 계산 결과 1초에 지구 표면의 손톱만 한 면적에 입사되는 중성미자의 양은 무려 1천억 개 정도이다. 참으로 엄청난 양이다.

태양 내부에서 방출하는 중성미자의 양을 측정할 수 있다면 태양 내부에서 일어나는 핵 반응 과정을 유추할 수 있다. 이는 태양 내부 상황을 파악하는 데 큰 도움이 된다. 1968년 미국 물리학자 레이 데이비스Ray Davis가 처음으로 실험을 통해 지구에 들어오는 중성미자의 양을 측정해 냈다. 하지만 실험 결과는 수학적 예측을 벗어났다. 데이비스가 관측한 중성미자의 양은 태양 질량을 바탕으로 수학적으로 계산한 중성미자 양의 1/3밖에 되지 않았다. 나머지 2/3는 태양에서 지구까지 오는 도중에 대체 어디로 사라졌을까? 그야말로 '태양 중성미자 미스터리'였다.

당시에는 실험에 오류가 있었을 거라고 생각했다. 훗날 실험 기술이 발전하고 실험 기기의 정밀도가 높아지면서 과학자들은 '태양 중성미자 미스터리'에 다시 관심을 기울였다. 실험 결과는 여전히 수학적 예측과 달랐다. 이에 따라 중성미자 중 일부가 지구까지 오는 도중에 사라졌다는 쪽으로 의견이 모아졌다. 1968년 이탈리아 물리학자 부르노 폰테코르보Bruno Pontecorvo가 간단한 이론을 제시했다. 그는 중성미자가 진동 현상을 나타낸다고 주장했다. 즉 일정한 시간 간격을 두고 한 종류의 중성미자가 다른 종류의 중성미자로 전환한다는 것이다. 그의 이론에 따르면 태양에서 튀어나온 전자중성미자 중 일부는 지구까지 오는 도중에 다른 중성미자(뮤온중성미자 또는 타우중성미자 등)로 바뀌기 때문에 지구에서 관측된 전자 중성미자의 양이 이론적으로 예측한 전자중성미자의 양보다 적어진다. 이 중성미자는 어느 순간 다시 전자중성미자로 탈바꿈한다. 마치 주기적으로 끊임없이 순환하는 시곗바늘처럼 말이다.

중성미자 진동 이론은 처음에 하나의 가설에 불과했다. 그러다가 일본에서 대형 소립자 관측 장치 슈퍼 카미오칸데Super-K를 개발했다. 슈퍼 카미오칸데는 지하 1천 미터의 폐광에 건설됐다. 중성미자 관측 장치를 깊은 지하에 건설하는 이유는 중성미자를 제외한 다른 우주방사선의 잡음 신호를 최대한 줄여야 하기 때문이다. 슈퍼 카미오칸데는 2001년에 중성미자 진동을 확인했으며 이로써 부르노의 가설이 증명됐다.

체렌코프 복사Cherenkov radiation

슈퍼 카미오칸데는 체렌코프 효과에 기반해 중성미자 진동을 확인했다. 중성미자와 양성자가 반응하면 체렌코프 복사가 생긴다.

체렌코프 복사는 입자가 매질 속을 빛의 속도보다 빠른 속도로 통과할 때 생기는 빛이다. 매질 속 빛의 속도는 진공 상태에서 빛의 속도보다 느리다. 예를 들어 유리 속에서 빛의 진행 속도는 진공에서 광속의 2/3밖에 안 된다. 또 물속에서는 진공에서 광속의 약 3/4 속도로 진행한다. 따라서 전자는 물속에서 빛보다 더 빠른 속도로 이동할 수 있다.

극쾌 편에서 비행 속도가 음속에 다다르면 음속장벽이 나타난다는 확인했다. 비행기 속도가 음속을 돌파했을 때 에너지 밀도가 극도로 치솟으면서 충격파음sonic boom이 일어나기 때문이다. 따라서 초음속 비행은 매우 어렵다. 충격파음은 고에너지 기계 충격파의 일종이다.

체렌코프 복사는 매질을 통과하는 전자의 속도가 매질을 통과하는 빛의 속도보다 빠를 때 나타난다. 체렌코프 복사의 발생 원리는 충격파음 발생 원리와 비슷하다. 전자는 운동할 때 전자기파를 발생시킨다. 이 경우 전자는 전자기파의 광원이다. 물속에서 광원(전자)의 운동 속도가 전자기파의 진행 속도보다 빠를 때 체렌코프 복사가 생성된다. 원자로에서는 푸른색의 체렌코프 복사가 흔하게 관찰된다. 슈퍼 카미오칸데는 중성미자와 양성자가 반응하면서 생성된 체렌코프 복사를 검출하는 방식으로 중성미자 진동을 확인했다.

체렌코프 복사 현상은 러시아 물리학자 파벨 체렌코프Pavel Cherenkov가 발견했다. 체렌코프는 이 현상을 발견한 공로로 1958년에 노벨물리학상을 수상했다.

13-6
입자물리학 실험 장치: 입자 가속기

쿼크 모형은 어떻게 검증됐나

쿼크 모형이 갓 등장했을 때 가장 큰 문제는 실험으로 쿼크 모형의 정확성을 검증할 수 없다는 점이었다. 쿼크 모형은 실험에서 중입자 수가 점점 더 많이 관측되는 이유를 설명하기 위해 만든 가상 모형이다. 과학자들은 이 밖에도 실험 관측이 어려운 입자들의 성질에 대한 임의의 가설을 제시했다. 이를테면 기묘도, 경입자 수 등이다.

쿼크는 직접적인 관측이 불가능하다. 독립적으로 존재하는 입자는 반드시 '하얀색'이어야 하는데 쿼크 색전하는 홀로 있을 때 하얀색이 아니기 때문이다. 쿼크는 항상 감금 상태에 있기 때문에 실험실에서 직접적으로 검출할 수 없다. 하지만 간접적으로 쿼크의 존재를 확인하는 방법은 있다. 원자핵의 존재를 확인하기 위해 사용했던 방법을 쓰면 된다. 당시 러더퍼드는 헬륨 핵을 얇은 금박에 충돌시켜 헬륨 핵의 산란 현상을 관찰했다. 이때 극소수의 헬륨 핵만 정반대편으로 튕겨나왔다. 대부분 헬륨 핵은 금박을 관통했다. 또 아주 일부는 금박을 지나간 뒤에 각도가 일정하게 꺾였다. 러더퍼드는 이 실험을 통해 건포도 푸딩 모형이 틀렸음을 증명했다. 또 원자 질량 대부분이 부피가 아주 작은 핵에 모여 있음을 밝혀냈다.

쿼크를 직접적으로 검출해 낼 수는 없지만 위와 비슷한 방법으로 쿼크의 존재를 증명할 수는 있다. 양성자 또는 중성자 속에 더 작은 단위의 소립자가 세 개 있다는 사실만 증명한다면 쿼크 이론의 정합성을 추론할 수 있다.

쿼크 이론을 검증한 방법은 다음과 같다. 에너지가 지극히 큰 전자를 양성자에 충돌시킨 다음 전자의 편향 현상을 관측했으며, 이를 바탕으로 양성자 속에 질량을 가진 세 개의 덩어리를 확인했다. 세 개의 덩어리들은 분명히 양성자와 중성자 속에 들어 있었다. 이로써 덩어리들이 양성자나 중성자보다 기본적인 입자라는 게 확인됐다. 쿼크의 존재가 확인됐으니 쿼크의 전기적 성질과 스핀 성질을 알아볼 차례이다.

입자 가속기의 기본 원리

쿼크 이론을 증명하면서 입자 충돌 실험이 입자물리학의 기본 실험 방법으로 자리 잡았다. 원자핵의 구조는 매우 안정적이다. 따라서 핵융합을 일으키려면 원자핵의 온도를 충분히 높은 수준으로 끌어올려야 한다. 원자핵의 운동에너지를 극대화하기 위해서이다. 에너지가 극대화되면 원자핵의 단단하고 안정적인 구조가 깨져서 다른 원자핵으로 변환할 수 있다.

입자물리학의 기본 실험 방법은 소립자들을 매우 빠른 속도로 가속시킨 다음 다른 입자나 물질에 충돌시키는 것이다. 얼마나 빠른 속도로 가속시켜야 할까? 광속에 거의 근접한 속도가 필요하다. 이를테면 광속의 99.999퍼센트에 이를 정도로 가속시킨 입자를 다른 입자나 물질에 충돌시켜야 한다. 속도가 광속에 가까워질수록 입자의 에너지가 커지고 새로운 입자로 변환될 기회도 많아진다. 입자 가속기는 입자를 가속시켜 매우 큰 에너지를 생성한다. 그래서 입자물리학을 '고에너지 물리학'이라고도 부른다.

하전입자와 중성입자의 가속 원리는 완전히 다르다. 하전입자를 가속시키는 방법은 간단하다. 입자가 전하를 띠고 있기 때문에 전기장을 이용해 계속 가속시키면 된다. 가속된 입자는 아주 빠른 속도로 이동한다. 빛의 속도에 가까워지면 짧은 시간 동안에 대단히 먼 거리를 날아갈 수 있다. 입자의 활동을 관찰하기 위해서는 가속된 입자가 날아가도록 내버려둬서는 안 된다. 반드시 제한된 범위에서 움직이도록 붙들어야 한다. 그래서 입자 가속기 형태는 대부분 원형이다(선형 가속기도 있다). 전기장에 의해 가속된 하전입자는 원형 궤도를 반복해서 돈다.

어떤 방법으로 입자들이 원형 궤도를 돌게 만들 수 있을까? 자기장을 이용하면 된다. 자기장 속 하전입자는 로렌츠 힘의 영향으로 원운동을 하기 때문이다. 입자들의 속도가 빨라질수록 회전 원심력도 커진다. 따라서 더욱 강력한 자기장으로 입자들을 붙들어야 한다. 입자 가속기가 작동하면 동시에 강한 전류로 자기장을 발생시킨다. 일반적인 전선은 강한 전류를 감당할 수 없다. 이 문제를 해결하기 위해 첨단 입자 가속기는 초전도 코일superconducting coil을 이용한다. 액체 헬륨을 이용하면 코일의 온도를 섭씨 -270도까지 낮출 수 있다. 이렇게 만들어진 초전도 코일은 전기 저항이 0이므로 전류가 많이 흘러도 뜨거워지지 않는다. 따라서 매우 강한 전류를 감당할 수 있다.

하지만 강한 전류로 강한 자기장을 발생시키는 것도 한계가 있다. 빠른 시간 안에 입자 속도를 극대화해서 더 높은 에너지 준위로 이동시키기 위해서는 입자 가속기 원형 궤도의 반지름을 크게 해야 한다. 반지름이 클수록 회전 원심력이 줄어들고 자기장이 더 쉽게 입자들을 가둘 수 있기 때문이다. 현재 세계 최고 성능을 자랑하는 최첨단 입자 가속기는 스위스 제네바에 설치된 LHC다. 둘레가 무려 30킬로미터이다.

이에 비해 중성입자는 가속시키기 어렵다. 그러므로 일반적으로 중성입자를 가속 입자로 사용하지 않고 표적 입자로 사용한다. 굳이 가속시켜야 한다면 레이저와 상호작용하는 방법을 사용한다. 레이저를 이용해 중성입자에 에너지를 전달하는 것이다.

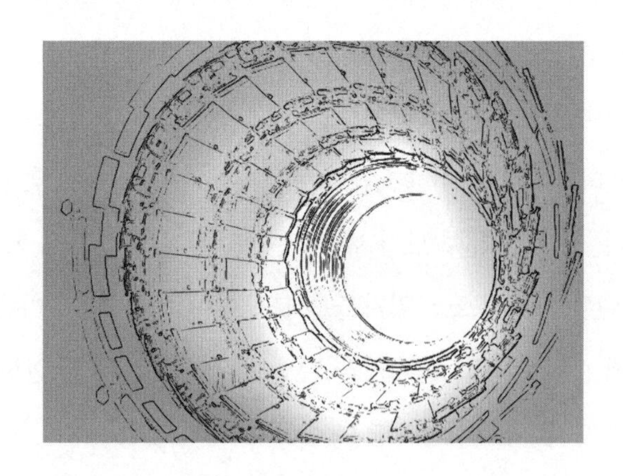

그림13-2 LHC의 내부 궤도

입자 가속기로 무엇을 측정할 수 있는가

충돌 후 입자의 성질을 측정할 수 있을까? 전기적 특성은 측정하기 쉽다. 하전입자의 운동 방향은 전기장이나 자기장 속에서 바뀐다. 평향된 정도를 측정하여 입자의 질량/전하량 비율을 알아낼 수 있다. 이 밖에 매우 중요한 지표가 또 하나 있다. 바로 '단면적'이다.

하나의 당구공을 다른 당구공에 충돌시켰다고 가정해 보자. 충돌 후 두 공의 운동 방향은 모두 변한다. 운동 방향이 얼마나 변하는지는 무엇에 의해 결정될까? 운동 방향의 변화에 영향을 주는 요인은 두 공의 충돌 각도, 속도, 질량 세 가지이다.

입자 가속기로 충돌시킨 다음 입자의 편향 각도를 알아내면 입자에 관한 많은 정보(이를테면 질량)를 얻는 데 큰 도움이 된다. 즉 두 입자가 충돌할 때의 상대속도를 인위적으로 조절해 서로 다른 충돌 상황에서의 단면적(충돌 후 입자가 반응을 일으킬 확률의 공간좌표계 각도에 따른 분포 상황)을 분석하면 입자에 관한 많은 정보를 얻을 수 있다.

현대 입자물리학은 큰 난제에 부딪혔다. 연구 대상 크기가 점점 작아지면서 입자 충돌을 통해 특정 효과를 발생시키려면 더 큰 에너지가 필요하기 때문이다. 그러자면 입자 가속기를 더 크게 만들어야 하는데, 세계에서 제일 큰 입자 가속기 LHC를 건설하는 데 20년이 넘는 시간과 2백억 유로가 넘는 자금이 들었다.

충돌에너지 준위를 한 단계 더 높이기 위해서는 막대한 시간과 비용, 인력과 장비가 필요하다. 그럼에도 만족할 만한 결과물을 단번에 내오기 어렵다. 이런 현실적 문제 때문에 1980년대 이후 입자물리학 연구는 곤경에 부딪혔다. 하지만 실험적 데이터 없이는 이론적 진보도 불가능하다.

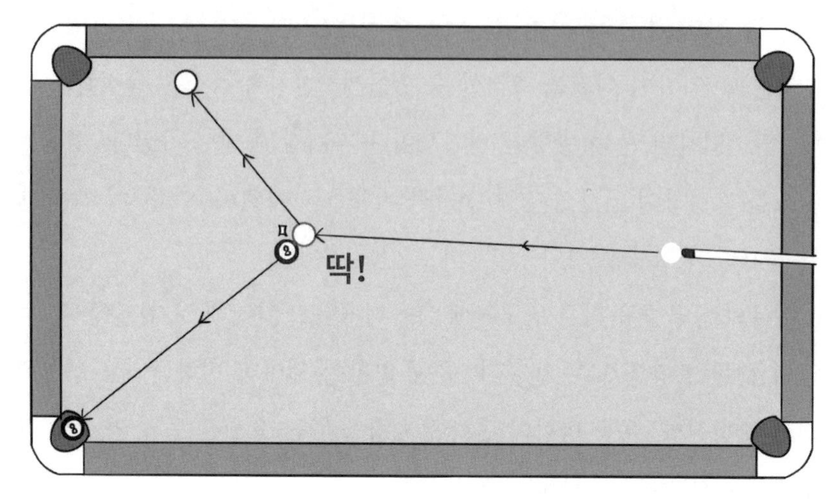

그림13-3 두 당구공의 충돌

물리학 연구는 귀납, 연역, 검증의 순으로 이뤄진다. 실험적 진보가 이뤄지지 않고서는 귀납과 검증도 어려워진다. 물리학은 실재하는 물질 세계를 해석하는 학문이다. 현실과 동떨어진 근거 없는 이론은 가치를 인정받지 못한다.

붕괴 테스트

앞부분에서 '붕괴' 개념이 여러 차례 거론됐다. 이를테면 베타붕괴의 본질은 중성자 속의 다운쿼크 한 개가 업쿼크로 변환되면서 전자와 반중성미자를 각각 하나씩 방출하는 현상이다. 다운쿼크가 업쿼크로 변환된 다음 중성자는 양성자로 바뀐다. 이 같은 붕괴 현상은 최소 에너지 원리에 따라 발생한다.

모든 기본 입자는 더 낮은 에너지를 가진 입자로 붕괴하는 경향을 나타낸다. 최소 에너지 원리에 따르면 입자는 최소 에너지값을 가질 때 가장 안정된 상태에 놓인다. 중성자가 베타붕괴를 일으키는 이유는 양성자의 질량이 중성자보다 작기 때문이다. 질량-에너지 등가 법칙에 따르면 양성자가 갖는 에너지는 중성자보다 작다. 따라서 양성자는 중성자보다 훨씬 안정적인 상태이다. 중성자의 반감기는 약 0.5시간이다. 이에 비해 양성자의 반감기는 우주 수명보다 길다. 현재까지 양성자 붕괴가 일어났다는 실험적 증거는 없다(이론적으로는 양성자가 붕괴하면 π^0 중간자와 양전자를 하나씩 방출한다). 붕괴 전후 입자가 지닌 에너지 차이가 클수록 붕괴가 일어나기 쉽고 입자의 수명이 짧다. 예컨대 π^0 중간자의 수명은 π^+ 또는 π^- 입자의 수명보다 훨씬 짧다(약 3억분의 1 정도). 중간자가 붕괴를 거쳐 정지 질량이 0인 광자로 바뀌기 때문이다. 붕괴 전후 입자의 에너지 차이가 이 정도로 크면 붕괴 과정도 매우 격렬할 수밖에 없다.

입자 질량이 줄어들 가능성이 있다고 무조건 붕괴가 일어나지는 않는다. 겉보기에는 무거운 입자가 가벼운 입자로 바뀌기 위해 붕괴가 일어날 듯 보이지만 실제로 붕괴가 일어나지 않는 경우도 많다. 특정 보존 법칙에 위배되기 때문이다.

여기에서 주목할 부분이 하나 있다. Δ^{++}입자는 세 개의 업쿼크로 이뤄졌다. 업쿼크의 질량은 다운쿼크의 질량보다 작다. 그런데 왜 Δ^{++}입자의 질량은 양성자(두 개의 업쿼크와 한 개의 다운쿼크로 구성됨)나 중성자(한 개의 업쿼크와 두 개의 다운쿼크로 구성됨)보다 클까? 양성자나 중성자 같은 강입자의 총질량은 이들 입자를 구성한 쿼크들의 정지질량을 합친 것으로 계산되지 않기 때문이다. 쿼크들은 강한 핵력으로 한데 묶여 있기 때문에 결합 에너지를 가진다. 쿼크들이 강한 핵력을 매개하는 스프링으로 연결돼 있다고 생각하면 이해하기 쉽다. 스프링은 압축되고 늘어나는 과정에서 탄성 위치에너지를 갖는다. 쿼크들 사이 결합에너지는 강입자의 정지질량에 영향을 미친다. 즉 강입자의 정지질량은 쿼크들 간 결합에너지를 광속의 제곱으로 나눈 값(질량-에너지 등가 법칙 $E=mc^2$ 기준)에 쿼크들의 정지질량을 더한 것과 같다. 두말할 필요 없이 Δ^{++}입자의 결합에너지는 양성자나 중성자의 결합에너지보다 크다. 따라서 Δ^{++}입자는 더 낮은 에너지를 가진 양성자와 중성자로 쉽게 붕괴하는 것이다.

붕괴 현상에 대한 연구는 입자물리학의 중요한 실험 수단 중 하나이다. 입자의 붕괴율을 연구해서 역으로 입자의 성질을 추리해 낼 수 있다. 예를 들어 입자빔을 쏘아서 입자빔의 성분을 관측하고 이동 거리와 입자 붕괴율의 관계를 분석해 입자의 성질을 유추하기도 한다.

이로써 기본 입자에 대한 꽤 높은 수준의 정보들을 알아보았다. 앞서 이야기한 내용을 종합해 보면 6종의 쿼크와 이들의 반입자인 반쿼크들이 모든 중입자와 중간자를 구성한다. 쿼크는 기본 입자로 독립적으로 존재할 수 없다. 경입자는 모두 6종류다. 이들 또한 자신의 반입자를 갖고 있다.

이 밖에 우리는 네 가지 상호작용에 대해서도 알아보았다. 즉 강한 상호작용, 약한 상호작용, 전자기 상호작용 그리고 2부 극대 편에서 거론한 상호작용까지이다.

입자와 힘은 어떤 관계를 갖고 있을까? 6종의 입자들을 하나의 틀로 묶어서 설명할 수 있는 방법은 없을까? 우리가 추구하는 궁극적인 목표는 어디까지나 데모크리토스가 주장한 '만물을 구성하는 유일한 기본 단위'를 찾는 것이다. 사실 이 문제는 양자장론 분야에서 주로 다룬다. 이른바

'입자'는 양자화된 장quantized field(양자장)이라는 '비눗물' 위에 떠오른 '비누거품'에 불과하다.

CHAPTER 14

표준 모형
The Standard Model

14-1
입자들 사이 상호작용 원리

입자물리학은 기본 입자의 종류를 어느 정도 뚜렷이 구분했다. 중입자와 중간자를 구성하는 기본 입자는 쿼크이다. 쿼크의 종류는 36종(세 가지 색, 여섯 가지 맛, 쿼크와 반쿼크 모두 포함, 3×6×2=36)이다. 쿼크는 독립적으로 존재할 수 없다. 쿼크는 색전하, 맛, 전하를 갖고 있다. 그중에서 색전하는 강한 상호작용(강한 핵력)을, 맛은 약한 상호작용(약한 핵력)을, 전하는 전자기 상호작용을 발생시킨다. 쿼크는 질량을 가진다. 따라서 쿼크들 사이에 인력도 작용한다. 쿼크의 맛이 쿼크의 질량을 결정한다. 쿼크는 질량이 작은 것부터 큰 것의 순으로 업쿼크, 다운쿼크, 스트레인지쿼크, 참쿼크, 탑쿼크, 바톰쿼크로 나눌 수 있다.

쿼크는 네 가지 상호작용을 모두 일으키는 기본 입자이다. 이 밖에 경입자는 전자, 뮤온입자, 타우입자, 전자중성미자, 뮤온중성미자, 타우중성미자 6종류가 있다. 이들의 반입자까지 합치면 12종이다. 그중에서 전자, 뮤온입자, 타우입자는 전하를 띠고, 전자중성미자, 뮤온중성미자, 타우중성미자는 전하를 띠지 않는다. 이 세 가지 중성미자들의 질량은 0이 아니지만 0에 매우 근접한다. 그러므로 극히 미약한 인력 상호작용과 약한 핵력에만 반응한다.

쿼크 모형이 남겨놓은 문제

이제까지 인류는 실험을 통해 수많은 입자들의 존재를 확인했다. 입자 성질에 대한 연구도 상당한 성과를 내왔다. 하지만 아직 입자들을 완벽하게 파악하지 못한 상태다. 극중 편 7장 '일반상대성이론의 기본 원리' 첫머리에 등장했던 두 가지 문제를 다시 살펴보자.

(1) 만유인력은 구체적으로 어떻게 작용하는가?

겉보기에는 매질이 필요 없어 보이지만 사실은 '시공간' 자체가 매질이라는 사실이 나중에 밝혀졌다.

(2) 중력 상호작용은 원격 작용인가? 이 힘의 전달에도 시간이 필요한가?

일반상대성이론에 의하면 중력 상호작용은 원격 작용이 아니다. 이 힘의 전달 속도(또는 시공간 휘어짐의 전파 속도)는 빛의 속도와 같다.

쿼크의 색, 맛, 전하는 각각 강한 핵력, 약한 핵력, 전자기 상호작용을 발생시키는 핵심 요인이다. 그렇다면 우리는 다음과 같은 세 가지 질문을 던질 수 있다.

(1) 강한 상호작용, 약한 상호작용, 전자기 상호작용의 작용 메커니즘은 무엇인가?

(2) 세 가지 상호작용의 매질은 무엇인가?

(3) 세 가지 힘을 전달하는 데 시간이 필요한가?

고전 물리학의 설명

고전 물리학은 전자기장과 중력장 개념으로 전자기 상호작용과 중력 상호작용을 해석한다. 중학교에서 배운 지식을 다시 살펴보자. 전하가 존재하면 그 주변에 전기장이 형성된다. 전기장을 시각적으로 표시한 게 전기력선이다. 전기력선의 밀도가 클수록 전기장의 세기가 크다. 반대로 전기력선의 밀도가 작을수록 전기장의 세기가 작다. 마찬가지로 자기장을 시각적으로 보여주는 게 자기력선이다.

하지만 이와 같이 장field을 해석하는 방식은 미시적 측면의 본질을 파악하지 못한다. 전기력선, 자기력선, 중력선 개념은 모두 인위적으로 만들어낸 것이다. 전기력선과 자기력선이 존재한다는 실험적 증거는 아직 발견되지 않았다.

사람들이 이 같은 개념을 만들어낸 이유는 이해를 돕고 계산을 쉽게 하기 위해서이다. 예를 들어 한 전하가 발생시킨 전기장을 연구하려면 전하 주변 임의의 곳에 시험 전하를 놓은 뒤 시험 전하에 작용하는 힘의 크기와 방향을 기록하면 된다. 즉 위치별로 시험 전하에 작용하는 쿨롱 힘 크

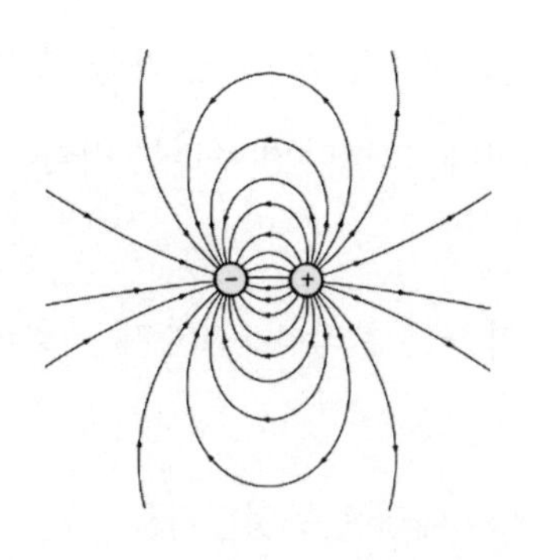

그림14-1 한 쌍의 양전하와 음전하에 의한 전기력선

기와 방향을 알면 전기력선 개념으로 전하 주변 쿨롱 힘이 작용하는 상황을 기술할 수 있다.

고전 전자기학은 전자기장이 연속적이라고 말한다. 하지만 미시적 물리 세계는 양자화돼 있다. 그러므로 고전 물리학적 관념으로 미시 세계의 본질을 설명할 수 없다. 기본 입자 사이의 상호작용은 항상 양자역학의 법칙을 따른다. 양자역학의 가장 중요한 기본 이론은 불확정성 원리이다. 불확정성 원리를 이해한 사람은 미시 세계에 안정적이고 연속적인 전기장이 존재할 수 없다는 사실을 알고 있다. 불확정성 원리를 만족시키기 위해서는 전하의 위치와 속도가 확정돼서는 안 되기 때문이다. 지금까지도 사람들은 흔히 쿨롱 법칙으로 전기장을 해석한다. 하지만 미시적 측면에서 볼 때 전하에 의해 정지되고 안정적이면서 연속적인 전기장이 형성될 수는 없다. 그러므로 우리는 상호작용의 본질을 새롭게 정의할 필요가 있다. 전자기장의 연속성을 주장하는 고전 장場 이론은 양자계를 기술하기에 너무 투박하다. 특히 연구 대상을 쿼크 차원으로 축소했을 때는 더욱 그러하다.

힘이란 무엇인가

입자물리학에서도 상호작용을 정의할 때 여전히 기본적으로 실험을 통해 측정된 물리량으로 양자계를 기술한다. 미시적 측면에서 실험을 통해 측정 가능한 정보는 기본 입자의 다양한 성질(전하, 질량 등) 뿐이다. 달리 말해 실험적 측정으로 얻을 수 있는 정보는 입자의 여러 가지 물리적 성질을 모아놓은 데이터이다. 이 데이터를 바탕으로 종류별 입자의 존재를 정의할 수 있다.

입자물리학에서는 입자(가상 입자 포함)를 서로 교환하는 방식으로 이뤄지는 모든 상호작용을 '힘'이라고 부른다. 예를 들어 전하를 띤 입자들 사이에 작용하는 전자기력은 광자를 교환하면서 작용하는 힘이다.

아인슈타인과 플랑크가 롤러스케이트를 신고 얼음 위에 서 있다고 가정해 보자. 두 사람 모두 무거운 공을 손에 들고 있다. 이제 두 사람이 들고 있던 공을 상대방에게 던지면서 동시에 상대방이 던진 공을 받아 쥐었다고 상상해 보자. 즉 두 사람은 들고 있던 공을 서로 교환했다. 두 사람의 행동을 자세히 살펴보면 공을 던졌을 때, 그리고 상대방의 공을 받아 쥐었을 때 둘 다 뒤로 후퇴했다. 가시적 측면에서 보면 두 사람 사이에 마치 척력이 작용한 것처럼 보인다. 하지만 사람과 공을 독립된 개체로 보자면 두 개체 모두 공을 던지기 전과 던진 후에 달라진 게 없다.

입자 교환도 이와 비슷한 맥락으로 이해할 수 있다. 즉 입자 교환에 따라 어떤 힘이 작용하는 효과가 발생하는 것이다.

그림14-2 아인슈타인과 플랑크의 공 게임

인력은 힘인가

힘의 본질이 바로 입자 교환이라는 사실을 알았으니 지금까지 발견된 네 가지 기본 상호작용에 대해 살펴보자. 네 가지 기본 상호작용은 강한 상호작용, 약한 상호작용, 전자기 상호작용, 중력 상호작용이다. 이들 네 가지 상호작용의 원천은 각각 색전하, 맛, 전하, 질량이다. 그렇다면 이들 상호작용을 매개하는 입자는 존재할까? 만약 존재한다면 매개 입자의 정체는 무엇일까? 매개 입자는 어떤 성질을 가질까?

강한 상호작용, 약한 상호작용, 전자기 상호작용을 매개하는 입자는 존재한다. 강한 상호작용의 매개 입자는 글루온이다. 글루온은 8종이 있다. 글루온의 반입자는 그 자신이다. 약한 상호작용의 매개 입자는 W^+입자, W^-입자, Z^0입자 등 3종이 있다. W^+입자의 반입자는 W^-입자이고 Z^0입자의 반입자는 그 자신이다. 전자기 상호작용의 매개 입자는 광자이다. 광자의 반입자 역시 그 자신이다. 이들 매개 입자는 모두 스핀이 1인 보손이다.

아인슈타인의 일반상대성이론에 따르면 중력은 시공간의 휘어짐 현상으로 나타난다. 실재하는 힘이 아니다. 하지만 이는 단지 거시적 측면에서의 해석일 뿐이다. 미시적 세계에서 중력이 힘인지 아닌지를 판단하는 기준은 입자 교환이 이뤄지느냐의 여부이다. 몇몇 이론은 중력을 전달하는 소립자가 중력자Graviton라고 주장하고 있다. 중력자 역시 보손이다. 중력은 끌어당기는 힘이지 밀어내는 힘이 아니다. 양자장론에 따르면 중력자의 스핀은 2이다. 하지만 중력은 어디까지나 무척 약한 힘이다. 중력파 같은 거시적인 현상도 관측하기 어려운데 미시적 차원의 중력자는 더 말할 필요도 없다.

글루온, W^+입자, W^-입자, Z^0입자, 보손 같은 새로운 개념이 등장했으니 이제부터 이 매개 입자들의 정체가 무엇인지, 이들은 어떻게 생겨나는지, 이들의 성질은 무엇인지 차근차근 살펴보자. 그러기 위해서는 먼저 양자장론을 알아보아야 한다.

14-2

보존량과 대칭성

앞에서 우리는 입자물리학 측면에서 36종의 쿼크와 12종의 경입자에 대해 살펴봤다. 이들 입자 사이에는 상호작용이 존재한다.

중력은 매우 약한 힘이다. 중력의 세기는 약한 핵력의 약 $1/10^{29}$이다. 그러므로 여기에서는 중력의 양향은 잠시 무시하기로 한다. 힘의 본질은 입자 교환으로 정의된다. 우리의 목표는 36종의 쿼크, 12종의 경입자들 사이 상호작용을 매개하는 입자들을 하나의 이론적 틀로 통합하는 것이다. 물리학의 목표는 궁극의 법칙을 찾는 것이다. 궁극의 법칙이란 가장 기본적이고 가장 포괄적인 법칙을 의미한다. 입자의 종류가 이토록 다양하다는 사실은 어찌 보면 이들 입자를 규정할 더욱 기본적인 법칙이 존재한다는 반증이다.

이제 쿼크, 경입자, 힘의 의미를 정의해 보고 이로부터 연역적 추론을 펼쳐가 보자. 나아가 이들 사이 상호작용을 하나의 이론으로 해석해 보자. 원자를 연구하는 과정과 비슷하다고 생각하면 된다. 즉 먼저 원자가 전자와 원자핵으로 이뤄졌다는 사실을 알고, 이어서 전자와 원자핵의 관계와 이들의 운동 상태를 연구했던 수순을 그대로 적용하면 된다. 쿼크와 경입자가 기본 입자라는 것을 알았으니 이어서 이들 사이 상호작용을 연구하면 된다. 그러기 위해서는 양자장론에 대해 먼저 알아야 한다.

그 전에 먼저 보존량conserved quantity과 대칭성symmetry의 관계에 대해 살펴보자.

뇌터 정리Noether's theorem

앞에서 에너지 보존, 운동량 보존, 각운동량 보존, 전하량 보존 등 몇 가지 보존 법칙에 대해 알아보았다. 물리학에서 보존량은 변화나 반응 전후에 바뀌지 않는 불변량을 말한다.

보존량과 연결된 중요한 개념이 하나 있다. 바로 대칭성이다. 대칭성이란 무엇인가? 아마 중학교에서 이와 비슷한 개념을 배웠을 것이다. 예를 들어 정삼각형을 120도, 240도, 360도 돌리면 원래 모습 그대로이다. 대칭축을 따라 180도 회전시켜도 원래 모습으로 돌아온다. 원심을 중심으로 원을 돌리면 각도와 관계없이 원 모양을 유지한다. 연구 대상이 어떤 조작을 거친 후에도 원래 상태가 변하지 않았을 때, '어떤 조작에 대한 대칭성을 갖는다.'고 한다.

비교해 보면 보존량과 대칭성은 비슷한 면이 많다. 보존량이 변화를 거친 후에도 바뀌지 않는 불변량이라면, 대칭성은 어떤 조작을 거친 후에도 변하지 않는 성질을 가리킨다. 요컨대 둘 다 변화를 거친 후에도 변하지 않는 무언가를 의미한다.

독일의 수학자 에미 뇌터Emmy Noether는 20세기 초에 '뇌터 정리'를 발표했다. 이 정리는 '획기적이고 위대한 정리'로 평가받고 있다. 고전 장 이론과 양자장론을 포함한 모든 장 이론의 토대가 됐다. 뇌터 정리의 핵심은 아주 간단하다. '대칭이 곧 보존이다.' 뇌터의 정리는 보존 법칙과 연속적인 대칭성의 개념을 하나로 통합했다. 즉 하나의 보존 법칙은 그에 대응하는 연속적인 대칭성이 존재하고, 어떤 연속적인 대칭성에는 그에 대응하는 보존 법칙이 존재한다(연속적인 대칭성: 연구 대상에 어떤 조작을 했을 때 일어나는 변화가 연속적인 경우 연속적인 대칭성을 갖는다고 한다. 이를테면 물체를 이동시켰을 때 물체의 위치가 연속적으로 변화하는 경우가 이에 해당한다. 이에 비해 정삼각형을 120도, 240도 돌린 다음 관측할 때는 비연속적인 대칭성에 해당한다. 이 경우 대응하는 보존 법칙이 존재하지 않는다).

너무 추상적이라 이해하기 어려운 듯하니 몇 가지 예를 들어보자.

공간 병진 대칭성: 운동량 보존 법칙

운동량 보존 법칙에 대응하는 것은 공간 병진 대칭성이다. 어떤 물리계가 존재한다고 가정하면, 이 물리계의 운동량의 총합은 일정하게 보존된다. 이제 이 물리계를 상하이上海에서 쑤저우蘇州로 옮기면 어떻게 될까? 운동량의 총합은 여전히 변하지 않는다. 즉 상하이와 쑤저우의 공간적 성질이 거의 같아서 운동량이 보존되었기 때문이다. 하지만 이 물리계를 우주로 가져갔을 때는 운동량이 보존된다고 장담할 수 없다. 우주의 중력과 지구 표면의 중력이 다르고 시공간의 휘어짐 정도도 다르기 때문이다.

공간 병진 대칭성은 평행 이동을 할 때 시공간의 휘어짐에 변화가 생기지 않는 현상을 말한다. 평평한 시공간에서 휘어진 시공간으로 이동하면 공간 병진 대칭성이 깨지고 운동량 보존 법칙은 성립되지 않는다.

시간 병진 대칭성: 에너지보존법칙

에너지보존법칙에 대응하는 것은 시간 병진 대칭성이다. 시간 병진 대칭성은 물리법칙이 시간의 흐름에 따라 변하지 않는 현상을 말한다. 예를 들어 3백 년 전에 적용됐던 물리법칙은 3백 년이 지난 지금도 그대로 성립된다. 모든 물리법칙은 직접적 또는 간접적으로 에너지와 연관돼 있다. 그러므로 물리법칙이 시간에 따라 변하지 않는 시간 병진 대칭성은 에너지보존법칙과 대응관계를 갖는다. 이것이 에미 뇌터가 수학적 방법으로 유도해 낸 결론이다.

거울 대칭성: 홀짝성 보존 법칙law of parity conservation

정삼각형을 거울 앞에 놓으면 거울에 비친 정삼각형과 거울 앞 정삼각형은 똑같다. 이것이 거울 대칭성이다. 거울 대칭성에 대응하는 것은 홀짝성(반전성) 보존 법칙이다. 홀짝성 개념은 우리가 중학교에서 배웠던 짝함수와 홀함수 개념과 매우 비슷하다. 짝함수 그래프는 좌우대칭을 이룬다. 짝함수의 홀짝성은 1이다. $y=x^3$ 같은 홀함수의 그래프는 좌우대칭을 이루지 않는다. 홀함수의 홀짝성은 −1이다.

거울 대칭성에 대응하는 것은 홀짝성 보존 법칙이다. 즉 연구 대상(예를 들면 양자계 파동함수 등)의 홀짝성이 1이면 거울상의 홀짝성은 반드시 1이다. 파동함수의 홀짝성이 −1일 때 계를 거울상으로 바꿔도 그 파동함수의 홀짝성은 여전히 −1이다.

넓은 의미의 홀짝성 보존 법칙은 모든 물리법칙이 거울 대칭성을 갖는다는 사실을 의미한다. 즉 거울 속에 또 다른 물리계가 존재한다고 가정하면 거울 밖 물리계에 성립하는 물리법칙은 거울 속 물리계에도 똑같이 성립한다는 얘기이다.

반전성 비보존 법칙law of parity nonconservation

반전성 비보존 법칙은 중국 물리학자 양전닝楊振寧과 리정다오李政道를 빼놓고 이야기 할 수 없다. 반전성 비보존 법칙은 약한 상호작용에 반전성 보존이 적용되지 않는다는 법칙이다.

두 물리학자가 반전성 비보존 법칙을 생각하게 된 이유는 당시 '타우-세타 퍼즐'이라고 불리던 입자물리학 난제 때문이었다. 이 문제는 타우와 세타θ라는 두 중간자가 질량, 전하량, 스핀을 비롯한 모든 성질이 똑같으면서도 붕괴하는 방식이 다른 현상을 가리킨다. 타우중간자는 다른 세 개의 중간자로 붕괴하고 세타중간자는 두 개의 중간자로 붕괴한다.

이에 양전닝과 리정다오는 약한 상호작용 과정에서 반전성이 보존되지 않으며, 나아가 타우중간자와 세타중간자는 사실 동일한 소립자(지금은 K^+ 중간자라고 부른다)라고 결론지었다. 반전성 비보존 법칙에 따라 동일한 소립자가 서로 다른 두 가지 방식으로 붕괴했다는 주장이었다.

예를 들어 파동함수를 거울에 비춘다고 가정하면 거울 속에 파동함수의 상이 나타난다. 생활 경험에 비춰보면 거울 속 파동함수와 거울 밖 파동함수가 같은 홀짝성을 가진다고 직감적으로 느낀다. 즉 거울 밖 파동함수가 짝함수면 거울 속 파동함수도 짝함수이고, 거울 밖 파동함수가 홀함수이면 거울 속 파동함수도 홀함수라는 얘기이다. 이 같은 결론은 너무나 당연해 보인다.

하지만 반전성 비보존 법칙에 따르면 소립자 사이 약한 상호작용에서 반전성이 보존되지 않는다. 마치 거울 밖 파동함수는 짝함수인데 거울 속

파동함수는 홀함수인 것과 같다. 다른 예를 하나 들겠다. 자동차는 가속 페달을 밟으면 앞으로 나아간다. 자동차 옆에 커다란 거울을 가져다 놓아 보자. 가속 페달을 밟아 자동차를 앞으로 전진시키면 거울 속 자동차도 나아간다. 하지만 반전성 비보존 법칙이 적용되면 거울 밖 자동차가 앞으로 전진할 때 거울 속 자동차는 오히려 후진한다.

요컨대 반전성 비보존 법칙은 사람들의 일반 상식과 직감에 위배되는 주장이었다. 그런 이유로 반전성 비보존 법칙은 처음에 주류 학계에서 인정받지 못했다. 심지어 오스트리아 이론물리학자 볼프강 파울리Wolfgang Ernst Pauli는, "신이 왼손잡이일 리 없다"면서 강하게 비판했다. 파울리의 주장에 따르면 우주의 물리법칙은 왼쪽 오른쪽 구분 없이 완전한 좌우 대칭성을 가진다. 하지만 반전성 비보존 법칙에 따르면 우주의 물리법칙은 좌우를 구분해 비대칭적으로 성립된다.

반전성 비보존 법칙은 물리학자 우젠슝吳健雄의 실험으로 정확성이 검증됐다. 우젠슝이 시행한 실험은 매우 어려웠으나 그 원리는 간단하다. 우젠슝은 코발트-60 원자핵의 베타붕괴를 이용해서 반전성 비보존을 검증했다. 베타붕괴가 약한 상호작용 반응이기 때문이다. 실험 내용은 다음과 같다. 먼저 특정된 자기장 속에 코발트-60원자들을 정렬해 놓는다. 코발트-60 원자의 스핀 방향은 자기장 방향을 향하도록 했다. 이어 앞의 자기장과 방향이 반대되는 또 다른 자기장 속에도 코발트-60 원자들을 정렬해 놓는다. 두 자기장 방향이 반대이기 때문에 두 자기장 속 코발트-60 원자들의 스핀 방향도 반대이다. 두 그룹의 코발트-60 원자들은 각기 시계 방향과 시계 반대 방향으로 회전한다. 이때 회전하는 자기장을 거울에 비춰보면 시계 방향으로 회전하는 코발트-60 원자 그룹은 거울

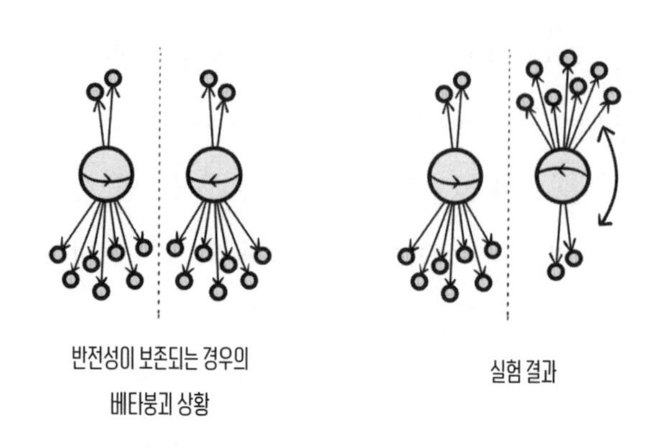

그림14-3 반전성 비보존 법칙에 기반한 베타붕괴

속에서 시계 반대 방향으로 회전하는 코발트-60 원자 그룹의 모습과 일치한다. 또 시계 반대 방향으로 도는 그룹이 거울에 비친 모습은 시계 방향으로 도는 그룹과 일치한다.

믿기 어렵다면 당장 손목시계와 거울을 이용해 실험해 보기 바란다. 손목시계를 거울에 비춰보면 거울 속 손목시계 바늘은 시계 반대 방향으로 도는 게 보일 것이다. 다시 자동차를 예로 들면 만약 반전성이 보존된다면 거울 밖 자동차와 거울 속 자동차는 앞으로 전진한다. 코발트-60의 베타붕괴도 마찬가지이다. 만약 반전성이 보존된다면 베타붕괴에서 나오는 입자의 방향은 자기장 방향, 즉 거울면과 평행을 이룰 것이다. 시계 방향으로 회전하는 코발트-60 그룹과 시계 반대방향으로 회전하는 코발트-60 그룹 모두 베타붕괴에서 같은 방향으로 입자를 방출한다는 예측이다. 하지만 실험 결과는 사람들의 예상을 뒤엎었다. 시계 방향으로 회전하는 코발트-60 그룹의 베타붕괴 입자의 방향과 시계 반대방향으로 회전하는 그룹의 베타붕괴 입자의 방향이 반대로 나타났기 때문이다. 마치 거울 밖 자동차는 앞으로 전진하는데 거울 속 자동차는 뒤로 후진하는 것과 같았다. 이는 입자들 사이 약한 상호작용에서는 반전성이 보존되지 않는다는 의미이다.

신은 '왼손잡이': 좌선성 중성미자

중성미자의 기묘한 특성 중 하나는 바로 나선도helicity이다. 중성미자의 나선도는 약한 상호작용에서 반전성이 보존되지 않는다는 사실을 뚜렷이 증명한다. 볼프강 파울리는 반전성 보존 법칙 검증 실험 결과를 듣고, "신이 왼손잡이였다니!"라고 경악했다. 파울리의 이 말은 중성미자의 나선도 특성에 딱 들어맞는다.

나선도란 무엇일까? 알다시피 중성미자의 정지 질량은 0에 근접할 정도로 매우 작다. 이에 따라 중성미자의 반응 속도는 광속에 가깝다. 이제 중성미자의 운동 방향을 기준으로 좌표축을 그리고 중성미자가 Z축의 정방향으로 운동한다고 가정해 보자. 중성미자는 페르미온으로 1/2의 스핀을 갖는다. 이때 중성미자의 스핀이 Z축의 정방향이면 이 중성미자는 오른손 방향의 나선도(우선성)를 갖는다. 반대로 중성미자의 스핀이 Z축의 역방향을 향하면 이 중성미자는 왼손 방향의 나선도(좌선성)를 갖는다.

지금까지 실험 결과에 따르면 모든 중성미자는 좌선성을 갖고, 모든 반중성미자는 우선성을 갖는다. 중성미자는 전하와 색전하를 갖지 않고 인력과 약한 상호작용에만 반응한다. 대표적인 예가 베타붕괴이다. 베타붕괴에서 중성자는 양성자로 붕괴하면서 전자와 반중성미자를 각각 하나씩 방출한다. 요컨대 약한 상호작용에서는 반전성이 보존되지 않는다. 약한 상호작용에서 반전성이 보존된다면 좌선성으로 반응하는 중성미자와 우선성으로 반응하는 중성미자의 양이 같아야 한다. 하지만 실제로 약한 상호작용에서 중성미자는 좌선성을 선호한다. 약한 상호작용의 기본 특성이 반전성 비보존이라는 뜻이다. 또 약한 상호작용에 적용되는 물리 법칙은 좌우를 구분하는 비대칭적인 물리법칙이라는 의미이다.

중성미자의 나선도 특성은 중성미자와 반중성미자를 구분하는 데 유용하다. 베타붕괴에서 생성된 입자가 중성미자인지 반중성미자인지를 어떻게 구분할까? 중성미자와 반중성미자는 질량이 같고 둘 다 전하와 색전하를 갖지 않는다. 그러다 보니 나선도에 근거해 중성미자와 반중성미자를 구분할 수밖에 없다. 중성미자와 반중성미자는 서로 상반되는 나선도를 갖기 때문이다.

중성미자의 손대칭성chirality을 판단하는 실험은 매우 흥미롭다. 중성미자의 스핀 방향에 직접 관측할 수 없다. 중성미자는 전하를 갖지 않으므로 전자기 상호작용에 반응하지 않기 때문이다. 따라서 간접적으로 중성미자의 손대칭성을 측정할 수밖에 없다. π^+ 중간자는 반뮤온입자와 뮤온 중성미자로 붕괴한다. π^+ 중간자의 스핀은 0이다. 반응 전후 계의 스핀 총합은 변하지 않는다. 뮤온입자와 반뮤온입자는 모두 하전입자이다. 그러므로 반뮤온입자의 스핀을 측정해 중성미자의 스핀 방향을 알아내고 더 나아가 중성미자의 손대칭성을 판단할 수 있다.

반전성 비보존 법칙은 일반 상식에 맞지 않을뿐더러 학계에 오랫동안 존재해 온 그릇된 인식에 도전장을 던진 탓에 처음에는 주류 학계의 인정을 받지 못했다. 하지만 나중에 실험으로 정확성이 검증됐다. 물리학자 양전닝과 리정다오도 논문이 발표되고 1년이 지난 1957년에 노벨물리학상을 수상했다.

요컨대 뇌터 정리는 대칭성과 보존량 개념을 하나로 통합했다. 그렇다면 입자물리학의 몇몇 보존량은 어떻게 나왔을까? 무엇 때문에 전하의 양이 보존될까? 이 문제의 답을 알려면 먼저 대칭성의 일종인 게이지 대칭성을 알아야 한다.

14-3

게이지 대칭성과 게이지장

위에서 보존량과 대칭성의 관계에 대해 알아보았다. 그렇다면 기본 입자들 사이의 상호작용을 어떻게 이해해야 할까? 기본 입자와 매개 입자는 어떤 관계를 갖고 있을까?

양자장이란 무엇인가

쿼크나 경입자 같은 기본 입자들은 어떤 매개 입자를 어떤 방식으로 교환하건 상관없이 모두 양자역학 법칙을 만족한다는 공통점이 있다.

원자 내부의 전자는 수효가 적고 운동 범위가 작다. 따라서 슈뢰딩거 방정식으로 전자의 운동 상태를 설명할 수 있다. 그렇다면 여러 가지 입자들로 구성된, 상대적으로 넓은 양자계의 운동 상태는 어떠할까? 입자 교환 과정과 입자들 사이의 상호작용에 대한 실험은 잠시 제쳐두고 좀 더 추상적인 방식으로 접근해 보자. 입자들 사이의 상호작용이 '스프링'이라고 상상해 보자. 그러면 입자들과 '스프링'으로 짜인 커다란 '그물'이 만들어진다.

이 그물은 탄력성을 갖고 있다. 그물 속에는 파동도 존재한다. 또 그물을 구성한 입자들과 스프링의 운동 방식은 매우 다양하다. 탄력성을 가진 보통의 그물과 다른 점이라면 이 그물을 구성한 모든 입자들이 양자화돼 있고 불확정성 원리를 따른다는 것이다. 그러므로 '점'이 아닌 파동함수로 이 그물 내부의 입자를 나타낼 수 있다. 달리 말해 이 그물은 파동함수로 구성됐다는 얘기이다. 파동함수로 구성된 이 커다란 그물이 바로 양자장이다. 장은 수학적 개념으로 '시공간 좌표를 독립변수로 하는 함수'라고 정의할 수 있다.

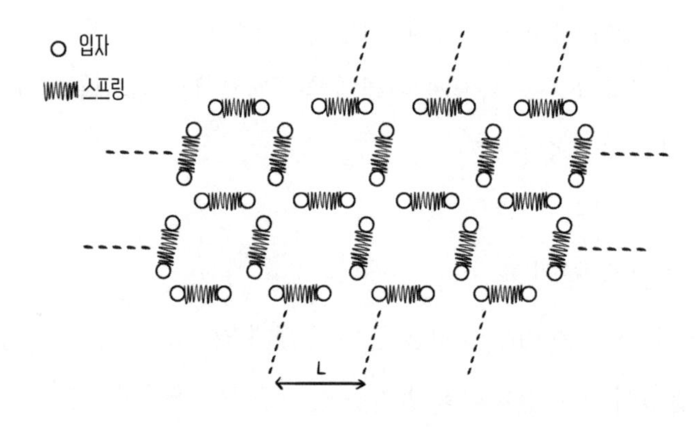

그림14-4 양자장의 물리적 형태

양자장론은 상대성이론을 바탕으로 한다. 특수상대성이론의 질량-에너지 등가 법칙($E=mc^2$)에 따르면 에너지와 질량은 상호 전환이 가능하다. 그러므로 특수상대성이론 효과를 고려했을 때 이 슈뢰딩거 방정식 성립에 필요한 한 가지 조건이 성립되지 않을 수도 있다. 바로 파동함수의 규격화normalization 조건이다. 앞부분에서 설명한 양자역학 관련 내용을 돌이켜보자. 파동함수 분포는 일정한 시공간의 임의의 위치에서 입자가 발견될 확률 밀도를 나타낸다. 전체 시공간의 임의의 위치에서 입자가 발견될 확률을 모두 더한 값은 반드시 1이다. 입자는 분명히 존재하기 때문에 전체 시공간 범위 안에서 그 입자를 반드시 찾아낼 수 있기 때문이다. 따라서 전체 시공간에서 입자를 찾아낼 수 있는 확률은 백 퍼센트, 즉 1이다. 하지만 특수상대성이론 효과를 고려하면 상황이 달라진다. 입자의 질량이 에너지로 전환할 수 있기 때문에 입자의 파동함수가 규격화 조건을 만족하지 않을 수 있다. 슈뢰딩거 방정식으로 상대론적 양자역학 법칙을 기술할 수 없는 이유도 이 때문이다. 따라서 양자장론은 넓은 의미에서 입자물리를 포괄적으로 다루는 데 꼭 필요한 이론적 도구이다.

양-밀스 이론Yang-Mills theory의 게이지장gauge field

양자장이라는 커다란 그물 내부의 스프링은 무엇으로 만들어졌을까? 또 어떤 성질을 가졌을까? 우리는 아직까지 양자장에 대해 아는 것이 거의 없다. 귀납적 결론을 조금 알고 있지만 그마저도 전부 보존량에 관한 내용뿐이다. 예를 들어 양자화된 전자기장에서 전하는 새로 만들어지거나 소멸되지 않고 반드시 일정한 양을 유지한다. 또 뇌터 정리에 따르자면 보존 법칙이 있으면 그에 대응하는 대칭성이 반드시 존재한다. 이제부터 보존량에 대응하는 대칭성을 찾아낸 다음 양자장 속 스프링의 비밀을 밝혀가 보자.

먼저 게이지장 이론을 소개하겠다. 양-밀스 이론은 양전닝과 로버트 밀스Robert Mills가 1954년에 공동으로 발표했다. 이 이론의 기본적인 구상은 제법 복잡하다. 일정 수준의 수학적 지식을 갖춰야 이해할 수 있다.

양-밀스 이론에 대한 설명은 파동함수로부터 시작해야 한다. 앞에도 나왔지만 양자계의 파동함수는 입자가 발견된 확률을 나타낸다. 파동함수는 수학적으로 복소수로 표현할 수 있다. 고등학교에서 허수 i에 대해 배웠을 것이다. 허수 i는 $\sqrt{-1}$로 정의된다. 즉 $i^2 = -1$이다. 복소수는 '복잡한 숫자'를 의미한다. 실수와 허수의 합으로 이루어진다. 실수는 측정 가능한 물리량을 나타내는 데 쓰인다. 이를테면 물체의 크기, 높이, 속도, 질량, 전하량 등 물리량은 실수로 표현된다. 반면 허수는 가상의 수imaginary number로 실질적인 의미가 없다. 적어도 자연계에서는 허수로 나타낼 만한 물리량을 찾을 수 없다. 실험을 통해 얻어낸 결과는 반드시 실수이다. 실험 측정 결과를 수학 공식으로 표현하는 것은 복소수인 파동함수에 수학적 연산을 수행해 반드시 실수 값을 얻어내는 것과 같은 이치이다. 그렇지 않으면 얻어낸 결과가 물리적 의미를 가지지 못한다.

앞에서 입자가 발견될 확률을 파동함수로 나타낸다고 말했다. 하지만 엄밀한 의미에서 이 말은 정확하지 않다. 엄밀하게 말하면 파동함수의 절댓값의 제곱이 어떤 특정 영역에서 입자를 발견할 확률에 정비례한다. 예를 들어 $a+bi$의 형태를 가진 파동함수가 있다면 그중에서 a는 실수부이고 bi는 허수부이다. 이 파동함수로는 확률을 나타낼 수 없다. 이 파동함수의 절댓값 $\sqrt{(a^2 + b^2)}$만이 숫자로서 의미를 가진다.

a^2+b^2의 값이 일정한 값을 유지하는 상황에서 파동함수가 $a+bi$의 형태를 가지든 아니면 $a+bi$에 절댓값이 1인 복소수를 곱한 형태를 가지든 최종 확률의 크기에 영향을 주지 않는다. 즉 최종 측정 결과가 일정한 값

을 유지하는 상황에서는 파동함수의 형태를 임의로 선택할 수 있다. 최종적으로 측정되는 것은 파동함수의 절댓값과 관련된 물리량뿐이기 때문이다. 절댓값이 변하지 않는 상황에서는 다양한 형태의 파동함수로 동일한 물리적 상황을 나타낼 수 있다.

여기에서 대칭성 특징을 발견할 수 있다. 파동함수의 절댓값이 변하지 않는 전제 아래 파동함수 형태는 임의로 변환할 수 있다. 또 어떻게 변환해도 최종 결과에 영향을 주지 않는다. 이것이 바로 게이지 대칭성이다. 무수히 많은 파동함수로 동일한 물리적 상황을 기술할 수 있다. 개개의 파동함수는 하나의 물리적 상황을 나타내는 게이지이다. 물론 이 파동함수는 반드시 특정 조건에 맞아떨어져야 한다. 예를 들어 전하를 나타내는 파동함수는 파동함수가 어떻게 변하든 절댓값은 불변이어야 한다. 간단한 예를 들어보자. 한 중국인이 아이에게 이름을 지어주려고 한다. 아이의 이름을 짓는 것은 자유이다. 무수히 많은 이름 중에서 선택할 수 있다. 만약 아이가 중국인임을 나타내야 한다는 조건이 붙는다면 반드시 중국어 이름을 지어줘야 한다. 여기에서 무수히 많은 이름이 곧 아이를 나타내는 무수히 많은 게이지라고 할 수 있다. 또 반드시 중국어 이름을 지어야 한다는 것은 중국인 아이의 이름을 짓는 데 게이지 대칭성이 존재함을 의미한다.

게이지 대칭성은 앞에서 이야기한 대칭성(공간 병진 대칭성, 시간 병진 대칭성 등)과 달리 시공간적 대칭성이 아니라 소립자들에 내재된 대칭성이다. 양자장은 반드시 게이지 대칭성을 지켜야 한다. 즉 양자장 속의 서로 다른 시공간적 위치에서 동시에 게이지 변환이 일어나도 계의 모든 성질에 영향을 주지 말아야 한다. 최종 결과는 파동함수의 절댓값으로 나타나기 때문이다. 마치 모든 중국인들이 자신의 이름 앞에 '왕王' 자를 붙여도 누가 누구인지 구분하는 데 아무런 영향을 주지 않는 것과 마찬가지이다.

하지만 이것만으로는 부족하다. 양자장 속에서 일어나는 상호작용은 국소화localized돼 있기 때문이다. 두 입자가 A 지점에서 상호작용을 했다면 A 지점에서 몇 광년 떨어진 곳에 있는 다른 입자들에게 즉각적으로 영향을 미치지 못한다. 그러므로 게이지 대칭성은 전체적이고 광역적인 대칭성이 아니라 국소적 대칭성이다. 달리 말해 양자장 속의 모든 전하 파동함수는 자유롭게 게이지를 선택할 수 있다. 어느 한곳에서 게이지 변환이 일어나도 전체에 영향을 미치지 않는다. 마치 아이에게 이름을 지어줄 때 다른 아이가 어떤 이름을 갖고 있는지 상관하지 않아도 되는 것과 마찬가지이다. 이것이 국소적 게이지 대칭성이다. 양자장 파동함수의 국소적 게이지 대칭성은 신기한 현상을 이끌어낸다.

즉 국소적 게이지 대칭성을 만족하면 반드시 또 다른 양자장이 존재한다는 것이다. 그것이 바로 게이지장이다. 전하를 연구 대상으로 할 때 국소적 게이지 대칭성을 만족하려면 반드시 전자기장이 있어야 한다. 즉 양자역학적 틀 안에서 전자기장은 전하 파동함수의 게이지장일 뿐이다.

우리는 원래 전자기장에 대한 귀납적인 결론만 알고 있었다. 전자기장의 존재는 실험을 통해 발견된 것이다. 이제 게이지장 개념을 알았으니 국소적 게이지 대칭성으로부터 출발해 귀납적 추론을 이어가보자. 국소적 게이지 대칭성이 성립하려면 반드시 게이지장이 필요하다. 게이지장의 물리적 성질은 전자기장으로 나타난다. 즉 국소적 게이지 대칭성을 전제했을 때 전자기장의 존재는 필연적이다.

그렇다면 어떻게 전자기 상호작용을 이해해야 할까? 전자기 상호작용은 단지 게이지장의 소란disturbance일 뿐이다. 소란이란 바로 게이지장의 에너지가 한 차원 상승하는 현상이다. 게이지장 에너지가 한 차원 상승하면 게이지 보손gauge boson이 생성된다.

게이지장은 비눗물에 비유할 수 있다. 비눗물을 저으면 비누거품이 생긴다. 이렇게 생긴 '거품'이 바로 게이지 보손이다. 게이지 보손은 기본 입자들 사이에 교환되는 입자이다. 이제 기본 입자들 사이 상호작용에 대해 알아보자.

대칭성 개념을 바탕으로 색전하, 맛, 전하 등 3종 전하의 본질을 살펴보자. 이 3종의 전하는 입자가 갖고 있는 서로 다른 특성이다. 이 세 가지 전하의 파동함수는 저마다 서로 다른 세 가지 국소적 게이지 대칭성에 대응한다. 그러기 위해서는 세 가지 서로 다른 게이지장이 존재해야 한다. 이때 세 가지 전하의 역할은 비눗물 속에서 세 가지 서로 다른 비누거품을 만들어내는 것이다. 전하들 사이의 비누거품 교환에 따라 바로 전하들 사이의 상호작용이 생겨난다.

이 세 가지 대칭성을 수학의 한 분야인 군론group theory으로 나타낼 수 있다. 좀 더 구체적으로 말하자면 리군Lie group 이론으로 나타낼 수 있다. 전자기장, 강력장, 약력장은 저마다 다른 이름을 갖고 있다. 전자기장은 'U(1)게이지장', 약력장은 'SU(2)게이지장', 강력장은 'SU(3)게이지장'으로 불린다. 이 세 가지 대칭성의 수학적 성질은 완전히 다르다. 그중에서 SU(2)게이지장과 SU(3)게이지장이 진정한 의미의 양-밀스 게이지장이다.

이 세 가지 게이지장의 비누거품은 각각 무엇일까?

U(1)게이지장(전자기장)의 비누거품은 광자이다. SU(2)게이지장(약력

장)의 매개 입자는 W^+, W^- 및 Z^0 보손이다. 그중에서 W^+ 보손은 양전하를 띠고, W^- 보손은 음전하를 띠며, Z^0 보손은 전하를 갖지 않는다. SU(3) 게이지장(강력장)의 매개 입자는 글루온이다. 글루온은 색전하를 갖고 있으며 강한 상호작용을 전달한다. 기본 입자들 사이에 교환되는 이들 매개 입자는 모두 보손이다. 더 엄밀하게 말하면 게이지 보손이다.

뇌터 정리에 근거해 이 몇 가지 게이지 대칭성에 대응하는 보존량을 계산할 수 있다. 물론 계산해 낸 보존량은 서로 다르다. 예를 들어 U(1)게이지장은 전자기 상호작용을 나타내는 데 사용되고 U(1) 게이지 대칭성에 대응하는 것은 전하 보존량이다. 나머지 게이지장의 보존량을 계산하는 방법은 상대적으로 복잡하다. 하지만 위의 내용을 종합해 보면 보존량의 종류가 왜 그렇게 많은지 충분히 이해가 된다.

점근적 자유성asymptotic freedom

양-밀스 이론은 아름다움과 근원성을 겸비한 강대한 이론이다. 앞에서 쿼크 가둠 현상에 대해 얘기했었다. 즉 쿼크는 혼자 자유롭게 돌아다닐 수 없다. 쿼크 가둠 현상에 대한 이렇다 할 이론적 해석은 아직까지 없다. 하지만 양-밀스 이론을 바탕으로 유추한 '점근적 자유성' 이론으로 쿼크 유폐 현상을 비교적 정확하게 증명할 수 있다.

먼저 간단한 문제를 살펴보자. 고전 전자기학에서 두 전하 사이에 작용하는 쿨롱 힘은 두 전하의 양의 곱에 정비례하고 두 전하 사이 거리의 제곱에 반비례한다. 이제 두 전하 사이의 간격을 점점 좁힌다고 가정해 보자. 두 전하 사이 거리가 0에 가까워지면서 두 전하 사이에 작용하는 쿨롱 힘은 무한대에 근접한다. 이는 고전 전자기학에 기반한 수학적 표현 방식으로는 미시적 차원의 전자기 상호작용 법칙을 정확하게 나타낼 수 없음을 보여준다. 두 전하 사이 거리가 0인 지점은 쿨롱 법칙이 붕괴하는 특이점이기 때문이다. 두 전하 사이 거리가 0에 근접할 때는 쿨롱 법칙이 성립하지 않는다. 따라서 서로 매우 가까운 거리에 있는 전하들을 증명하기 위해서는 쿨롱 법칙이 수정돼야 한다. 즉 쿨롱 법칙은 전자기 상호작용을 증명하는 가장 기본적인 이론이 아니다.

쿼크와 글루온 사이 강한 상호작용을 연구하는 이론을 양자 색역학 quantum chromodynamics이라고 한다. 양자 색역학에서는 양-밀스 게이지장의 일종인 SU(3)으로 강한 상호작용을 서술한다. 만약 두 쿼크 사이 거리가 0에 가까울 때 두 쿼크 사이에 작용하는 힘도 무한대에 근접한다면 즉 SU(3)게이지장에서도 위에서 예로 든 것과 같은 문제(두 전하 사이 거리가 0에 근접할 때 쿨롱 법칙이 붕괴하는 현상)가 생긴다면 이는 양-밀스 이론도 근본적인 이론이 아니라는 의미이다. 하지만 미국 물리학자 프랭크 윌첵 Frank Wilczek, 데이비드 그로스David Gross와 데이비드 폴리처David Politzer는 1973년에 SU(3)의 점근적 자유성 현상을 발견했으며 이에 따라 양-밀스 이론이 근본적인 이론임이 증명됐다. 점근적 자유 현상 때문에 양-밀스 이론은 쿨롱 힘처럼 붕괴할 일이 없기 때문이다.

점근적 자유 이론의 내용은 간단하다. 즉 쿼크들 사이의 거리가 가까워지면 그들 사이에 작용하는 강력이 약해지고 쿼크들 사이의 거리가 0에 가까울 때 그들 사이에 작용하는 강력도 0으로 수렴한다. 반면 쿼크들 사이의 거리가 멀어질수록 그들 사이에 작용하는 강력은 오히려 커진다. 이 이론으로 쿼크 가둠 현상도 해석할 수 있다. 즉 쿼크들 사이 거리가 멀어질 때 강력이 작용해 그들 사이의 거리가 더 멀어지지 않도록 붙들어 가

둔다. 점근적 자유 현상은 양-밀스 이론의 근원성과 보편성을 두드러지게 나타낸다. 점근적 자유 현상을 발견한 세 물리학자는 2004년에 노벨 물리학상을 수상했다.

양-밀스 게이지장 사상을 좀 더 논리적으로 접근해 보자. 전하, 색전하, 맛의 존재는 실험으로 관측됐다. 이들 세 가지 전하의 존재에 대해 귀납적 방법으로 증명됐다는 뜻이다. 하지만 게이지장 이론에 따르면 전하와 색전하가 서로 다른 성질을 가지는 이유는 전하와 색전하의 파동함수 형태가 서로 다른 게이지 대칭성을 만족하기 때문이다.

게이지장 이론을 바탕으로 하면 여러 가지 전하와 기본적인 상호작용에 대해 한층 깊이 이해할 수 있다. 사실 몇 가지 전하들 사이의 상호작용은 연역법으로 유추할 수 있다. 게이지장 이론은 '힘의 근원은 대칭성'이라고 주장한다.

게이지장(양-밀스 게이지장) 이론은 기본 입자들 사이의 상호작용을 비롯해 몇 가지 상호작용을 하나의 이론 틀로 묶어서 해석해 냈다. 하지만 양-밀스 이론은 만능이 아니다. 현실에서는 양-밀스 이론으로 설명할 수 없는 문제도 있다. 그래서 '신의 입자' 이론이 등장했다. 몇 가지 기본적인 상호작용을 하나의 이론으로 해석하는 문제는 뒷부분에서 계속해 알아보자. 신의 입자 이론, 즉 힉스 입자 이론과 표준 모형이 발표되면서 입자 물리학은 진정한 의미의 통합을 어느 정도 이뤘다.

14-4

양-밀스 이론의 미스터리

입자 질량의 생성 원인

양-밀스 이론은 게이지 대칭성과 게이지장 개념으로 기본 입자들 사이의 상호작용을 전면적으로 해석했다. 덕분에 기본 입자에 대한 인식이 크게 바뀌었다. 우리는 보통 입자가 가진 성질(색전하, 맛, 전하 등)을 바탕으로 기본 입자들을 인식하고 해석한다. 하지만 이 몇 가지 전하들 사이의 상호작용을 탐구하지 않으면 아무 의미가 없다. 전하, 색전하와 맛은 단지 명칭에 불과하다. 기본적인 상호작용이 존재하지 않는다면 우리는 전하들이 존재한다는 사실조차 모를 것이다. 우리는 기본적인 상호작용을 통해 이들의 존재를 감지하기 때문이다. 상호작용이야말로 기본 입자들의 본질이다.

게이지장 이론을 알기 전에는 사실 기본 입자들에 대한 논리적 인식 순서가 역방향으로 진행됐다. 정확한 순서는 다음과 같다. 전하, 색전하, 맛 등 서로 다른 전하의 파동함수는 저마다 서로 다른 게이지 대칭성에 대응하고, 서로 다른 게이지 대칭성은 서로 다른 게이지장의 존재를 제시한다. 이들 전하의 본질은 서로 다른 게이지장을 들뜬excitation 상태로 만드는 것이다. 게이지장의 들뜬상태가 곧 게이지 보손이다. 게이지 보손은 색전하, 맛, 전하를 가진 기본 입자들 사이에서 상호 교환을 통해 상호작용(힘)을 발생시킨다. 요컨대 우리는 몇 가지 상호작용에 대한 인식을 통해 몇 가지 전하의 존재를 알게 됐고 더 나아가 역방향으로 색전하, 맛,

전하를 정의한 것이다.

여기에 적용된 핵심 이론이 바로 양-밀스 게이지장 이론이다. 양-밀스 게이지장 이론의 국소적 게이지 대칭성에 따라 이 몇 가지 성질이 하나로 연결된 셈이다. 양-밀스 게이지장 이론의 기본 개념은 정확하지만 이 이론을 현실에 적용하는 과정에서 문제에 부딪힌다.

우리는 세 가지 게이지장에 기반해 세 가지 매개 입자를 이끌어내고 세 가지 상호작용의 발생 원인을 해석했다. 양-밀스 이론은 세 가지 매개 입자의 성질을 정확하게 예측했으나 한 가지 문제만은 이렇다 할 해석을 내놓지 못했다. 양-밀스 이론에 기반한 계산 결과를 보면 3종의 매개 입자의 질량은 모두 0이고 속도는 모두 광속이어야 한다. 하지만 실험 측정 결과에 따르면 광자와 글루온의 질량은 0, 속도는 광속으로 나타났으나 약한 상호작용을 전달하는 3종의 게이지 보손(W^+, W^-, Z^0 보손)의 질량은 0이 아니었다. 이는 양-밀스 이론의 예측 결과와 일치하지 않는다. 달리 말해 양-밀스 이론으로는 약한 핵력을 전달하는 3종의 게이지 보손이 어떻게 질량을 갖게 됐는지를 설명할 수 없다.

최소 작용의 원리principle of least action

이 문제를 해결하기 위해서는 양자장론의 기본적인 연구 방법을 알 필요가 있다. 먼저 최소 작용의 원리부터 알아보자.

최소 작용의 원리를 알아보려면 시간을 거슬러 뉴턴 시대로 돌아가야 한다. 뉴턴의 운동 법칙은 역학계의 운동을 기술하는 법칙이다. 아무리 복잡한 고전 역학계 현상도 뉴턴의 운동 방정식으로 해석할 수 있다. 하지만 뉴턴의 역학 체계보다 높은 통합성을 지닌 역학 체계가 있다. 바로 조제프 루이 라그랑주Joseph-Louis Lagrange와 윌리엄 로언 해밀턴William Rowan Hamilton의 이론역학Theoretical mechanics 체계이다.

라그랑주 역학의 핵심 물리량은 라그랑지안Lagrangian('라그랑주 함수'라고도 함)으로, 기호 L로 표시한다. 역학에서는 운동에너지에서 위치에너지를 뺀 양을 말한다. 물리계에 초기 상태와 최종 상태가 존재한다고 가정할 때 '작용량action'은 라그랑지안을 시공간 경로에 대해 적분해서 얻어진다(여기에서 '시공간 경로'는 물리계의 초기 상태와 최종 상태를 연결하는 시간과 공간적 경로를 뜻함). 달리 말해 이 경로 위의 모든 점에 대한 라그랑지안을 더한 양이 곧 작용량으로, 기호 S로 나타낸다.

최소 작용의 원리는 물리계에서 작용량이 최소가 되는 경로에 따라 운동이 실현된다는 원리이다. 이것이 라그랑주 이론역학이 뉴턴 역학을 재구성한 부분이다. 최소 작용의 원리는 모든 계에 적용된다. 심지어 양자계에서도 성립된다(양자장론에서 최소 작용의 원리는 페르마의 '경로 적분'으로 설명할 수 있다. 이 책에서는 경로 적분을 따로 다루지 않으니 관심 있는 독자들은 스스로 찾아보기 바란다). 양자계의 운동에너지에서 위치에너지를 뺀 양, 즉 라그랑지안을 시공간에 대해 적분하면 작용량(S)을 얻을 수 있다. 이 S를 다시 최소화하면 양자계 운동 법칙을 얻을 수 있다. 최소 작용의 원리는 최소 에너지 원리의 확장판인 셈이다.

양자장 관련 문제의 해답을 구하려면 서로 다른 양자장의 라그랑지안을 정확하게 구할 수 있어야 한다. 하지만 복잡한 양자계의 라그랑지안은 구하기 쉽지 않다. 지금까지 실험을 통해 알아낸 몇 개의 숫자 외에 앞으로 어떤 계산 결과가 라그랑지안과 만날지 아직 모른다.

양-밀스 이론 연구의 본질은 양자장의 라그랑지안이 국소적 게이지 대칭성을 증명하는 데 있다. 그러므로 라그랑지안에 반드시 새로운 게이지장 항이 포함돼야 한다. 들뜬상태의 게이지장에는 매개 입자인 게이지 보손이 존재한다. 서로 다른 게이지 보손은 서로 다른 기본 힘에 대응한다. 하지만 양-밀스 게이지장의 라그랑지안에서 게이지 보손의 질량 항이 발견되지 않았다.

즉 양-밀스 게이지장의 라그랑지안에는 게이지 보손의 질량 항이 존재하지 않는다. 양-밀스 이론의 계산 결과에 따르면 모든 게이지 보손의 질량은 반드시 0이다. 달리 말하면 양-밀스 게이지장 속의 매개 입자들은 모두 질량을 갖지 않고 빛의 속도로 움직여야 한다. 강한 핵력과 전자기력을 전달하는 게이지 보손(글루온과 광자)들은 이 조건에 부합한다. 하지만 실험을 통해 약한 핵력을 전달하는 W^+, W^-, 및 Z^0 보손 이 세 가지 입자는 질량을 갖고 있었다. 양-밀스 이론으로는 설명이 불가능한 문제였다. 이들 입자의 라그랑지안에는 질량 항이 존재하지 않기 때문이다.

자발적 대칭 깨짐spontaneous symmetry breaking

이 문제가 해결되기까지 많은 우여곡절이 있었다. 처음에 일본 물리학자 난부 요이치로南部陽一郎가 '자발적 대칭 깨짐'이라는 신기한 개념을 제시했다.

앞에서도 말했지만 양-밀스 게이지장의 라그랑지안에는 게이지 보손의 질량 항이 존재하지 않는다. 만약 질량 항이 존재한다면 라그랑지안은 국소적 게이지 대칭성을 만족할 수 없다. 양-밀스 이론에 따르면 국소적 게이지 대칭성을 만족하기 때문에 게이지장이 존재한다. 들뜬상태에서의 게이지장은 상호작용을 매개하는 입자들을 발생시킨다. 따라서 만약 양-밀스 이론이 정확하다면 이들 양자장의 라그랑지안은 반드시 게이지 대칭성을 만족해야 한다. 게이지 대칭성을 만족하려면 이들 게이지 보손은 모두 질량을 가져서는 안 된다. 게이지 보손이 질량을 가지면 게이지 대칭성이 깨지고 양-밀스 이론의 근간이 흔들린다.

그렇다면 양-밀스 이론이 틀렸거나 아니면 게이지 보손이 모두 질량을 갖지 않거나 둘 중 하나여야 한다. 실험 결과 약한 핵력을 전달하는 W^+, W^-, Z^0 보손 세 가지 입자는 분명히 질량을 갖고 있었다. 질량을 갖는 게이지 보손이 국소적 게이지 대칭성을 만족한다는 것은 논리적으로 모순된다. 결국 둘 중에서 하나만 선택해야 한다.

자발적 대칭 깨짐 이론은 서로 모순 관계처럼 보이는 이 두 가지 조건을 융합한다. 즉 게이지 대칭성이 깨지지 않는 상태에서 게이지 보손이 질량을 가질 수 있다는 이론이다. 자발적 대칭 깨짐 이론은, "대칭성이 깨질 수 있다. 이 같은 대칭성 붕괴가 자발적으로 일어난다"고 주장한다. 질량이 대칭성 붕괴로 표현된다는 것이다. 그렇다면 '자발적'이라는 말은 어떤 의미를 갖는가?

물리계는 실제로는 최소 작용의 원리에 따라 운행한다. 그렇다면 계의 라그랑지안이 게이지 대칭성을 만족하면서 실제 운행 과정에서 대칭성 붕괴로 나타날 수는 없을까? 계를 기술하는 라그랑지안은 방정식이다. 이 방정식은 게이지 대칭성에 부합한다. 하지만 계의 실제 운행 과정을 알려면 이 방정식의 해를 구해야 한다. 이 방정식의 해가 게이지 대칭성을 만족하지 않는다면, 즉 계의 실제 운행 과정이 게이지 대칭성을 만족하지 않는다면 입자들이 질량을 갖는 것과 모순되지 않는다. 방정식은 게이지 대칭성을 만족하지만 방정식의 해가 게이지 대칭성을 만족하지 않는다면, 계의 실제 운행 과정에서 입자들의 질량이 0이 아니라는 뜻이다. 실험을 통해 측정된 결과는 계의 실제 운행 방식이지 계를 기술한 방정식이 아니다.

예를 들어 사람들이 둥근 테이블에 둘러앉아 식사하는 장면을 상상해 보자. 나란히 앉은 두 사람 사이에 수저가 한 벌씩 놓여 있다면 테이블이 둥글기 때문에 사람들마다 오른쪽과 왼쪽에 모두 수저가 있는 셈이다. 손님 인원 수에 맞춰 세팅했기 때문에 수저가 부족한 일은 없다. 테이블과 손님들로 구성된 이 식사 장소를 하나의 물리계로 가정하면 식사가 시작되기 전 '계'의 상태는 높은 대칭성을 갖는다. 이 상태를 물리학 용어로는 '실제로 운행되기 전의 계의 방정식이 대칭성을 만족한다'고 표현할 수 있다. 하지만 식사가 시작되자 문제가 생겼다. 사람들 중에 왼손잡이도 있고 오른손잡이도 있다. 왼손잡이는 자신의 왼쪽에 있는 수저를 집고 오른손잡이는 자신의 오른쪽에 있는 수저를 잡는다. 결국 어떤 사람은 오른쪽과 왼쪽에 있는 수저를 다 빼앗기고 수저를 차지하지 못할 확률이 높다. 즉 이 '물리계'는 실제로 운행을 시작하면서 대칭성이 깨져버린 것이다.

이것이 자발적 대칭 깨짐 이론의 요점이다. 자발적 대칭 깨짐 이론은 양-밀스 이론의 미스터리를 해결하는 방법을 제시했다. 양-밀스 게이지장 방정식이 게이지 대칭성을 만족하게 했다. 즉 방정식의 해를 구했을 때, 실제 운행 과정에서 대칭성이 깨지고 입자가 질량을 가지는 현상을 멋지게 해석했다. 여기에서 '자발적'이란 대칭성 붕괴가 방정식에서 일어나지 않고 실제 운행 과정에서 인위적인 개입 없이 일어난다는 의미이다. 자발적 대칭 깨짐 메커니즘과 신의 입자의 발견은 약한 핵력을 매개하는 게이지 보손이 질량을 갖는 이유를 효과적으로 설명했다.

14-5

표준 모형과 힉스 입자

약한 핵력을 전달하는 게이지 보손이 왜 질량을 갖는지 좀 더 생각해보자. 이 문제는 양-밀스 이론으로 설명할 수 없다. 그 대신 난부 요이치로의 자발적 대칭 깨짐 개념에 기반한 힉스 메커니즘으로 완벽하게 해결할 수 있다.

최소 작용의 원리

양-밀스 이론의 방법론을 되새겨보자. 양자장의 라그랑지안을 구하려면 어떻게 해야 할까? 양-밀스 이론에 따르면 게이지장의 라그랑지안은 국소적 게이지 대칭성을 만족해야 한다. 게이지 대칭성을 만족하는 게이지장은 여러 가지가 있다. 서로 다른 게이지장은 사실 서로 다른 전하 때문에 생겼다. 이를테면 전하에 의한 전자기 상호작용이 U(1) 게이지 대칭성을 가진다면 U(1) 게이지장은 필연적으로 존재할 수 밖에 없다. 이 게이지장이 바로 전자기장이다. 게이지 대칭성에 기반해 비교적 정확한 라그랑지안을 구할 수 있다. 또 라그랑지안을 바탕으로 또 다른 물리량인 작용량을 정의할 수 있다. 작용량은 라그랑지안을 서로 다른 시공간적 위치에 대해 적분해서 얻는다. 작용량을 알았으니 계의 실제 운동 방식을 알 수 있다. 계의 실제 운동 방식은 곧 최소 작용의 원리에 부합한다.

자발적 대칭 깨짐 이론에 따르면 작용량의 방정식은 게이지 대칭성을 만족하지만 현실에서 일어나는 최소 작용의 원리를 따르는 운동 방식, 즉 방정식의 해는 대칭성의 일부가 깨진다.

힉스 보손Higgs boson: 질량 생성의 요인

자발적 대칭 깨짐 메커니즘을 바탕으로 게이지 보손의 질량 문제를 해결할 수 있게 됐다. 1964년 세 팀에 소속된 여섯 명의 물리학자들이 거의 동시에 게이지 보손의 질량 문제를 해결할 수 있는 방법을 발표했다. 바로 '힉스 메커니즘Higgs mechanism'이다.

힉스 메커니즘에서는 모든 공간에 깔려 있는 양자장을 힉스장이라고 부른다. 약한 핵력장(약력장)과 힉스장 사이에는 상호작용이 존재한다. 상호작용하는 과정에서 자발적 대칭 깨짐 메커니즘에 따라 대칭성이 깨지고 W^+, W^-, Z^0 보손 이 세 가지 입자는 질량을 갖는다. 약한 핵력을 전달하는 게이지 보손은 원래 질량이 없었다. 약한 핵력도 처음에는 전자기력보다 크거나 전자기력과 동일한 크기의 힘이었다. 하지만 이들 게이지 보손과 힉스장의 상호작용으로 새로운 라그랑지안이 생성됐다. 이 새로운 라그랑지안의 해에서 자발적 대칭 깨짐이 발생하고, 대칭성이 깨지면서 입자는 질량을 가진다. 입자가 질량을 가진 후에는 원래 전자기력과 동일하던 핵력이 아주 약한 힘으로 변한다.

위의 물리적 과정을 정성적으로 이해하면 다음과 같다. 강력과 전자기력의 매개 입자인 글루온과 광자는 정지질량이 0이며 빛의 속도로 움직인다. 그러므로 강력과 전자기력의 입자 교환 효율이 높을 수밖에 없다. 따라서 강력과 전자기력의 세기는 크다. 약한 핵력을 매개하는 W^+, W^-, Z^0 보손은 질량을 갖고 있기 때문에 입자 교환 효율이 낮다. 따라서 약력의 세기는 약하다.

힉스 메커니즘은 입자의 질량에 대한 인식을 새롭게 전환했다. 입자의 질량은 사실 입자와 힉스장의 상호작용으로 생성된다. 힉스장과 상호작용하지 않는 입자는 질량을 갖지 못하고 빛의 속도로 움직인다. 이를테면 광자는 질량이 없고 빛의 속도로 움직이는 입자이다.

힉스장과 상호작용하는 입자는 질량을 갖는다. 입자와 힉스장 사이의 상호작용은 힉스장이 입자의 운동을 방해하는 효과로 나타난다. 입자와 힉스장이 상호작용하면 힉스 메커니즘에 따른 자발적 대칭 깨짐 현상이 일어난다.

힉스장도 양자장이다. 따라서 힉스장도 비눗물에 비유할 수 있다. 들뜬 상태의 비눗물(힉스장) 위로 떠오른 입자가 바로 신의 입자로 불리는 힉스 입자이다. 힉스 입자는 만물에 질량을 부여하는 입자이다. 질량이 없으면 중력도 있을 수 없다. 중력이 없으면 천체가 형성될 수 없다. 항성도, 행성도, 지구도, 생명도 생겨날 수 없다. 힉스 입자가 만물에 질량을 부여하기 때문에 우리가 살고 있는 세계도 존재할 수 있다. 이는 서구 종교계에서 주장하는 '하나님이 세상을 창조했다'는 논리와 일맥상통한다. 이 때문에 힉스 입자는 '신의 입자'로 불린다.

1964년에 예측한 힉스 메커니즘은 2012년에 비로소 실험으로 검증됐다. 실험을 통해 힉스 입자를 검출하려면 매우 높은 에너지가 필요하기 때문이다. 힉스 입자는 인류 역사상 가장 거대한 실험 장치인 LHC에 의해 그 존재가 발견됐다. 피터 힉스를 비롯한 몇몇 물리학자들은 2013년에 노벨물리학상을 수상했다.

표준 모형

힉스 입자의 존재가 증명되면서 입자물리학이 드디어 완성됐다. 힉스 입자를 비롯한 모든 기본 입자에 대한 연구는 궁극적인 이론으로 불리는 '표준 모형'으로 대통합을 이뤘다. 표준 모형 연구에 제일 크게 기여한 세 명의 물리학자 스티븐 와인버그Steven Weinberg, 셸던 리 글래쇼Sheldon Lee Glashow, 무함마드 압두스 살람Abddus Salam은 1979년에 노벨물리학상을 수상했다.

표준 모형의 핵심 내용은 무엇일까? 표준 모형은 양-밀스 이론에 기반해 실험 관측한 모든 기본 입자들을 통합적으로 기술한 이론이다. 표준 모형의 내용은 다음과 같다.

(1) 표준 모형은 강한 상호작용, 약한 상호작용, 전자기 상호작용만 다루고 중력은 제외한다.

(2) 색전하는 강한 상호작용에 참여하고, 맛과 전하는 각각 약한 상호작용과 전자기 상호작용에 참여한다.

(3) 쿼크는 네 가지 기본 상호작용에 모두 참여하는 기본 입자이다. 쿼크의 종류는 36종이다. 36종의 쿼크는 빨간색, 녹색, 파란색의 세 가지 색전하와 업, 다운, 스트레인지, 참, 탑, 바톰의 여섯 가지 맛을 갖고 있다. 쿼크들은 모두 페르미온에 속하고 각자 반입자를 갖고 있다.

(4) 전자, 뮤온입자와 타우입자는 강한 상호작용을 제외한 나머지 세 가지 상호작용에 참여한다. 전자중성미자, 뮤온중성미자와 타우중성미자는 약한 상호작용과 중력 상호작용에만 참여한다(중성미자가 전자기 상호작용에도 매우 약하게 참여한다는 예측도 있으나 아직 실험으로 검증

되지 않았음).

(5) 세 가지 상호작용은 서로 다른 전하(전하, 색전하, 맛)를 가진 기본 입자들 사이에서 게이지 보손 교환에 따라 발생한다. 강한 상호작용은 힘의 일종으로 색전하를 가진 기본 입자들 사이에서 글루온 교환에 따라 발생한다. 글루온도 색전하를 가지며 8종이 있다. 색전하는 3종이고, 3종의 색전하를 조합한 양자 중첩 상태가 8종으로 나타나기 때문에 8종의 글루온에 대응한다. 약한 상호작용도 힘의 일종으로 맛을 가진 기본 입자들 사이에서 W^+, W^-, Z^0 보손 교환에 따라 발생한다. 전자기 상호작용 또한 힘의 일종으로 전하들 사이에서 광자 교환에 따라 발생한다.

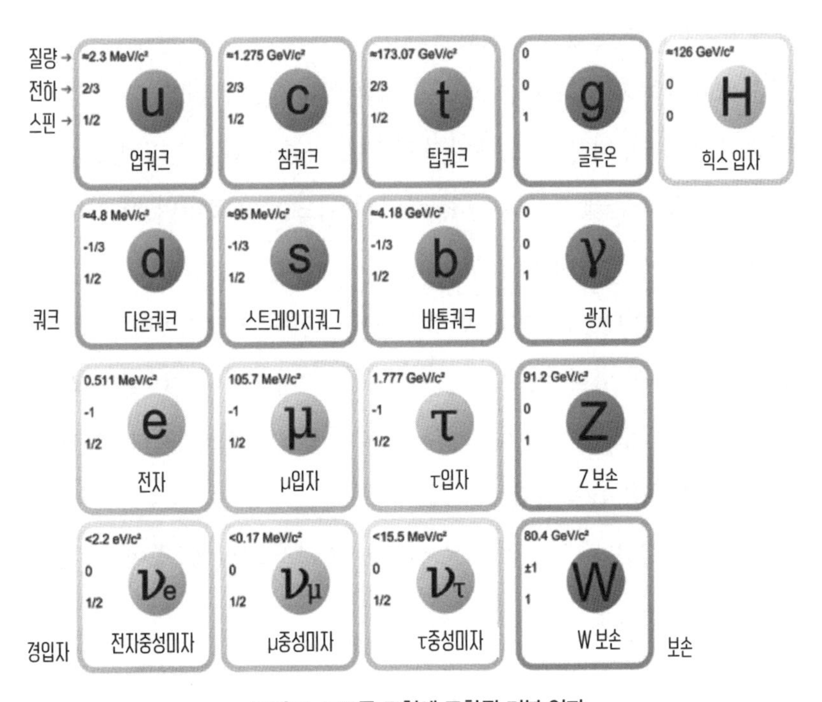

그림14-5 표준 모형에 포함된 기본 입자

(6) 색전하의 파동함수가 SU(3) 게이지 대칭성을 만족하기 때문에 글루온은 들뜬상태의 SU(3) 게이지장에서 발생한다. 글루온은 질량이 없다. 전하의 파동함수가 U(1) 게이지 대칭성을 만족하기 때문에 광자는 들뜬상태의 U(1) 게이지장, 즉 전자기장에서 발생한다. 광자도 질량이 없다. 맛의 파동함수가 SU(2) 게이지 대칭성을 만족하기 때문에 W^+, W^-, Z^0 보손은 들뜬상태의 SU(2) 게이지장에서 발생한다. 이 세 가지 보손은 질량을 가진다. 3종의 보손과 힉스장이 상호작용하면 힉스 메커니즘에 의한 자발적 대칭 깨짐이 일어난다.

(7) 모든 공간에 깔려 있는 양자장을 힉스장이라고 부른다. 들뜬상태의 힉스장에서 발생한 입자가 바로 힉스 입자이다. 힉스 입자는 보손으로 질량을 발생시키는 요인이다. 기본 입자들은 힉스장과의 상호작용을 통해 질량을 부여받는다.

표준 모형에는 다음과 같은 61종의 기본 입자가 포함된다.

쿼크의 맛은 업, 다운, 스트레인지, 참, 탑, 바톰 등 6종류고 쿼크의 색은 빨간색, 녹색, 파란색 등 3종류다. 따라서 쿼크는 18종이며 쿼크의 반입자인 반쿼크까지 포함하면 36종이다.

경입자는 6종이다. 경입자의 반입자까지 포함하면 12종이다.

글루온은 8종이 있다. 글루온의 반입자는 그 자신이다. W^+의 반입자는 W^-이고 Z^0의 반입자는 그 자신이다. 광자의 반입자 또한 광자 그 자신이다. 게이지 보손은 12종이다.

여기에 힉스 입자를 합치면 기본 입자는 36+12+12+1=61종이다.

표준 모형으로 설명할 수 없는 것들

표준 모형은 20세기 입자물리학에서 가장 성공적인 이론으로 꼽힌다. 기존 실험 결과와도 대부분 일치한다. 하지만 표준 모형으로 해결할 수 없는 문제도 아직 남아 있다. 어떤 의미에서 표준 모형을 한시적으로 정확성이 검증된 이론이라고 할 수도 있다.

표준 모형으로 네 가지 기본 상호작용 중 세 가지를 설명할 수 있다. 엄밀하게 말하면 양-밀스 이론과 힉스 메커니즘으로 세 가지 상호작용을 서술할 수 있다. 그런 의미에서 표준 모형은 세 가지 상호작용을 통합한 이론이다. 알다시피 강한 핵력은 전자기력보다 강한 힘이고 전자기력은 약한 핵력보다 강한 힘이다. 표준 모형에는 중력이 포함되지 않는다. 중력은 약한 핵력보다도 훨씬 약한 힘이다. 이 네 가지 상호작용의 크기에는 왜 이토록 큰 차이가 날까? 표준 모형 원리로는 이 문제에 명쾌한 답을 내놓지 못하고 있다.

표준 모형은 이 몇 가지 힘의 크기를 기정 사실로 간주한다. 중력의 세기는 중력상수로 나타낼 수 있다. 중력상수 G는 $6.67\times10^{-11}\mathrm{N\cdot m^2/kg^2}$으로 매우 작다. 전자기력의 세기는 쿨롱상수로 나타낼 수 있다. 쿨롱상수 k는 $9\times10^{9}\mathrm{N\cdot m^2/C^2}$로 매우 크다. 표준 모형에서는 강한 상호작용, 약한 상호작용, 전자기 상호작용을 나타내는 상수가 서로 다르다. 세 가지 서로 다른 상수는 실험을 통해 측정해 냈지만 연역법으로 증명해 내지 못했다. 달리 말해 표준 모형은 이 세 가지 상수 크기에 이렇게 큰 차이가 나는지 설명하지 못한다. 몇 가지 기본 힘에 대한 진정한 의미의 통합을 실현하려면 표현식에 들어가는 가장 기본적인 상수만 실험으로 측정하고 나머지는 연역법으로 이끌어낼 수 있어야 한다. 하지만 표준 모형에는 실험으로 측정해야 하는 변수들이 너무 많이 포함돼 있다(30개가 넘음). 그러므로 표준 모형을 가장 기본적이고 궁극적인 이론이라고 할 수 없다.

이 밖에 표준 모형은 데모크리토스가 말한 '만물의 근원으로서의 원자'가 실제로 존재하느냐에 대한 답을 내놓지 못했다. 표준 모형에는 36종의 쿼크, 12종의 경입자, 12종의 게이지 보손, 힉스 입자 등 많은 기본 입자들이 포함된다. 이는 표준 모형이 만물을 구성하는 궁극적이고 유일하면서도 기본적인 최소 단위가 무엇인지에 대한 해답을 내놓지 못하고 있다는 뜻이다.

표준 모형으로 설명할 수 없는 문제는 아직도 많이 남아 있다. 하지만 인류의 현재 실험 기술 수준에 비춰볼 때 표준 모형은 가장 선진적인 이론이다. 더 높은 차원의 연구가 이뤄지려면 실험 기술 수준도 한층 발전해야 한다. 힉스 입자의 존재도 2012년에 비로소 확인됐다. 인류의 실험 기술 수준이 단기간에 비약적으로 발전하기란 불가능하다. 하지만 과학자들은 궁극적인 이론을 찾아내기 위한 노력을 멈추지 않고 있다. 이를테면 대통합 이론(통일장 이론), 초대칭 이론, 끈 이론 같은 이론들은 궁극적인 문제를 해결하기 위한 노력의 결실이다. 수많은 이론이 제시됐으나 아직까지 궁극적인 이론이라고 증명된 이론은 없다. 궁극적인 이론을 찾으려면 아직 갈 길이 멀다.

5부

The Hottest

극열 極熱

5부 개요

무질서 속에 질서가 있는 실재 세계

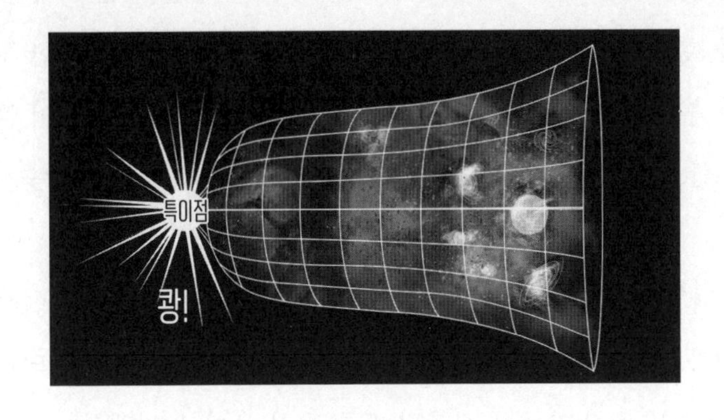

앞서 우리는 주로 개별 대상에 대해 알아보았다. 이를테면 극쾌 편에서 '속도가 빠르다'는 서술은 대부분 한 물체의 운동 속도를 나타내는 말이었다. 극대 편에서는 주로 개별 천체의 특성을 살펴봤다. 연구 대상이 늘어나봤자 기껏해야 두 천체 사이에 상호작용하는 힘의 물리적 법칙을 다뤘을 뿐이다. 또 극중 편에서는 일반상대성이론으로 시공간의 성질을 다뤘다. 시공간 역시 개별 연구 대상이라고 할 수 있다. 블랙홀을 이야기할 때도 하나의 천체가 블랙홀로 진화하는 과정에 대해서만 다뤘다. 극소 편에서도 하나의 원자를 연구 대상으로 삼아 내부 구조를 파헤친 다음 핵물리학, 입자물리학 나아가 표준 모형으로 연구 범위를 확장했다. 요컨대 지금까지 하나 또는 몇 개의 물리적 상태만을 살펴보았다.

하지만 현실에서는 일반적으로 대량의 분자, 원자와 아亞원자 입자subatomic particles(원자보다 작은 입자. 원자핵, 중성자, 양성자 등이 포함된다)를 함께 고려하지 않으면 안 된다. 실재하는 물리계로 시야를 확장하면 우리가 탐구해야 하는 대부분이 다입자계이다. 말하자면 한 방울의 물이 아닌 한 병의 물을, 한 줄기 기체가 아닌 한 통의 기체를 다뤄야 한다. 물 한 병 또는 기체 한 통에 들어 있는 분자의 수는 어마어마하게 많다. 심지어 약 20밀리미터 산소 기체에 들어 있는 산소 분자의 수는 아보가드로 상수Avogadro constant(6.02×10^{23}) 수준에 달한다.

사실 다입자계라는 용어로 아보가드로 상수와 같은 양을 표현하는 데는 한계가 있다. 두 개의 입자로 구성된 계도 다입자계에 포함되기 때문이다. 아주 많은 입자들이 집합된 계를 물리 용어로 '앙상블ensemble'이라고 한다. 앙상블에 들어 있는 입자의 수는 아보가드로 상수급으로 많다.

5부 극열 편의 내용을 요약하면 다음과 같다.

15장: 앙상블에서 반드시 또 가장 먼저 다뤄야 할 물리적 특성이 바로 '온도'이다. 15장에서는 먼저 온도가 무엇인지 알아보겠다.

온도는 앙상블에만 효과적으로 적용되는 개념이다. 온도는 대량의 입자들이 가진 평균 운동에너지에 정비례한다. 개별 입자가 운동할 때 가지는 운동에너지로는 온도를 나타낼 수 없다. 입자의 수가 충분히 많을 때 이들 입자의 운동에너지의 평균값으로 온도를 나타내야 의미가 있다. 물론 입자 수가 적다고 온도의 개념을 정의할 수 없지는 않다. 다만 일반적으로 온도를 연구할 때 입자 수가 적은 경우를 논외로 한다는 얘기이다.

온도의 개념을 알고 난 다음에는 앙상블이 갖고 있는 기타 물리적 특성과 온도의 관계를 살펴보겠다. 물질은 매우 다양한 상태를 가진다. 이를테면 물은 온도에 따라 고체, 액체, 기체 등 여러 상태로 존재한다. 생활 경험에 비춰보면 물의 상태는 온도에 따라 달라진다. 온도가 높을수록 기체에 가까워지고 온도가 낮을수록 고체에 가까워진다. 예컨대 물을 끓이면 기체가 되고 물을 냉동하면 얼음이 된다.

계의 물리적 성질과 온도의 관계를 연구하는 학문을 열역학이라고 한다. 열역학의 역사는 매우 길다. 열역학 이론 중에는 생활 경험을 바탕으로 이끌어낸 이론도 많다. 예를 들어 기체의 단위 면적당 받는 압력과 온도는 양(+)의 상관관계를 가진다. 따라서 압력솥으로 물을 끓일 때 온도가 상승할수록 솥 안의 기압도 상승한다.

앞에서 이야기한 상대성이론이나 양자역학의 발전 역사가 명확하고 명쾌했다면 열역학의 발전 과정은 상대적으로 혼잡하고 어수선했다. 열역학 연구 성과 중 상당수는 19세기 산업혁명 시대에 공학 연구의 발전에 따라 얻어진 부산물이다. 그러므로 열역학 이론 중에는 과도적이고 경험적인 이론도 많다. 이를테면 열역학 제2법칙은 적어도 네 가지 방식으로 나타낼 수 있다. 그중에서 세 가지는 다른 분야를 연구하면서 이끌어낸 이론을 적용해서 표현한 법칙이다. 열역학 제2법칙에 대한 카르노의 해석은 니콜라 카르노가 열기관 연구를 통해 이끌어낸 것이다. 카르노의 해석, 켈빈Lord Kelvin의 해석, 클라우지우스Rudolf Clausius의 해석은 완전한 등가관계에 있다. 표현 방식은 서로 다르지만 사실은 세 물리학자가 비교적 복잡한 연역 과정을 거쳐 똑같은 법칙을 기술한 셈이다.

열역학은 19세기 말, 20세기 초에 이르러 비로소 연역적인 학문, 즉 통계역학statistical mechanics으로 발전했다. 통계역학은 계(주로 앙상블)의 성질을 확률적으로, 통계학적으로 바라보는 학문이다. 통계역학의 체계는 매우 방대하다. 그중 볼츠만Ludwig Eduard Boltzmann의 '엔트로피entropy 정의'와 열역학 제2법칙(엔트로피 증가법칙)가 가장 기본적인 이론이다. 통계역학은 지금도 학술적 연구가 활발하게 이뤄지는 분야이다. 복잡한 변화가 계속되는 학문이기 때문이다.

15장에서 계의 물리적 성질과 온도의 관계, 미시적 차원에서 통계역학에 기반한 앙상블의 물리적 법칙을 다뤘다면, 16장에서는 온도 상승에 따른 물질 상태의 변화를 살펴보겠다. 실온의 물질을 점차적으로 섭씨 수억 도로 가열하면 플라스마라는 특별한 상태로 변화한다.

온도를 섭씨 1억 도로 끌어올리면 핵 반응이 가능해진다. 어떤 방법으로 이 같은 고온 환경을 만들 수 있을까? 원자폭탄이 폭발할 때 중심부 온도가 섭씨 1억 도에 이르는데 이 현상을 활용한다. 이 밖에 레이저를 이용하는 방법도 있다.

17장에서는 복잡계 과학complexity science에 대해 다뤄보자. 온도가 상승할수록 계 내부 입자들의 운동 방식은 점점 무질서해진다. 즉 계의 상태가 점점 복잡해진다는 얘기이다. 열역학과 통계역학이 발전하면서 새로 등장한 중요한 분야가 바로 복잡계 과학이다. 삼체 문제three-body problem, 나비효과butterfly effect, 카오스 시스템chaotic system 등이 복잡성 과학의 연구 대상이다. 엄밀하게 말하면 복잡계 과학은 스스로 하나의 체계를 이뤘기 때문에 열역학과 통계역학의 범위에 포함되지 않는다. 하지만 복잡계에 대해서도 어느 정도 알 필요가 있다고 생각한다. 17장을 읽고 나면 복잡계의 운행 방식이야말로 우리가 살고 있는 실재 세계와 매우 비슷하다는 사실을 깨닫게 될 것이다.

CHAPTER 15

열역학과 통계역학

Thermodynamics and Statistical Mechanics

15-1 온도란 무엇인가

온도의 거시적 정의

'매우 뜨겁다'는 말은 당연히 온도가 매우 높다는 뜻이다. 온도란 무엇인가? 중학교에서 '온도는 물체의 차고 뜨거운 정도를 나타내는 수치'라고 배웠을 것이다.

물체의 차고 뜨거운 정도는 인체의 감각을 기준으로 한다. 그런데 사람마다 차가움과 뜨거움에 대한 느낌은 다 다르다. 남쪽 지역 사람들은 북쪽 지역 사람들보다 뜨거움을 잘 견딘다. 또 목욕할 때 어떤 사람은 섭씨 40도 이상의 물을 선호하고 어떤 사람은 섭씨 40도 물이 너무 뜨겁다고 느낀다. 그러므로 온도를 정의하려면 객관적이고 정량적인 기준이 필요하다.

항상 일정한 상태를 유지하는 물리계를 기준으로 온도를 정의할 수 있다. 일반적으로 물과 얼음이 혼합된 상태의 온도를 섭씨 0도, 대기압이 1기압일 때 물의 끓는점을 섭씨 100도로 정의한다. 섭씨 0도와 섭씨

100도가 정해졌으니 온도계의 눈금을 백 등분해 한 눈금을 1도로 정의하면 된다.

온도의 미시적 정의

일반적인 물체의 온도는 온도계로 측정할 수 있다. 그렇다면 물체를 구성하는 소립자의 온도는 어떻게 측정해야 할까? 미시적 세계에서 온도는 또 어떤 새로운 정의를 가질까? 한 입자의 온도를 어떻게 정의해야 할까?

물리적 현상을 예로 들어 미시적 차원에서 온도를 어떻게 정의하는지 살펴보자. 분유나 차, 커피를 타려면 뜨거운 물이 있어야 한다. 찬물로 타면 잘 풀어지지 않기 때문이다. 분유나 차, 커피가 뜨거운 물에 빨리 풀어지는 현상은 분자들 사이 상호 침투 작용이 빠르게 진행된다는 의미이다. 뜨거운 물은 온도가 높기 때문에 물 분자들의 운동 속도가 빠르다. 따라서 분유나 차, 커피가 빨리 풀어진다. 이는 온도가 본질적으로 분자들의 운동 속도에 관계된다는 뜻이다. 즉 분자들의 움직임이 활발할수록 온도가 상승한다. 이쯤 되면 온도의 미시적 정의를 이끌어낼 수 있다. 여기에서는 온도의 높고 낮음을 수치로 나타내는 방법은 다루지 않겠다. 온도의 높고 낮음에 대한 기준은 사람마다 다 다르기 때문이다. 우리가 탐구하려는 것은 온도의 본질이다.

온도의 본질은 소립자들의 운동이다. 하지만 소립자의 운동 속도는 온도를 정의하기에 어울리지 않은 물리량이다. 속도는 크기와 방향을 갖는 벡터이고 온도는 크기만 있고 방향이 없는 스칼라scalar이기 때문이다. 그러므로 '온도는 소립자들이 가진 평균 운동에너지에 정비례한다'고 정의할 수 있다. 운동에너지는 속도의 제곱에 정비례하면서 크기만 있고 방향이 없는 스칼라이기 때문이다.

가시적 물체의 온도는 그 물체를 구성하는 모든 입자들의 운동에너지의 평균값에 정비례한다. 여기에서 키워드는 '평균값'이다. 즉 온도는 거시적 개념이라는 얘기이다. 개별 입자로는 온도의 개념을 나타낼 수 없다. 하지만 기기로 관측할 수있는 대상은 개별 입자의 운동에너지뿐이다. 산소 기체가 한 통 있다고 가정해 보자. 이 기체의 온도가 섭씨 20도로 항상 일정하다면 산소 기체를 구성하는 모든 산소 분자들의 운동에너지 평균값과 온도가 정비례한다는 의미이다. 하지만 산소 분자 하나하나의 운동을 실제로 관찰해 보면 저마다 운동 속도가 다르다. 즉 모든 산소 분자들의 운동에너지는 똑같을 수 없다. 그러므로 온도가 모든 입자들의 운동에너지의 평균값에 정비례한다고밖에 달리 표현할 수 없다. 예를 들어 어느 학급 아이들의 평균 키가 1.5미터라고 해서 학급 내 모든 아이들의 키가 똑같이 1.5미터는 아닌 것과 마찬가지이다. 여기에서 '온도가 평균 운동에너지와 같다'고 하지 않고 '온도가 평균 운동에너지에 정비례한다'고 정의한 이유는 볼츠만 상수 k도 고려해야 하기 때문이다. $k \approx 1.38 \times 10^{-23}$J/K(줄/켈빈)이다. 여기에서 줄(J)은 에너지 단위이고, 켈빈(K)은 온도 단위이다. 온도 T에 볼츠만 상수 k를 곱해 얻어낸 것이 바로 에너지 단위이다.

그러므로 미시적 세계에서는 개별 입자 또는 소량 입자들의 온도를 연구하는 것은 의미가 없다. 운동에너지로 개별 입자 또는 소량 입자들을 서술하면 된다. 온도는 통계적 개념이다. 온도로 서술되는 대상은 반드시 개체가 아닌 앙상블이다. 아보가드로 상수 정도의 무수히 많은 입자들이 모여 있는 계를 앙상블이라고 한다. 온도의 연구 대상에는 매우 많은 개체들이 포함된다. 따라서 단일 개체를 온도로 서술할 수 없다. 그저 연구 대상 전체의 평균적인 성질만 서술할 수 있다. 열역학은 무수히 많은 개체, 즉 아보가드로 상수 정도의 무수히 많은 개체로 구성된 전체의 성질을 연구하는 학문이다.

진공 상태의 온도

온도의 미시적 정의에 따르면 '온도는 물체의 차고 뜨거운 정도를 나타내는 수치'라는 서술은 정확하지 않다. 적어도 온도 성질을 제대로 해석하지 못했다. 온도계 눈금의 수치로는 온도의 개념을 정확하게 정의할 수 없다. 그렇다면 진공 상태의 온도는 몇 도일까? 여기에서 '진공 상태'는 정말로 아무것도 존재하지 않고 텅 비어 있는 이상적인 조건을 가정한다. 앞에서 확인했듯이 실제 진공 상태는 '텅 비어 있는 상태'가 아니다(카시미르 효과에 따라 실제 진공 상태에서 가상 입자의 에너지, 즉 '진공에너지'가 발생한다).

이상적인 진공 상태의 온도는 몇 도일까? SF영화에서는 흔히 우주가 매우 추운 곳으로 묘사된다. 생물들이 곧장 얼어죽을 정도이다. 하지만 이상적인 진공 상태에서는 온도가 존재하지 않는다. 입자가 존재하지 않으므로 입자의 움직임으로 정의되는 온도도 존재할 수 없다. 그런데 우주공간에서는 왜 춥다고 느껴질까?

온도계를 우주에 가져다 놓으면 온도계 눈금이 특정 수치를 가리킨다. 이는 열 발산 효과 때문에 생기는 현상이다. 우주공간은 텅 비어 있다. 뜨거운 물을 우주에 가져다 놓으면 물의 열량은 열복사 형태로 빈 공간으로 방출된다. 이와 같이 열이 발산되면서 에너지가 빠져나가기 때문에 온도계 눈금이 저온 수치를 가리키고 체감온도가 낮아지는 것이다. 체감온도가 낮아지는 이유는 열 발산 효과가 높기 때문일 뿐 실제 온도가 낮지는 않다. 맨발로 온도가 똑같은 타일 바닥과 나무 바닥을 밟았을 때 타일 바닥이 나무 바닥보다 차갑게 느껴지는 이유도 타일의 열 전도성이 나무보다 높아서 발바닥의 열량을 더 빠르게 빼앗아가기 때문이다. 요컨대 물체의 차고 뜨거운 정도로 온도를 정의하면 온도의 본질을 나타낼 수 없다.

절대 0도는 무엇인가

'절대 0도'라는 말을 들어본 기억이 있을 것이다. 온도는 소립자들의 평균 운동에너지에 정비례한다. 따라서 극한의 상황, 즉 입자가 움직임을 완전히 멈춰서 운동에너지가 0이 되면 절대 0도에 대응한다.

열역학 제3법칙에 따르면 절대 0도에 도달하는 것은 불가능하다. 열역학 제3법칙은 기본 원리 격인 법칙이기 때문에 연역법으로 입증할 수 없다. 하지만 양자역학적 측면에서 불확정성 원리로 이 문제를 간접적으로 해석할 수는 있다.

불확정성 원리에 따르면 입자는 움직임을 완전히 멈출 수 없다. 적어도 최소한의 움직임은 지속한다. 양자역학에서 소립자의 위치와 속도를 동시에 측정할 수 없기 때문이다.

움직임을 멈춘 입자의 속도는 0이다. 또 위치도 변하지 않는다. 그러면 입자의 위치와 속도를 동시에 측정할 수 있다. 그렇게 되면 불확정성 원리를 충족할 수 없다. 그러므로 입자가 움직임을 완전히 멈춘 상태는 존재할 수 없다. 물론 열역학에서 연구 대상으로 삼는 입자는 고전적 의미의 입자이다. 열역학의 기본 입자 모형과 양자역학의 입자 모형은 같지 않다. 그러므로 무턱대고 양자역학 이론으로 고전적 의미의 입자를 분석해서는 안 된다. 열역학 제3법칙은 기본 원리라는 사실을 잊어서는 안 된다.

절대 0도에 도달하는 건 불가능하지만 '절대 0도'를 수치로 정의할 수는 있다. 입자의 운동에너지가 0인 상태를 절대 0도로 정하고 운동에너지가 한 개 단위씩 증가할 때마다 온도가 1도씩 상승한다고 정의할 수 있다. 이런 식으로 유추하면 절대 0도가 곧 켈빈온도kelvin scale라는 결론이 나온다.

켈빈온도는 소립자의 운동에너지를 기준으로 정한 온도 체계이다. 켈빈온도는 열역학적 온도라고도 한다. 열역학에서는 주로 켈빈온도에 기반해 온도를 계산한다. 켈빈온도와 우리가 평소 사용하는 섭씨 온도는 상호 변환이 가능하다. 앞서 물과 얼음의 혼합물의 온도를 섭씨 0도로 정의한다고 했었다. 섭씨 0도에서 물 분자들은 여전히 운동에너지를 갖고 있다. 섭씨 0도에서의 물 분자들의 운동에너지를 계산한 다음 절대 0도가 될 때까지 온도를 점차 낮추면 0K=-273.15℃라는 등식을 얻을 수 있다(K는 켈빈온도의 단위).

켈빈온도와 섭씨 온도의 눈금 간격은 동일하다. 즉 100K에서 입자들이 갖는 평균 운동에너지와 99K에서 갖는 평균 운동에너지의 차이가 어떤 값을 가질 때, 섭씨 100도에서 입자들이 갖는 평균 운동에너지와 섭씨 99도에서 갖는 평균 운동에너지의 차이도 같은 값을 가진다. 절대 0도를 섭씨 온도로 변환하면 섭씨 -273.15도이다. 이 밖에 화씨 온도fahrenheit라는 것도 있다. 대부분 나라에서 사용하는 온도 체계는 섭씨 온도이지만 미국을 비롯한 일부 국가들은 화씨 온도를 사용하고 있다. 화씨 온도(F)와 섭씨 온도(C)의 변환식은 F=9×C/5+32이다. 그러므로 미국인이, "날씨가 참 덥군. 100도 넘겠어"라고 말했다고 해서 과장이 심하다고 생각할 필요가 없다. 화씨 100도는 섭씨 약 37.8도이기 때문이다.

15-2
이상기체

열역학 연구 대상

온도에 대해 정의를 내렸으니 본격적으로 열역학을 알아보자.

먼저 열역학의 연구 범위를 살펴보자. 온도는 계의 모든 분자들의 평균 운동에너지에 정비례한다. 그러므로 열역학 연구 대상은 다입자계이다. 개별 입자나 몇 개의 입자는 양자물리학 연구 대상이다. 아보가드로 상수 수준은 돼야 열역학 연구 범위에 포함될 수 있다. 열역학은 다입자계 전체의 평균값에 대응하는 성질을 연구하기 때문이다.

요컨대 소량의 입자를 연구하려면 양자이론, 대량의 입자를 연구할 때는 열역학과 양자장론의 도움을 받아야 한다.

열역학 적용 범위

열역학 연구 범위를 고려할 때 전제조건이 또 하나 있다. 즉 더 이상 변화가 발생할 가능성이 없는 매우 안정적인 상태의 물리계를 연구 대상으로 삼아야 한다는 것이다. 이처럼 안정된 상태를 열역학적 평형 상태라고 한다. 열역학은 분유가 물에 풀어지는 과정 같은 현상을 다루지 않는다.

그 과정이 너무 복잡하고 변수가 많아서 정확하게 서술하기 어렵기 때문이다.

그러므로 열역학 연구 대상은 다음의 두 조건이 모두 들어맞아야 한다.

(1) 아보가드로 상수 수준으로 무수히 많은 입자가 포함된 물리계

(2) 열역학적 평형 상태에 있는 물리계

이상理想기체

연구 대상의 조건을 알았으니, 현실에서 실제로 어떤 계를 연구 대상으로 삼는지 살펴보자. 실재하는 물질은 일반적으로 고체, 액체, 기체 세 가지 상태로 존재한다. 물을 예로 들면 고체 상태의 물은 얼음, 액체 상태의 물은 물, 기체 상태의 물은 수증기라고 부른다.

기체의 부피는 온도 변화에 따라 뚜렷한 변화를 나타낸다. 반면 액체와 고체의 부피와 온도의 관계는 한두 마디 말로 해석하기 어려울 정도로 복잡하다. 액체는 유체의 성질을 가진다. 액체의 이 같은 성질은 유체역학 연구 범위에 포함된다. 고체 상태가 되면 온도에 따른 변화가 줄어든다. 그래서 결정 구조, 재료의 성질과 전기적 성질이 주된 연구 대상이었다. 그러므로 극열 편에서 주로 다룰 대상은 기체이다.

그렇다면 기체의 어떤 성질을 주요하게 다뤄볼까? 온도의 개념을 이미 정의했으니 온도를 가장 중요한 매개 변수로 두고 기체가 온도와 관련된 어떤 성질을 갖고 있는지 알아보자. 기체는 기압을 갖고 있다. 대기의 압력(대기압)은 약 100킬로파스칼(kPa)이다. 1파스칼은 1평방미터에 대해 1뉴턴(N)의 힘이 작용하는 압력이다. 기압뿐만 아니라 특정 기체의 부피와 밀도를 다뤄볼 수도 있다. 기압, 부피와 밀도는 모두 기체의 물리적 성

질이다. 기체는 화학적 성질도 갖고 있다. 여러 가지 기체를 혼합해서 반응률을 관찰할 수 있는데 이는 물리화학 연구 분야에 속한다.

기체와 관련해 측정 가능한 물리량으로는 기압, 부피, 밀도, 온도가 있다. 기체가 갖고 있는 이 몇 가지 성질 사이에 어떤 연관성이 있고 이 몇 가지 성질이 어떤 법칙에 따라 변화하는지 알려면 기체의 활동을 서술할 수 있는 모형이 필요하다. 몇 가지 물리량 중에서 밀도와 부피는 연관성을 갖고 있다. 즉 질량이 일정할 때 부피가 작을수록 밀도가 커진다. 이때 밀도 대신 '기체의 분자 수'를 대입하면 몇 가지 물리량을 별개의 독립적인 물리량으로 간주할 수 있다.

기체에 대해 다뤄보자면 정량적 연구가 가능한 물리학적 모형이 필요하다. 역사상 기체의 성질에 대한 연구가 가장 활발하게 이뤄졌던 시기는 19세기였다. 당시에 많은 물리학자와 화학자들이 기체의 성질을 밝히는 일에 매달렸다. 앞서 극소 편 첫머리에 등장했던 영국 화학자 존 돌턴이 대표주자였다. 돌턴은 원자의 존재를 증명했다. 그는 기체 연구에서도 놀라운 성과를 이뤘으며, 이를 바탕으로 '돌턴의 부분 압력 법칙Dalton's law of partial pressures'을 발표했다. 이 법칙에 따르면 기체 혼합물의 전체 압력은 각 성분 기체의 부분 압력을 모두 합한 것과 같다. 예를 들어 이산화탄소와 질소 혼합물의 전체 압력은 이산화탄소의 압력과 질소의 압력을 합한 것과 같다는 얘기이다. 이 법칙은 두 가지 이상의 기체 혼합물에 모두 적용된다.

여러 가지 경험적 법칙에 기반해 만들어진 가장 효과적인 기체 연구 모형이 바로 이상기체 모형이다. 이 모형에 따르면 기체의 압력과 부피를 곱한 값은 기체의 분자 수와 온도를 곱한 값에 정비례한다. 이상기체를 나타낸 방정식은 다음과 같다.

$$PV=NkT$$

여기에서 P는 압력, V는 부피, N은 입자 수, k는 볼츠만 상수(약 1.38×10^{-23} J/K), T는 온도를 나타낸다. 이 식을 이상기체 방정식 또는 클라페이론 방정식Clapeyron equation이라고 한다.

이상기체는 탄성 충돌 말고는 다른 상호작용을 하지 않는 분자들로 이뤄진 기체 모형이다. 개개의 분자를 독립적인 개체로 간주한다. 모든 분자들은 용기 벽과 충돌할 때 전혀 에너지를 잃지 않는다.

기체 분자 사이의 거리는 매우 멀다. 기체 분자의 크기는 분자 사이의 거리에 비해 매우 작으므로 무시해도 된다. 그러므로 기체 분자들이 서로 충돌할 확률은 매우 작다. 이상기체 모형은 기체 분자들 사이에 뚜렷한 상호작용이 존재하지 않는다고 가정한다. 이런 가정은 실제 상황에 완전히 부합하지는 않는다(실제 분자와 분자 사이에 상호작용이 전혀 없을 수는 없다. 분자들은 서로 충돌하고 끌어당기면서 상호작용한다). 하지만 이런 가정이 성립하는 이유는 기체의 특성 때문이다. 기체 분자들 사이의 평균 거리는 매우 멀다. 그러므로 분자들 사이 상호작용의 영향력은 무시해도 될 정도로 매우 작다. 또 상호작용을 무시해도 측정 결과에 그다지 영향을 미치지 않는다.

반면 액체와 고체는 분자들 사이에 상호작용이 존재하지 않는다고 가정할 수 없다. 액체는 표면장력surface tension이라는 성질을 갖고 있다. 예를 들어 컵에 물을 가득 따랐을 때 물의 높이가 컵의 높이보다 조금 높아도 물이 컵 밖으로 넘쳐흐르지 않는다. 이는 물의 표면장력 때문이다. 물의 점성으로 나타나는 이 표면장력이 바로 물 분자들 사이의 상호작용이다. 그러므로 액체를 연구할 때 분자들 사이 상호작용을 무시해서는 안 된다. 고체는 더 말할 나위 없다. 고체가 고체 형태를 갖는 이유는 분자들 사이 상호작용이 크기 때문이다.

생활 경험에 따른 이상기체 모형 검증

생활 경험 또는 물리적 직감에 근거해 클라페이론 방정식의 유효성을 검증해 보자. 기체가 한 통 있다고 가정해 보자. 용기의 크기는 변하지 않는다. 또 용기가 밀폐가 잘 돼 있어 용기 안팎으로 기체 교환이 일어날 일도 없다. 이 기체를 가열하면 반드시 용기 내부 압력이 커진다. 클라페이론 방정식에서 V가 일정할 때 T가 상승하면 P는 반드시 증가한다. 그러므로 이 방정식으로 실생활에서 발견되는 현상을 서술할 수 있다.

기체의 온도가 변하지 않는 상황을 가정해 보자. 온도가 일정한 물속에 용기를 넣은 뒤 용기 안에 천천히 기체를 주입한다. 여기에서 주의점은 아주 천천히 기체를 주입하는 것이다. 열역학의 연구 대상은 안정된 상태에 있는 물리계이기 때문이다. 기체를 아주 천천히 주입해야 용기와 기체의 온도를 일정하게 유지할 수 있다. 유입된 기체의 양이 많을수록 용기 내부 압력이 커진다. 즉 체적이 일정할 때 기체의 압력과 분자 수는 양의 상관관계를 갖는다. 클라페이론 방정식에서 T가 일정할 때 N이 증가하면 P도 증가한다.

이번에는 기체가 담긴 용기를 압축할 수 있다고 가정해 보자. 용기를 압축시켜 용기의 체적을 줄이면 용기 내부 기체의 부피도 줄어든다. 부피가 줄어들면 압력이 증가한다. 즉 온도와 분자 수가 일정할 때 부피가 작을수록 압력은 커진다. 클라페이론 방정식에서 T와 N이 일정할 때 V가 감소하면 P는 반드시 증가한다.

이처럼 몇 가지 물리적 성질 사이 관계에 대한 클라페이론 방정식의 서술은 실생활 경험과 일치한다. 요컨대 이상기체는 클라페이론 방정식과 일치하며, 클라페이론 방정식으로 이상기체의 활동을 충분히 서술할 수 있다. 사실 이상기체와 실제 기체는 별로 큰 차이가 없다.

15-3

미시적 측면으로 기체 이해하기

압력의 본질

이상기체의 활동을 서술하려면 클라페이론 방정식으로 이상기체의 몇 가지 성질 사이 관계를 기술하면 된다. 사실 이상기체의 가시적 성질은 이상기체 내부 소립자들의 성질이 종합적으로 반영된 것이다. 그러므로 기체의 가시적 성질을 서술하려면 기체 내부 소립자들의 성질부터 알아야 한다. 소립자들의 성질에 근거해서 얻어낸 가시적 성질만이 연역적 결론이라 할 수 있다. 또 이렇게 해야 기체의 본질을 파악할 수 있다.

먼저 기체 압력의 본질이 무엇인지 살펴보자. 용기에 담겨 있는 기체는 확산 성질을 갖고 있다. 하지만 용기가 기체의 확산을 막기 때문에 용기 내벽에 기압이 형성된다.

그렇다면 미시적 측면에서는 어떻게 기압을 해석할 수 있을까? 온도는 소립자들의 무질서한 운동 때문에 생성된다. 무수히 많은 기체 입자들이 빠른 속도로 끊임없이 용기 내벽에 충돌하는 과정은 일종의 지속적인 힘이 용기 내벽에 작용하는 현상과 같다. 이 같은 충격력이 기압으로 나타난다. 기압의 본질은 소립자의 끊임없는 움직임이다. 이때 압력의 세기가 안정적인 이유는 안정된 상태에 있는 이상기체를 전제 조건으로 삼았기 때문이다.

기압은 어떻게 계산할까? 극쾌 편 3장에서 공기 저항은 물체에 대한 공기의 상대속도의 제곱에 정비례한다고 이야기했다. 여기에서도 똑같은 계산 방식을 적용한다. 다만 주의할 점은 바람 저항을 계산할 때 바람이 한 방향으로 분다고 가정하는 것과 달리 공기 분자들이 용기 내벽에 충돌할 때의 방향은 여러 갈래라는 사실이다. 우리가 다루는 기체는 개별 개체가 아니라 무수히 많은 입자가 포함된 계이다. 그러므로 기압을 계산하려면 공기 분자들이 용기 내벽에 충돌할 때 작용하는 힘의 평균값을 구해야 한다. 위에서 말했다시피 개별 분자가 공기 내벽에 충돌할 때 작용하는 힘은 속도의 제곱에 정비례한다.

그렇다면 속도의 제곱은 무엇에 정비례하는가? 속도의 제곱은 운동에너지에 정비례한다. 운동에너지는 질량에 속도의 제곱을 곱한 값의 2분의 1이기 때문이다. 압력의 세기는 단위 시간 동안에 모든 분자들이 용기 내벽에 충돌했을 때 갖는 단위 면적당 운동에너지의 평균값이다. 분자들의 평균 운동에너지는 무엇인가? 온도는 분자들이 가진 평균 운동에너지에 정비례한다. 결국 단위 면적당 압력, 즉 압력의 세기는 온도에 정비례한다는 결론이 나온다. 분자 수가 많을수록 압력의 세기가 크다. 분자 수가 많으면 분자와 용기 내벽의 충돌 횟수도 많기 때문이다. 그러므로 압력의 세기는 기체 분자 수에도 정비례한다. 이로써 이상기체 방정식에 대한 대략적인 검증을 마쳤다.

반데르발스 힘Van der waals force

이상기체 모형은 현실에서도 동일하게 성립할까? 꼭 그렇지만은 않다. 이상기체 모형은 기체 분자들 사이에 상호작용이 존재하지 않는다는 전제에서 출발했다. 기체 분자들 사이 거리가 매우 멀어서 기체 분자들이 서로 충돌할 확률이 매우 작다는 이유로 기체 분자들 사이에 상호작용이 존재하지 않는다고 가정한 것이다. 하지만 확률이 작다고 해서 0퍼센트라는 의미는 아니다. 서로 가까운 거리에 있는 분자들 사이에는 충돌력 말고도 다른 상호작용이 존재한다. 예를 들어 탄소와 산소의 혼합물은 높은 온도에서 반응을 일으켜 이산화탄소가 된다. 기체 분자들 사이에 상호작용이 없다면 화학 반응이 일어날 수 없다. 그러므로 충돌력을 제외하고도 분자들 사이에 작용하는 힘은 틀림없이 또 있다.

그 힘이 바로 반데르발스 힘이다. 분자는 원자들로 구성돼 있다. 원자 내부에는 전자와 원자핵이 들어 있다. 두 원자 사이의 거리가 가까워졌을 때 두 원자의 전자들 사이에 전자기 상호작용이 일어나고, 나아가 상대 원자핵의 영향력도 서로 느낄 수 있다. 분자들 사이 전자기 상호작용은 틀림없이 존재한다. 다만 분자와 원자의 구조적 특성상 이 같은 상호작용 효과가 매우 복잡하게 나타날 뿐이다.

반데르발스 힘은 네덜란드 과학자 반데르발스가 19세기 후반에 발견했다. 그는 분자 차원에 적용되는 복잡한 상호작용 법칙이 존재한다고 주장했다. 분자들 사이에 작용하는 이 힘은 전하가 비교적 복잡하게 분포돼 있는 상태에서 전자기력이 집중적으로 작용하면서 나타난 효과이다. 그러므로 반데르발스 힘의 표현 형태는 매우 복잡하다. 거리에 따라 인력으로 나타날 수도 있고 척력으로 나타날 수도 있다. 이 힘이 바로 중학교에서 배운 '분자 간 상호작용력'이다. 예를 들면 도마뱀이 벽이나 천장에 붙어 안 떨어지는 이유도 발바닥 분자와 벽 사이에 작용하는 반데르발스 힘 때문이다.

반데르발스 힘으로 서로 다른 화학 결합(화합물)이 서로 다른 성질을 가지는 이유도 해석할 수 있다. 양자역학적 측면에서 보면 서로 다른 화합물이 서로 다른 성질을 가지는 이유는 전자 파동함수의 형태가 다르기 때문이다.

요컨대 반데르발스 힘을 고려할 경우 이상기체 모형은 정확하지 않다. 기체 밀도가 높을수록 이상기체 모형의 한계는 더욱 두드러진다.

이상기체 방정식에 반데르발스 힘의 효과를 반영할 수는 없을까? 위에서 언급한 기압 생성 원리는 여전히 유효하다. 즉 기체 분자들이 용기 내벽에 충돌하면 기압이 생기는 현상은 변함없다. 그러므로 반데르발스 힘의 효과를 고려해 이상기체 방정식을 조금만 수정하면 된다.

그렇다면 어떤 물리량을 수정해야 하는가? 분자 수는 정해져 있다. 온도도 매개변수이기 때문에 변하지 않는다. 분자 수와 온도가 일정할 때 반데르발스 힘의 끌어당기는 힘 때문에 기체의 부피는 줄어든다. 부피가 줄어들면 압력이 커진다. 이처럼 반데르발스 방정식은 클라페이론 방정식을 약간 수정한 것에 지나지 않는다. 따라서 기체 부피가 너무 커서 밀도가 아주 작아졌을 때는 반데르발스 방정식을 무시해도 된다.

$$(P+\frac{a}{V^2})(V-b)=NkT$$

이 방정식에서 a와 b는 측정이 필요한 수정 변수이며, 입자 수 N과 연관성을 갖는다.

이로써 일정한 온도와 안정된 상태를 가진 기체에 대해 비교적 자세하게 살펴봤다. 또 안정된 상태에 있는 기체의 기압, 부피, 분자 수와 온도 사이 관계에 대해서도 알아봤다. 지금까지는 정적인 상태에 있는 기체의 성질을 대상으로 삼았다. 하지만 현실 속의 기체는 항상 동적인 상태에 있는 유체이다. 설령 동적인 상태에 있지 않더라도 일정한 온도를 가진 안정된 상태는 아니다. 기체 분자들의 운동방식도 계속 변한다. 그러므로 거시적 측면에서는 동적인 상태에 있는 기체의 활동 법칙을, 미시적 측면에서는 기체 분자들의 활동 법칙을 더 자세히 들여다볼 필요가 있다.

15-4

통계학으로 해석해 본 열역학계

주사위 던지기

지금까지 안정된 상태에서 기체의 성질에 대해 알아봤다. 이제 이상기체 방정식으로 안정된 상태에서 기체의 가시적 성질을 해석할 수 있다. 물론 좀 더 정확도를 높이려면 반데르발스 방정식을 적용하면 된다. 반데르발스 모형은 이상기체 모형에서 기압과 기체의 부피 등 두 가지 물리량을 조금 수정한 것이다.

기체의 가시적 성질은 기체 내부 소립자들의 성질을 종합적으로 반영한다. 그런데 기체가 가시적으로 안정된 상태에 있을 때 기체 내부 소립자들도 안정된 상태에 있을까? 생활 경험에 비춰 예를 들어보자.

주사위를 던지면 1부터 6까지의 숫자 중에서 하나가 나온다. 그렇다면 주사위를 열 번 던졌을 때 전부 숫자 1이 나올 확률은 얼마나 될까? $(1/6)^{10}$밖에 안 된다. 즉 확률이 매우 작다. 그렇다면 주사위를 백 번, 더 나아가 천 번 던졌을 때 전부 똑같은 숫자가 나타날 확률은 얼마나 될까? 두말할 필요 없이 $(1/6)^{10}$보다 작을 것이다.

주사위를 던진 횟수가 많아질수록 최종 결과는 어떤 법칙을 나타낼까? 주사위를 던진 횟수가 많아질수록, 예를 들어 주사위를 십만 번 혹은 백만 번 던졌을 때, 1부터 6까지의 숫자가 거의 비슷한 확률로 나온다.

대수의 법칙law of large numbers

주사위는 무작위성을 가진다. 주사위를 던졌을 때 각각의 수가 나올 확률은 6분의 1이다. 여기에서 '대수의 법칙'을 먼저 알아보자. 대수의 법칙이란 무작위성을 지닌 어떤 표본의 수량이 많을수록 얻어지는 최종 결과가 확률 분포에 가까워지는 법칙이다. 예를 들어 주사위를 여섯 번 던졌을 때 1부터 6까지 숫자가 각각 한 번씩 나왔다면 무작위로 나타나는 결과의 확률 분포는 6분의 1이다. 그렇다면 주사위를 60번, 600번, 6,000번, 심지어 더 많이 던졌을 때는 어떤 결과가 나타날까? 주사위를 던진 횟수가 증가할수록 최종 결과는 무작위로 나타나는 결과의 확률 분포에 가까워진다. 여기에서 무작위로 나타나는 결과의 확률 분포는 6분의 1이다.

그렇다면 기체에 대수의 법칙을 적용할 수 없을까? 기체의 온도는 기체 내부 모든 입자들이 가진 평균 운동에너지에 정비례한다. 개별 입자만 볼 때 입자는 무질서하게 활동한다. 일정한 온도를 가진 계에서 모든 기체 분자들이 가진 운동에너지가 다 똑같을 수는 없다. 하지만 기체 분자들의 평균 운동에너지는 일정한 값을 가진다. 이는 개별 입자는 무질서하게 운동하지만 입자 전체는 어떤 법칙에 따라 운동한다는 의미이다.

우리는 4부 극소 편에서 확률파동으로 입자의 운동을 기술하는 이유에 대해 알아보았다. 개별 입자의 운동 상태만 보면 난잡하고 무질서해 보이지만 모든 입자들의 전체적인 운동 상태는 일정한 확률 분포를 갖기 때문이다. 기체도 마찬가지이다. 일정한 온도를 가진 용기에 담겨 있는 기체는 개별 분자의 운동 상태는 무질서해 보이나 모든 분자들이 가진 운동에너지는 반드시 일정한 확률 분포를 나타낸다. 기체 분자들이 지닌 운동에너지를 몇 개의 구간으로 나눴을 때 특정 구간에 들어 있는 분자 수가 총 분자 수에서 차지하는 비중을 나타낸 것이 바로 기체의 운동에너지 분포 함수(또는 속도 분포 함수)이다.

대수의 법칙에 따르면 기체에 포함된 분자 수는 어마어마하게 많다. 따라서 기체의 분포 함수는 매우 안정적이다. 실제로 개별 분자의 운동에너지를 측정해 봐도 결국 이 분포 함수와 일치한다. 대부분 물체를 구성하는 소립자의 수량은 어마어마하게 많기 때문에 분포 함수로 이들의 성질을 서술해도 아무 문제가 없다.

우리는 개별 입자의 구체적인 운동 상태를 측정할 수 없다. 하지만 입자들의 운동에너지 분포 상황은 알 수 있다. 그렇다면 기체 분자들의 운동에너지 분포 상황은 어떠할까? 기체 분자들의 이 같은 운동에너지 분포 상황은 어떤 원칙에 따라 결정될까?

열역학 제2법칙

이쯤에서 열역학의 핵심 법칙인 '열역학 제2법칙'을 알아보자. 이 법칙은 현재까지 물리학에서 철칙으로 여겨진다.

열역학 제2법칙의 표현 방식은 주로 두 가지가 있다. 하나는 가시적 측면에서 표현한 것이고 다른 하나는 미시적 측면에서 표현한 것이다. 가시적 측면의 표현 방식을 '클라우지우스 서술Clausius statement'이라고 한다. 루돌프 클라우지우스Rudolf Clausius는 19세기 독일의 물리학자이다. 클라우지우스는 "열은 스스로 차가운 물체에서 뜨거운 물체로 옮겨갈 수 없다"고 열역학 제2법칙을 표현했다. 미시적 측면의 열역학 제2법칙 표현 방식을 '볼츠만 서술Boltzmann statement'이라고 한다. 볼츠만은, "엔트로피는 고립계에서 스스로 감소하지 않는다"고 표현했다. 이에 따라 열역학 제2법칙을 '엔트로피 증가 법칙'이라고도 부른다.

클라우지우스 서술은 이해하기 쉽다. 예를 들어 뜨거운 물체와 차가운 물체가 접촉했을 때 두 물체의 온도가 똑같아질 때까지 열은 스스로 뜨거운 물체에서 차가운 물체로 옮겨간다. 두 물체의 온도가 같아지면 더 이상 열 이동이 일어나지 않는다. 이 현상은 열역학 제0법칙에도 들어맞는다. 열역학 제0법칙은 온도가 서로 다른 두 물체 사이에 열 교환이 일어나면 최종적으로 두 물체의 온도가 같아진다는 법칙이다. 물론 에어컨 같은 기기는 스스로 열 교환을 하지 않는다. 에어컨이 냉방 효과를 일으키려면 매우 많은 에너지를 필요로 한다. 따라서 실외기에서 그만큼 많은 열이 발산돼야 한다. 즉 에어컨의 열 교환은 스스로 이뤄지지 않는다.

볼츠만 서술에 엔트로피라는 새로운 개념이 등장한다. 엔트로피는 계의 무질서한 정도를 나타내는 물리량이다. 안정된 상태의 열역학계는 가능한 한 엔트로피가 최대인 상태에 접근하려는 경향을 지닌다. 이 원리를 '최대 엔트로피 원리'라고 한다. 최대 엔트로피 원리를 바탕으로 가시적 물리계를 구성하는 소립자들의 운동에너지 분포 법칙을 구할 수 있다. 소립자들의 속도 분포는 반드시 한 가지 조건을 만족시켜야 한다. 바로 계의 전체적인 엔트로피가 최대인 상태를 갖는 것이다.

엔트로피에 대해 좀 더 자세하게 알아보자.

15-5
엔트로피 증가의 법칙

엔트로피란 무엇인가

엔트로피는 계의 무질서한 정도를 나타내는 물리량이다. 계가 무질서해질수록 엔트로피가 증가한다. 물질과 에너지 교환이 외부와 단절된 고립계에서는 엔트로피가 증가하는 현상만 일어난다. 절대 감소하지 않는다. 이것이 엔트로피 증가의 법칙이다.

예를 들어 청소를 하지 않으면 방 안이 점점 무질서해진다. 여기에서 '청소'는 방 안에 에너지가 유입되는 상황에 비유할 수 있다. 방 안의 무질서한 정도는 주관적인 느낌으로 판단한다. 그렇다면 물리학에서는 어떻게 계의 무질서 상태를 정의할까? 19세기 말 오스트리아 물리학자 볼츠만은 엔트로피가 미시적 상태의 수와 관련된다고 주장했다. 엔트로피 공식은 $S=k\log W$이다. 여기에서 k는 볼츠만상수, W는 미시적 상태의 수를 나타낸다.

그림15-1 볼츠만의 묘비에는 엔트로피 공식이 적혀 있다

'미시적 상태의 수'는 계가 가질 수 있는 상태의 수를 말한다. 예를 들어 높이가 다른 컵 두 개와 녹두 한 알이 있다. 녹두알이 반드시 컵 안에 있어야 한다는 전제 아래 컵 두 개와 녹두로 조합한 계가 가질 수 있는 상태는 몇 가지인가? 답은 '두 가지'이다. 녹두알이 두 컵 중 하나의 컵에 있어야 하기 때문이다. 컵이 세 개라면 어떻게 될까? 세 개의 컵과 녹두알로 조합한 계가 가질 수 있는 상태는 세 가지이다. 만약 컵이 세 개이고 녹두가 두 알 있다면 어떻게 될까? 그러면 조합 가능한 상태는 여섯 가지이다. 두 알의 녹두를 모두 하나의 컵에 넣는 경우와 두 개의 컵에 각각 녹두를 한 알씩 넣고 나머지 컵을 비워두는 경우를 합치면 계가 가질 수 있는 상태는 모두 여섯 가지이다.

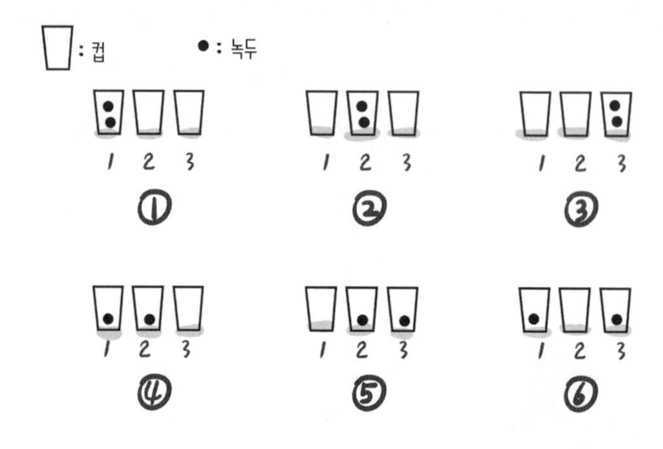

그림15-2 녹두 게임

두 알의 녹두가 완전히 똑같다고 가정하면 서로 다른 녹두와 컵의 조합에 의해 서로 다른 상태가 만들어질 가능성은 없다. 요컨대 컵과 녹두의 수가 증가할수록 계가 가질 수 있는 상태의 수도 증가한다. 즉 녹두의 배열 방법에 따라 계의 미시적 상태의 수가 결정된다. 그러므로 '엔트로피는 미시적 상태의 수의 로그값에 볼츠만 상수를 곱한 것($S=k \times \log W$)'이라고 정의할 수 있다. 그러면 계가 하나의 상태만 가질 때 엔트로피는 얼마인가? 답은 '0'이다. $k\log 1=0$이다.

위에서 든 예로 계의 기체 분자가 갖는 에너지 상황을 설명할 수 있다. 기체 분자가 가질 수 있는 에너지 상태의 수를 위에서 예로 든 컵의 수량에 비유한다면 기체 분자가 가질 수 있는 에너지 상태의 수는 곧 컵의 수이다. 또 기체 분자를 녹두에 비유하면 기체 분자 수는 녹두 수이다.

분자 운동에너지의 분포

엔트로피 증가의 법칙에 따르면 고립계에서 엔트로피는 스스로 감소하지 않는다. 또 시간이 지나면서 계는 가장 안정된 상태, 즉 엔트로피가 최대인 상태에 접근하려는 경향을 지닌다. 이것이 열역학 제2법칙, 즉 엔트로피 증가 법칙이다.

엔트로피 증가의 법칙을 바탕으로 앞부분에서 제기된 문제에 답할 수 있다. 안정된 상태에 있는 계의 기체 분자들의 운동 속도는 어떤 분포를 나타낼까? 기체 분자들의 속도 분포를 나타낸 함수는 맥스웰 속도 분포 함수이다. 이 함수는 흔히 보는 정규 분포normal distribution 형태와 매우 비슷하다. 즉 가운데가 볼록 솟아 있고 양옆이 낮게 퍼진 형태이다. 그래프를 보면 기체 분자 평균 속도(평균 운동에너지에 대응함)와 비슷한 속도를 가진 분자 수가 가장 많고, 속도가 매우 작거나 매우 큰 분자의 수는 비교적 적다.

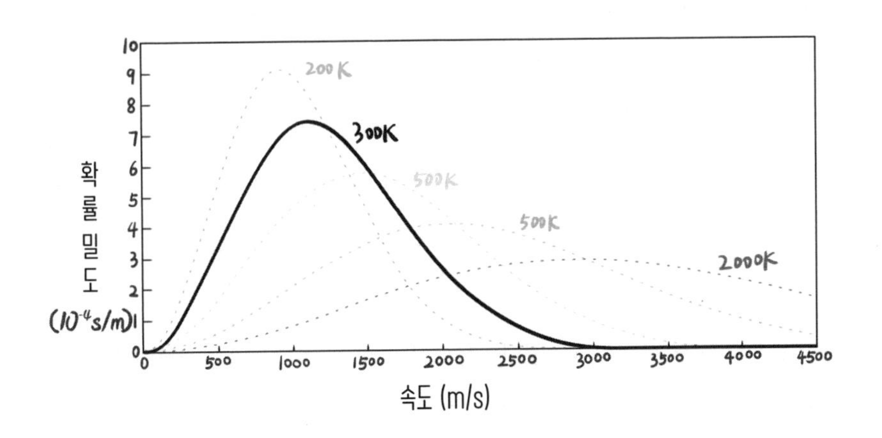

그림15-3 서로 다른 온도에서의 입자들의 속도 분포

분포 함수가 이 같은 형태를 나타내는 이유는 무엇인가? 분포 함수가 같은 형태를 가질 때 기체의 엔트로피가 최대가 되기 때문이다. 요컨대 엔트로피 증가의 법칙에 기반해 미시적 측면에서 기체 분자들의 속도 분포 법칙을 이끌어낼 수 있다.

엔트로피 증가 법칙의 보편성

앞에서 우리는 엔트로피 증가 법칙을 준거로 기체 분자들의 운동에너지 분포 법칙을 해석해 보았다. 기체뿐만 아니라 액체와 고체도 엔트로피 증가 법칙으로 서술할 수 있다. 원론적으로 엔트로피 증가 법칙은 안정된 상태에 있는 모든 통계역학계의 에너지 분포를 이끌어낼 수 있다. 엔트로피 증가 법칙은 보편성을 갖고 있다. 모든 조건에서 성립한다. 과학자들은 열역학 제2법칙에 위배되는 현상을 아직까지 발견하지 못했다.

열역학계의 미시적 상태의 수를 알면 엔트로피를 구할 수 있다. 나아가 엔트로피를 최대화하는 방법도 찾을 수 있다. '볼츠만 분포 법칙'을 적용하면 된다. 볼츠만 분포 법칙은 계를 구성하는 소립자들의 에너지 분포를 다룬다. 볼츠만 분포 법칙에 따르면 소립자들은 다양한 에너지 상태를 가질 수 있다. 어떤 상태의 에너지가 평균 에너지와 큰 차이를 가질수록 전체 계에서 차지하는 비중이 낮아진다. 어떤 상태의 에너지가 전체 계에서 차지하는 비중은 에너지의 크기와 계의 온도에 따라 주로 결정된다.

맥스웰-볼츠만 분포Maxwell-Boltzmann distibution 법칙으로 계의 여러 가지 물리적 성질을 계산할 수 있다. 계의 물리적 변수는 매우 다양하다. 예를 들어 어떤 물질이 자기장과 만나면 자기장은 물질을 이루고 있는 원자들에 영향을 미친다. 더 나아가 물질의 전체 에너지에도 영향을 미친다. 이 물질이 최종적으로 나타내는 자성은 물질 내부 원자들이 가질 수 있는 모든 자성에 대응하는 에너지를 볼츠만 분포 법칙에 따라 평균한 값이다.

여기까지 열역학의 기본 이론과 통계역학의 기본 원리에 대해 알아보았다. 열역학과 통계역학은 동일한 물리계를 연구 대상으로 삼는다. 다만 방법론에 차이가 있을 뿐이다. 열역학은 현상에 근거를 두고 열역학계의 가시적 성질로부터 계의 움직임을 예측하는 데 비해 통계역학은 미시적 차원에서 엔트로피 같은 물리량을 정의한 다음 기체의 에너지 분포 함수 같은 거시적 원리를 유도해 낸다. 열역학과 통계역학은 사실 서로의 일부이다. 열역학을 통계역학의 전신前身으로 여겨도 문제없다. 이 때문에 열역학은 독립된 학문임에도 현대 물리학에서 통계역학처럼 높은 지위를 차지하지 못하고 있다.

CHAPTER 16

고온의 세계

Different forms of matter within different temperature

16-1

물질의 상태 변화: 상전이

열역학과 통계역학의 연구 대상은 지극히 많은 소립자들로 구성된 계이다. 열역학은 가시적이고 경험적인 현상을 통해 물리법칙을 찾아낸다. 이에 비해 통계역학은 소립자의 특성을 바탕으로 미시적 현상으로부터 법칙을 이끌어낸다. 그러므로 열역학보다 통계역학에서 더 면밀한 관측과 연구가 이뤄진다고 볼 수 있다. 한때 이론물리학의 첨단 분야였던 열역학은 20세기에 이르러 결국 통계역학에 통합됐다.

통계역학의 제1원리는 엔트로피 증가 법칙이다. 엔트로피 증가 법칙에 따르면 고립계에서 엔트로피는 스스로 감소하지 않는다. 엔트로피는 점점 증가한다. 또 시간이 지나면서 계는 가장 안정된 상태, 즉 엔트로피가 최대인 상태에 접근하려는 경향을 지닌다.

16장에서는 온도에 따라 물질의 상태가 어떻게 변하는지 알아보자.

물질의 세 가지 상태

생활 속에서 온도 변화에 따라 물질의 상태가 변하는 현상을 자주 볼 수 있다. 물은 낮은 온도에서 얼음이 된다. 표준 대기압(1기압)에서 섭씨 100도로 가열하면 비등해 수증기가 된다. 물론 가열하지 않아도 높은 온도에서 수증기로 변할 수 있다. 대량의 물 분자는 온도에 따라 다양한 상태가 된다.

물질은 일반적으로 고체, 액체, 기체 세 가지 상태로 존재한다. 물질의 세 가지 상태를 결정하는 주요 요인은 온도이다. 온도의 본질은 소립자들의 운동이다. 온도가 높을수록 입자들의 활동이 더 활발해진다.

소립자들이 움직이지 않으면 어떻게 될까? 아마 이 세상의 모든 물질들이 고체 상태로만 존재할 것이다. 물질을 이루는 분자들, 원자들 사이에는 상호작용이 존재한다. 반데르발스 힘은 물질을 이루는 분자들 사이에서 인력으로 작용한다. 고체를 구성한 분자와 원자들 사이에 작용하는 힘은 비교적 강하다. 또 분자와 원자들의 상대적 위치는 거의 고정돼 있다. 그러므로 소립자들은 고정된 위치 주변에서만 진동한다. 분자와 분자가 '스프링'으로 연결돼 있으면서 온도 변화에 따라 스프링이 늘어났다 줄어들었다 하지만 결코 끊어지지는 않는다고 이해해도 좋다. 예를 들면 염화나트륨(소금)은 양전하를 띤 나트륨 이온과 음전하를 띤 염소 이온이 이온결합해 생성된 결정체이다. 소립자는 정지해 있지 않고 항상 운동한다. 소립자들은 격렬하게 운동할 때 입자들을 강하게 연결하는 힘에서 벗어날 수 있다. 그러므로 온도가 상승하면 고체는 액체나 기체로 바뀔 수 있다.

액체 분자들 사이에 작용하는 힘도 비교적 강하다. 하지만 고체 분자들처럼 분자의 위치를 고정시킬 정도로 강하지는 않다. 그러므로 액체 분자와 원자들은 자유 활동이 가능하다. 다만 다른 분자들과 연결하는 힘에서 벗어날 정도로 활동할 수는 없다. 반면 기체 분자의 운동에너지는 다른 분자들과 연결하는 힘에서 벗어날 수 있을 정도로 크다.

전통적 의미의 상전이phase transition

그렇다면 물질의 상태는 어떤 법칙에 따라 변할까? 중학교에서 얼음이 녹으면 물이 되고, 물이 증발하면 수증기가 된다고 배웠다. 이 같은 현상을 상전이라고 한다. 고체, 액체, 기체 등 물질의 상태를 상phase이라고 한다. 물질의 상이 바뀌었다면 물질을 이룬 분자들 사이 상호작용에 변화가 생겼다는 의미이다.

하지만 물질의 상태에 대한 위와 같은 정의는 엄밀한 의미에서 정확하지 않다. 물리학적 언어로 정확하게 물질의 상태를 정의하려면 반드시 뜻이 명확하고 중의적 의미가 없어야 한다. 즉 물질의 한 가지 상을 정의했을 때

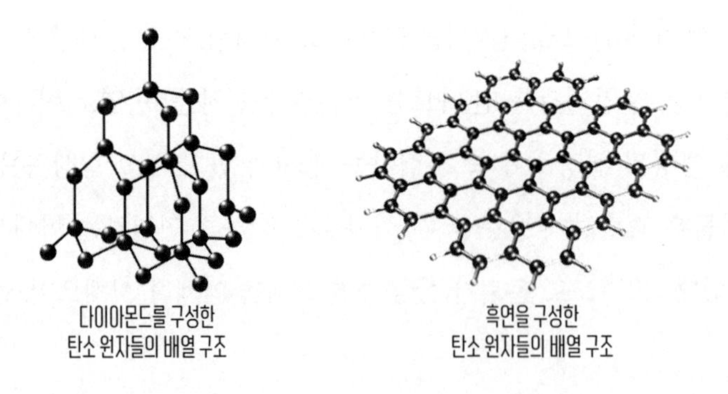

그림16-1 다이아몬드와 흑연의 탄소 원자 배열 구조

그 정의가 특정 물질에만 적용되어서는 안 된다. 반드시 동일한 상태를 가진 모든 물질의 특성을 공통적으로 서술할 수 있어야 한다. 또 동일한 상을 나타내는 물질들의 분자 배열 구조는 서로 비슷해야 한다.

물질의 상을 단지 고체, 액체, 기체 세 가지로 분류할 경우 한 가지 상에 대응되는 분자(원자) 배열 구조가 여러 가지일 수도 있다. 예를 들면 얼음과 유리를 꼽을 수 있다. 겉보기에는 둘 다 투명한 고체이다. 하지만 얼음과 유리의 분자들 사이 상호관계는 확연히 다르다. 또 다른 예를 들 수도 있다. 다이아몬드와 흑연은 모두 탄소 원자로 구성된 고체이다. 하지만 두 물질의 탄소 원자 배열 방식은 전혀 다르다. 따라서 둘의 성질에 큰 차이가 존재한다. 이 밖에 같은 액체상 또는 기체상이라고 해서 액체 또는 기체를 이루는 소립자들 사이의 상호관계가 같은 것은 아니다. 예를 들어 초유체superfluid는 크게 보자면 액체이지만 물이나 액체질소 같은 일반 액체들과 완전히 다른 성질을 가진다.

결정체의 융해

고체의 융해는 결정의 융해와 비정질非晶質 고체의 융해, 두 가지로 구분된다. 얼음은 결정이고 유리는 비정질 고체이다. 결정과 비정질 고체는 융해할 때 큰 차이를 보인다. 즉 결정은 완전히 융해하기 전까지는 일정한 온도를 유지하다가 전부 융해한 후 온도가 상승한다. 이에 반해 비정질 고체는 융해하는 과정에서 온도가 계속 상승한다. 결정과 비정질 고체의 내부 구조가 다르기 때문이다. 얼음의 미시적 구조를 관찰해 보면 물 분자들이 규칙적인 기하학적 형태로 배열돼 있다. 즉 특정된 방식으로 규칙적으로 서로 연결돼 있다. 반면 유리는 고체임에도 분자들이 무작위로

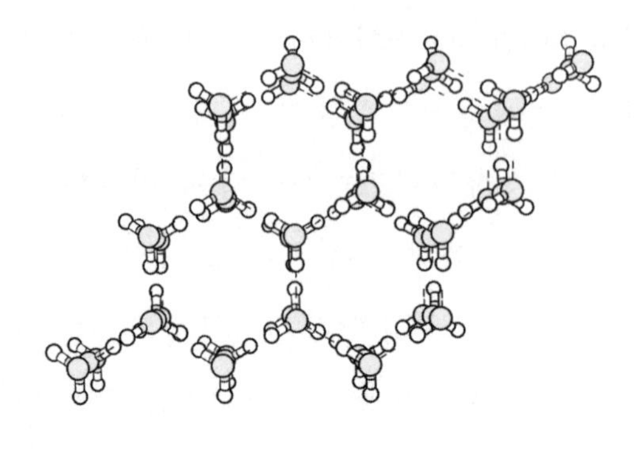

그림16-2 얼음 결정을 구성하는 물 분자 배열 구조

무질서하게 모여 있다.

결정을 구성하는 분자들은 규칙적으로 배열돼 있으며, 분자와 분자가 결합하고 있다. 그러므로 결정이 융해할 때 먼저 열에 의해 분자 간 결합이 끊어지는 과정이 진행된다. 이 모든 분자 결합이 끊어져서 액체 상태가 되어서야 비로소 전체 온도가 상승한다.

비정질 고체가 융해할 때는 열에 의해 분자들의 온도가 곧장 상승한다. 비정질 고체는 분자 결합으로 이뤄진 물질이 아니기 때문이다. 얼음은 물보다 밀도가 작다. 얼음을 구성한 물 분자들이 블록 쌓기처럼 배열돼 얼음의 부피가 커졌기 때문이다. 얼음과 물의 혼합물(얼음이 반쯤 녹은 상태)의 온도를 섭씨 0도로 정한 이유는 결정이 완전히 융해하기 전까지 일정한 온도를 유지하기 때문이다. 얼음과 유리는 둘 다 고체 같아 보이지만 양자의 미시적 구조는 다르다. 그러므로 얼음과 물을 한데 뭉뚱그려 고체상으로 규정해서는 안 된다.

상전이 현상의 본질

물질의 상은 물질을 구성하는 소립자들의 운동 법칙에 따라 구분된다. 20세기 중반에 소련 물리학자 레프 란다우Lev Landau는 물질 상태의 대칭성에 따라 물질의 상을 구분하는 방법을 제시했다. 그의 이론에 따르면 대칭성이 다른 물질은 다른 상을 가질 수 있다.

대칭성이란 무엇인가? 앞서 극소 편 14장에서 대칭성에 대해 알아보았다. 연구 대상이 어떤 조작을 거친 뒤에도 원래 상태가 변하지 않을 때 연구 대상은 '어떤 조작에 대한 대칭성을 갖는다.' 그렇다면 물질 상태의 대칭성을 어떻게 정의해야 하는가? 이는 물질의 내부 구조와 관계된다. 비정질 고체는 공간 병진 대칭성을 갖는다. 예를 들어 유리 속 임의의 점으로부터 임의의 거리를 이동해 새로운 점에 이르렀을 때 원래 점과 새로운 점의 성질은 완전히 같다. 유리는 무작위로 무질서하게 운동하는 분자들로만 구성돼 있기 때문이다.

염화나트륨 결정은 이와 다르다. 염화나트륨 속 한 나트륨 원자가 위치한 지점으로부터 임의의 거리를 이동했을 때 나트륨 원자가 아닌 염소 원자를 만날 수 있다. 또 일정 거리를 더 이동하면 이번에는 나트륨 원자를 만날 수 있다. 달리 말해 염화나트륨 속 임의의 한 점으로부터 일정 거리를 이동해서 다다른 새로운 점의 성질은 원래 점의 성질과 다를 수 있다. 즉 반드시 특정된 방식으로 이동해야 원래 점과 같은 성질을 가진 점에 도달할 수 있다. 이를 주기적 병진 대칭성이라고 한다.

결정체의 종류에 따라 대응되는 공간적 대칭성의 유형도 다르다. 그러므로 대칭성에 따라 물질의 상을 분류할 수 있다. 과학자들은 이 같은 분류 방법에 따라 230종의 공간적 대칭성을 발견했다. 즉 230종의 서로 다

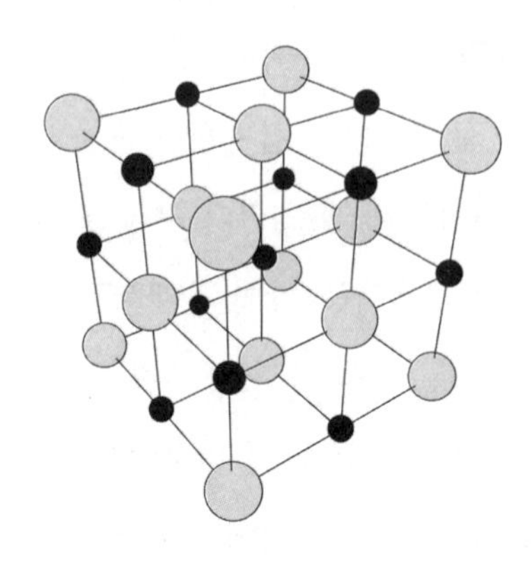

그림16-3 염화나트륨을 구성한 나트륨 원자와 염소 원자의 배열 구조

른 결정 구조를 발견한 것이다.

대칭성 원리에 근거해 온도에 따른 물질의 상전이 현상을 더 자세히 들여다보자. 고체상 물질은 온도 상승에 따라 최종적으로 기체상으로 변하는데 액체상으로 변하는 중간 과정을 겪을 수도 있고 겪지 않을 수도 있다. 이는 물질이 고체상이었을 때의 성질에 따라 결정된다. 예를 들어 다이아몬드처럼 결정체 원자들 간 상호 결합이 매우 강한 결정체는 열을 받으면 직접 기체로 변화하는 경향을 나타낸다. 다이아몬드 같은 물질이 상전이를 일으키려면 반드시 원자들에 충분히 큰 에너지가 유입되어야 한다. 분자들을 결속하는 '스프링'이 끊어지면 분자들은 엄청난 운동에너지를 가지며 기체로 바뀔 수 있다.

그렇다면 물질은 세 가지 상태밖에 가질 수 없을까? 두 가지 극단적인 경우에 물질은 어떤 상전이를 일으킬까? 즉 기체상 물질은 초고온 상태에서 어떤 상태로 변할까? 또 결정 구조는 초저온 상태에서 어떤 성질을 나타낼까?

•••16-2•••
물질의 네 번째 상태: 플라스마

불은 무엇인가

먼저 한 가지 문제에 생각해 보자. 불은 대체 무엇인가? 불을 모르는 사람은 없다. 하지만 불이 무엇인지 제대로 아는 사람은 거의 없다. 사실 불은 구체적인 물질이 아닌 하나의 과정일 뿐이다. 불은 화학 반응(주로 산화 반응) 과정에서 생성되는 빛과 열이다.

연소 반응, 즉 산화 반응이 일어나면 원자의 전자 배열 구조에 변화가 생긴다. 원자는 높은 온도에서 큰 운동에너지를 얻는다. 따라서 원자 내부 전자의 움직임 또한 아주 활발해진다. 결국 전자는 원자의 속박에서 벗어나 이온 상태로 전이된다. 이렇게 생겨난 것이 물질의 네 번째 상태, 즉 플라스마이다.

요컨대 온도가 일정 수준으로 상승하면 전자의 활동이 매우 활발해진다. 결국 전자는 원자핵의 전자기력에서 벗어나 원자에서 떨어져나가 유리(무정형) 상태의 자유전자가 된다. 이것이 플라스마의 생성 원리이다.

플라스마의 특성

플라스마는 전기를 잘 전달하고 자기장과 상호작용한다. 전하를 띤 입자, 즉 하전입자는 자기장 안에서 움직일 때 로렌츠 힘을 받는다. 움직이는 하전입자는 전류를 발생시키고, 전류는 또 자기장을 발생시킨다. 그러므로 플라스마는 물질의 자성에 영향을 미친다. 일반적인 물질은 섭씨 6,000도 정도의 고온에서 플라스마로 변한다. 태양 표면의 온도는 섭씨 6,000도 이상이다. 따라서 태양을 이룬 물질 대부분은 플라스마 상태로 존재한다.

외부 전기장에 의해서도 플라스마가 생성될 수 있다. 전기장 안에 원자가 있다고 가정해 보자. 원자핵과 전자는 서로 상반된 전하를 띤다. 그러므로 전기장이 원자핵과 전자에 작용하는 힘도 반드시 상반된다. 달리 말해 전기장 안에서 방향이 서로 다른 두 힘이 원자를 양쪽으로 잡아당긴다. 전기장 세기가 일정 수준 이상이 되면 원자가 찢어지고 전자는 원자 밖으로 '끌려나온다.' 이 같은 과정을 이온화 또는 '항복breakdown'이라고 한다. 번개 등이 대표적인 이온화 현상이다.

공기는 본래 절연체이다. 그런데 구름 안에 전하가 많이 축적되면 구름과 지면 사이에 엄청난 전압이 형성된다. 이 엄청난 전압은 강한 전기장을 만든다. 이때 절연체이던 공기는 이온화돼 전도체로 변한다. 이 공기를 통해 구름 안에 축적된 전하가 방전되면서 순식간에 거대한 전류의 흐름, 즉 번개가 발생한다.

플라스마 원리를 이용한 제품으로 형광등, 네온사인 등이 있다. 즉 순간적으로 높은 전압을 공급해 형광등 내부의 기체를 이온화시킨 다음 플라스마 특성을 활용, 빛을 내게 하는 원리를 이용한 것이다.

핵융합

플라스마 상태의 물질을 계속 가열하면 12장에서 다뤘던 핵융합 반응이 일어날 수 있다. 핵 반응 발생 원리는 플라스마 형성 원리와 비슷하다. 플라스마의 본질은 고온이나 강한 전기장에 의해 중성 원자의 안정된 구조가 파괴되면서 물질의 상전이가 생긴 현상이다. 플라스마 상태에서 온도가 일정 수준 이상으로 상승하면 이번에는 원자핵 구조가 파괴되면서 핵 반응이 일어난다.

핵융합이 바로 원자핵 구조가 바뀌는 핵 반응이다. 물론 높은 온도는 핵융합의 본질이 아니라 핵융합을 이끌어내는 수단일 뿐이다. 고온 상태에서 원자핵의 움직임은 매우 빨라진다. 빠르게 운동하는 원자핵들이 강한 힘으로 서로 충돌하면서 기존 원자핵 구조가 깨지고 새로운 원자핵이 만들어지는 현상이 바로 핵융합이다.

핵융합이 일어난 뒤에도 온도를 계속 높이면 어떻게 될까? 그러면 또 다른 핵융합 반응이 일어난다. 예를 들어 태양 중심부의 온도는 섭씨 1,500만 도 정도이며 이 온도에서도 수소 핵융합 반응이 일어날 수 있다. 태양 내부의 압력과 밀도가 크기 때문에 이 온도로도 가능한 것이다. 하지만 정상적인 상황에서는 온도가 섭씨 1억 도 이상이 돼야 수소 핵융합 반응이 일어난다. 수소는 핵융합 반응을 통해 헬륨이 된다. 헬륨이 핵융합 반응을 하려면 더 높은 온도가 필요하다. 내부 압력이 엄청나게 큰 항성에서도 섭씨 1억 도 이상의 초고온에서만 헬륨 핵융합이 일어날 수 있다. 헬륨이 핵융합 반응을 통해 탄소와 산소로 바뀐 후에는 더 이상 핵융합이 일어나기 어렵다.

여기까지 실온에서 초고온까지 온도에 따른 물질의 상태 변화에 대해 알아봤다. 그렇다면 어떤 방식으로 높은 온도를 끌어올릴 수 있을까? 질량이 큰 천체는 강한 핵융합 때문에 온도가 높다. 원자폭탄은 폭발할 때 엄청난 열을 일으킨다. 우리는 분명히 이렇게 알고 있다. 하지만 이 두 가지는 핵융합 발전소에서 실행이 불가능하다. 다른 방법이 없을까? 연소 반응을 통해 온도를 높이는 데는 한계가 있다. 섭씨 수만 도 이상으로 온도를 끌어올리기 어렵기 때문이다. 섭씨 수천만 도 심지어 수억 도에 달하는 초고온 환경을 조성하려면 핵 반응 말고 다른 방법은 없는 걸까? 물론 있다. 레이저를 이용하면 된다.

16-3

레이저로 초고온 상태를 만드는 방법

초고온, 특히 국소적으로 초고온 상태를 만드는 데 가장 효과적인 방법은 레이저를 이용하는 것이다. 레이저 원리를 최초로 발표한 사람은 아인슈타인이다. 아인슈타인은 양자역학을 연구하면서 레이저의 가능성을 제시했다. 하지만 실현되기까지는 오랜 시간이 걸렸다. 그로부터 무려 50년이 지난 1960년대에 이르러서야 비로소 레이저가 발명됐다.

빛의 간섭 현상

레이저 원리를 이해하기 전에 극쾌 편과 극소 편에서 다뤘던 파동의 간섭 현상을 다시 복습해 보자.

파동의 간섭 현상이란 두 개 이상의 파동이 한 점에서 만났을 때 합쳐진 파동의 진폭이 변하는 현상을 말한다. 파동들의 진동수가 같을 때 간섭 현상은 더욱 뚜렷하게 관찰된다. 진동수가 같은 두 개 파동의 마루가 한 지점에서 만났을 때 두 개 파동은 중첩된다. 합쳐진 파동의 진폭은 한 개 파동 진폭의 두 배이다. 파동 에너지는 파동 진폭의 제곱에 비례한다. 따라서 합쳐진 파동의 진폭이 원래 파동의 두 배가 됐을 때 에너지는 원래의 네 배가 된다. 이처럼 두 파동이 합쳐 진폭이 커지는 현상을 보강간섭constructive interference이라고 한다. 반면 두 개의 파동이 한 지점에서 만났을 때 한 파동의 마루와 다른 한 파동의 골이 만났다면 합쳐진 파동의 진폭은 0이 된다. 이 같은 현상을 상쇄간섭이라고 한다.

빛은 전자기파이다. 그러므로 두 광선이 한 지점에서 만나서 간섭 현상이 일어났을 때 빛의 거리 차가 파장의 정수배이면 보강간섭이 일어나서 빛이 더 밝아진다. 반대의 경우에는 상쇄간섭이 일어나서 빛이 어두워진다. 여기에서 주의할 점은 두 광선(파동)이 중첩됐을 때 진폭이 원래의 두 배가 되면 에너지는 원래의 네 배가 된다는 것이다. 하지만 에너지보존법칙에 의해 총에너지가 원래의 네 배로 증가할 수는 없다. 그러므로 밝은 무늬와 어두운 무늬를 종합적으로 고려해야 한다. 이 경우에는 국소적인 지점의 밝기가 매우 커졌다고 이해하면 된다. 즉 국소적인 지점의 에너지 밀도는 매우 커졌으나 총에너지는 변하지 않은 것이다.

레이저는 무엇인가

만약 같은 진동수를 가진 n개의 광선이 동시에 한 지점에 모여서 간섭 현상을 일으켰다면 어떻게 될까? 합성파의 진폭은 원래의 n배, 출력은 원래의 n^2배가 된다. 열개의 광선이 모여 보강간섭이 일어났다면 최종 출력은 원래의 100배이다. 이것이 레이저light amplification by stimulated emission radiation(유도 방출 광선 증폭) 원리이다.

똑같은 진동수를 가진 대량의 빛을 동일한 방향으로 서로 결을 맞춰 발사하면 강력한 레이저광을 얻을 수 있다. 열 개 정도의 빛으로는 높은 출력이 나올 수 없다. 하지만 광자 수가 아보가드로 상수급으로 많을 때 나오는 출력(광자 수의 제곱)은 상상을 초월할 정도로 어마어마하다. 이렇게 엄청난 레이저광을 작은 면적에 집중적으로 쏘면 그 부위의 에너지 밀도가 엄청나게 커져서 온도가 크게 상승한다.

어떻게 레이저가 발생하는가

그렇다면 어떤 방법으로 위상과 방향이 같은 대량의 광자를 만들어낼 수 있을까? 유도 방출 복사에 따른 빛의 증폭 원리를 이용하면 된다. 앞에서 알아본 원자 내부 전자의 운동 방식을 다시 살펴보자. 원자 내부 전자는 높은 에너지 준위에 있을 때 불안정하다. 그러므로 최소 에너지 원리와 에너지보존법칙에 따라 높은 에너지 준위에서 낮은 에너지 준위로 전이하면서 광자 하나를 내뿜는다. 이때 방출되는 광자 에너지는 두 에너지 준위의 차이와 같다.

만약 방출된 광자 주변에 다른 전자가 있다면 어떻게 될까? 이 전자는 높은 에너지 준위에 있고, 이 전자가 지닌 에너지는 방금 전 광자를 방출했던 전자가 원래 갖고 있었던 에너지와 같다. 결론부터 말하면 이 전자는 입사된 광자의 영향(교란) 때문에 낮은 에너지 준위로 전이하면서 광자 하나를 내뿜는다. 전자는 높은 에너지 준위에 있을 때 불안정하기 때문이다. 예를 들어 언덕 위에 작은 공이 하나 있다고 가정해 보자. 외부의 방해가 없다면 작은 공은 비교적 오랫동안 언덕 위에 머물러 있는다. 하지만 일단 외부의 충격을 받기만 하면 즉시 아래로 굴러 내려온다. 높은 에너지 준위에 있는 전자도 작은 공과 비슷하다. 물론 광자의 교란을 받지 않아도 언제인가는 낮은 에너지 준위로 이동할 것이다. 하지만 광자의 교란을 받으면 즉시 낮은 에너지 준위로 이동한다.

광자의 교란 때문에 전자가 방출한 광자의 위상은 입사된 광자의 위상과 같다. 이렇게 똑같은 위상과 진동수를 가진 '쌍둥이 광자'가 만들어진다. 쌍둥이 광자는 계속해 다른 전자들을 교란한다. 순식간에 삼둥이, 사둥이, 더 나아가 N둥이 광자가 만들어진다. 이런 방식으로 위상이 같아서 보강간섭되는 광자를 대량으로 만들어낼 수 있다. 이것이 레이저의 기본 원리이다.

광자를 대량으로 만들어내려면 들뜬상태에 있는 대량의 전자가 필요하다. 그렇다면 어떤 방법으로 원자 내부 전자들을 들뜬상태로 만들 수 있을까? 원자 안에 에너지를 넣어주면 된다. 온도가 높을수록 원자 안에 에너지가 채워지므로 원자의 온도를 높이는 방법으로 원자의 에너지 수준을 높일 수 있다. 온도가 특정 지점에 이르지 못하면 높은 에너지 수준의 원자가 낮은 에너지 수준의 원자보다 적다. 즉 들뜬상태에 있는 수준가 낮은 에너지 준위에 있는 전자보다 적다. 들뜬상태에 있는 전자 수가 적으면 유도 방출 복사로 대량의 광자를 만들어낼 수 없다.

하지만 온도가 계속 상승해 일정 수준 이상이 되면 높은 에너지 레벨의 원자가 낮은 에너지 레벨의 원자보다 많아진다. 이때가 되면 대규모 열복사가 가능해진다. 들뜬상태에 있는 전자 수가 많기 때문에 마치 눈사태가 일어나듯 대규모 유도 방출 복사가 일어나는 것이다. 요컨대 레이저가 발생하려면 반드시 높은 에너지 레벨의 원자가 낮은 에너지 레벨의 원자보다 많아야 한다.

그 이유는 무엇인가? 만약 대부분 원자들이 낮은 에너지 상태에 있다면 높은 에너지 상태의 원자가 방출한 광자는 낮은 에너지 상태의 원자에 흡수된다. 그러면 대규모 유도 방출 복사가 안정적으로 이뤄질 수 없다. 반면 높은 에너지 수준의 원자가 낮은 에너지 수준의 원자보다 많으면 방출된 광자 중 일부는 흡수되고 일부는 다시 다른 높은 에너지 수준의 원자에 입사돼 광자를 유도 방출한다.

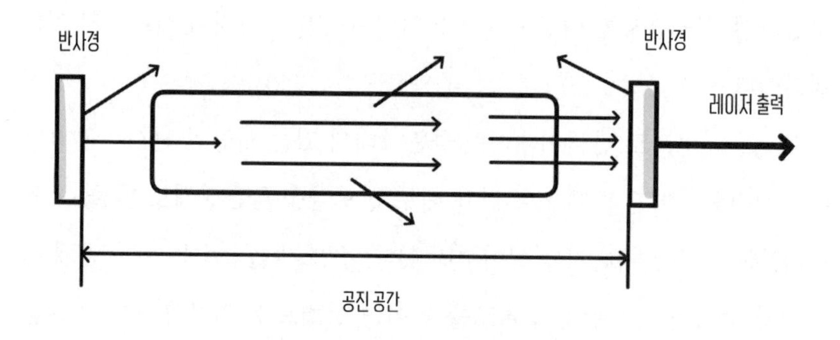

그림16-4 레이저 공진 공간

유도 방출로 생겨난 레이저광은 제각기 다른 방향을 향한다. 여러 갈래 레이저광을 한곳에 집중시켜야 다용도로 사용할 수 있다. 레이저광을 한 방향으로 묶어서 내쏠 수 있으려면 특별한 장치가 필요하다.

이 장치의 구조는 비교적 간단하다. 그림16-4를 보면 원기둥 형태의 통이 있다. 통 양쪽에는 서로 평행한 두 반사경이 서로 마주보고 있다. 통

안에는 유도 방출이 가능한 원자들이 들어 있다. 그림을 보면 알 수 있듯이 거울면에 수직 방향으로 방출된 광자만이 통 안에서 왔다 갔다 할 수 있고 다른 방향으로 방출된 광자들은 통 밖으로 튕겨나간다.

이 원기둥 통은 길이를 조절해 레이저광의 파장을 변화시킬 수 있다. 원리는 매우 간단하다. 빛이 두 거울 사이에서 안정적인 진동을 형성하려면 두 거울 사이의 거리는 반드시 빛의 파장의 정수배여야 한다. 거울면은 금속 재질로 만들어졌다. 금속 내부에는 전기장이 없다. 그러므로 거울면에서의 빛의 진폭은 반드시 0이여야 한다.

빛의 진폭이 두 거울면에서 모두 0이 되게 하려면 두 거울 사이의 거리는 반드시 반파장의 정수배여야 한다. 또 방출된 빛과 입사된 빛이 만나서 서로 상쇄되지 않으려면 두 거울 사이의 거리가 반파장의 홀수 배여서는 안 된다. 빛이 원기둥 통 안에서 왔다 갔다 할 수 있게 하고 또 빛의 세기를 크게 하려면 원기둥 통의 길이가 반드시 빛의 파장의 정수배(반파장의 짝수 배)여야 한다. 이렇게 나온 레이저광은 동일한 진동수를 가진 단색광이다. 빛의 진동수가 같아져야 위상도 같아진다.

레이저의 용도는 레이저 절삭, 레이저 수술, 통제된 핵융합 점화 등 매우 광범위하다. 고출력 레이저광으로 짧은 시간에 작은 면적의 온도를 섭씨 수억 도로 끌어올릴 수 있기 때문이다. 또 레이저는 물질을 냉각하는

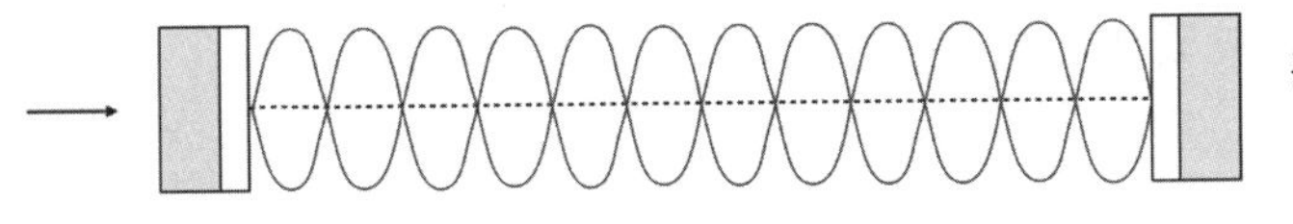

그림16-5 레이저광은 공진 공간 안에서 정상파를 형성한다

용도로도 사용된다. 레이저 냉각 원리는 비교적 복잡하다.

16-4

레이저 냉각

레이저로 물질의 온도를 초고온으로 끌어올릴 수 있을 뿐만 아니라 물질을 냉각할 수도 있다. 레이저 냉각 원리는 레이저의 고출력이 아니라 레이저의 높은 정밀도에 기반한다. 냉각에 관한 내용은 극냉 편에서 다뤄야 하겠지만, 레이저 냉각은 독립적인 기술 분야이다. 심지어 물리학에서도 독자적인 학술 분야로 간주되고 있다. 그러므로 여기서 다루는 게 낫겠다.

우리가 생활에서 접하는 빛은 거의 대부분 단색광이 아니다. 다양한 진동수를 가진 빛들이 혼합된 복합광이다. 이들 빛의 스펙트럼은 비교적 넓다. 이를테면 태양광의 스펙트럼은 빨간색, 주황색, 노란색, 초록색, 파란색, 남색, 보라색으로 매우 넓다. 이에 비해 레이저광은 단색광이다. 즉 레이저 광선을 구성하는 광자들의 진동수는 거의 똑같고 오차가 매우 적다. 그러므로 레이저를 이용해 인위적으로 광자의 에너지값을 선택하고 정밀하게 통제할 수 있다.

레이저 냉각의 원리와 진행 과정

레이저 냉각은 레이저광의 진동수가 단일한 특성을 이용한 기술이다.

차다는 것은 온도가 낮다는 것을 의미한다. 낮은 온도에서 소립자들의 운동에너지는 작아진다. 양자역학의 불확정성 원리에 따르면 절대 0도 상태는 절대 존재할 수 없다. 하지만 실험 장치를 이용해 온도를 절대 0도에 근접한 수준으로 떨어뜨릴 수는 있다.

레이저 냉각의 원리는 원자들의 운동 속도를 최대한 느리게 만드는 것이다. 원자 내부 전자는 높은 에너지 준위에 있을 때 불안정하므로 최소 에너지 원리에 따라 낮은 에너지 준위로 전이하게 된다. 전자는 낮은 에너지 준위로 전이할 때 에너지보존법칙에 따라 광자를 하나 방출한다. 이 광자는 에너지와 더불어 운동량을 갖고 있다. 운동량 보존의 법칙에 따라 광자 방출 전후의 원자와 광자의 총 운동량은 일정하다. 즉 원자는 광자를 방출한 후 운동 속도가 변한다. 광자가 방출될 때의 반작용력 때문에 원자의 운동 속도가 변하는 것이다. 이런 원리를 이용하여 원자들의 운동 속도를 최대한 늦춰서 레이저 냉각에 이용한다.

구체적인 방법은 다음과 같다. 레이저로 광자 하나를 방출한다. 레이저광의 진동수를 미리 조절했기 때문에 이때 방출되는 광자 에너지는 원자 내부 두 에너지 준위의 차이보다 약간 작다. 이 광자를 원자에 충돌시키면 다음과 같은 몇 가지 상황이 나타날 수 있다.

첫 번째는 원자의 운동 방향과 레이저광의 방향이 같은 경우이다. 이때 원자를 기준으로 했을 때 광원은 원자로부터 점점 멀어진다. 그러므로 원자 입장에서 봤을 때 도플러 효과에 의해 광자의 진동수는 광원에서 나온 원래 진동수보다 작다. 즉 원자 입장에서 봤을 때 광자 에너지는 원래보다 작아진다. 심지어 원자 내부 두 에너지 준위의 차이보다 훨씬 작아진다. 이 경우에 광자는 원자 내부 전자를 들뜬상태(높은 에너지 준위)로 전이시킬 수 없다. 그러므로 원자와 광자 사이에 상호작용이 일어나지 않는다.

두 번째는 원자의 운동 방향과 광자의 운동 방향이 반대되는 경우이다. 원자 입장에서 봤을 때 도플러 효과에 의해 광자의 진동수는 광원에서 나온 원래 진동수보다 약간 크다. 즉 원자 입장에서 봤을 때 광자 에너지는 원래보다 커진다. 앞서 광자가 원래 지녔던 에너지가 원자 내 두 에너지 준위의 차이보다 약간 작다고 가정했었다. 따라서 원자가 빠른 속도로 운동할 때 광자 에너지는 원자 내부 두 에너지 준위의 차이보다 훨씬 커진다. 이 경우에 원자 내부 전자는 광자를 흡수해 들뜬상태로 전이한다.

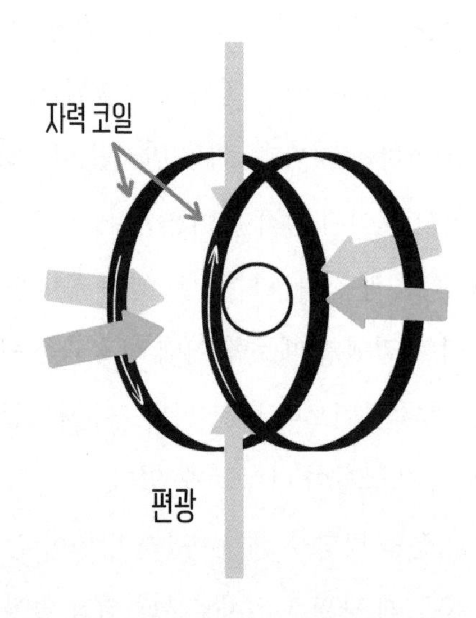

그림16-6 레이저 냉각 장치

광자를 흡수해 들뜬상태로 전이한 전자는 불안정하므로 다시 낮은 에너지 준위로 이동하면서 광자를 방출한다. 광자를 방출하는 과정도 두 가지 경우가 있다. 첫 번째는 방출된 광자가 원자의 운동 방향과 같은 경우이다. 원자는 자신과 같은 방향으로 운동하는 광자를 하나 방출하고 운동 속도가 느려지면서 냉각 효과가 발생한다.

두 번째는 방출된 광자가 원자의 운동 방향과 반대되는 경우이다. 이 경우 원자는 오히려 가속하면서 먼젓번과 같은 과정을 되풀이한다. 즉 가속된 원자는 광자를 흡수했다가 방출하는 과정을 되풀이하면서 에너지가 점차 줄어들어 마지막에 안정된 상태가 된다. 앞서 설명했던 볼츠만 분포 법칙에 따르면 큰 에너지를 가진 원자일수록 전체 계에서 차지하는 비중이 낮다. 그러므로 광자를 방출하면서 가속하는 원자가 계에서 차지하는 비중도 점점 낮아지면서 전체적으로 냉각 효과가 나타난다.

실제로 레이저 냉각 장치는 일반적으로 상하, 좌우, 앞뒤 여섯 방향에서 동시에 레이저광을 발사해 원자의 운동을 전면적으로 속박한다. 이에 따라 원자의 운동에너지는 레이저광 진동수의 영향으로 최소 한계에 이른다. 방출된 광자의 에너지가 두 에너지 준위의 차이보다 작을수록 운동 속도는 더 낮아진다. 달리 말해 레이저광의 단색성이 뛰어날수록 원자를 더 낮은 온도로 냉각할 수 있다.

레이저 냉각 원리를 바탕으로 파생된 새로운 물리학 분야가 바로 저온 물리학이다. 인류의 현재 기술 수준으로는 원자의 온도를 1nK(나노켈빈)까지 낮출 수 있다. 이 온도는 절대 0도보다 겨우 10억분의 1도 높은 초저온이다.

저온 원자의 응용

저온 원자는 응집물질물리학condensed matter physics에서 새롭게 활기를 띠는 연구 분야이다. 저온 원자는 양자역학적 성질 연구에서 중요한 실험 수단으로 다양하게 활용되고 있다. 또한 양자컴퓨터 연구에도 큰 도움이 되고 있다.

16-5
우주 급팽창 이론

원자폭탄이 폭발할 때 중심부 온도는 1억K(켈빈 온도)에 달한다. 태양의 중심부 온도는 약 1천만K이고, 헬륨 섬광의 중심부 온도는 1.5억K에 이른다. 인류가 실험실에서 만들어낼 수 있는 최고 온도는 약 섭씨 4조 도이다. 이 온도는 미국 브룩헤이븐 국립연구소(BNL)에서 우주 대폭발 초기 온도환경을 시뮬레이션하기 위해 실험 장치를 이용해 만들어냈다. 4조는 4×10^{12}이다.

하지만 섭씨 4조 도의 초고온도 빅뱅 당시의 우주 초기 온도에 한참 못 미친다. 계산 결과에 따르면 빅뱅 당시 우주의 초기 온도는 10^{27}K에 이르렀을 것으로 추정된다. 이 같은 초고온 환경에서는 인류가 지금까지 정립한 거의 모든 물리학 법칙들이 무용지물이 된다. 온도가 극히 높다는 것은 우주 태초의 물질들이 모두 고도의 상대론적 성질을 갖고 있었다는 사실을 의미한다. 또 태초의 우주는 부피가 작고 밀도가 극히 컸기 때문에 물질 사이에 극히 강한 인력이 작용했을 것이라는 점 또한 간과해서는 안 된다. 따라서 빅뱅 당시 우주의 물리적 환경을 기술하려면 완전히 새로운 물리학 이론을 적용하지 않으면 안 된다.

태초의 우주를 전문적으로 해석한 이론이 있다. 바로 '우주 급팽창 이론cosmic inflation theory'이다. 우주 급팽창 이론은 빅뱅이론을 한층 정확하게 서술한 버전이다. 빅뱅이론은 우주가 극도로 밀집된 하나의 특이점에서 대폭발해 이뤄졌다고 해석한다. 하지만 이는 우주 최초의 상태를 추상적으로 해석했을 뿐이다. 이에 반해 우주 급팽창 이론은 우주 대폭발이 어떻게 일어났는지 구체적인 물리량을 제시하며 서술한다.

우주 급팽창 이론에 따르면 태초의 우주는 10^{-32}초의 극히 짧은 시간 동안 부피가 10^{30}배 팽창했다. 이 시간 동안에 시공간은 빛보다 훨씬 빠른 속도로 팽창한 것이다. 급팽창이 종료된 후 우주는 비로소 현재의 우주와 비슷한 팽창 법칙을 나타내기 시작했다. 달리 말해 급팽창이 끝나고 우주의 팽창 속도는 급팽창 당시의 속도보다 훨씬 느려졌다는 얘기이다. 그러므로 우주 급팽창 이론에 따르면 우주는 팽창 속도가 일정한 선형 팽창을 하지 않았다.

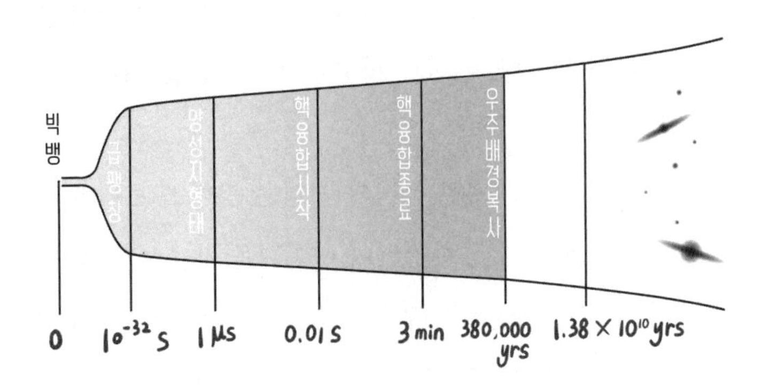

그림16-7 우주 급팽창 이론

기존 물리학 법칙들을 빅뱅 당시 우주에 적용할 수 없다면 온도에 대한 정의 또한 당시 우주의 환경에 들어맞지 않는다. 그러므로 온도의 정의를 다시 살펴보아야 한다. 우주 급팽창 이론은 우주가 급팽창할 때 온도 개념이 없었으며, 급팽창이 끝난 뒤 비로소 온도 개념을 적용할 수 있다고 주장한다. 즉 우주의 초기 온도가 10^{27}K라는 서술은 급팽창이 끝난 뒤의 온도를 가리키는 것이다.

우주 급팽창 이론이 등장하면서 예전에 풀 수 없었던 몇 가지 문제들의 해답을 찾아낼 수 있다. 우주학 3대 미스터리도 여기에 포함된다.

지평선 문제horizon problem

빅뱅이론은 우주배경복사를 관측하면서 정확성을 충분히 입증했다. 우주배경복사는 138억 광년 떨어진 지점에서 발생해 지구로 도달한 마이크로파 복사이다. 적색이동(도플러 효과) 현상을 역으로 추리해 보면 138억 년 전의 우주는 매우 뜨거운 불덩어리였다. 그런데 우주배경복사와 관련된 미스터리가 하나 있다. 바로 우주 전역에서 배경복사 온도가 놀라운 균일성을 보여준다는 점이다. 정반대 방향에서 관측되는 배경복사도 온도 차이가 거의 없다.

서로 다른 방향에 있는 두 지점 사이의 거리는 상상을 초월할 정도로 멀다. 따라서 두 지점 사이에 정보 전달이 이뤄졌을 가능성은 없다. 예를 들어 지구상의 북극점에 대응하는 우주의 한 지점에서 지구상의 남극점에 대응하는 우주의 한 지점까지 거리는 약 270억 광년이다. 하지만 우주의 나이는 138억년에 불과하다. 따라서 이 두 지점 사이에 접촉이 있었거나 정보 전달이 이뤄졌을 가능성은 존재하지 않는다. 우주에서 가장 빠른 속도는 광속이다. 빛의 속도로 이동해도 닿을 수 없는 거리를 사이에 둔 두 지점이 정보 교환을 했을 리 없다.

서로 다른 온도를 가진 물체끼리 접촉하면 나중에 온도가 같아진다. 그런데 우주에서 까마득히 멀리 떨어져 있는 두 지점은 접촉하지도 않았는데 어떻게 같은 온도를 유지할 수 있었을까? 우주 급팽창 이론으로 이 문제를 설명할 수 있다. 급팽창 당시 우주 팽창 속도는 빛보다 훨씬 빨랐다. 우주의 부피는 10^{-32}초의 극히 짧은 시간에 10^{30}배로 늘어났다. 원래 접촉 상태에 있던 우주 재료들은 급팽창하면서 빛보다 빠른 속도로 서로 멀어졌다. 이 때문에 우주 전역에서 배경복사의 온도가 균일한 분포를 유지하고 있는 것이다.

자기홀극 문제magnetic monopole problem

끈 이론, 대통일 이론 같은 첨단 이론들은 자기홀극의 존재를 강하게 예측한다. 자기홀극이란 N극 혹은 S극만을 가지고 있는 자석을 말한다. 전하는 양전하와 음전하 두 가지가 있다. 지금까지 관측으로는 양전하와 음전하는 단독으로 존재할 수 없다. 전류가 흐르면 주위에 자기장이 발생하고 영구자석은 N극과 S극을 모두 갖고 있다. 자석을 반으로 잘라도 잘린 자석의 양 끝은 다시 N극과 S극으로 나뉜다. 자기홀극의 존재는 다양한 이론에서 예측되고 있으나 실제로 발견된 적은 없다.

우주 급팽창 이론으로 인류가 지금까지 자기홀극을 발견하지 못한 까닭을 어느 정도 해석할 수 있다. 우주 급팽창 이론에 따르면 자기홀극이 설령 존재했다고 해도 우주가 짧은 시간 동안에 엄청난 비율로 팽창했기 때문에 자기홀극의 밀도도 순식간에 작아져버렸다. 따라서 광활한 우주

속에 흩어져 있는 자기홀극을 발견할 수 없는 것이다.

평탄성 문제flatness problem

시공간은 질량에 의해 휘어진다. 우주는 수많은 물질로 이뤄져 있다. 여러 가지 천체, 우주방사선, 전자기파, 게다가 이론적으로 예측된 암흑 물질까지 매우 다양하다. 이 물질들은 모두 질량과 에너지 형태로 존재한다. 이 수많은 물질들 때문에 우주는 곡률을 갖는다. 또 우주는 계속해 팽창하고 있다. 이를 바탕으로 가능한 우주 형태를 다음과 같은 세 가지로 생각해 볼 수 있다.

첫 번째는 우주가 수많은 물질과 에너지로 가득 차 있는 경우이다. 이 경우 우주는 큰 틀에서는 수축하려는 경향을 나타낸다. 비록 현재 우리가 관측 가능한 우주는 계속 팽창하고 있지만 언제인가는 팽창을 멈추고 다시 수축한다. 계속 수축하면 나중에 빅뱅 당시의 한 점으로 다시 돌아올 것이다. 이 같이 한 점으로 다시 수축하는 우주를 닫힌 우주라고 한다. 닫힌 우주의 시공간은 둥그런 구 형태이다.

두 번째는 우주가 가진 물질의 질량과 에너지가 충분치 못해 우주 팽창 추세가 주도적 지위를 차지하는 경우이다. 이 경우 우주는 점점 더 빠르게 가속 팽창한다. 이처럼 영원히 팽창하는 우주를 열린 우주라고 한다. 열린 우주의 시공간 구조는 말안장 모양이다.

세 번째는 우주에 물질이 고르게 분포해 우주가 일정한 상태로 계속 팽창하는 경우이다. 이같이 시공간의 전체 곡률이 0에 근접한 상태를 유지하는 우주를 평탄한 우주flat universe라고 한다. 평탄한 우주의 시공간 구조는 평면에 가깝다.

지금까지 관측한 결과에 따르면 우주 시공간의 전체 곡률은 거의 0에 가깝다. 즉 우리가 관측한 우주는 평탄한 우주라는 얘기이다. 만약 우주가 빅뱅 초기에 급팽창 과정을 거치지 않고 처음부터 지금과 비슷한 속도로 팽창해 왔다면 태초의 우주는 지금의 우주보다 더 평평했을 것이다. 이는 기본 가설을 거스르는 결론이다. 태초의 우주는 부피가 매우 작고 에너지 밀도가 극히 컸다. 따라서 이때의 우주 시공간이 지금보다 더 평평했을 가능성은 없다. 이로써 우주 급팽창 이론으로 우주 평탄성 문제를 해석할 수 있다. 즉 태초의 우주는 평탄하지 않았으며, 우주 급팽창 과정에서 충분히 크고 넓게 펼쳐져서 결국 평탄해졌다는 결론을 얻을 수 있다.

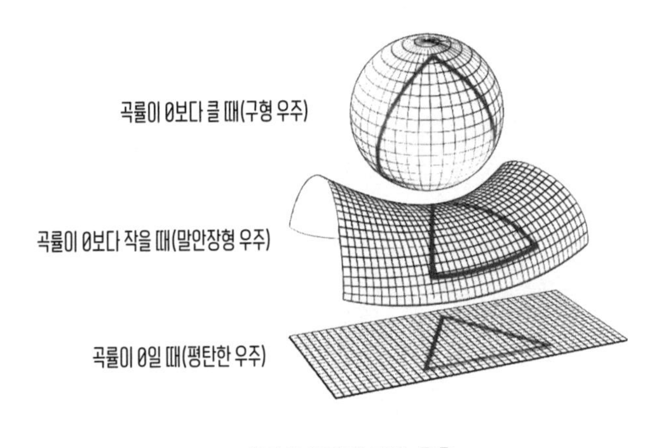

그림16-8 **우주의 형태에 대한 추측**

여기까지 온도에 따른 물질의 상태 변화와 온도를 극초고온으로 끌어올리는 방법을 알아봤다. 15장과 16장에서는 열역학과 통계역학을 비교적 전면적으로 다뤘다. 하지만 지금까지 우리가 이야기한 내용은 대부분

안정된 상태에 있는 계의 물리적 성질이다. 즉 이미 상당히 오랜 시간을 경과해 더 이상 변화 가능성이 없는 안정된 상태의 계를 대상으로 삼았다. 달리 말해 온도나 압력 같은 매개변수가 전체 계의 상태에 영향을 주지 않는다는 전제를 깔고 계의 성질을 살펴본 것이다.

하지만 현실에 실재하는 대부분의 계는 불안정한 상태에 있다. 이를테면 어떤 물질을 가열하면 물질계의 상태는 불안정해진다. 물이 끓는 모습을 보면 알 수 있다. 또 다른 예를 들 수도 있다. 엔진이 작동할 때 연료계의 상태도 매우 불안정하다. 비정상 상태 계에 대한 연구는 정상 상태 계보다 훨씬 복잡하다. 비정상 상태 계와 관련된 수많은 문제들이 아직 풀리지 않는 이유도 이 때문이다.

CHAPTER 17

복잡계
Complex System

17-1
삼체 문제

세상은 끊임없이 발전, 변화한다. 현실 세계에 실재하는 물리계는 대부분 불안정한 상태이다. 이를테면 날씨는 끊임없이 변화하므로 기상계는 불안정한 상태에 있다. 또 다른 예를 들어도 좋다. 이를테면 자동차나 비행기는 유동하는 공기와의 상호작용을 고려해 설계됐다. 유동하는 공기 역시 불안정한 상태에 있다. 이처럼 비정상 상태에 있는 계의 법칙을 탐구하고 해석해야 이 세계를 더 잘 이해할 수 있다.

비정상 상태 계에서는 많은 변화가 일어나므로 무질서한 양상을 나타낸다. 무질서하다는 것은 엔트로피가 높다는 뜻이다. 엔트로피 값은 온도 변화에 따라 변화한다. 이번에는 극히 무질서한 상태, 즉 엔트로피가 매우 높은 상태에 대해 살펴보자. 극히 무질서한 상태를 연구하는 과학 분야를 '복잡계 과학'이라고 한다.

삼체 문제

복잡계와 관련해 최초로 제기된 문제는 바로 '삼체 문제'이다. 삼체 문제는 SF소설 《삼체》가 출간되면서 널리 알려졌다. 최초로 삼체 문제를 고민한 사람은 19세기 프랑스의 수학자 푸앵카레Jules Henri Poincaré이다.

당시 사람들은 천체들 사이에 만유인력이 작용한다는 사실을 알고 있었다. 만약 질량이 엇비슷한 천체 두 개가 있다고 가정하면 두 천체 사이에 작용하는 만유인력은 비교적 계산하기 쉽다. 하지만 천체 세 개가 있다고 가정하면 문제가 복잡해진다. 삼체 문제는 천체들의 상호작용 법칙을 알고 있는 상황에서 세 천체의 운동 궤적을 결정하는 문제이다. 물론 천체가 네 개, 다섯 개, 더 많아질수록 문제의 난이도는 점점 커진다.

여기에서 주목할 점은 삼체 문제가 복잡한 이유가 천체들 사이에 작용하는 만유인력 때문이 아니라는 것이다. 천체들 사이에 만유인력이 아닌 다른 상호작용이 발생한다고 해도 삼체 문제는 여전히 복잡하다. 예를 들어 일반상대성이론 방정식으로 세 천체의 운동을 서술할 때도 복잡하기는 마찬가지이다. 삼체 문제의 핵심은 사실 수학과 연결된다.

해석적 해analytical solution란 무엇인가

푸앵카레는 천체 운동을 반영해서 삼체 문제 방정식을 손쉽게 만들어냈다. 하지만 이내 놀라운 사실을 발견했다. 이 방정식을 해석적으로 풀 수 없었던 것이다. 즉 이 방정식의 해석적인 해를 구할 수 없었다.

삼체 문제 방정식은 다음과 같다.

$$m_1\ddot{\vec{r}}_1 = \frac{Gm_1m_2}{r_{12}^3}\vec{r}_{12} + \frac{Gm_1m_3}{r_{13}^3}\vec{r}_{13}$$

$$m_2\ddot{\vec{r}}_2 = -\frac{Gm_1m_2}{r_{12}^3}\vec{r}_{12} + \frac{Gm_2m_3}{r_{23}^3}\vec{r}_{23}$$

$$m_3\ddot{\vec{r}}_3 = -\frac{Gm_1m_3}{r_{13}^3}\vec{r}_{13} - \frac{m_2m_3}{r_{23}^3}\vec{r}_{23}$$

방정식의 해석적 해가 있으면 함수 형태로 방정식의 해를 분명하게 나타낼 수 있다. 예를 들어 1원 2차방정식에서 근의 공식이 해석적 해가 된다. 방정식의 해석적 해가 없다는 것은 방정식에 근의 공식이 없다는 의미이다. 예를 들어 1원 2차방정식, 3차방정식과 4차방정식에는 모두 근의 공식이 있지만 5차 또는 그 이상의 N차 방정식에는 근의 공식이 없다.

수치적 해numerical solution란 무엇인가

해석적 해가 없다는 것은 무엇을 의미하는가? 예를 들어 초월함수 방정식transcendental equation의 해석적 해는 존재하지 않는다. $x^2+sinx=0$가 바로 초월함수 방정식이다. 이런 방정식은 해의 수직선number line상 분포가 매우 무질서하다. 따라서 기존 함수로 방정식의 해를 일괄적으로 나타낼 수 없다. 물론 컴퓨터를 이용해 방정식의 해를 하나씩 찾아낼 수는 있다. 하지만 이렇게 구해낸 각각의 해는 기존 함수의 법칙을 만족하지 않는다.

해석적 해가 존재하지 않으면 방정식이 너무 복잡해 기존 법칙으로 방정식을 서술할 수 없다. 이런 방정식은 기껏해야 수치적 해를 구할 수밖에 없다. 즉 수치적으로 접근해 그 해를 구할 수밖에 없다.

삼체 문제 방정식에서 세 물체의 좌표를 각각 x, y, z로 나타낼 경우, 그 중에서 x에 작용하는 힘은 x, y, z의 위치와 모두 관계된다. y와 z에 작용하는 힘도 마찬가지이다. 즉 한 독립변수는 다른 두 독립변수의 함수이고 세 개의 방정식은 서로 복잡하게 얽힌다.

서로 복잡하게 얽혀 있는 방정식들을 하나씩 뜯어놓고 보면 그다지 복잡해 보이지 않는다. 예를 들어 3원 연립방정식은 대입법을 이용해 풀 수 있다. 세 개의 방정식을 연립해 두 개의 미지수를 없애면 미지수가 하나만 남는다. 하지만 방정식들이 서로 복잡하게 얽혀 있기 때문에 마지막에 미지수를 없애는 방정식의 형태가 매우 복잡해진다. 따라서 해석적 해가 존재하지 않는다.

요컨대 삼체 문제 방정식은 해석적 해가 존재하지 않는다. 컴퓨터를 이용해 수치적 해만 구할 수 있다.

복잡계의 오차에 대한 민감성

유감스러운 사실은 원론적으로는 삼체 문제 방정식의 수치적 해도 구할 수 없다는 점이다. 삼체 문제는 초기 조건과 오차에 극히 민감하기 때문이다. 따라서 구해낸 해와 정확한 답안 사이에 엄청난 차이가 존재한다. 왜 이런 문제가 생기는가? 그 이유를 알려면 먼저 수치적 해를 구하는 기본적인 방법부터 알아야 한다.

해석적 해가 존재하지 않아서 수치적 해밖에 구할 수 없는 방정식의 수치적 해를 구하려면 정확한 답에 근접할 때까지 추측, 대비, 수정 과정을 되풀이해야 한다. 이것이 수치적 해를 구하는 기본적인 방법이다. 예를 들어 한 방정식의 해를 구할 때 다음과 같은 방법을 생각해 볼 수 있다.

먼저 수치적 해 하나를 추측한다. 이어서 이 해를 대입했을 때 방정식이 성립하는지 확인한다. 물론 방정식이 성립하지 않을 확률이 아주 높다. 이번에는 이 해를 넣었을 때 등식의 성립과 얼마 정도 차이가 나는지 확인한다. 만약 숫자 2만큼 차이가 난다면 또 다른 수치적 해를 추측해 본다. 두 번째로 추측한 해를 방정식에 대입했을 때 등식의 성립과 숫자 3만큼 차이가 난다면 이는 두 번째 해의 추측 방향이 틀렸다는 뜻이다. 그러면 방향을 바꿔서 세 번째 해를 추측해 낸 후 다시 방정식에 대입해 본다. 이제 등식의 성립과 얼마 차이가 나지 않았다면 옳은 방향을 찾았다는 의미이다. 이렇게 해를 추측하고, 방정식에 대입해 차이를 비교하는 과정을 되풀이하다 보면 결국 정확한 답을 찾을 수 있다.

하지만 삼체 문제 방정식의 해는 이 방법으로 구할 수 없다. 그 이유는 삼체 문제가 초기 조건에 너무 민감하기 때문이다. 추측해 낸 수치적 해가 틀리기만 하면 오차가 발생한다. 그러면 다시 두 번째, 세 번째 해를 추측해 내면 되지 않은가? 계속 해를 추측하고, 추측해 낸 해를 방정식에 대입하는 과정을 되풀이하다 보면 언제인가는 정확한 답이 나오지 않을까? 틀린 말은 아니지만 사실상 불가능하다. 이 과정을 아무리 되풀이해도 그 지긋지긋한 오차 때문에 정확한 방향을 찾을 수 없다. 예를 들어 첫 번째로 추측해 낸 값을 방정식에 대입했을 때 숫자 2만큼의 오차가 발생했고, 두 번째로 추측해 낸 값을 대입했을 때 숫자 1만큼의 오차가 발견됐다고 해서, '이 방향이 맞구나, 이 방향으로 가면 되겠구나'라고 생각하면 오산이다. 옳다고 생각하는 방향으로 해를 추측해서 방정식에 대입해 보면 어처구니없게도 오차가 20이 나올 수 있기 때문이다. 수치 해법으로는 정확한 답안을 구할 수 없다는 얘기이다. 이 같은 현상을 물리학 용어로 '초기 조건과 오차에 대한 민감도가 높다'고 한다. 여기에서 초기 조건은 오차와 같은 의미를 가진다.

정지해 있던 세 개의 천체가 0시 정각부터 운행을 시작했다고 가정해 보자. 이때 세 천체에 작용하는 힘은 만유인력뿐이다. 여기에서 초기 조건은 세 천체가 운행을 시작할 때의 구체적인 위치와 속도이다. 세 천체가 운동을 시작할 때의 위치와 속도에 조금만 편차가 생겨도, 그것이 극히 작은 편차라도, 나중에는 완전히 무질서한 운행 궤적이 만들어진다. 다시 말해 초기 조건에 대한 민감도가 지극히 높다.

삼체 문제 방정식은 수치적 해의 오차에 민감하기 때문에 수치적 해를 추측하는 방법으로는 정확한 답을 알아낼 수 없다. 삼체 운동에 대한 컴퓨터 모의 실험 결과 세 천체는 그 어떤 법칙도 없이 무질서하게 운행했다. 초기 조건을 실세계와 아무리 똑같이 설정해도 컴퓨터로 나타낸 삼체 운동 궤적은 실세계의 운행 궤적과 완전히 달랐다. 컴퓨터 모의 실험은 오차를 피할 수 없기 때문이다.

삼체 문제의 특수 해particular solution

결국 삼체 문제의 해를 구하는 것은 불가능할까? 꼭 그렇지는 않다. 특별한 경우에 해당하는 특수 해가 존재하기 때문이다. 예를 들어 세 개의 똑같은 천체가 정삼각형 형태로 배열돼 일정한 속도로 정삼각형의 둘레를 돈다고 가정해 보자. 특정 속도 기준에 부합한다면 세 천체는 정삼각형의 중심을 중심으로 등속운동하는 셈이다. 또 다른 예도 꼽을 수 있다. 직선으로 배열된 세 개의 똑같은 천체들이 가운데 직선을 중심으로 일정한 각도를 유지하면서 운동하는 경우이다. 이들 천체의 운동 궤적은 삼체 운동의 특별한 경우에 포함된다.

세 개의 천체 중에서 두 개가 가볍고 한 천체가 특별히 무거운 경우에 가벼운 두 천체가 무거운 천체 주위를 도는 안정적인 운행 궤적을 이룬다. 태양계 같은 항성계가 안정적으로 운행되는 이유도 이 때문이다. 항성계에서 항성의 질량은 주위 천체들보다 훨씬 크다. 따라서 주위 천체들이 항성 중력에 이끌려 안정적으로 운행한다. 그렇지 않으면 태양계도 안정적인 운행이 불가능하다. 즉 여덟 행성의 질량이 태양과 엇비슷하다면 태양계는 뒤죽박죽이 될 것이다.

SF소설 《삼체》는 세 개의 태양을 가진 별에 살고 있는 삼체인들 이야기이다. 세 개의 태양 때문에 천체 운동이 불안정해지면서 기후 환경이 무너지자 삼체인들은 어쩔 수 없이 다른 별을 정복하러 나선다.

물론 삼체 문제는 특정 과학 분야의 수많은 미해결 문제 중 하나일 뿐이다. 삼체 문제 같은 난제를 다루는 방대하고 복잡한 과학 분야가 바로 복잡계 과학이다.

17-2
난류 문제

복잡계 과학에서 삼체 문제는 수많은 난제 중 하나에 불과하다. 실생활에도 복잡계가 많이 존재한다. 심지어 복잡계가 단순계보다 훨씬 더 많다고 해도 과언이 아니다.

유체역학fluid dynamics

유체역학은 오랜 역사를 가진 학문이다. 유체역학은 기체나 액체 같은 유체의 운동 법칙을 다루는 역학의 한 분야이다. 유체역학의 응용 범위는 매우 광범위하다. 예컨대 우주항공 기술은 본질적으로 유체인 공기의 흐름을 중점적으로 연구한다. 조선 기술 또한 유체의 일종인 물의 흐름을 연구한다. 공기와 물 같은 유체의 운동 법칙은 미시적 측면에서 뉴턴의 법칙으로 서술 가능하다. 그렇다고 뉴턴의 법칙으로 분자 각각의 운동을 다 서술할 수는 없다. 인류는 오래전부터 유체의 운동 원리를 잘 해석하고 응용해 왔다. 하지만 유체역학에도 수백 년 동안 과학자들을 혼란스럽게 만든 몇 가지 미해결 문제가 남아 있다.

유체역학 연구 방법

유체역학의 기본적인 연구 방법은 유체의 모든 위치별 운동 상태를 속도로 서술하는 것이다. 그렇다고 유체 분자 하나하나의 운동을 다 알 필요는 없다. 유체 전체를 하나의 계로 삼아 계의 운동을 연구하면 된다. 즉 유체가 지나가는 모든 위치에서의 속도를 알면 된다. 유체가 흐를 때 특정 위치를 경과하는 유체 분자는 계속 바뀐다. 하지만 유체역학은 각각의 유체 분자가 왜, 어떻게 변화하는지 연구하지 않는다. 분자의 '흐름'에만 초점을 맞출 뿐이다. 달리 말해 유체가 경과하는 모든 위치에서의 속도만 연구하면 된다.

앞서 극쾌 편 3장에서 다뤘던 베르누이 정리에 따르면 유체의 속도가 빠를수록 압력은 낮아진다. 베르누이 방정식은 유체의 속도와 압력 사이의 관계를 나타낸다. 모든 위치에서의 유체의 속도를 알면 베르누이 방정식으로 유체가 경과하는 구역에서 압력의 세기를 구할 수 있다. 달리 말해 유체의 속도를 바탕으로 유체 속에 있는 물체에 작용하는 힘을 계산해 낼 수 있다.

NS 방정식

원론적으로는 베르누이 정리와 뉴턴의 법칙을 합쳐서 유체의 속도 분포 방정식, 즉 나비에-스토크스 방정식Navier-Stokes' equation(NS 방정식)의 해를 구하기만 하면 유체의 운동을 정확하게 기술할 수 있다.

$$\rho\frac{D\mathbf{u}}{Dt} = -\nabla p + \nabla\cdot\boldsymbol{\tau} + \rho\mathbf{g}$$

하지만 NS 방정식은 현재까지도 미해결 난제로 남아 있다. 특별한 경우에만 만족하는 해석적 해를 구할 수 있을 뿐, 수치 해석을 통해 일반 해를 구할 수 없기 때문이다. 그 이유는 삼체 문제 방정식과 비슷하다. NS 방정식에는 점성 저항에 관한 항이 하나 들어 있다. 수학적으로는 독립변수 제곱 항으로 나타낸다. 이를 비선형nonlinear 항이라고 한다. 속도에 조금이라도 오차가 있으면 그 오차는 비선형 항 때문에 무한대로 커진다. 극히 작은 편차가 최종 결과에 큰 차이를 가져온다.

프랑스 수학자 달랑베르Jean Le Rond d'Alembert는 유체역학 연구를 통해 달랑베르 역설D'Alembert's paradox을 발견했다. 달랑베르는 '유체가 비압축성in-compressible과 비점성invidious을 지닌 정지 상태의 물질이라고 가정했을 때 유체 안에 있는 물체가 받는 힘의 합력은 0이다'는 놀라운 결과를 내놓았다. 이에 따르면 물 위를 달리는 배는 어떤 저항도 받지 않고 초유체처럼 이동할 수 있다. 하지만 실제로 배는 초유체처럼 이동할 수 없다. 이것이 달랑베르 역설이다. 그러므로 유체를 연구할 때는 반드시 점성 저항의 영향을 고려해야 한다. 심지어 압력에 따른 밀도 변화도 감안해야 한다.

NS 방정식은 수학계 '7대 밀레니엄 난제' 중 하나로 꼽힌다. 미국 클레이수학재단Clay Mathematics Institute(CMI)은 2000년에 개당 백만 달러 현상금을 내걸고 수학 문제 일곱 개를 출제했다. 이 문제들이 이른바 7대 밀레니엄 난제이다. 그중 하나가 바로 NS 방정식이다. 이 방정식은 밀레니엄 문제 가운데 가장 실생활과 가깝게 연관된 문제이기도 하다. 예를 들면 난류turbulence 현상은 아직까지도 물리학계에서 가장 중요한 미해결 문제로 남아 있다.

난류란 무엇인가

난류는 실생활에서 흔히 볼 수 있는 현상이다. 이를테면 하늘을 나는 비행기를 흔들리게 하는 기류가 바로 난류이다. 대기 중에 존재하는 난류를 난기류라고도 한다.

그렇다면 난류란 무엇인가? 난기류를 예로 들면 난류는 불규칙하게 움직이는 공기의 흐름을 말한다. 불규칙하고 빠르게 움직이는 기류 때문에 비행기가 흔들리는 것이다. 난류는 NS 방정식의 비선형성을 보여주는 현상이다.

많은 물리학자와 수학자들이 난류 문제를 해결하려고 시도했으나 아직까지 이렇다 할 성과가 나오지 않은 상태이다. 이 문제의 난이도가 얼마나 높은지 알 수 있는 대목이다. 하이젠베르크도 박사 논문을 쓰면서 난류 문제의 해답을 알아내려고 시도했다. 하지만 난류 문제는 온전한 풀이법이 없다는 결론을 내리고 특별한 경우에만 만족하는 특수 해를 제시했을 뿐이다.

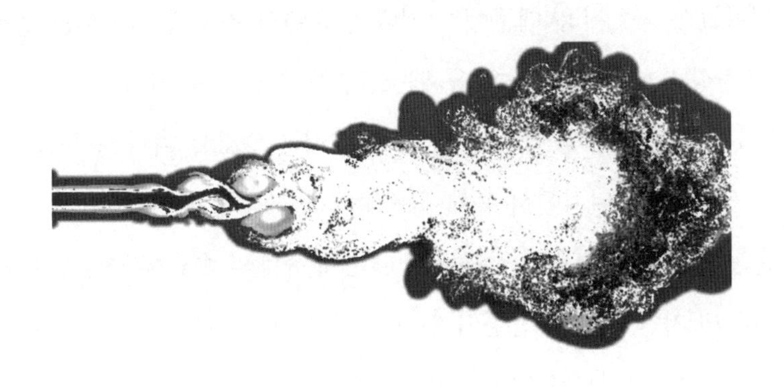

그림17-1 **난류의 형태**

난류는 특별한 상황에서 상대적으로 안정되게 흐르기도 한다. 이를테면 대기나 물이 빙글빙글 돌면서 소용돌이를 일으키는 경우이다. 하지만 이 같은 특수한 경우를 나타내는 해는 특수 해에 불과하다. NS 방정식의 모든 해를 대변할 수 없다.

레이놀즈 수Reynolds number

난류 문제는 아직까지 완벽한 답이 나오지 않은 상태이다. 달리 말해 난류가 형성된 구역의 모든 위치에서 유체의 속도가 어떤 법칙에 따라 변화하는지 알 수 없다는 얘기이다. 비록 이 문제에 대한 정확한 답은 알 수 없지만 난류와 관련된 다른 몇 가지 문제는 해결할 수 있다. 이를테면 무엇 때문에 난류가 생기는지, 어떤 상황에서 난류가 생기는지에 대해서는 서술할 수 있다.

이쯤에서 알아야 할 개념이 하나 있다. 바로 레이놀즈 수Reynolds number이다. 거의 모든 유체는 점성을 갖고 있다. 유체의 점성은 유체를 구성하는 입자들의 상호작용 때문에 생겨나며 유체의 운동에 저항하는 성질을 띤다. 점성 저항을 갖지 않은 유체는 난류를 일으킬 수 없다.

유체는 점성 저항을 받지 않을 때 매끄러운 경로를 따라 운동한다. 이때 한 구역의 각 위치에서 유체에는 압력만 작용할 뿐이다. 압력은 유체의 운동 방향에 수직으로 작용하기 때문에 유체의 속도에 영향을 미치지 않는다. 하지만 유체가 점성의 영향을 받을 때는 완전히 다른 운동 양상을 나타낸다. 그러므로 일반적인 형태의 NS 방정식에는 모두 점성 저항항이 포함돼 있다. 그래야 유체의 실제 운동을 더 정확하게 기술할 수 있다. 달랑베르 역설은 실세계 유체를 연구할 때 반드시 점성 저항의 영향을 고려해야 한다는 사실을 알려준다.

생활 속 경험에 비춰 레이놀즈 수를 설명하면 이해하기 쉽다. 당신이 지금 쾌속선에 앉아 있다고 상상해 보자. 쾌속선은 갓 출발했을 때 속도가 비교적 느리다. 이때 쾌속선 주변에 이는 물결은 상대적으로 규칙적인 형태를 띤 잔잔한 물결이다. 하지만 쾌속선이 속도를 올려 달리기 시작하면 쾌속선 주변 물결은 큰 파도로 바뀐다. 이 파도가 바로 난류이다.

레이놀즈 수는 이처럼 잔잔한 물결과 큰 파도를 구별하기 위해 사용되는 수이다. 레이놀즈 수는 유체가 분출될 때의 운동에너지와 유체에 작용하는 점성 저항을 비율로 나타낸다. 이 수가 어느 정도로 커지면 난류가 된다. 레이놀즈 수가 커지면서 난류가 되는 과정을 물리학적으로 해석하면 다음과 같다. 점성 저항은 속도에 비례하고, 에너지는 속도의 제곱에 비례한다. 속도가 매우 느릴 때는 속도의 제곱이 속도보다 작다. 따라서 점성 저항이 주도적인 역할을 해 유체의 운동을 방해한다. 하지만 속도가 점점 빨라지면 속도의 제곱은 속도 자체보다 훨씬 커진다. 따라서 전체계는 예측 불가능한 무질서 상태로 빠르게 진입한다. 무질서 상태로 진입한 뒤에는 구체적인 운동을 정확하게 서술할 수 없다.

레이놀즈 수는 무척 허술해 보이지만 유체, 특히 난류 연구에서 중요한 역할을 한다. 난류는 비행체의 비행을 방해하는 주요 요인이다. 비행체의 형태와 비행 방식을 바꿔 비행체가 레이놀즈 수의 한계를 돌파할 수 있다면 비행체의 속도를 향상시키는 데 큰 도움이 될 것이다.

난류 문제는 복잡계 문제 중 하나일 뿐이다. 이와 유사한 문제는 이 밖에도 아주 많다. 이 문제들을 '카오스 시스템'이라는 계에 일괄적으로 묶어서 연구하기도 한다.

17-3

카오스 시스템과 나비효과

나비효과

나비효과는 기상학자 에드워드 로렌츠Edward Lorentz가 생각해 낸 원리이다. 나비효과는 남아메리카 아마존 정글에 있는 나비 한 마리가 무심코

그림17-2 **나비효과**

날개를 몇 번 파닥거리면 2주일 후 미국 텍사스주에 허리케인을 일게 할 수 있다는 이론이다.

물론 나비효과를 내용 그대로 이해해서는 안 된다. 즉 나비가 날갯짓을 몇 번 한다고 해서 허리케인이 발생한다는 얘기가 아니다.

기상계는 매우 복잡한 시스템이다. 초기 조건에 조금이라도 변화가 생기면 완전히 다른 결과가 나타나기 때문이다. 나비효과는 기상계의 이런 복잡성을 설명한 이론이다.

결정론적 시스템deterministic system의 비확정성non-determinancy

나비효과 같은 현상이 일어나는 복잡계를 카오스 시스템이라고 한다. 카오스 시스템은 초기 조건에 지극히 민감하다. 무작위성이 대단히 높다. 여기에서 말하는 무작위성과 극소 편에 나온 양자역학 불확정성 원리에 대응하는 '진정한 무작위성'은 별개의 개념이다. 양자역학적 무작위성은 불확정성을 지닌 계에 대응하는 개념인 데 비해 여기에서 말하는 카오스 시스템은 결정론적 시스템이다. 이를테면 기상계가 카오스 시스템의 일종이다. 우리는 기상계의 모든 공기 분자의 운동을 정확하게 서술할 수 있다.

카오스 시스템은 초기 조건, 오차와 방해 요소에 굉장히 민감하기 때문에 실제 상황에서는 완전히 예측 불가능하다. 여기에서 '예측이 불가능하다'는 말은 기존의 수학적 방법으로 접근했을 때 예측이 불가능하지만 시스템의 법칙은 결정론적이라는 얘기이다. 시스템 안의 모든 입자는 오직 뉴턴의 법칙에 따라 운동하고(여기에서는 입자의 양자적 속성을 고려하지 않음), 입자들 사이 상호작용 법칙과 충돌 전후의 물리량 변화 법칙도 모두 정해져 있다. 하지만 시스템 전체를 놓고 보면 초기 조건과 오차에 극히 민감하기 때문에 시스템의 변화 법칙을 해석할 수 없다. 카오스 시스템은 완전한 결정론적 시스템이다. 다만 초기 조건의 미세한 변화가 최종 결과에 엄청난 변화를 가져올 수 있다.

카오스 시스템을 수학적으로 나타낸 방정식은 거의 대부분 비선형 방정식이다. 즉 방정식에 속도의 제곱 또는 위치의 제곱과 같은 비선형적인 항이 들어 있다. 방정식의 비선형 항들이 아주 작은 차이들을 제곱으로 증폭시켜 최종 결과와 답안 사이에 엄청난 차이가 발생한다. 방정식의 비선형적 성질은 시스템의 카오스적 성질의 근원이다.

카오스 시스템 연구 방법

수학적 측면에서는 카오스 시스템을 연구할 방법이 따로 없다. 양자역학 연구에서도 비슷한 상황이 발생한다. 불확정성 원리에 따르면 원자 내부 전자는 특정된 궤도를 따라 운동하지 않는다. 따라서 궤도를 바탕으로 전자 운동을 기술할 수 없다. 그래서 확률파동 개념이 새롭게 등장했다. 전자는 특정 궤도를 따라 운동한다는 선입견을 버리고 새로운 방식으로 전자 운동을 기술한 것이다. 불확정성 원리는 입자의 위치와 속도를 동시에 정확하게 측정할 수 없다는 원리이다. 불확정성 원리에 기반해 전자가 특정 궤도를 갖지 않는다는 사실이 밝혀졌다. 그렇다면 카오스 시스템에도 비슷한 방식을 적용하면 어떨까? 즉 굳이 계의 시간에 따른 변화 법칙을 알아내려고 애쓰지 말고 카오스 시스템에만 적용되는 새로운 법칙을 찾아내는 게 어떨까?

물론 가능한 일이다. 카오스 방정식에서 특수 해와 안정적 해를 구하기는 어렵지 않다.

특수 해란 무엇인가? 앞에서 삼체 문제를 다룰 때 특수 해에 대해 이야기했었다. 예를 들어 세 개의 똑같은 천체가 정삼각형의 형태로 배열돼 일정한 속도로 정삼각형의 둘레를 돈다면 이는 삼체 운동의 특별한 경우에 해당하므로 반드시 해가 존재한다. 이 해가 바로 특수 해이다. 또 직선으로 배열된 세 개의 똑같은 천체들이 가운데 천체를 중심으로 일정한 각도를 유지하면서 운동하는 경우에도 특수 해가 존재한다. 이 밖에 세 개의 천체 중에서 두 개가 가볍고 한 천체가 특별히 무거운 경우에도 가벼운 두 천체가 무거운 천체 주위를 안정적으로 운행할 수 있는데 이 경우에도 특수 해가 존재한다. 이 세 가지 경우에 존재하는 해는 모두 삼체 문제의 특수 해이다.

카오스 시스템의 시간에 따른 변화 법칙은 무질서하다. 특수 해는 전체적으로 무질서한 계에서 일정한 규칙성을 나타내는 운동에 대한 해이다.

특수 해에 대응하는 운동은 주기적인 운동으로 일정한 특징을 띤다.

특수 해가 반드시 안정적이지는 않다. 삼체 문제의 세 가지 특수 해를 예로 들어보자. 직선으로 배열된 세 개의 똑같은 천체들이 가운데 천체를 중심으로 운동하는 경우에 존재하는 특수 해는 안정적 해가 아니다. 세 개의 천체 중에서 한 천체의 각도가 조금이라도 빗나가면 세 천체의 운동 모형이 붕괴하기 때문이다. 예를 들어 중간에 위치한 천체가 오른쪽 천체 쪽으로 약간 움직였다고 하자. 거리가 가까울수록 중력은 커진다. 따라서 중간 천체는 점점 오른쪽 천체 쪽으로 다가간다. 시스템은 스스로 초기 상태를 회복할 수 없다. 이 같은 현상을 물리학 용어로 '외부 방해에 대한 피드백disturbance feedback이 불안정하다'고 표현한다.

가벼운 두 천체가 일정한 거리를 두고 무거운 천체 주위를 도는 운동의 해는 안정적 해이다. 극대 편에서 천체는 타원 궤도를 그리면서 세차운동한다고 알아보았다. 즉 가벼운 천체는 원래 궤도에서 조금 이탈했을 때도 여전히 무거운 천체를 중심으로 돈다. 이 같은 운행 모형은 붕괴하지 않으므로 안정적 해에 속한다.

안정적 해가 무엇인지 알았으니 이번에는 카오스 시스템에서 안정적 해를 찾을 수 있는지 살펴보자. 굳이 시간에 따른 변화 법칙을 찾느라 애쓸 필요 없이 안정적 해를 찾는 데 집중해 보자. 물론 안정적 해라고 해서 백 퍼센트 안정적이라는 뜻은 아니다. 모든 안정적 해는 각자 안정 한계를 갖고 있다. 특정 범위에 외부 방해 요소가 작용하면 계가 다시 본래 상태로 돌아갈 수 있지만 외부 방해 요소가 너무 크게 작용하면 계의 안정성이 무너진다. 그러므로 안정적 해의 안정성에 대해서도 별도로 연구할 필요가 있다.

날씨 현상은 대표적인 카오스 시스템이다. 언뜻 보기에는 날씨 변화가 종잡을 수 없이 무질서하고 복잡해 보이지만 사실은 그렇지 않다. 맑음, 흐림, 비, 천둥번개, 눈, 태풍 같은 몇 가지 특정된 날씨가 바뀌어가면서 나타날 뿐이다. 이 같은 날씨 현상을 기상계에 국부적으로 존재하는 안정적 해라고 볼 수 있다.

요컨대 카오스 시스템을 다룰 때는 먼저 특수 해와 안정적 해를 찾아내야 한다. 이어서 어느 정도의 외부 방해가 작용할 때 안정적 해가 붕괴하는지, 붕괴 후 어떤 방향으로 나아가는지를 알아내고 다시 새로운 변화에 대응하는 안정적 해를 찾아내야 한다.

카오스 시스템과 양자역학계의 차이

카오스 시스템과 양자역학계는 어떤 차이가 있을까?

양자역학계에도 정해진 궤도가 없다. 하지만 파동함수로 정해진 에너지를 가진, 양자화된 안정 상태를 서술할 수 있다. 코펜하겐 해석에 따르면 넓은 의미의 양자 상태는 여러 개의 안정 상태가 중첩돼 이뤄진다. 중첩 상태에 있던 파동함수는 측정하는 그 순간 붕괴하면서 하나의 안정상태로 결정된다. 마찬가지로 카오스 시스템에서도 서로 다른 안정 상태의 전환이 일어날 수 있다. 코펜하겐 해석을 인정하지 않는 사람은 양자역학계가 '미시적인 카오스 시스템'이라고 말할 수도 있다.

이쯤에서 철학적인 문제에 답해보자. 진정한 무작위성이란 무엇인가? 카오스 시스템의 무작위성은 측정을 통해서도 발견할 수 있다. 카오스 시스템은 결정론적 계이다. 하지만 관찰자가 모든 지각과 감각을 동원해도 예측이 불가능하다면 카오스 시스템이 진정한 무작위성을 지녔다고 해도 되지 않을까? 그렇다면 결정론적 카오스 시스템의 높은 복잡성과 민감성 때문에 발생한 무작위성이 양자역학에서 다루는 진정한 무작위성과 근본적으로 차이가 없다. 관찰자가 본질에 접근할 수 없고 단지 측정 결과를 기준으로 판단하기 때문에 생겨난 문제 제기이다. 하지만 양자역학적 무작위성은 측정으로 증명될 뿐만 아니라 원론적으로 접근해도 진정한 무작위성이 틀림없다고 인정된다. 어쨌거나 생각해 볼 만한 문제이다.

17-4
소산 구조

카오스 시스템(또는 복잡계)의 존재는 매우 중요한 의미가 있다. 물질 세계의 다양성을 구성하는 일부이기 때문이다. 하나의 계로서 우주는 엔트로피 증가의 법칙에 따라 점점 더 무질서해질 것이다. '열죽음heat death of the universe' 가설은 우주 전체의 엔트로피가 극한으로 치달아 완전한 무질서 상태가 된다고 주장한다.

열죽음 가설

열죽음 가설은 열역학 제2법칙(엔트로피 증가의 법칙)에 따라 우주가 마지막에 그 어떤 규칙도 찾아볼 수 없는 완전한 무질서 상태가 된다고 주장한다. 모든 물질이 한데 뒤엉켜 은하와 천체의 구분이 없어지고 생명체들로 가득한 지구도 사라진다는 것이다. 항성, 행성, 지구 등 천체의 형성과 생명의 탄생은 모두 일정한 질서 아래 이뤄진다. 하지만 엔트로피 증가 법칙에 따르면 고립계에서는 엔트로피가 끊임없이 증가하기 때문에 언제인가는 무질서한 상태로 변한다. 질서 있는 상태는 엔트로피가 최저이다. 따라서 엔트로피가 최대가 되려면 질서가 없어져야 한다.

열죽음 가설에 따르면 우주는 마지막에 모든 질서를 잃고 하나의 '가마솥' 안에 뒤엉킨다. 하지만 지금 우리가 살고 있는 세상은 한데 뒤엉키지 않고 멀쩡하게 돌아가고 있다. 현실 세계야말로 열죽음 가설이 틀렸다는 방증이다. 생명 자체가 질서 상태를 나타내는 최고의 증거이다.

소산 구조dissipative structure

엔트로피 증가의 법칙은 전제 조건이 있다. 즉 고립계에서 엔트로피는 계속 증가할 뿐 스스로 감소하지 않는다. 고립계란 외부와 에너지를 교환하지 않는 계를 말한다.

엔트로피 증가 법칙은 고립계에만 적용된다. 극대 편에서 우주가 끊임없이 팽창하고 있다는 사실을 확인했었다(물론 인류가 지금까지 인식한 바에 따르면 그렇다는 얘기다). 우주가 가속 팽창하려면 암흑에너지가 필요하다. 즉 우주는 계속 팽창하기 위해 끊임없이 에너지를 끌어들이고 있다. 결국 우주는 고립계가 아니라는 얘기이다.

그렇다면 비고립계는 열죽음을 피할 수 있을까? 먼저 비평형 열역학적 개념인 소산 구조에 대해 알아보자. 이 개념은 벨기에 이론물리학자이자 화학자인 프리고지네Ilya Prigogine가 최초로 발표했다. 프리고지네는, "안정적 상태에 이르지 않은, 외부와 단절되지 않은 개방계에 에너지가 유입되면 엔트로피가 오히려 감소해서 흩어지고 그 결과 새로운 질서, 즉 소산 구조가 나타나기도 한다"고 주장했다.

새로운 질서의 형성 조건

간단한 실험을 해보자. 프라이팬에 물을 조금 붓고 센 불로 가열해 보자. 열이 빠르게 흡수되도록 환풍기를 켜두면 더 좋다. 이때 팔팔 끓는 물을 관찰하면 물이 새로운 형태로 바뀌었음을 알 수 있다. 물의 양이 많을 때는 끓으면서 생긴 기포 형태가 무질서하다. 그런데 물의 양이 적어서 물의 아래위 온도차가 아주 클 때는 끓으면서 생기는 기포가 육각형 벌집 모양이다.

물에 충분한 에너지가 유입돼 불안정한 상태(끓는 상태)가 되면 수면에 새로운 질서가 형성된다. 새로운 질서는 원래 질서보다 엔트로피가 감소된 상태이다. 이것이 소산 구조의 한 종류이다. 이 실험으로 알 수 있듯이 물의 아래위 온도차가 특정 수치에 이르러야 새로운 질서가 형성된다. 즉 에너지 유입 효율이 높아야 하고 계가 불안정한 상태에 있어야 한다.

그렇다면 왜 엔트로피와 반대 방향을 갖는 네겐트로피negentropy 현상이 일어날까? 이치대로라면 계의 무질서도가 점점 증가해야 하는데 왜 새로운 질서가 나타나는 걸까? 이는 카오스 시스템의 비선형적 운동 때문이다. 복잡계의 성질은 변화무쌍해 예측이 불가능하다. 이 예측 불가능성이 오히려 새로운 질서의 형성 가능성을 열어준 것이다.

지구상에 생명이 탄생한 것도 이 같은 복잡성 덕분이다. 생태계는 무척 복잡하다. 생명체가 존재하고 생명활동을 유지하려면 에너지가 필요하다. 또 섭취한 에너지를 소모하면서 엔트로피 증가를 억제한다. 복잡성과 비선형성을 특징으로 하는 카오스 시스템 때문에 끊임없이 변화하는

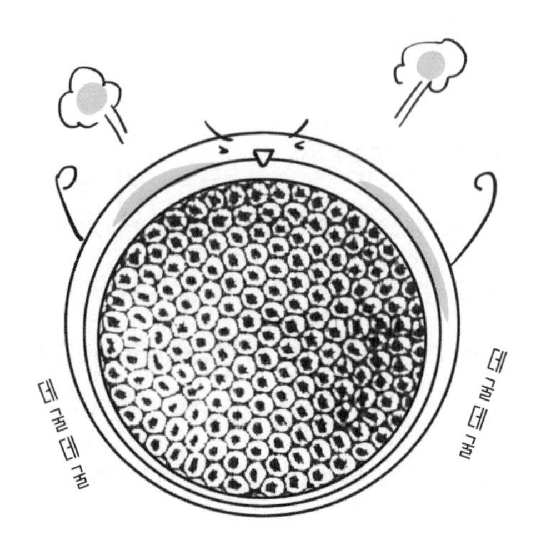

그림17-3 끓고 있는 물의 표면

다양한 질서 구조가 존재할 수 있다.

이제 극열 편을 마무리할까 한다. 열역학, 통계역학과 복잡계 과학은 수백 년 동안 여전히 아주 활성화된 분야이다. 이 물리학 분야는 다른 학문들과 쉽게 융합한다. 생물학, 화학, 생리학, 의학 같은 학문은 이론화 단계에 이르면 자연스럽게 열역학, 통계역학, 복잡성 과학과 융합한다. 이를테면 최근 각광받고 있는 생물물리학은 유전자 선택, DNA의 형성과 복제 등 기본적인 생물학적 현상을 물리학(주로 통계역학) 이론으로 해석하는 학문이다.

복잡계 과학과 통계역학은 실세계를 연구할 때 가장 중요한 이론적 수단이다. 실세계는 방대한 규모의 복잡계이기 때문이다. 통계역학과 복잡계 과학 덕분에 우리가 살고 있는 물질 세계의 풍부하고 다채로우면서도 변화무쌍한 양상을 이만큼이나마 해석할 수 있는 것이다.

6부

The Coldest

극냉 極冷

6부 개요

저온 상태에서의 질서

극냉 편은 극열 편에 상대되는 내용이다. 극냉이란 지극히 낮은 온도를 의미한다. 극열 편에서는 실온에서 초고온까지 온도 상승에 따른 물질의 상태(기체, 플라스마 등) 변화에 대해 알아봤다. 이 밖에 빅뱅 초기의 우주 급팽창에 대해서도 살펴봤다. 이번 극냉 편에서는 실온에서 절대 0도까지 온도가 서서히 내려갈 때 물질이 어떤 상태로 변하는지 알아보자.

6부 극냉 편의 내용을 요약하면 다음과 같다.

18장: 비교적 낮은 온도에서 물질은 보편적으로 고체 상태로 존재한다. 18장에서는 다양한 실험을 통해 고체의 여러 가지 성질을 알아본다.

이를테면 고체에 외부 힘을 다양하게 추가하는 방식으로 고체의 역학적 성질을 알아볼 수 있다. 고체는 강도, 경도 등 물리적 속성을 갖고 있다. 다이아몬드는 경도와 강도가 매우 높다. 이는 다이아몬드에 대한 역학적 측정을 통해 얻어낸 결론이다. 또 고체를 전기장의 영향 아래 두어서 고체에 전류가 흐르는지 살펴볼 수 있다. 고체 전지를 연결하면 고체의 전기적 성질을 부분적으로 알아낼 수 있다. 이 밖에 고체를 가열, 방열

해서 고체의 열 전도성을 측정할 수 있다. 뜨거운 국을 휘저을 때는 금속 숟가락보다 도자기나 나무 숟가락을 사용하면 훨씬 안전하다. 금속 숟가락을 사용하면 손을 델 수 있기 때문이다. 이는 금속의 열 전도성이 도자기보다 훨씬 높은 원리와 관계가 있다.

이처럼 18장에서는 일종의 재료로서 고체의 다양한 성질(역학적 성질, 열적 성질, 전기적 성질, 자기적 성질 등)에 대해 살펴보겠다. 이런 것들은 사실 재료물리학의 연구 대상이다. 재료물리학은 비교적 가시적인 현상을 탐구한다. 그러나 고체 재료가 다양한 속성을 갖게 된 이유를 이해하려면 미시적 측면에서 접근할 필요가 있다.

19장: 가시적 측면에서 미시적 측면으로 눈길을 돌려 양자역학을 바탕으로 고체의 여러 가지 속성을 다뤄보겠다. 형태를 지닌 고체는 소립자들로 이뤄져 있다. 원자의 배열 방식, 서로 다른 종류의 원자들이 지닌 양자적 특성 등이 최종적으로 고체 재료의 가시적 성질을 결정한다. 이처럼 19장에서 다루는 내용은 물리학의 한 분야인 고체물리학의 연구 범위에 포함된다. 고체물리학은 원자의 양자적 성질을 비롯한 재료의 미시적 특성을 연구해 재료의 가시적 성질을 해석하는 학문이다.

20장: 이 장에서는 응집물질물리학condensed matter physics이라는 새로운 분야를 소개하겠다. 물질은 낮은 온도에서 응축됐을 때 어떤 기묘한 물리적 성질을 나타낸다. 물질은 고체, 액체, 기체, 플라스마의 네 가지 형태로 존재한다. 하지만 절대 0도에 근접할 정도로 지극히 낮은 온도에서 모든 물질이 고체 상태는 아니다. 헬륨 기체는 낮은 온도에서 액체 상태이지만 임계온도 아래에서는 초유체(내부 마찰력이 0인 유체)로 상전이한다. 이것이 '제5의 물질'로 불리는 보스-아인슈타인 응축Bose-Einstein condensation 물질이다. 초유체 현상은 지극히 낮은 온도에서 나타나는 양자역학적 현상이다.

물론 위에서 언급한 재료물리학, 고체물리학, 응집물질물리학 이 세 분야는 자로 선을 긋듯이 뚜렷한 경계를 지을 수 없다. 서로 겹치는 부분도 많다. 심지어 고체물리학을 응집물질물리학의 기초 학문으로 분류하는 경우도 있다. 세 분야의 연구 대상은 비슷비슷하다. 다만 연구 대상 크기와 구체적인 관심 대상에 약간의 차이가 있을 뿐이다.

극저온 상태에서 물질을 구성하는 입자(분자, 원자 등)들은 움직임이 매우 느려지고 양자역학적 불확정성이 두드러지게 나타난다. 이 경우에 물질은 초유체, 초전도체, 양자홀 효과quantum hall effect 등 다양한 현상을 나타낸다.

양자홀 효과란 저온 상태에 있는 금속판 외부에 아주 강한 자기장이 형성됐을 때 금속판의 구체적인 형태와 관계없이 외부 자기장의 크기와 금속판 내부 전류의 크기에 따라서만 영향을 받는 현상을 말한다. 양자홀 효과의 발견을 계기로 위상물질topological material이라는 새로운 물리학 분야가 탄생했다. 위상물질은 물리학에서도 최첨단 분야로 꼽힌다.

응집물질물리학과 위상물질은 각광받는 첨단 분야로 실생활에도 유용하게 응용되고 있다. 최근에는 위상물질이 양자컴퓨터에 가장 이상적인 재료로 각광받고 있다. 20장의 말미에서 양자컴퓨팅 기술에 대해 소개하겠다. 아울러 양자컴퓨팅 기술이 왜 인류의 컴퓨팅 기술, 더 나아가 인류 과학기술 문명의 비약적인 성과를 대변한다고 말하는지 알아보겠다.

극냉 편에서도 열역학이나 통계역학에서 다루는 다입자계를 다룬다. 저온 환경에서 다입자계는 높은 질서도를 가진다. 물질 상태도 고온 환경보다 훨씬 다양하다.

CHAPTER 18

재료물리학

Material Physics

18-1 재료의 역학적 속성

물질의 기본 상태는 고체, 액체, 기체이다. 이번 극냉 편에서는 그중 고체 상태의 물질을 다뤄보자. 고체의 가시적 특성에서 미시적 성질까지 차근차근 살펴보겠다.

고체는 성질에 따라 금속, 준금속, 비금속으로 나눌 수 있다. 또 미시적 구조에 따라 결정과 비정질 고체로 구분된다. 먼저 고체의 역학적 성질, 열적 성질, 전기적 성질, 자기적 성질 등을 알아보자.

응력과 변형

1부 극쾌 편 2장에서 응력과 변형에 대해 간단하게 이야기했었다. 여기에서는 고체의 가장 기본적인 성질인 역학적 성질부터 알아보자. 우리는 다양한 방식으로 고체의 여러 가지 가시적 속성을 측정할 수 있다. 그중에서 역학적 특성을 실험하고 관찰하는 게 가장 손쉽다.

예를 들어 금속의 역학적 특성을 측정할 때 잡아당기거나 압축하고, 비틀고, 서로 다른 방향과 크기를 가진 힘을 주고, 회전력을 증가시키는 등 다양한 실험을 통해 금속이 변형하는 모습을 관찰할 수 있다. 그렇다면 외력이 작용할 때 금속은 어떤 변형 법칙을 나타내는가? 또 금속을 잡아당기거나, 누르거나 비틀어서 끊어지게 하려면 얼마나 큰 힘, 또는 돌림힘torque이 필요할까?

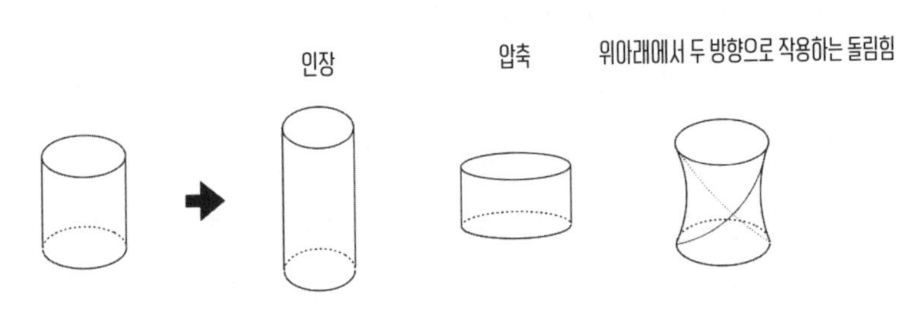

그림18-1 응력이 원기둥에 작용할 때

원기둥 금속이 있다고 가정해 보자. 원기둥의 축과 같은 방향으로 원기둥 양쪽을 잡아당기면 어떻게 될까? 또 원기둥 축과 같은 방향으로 원기둥을 압축하면 어떻게 될까? 이 두 가지 힘은 모두 원기둥의 윗면과 밑면에 수직으로 작용한다. 두말할 필요 없이 원기둥은 잡아당기는 힘 때문에 길게 늘어날 것이다. 또 누르는 힘 때문에 짧게 줄어들 것이다. 힘이 원기둥 축에 수직으로 작용할 때는 원기둥 형태가 비틀어질 수 있다. 이 밖에 위아래 두 방향으로 돌림힘이 작용하면 원기둥은 비틀어질 것이다.

응력은 단위 면적당 고체에 작용하는 힘이다. 응력은 크기와 방향을 모두 가진 벡터량이다. 응력에 대응하는 개념은 스트레인strain이다. 스트레인은 재료의 길이 변화를 원래 길이로 나눈 값으로 정의된다. 즉 재료가 힘을 받을 때 늘어나거나 줄어드는 비율을 의미한다.

텐서tensor

응력과 스트레인은 어떤 관계를 갖고 있을까? 달리 말해 일정한 크기와 방향을 가진 힘이 작용했을 때 고체의 형태는 어떻게 변할까? 예를 들어 스프링은 장력이나 압력을 받으면 변형된다. 장력, 즉 잡아당기는 힘을 받으면 늘어나고 압력, 즉 누르는 힘을 받으면 길이가 줄어든다. 스프링에 작용하는 압력 또는 장력의 변화에 따라 스프링 길이가 얼마나 바뀌는지 알아보자 . 그러자면 훅의 법칙Hooke's law의 도움을 받아야 한다.

훅의 법칙은 스프링의 변형 크기가 스프링에 작용하는 힘에 정비례한다는 법칙이다. 훅의 법칙을 공식으로 나타내면 $F=-kx$이다. 여기에서 F는 외력(스프링에 가해진 힘), x는 스프링 길이의 변화, k는 탄성계수를 나타낸다. 마이너스 부호(-)를 붙인 이유는 스프링의 탄력이 작동하는 방향이 항상 외력의 방향과 반대되기 때문이다. 즉 스프링의 탄력은 항상 외력에 저항한다. 예를 들어 스프링을 잡아당길 때는 스프링의 인장력이 잡아당기는 힘에 저항하고, 스프링을 압축할 때는 스프링의 탄력이 누르는 힘에 저항한다.

하지만 고체에 작용하는 응력과 고체의 스트레인 사이의 관계를 단순하게 생각해서는 안 된다. 미시적 측면에서 보자면, 고체는 분자 또는 원자들이 서로 집결·연결된 구조이다. 분자와 분자, 원자와 원자 사이에는 이들을 연결하는 수많은 스프링이 있다. 고체 입자(분자와 원자)들을 연결하는 스프링은 3차원이다. 여러 방향으로 힘이 작용하기 때문이다. 하지만 훅의 법칙을 만족하는 스프링은 형태가 아주 단순한 1차원 스프링이다. 즉 스프링을 한쪽 방향으로 압축하거나 잡아당겨 변형시키는 경우만 고려한다. 고체 내부 입자들은 주변의 여러 입자들과 서로 연결돼 있다. 두 입자 간 결합을 하나의 스프링으로 간주할 수 있다. 이처럼 고체 내부의 입자 구조는 매우 복잡하다.

이쯤에서 훅의 법칙 공식에 등장하는 탄성계수 k와 비슷한 물리량에 대해 소개하겠다. 훅의 법칙 공식에서 k는 하나의 수치를 나타낸다. 하지만 고체의 탄성계수 텐서는 수학적으로 나타낼 때 숫자 하나로 표시되지 않는다. 여러 개의 숫자가 나열된 행렬로 표시된다.

이해를 돕기 위해 몇 가지 간단한 예를 들어보자.

원기둥 모양의 고체를 양쪽으로 잡아당기면 길게 늘어나면서 가늘게 변형된다. 직각좌표계를 이용해 이 현상을 해석해 보자. 원기둥의 중심축이 좌표계의 Z축과 평행이고, 원기둥의 횡단면 방향이 좌표계의 X, Y축 방향과 같다고 가정하면, Z축 방향으로 응력을 작용했을 때 Z축 방향으로 변형하면서 더불어 X, Y축 방향으로도 변형이 발생한다. 마찬가지로 Z축 방향으로 원기둥을 압축했을 때 원기둥은 Z축 방향으로 길이가 짧아지면서 더불어 X, Y축 평면에서 두께도 두꺼워진다. 다른 종류의 응력이 작용했을 때도 마찬가지이다. 예를 들어 원기둥을 비틀었을 때 원기둥은 길이가 길어지면서 가운데 부분도 가늘어진다.

요컨대 고체에 한쪽 방향으로 힘을 주었을 때 세 가지 방향으로 변형할 수 있다. 따라서 이런 경우에는 하나의 수치인 탄성계수로 응력과 변형 관계를 서술해서는 안 된다. 여러 방향에서 발생하는 변형을 모두 서술해야 한다. 고체에 작용하는 탄성계수 성분strain component은 적어도 아홉 개이다. 즉 세 가지 방향으로 작용하는 응력과 각 응력으로 발생한 세 가지 방향으로의 변형을 곱하면 3×3=9이다.

지금까지 힘의 방향에 대해 살펴봤다. 하지만 힘은 크기, 방향, 작용점 3요소를 갖고 있다. 고체의 경우 힘의 작용점, 즉 힘이 어느 곳에 작용하는지는 매우 중요하다. 예를 들어 정육면체 모양의 고체에 힘은 아래위, 좌우, 앞뒤 등 세 가지 방향으로 작용할 수 있다. 세 가지 방향의 힘이 세 개의 평면에 작용하므로 응력 성분은 총 아홉 개이다.

스트레인도 응력과 마찬가지이다. 세 개의 평면에서 각기 세 가지 방향으로 변형이 발생할 수 있다. 따라서 스트레인도 최대 아홉 개 성분을 가질 수 있다. 요컨대 응력 성분과 스트레인 성분은 각각 아홉 개이고, 한 개의 응력과 아홉 개의 스트레인이 대응관계를 갖는다. 그러므로 고체의 탄성계수는 최대 9×9=81개의 값을 갖는다.

규칙적인 내부 구조를 가진 고체의 경우 81개의 탄성계수가 81개의 독립된 값을 가지는 것은 아니다. 한 개의 응력이 항상 아홉 가지 변형을 발생시키지는 않기 때문이다. 예를 들어 원기둥 모양의 균질한 고무를 아래위로 잡아당기면 고무는 길고 가늘게 늘어날 뿐 비틀림 변형은 생기지 않는다. 그러므로 장력에 대한 비틀림 탄성계수는 0이다. 요컨대 81개의 탄성계수 중에서 대부분은 값이 0이다.

이와 같이 9×9=81개의 숫자 배열로 표시된 행렬이 고체의 탄성계수 텐서이다. 하지만 실제 상황에서 이 81개의 텐서 성분을 다 사용하는 경우는 드물다. 재료의 대칭성 때문에 보통 6×6=36개로 충분하다. 응력과 스트레인도 일정한 대칭성을 갖기 때문에 아홉 개의 응력과 아홉 가지 스트레인이 독립적으로 사용되는 경우는 적다. 여섯 개의 응력과 여섯 개의 스트레인만으로 충분하다.

$$\begin{bmatrix} \varepsilon_{11} \\ \varepsilon_{22} \\ \varepsilon_{33} \\ 2\varepsilon_{23} \\ 2\varepsilon_{13} \\ 2\varepsilon_{12} \end{bmatrix} = \begin{bmatrix} \varepsilon_{11} \\ \varepsilon_{22} \\ \varepsilon_{33} \\ \gamma_{23} \\ \gamma_{13} \\ \gamma_{12} \end{bmatrix} = \frac{1}{E} \begin{bmatrix} 1 & -\nu & -\nu & 0 & 0 & 0 \\ -\nu & 1 & -\nu & 0 & 0 & 0 \\ -\nu & -\nu & 1 & 0 & 0 & 0 \\ 0 & 0 & 0 & 2+2\nu & 0 & 0 \\ 0 & 0 & 0 & 0 & 2+2\nu & 0 \\ 0 & 0 & 0 & 0 & 0 & 2+2\nu \end{bmatrix} \begin{bmatrix} \sigma_{11} \\ \sigma_{22} \\ \sigma_{33} \\ \sigma_{23} \\ \sigma_{13} \\ \sigma_{12} \end{bmatrix}$$

그림18-2 응력과 스트레인의 관계(등방성 재료의 탄성 방정식). 일반적으로 6×6개의 탄성계수 텐서만 사용한다. ε와 γ는 스트레인을 나타내고, σ는 응력, E는 재료의 탄성률, ν는 재료의 접선 탄성계수를 나타낸다.

역학은 오랜 역사를 가진 학문이며 지금까지도 재료공학, 고체역학 연구가 아주 활발하게 이뤄지고 있다. 그 이유 중 하나는 이 분야 연구에 복잡한 계산이 필요하고 다양한 변수가 존재하기 때문이다.

진동 모드vibration mode

텐서 개념 하나만 완벽하게 이해하면 고체 성질을 연구하기에 충분하다. 이번에는 고체의 진동 모드에 대해 살펴보자. 스프링 한쪽 끝에 작은 공을 매달고 스프링을 당겼다가 놓으면 작은 공은 진동한다. 이때 작은 공의 진동수는 일정하다. 이 경우 진동하고 있는 계(스프링과 작은 공으로 구성된 계)의 형태를 진동 모드라고 한다.

고체에서도 진동이 발생한다. 고체의 탄성 텐서를 바탕으로 고체의 다양한 진동 모드를 찾아낼 수 있다. 다양한 역학적 파동이 고체 안에서 어떻게 전파되는지를 알면 여러 분야의 연구에 많은 도움이 된다. 이를테면 지구 내부 구조를 연구할 때 사람이 직접 맨틀이나 외핵, 내핵까지 들어가서 관찰할 수는 없다. 하지만 지구를 하나의 탄성체로 가정하고 지진파의 전파 상황을 분석하는 방법으로 지구 내핵이 거대한 고체 금속 덩어리라는 결론을 얻어낼 수 있다.

강도와 경도

지금까지 고체의 탄성 변형elastic deformation에 대해 알아봤다. 탄성 변형은 고체에 영향을 주었던 응력을 제거했을 때 원래 상태로 돌아가는 변형을 말한다. 탄성 변형의 크기와 범위에는 한계가 있다. 고체에 가해진 응력이 한계를 벗어나면 과도한 변형이 발생하면서 고체는 다시 원래 상태로 회복하지 못한다. 이처럼 외력을 제거한 후에도 원래 상태로 돌아가지 않는 변형을 소성 변형plastic deformation이라고 한다. 소성 변형은 탄성 변형과 완전히 다른 역학적 성질이다. 이를테면 고체에 강도 한계를 벗어난 힘을 주면 고체는 부러진다. 경도의 개념은 강도와 비슷하면서 약간 다르다. 강도가 재료 전체의 성질을 나타낸다면 경도는 재료의 국소적인 성질을 나타낸다. 경도는 국부적인 소성 변형에 대한 재료의 저항 크기를 의미한다.

18-2 재료의 열적 성질

재료의 성질을 이해하려면 가장 먼저 역학적 속성을 들여다본다. 역학적 속성은 실험적 측정의 난이도를 따져봐도 가장 쉽고 측정 결과도 뚜렷하다. 고체의 역학적 속성보다 조금 더 복잡한 성질로는 열적 성질을 꼽을 수 있다. 고체의 열적 성질은 온도에 따라 정해지는 고체의 여러 가지 물리적 성질을 총칭한다.

고체의 열적 성질 가운데 비열heat capacity, 열 팽창계수coefficient of thermal expansion, 열 전도성heat conductivity 이 세 가지를 알아보자.

비열

비열('비열용량'이라고도 함) 개념은 중학교에서 배웠다. 비열은 어떤 물질의 단위 질량 온도를 단위 온도만큼 올리는 데 필요한 에너지양이다. 물의 비열(물질 1킬로그램의 온도를 섭씨 1도 올리는 데 필요한 열량—옮긴이)은 비교적 크다. 물 1킬로그램의 온도를 섭씨 1도 상승시키는 데 필요한 에너지는 4,200J(줄)이다. 반면 철 1킬로그램의 온도를 섭씨 1도 상승시키려면 물의 온도를 상승시키는 데 필요한 에너지(4,200J)의 10분의 1로 충분하다.

왜 물질마다 비열이 다를까?

이 문제를 해결하려면 먼저 고체의 온도 상승 원리를 알아야 한다. 온도는 소립자들이 가진 평균 운동에너지에 정비례한다. 모든 고체를 구성한 소립자는 분자와 원자이다. 따라서 고체 온도가 상승했다는 것은 고체 내부 분자, 원자들의 운동에너지가 증가했다는 뜻이다. 이 밖에 많은 재료(특히 금속)에는 대량의 자유전자도 포함돼 있다. 이 자유전자의 활동이 더 활발해진 것도 온도 상승에 기여했다.

고체를 이루는 분자와 원자들의 위치는 상대적으로 고정돼 있다. 그러므로 고체의 온도가 상승했다는 것은 고정된 위치 주변에서 분자와 원자들의 진동이 한층 격렬해졌다는 의미이다.

서로 다른 고체는 비열이 다르다. 그렇다면 고체 내부에 유입된 에너지는 분자와 원자들의 운동에너지와 위치에너지를 만드는 데 어떻게 배분될까? 비열이 큰 물체의 경우, 유입된 에너지 대부분은 분자들 사이에 작용하는 위치에너지를 만드는 데 배분된다. 에너지보존법칙에 따라 분자들의 운동에너지를 만드는 데 배분되는 에너지양은 상대적으로 적어질 수밖에 없다.

도자기와 금속을 비교해 보면 알 수 있다. 도자기는 금속보다 비열이 크다. 도자기 분자들 사이 상호작용이 금속 분자들보다 강하기 때문이다. 고체 내부 두 분자 간 결합을 하나의 스프링으로 가정하고 도자기와 금속의 성질을 비교해 보자. 도자기 내부의 스프링은 금속 내부의 스프링보다 팽팽하다. 또 도자기는 금속보다 단단하고 부스러지기 쉽다. 반면 금속은 도자기보다 무르고 쉽게 변형된다. 도자기 분자들 사이 결합(스프링)이 금속 분자들보다 팽팽하므로 똑같은 폭으로 진동했을 때 도자기 분자들은 금속 분자들보다 더 큰 탄성 위치에너지를 갖는다. 그러므로 경도가 큰 재료에 에너지가 유입됐을 때 분자들 사이 위치에너지를 만드는 데 더 많은 에너지를 배분하고, 운동에너지를 만드는 데 배분되는 에너지양은 상대적으로 적다. 하지만 고체 온도는 분자들의 운동에너지와만 관계된다. 따라서 같은 양의 에너지가 유입됐을 때 경도가 큰 재료는 경도가 작은 재료보다 온도가 적게 상승한다.

또한 금속 내부에는 대량의 자유전자가 들어 있다(자유전자의 위치에너지는 0에 가깝다. 그렇지 않으면 자유로운 운동이 불가능할 것이다. 자유전자에 유입된 에너지는 거의 대부분 운동에너지로 전환된다). 그러므로 온도가 빠르게 상승한다.

물질의 비열이 항상 일정하지는 않다. 온도가 변하면 분자들 간 또는 원자들 간 스프링의 탄성계수가 변하면서 물질의 비열도 변한다. 고체의 비열은 외부 압력에 따라서도 변한다.

열 팽창계수

열 팽창계수도 고체의 중요한 열적 성질 중 하나이다. 열 팽창계수는 온도 변화에 따른 물체의 팽창과 수축 현상을 정량적으로 서술하는 물리량이다. 열 팽창계수를 통해 어떤 고체를 가열하면 구체적으로 얼마나 팽창하는지 알 수 있다.

열 팽창계수는 실생활에서 아주 중요하게 활용되는 물리량이다. 건설 공사를 할 때 온도 변화에 따른 물체의 팽창과 수축 현상은 반드시 고려해야 할 요인이다. 예를 들어 철도의 레일은 일정한 거리 사이에 약간의 틈을 떼어놓았다. 계절에 따라 레일이 팽창하고 수축했을 때를 고려해서 빈틈을 만든 것이다. 목재 바닥재를 깔 때도 바닥재와 바닥재 사이에 약간의 빈틈을 만들어놓는데 이 또한 나무의 열 팽창 성질을 고려했기 때문이다.

그러면 물체는 무엇 때문에 온도 변화에 따라 팽창하고 수축할까? 온도가 상승하면서 분자들과 원자들의 진동이 격렬해지고 진폭이 커져서 물체의 전체적인 부피가 늘어나는 걸까? 그렇지 않다. 고체가 온도 변화에 따라 팽창하고 수축하는 이유는 분자들의 격렬한 진동 때문이 아니라 분자 위치에너지의 비대칭성 때문이다.

분자들 사이에 작용하는 반데르발스 힘은 비대칭적인 힘이다. 반데르발스 힘은 분자들 사이의 거리가 가까울 때는 척력으로 작용하고 거리가 멀 때는 인력으로 작용한다. 이는 늘어났을 때나 줄어들었을 때 원래 상태로 돌아오려고 하는 스프링의 특성과 비슷하다. 하지만 스프링을 잡아당겼을 때나 압축했을 때 작용하는 탄성력은 대칭성을 갖는다. 즉 스프링을 1센티미터 잡아당겼거나 압축했을 때 작용하는 탄성력은 방향만 다를 뿐 크기가 같다. 스프링에 분자 하나를 매달았다고 가정해 보자. 분자를 가열해 진동 운동을 하게 하면 어떻게 될까? 탄성력은 대칭성을 갖기 때문에 잡아당기거나 압축할 때 똑같은 크기의 힘이 작용한다. 그러므로 잡아당겼을 때와 압축했을 때 진동 운동하는 분자의 진폭은 동일하다. 즉 분자의 평균 진폭과 평균 평형 위치는 변하지 않는다.

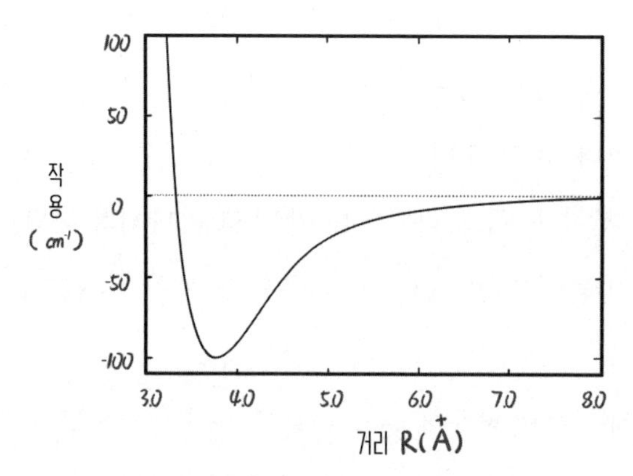

평형 위치 부근에서 탄성력과 장력은 비대칭성을 갖는다.

그림18-3 **반데르발스 힘**

그림18-3을 보면, 반데르발스 힘이 비대칭이라는 사실을 알 수 있다. 물체를 똑같은 길이만큼 압축하는 데 드는 추력推力(미는 힘)은 잡아당기는 데 드는 장력보다 크다. 달리 말해 압축했을 때보다 잡아당겼을 때 반데르발스 힘의 작용력이 더 크다는 얘기이다. 그러므로 온도가 상승하면서

분자가 갖는 진동 운동에너지를 이용해 잡아당겼을 때 늘어난 길이는 똑같은 운동에너지로 압축했을 때 줄어든 길이보다 길다. 결국 진동하는 분자의 평균 진폭이 커지면 분자는 원래 평형 위치에 있지 않고 옆의 분자와 멀리 떨어진다. 이것이 온도 변화에 따른 물체의 팽창과 수축 원리이다. 요컨대 분자의 위치에너지가 완전한 대칭성을 갖는다면 온도 변화에 따른 팽창과 수축 현상이 일어나지 않고 고체의 부피도 온도에 따라 변하지 않을 것이다.

열 팽창계수로 온도 변화에 따른 팽창과 수축 현상을 서술할 수 있다. 열 팽창계수는 온도 상승에 따른 부피의 팽창률로 정의한다.

열 전도성

이번에는 고체의 열 전도성을 알아보자. 우리는 생활 경험을 통해 금속이 도자기보다 열을 더 빠르게 전달한다는 사실을 알고 있다. 그래서 사람들은 물을 끓일 때는 금속 주전자를 사용하고 차를 우릴 때는 도자기로 된 다기를 사용한다. 이는 금속이 도자기보다 열 전도성이 높은 원리를 이용한 것이다.

고체의 열 전도성은 무엇에 의해 결정될까? 고체의 열 전도성은 비열과 관계된다. 일반적으로 비열이 작은 고체는 비열이 큰 고체보다 열 전도성이 높다. 비열이 작은 고체에서는 유입된 에너지 대부분이 분자와 원자의 운동에너지로 전환된다. 열 전달의 본질은 분자 간 운동에너지 전달이기 때문이다.

고체의 열 전달은 두 부분으로 이뤄진다. 하나는 고체를 구성한 분자와 원자들의 진동에 따른 전달이다. 결정체는 격자 진동으로 전달된다. 다른 하나는 높은 운동에너지를 가진 자유전자들의 이동에 따라 열이 전달된다.

열 응력thermal stress

고체의 비열, 열 팽창계수, 열 전도성에 대해 알아봤으니 이제 열 응력이 남았다. 열 응력은 온도의 변화나 온도 분포의 불균일성에서 생기는 응력이다. 예를 들어 고체를 가열하면 열 팽창 현상이 생기는데 이런 팽창은 고체 전체에 균일하게 생기지 않고 일부분에 생긴다. 이 같은 팽창차에 따라 응력이 발생한다.

공학 장치를 만들 때 고체 부품을 일정한 방식에 따라 연결한다. 예를 들면 자동차 엔진 내부의 실린더와 피스톤 같은 부품은 온도 변화가 극심한 환경에서 작동하면서 공간적 위치가 정해져 있다. 이들 부품 사이에 작용하는 힘은 온도 변화에 따라 변한다. 그러므로 장치가 안정적으로 운행하려면 열 응력의 영향도 충분히 고려해야 한다.

온도 분포의 불균일성은 실생활에서 흔히 볼 수 있는 현상이다. 이를테면 부품의 특정 부분의 온도가 다른 부분보다 높아지면 팽창 차이에 따라 열 응력이 발생한다. 부품의 온도가 갑자기 높아졌다가 낮아질 때도 열 응력이 생길 수 있다. 예를 들어 차가운 유리컵에 펄펄 끓는 물을 부으면 컵이 깨진다. 열 응력 때문에 생긴 현상이다. 재료의 열 응력 연구는 공학 분야에서 중요한 부분을 차지한다.

18-3

재료의 전기적 속성

고체 재료의 역학적 성질과 열적 성질을 알았으니 재료의 전기적 특성도 직접적 측정할 수 있다.

도체conductor와 절연체insulator

도체와 절연체를 구분하는 기준은 전기 전도성이다. 이를테면 금속은 전기가 통하는 물질이다. 또 서로 다른 금속은 전기 전도성이 다르다. 은의 전기 전도성이 가장 뛰어나다. 그다음이 구리, 세 번째가 금이다. 도자기와 플라스틱은 전기가 통하지 않는다.

전기 전도성의 본질은 무엇인가?

먼저 '전기가 통한다'는 말의 의미를 살펴보자. 전기가 통한다는 건 고체 재료에 전류가 흐른다는 얘기이다. 전류는 방향성을 띤 하전입자들의 이동으로 생성된다. 코일에 전류가 흐르게 하려면 전지를 연결해 코일 양끝에 전압이 생기게 해야 한다. 전압의 본질은 도선에 전기장이 형성돼 쿨롱 힘이 하전입자들에 작용하는 현상이다. 쿨롱 힘의 작용 아래 하전입자들이 일정한 방향으로 이동하면서 전류가 생성된다.

도체가 절연체와 가장 큰 차이는 도체 안에 대량의 자유전자가 포함돼 있다는 점이다. 자유전자들은 원자핵의 속박을 받지 않고 도체 내부에서 자유롭게 이동할 수 있다. 온도가 높을수록 전자들의 운동 속도는 빨라진다. 자유전자들은 일정한 방향으로 이동하지 않고 무질서하게 운동한다.

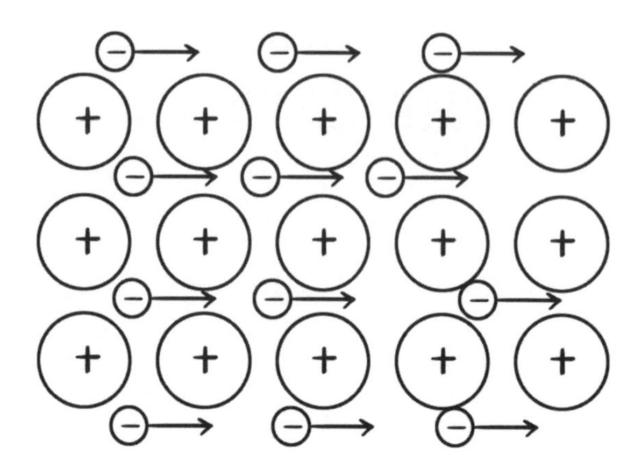

그림18-4 도체 내부 전자들의 방향성을 띤 이동

그러므로 전체적으로 방향성을 띠지 않으면서 전류를 형성하지 못한다.

하지만 전기장이 생기면 얘기가 달라진다. 이제 자유전자들은 무질서하게 운동하면서 전체적으로는 일정한 방향성을 띠면서 이동한다. 이같이 자유전자들의 방향성을 띤 이동 때문에 전류가 생성된다. 일반적으로 재료의 전기 전도성과 열 전도성의 세기는 양의 상관관계를 갖는다. 보통 전기 전도성이 높은 물질은 열 전도율도 높다. 전기 전도성이 높은 물질은 대량의 자유전자를 갖고 있다. 자유전자들의 방향성을 띤 이동으로 전류가 생성되고 자유전자들의 무질서한 운동에 따라 열량이 발생하기 때문이다.

반면 절연체는 그리 많은 자유전자를 갖고 있지 않다. 절연체 내부 전자들은 대부분 원자핵에 붙들려 주변에 위치한다. 전기장이 발생해도 원래 위치를 떠나 일정한 방향으로 이동할 수 없기 때문에 전류를 발생시킬 수 없다. 극열 편 16장에서 이온화 과정에 대해 이야기했었다. 전기장의 세기가 일정 수준 이상이 되면 절연체가 이온화돼 도체로 변한다. 번개가 바로 공기의 이온화에 의해 발생하는 현상이다.

왜 금속에 많은 자유전자가 포함돼 있을까? 왜 절연체 내부에는 자유전자가 거의 없을까? 이는 물질의 원자 구조와 관련된다. 극소 편에서 원자 내부 전자들은 슈뢰딩거 방정식, 최소 에너지 원리, 파울리의 배타 원리에 따라 가장 안쪽에서 바깥쪽 순으로 각 전자껍질에 채워진다고 얘기했었다. 원자핵의 양전하 중 일부는 안쪽 껍질에 있는 전자의 음전하에 의해 상쇄된다. 따라서 원자핵으로부터 가장 멀리 떨어진 바깥 껍질에 있는 전자는 전자기력의 영향을 적게 받아 쉽게 자유전자로 변한다.

도체와 절연체의 전기 전도성이 다른 이유는 원자의 가장 바깥쪽 전자껍질의 전자 배치가 다르기 때문이다. 원자 내부 전자들은 전자껍질의 에너지 준위에 따라 배치된다. 전자는 페르미온이다. 파울리의 배타 원리에 따르면 각 전자껍질에 채워지는 전자 수는 제한돼 있다. 구체적으로 몇 개가 들어갈 수 있는지는 각 전자껍질에 대한 슈뢰딩거 방정식의 해에 에너지 준위가 같은 궤도 함수가 몇 개 포함돼 있는지에 따라 결정된다.

이 부분에서 도체와 절연체는 차이를 가진다. 도체 원자의 가장 바깥쪽 전자껍질에는 전자가 절반 미만만 채워지고, 절연체 원자의 가장 바깥쪽 전자껍질에는 전자가 절반 이상 채워진다. 예를 들어 나트륨 원자의 가장 바깥쪽 전자껍질은 최대 여덟 개의 전자를 수용할 수 있지만 전자가 한 개만 배치된다. 산소 원자도 가장 바깥쪽 전자껍질에 최대 여덟 개의 전자를 배치할 수 있는데 나트륨 원자와 달리 여섯 개가 배치된다. 즉 전자가 절반 이상 채워지는 것이다. 금속은 원자의 가장 바깥쪽 전자껍질에 전자가 절반 미만만 채워지기 때문에 전기 전도성을 띤다. 반면 산소 같은 물질은 원자의 가장 바깥쪽 전자껍질에 절반 이상의 전자가 배치되므로 절연체이다.

원자의 가장 바깥쪽 전자 배치는 자유전자의 존재 여부를 결정한다. 그 이유는 무엇인가? 가장 바깥쪽 전자들의 자유 이동 여부를 살펴보자. 가장 바깥쪽 전자껍질에 전자가 절반 미만만 채워지면 이 전자들은 자유롭게 운동할 수 있다. 전자껍질에 빈 공간이 많기 때문에 주변에 있는 다른 원자의 가장 바깥쪽 전자들이 마음대로 드나들 수 있기 때문이다. 어떤 아파트가 있는데 집집마다 면적이 200평방미터로 똑같고, 한 집에 한 사람밖에 살지 않는다고 가정해 보자. 집에 빈 공간이 많고 또 혼자 살면 적

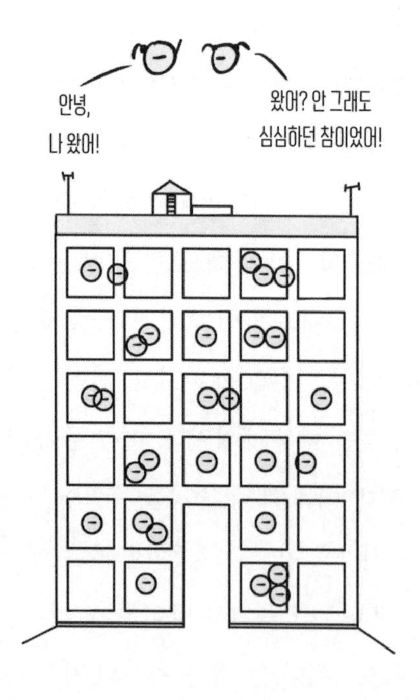

그림18-5 도체 원자의 가장 바깥쪽 전자들은 자유로운 '왕래'가 가능하다.

적하다 보니 사람들은 외로움을 달래기 위해 자연스레 자주 왕래하면서 지낸다.

반면 절연체는 원자는 바깥쪽 전자껍질에 전자가 절반 이상 채워진다. 산소 원자는 가장 바깥쪽 전자껍질에 전자가 여섯 개 채워진다. 따라서 이 전자들이 다 함께 주변 다른 원자의 전자껍질로 이동하기는 불가능하다. 주변 다른 원자의 바깥쪽 전자껍질에도 빈 공간이 부족하기 때문이다. 마치 면적이 30평방미터밖에 안 되는 좁은 집에 여섯 명이 모여 사는데 눈치 없는 이웃이 마실 온 셈이다. 이 경우에는 왕래하지 않는 게 서로에게 좋다.

요컨대 도체의 전기 전도성이 높은 이유는 원자의 가장 바깥쪽 전자껍질에 전자가 적게 채워져 전자들의 자유 이동이 가능하기 때문이다. 절연체의 경우 상황이 반대된다. 도체는 가장 바깥쪽 전자껍질의 궤도가 이웃한 원자의 그것과 거의 겹치듯이 존재해서 전자가 쉽게 이동한다.

반도체semiconductor

물론 항상 임계 상황이 존재한다. 원자 내부 전자 배치 상황도 마찬가지이다. 원자의 가장 바깥쪽 전자껍질에 전자가 딱 절반만 채워졌다면 어떻게 될까? 이런 원자들로 구성된 물질이 바로 반도체이다. 반도체는 도체와 절연체의 중간 정도의 전기 전도성을 갖는다. 가장 이상적인 반도체 소재로 꼽히는 실리콘silicon은 원자의 가장 바깥쪽 전자껍질에 최대 여덟 개의 전자를 수용할 수 있다. 실제로는 전자가 네 개 배치된다. 이 네 개의 전자가 주변 원자의 가장 바깥으로 이동할지 여부는 중립성을 띤다. 즉 이동할 때도 있고 이동하지 않을 때도 있다. 따라서 실리콘은 중간 정도의 전기 전도성을 갖는다. 중간 정도의 전기 전도성을 갖는 물질은 전자회로의 기본 요소인 논리 게이트logic gate를 만드는 데 사용된다. 전자회로는 실리콘 기판에 에칭etching 기법을 적용해 제작한다.

저항resistance

재료의 전기 전도성의 강약을 판단하는 물리량을 저항이라고 한다. 저항은 전기 전도성에 반대되는 개념이다. 저항이 클수록 전기 전도성이 약하다. 이온화되기 전의 절연체는 거의 무한대의 저항을 갖고 있다. 절연체의 저항이 큰 이유는 전자들이 원자핵에 단단히 묶여 방향성을 띤 이동을 할 수 없기 때문이다.

도체에 저항이 생기는 원리는 절연체와 다르다. 전류를 생성하는 자유전자들은 일정한 방향으로 이동하는 과정에서 원자들과 충돌한다. 원자의 위치는 상대적으로 고정돼 있다. 또 원자의 질량은 전자의 수천 수만 배이다. 따라서 전자와 원자의 충돌은 전자가 두텁고 단단한 벽에 부딪히는 꼴이다. 원자들이 서로 아주 멀리 떨어져 있어도 전자와 원자의 충돌은 피할 수 없다. 자유전자들은 일정한 방향으로 이동하기 때문이다. 즉 원자는 전자의 이동을 방해하는 역할을 한다. 따라서 도체의 저항이 크다는 말은 원자의 방해 효과가 크게 나타났다는 뜻이다. 전자는 원자와 충돌하면서 운동에너지를 잃는다. 최종적으로는 에너지보존법칙에 따라 전자와 원자의 무질서한 운동으로 연결되면서 재료의 온도를 상승시킨다. 백열전구가 바로 필라멘트의 원자가 전류에 의해 발열한 다음 열복사로 빛을 내는 원리를 이용한 것이다.

비등방성anisotropy, 非等方性

도체마다 저항의 크기가 다 다르다. 저항의 크기에 영향을 주는 요인은 원자의 크기와 질량, 원자들 사이의 거리 등 매우 많다. 결정체의 저항은 방향에 따라 서로 다른 물리적 성질을 띤다. 결정체 내부의 주기적 기하 구조periodic structure때문에 전자들이 서로 다른 방향으로 이동하면서 원자와 충돌할 때 일정한 법칙을 따르지 않기 때문이다.

지금까지 재료의 전기 전도성에 대해 알아보았다. 19장에서 양자역학적 측면에서 도체, 절연체와 반도체를 다시 살펴보겠다.

18-4 재료의 자기적 특성

19세기 영국 물리학자 맥스웰은 모든 고전 전자기 현상을 서술할 수 있는 맥스웰 방정식을 정리해 냈다. 맥스웰 방정식은 전기와 자기 사이의 밀접한 관계를 깊이 있게 규명했다. 전기장의 변화는 자기장을 유도하고, 자기장의 변화는 전기장을 만들어낸다. 앞에서 재료의 전기적 성질에 대해 알아봤으니 여기에서는 재료의 자기적 성질을 살펴보자.

자기장에 대한 반응은 재료에 따라 다르다. 예를 들면 자석은 철, 코발트, 니켈 등 금속만 끌어당긴다. 금, 은, 구리 등 금속은 자석에 반응하지 않는다. 또 어떤 재료는 자기장 안에서 쉽게 자석 성질을 가지지만 어떤 재료는 쉽게 자성화磁性化되지 않는다. 재료의 자기적 특성은 재료를 구성하는 원자 속 전자 배치에 따라 결정된다.

자성이란 무엇인가

물질이 자성을 가지는 원인은 무엇일까? 극대 편과 극소 편에서 기본 입자의 스핀에 대해 이야기했었다. 스핀은 기본 입자의 고유 속성이다. 소립자를 작은 자석이라고 가정하면 원자 내부 전자들도 각각 작은 자석이라고 할 수 있다. 따라서 고체 재료가 자기적 성질을 가졌다면 이는 원자 내부 전자의 스핀 때문이다.

대부분 재료를 구성하는 전자들의 스핀 방향은 제각각이고 무질서하다. 따라서 대부분 재료는 자성을 갖지 못한다. 하지만 서로 다른 재료는 자기장 속에서 서로 다른 반응을 보인다. 이같이 자기장 속에서 재료에 따라 달라지는 반응이 바로 재료의 자기적 속성이다. 서로 다른 재료는 왜 서로 다른 자기적 속성을 가질까? 간단한 이치이다. 작은 자석들을 가득 배열했을 때 배열 방식이 다르면 자기적 속성도 달라진다.

원자 내부 전자들은 에너지 준위에 따라 각 전자껍질에 배치된다. 서로 다른 원자는 전자 배치 방식이 다르므로 저마다 다른 자기적 속성을 가진다.

반자성diamagnetism

반자성도 흔히 볼 수 있는 자기적 성질이다. 반자성이란 물체를 자기장에 놓았을 때 물체의 자성의 세기가 약해지는 현상을 말한다. 반자성은 전자 배치 방식에 따라 발생하는 가장 보편적인 현상이다. 슈뢰딩거 방정식에 따르면 원자 내부 전자껍질은 에너지 준위에 따라 구분된다. 하나의 전자껍질은 하나 또는 여러 개의 궤도 함수로 이뤄져 있다. 파울리의 배

타원리에 따라 하나의 궤도에 최대로 수용 가능한 전자 수는 두 개이고 두 전자의 스핀은 반대 방향이다. 마치 두 개의 자석을 반대 방향으로 배열한 것과 같다. 일상 경험에 비춰볼 때 두 자석은 서로 반대 방향으로 배열돼야 안정적 상태를 유지한다. N극과 N극, S극과 S극이 한 방향으로 있으면 서로 배척한다.

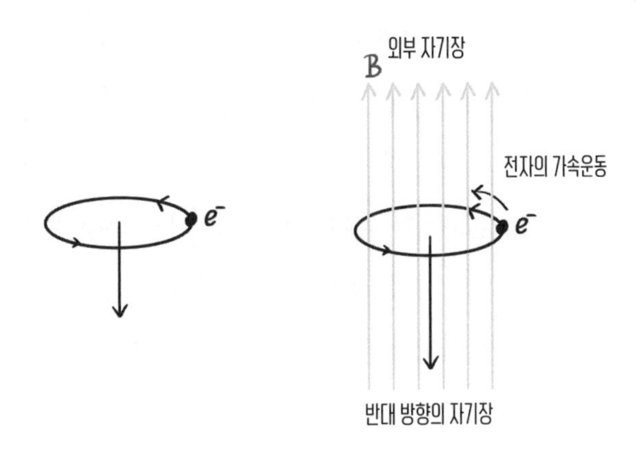

그림18-6 **자기장 속에서 전자는 로렌츠 힘의 영향을 받는다**

물체가 반자성을 가지는 이유는 물체를 구성하는 전자들의 배치 방식 때문이다. 즉 원자 내부 모든 궤도에 반대 스핀을 가진 전자가 한 쌍씩 배치돼 있기 때문이다. 이때 외부에 자기장이 생성되면 물체의 자성이 약해진다. 무엇 때문인가?

모든 궤도에 반대 스핀을 가진 전자가 한 쌍씩 있기 때문에 두 전자는 자성이 서로 상쇄돼 자기장을 형성하지 못한다. 하지만 이 전자들은 원자핵을 중심으로 운동하기 때문에 고리 모양으로 흐르는 전류가 자기장을 발생시키듯 자기장을 하나 만들어낸다. 여기에 외부 자기장이 영향을 주면 운동하는 하전입자들은 운동 속도가 변한다. 즉 전자들의 운동에 따라 생긴 고리 모양의 전류 흐름이 자기장을 만들어내고, 이렇게 만들어진 자기장의 방향과 외부 자기장의 방향이 반대되면서 반자성을 띠는 것이다.

상자성paramagnetism

물체의 자기적 특성 중에 반자성과 비교되는 상자성 현상도 있다. 상자성은 물체를 자기장에 놓았을 때 물체 내부에 형성된 자기장이 외부 자기장보다 강해지는 현상을 말한다. 상자성은 전자들의 특별한 배치 방식 때문에 발생하는 현상이다. 예를 들어 한 원자의 가장 바깥쪽에 다섯 개의 궤도 함수가 포함돼 있고 다섯 개의 전자가 배치돼 있다고 가정하면 이 다섯 개의 전자는 각자 궤도를 하나씩 단독으로 차지하려고 한다. 이를 '훈트 규칙Hund's rule'이라고 한다.

무엇 때문에 이런 현상이 생기는가? 전자가 둘씩 짝을 이뤄 두 쌍의 전자가 각기 궤도를 하나씩 차지하고 마지막 전자 하나가 혼자 궤도 하나를 차지하면 다섯 개의 궤도 중에서 두 개가 빈다. 반대 스핀을 가진 한 쌍의 전자가 같은 궤도에 있어야 자성이 서로 상쇄돼 자기적 상호작용 에너지가 더 작아지는 게 아닐까? 다섯 개의 전자가 저마다 다섯 개의 궤도에 단독으로 배열되면 자기적 상호작용 에너지가 더 커지지 않을까?

사실 여기에서는 두 가지 에너지를 고려해야 한다. 하나는 자기적 상호작용 에너지이고 다른 하나는 전기적 상호작용 에너지이다.

앞에서도 말했지만 안정적인 계는 최소 에너지를 가진 계이다. 다섯 개의 전자가 각기 다섯 개의 궤도에 단독으로 배열되면 언뜻 보기에는 자기적 상호작용 에너지가 증가한 듯 보인다. 하지만 다섯 개의 전자가 다섯 개의 궤도로 분산됐을 때 원자핵이 전자들에게 미치는 영향은 전자들이 밀집됐을 때보다 커진다. 즉 원자핵의 양전하가 모든 전자들에 더 크게 작용한다. 게다가 원자핵과 전자들 간 거리도 더 짧아져서 전자들이 가진 전기적 위치에너지도 작아진다.

다섯 개의 작은 자석(전자)들이 궤도를 하나씩 차지했을 때 외부 자기장이 생성되면 스핀은 같은 방향을 향하게 된다. 즉 전체적으로 같은 방향의 자기 회전력을 가지고, 동일한 자성을 띤다. 따라서 물체 내부 자기장이 강해질 수밖에 없다. 대표적인 상자성체로 알루미늄과 티타늄을 꼽을 수 있다.

강자성ferromagnetism

철 같은 물질은 자석 근처에 한동안 놔두면 자성을 갖게 된다. 하지만 다른 재료들은 그렇지 않다. 일반적인 상자성체는 외부 자기장을 없애면 자성도 사라진다. 이같이 물체가 외부 자기장 때문에 자성화된 후 자기장을 없애도 자성이 그대로 남아 있는 성질을 강자성이라고 한다.

모든 재료는 온도를 갖고 있다. 온도는 재료를 구성하는 분자와 원자들의 무질서한 운동을 의미한다. 외부 자기장을 제거하면 원자들의 무질서한 운동이 더욱 활발해진다. 그러므로 상자성체는 외부 자기장을 없애면 자성도 사라진다. 하지만 철과 같은 강자성체는 다르다. 물론 철을 구성하는 원자들도 무질서하게 운동한다. 하지만 외부 자기장이 생성됐다가 사라지면 같은 방향으로 배열된 가장 바깥쪽 전자들 때문에 전자들의 전기적 위치에너지가 크게 줄어들면서 총에너지도 따라서 작아진다.

퀴리 온도Curie temperature

이쯤에서 '퀴리 온도' 개념을 소개하겠다. 퀴리 온도는 프랑스 물리학자 피에르 퀴리Pierre Curie가 실험을 통해 발견한 현상이다. 위의 내용을 되새겨 보면, 물체가 강자성을 가질 수 있느냐 여부는 두 가지 힘의 '대결' 결과로 결정된다. 즉 원자나 분자들의 무질서한 열운동을 지향하는 힘이 더 크냐 아니면 강자성에 따라 최소 에너지를 얻으려는 힘이 더 크냐로 결정된다.

두말할 필요도 없이 온도가 상승할수록 원자나 분자들의 무질서한 열운동 추세는 점점 강해진다. 이 온도 임계점을 퀴리 온도라고 한다. 철 같은 강자성체도 일정 온도 이상으로 가열돼 퀴리 온도에 도달하면 자력이 사라져 상자성체로 변한다. 상자성체와 강자성체의 본질적인 차이를 결정하는 요인 중 하나가 바로 퀴리 온도이다. 상자성체는 비교적 낮은 퀴리 온도를 가진 물질이다. 주요 상자성체의 퀴리 온도는 실온보다도 낮다. 반면 강자성체의 퀴리 온도는 높다.

반강자성antiferromagnetism

반자성, 상자성, 강자성은 재료의 세 가지 주요 자기적 성질이다. 이 밖에 전자 배치 방식에 따라 자기적 성질이 몇 가지 더 존재한다. 서로 다른 원자의 전자들은 서로 다른 규칙에 따라 정렬한다. 예를 들어 반강자성체를 구성한 원자의 전자들은 서로 반대 방향(반평행)으로 정렬한다. 전자의 전체 배열 형태가 네모 모양이라고 가정해 보자. 첫째 줄이 상, 하, 상, 하 순으로 정렬한다면 두 번째 줄은 하, 상, 하, 상 순으로 정렬한다. 즉 개별 전자를 중심으로 주변 전자들은 모두 반평행으로 정렬한다.

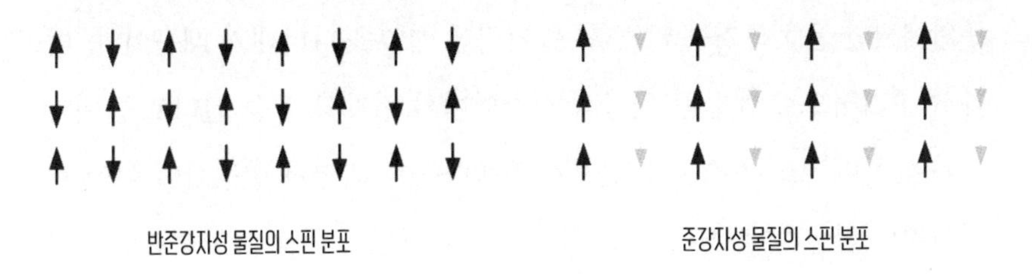

그림18-7 반준강자성 물질과 준강자성 물질의 스핀 분포

전자 정렬 방식에 따라 세분화할 경우 재료의 자기적 성질에는 준강자성과 반反준강자성도 포함된다. 요컨대 재료의 자기적 성질은 재료를 구성하는 원자의 배열, 내부 구조와 밀접하게 연관된다.

완전 반자성super-diamagnetism

초전도체에서 볼 수 있는 완전 반자성도 재료의 자기적 성질 중 하나이다. 완전 반자성은 물질이 초전도 상태일 때 외부 자기장이 전혀 안으로 들어가지 못하는 현상, 즉 초전도체 내부의 자기장이 0이 되는 현상이다. 요컨대 재료의 자기적 특성은 크게 세 가지로 나눌 수 있으며, 스핀 정렬 모형으로 재료의 모든 자기적 성질을 일괄적으로 서술할 수 있다.

여기까지 재료의 여러 가지 성질을 다양하게 알아보았다. 하지만 지금까지 다룬 내용은 비교적 평이하고 단순했다. 기껏해야 원자 내부 전자 배치에 대해 분석한 게 전부이다. 또 이 같은 도식physical schema이 물질의 성질을 분석하는 데 너무 치우쳤다.

재료의 미시적 성질을 알려면 양자역학적 측면에서 분석할 필요가 있다. 실세계에 실재하는 고체, 특히 결정체의 내부 원자는 하나의 원자핵

주위에서만 운동하지는 않는다. 주기적인 배열을 나타내기 때문이다. 따라서 주기적으로 배열된 원자핵 시스템에서 전자의 운동 원리도 들여다보아야 한다. 또 이 경우에 전자가 만족하는 슈뢰딩거 방정식이 어떤 형태인지도 연구해야 한다. 사실 이 같은 문제들은 모두 고체물리학의 연구 범위에 포함된다. 고체물리학 이론을 잘 이해하면 재료의 광학적 성질 또한 더욱 분명하고 정확하게 해석할 수 있다.

CHAPTER 19

고체물리학

Solid State Physics

19-1

에너지띠 구조

재료의 여러 가지 성질은 본질적으로 재료를 구성하는 원자들의 미시적 특성에 따라 결정된다. 그러므로 양자역학에 기반해야 본질에 가장 가깝게 분석할 수 있다.

고체 내부의 원자 분포

재료의 양자적 성질을 이해하려면 관찰 대상의 양자 상태를 서술해야 한다. 극소 편에서 원자의 양자 상태에 대해 비교적 자세하게 분석했었다. 즉 원자는 중심에 있는 원자핵과 그 주위에서 운동하는 전자들로 구성돼 있다. 원자핵은 전자보다 훨씬 무겁다. 원자핵의 질량은 전자의 수천 수만 배에 이른다. 이 때문에 원자를 다룰 때 원자핵이 원자 중심에서 움직이지 않는다고 가정한다. 즉 원자핵은 전자들의 전기적 위치에너지에만 영향을 미친다고 가정하는 것이다. 전자의 운동을 기술하려면 슈뢰딩거 방정식으로 전자의 확률파동을 이용하면 된다. 여기까지가 개별 원자에 대한 양자역학적 도식이다. 보다시피 상대적으로 간단하다. 하지만 고체의 경우 상황이 이렇게 간단하지 않다.

고체 내부에는 많은 원자들이 작은 면적에 배열돼 있다. 따라서 원자 사이의 거리가 매우 가깝다. 인접한 원자들은 모두 전자의 전기적 위치에너지에 영향을 준다. 여전히 슈뢰딩거 방정식으로 전자의 파동함수를 서술할 수 있지만 전자의 운동에 영향을 주는 요인은 매우 복잡하다.

간단하게 보자면, 고체를 구성하는 원자들의 원자핵과 전자들 사이에는 세 가지 상호작용이 존재한다. 하나는 원자핵과 원자핵의 전자기 상호작용, 다른 하나는 전자와 전자의 상호작용, 나머지 하나는 전자에 작용하는 모든 원자핵들의 전자기력이다. 이 세 가지 작용력이 중첩돼 나타나는 극히 복잡한 계를 살펴볼 때는 모형을 최대한 간결하게 정리해서 설정해야 한다.

먼저 원자핵과 원자핵의 상호작용은 무시해도 된다. 원자에서 원자핵의 위치는 상대적으로 고정돼 있다. 이에 비해 전자들은 상대적으로 자유롭다. 예를 들면 금속에는 자유롭게 이동하는 자유전자들이 많이 들어 있다. 이들 전자에 비하면 원자핵은 정지 상태로 움직이지 않는다고 가정해도 문제없다. 물론 서로 다른 원자의 원자핵들 사이에 상호작용이 일어나 원자핵의 위치가 변화하고 이에 따라 주변 전자들에 전기적 위치에너지를 가져다주는 경우도 있다. 하지만 이 같은 변화는 활발하게 움직이는 전자들에 별로 큰 영향을 주지 못한다. 전자들의 운동에 아주 조금 영향을 미칠 뿐이다.

다음으로 전자와 전자의 상호작용도 어느 정도 무시할 수 있다. 원자와 원자 사이의 거리는 매우 멀다. 따라서 고체 안에서도 전자는 원자들 사이를 자유롭게 이동할 수 있다. 극열 편에서 이상기체 모형을 분석할 때 전자들 사이에 상호작용이 존재하지만 전자의 운동에 아주 작은 영향만 미친다고 이야기했었다. 물론 전자와 전자의 상호작용을 항상 무시해도 되는 것은 아니다. 전자들 사이의 상호작용이 아주 강한 경우도 많다. 대표적인 예로 모트 절연체Mott insulator를 들 수 있다. 하지만 여기에서는 모트 절연체 같은 재료는 미뤄두고 일반적인 재료만 탐구 대상으로 삼는다. 사실 전자와 전자의 상호작용만을 다루는 분야도 있다. 주요 물리학 과제 중 하나인 강상관계strongly connected system 연구가 그것이다. '강상관'이란 전자가 무시하면 안 될 정도로 매우 강하게 상호작용하는 상태를 말한다.

결국 세 가지 상호작용 중에서 개별 전자에 작용하는 원자핵들의 전자기력만 고려하면 된다. 여기에서 중점적으로 다뤄야 할 대상은 결정체를 구성한 전자들의 운동이다. 결정체를 구성한 원자들은 규칙적으로 배열돼 일정한 기하학적 형태를 나타낸다. 이를테면 염화나트륨의 결정 구조는 정육면체이다. 한 개의 염소 원자는 주위에 있는 여섯 개의 나트륨 원자와 서로 끌어당기고, 마찬가지로 한 개의 나트륨 원자는 그 주위의 여섯 개의 염소 원자와 서로 끌어당겨서 안정적인 상태의 결정을 이룬다. 염화나트륨의 결정 구조는 처음에 세웠던 가설에 들어맞는다. 즉 원자 내부에서 원자핵이 움직이지 않기 때문에 전자들의 운동만 살펴보면 된다.

위의 내용을 종합해 결정체의 양자 상태를 서술하자면 '한 무더기의 원자들이 하나의 3차원 격자3-dimensional lattice를 구성하고, 이 공간 격자space lattice는 규칙적인 기하학적 형태를 나타낸다.' 이제 음전하를 띤 전자가 공간 격자 안에서 어떻게 운동하고, 전자의 파동함수가 어떻게 슈뢰딩거 방정식을 만족시키는지 알아보자.

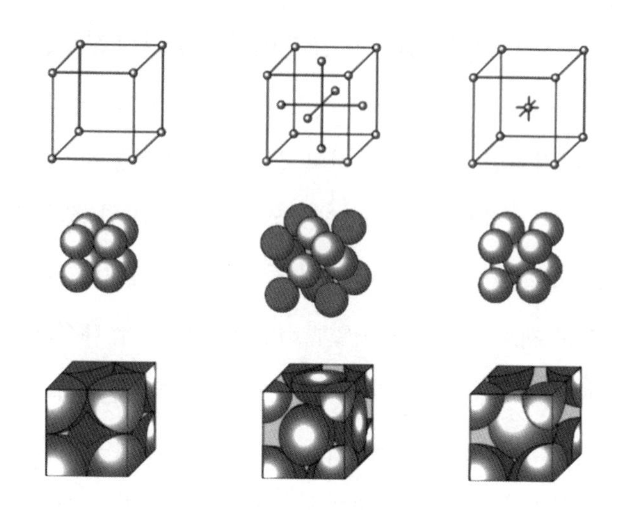

그림19-1 세 가지 결정 구조

원론적으로는 공간 격자에 대한 슈뢰딩거 방정식의 해를 구하기만 하면 결정체 내부 전자들의 파동함수를 알 수 있다. 하지만 슈뢰딩거 방정식의 해를 구하기 전에 먼저 물리학적 관점에서 직관적으로 분석해 보는 것도 나쁘지 않다.

원자 속에는 양자화된 전자들이 들어 있다. 전자의 에너지는 양자화돼 있다. 전자가 갖는 양자화된 에너지는 흩어져 있고 불연속적이다. 또 전자의 에너지 준위 사이에는 간격이 존재한다.

다원자의 에너지 준위

원자 하나만 놓고 보면 전자는 한 원자핵의 영향을 받아 에너지 양자화 특징을 나타낸다. 만약 원자핵이 하나 더 증가한다면 어떻게 될까? 즉 전자가 서로 일정 간격으로 떨어져 있는 두 원자핵 주위에서 운동한다면 에너지 양자화 상태가 유지될까?

당연히 유지될 것이다. 이는 직관적으로 알 수 있는 문제이다. 전자 입장에서 보자면 원자핵 양전하의 분포가 정량적인 변화를 일으켰을 뿐이므로 에너지 준위의 양자화 특징은 여전히 그대로 유지된다. 그렇다면 원자핵이 세 개, 네 개, 더 나아가 *N*개로 증가하면 어떻게 될까? 원자들이 격자를 형성한 경우에는 어떻게 될까? 전자의 에너지 양자화 특징은 여전히 유지될까? 물론 유지될 것이다. 하지만 전자의 에너지 준위 형태에 영향을 미치는 것은 분명한 사실이다.

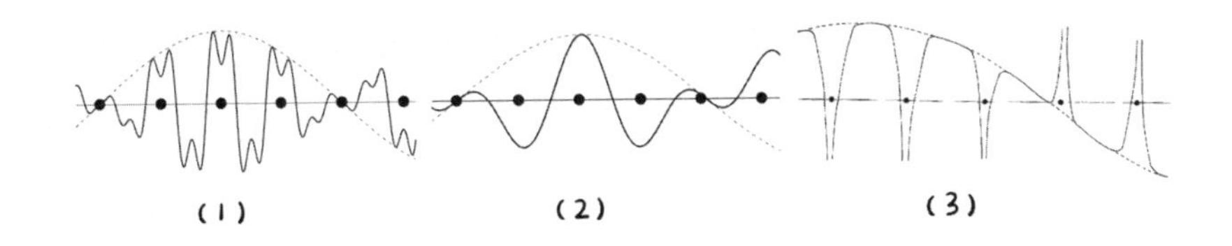

그림19-2 **결정체 내부 전자의 파동함수는 전체적으로 사인파 형태를 가지지만, 부분적으로 왜곡된 사인파 형태도 나타낸다**

블로흐 정리Bloch theorem

지금까지 물리학적 직관으로 분석한 내용을 보면 결정체 내부 전자의 에너지는 양자화돼 있다. 에너지 준위 사이에는 간격이 존재한다. 에너지 준위 사이의 간격과 전자의 파동함수 형태는 공간 격자에 정량적인 영향을 받는다. 이 내용을 바탕으로 격자 내부 전자에 대한 슈뢰딩거 방정식의 해를 구하려면 고체물리학에서 매우 중요한 정리 중 하나로 꼽히는 블로흐 정리에 대해 알아야 한다.

스위스 물리학자 펠릭스 블로흐Felix Bloch는 격자 내부 전자의 슈뢰딩거 방정식을 풀다가 블로흐 정리를 발견했다. 블로흐 정리에 따르면 주기적인 변화를 나타내는 위치에너지 장에서 슈뢰딩거 방정식의 해는 사인파와 부분적으로 왜곡된 사인파가 중첩된 형태를 가진다. 즉 격자 내부 전자의 파동함수는 전체적으로 사인파 형태를 가지나, 부분적으로 왜곡된 사인파 형태도 보인다.

에너지띠 구조energy band structure

블로흐 정리를 바탕으로 슈뢰딩거 방정식의 해(파동함수)를 블로흐 파라고 한다. 서로 다른 블로흐 파는 서로 다른 에너지 상태를 나타낸다. 블로흐 파는 앞서의 직관적인 판단이 옳았음을 증명한다. 즉 결정체 안에서도 전자의 에너지는 여전히 양자화돼 있다. 단일 원자 내부 전자가 보유하고 있는 에너지값의 수준을 에너지 준위라고 한다. 하지만 많은 원자들로 구성된 고체 결정에서는 에너지 준위가 거의 연속적인 띠 모양을 띤다. 이를 에너지띠energy band라고 한다. 단일 원자 내부 전자의 에너지 준위는 하나의 숫자로 나타낼 수 있는 데 비해 고체 내부 전자들의 에너지띠는 영역화된 값으로 나타낸다.

전자들은 서로 다른 에너지띠에 분포한다. 에너지띠에 들어 있는 전자들은 단일 원자와는 다르게 연속적인 에너지 분포를 나타낸다(재료의 크기가 무한대라고 가정했을 때 에너지띠 속의 전자 에너지가 연속적으로 분포한다고 볼 수 있다. 하지만 실제로 모든 재료는 크기를 갖고 있다. 따라서 엄밀하게는 '에너지띠 속의 전자들이 거의 연속적인 에너지 분포를 나타낸다'고 해야 맞는 표현이다). 또 에너지띠들 사이에 존재하는 에너지 간격을 띠틈energy gap이라고 한다.

단일 원자의 에너지 준위는 양자화돼 있고 하나의 에너지 준위는 하나의 특정한 값만을 가진다. 격자 내부도 에너지 간격은 존재한다. 하지만 에너지값은 단일 원자처럼 에너지 준위로 나타나지 않고 에너지띠 형태로 나타난다. 에너지띠는 하나의 에너지값이 아니라 일정한 영역 내부의 연속적인 에너지값에 대응한다. 하지만 양자화된 띠틈은 여전히 존재한다.

에너지띠 속의 전자는 왜 연속적인 에너지 분포를 나타낼까? 전자는 에너지띠 속에서 연속적인 에너지 분포를 나타낼 때 어떻게 운동할까? 이 문제의 답을 알기 위해 블로흐 정리를 다시 살펴보자.

블로흐 정리에 따르면 격자 내부 전자의 파동함수는 전체적으로 사인파 형태를 가지지만 부분적으로 수정된 사인파 형태도 있다. 블로흐 정리에 기반해 문제의 답을 알 수 있다. 즉 에너지띠를 구성하는 서로 다른 에너지값은 전자의 파동함수(사인파)를 구성하는 서로 다른 파장에 대응한다. 고체 결정 내부 전자의 파동함수는 전체적으로 전자기파와 비슷한 사인파 형태를 가진다. 하지만 여기에 대응하는 에너지값은 수정한다.

서로 다른 파장을 가진 파동은 서로 다른 에너지값에 대응한다.

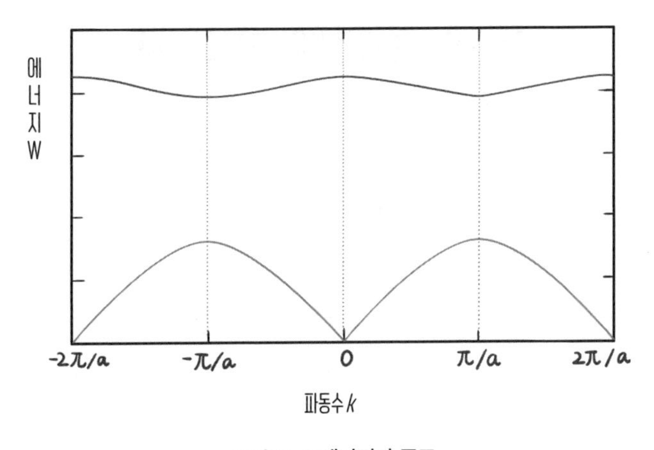

그림19-3 **에너지띠 구조**

그림19-3을 보면 가로축은 서로 다른 전자 파동함수의 파동수를 나타낸다. 파동수란 단위 길이 안에 포함되는 파동의 수를 말하며, k로 표시한다($k=2\pi/\lambda$, λ는 파장을 나타낸다). 파동수는 파장에 반비례한다. 파장이 짧을수록 파동수가 많다. 파동수는 벡터로, 파동수의 방향과 파동의 진행 방향은 같다. 서로 다른 방향과 서로 다른 파동수를 가진 파동은 서로 다른 에너지값에 대응한다. 이같이 전자의 확률파동의 파장과 에너지 사이 함수 관계를 분산관계식dispersion relation이라고 한다.

고체 결정의 에너지띠 구조를 보면 특정 에너지값과 특정 파장을 가진 전자의 파동함수만 존재한다. 즉 고체의 결정 구조는 특정 상태에 있는 전자들로 구성됐다.

따라서 고체의 양자화 효과를 알려면 고체의 에너지띠 구조를 살펴보면 된다. 이 방법으로 고체의 양자적 성질을 명확하게 파헤칠 수 있다.

19-2
도체, 절연체, 반도체

이제 에너지띠 이론을 바탕으로 도체, 절연체, 반도체와 자유전자의 본질을 다시 살펴보자. 도체, 절연체, 반도체는 본질적으로 무엇인가? 또 자유전자는 무엇인가? 에너지띠 이론으로 이 문제들을 일괄적으로 해결할 수 있다. 더 이상 가시적인 분석과 미시적인 분석을 반쯤 섞어 물질 성분을 분석하지 않아도 된다.

자유전자

먼저 자유전자가 무엇인지 살펴보자.

여기에서 '자유'는 자기 뜻에 따라 전자를 움직일 수 있다는 의미이다. 전자를 움직이게 하려면 반드시 외력이 있어야 한다. 이 외력이 바로 전자기력이다. 외부 전기장이 영향을 주면 전자는 일정한 방향으로 이동한다. 여기에서 주목할 점은 전자가 방향성을 띠고 이동한다는 것이다. 전자들이 일정한 방향으로 움직이지 않으면 전류가 생성되지 않는다. 예를 들면 원자에 강하게 묶여 있는 전자의 외부에 전기장이 생성됐을 때도 이 전자는 운동을 할 수 있다. 하지만 멀리 이동하지 못하고 이내 다시 원자 쪽으로 끌려온다. 즉 이 경우에 전자는 진동만 하고 일정한 방향으로 이동하지 못하기 때문에 전류를 만들 수 없다.

그러므로 자유전자는 외부 전기장의 영향 아래 일정한 방향으로 이동할 수 있는 전자를 말한다. 여기에서 주목할 점이 또 있다. 자유전자는 전기장의 세기와 관계없이 외부 전기장이 생성되기만 하면 일정한 방향으로 이동할 수 있다. 전기장의 세기가 작으면 움직이는 속도가 느려질 수는 있어도 일정한 방향으로의 이동을 멈추지는 않는다. 그러므로 엄밀하게 말하면 자유전자는 '전기장의 세기와 관계없이 외부 전기장이 영향을 주기만 하면 일정한 방향으로 이동하는 전자'라고 할 수 있다.

물론 전자의 흐름을 방해하는 저항도 존재한다. 하지만 전기장이 사라지지 않는 한 전자는 계속 일정한 방향으로 이동한다. 전기장의 세기가 작다는 건 전압이 작다는 의미이다. 전압이 작으면 생성되는 전류도 약하다. 전류가 약하면 단위 시간 동안에 이동한 전자 수가 줄어든다. 즉 전자들의 이동 속도가 느려진다.

이제 에너지띠 이론으로 도체, 절연체와 반도체를 해석해 보자. 도체 내부에는 자유전자가 많다. 이 자유전자들은 전기장의 세기와 관계없이 외부 전기장이 가해지기만 하면 일정한 방향으로 이동한다.

도체

도체의 에너지띠 구조를 살펴보기 전에 먼저 원자 내부 전자 배치 방식을 되새겨 보자. 원자 내부에는 에너지 준위가 서로 다른 궤도들이 있다. 전자는 가장 낮은 에너지 준위부터 차곡차곡 채워진다. 또 파울리의 배타 원리에 따라 하나의 궤도에 최대로 수용 가능한 전자의 수는 두 개이다.

이 같은 전자 배치 방식은 고체 결정의 에너지띠에도 적용된다. 즉 전자들은 허용된 띠의 에너지가 낮은 부분부터 차례로 채워진다. 그림19-4를 보면 에너지띠의 에너지가 낮은 부분부터 차례로 전자가 채워지고 이 전자들은 저마다 자신의 파동함수를 갖고 있다. 파동함수의 형태는 왜곡된 형태를 일부 포함한 사인파이다. 파동의 진행 방향은 에너지띠 그래프에 나타난 파동수(k)의 방향과 같다.

대표적인 도체인 금속 내부 원자의 가장 바깥쪽에는 전자가 절반도 안 되게 채워져 있다. 에너지띠 그래프를 보면 도체 내부 전자들은 낮은 에너지띠 영역에 절반도 안 되게 일부만 채워져 있다. 이것이 도체 에너지띠의 특징이다. 이제 외부 전기장이 생성되면 어떤 현상이 나타나는지 살펴보자.

외부 전기장이 없을 때 전자들은 무질서하게 운동한다. 물론 도체 내부 전자들의 운동 상태도 파동함수로 서술 가능하다. 하지만 파동함수의 방향이 제각각이므로 전체적으로 방향성을 형성할 수 없다. 외부 전기장의 영향력을 받으면 얘기가 달라진다. 전기장 속 모든 전자 에너지는 특정 방향으로 쏠린다. 즉 낮은 에너지띠에 있던 전자들은 모두 높은 에너지띠로 이동한다.

만약 전기장의 방향이 그림19-4 에너지띠 그래프의 오른쪽 부분 파동함수의 방향과 같다면 에너지띠 내부 전자들은 오른쪽으로 이동하면서 전체 에너지가 증가한다.

에너지띠에 전자가 꽉 채워지지 않았기 때문에 전자들은 전체적으로 오른쪽으로 이동할 수 있다. 외부 전기장의 영향 아래 모든 전자들의 운동에너지는 증가한다. 낮은 에너지띠에 있던 전자는 운동에너지가 커졌으므로 빈 공간이 있는 높은 에너지띠로 이동할 수 있다. 이렇게 되면 에너지띠 내부 전자 분포는 좌우 비대칭 형태로 바뀐다. 달리 말해 에너지띠 그래프의 오른쪽으로 이동하는 전자 수가 왼쪽으로 이동하는 전자 수보다 많다는 얘기이다. 에너지띠 그래프의 가로축은 전자 파동함수의 진행 방향을 나타낸다. 특정 방향으로 이동하는 전자 수가 다른 방향으로

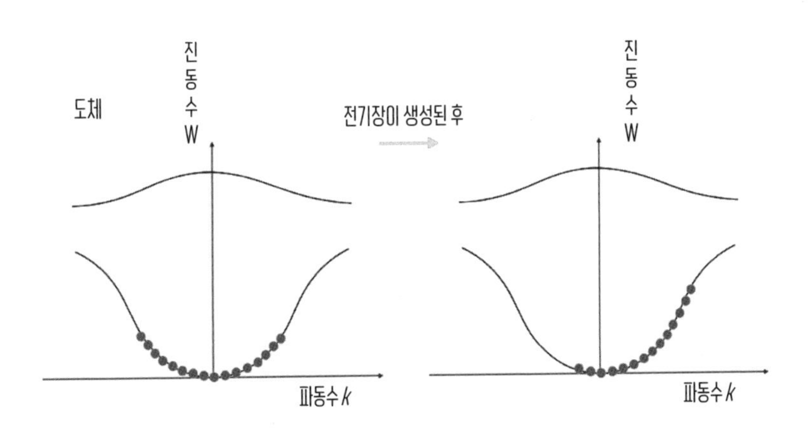

그림19-4 도체의 에너지띠 그래프, 전자들이 에너지띠에 채워진 상태

이동하는 전자 수보다 많은 현상은 곧 전자 흐름이 일정한 방향성을 띤다는 의미이다. 도체는 이런 방식으로 전기를 전달한다.

절연체

절연체도 도체를 분석할 때와 비슷한 방법으로 해석할 수 있다. 절연체를 구성한 원자의 가장 바깥쪽에는 전자가 절반 이상 채워진다. 에너지띠 이론으로 서술하면 절연체 원자의 에너지띠는 전자로 빈틈없이 꽉 차 있다.

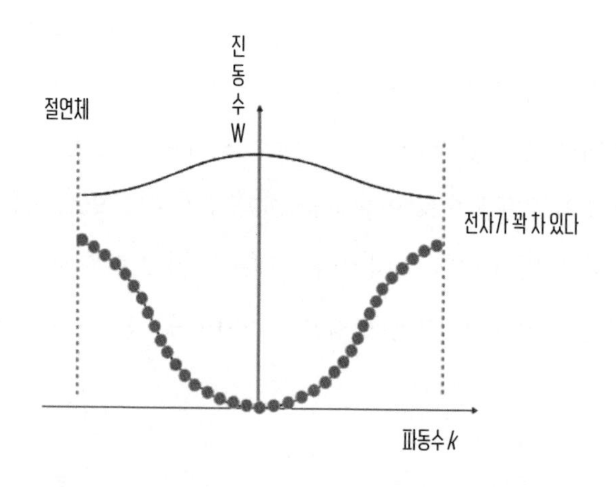

그림19-5 **절연체의 에너지띠 그래프. 에너지띠가 전자들로 꽉 차 있다**

파울리의 배타 원리에 따르면 하나의 양자 상태에 동일한 전자는 하나만 있어야 한다. 절연체의 에너지띠는 전자들로 꽉 차 있기 때문에 에너지띠 내부 모든 전자들의 에너지를 상승시킬 방법이 없다. 물론 전자가 이 에너지띠를 벗어나 더 높은 에너지띠로 이동하면 가능할 수도 있다.

하지만 에너지띠들 사이에는 에너지 간격, 즉 띠틈이 존재한다. 외부 전기장의 세기가 충분히 크지 않으면 전자는 더 높은 에너지띠로 이동할 수 없다. 따라서 전자들은 일정한 방향으로 이동할 수 없고 전기를 전달할 수 없다.

반도체

이쯤 되면 반도체의 특성도 쉽게 이해할 수 있다. 실리콘을 비롯한 반도체는 원자의 가장 바깥쪽에 전자가 절반만 차 있다. 에너지띠 이론을 대입하면 반도체는 에너지띠 간격이 매우 작은 고체 결정이다. 반도체의 에너지띠 간격, 즉 띠틈은 매우 좁다. 따라서 조금만 센 전기장이 생성되도 전자들이 더 높은 에너지띠로 이동해 일정한 방향으로 흐른다.

지금까지 알아본 내용을 종합해 보면 고체물리학의 에너지띠 이론은 놀랍도록 강력한 이론이다. 에너지띠 이론을 이해하면 더 이상 도체, 반

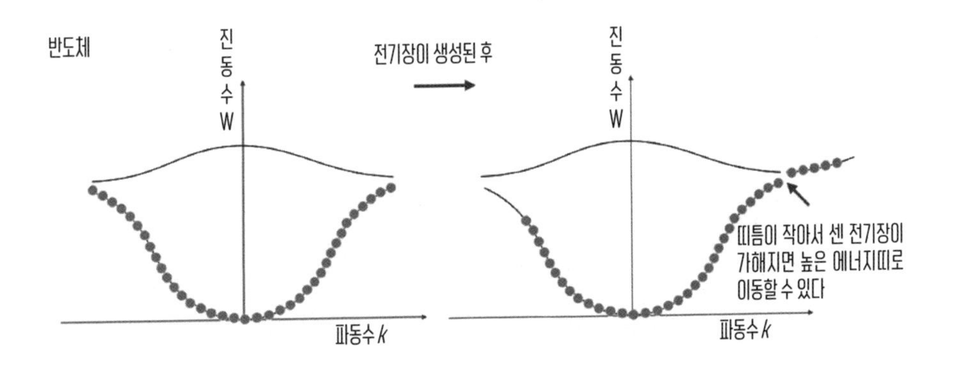

그림19-6 반도체의 에너지띠 그래프. 전자들은 띠틈을 뛰어넘을 수 있다

도체, 절연체의 성질을 알기 위해 가시적·미시적으로 분석할 필요가 없다. 에너지띠 이론으로 이 물질들의 성질을 일괄적으로 서술할 수 있다.

19-3

고체의 자성에 대한 통합적 연구 방법

물질이 나타내는 자성은 반자성, 상자성, 강자성 세 가지로 분류할 수 있다. 그중에서 반자성은 이해하기 쉽다. 반면 상자성과 강자성은 아주 복잡하고 흥미로운 물리 현상이다. 상자성과 강자성을 이어주는 연결 고리는 퀴리 온도이다. 강자성체는 퀴리 온도 이상의 온도에서 상자성체로 바뀐다. 따라서 강자성이야말로 가장 흥미로운 자기적 성질이다.

강자성을 이해하기 위해서 고체의 전기 전도성을 다룰 때와 마찬가지로 간단하면서도 추상적인 모형을 만들어보자. 모형을 통해 강자성의 특징과 환경 변화(자기장이 형성됐을 때, 온도가 변했을 때 등)에 따른 강자성의 변화를 살펴봄으로써 물질의 자기적 성질을 더 깊이 있게 이해할 수 있다.

이징 모형Ising model

강자성체와 상자성체은 외부 자기장이 형성됐을 때 내부 전자들의 스핀이 모두 같은 방향을 향한다. 따라서 물질 내부의 자기장은 원래보다 증가한다. 또 각각의 전자 스핀, 즉 '작은 자석'들은 자기장의 영향을 받아 질서 있는 배열을 이뤄 '큰 자석'을 형성하므로 고체 주변의 자기장도 증가한다.

강자성체의 특징은 자기장을 증가시킬 수 있다는 점이다. 강자성체를 구성한 원자의 가장 바깥쪽에는 반대 스핀을 가진 전자들이 짝을 이뤄 채워지지 않고 하나의 전자가 궤도 하나를 단독으로 차지한다. 이들 전자는 마치 고체 내부에 제멋대로 흩어져 있는 작은 자석처럼 독립성을 유지한다. 그러다가 외부 자기장의 영향을 받으면 작은 자석들은 마치 명령이라도 받은 것마냥 한 방향으로 나란히 정렬한다. 이에 따라 자기장이 증가한다.

이 정도면 강자성체의 원리를 비교적 꼼꼼하게 살펴본 셈이다. 하지만 이 정도로 만족해서는 안 된다. 강자성체가 물리적 환경의 변화에 따라 어떻게 바뀌는지도 제대로 파헤칠 필요가 있다. 이를테면 다음과 같은 문제들을 생각해 보자. 강자성체는 외부 자기장이 사라져도 여전히 자성이 남아 있는데 무엇 때문에 상자성체는 그렇지 않은가? 강자성체는 퀴리 온도 이상으로 가열되면 왜 상자성체로 변하는가?

강자성체 내부 전자들을 작은 자석이라고 서술했으니, 이를 바탕으로 전자들의 배열이 격자 상태를 이룬다고 가정한 모형을 만들어보자. 이 모형을 이징 모형이라고 한다. 이징 모형은 사실 독일 물리학자 에밀 렌츠 Emil Lenz가 발명한 것이다. 렌츠는 제자인 독일 물리학자 에른스트 이징 Ernst Ising에게 이 모형을 풀어보라고 과제를 내주었고 이징은 결국 최초로 이 모형을 풀어냈다.

이징 모형에서 전자가 나타내는 자기적 성질, 즉 전자 스핀의 방향을 살펴보자. 이징 모형을 이해하려면 격자 내부 작은 자석들이 어떤 배열을 이루고 있는지 봐야 한다. 즉 작은 자석들이 질서 있게 한 방향으로 정렬

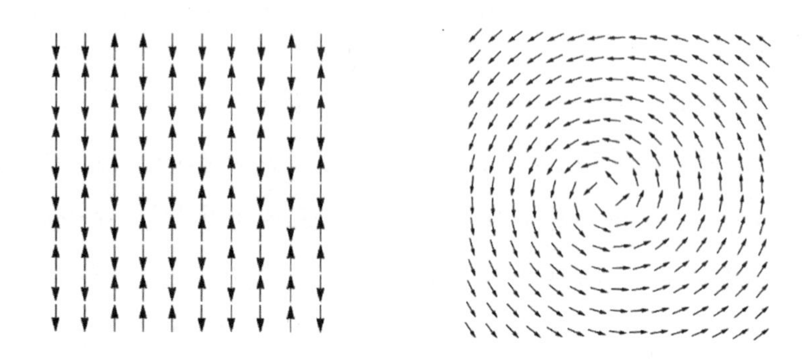

그림19-7 2차원 이징 모형 중 정사각형 격자와 소용돌이 격자

됐는지, 아니면 무작위로 무질서하게 흩어져 있는지, 그것도 아니면 시간에 따라 방향을 바꾸는지 등을 살펴봐야 한다. 또 작은 자석들이 한 점을 중심으로 소용돌이 같은 특정 무늬를 만들어내는지도 봐야 한다.

격자들은 정지 상태에 있지 않다. 작은 자석은 자기장을 일으킨다. 이 자기장은 주변의 작은 자석들에 영향을 미친다. 작은 자석들 사이에는 상호작용이 존재한다. 작은 자석들이 무질서한 운동을 한다면 계가 온도를 갖고 있다는 의미이다. 달리 말해 이 계는 전자 스핀들 사이에 상호작용이 존재하고 통계역학적 법칙도 적용된다. 따라서 이 계의 운동 규칙을 찾아내야 내부에서 일어나는 현상을 서술할 수 있다.

안정적 상태에 있는 계는 최소 에너지를 가진다. 이 계는 어떤 상황에서 최소 에너지를 가질까? 당연히 두 개의 자석이 반평행일 때, 즉 한 자석의 N극이 다른 자석의 S극에 가깝게 놓일 때 계는 최소 에너지를 갖고 가장 안정적 상태를 이룬다. 두 개의 자석을 가까운 곳에 두면 스스로 알아서 N극과 S극이 서로 잡아당겨 반평행을 이룬다. 따라서 2차원 이징 모형에서는 전자 스핀이 최소 에너지 원리에 따라 배열되어야 한다. 즉 작은 자석들은 주변의 다른 작은 자석들과 반대 방향을 가리켜야 한다.

하지만 계는 온도를 갖고 있기 때문에 통계역학적 법칙도 적용된다. 즉 계가 열역학적 평형 상태일 때 엔트로피는 최대가 된다. 엔트로피는 무질서도를 의미한다. 만약 모든 전자 스핀들이 주변에 있는 다른 스핀과 반평행을 이룬다면 이는 매우 질서 있게 배열됐다는 뜻이다. 엔트로피가 최대가 되려면 무질서도가 증가해야 하는데 이렇게 질서 있게 배열되면 무질서도가 증가할 수 없다. 즉 여기에서 최소 에너지 원리와 엔트로피 증가의 법칙 사이에 모순이 발견된다.

자유에너지free energy

이 지점에서 우리가 놓친 부분이 있다. 이 계의 총에너지가 전자 스핀들 사이의 전자기 상호작용 에너지만으로 구성되지 않았다는 점이다. 계는 온도를 갖고 있다. 온도가 있다는 것은 입자들의 무질서한 운동에 따른 열에너지도 존재한다는 얘기이다. 계의 온도가 일정하면 열에너지도 일정한 값을 유지한다. 계의 온도가 일정할 때 열에너지가 총에너지에 미치는 영향을 무시해서는 안 된다. 여기에서 열에너지는 배경 소음처럼 하나의 시스템에 반드시 존재하는 장애 요인으로 이해하면 된다. 요컨대 계의 총에너지에서 열에너지를 뺀 값이 스핀들 사이 전자기 상호작용 에너지이다.

이쯤에서 통계역학적 개념인 '자유에너지'에 대해 알아보자. 간단하게 말하면, 자유에너지는 총에너지에서 온도와 엔트로피를 곱한 값을 뺀 양이다. 공식으로 나타내면 $F=E-TS$이다. 여기에서 F는 자유에너지, E는 총에너지, T는 온도, S는 엔트로피를 나타낸다. 자유에너지를 최소화하려면 어떻게 해야 할까? 자유에너지(F)가 최솟값을 가지려면 총에너지(E)는 되도록 작아야 하고 엔트로피(S)는 되도록 커야 한다. 전자 스핀들은 반평행 배열을 형성하려고 하는 데 반해 계의 무질서도는 증가 추세를 나타낸다. 이 두 가지 흐름은 서로 힘을 겨루며 계의 상태를 형성한다. 물론 계의 엔트로피는 항상 최대화 경향을 나타낸다. 하지만 스핀들의 반평행 배열 경향에 따른 영향도 고려해야 한다.

몇 가지 힘의 겨룸

계의 온도가 높지 않을 때는 반평행 배열을 형성하려는 스핀들의 힘이 더 영향력을 발휘한다. 즉 스핀들은 질서 있는 배열을 이룬다. 반면 계의 온도가 충분히 상승하면 엔트로피가 증가하면서 스핀 배열이 무질서해진다. 요컨대 질서를 지키려는 힘과 질서를 무너뜨리려는 힘 사이의 겨룸이 발생한다. 이는 스핀들의 질서 있는 배열에 따라 자유에너지가 더 많이 줄어드느냐 아니면 무질서도를 대변하는 엔트로피 증가 때문에 자유에너지가 더 많이 줄어드느냐의 판가름이다. 최종적으로는 자유에너지 최소화에 더 많이 기여하는 쪽이 결국 우위를 점한다.

만약 이때 외부에 자기장이 생성된다면 어떤 상황이 벌어질까? 두 힘 사이의 대결 구도가 세 가지 힘의 겨룸으로 바뀐다. 외부 자기장의 세기가 충분히 크면 스핀들의 힘이 우위를 점하면서 질서 있는 평행 배열 구도를 형성한다. 만약 온도가 아주 높아진다면 최종적으로 무질서도가 우위를 점한다. 만약 온도가 낮고 외부 자기장의 힘도 약할 경우 스핀들은 반평행 배열 구도를 형성한다.

평행, 반평행, 무질서한 배열은 기본적인 격자 형태이다. 이 밖에도 온도, 자기장, 스핀 사이 상호작용의 세기 등 변수의 변화에 따라 다양한 형태의 격자가 나타날 수 있다. 이징 모형에서는 이 같은 다양한 격자 형태를 '상'이라고 부른다. 격자가 나타내는 물리적 성질과 이징 모형 풀이방법의 난이도가 달라졌을 때 '상전이'가 일어난다.

매개변수를 조절하는 방법으로 매개변수의 변화에 따른 계의 상전이 상황을 관찰할 수 있다. 조절 가능한 매개변수는 매우 많다. 예를 들면 온도, 자기장, 스핀들 사이 상호작용의 세기 등이 있다. 이 밖에도 1차원, 2차원, 3차원 등 차원에 따라 격자가 나타내는 물리적 성질과 이징모형 풀이 방법의 난이도가 달라진다.

격자 내부 전자의 배열 형태를 바꿔 다양한 기하학 형태를 만들어낼 수 있다. 그중에서도 삼각형 형태의 격자 모형은 풀기가 무척 어렵다. 삼각형 형태의 격자는 정사각형 격자처럼 완전 반평행 배열을 이룰 수 없다. 방향을 어디에 둬야 할지 고민되는 스핀이 반드시 존재한다.

이징 모형을 다룰 때 서로 인접한 스핀들 사이에만 상호작용이 존재한다고 가정한다. 하지만 실제로는 서로 인접한 전자들뿐만 아니라 거리가 떨어져 있는 전자들 사이에서도 상호작용이 일어난다. 따라서 실세계에 실재하는 고체 재료의 상전이를 살펴볼 때 매개변수를 다양하게 조절해 여러 가지 이징 모형을 해석해 보아야 한다.

강자성에 대한 연구는 이징 모형의 기능 중 하나일 뿐이다. 이징 모형은 간단한 격자 모형이라도 변수가 변할 때는 결코 쉽게 풀 수 없다. 지난 100년 동안 많은 물리학자와 수학자들이 다양한 풀이 방법을 시도했으나 아직까지 완전한 해석이 나오지 않았다. 오히려 점점 더 기묘한 형태가 발견될 뿐이다. 그러다 보니 이징 모형을 연구해 노벨상을 수상한 사람들도 이미 여럿 있다.

19-4
고체의 광학적 성질

모든 재료는 광학적 성질에 따라 투명한 재료와 불투명한 재료로 구분된다. 물론 재료의 광학적 성질을 이처럼 가시적인 범주에서 투박하게 분석하면 안 된다. 빛이 재료의 미시적 구조에 어떤 영향을 미치는지에 대해서도 탐구해야 한다.

빛은 전자기파이다. 따라서 전자기파와 소립자의 상호작용 법칙을 해석하고 이를 바탕으로 재료의 광학적 성질을 규명할 수 있다.

빛과 고체의 상호작용

가시적으로 볼 때 빛은 고체에 닿으면 반사, 흡수, 투과 세 가지 반응을 나타낸다.

빛의 반사 성질은 이해하기 쉽다. 완벽한 흑체黑體를 제외한 모든 물체는 빛을 반사한다. 완벽한 흑체는 모든 빛을 흡수한다. 빛을 흡수하면 흑체를 구성한 원자 내부 전자들의 에너지가 증가한다. 에너지가 높은 상태는 불안정해서 전자기파 형태로 밖을 향해 에너지를 방출한다. 이것이 흑체의 열복사 현상이다.

하지만 완벽한 흑체는 실세계에 존재하지 않는다. 정도의 차이가 있지만 모든 물체는 빛을 반사한다. 서로 다른 물체는 빛을 받으면 서로 다른 색깔을 나타낸다. 이는 물체가 서로 다른 진동수를 가진 빛을 흡수하는 정도가 다르기 때문이다. 나뭇잎이 녹색으로 보이는 이유는 나뭇잎이 녹색에 대한 반사율이 가장 높고, 다른 진동수를 가진 태양광선에 대한 흡수율이 높기 때문이다.

물체에 흡수된 빛은 물체를 구성한 원자 내부 전자들의 에너지를 높이는 데 사용된다. 빛의 일부분은 물체를 관통한다. 물론 투과 방식은 다양하다. 빛이 방향을 바꾸지 않고 곧장 물체를 통과하는 방식도 있고 난반사scattered reflection 방식도 있다. 예를 들면 하늘이 파란색으로 보이는 이유는 대기 중의 공기 분자들이 가시광선 중에서 파장이 짧은 파란색 빛을 더 많이 산란(난반사)시키기 때문이다. 이 같은 빛의 산란 현상을 레일리 산란rayleigh scattering이라고 한다.

금속이 불투명한 이유

물체가 빛을 반사하는 물리적 과정은 비교적 이해하기 쉽다. 하지만 입사된 빛이 재료와 반응하는 과정은 그리 간단하지 않다.

금속이 불투명한 이유는 무엇인가?

빛은 전자기파의 일종이다. 따라서 빛을 전자기파로 설정하고 빛과 재료의 반응에 대해 살펴보자. 전자기파는 변화하는 전자기장이 공간 속으로 이동해 가는 현상이다. 전자기장은 전하와 상호작용한다. 앞서 자유전자는 외부 전기장이 생성되면 일정한 방향으로 이동할 수 있다고 서술했다. 허용된 에너지띠 안에서 전자가 가질 수 있는 에너지는 제한되지 않는다.

절연체 내부 전자들은 외부 전기장의 영향 아래에서 에너지를 증가시키려면 반드시 일정한 간격의 띠틈을 뛰어넘어야 한다. 따라서 절연체 내부 전자들은 외부 전기장이 형성되도 일정한 방향으로 흐르기 어렵다.

하지만 금속은 외부 전기장만 있으면 내부 전자들의 에너지가 증가한다. 앞서 전자기파는 전자기장의 전파 현상이라고 서술했다. 따라서 전자기파(전자기장)와 금속 내부 자유전자가 만나면 자유전자가 전자기파를 흡수해 자체 에너지를 증가시킨다. 달리 말해 전자기파를 흡수한 자유전자는 들뜬상태가 된다. 요컨대 전자기파는 자유전자에 흡수돼 금속을 통과하지 못한다. 금속이 불투명한 이유는 이 때문이다.

물론 여기에서 중요한 것은 전자기파가 지닌 에너지의 크기이다. 가시광선이 지닌 에너지는 크지 않다. 따라서 금속 내부 자유전자에 완전히 흡수된다. 반면 큰 에너지를 가진 엑스선이나 감마선은 자유전자에 전부 다 흡수되지 않기 때문에 일부가 금속을 통과할 수 있다.

투명도 메커니즘

금속이 불투명한 이유는 자유전자가 전자기파의 에너지를 흡수했기 때문이다. 달리 보자면 투명한 재료는 거의 대부분 절연체이다. 투명한 재료에는 자유전자가 많이 들어 있지 않다. 그렇지 않으면 전자기파가 전부 자유전자에 흡수되기 때문에 재료가 투명할 수 없다.

투명한 재료가 절연체인 이유는 전자들이 전부 원자에 묶여 자유롭게 이동할 수 없기 때문이다. 에너지띠 이론으로 설명하자면 에너지띠에 전자가 꽉 차 있는데다 띠틈이 커서 전자기파가 전자들을 들뜬상태로 만들 수 없기 때문이다.

그렇다고 전자기파가 어떤 방해도 받지 않고 투명한 매질을 통과할 수 있지는 않다. 전자기파와 전자 사이에도 상호작용이 일어난다. 하지만 전자가 이 상호작용 때문에 더 높은 에너지 준위로 이동하지는 못한다. 전자는 전자기파의 영향을 받아 진동한다. 전자는 높은 에너지 준위에 있을 때 불안정하다. 그러므로 높은 에너지 준위에서 낮은 에너지 준위로 전이하면서 원래의 전자기파와 진동수가 같은 전자기파를 내보낸다. 새로 방출된 전자기파와 입사된 전자기파는 함께 새로운 광선을 형성한다.

전자가 전자기파와 상호작용해서 진동수가 같은 전자기파를 방출하는 현상은 앞서 알아보았던 레이저의 유도 방출 복사 현상과 비슷하다.

굴절률 메커니즘

투명한 물체와 전자기파의 상호작용 원리로 굴절률을 해석해 보자.

빛의 굴절 현상은 일상생활에서 많이 경험한다. 빛이 서로 다른 두 매질의 경계면에서 진행 방향이 꺾이는 현상을 빛의 굴절이라고 한다. 물론 빛이 두 매질의 경계면에 수직으로 입사하면 굴절이 생기지 않는다. 굴절률은 매질의 종류에 따라 다르다.

굴절률은 진공에서 빛의 속도와 매질 내부 빛의 속도의 비로 정의할 수 있다. 빛은 매질에 입사한 후 속도가 감소한다. 이는 빛이 원자에 묶여 있는 전자들과 상호작용하기 때문이다. 달리 말해 전자가 전자기파를 흡수한 후 전자기파와 동일한 진동수를 가진 광자를 하나 방출하는 데 일정한 시간이 걸린다. 이 과정이 전자기파의 진행 속도가 느려지는 효과로 나타난다. 이 효과로 나타난 현상을 '매질이 굴절률을 갖는다'고 서술한다.

굴절률을 하나의 수치로 나타내는 간단한 물리량으로 생각해서는 안 된다. 굴절된 파동은 입사된 전자기파와 전자가 흡수했다가 다시 방출한 전자기파가 중첩된 결과이다. 즉 두 가지 전자기파가 중첩돼 전체적인 효과를 나타낸다. 전자기파는 중첩되면 서로 간섭한다. 즉 입사된 파동과 전자가 흡수했다가 다시 방출한 전자기파는 만나서 간섭 현상을 일으킨다. 전자가 흡수했다가 방출한 전자기파가 어떤 위치와 상태를 띠느냐에 따라 굴절파의 성질도 달라진다. 전자가 방출한 전자기파의 위상은 입사된 파동의 위상과 다를 확률이 매우 높다.

입사파의 위상이 전자가 방출한 전자기파의 위상과 1/4 파장만큼 차이가 날 경우 최종적인 굴절파의 진행 속도는 느려진다. 일반적인 투명 매질의 굴절 효과가 이와 같다. 만약 두 파동의 위상차가 1/2 파장이면 상쇄 간섭이 일어나 절연체는 투명성이 사라지고 불투명해진다. 만약 두 파동의 위상차가 파장의 정수배이면 어떻게 될까? 이 조건에 부합하는 재료는 흔치 않고 레이저광이 형성될 때와 비슷한 성질을 나타낸다.

정리하자면, 고체 재료는 전자가 방출한 전자기파와 입사파의 관계에 따라 서로 다른 광학적 성질을 나타낸다.

광결정photonic crystal

고체 결정의 에너지띠 구조 원리로 주기적 원자 배열에 따른 슈뢰딩거 방정식을 다시 해석해 보자. 슈뢰딩거 방정식을 풀어낸 해, 즉 에너지띠 구조와 띠틈 구조는 사실 블로흐 정리를 이용해 얻어낸 결과이며, 주기적인 파동함수는 부분적인 수정을 거친 사인파에 불과하다.

양자역학 법칙을 서술하는 데 사용되는 슈뢰딩거 방정식은 파동함수가 해가 되는 파동 방정식이다. 전자기파는 파동의 일종으로 맥스웰 방정식으로 서술할 수 있다. 맥스웰 방정식도 파동 방정식이다. 이 두 방정식은 파동 방정식이라는 공통점을 갖고 있다. 따라서 물질을 통과하는 전자기파(빛)도 띠 구조를 가질 수 있도록 전자의 에너지띠 구조를 본떠서 새로운 재료를 만들어낼 수 있다.

이 새로운 재료는 진동수에 따라 빛을 선택적으로 통과시킬 수 있다. 즉 특정 진동수를 가진 빛을 통과시키고, 진동수가 띠틈 범위에 포함되는 빛은 통과시키지 않는다. 이런 재료가 바로 광결정이다. 광결정의 원리는 서로 다른 굴절률을 가진 재료의 주기적인 배열이다. 고체 결정 내부에서 전자기파 파동 방정식의 해(파동함수)의 형태는 블로흐 파(블로흐 함수)의 형태와 아주 비슷하다. 따라서 비슷한 방법으로 광결정의 띠 구조를 풀어낼 수 있다. 광결정은 실용 과학기술에도 다양하게 응용되는 첨단 연구 분야이다.

이제 고체물리학에 대한 탐구를 마칠 시간이다. 고체물리학은 넓고 심오한 학문이다. 여기에서 다룬 내용은 고체물리학의 기본적인 방법론에 지나지 않는다.

고체물리학에서는 재료들의 끊임없이 변화하는 성질을 탐구한다. 깊이가 더해질수록 응용 가치 또한 높아진다. 재료학 연구에서 고체물리학 연구로 넘어가면서 연구 대상은 한층 작아지고 연구 범주도 세분화됐다. 적용되는 이론 또한 고전 이론에서 양자이론으로 바뀌었다.

지금까지 실온 상태에서 고체의 성질을 살펴보았다. 실온은 극열 편에서 다룬 온도에 비하면 낮은 온도라고 할 수 있다. 하지만 극냉(지극히 낮은 온도)과는 거리가 멀다. 절대 0도에 근접할 정도로 온도를 낮춰 열운동의 영향을 무시할 정도는 돼야 극냉이라 할 수 있다. 이 같은 초저온 환경에서는 다입자계의 양자적 성질이 두드러지게 나타난다. 마치 강자성체가 낮은 온도에서 강한 자성을 보이는 현상과 같다. 사실 강자성체가 가진 자성은 다입자계가 나타내는 양자적 성질의 일종이다.

CHAPTER 20

응집물질물리학

Condensed Matter Physics

20-1 보스-아인슈타인 응축

응집물질물리학은 응집물질 또는 응집물질들로 구성된 물리계의 성질을 연구하는 분야이다. 응집물질물리학의 연구 대상은 극열 편에서 다룬 앙상블처럼 무수히 많은 입자를 포함한 방대한 물리계이다. 극열 편과 다른 점이라면 저온에서 물질은 보통 고체와 액체 상태로 존재한다는 것이다. 기체 분자와 원자들은 강한 상호작용을 하지 않으면서 자유롭게 움직인다. 고체와 액체는 기체와 달리 분자들 사이에 강한 상호작용이 존재한다. 고체와 액체를 구성한 분자와 분자, 원자와 원자는 강한 상호작용으로 연결돼 응축되는데 이를 '물질의 응축된 상'이라고 한다.

고체물리학은 응집물질물리학의 한 분야이다. 또는 응집물질물리학의 이론적 바탕이라고도 할 수 있다. 고체물리학의 연구 대상이 규칙적인 형태를 가진 고체(이를테면 소립자들이 규칙적으로 배열돼 일정한 기하학 형태를 이룬 고체 결정 등)라면, 응집물질물리학의 연구 범위는 훨씬 광범위하다.

현대 응집물질물리학은 초저온 상태에 있는 물리계에 큰 흥미를 보인다. 온도가 지극히 낮고 입자 수가 지극히 많은 상황에서 응집물질물리계는 매우 복잡한 양상을 띤다. 이 계는 어떻게 양자역학, 전자기학, 통계역학의 법칙을 동시에 충족시킬까? 응집물질물리학은 물질의 기묘한 상태를 다양하게 살펴볼 수 있는 복합적인 물리학 분야이다.

양자역학과 통계역학의 겨룸

온도는 고체의 성질에 중요한 영향을 미친다. 고체의 성질과 상태는 온도에 따라 달라진다. 이를테면 강자성체는 퀴리 온도 이상의 온도에서 자성을 잃고 상자성체로 바뀐다. 물리학적 용어로 표현하자면 '온도에 따라 물질의 상이 바뀐다.'

'에너지띠 이론' 부분에서 고체의 양자적 성질을 자세하게 이야기했었다. 그렇다면 온도가 절대 0도에 근접했을 때 물질은 어떤 양자적 성질을 나타낼까? 미시적 측면에서 보면 온도는 원자와 분자를 비롯한 소립자들의 무질서한 운동 결과이다. 따라서 절대 0도에 근접할 정도로 온도를 낮춘다면 원자와 분자들의 무질서한 운동은 약해질 수밖에 없다. 이 환경에서는 기본 입자들의 양자적 성질이 두드러지게 나타난다.

사실 이 현상은 두 가지 불확정성의 겨룸이라고 할 수 있다. 즉 높은 온도에서는 원자와 분자들의 무질서한 운동의 불확정성이 우위를 점하고, 양자의 불확정성과 열운동의 불확정성은 두드러지게 나타나지 않는다. 이 경우에 소립자 열운동의 불확정성을 서술하려면 고전역학의 운동 법칙과 통계역학 이론을 적용하면 된다.

반면 낮은 온도에서는 양자역학적 불확정성 원리에 따른 효과가 도드라진다. 양자 차원의 불확정성은 고전적인 운동 법칙으로 설명할 수 없다. 통계역학 이론을 적용해도 부족하다. 양자역학의 불확정성 원리에 따르면 소립자의 위치와 속도는 동시에 측정할 수 없다. 따라서 이 경우에는 확률파동으로 서술할 수밖에 없다.

보스-아인슈타인 응축Bose-Einstein condensation

양자계는 안정적인 상태에서 에너지가 양자화돼 있다. 원자 내부 에너지 준위 사이에는 에너지 간격이 존재한다. 즉 바닥상태ground state와 들뜬상태excited state 사이에 에너지 간격이 존재한다. 전자는 페르미온이다. 원자 내부 전자들은 가장 낮은 에너지 준위부터 차곡차곡 채워진다. 만약 계를 구성하는 모든 입자들이 페르미온이 아닌 보손이라면 계의 온도가 내려갔을 때 어떤 현상이 일어날까? 온도가 초저온으로 내려가면 보손 입자들은 일제히 바닥상태의 에너지 준위에 모인다. 결국 물질의 제5 상태인 보스-아인슈타인 응축 상태로 변화한다. 보스-아인슈타인 응축 현상은 알베르트 아인슈타인과 인도 물리학자 사첸드라 내스 보스가 예견한 현상이다.

보스-아인슈타인 응축 현상이 생겨나는 과정은 무척 해석하기 어렵다. 보스-아인슈타인 응축 상태 중에서 특수한 경우를 예로 들어 보자. 온도가 일정한 수준으로 낮아지면 입자들이 가진 평균 운동에너지는 바닥상태와 들뜬상태 간의 에너지 차이보다 작아진다(사실 대부분 보스-아인슈타인 응축 상태에서는 바닥상태와 들뜬상태 간에 에너지 차이가 존재하지 않는다. 여기에서는 이해를 돕기 위해 특별한 경우를 예로 들었다). 이렇게 되면 대부분 입자들은 더 높은 에너지 준위로 이동할 수 없다. 즉 대부분 입자들은 더 높은 에너

(1) 보손 입자들이 저온에서 나타내는 에너지 분포: 에너지가 0에 가까운 바닥상태에서 입자 밀도는 무한대에 가까움

(2) 페르미온이 저온에서 나타내는 에너지 분포

(3) 저온 상태에서의 고전적인 볼츠만 분포

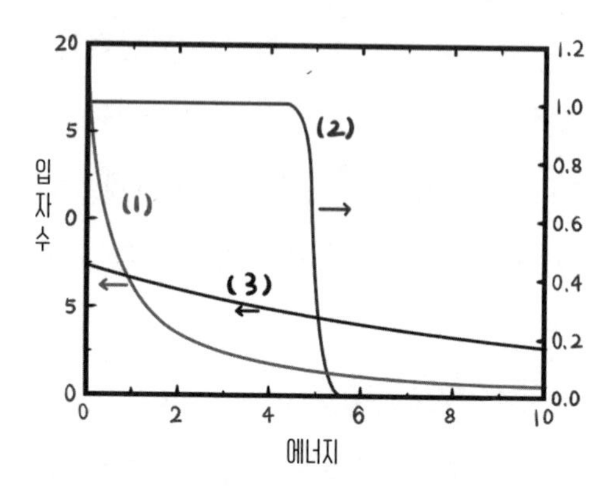

그림20-1 서로 다른 종류의 입자들이 저온 상태에서 나타내는 에너지 분포 그래프

지 상태를 갖지 못하고 자발적으로 최저 에너지 상태, 즉 바닥상태에서 한데 모인다. 즉 보스-아인슈타인 응축 상태가 된다. 이 상태를 대표적인 양자화 상태라고 할 수 있다. 단, 초저온 환경에서는 보손 입자들만 보스-아인슈타인 응축 현상을 보인다. 페르미온은 보손 입자와 달리 파울리의 배타 원리를 따른다. 따라서 페르미온 입자들이 한꺼번에 바닥상태에 모이는 일은 있을 수 없다.

열역학계 입자들의 속도 분포를 나타낸 함수는 정규분포normal distribution 모양이다. 즉 그래프는 가운데가 볼록 솟아 있고 양옆이 낮게 퍼진 형태이다. 달리 말해 대부분 입자들이 가진 에너지는 평균 온도에 대응하는 에너지와 같거나 비슷하다. 하지만 보스-아인슈타인 응축 상태에서는 이와 다른 현상이 나타난다. 저온일 때 에너지의 양자화 특징이 극대화돼 나타나기 때문에 대부분의 입자들은 높은 에너지 상태, 즉 들뜬상태가 될 수 없고 최저 에너지 상태인 바닥상태로 떨어진다. 따라서 보스-아인슈타인 응집물질계에서 입자들의 에너지 분포는 정규 분포 모양이 아니다.

요컨대 저온 상태에서는 양자역학적 효과가 우위를 점하면서 고전적 통계역학 법칙을 따르지 않는다.

초유체

보스-아인슈타인 응축 상태에서 물질은 매우 기묘한 성질을 띤다. 한편 이와는 별개로 '초유체'라는 특수한 물질 상태도 존재한다. 초유체 현상은 양자역학적인 현상으로 보스-아인슈타인 응축 모형으로 설명이 해석할 수 있다.

초유체는 내부 마찰력이 0인 물질을 말한다. 초유체 현상은 20세기 전반기에 발견됐다. 헬륨 기체의 온도를 4K(-269℃) 이하로 낮추면 초유체로 상변이phase variation한다. 초유체는 흔히 볼 수 있는 유체와 다르다. 초유체는 한번 움직이면 영원히 멈추지 않고 움직일 수 있다. 물을 휘저어 만들어진 소용돌이는 내부 마찰력 때문에 언제인가는 움직임을 멈춘다. 하지만 초유체에서 한번 만들어진 소용돌이는 영원히 멈추지 않는다.

초유체 현상은 보스-아인슈타인 응축 현상과 관련이 깊다. 사실 초유체는 보스-아인슈타인 응축의 산물이라고 해도 무리가 아니다. 초유체 현상의 미시적 원리는 현재까지도 제대로 밝혀지지 않았다. 하지만 초유체 현상만 해석하려면 보스-아인슈타인 응축 모형으로 충분히 가능하다.

앞에서 통계적 법칙을 만족하는 계는 자유에너지가 최소인 상태와 엔트로피가 최대인 상태일 때 안정된다고 말했었다. 즉 통계적 법칙을 만족하는 계는 스스로 자유에너지를 최소화하려는 경향을 나타낸다. 물 같은 일반적인 유체는 모두 내부 마찰력을 갖고 있다. 이 마찰력은 자유에너지를 줄인다. 마찰을 하면 열이 발생하고 열이 발생하면 엔트로피가 증가한다. 엔트로피가 증가하면 자유에너지가 감소한다. 하지만 초유체는 점성과 마찰력을 갖고 있지 않다. 따라서 마찰을 통해 운동에너지를 줄일 수 없으며 나아가 자유에너지도 줄일 수 없다.

일반적인 액체는 흐르는 과정에서 큰 운동에너지 부분이 작은 운동에너지 부분으로 이동한다. 이것이 마찰 현상의 본질이다. 반면 초유체는 흐르는 속도가 변하지 않는다. 달리 말해 초유체는 자신의 운동에너지를 나눠줄 '곳'이 없다.

보스-아인슈타인 응축 상태에서 유체를 구성한 대부분 입자들은 최저 에너지 상태인 바닥상태에 있다. 이때는 양자역학적 성질이 우위를 점하므로 바닥상태와 들뜬상태 사이에 에너지 간격이 존재한다(여기에서는 이해를 돕기 위해 바닥상태와 들뜬상태 사이에 에너지 간격이 존재하는 특수한 상황을 예로 들었다. 넓은 의미의 초유체 메커니즘은 매우 복잡하다). 따라서 바닥상태에 있는 입자들을 들뜬상태로 만들려면 바닥상태와 들뜬상태 간 에너지 차이보다 더 큰 에너지를 입자들에게 부여해야 한다.

초유체는 아주 완만하게 흐른다. 즉 유속이 빠르지 않다. 에너지 간격이 존재하기 때문에 입자들은 큰 운동에너지를 가질 수 없다. 입자들이 가진 운동에너지가 바닥상태와 들뜬상태 간 에너지 차이보다 작은 경우에는 그 에너지를 다른 입자들에게 나눠줄 수 없기 때문이다. 예를 들어 주차장에 밤새 주차했는데 다음 날 아침 주차 요금이 2만 원이나 나왔다고 치자. 하지만 주머니를 뒤져보니 만 원밖에 없고 돈을 빌릴 곳도 없었다. 결국 다른 방법이 생길 때까지 차를 가지고 나가지 못한다. 초유체 내부 입자들 상황도 이와 비슷하다.

초유체 입자들은 자신의 운동에너지를 나눠줄 곳이 없다. 따라서 주변의 바닥상태에 있는 입자들은 들뜬상태로 전이하지 못한다. 에너지 교환이 이뤄지지 않으니 계속 움직이는 상태, 즉 초유체 상태를 유지하는 수밖에 없다.

초유체 현상을 통해 저온 상태에서 양자역학적 효과가 뚜렷이 나타난다는 사실을 살펴보았다. 양자역학 법칙은 저온 물리계에 적용되는 가장 중요한 물리법칙이다. 다만 다입자계에서는 단일 입자 또는 단일 원자의 성질을 알아볼 때 쓰던 양자역학적 방법과는 차별을 두어야 한다.

20-2
포논

초유체가 무엇인지 알았으니 대담한 상상을 해보자. 초유체에 전류를 흘리면 전력 손실이 전혀 없는 초전도체가 되지 않을까? 초전도체를 살펴보려면 먼저 '포논phonon(음자 또는 음향양자라고도 한다)'에 대해 알아야 한다. 포논은 '소리의 입자'로 재료의 음향학적 성질과 밀접한 연관이 있다.

재료의 양자역학적 성질을 다루는 마당에 무엇 때문에 뜬금없이 음향학적 성질을 이야기할까? 음향학은 양자역학과 아무 관련도 없어 보인다. 음파는 역학적 파동일 뿐이다. 저주파수 음파나 사람이 들을 수 있는 음파는 물론이고 수십만 헤르츠에 이르는 초음파도 양자역학과 별로 관계가 없다. 여기에서 다루는 포논을 다시 정의하자면 '양자화된 음파'이다. 광파를 양자화해 입자로 표현한 것이 광자인 것처럼 음파를 양자화해 표현한 것이 바로 포논이다.

결정 격자의 진동

소리는 무엇인가? 물리학적 관점에서 보면 소리는 역학적 파동의 일종이다. 소리는 공기 중에서 공기 분자들의 진동으로 전달된다. 음파는 공기뿐만 아니라 고체에서도 전달된다. 고체는 밀도가 높고 분자간 거리가 가까우면서 분자 간 상호작용도 빠르게 일어난다. 따라서 공기보다 고체에서 소리가 훨씬 빠르게 전달된다.

앞에서 결정체의 에너지띠 구조를 다룰 때 연구 모형을 단순화했었다. 즉 결정 격자(결정체 내부 원자들의 평형 상태에 있는 자리 즉 평형 위치를 말한다)의 원자핵은 움직이지 않고 정지 상태에 있고, 여러 개의 양전하가 동시에 전자들에게 전기적 위치에너지를 부여한다고 가정했었다. 그러나 실제로는 그렇지 않다. 결정 격자는 진동을 한다. 고체가 형성될 수 있는 이유는 원자들 사이에 상호작용이 존재하기 때문이다(반데르발스 힘 또는 화학 결합). 이 상호작용에 힘입어 고체 내부 원자들은 평형 위치 주변에서 진동한다. 그렇지 않으면 고체가 아닌 강체가 만들어졌을 것이다. 강체는 가상의 물체로 실제로는 존재하지 않는다. 고체 내부 원자들은 평형 위치 주변에서만 진동한다. 진동에 그치지 않고 자유롭게 이동할 수 있다면 그 물질은 고체가 아니라 액체 또는 기체일 것이다.

격자 진동의 양자화

원자의 진동은 본질적으로 양자역학적 법칙을 따른다. 격자 구조는 양자역학적으로 슈뢰딩거 방정식을 이용해 풀 수 있다. 따라서 주기적인 배열을 통해 결정체의 기하학적 구조를 이루는 원자에 대해 슈뢰딩거 방정식을 풀면 진동하는 원자의 에너지띠 구조를 알 수 있다. 에너지띠들 사이에는 에너지 간격, 즉 띠틈이 존재한다. 진동수가 띠틈보다 작으면 진동은 고체 속에서 전달되지 못한다.

결정 격자의 진동, 즉 평형 위치 주변에서 원자들의 진동은 양자화된 행위라고 할 수 있다. 역학적 파동의 에너지는 진폭과 진동수에 비례한다. 즉 역학적 파동에 영향을 주는 요인은 진폭과 진동수 두 가지라는 얘기이다. 반면 슈뢰딩거 방정식을 만족하는 결정 격자의 진동 에너지는 오직 진동수에 따라 결정된다. 달리 말해 슈뢰딩거 방정식을 이용해 결정 격자의 진동 문제를 풀 때 결정 격자는 파동이 아닌 입자의 성질을 나타낸다. 요컨대 격자의 진동은 결정 내부를 돌아다니는 입자 형태로 나타나지 파동 형태로 나타나지 않는다. 이처럼 결정 격자의 양자화된 진동을 나타내는 입자를 포논이라고 한다.

특정 진동수를 가진 포논의 진폭을 키우는 방법으로 에너지를 증가시킬 수 없다. 진폭은 고정된 값을 갖고 양자화돼 있기 때문이다. 따라서 에너지를 증가시키려면 같은 진동수를 가진 포논의 수를 늘려야 한다. 극소편 11장에서 양자역학과 관련된 흑체복사 문제를 다뤘었다. 플랑크는 흑체복사를 해석하기 위해 빛이 불연속적인 에너지 묶음, 즉 광자로 구성됐다는 가설을 제안했다. 이와 마찬가지로 소리를 구성하는 포논 또한 에너지 묶음이라고 할 수 있다.

포논과 음파의 관계

고전적 의미의 음파(즉 역학적 파동)는 진폭과 진동수를 모두 갖고 있다.

또 고체 속에서 전달 가능하다. 이는 앞서 설명한 포논 개념과 모순된다. 그렇다면 양자화된 포논은 고전적 의미의 음파와 어떤 관계가 있는가?

보통 사람의 귀로 들을 수 있는 음파는 진동수가 매우 낮다. 피아노 소리의 진동수는 대략 수백 헤르츠에서 수천 헤르츠에 불과하다. 하지만 양자화된 포논의 진동수는 약 10^{12}헤르츠로 엄청나게 높다. 진동수가 조 단위라는 얘기이다. 진동수가 작으면 파장이 길어지고, 진동수가 크면 파장이 짧아진다.

고전적 의미의 음파는 모두 파장이 길다. 일반적인 음파의 파장은 몇 밀리미터, 몇 데시미터(dm) 심지어 몇 미터에 달한다. 이토록 큰 파장을 가진 음파가 고체 속에서 전달되려면 고체 내부 원자들은 일제히 전체적으로 이동해야 한다. 즉 서로 인접한 원자들은 거의 똑같은 위치 이동 과정을 거친다.

일반적인 음파의 전달 과정은 소립자인 원자의 운동과 연관되지 않는다. 하지만 포논같이 진동수가 크고 파장이 나노미터 급으로 작은 양자화된 음파의 경우, 서로 인접한 원자들의 운동 방식에 큰 차이가 난다. 그러므로 음파 파장의 길이에 따라 음파의 고전 음향학적인 성질을 고려해야 하는지 아니면 양자화된 미시적 성질을 고려해야 하는지 결정해야 한다.

20-3

초전도 현상

초전도superconductivity현상이란 물체의 전기 저항이 0이 되는 현상을 말한다. 초전도체는 전기 저항이 0에 이르러 초전도 현상이 나타나는 도체이다. 초전도 현상은 20세기 초에 발견됐다. 당시 한 네덜란드 물리학자는 수은을 냉각해 절대 0도로 접근시켰을 때 수은의 전기 저항이 0이 돼 완전한 전도체가 되는 현상을 발견했다. 초전도 과정은 매우 다양해 현재까지도 완전히 밝혀지지 않았다.

BCS 이론

전기 저항은 전자들이 이동하는 과정에서 다양한 방해를 받기 때문에 생긴다. 이를테면 결정 격자와의 충돌로 발생하는 마찰도 방해 요인 중 하나이다. 초유체는 내부 마찰력이 0인 물질이다. 그렇다면 초유체에 전류를 공급하면 전력 손실이 전혀 없는 초전도체가 되지 않을까? 그럴듯한 발상이기는 하지만 중요한 한 가지를 빠뜨렸다. 대부분 초유체는 보스-아인슈타인 응축 상태에 있는 물질이다. 보스-아인슈타인 통계를 따르는 입자는 보손이다. 반면 전자는 페르미온이다. 페르미온은 보스-아인슈타인 응축 현상을 띨 수 없다. 따라서 전자들의 온도만 낮추는 방법으로는 초전도체를 얻을 수 없다.

미시적인 관점에서 최초로 초전도체의 성질을 규명한 이론은 BCS 이론이다. 미국 물리학자 존 바딘John Bardeen, 리언 쿠퍼Leon Cooper, 존 슈리퍼John

Robert Schrieffer가 공동으로 제안했다. 이들의 이름 첫 자를 따서 BCS 이론이라고 한다. 세 물리학자는 1972년에 노벨물리학상을 수상했다.

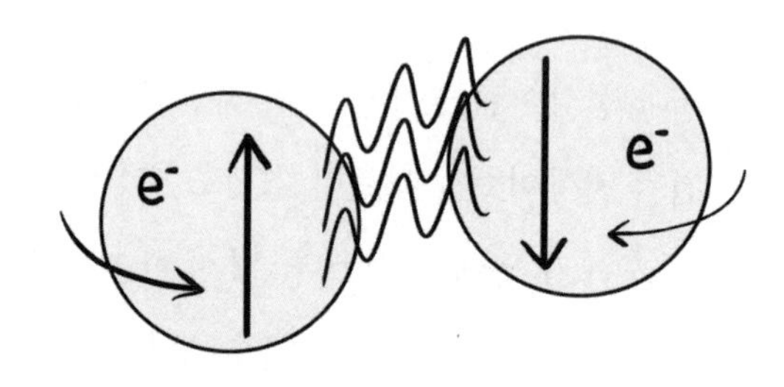

그림20-2 쿠퍼쌍

BCS 이론의 핵심은 페르미온인 전자를 어떻게 보손으로 만드느냐이다. 여기에서 필요한 개념이 앞서 이야기한 포논이다. 극소 편 입자물리학 부분에서 힘은 입자 교환에 따라 생겨난다고 말했었다. BCS 이론의 요점은 두 전자가 포논을 교환하면서 반대 스핀을 가진 두 개의 전자로 구성된 전자 쌍을 형성한다는 것이다. 이 전자 쌍을 '쿠퍼쌍Cooper pair'이라고 한다. 쿠퍼쌍은 보손이다.

전자들이 보손 입자로 변했으니 보스-아인슈타인 응축 현상을 일으켜 초유체가 될 수 있다. 또 쿠퍼쌍은 전자들로 구성된 보손이기 때문에 전하를 갖고 있다. 따라서 초전도 현상을 일으킬 수 있다.

완전 반자성

초전도체는 완전 반자성 성질을 갖고 있다. 달리 말해 외부 자기장은 초전도체 안으로 전혀 들어가지 못한다. 따라서 초전도체의 내부 자기장은 0이 된다.

초전도체는 왜 완전 반자성일까? 외부 자기장이 생성됐을 때 초전도체 내부에서 전류가 발생한다. 물론 초전도체만 외부 자기장의 영향을 받아 전류가 발생하는 것은 아니다. 다른 재료들도 외부 자기장의 영향을 받으면 전류가 발생한다. 초전도체의 전기 저항은 0이다. 따라서 한번 발생한 전류는 없어지지 않고 계속 흐른다. 이 전류 때문에 외부 자기장과 반대 방향으로 새로운 자기장이 만들어진다. 새로운 자기장이 외부 자기장을 완전히 상쇄해서 초전도체의 내부 자기장은 0이 된다. 만약 새로운 자기장이 외부 자기장을 완전히 상쇄하지 못했다면 또다시 새로운 전류가 발생하고 새로운 자기장이 만들어져 최종적으로 외부 자기장을 완전히 상쇄한다(그렇지 않으면 에너지보존법칙에 위배된다). 이것이 초전도체가 완전 반자성을 띠는 원리이다.

초전도체의 완전 반자성 원리를 활용해 또 다른 전기적 현상인 정전기 차폐static shielding 현상도 해석할 수 있다. 왜 비행기가 번개를 맞아도 기내 승객들은 멀쩡할까? 왜 엘리베이터 안에서는 휴대폰 신호가 잡히지 않을까? 사실 이런 문제들은 정전기 차폐 현상과 관계된다.

정전기 차폐는 금속 내부에 전기장이 존재할 수 없는 상태를 말한다. 만약 금속 내부에 전기장이 존재한다면 이 전기장의 영향으로 양전하들은 전기장과 같은 방향으로 이동하고 음전하는 전기장과 반대 방향으로 이동한다. 양전하와 음전하가 분리되면서 외부 전기장과 반대 방향을 가진 새로운 전기장이 만들어져 외부 전기장을 상쇄한다. 결국 금속 내부 전기장은 0이 된다. 이 현상이 일어나는 이유는 금속 내부에 대량의 자유전자들이 들어 있기 때문이다. 반면 절연체는 정전기 차폐 현상을 띠지 않는다. 외부 전기장이 절연체 내부의 양전하와 음전하를 완벽하게 분리하지 못하기 때문이다.

정리하자면 금속은 정전기 차폐 특성을 갖고 있고, 초전도체는 완전 반자성을 갖고 있다.

고온 초전도체

BCS 이론은 가장 보편적인 초전도체에 적용된다. 대부분의 초전도 물질의 임계온도는 액체 헬륨 온도인 4K 정도이다. 하지만 물질의 종류를 바꾸면 초전도체의 임계온도를 높일 수 있다. 이를테면 매우 복잡한 구조를 가진 화합물을 이용해 이 임계온도를 100K 이상으로 높일 수 있다.

많은 과학자들이 앞다퉈 초전도체 임계온도를 높이는 연구에 참여하면서 '고온 초전도체'라는 새로운 분야가 탄생했다. 여기에서 말하는 '고온'은 섭씨 수천 도, 수만 도 같은 고온이 아니라 절대 0도를 기준으로 한 고온을 말한다. 100K(-17℃)이면 액체 헬륨의 임계온도인 4K에 비해 훨씬 고온인 셈이다.

고온 초전도 현상의 원리는 아직까지 명확하게 밝혀지지 않았다. 관련 분야의 주류 이론도 여러 갈래로 나눠진 상태이다. 하지만 초전도 현상이 일어나려면 반드시 쿠퍼쌍이 필요하다는 점은 공통적인 주장이다. 고온 초전도체에서 전자들은 포논 교환이 아닌 다른 방식으로도 쿠퍼쌍을 형성할 수 있다.

포논 외에 스핀밀도파spin density wave도 쿠퍼쌍을 만들 수 있다. 앞에서 강자성체의 이징 모형에 대해 다뤘었다. 강자성체는 외부 자기장이 형성되면 내부 전자 스핀들이 자기장의 영향을 받아 질서 있는 평행 배열을 이룬다. 반면 반강자성체를 구성한 원자의 스핀들은 스스로 서로 반대 방향(반평행)으로 정렬한다.

스핀밀도파는 물질 내부 전자들의 스핀이 반강자성체와 비슷한 배열을 이루는 현상이다. 즉 스스로 발생시킨 자기장의 영향을 받아 주변 전자들이 반평행으로 밀집해 반평행 스핀 전자 쌍을 이루는 현상이다. 스핀의 배열 형태가 파동 형태와 같다고 해서 스핀밀도파라고 한다.

초전도체의 응용

초전도체의 활용 분야는 아주 광범위하다. 극소 편에서 입자 가속기가 입자들을 붙들어두려면 큰 자기장이 필요하고, 강한 전류로 큰 자기장을 발생시킬 수 있다는 사실을 알아보았다. 하지만 일반적인 도선은 전기 저항이 있기 때문에 매우 강한 전류를 감당할 수 없다(엄청난 열이 발생하기 때문이다). 반면 초전도 코일은 전기 저항이 0이므로 전류가 많이 흘러도 뜨거워지지 않는다. 따라서 매우 강한 전류를 감당할 수 있다. 이 밖에 초전도체는 통제된 핵융합 반응에서도 큰 역할을 한다. 섭씨 1억 도 이상의 온도를 가진 반응 물질을 가둬두려면 강대한 자기장이 있어야 하는데 이 경우에도 초전도체가 필요하다.

고온 초전도(특히 상온 초전도) 기술이 정말로 실현된다면 인류의 전력 사용 분야에 획기적인 변화가 일어날 것이다. 우리가 현재 교류 전기를 사용하는 이유는 교류 전기가 대체로 전압이 높아 전송 과정에서 전력 손실을 줄일 수 있기 때문이다. 초전도체를 사용한 전력 수송이 가능해진다면 초고압의 교류 전기는 역사 무대에서 사라질 것이다.

초전도성과 초유동성은 저온 현상의 대표적인 두 가지 예라 할 수 있다. 초전도성과 초유동성에 뒤이어 1980년대부터 기묘한 저온 현상이 잇따라 발견되었다. 이를 토대로 강상관계를 연구 대상으로 삼는 새로운 물리학 분야가 탄생했다.

20-4
홀 효과

홀 효과Hall effect란 무엇인가

초유체와 초전도체는 매우 기묘한 응집 물질이다. 응집물질계에는 이밖에도 기묘한 물질 상들이 몇 가지 더 있다. 1970년대에 양자 홀 효과가 발견되면서 응집물질물리학 연구의 새로운 장이 열렸다.

양자 홀 효과란 무엇인가?

양자 홀 효과에 앞서 고전적 홀 효과에 대해 살펴보자. 홀 효과는 1879년 미국 물리학자 에드윈 홀Edwin Hall이 발견했다. 고전적 홀 효과는 이해하기 쉽다. 네모난 금속판 양끝에 도선을 연결해 전류가 흐르게 한다. 이때 금속판 내부에 흐르는 전하의 이동 방향에 수직 방향으로 자기장을 가한다. 그러면 금속 내부에 전하 흐름에 수직 방향으로 전위 차이가 형성된다. 이같이 외부 자기장의 영향 아래 전류의 방향에 수직 방향으로 전압이 형성되는 현상을 홀 현상 또는 홀 효과라고 한다.

왜 전류에 수직 방향으로 전압이 생길까? 하전입자들이 일정한 방향으로 이동하면 전류가 생성된다. 하전입자들의 이동 방향에 수직 방향으로

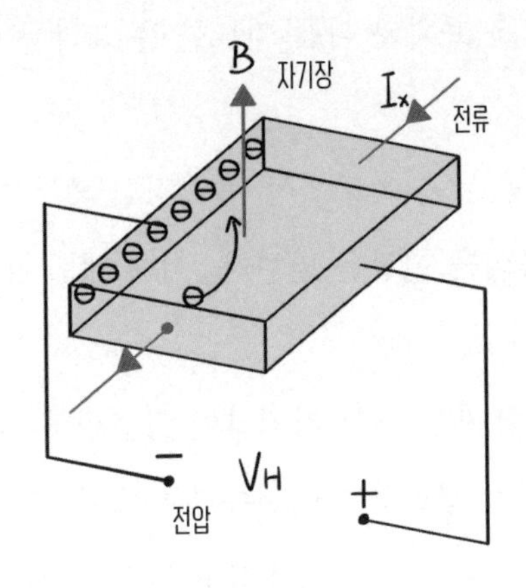

그림20-3 홀 효과 실험 장치

자기장이 형성되면 하전입자들은 로렌츠 힘의 영향을 받아 방향을 바꾼다. 따라서 전하들은 금속판의 측면과 충돌하면서 그곳에 집결한다.

전하들이 모여서 전기장을 형성하고, 이 전기장의 영향으로 쿨롱 힘이 전자들에 작용한다. 쿨롱 힘 방향은 로렌츠 힘 방향과 반대된다. 달리 말해 집결된 전자 수가 특정 수준에 이르렀을 때 쿨롱 힘과 로렌츠 힘은 서로 상쇄하면서 하전입자들은 원래 방향으로 이동한다. 또 집결한 전하들은 전하 흐름에 수직 방향으로 전위차이를 형성한다. 이것이 홀 효과의 발생 원리이다. 여기에서 '홀 저항'이라는 새로운 물리량을 정의할 수 있다. 홀 저항은 홀 효과로 발생한 홀 전압을 발생한 전류로 나눈 값이다.

홀 효과의 물리적 도식

고전 홀 효과는 해석하기도, 이해하기도 비교적 쉽다. 그런데 1970년대에 과학자들은 고전 홀 효과와 다른 기묘한 홀 효과를 발견했다. 바로 양자 홀 효과이다.

양자 홀 효과는 매우 낮은 온도에서 매우 강한 외부 자기장이 생성됐을 때 홀 효과가 양자화되는 현상을 말한다. 이때 계의 홀 저항은 양자화된 값을 가진다.

고전 홀 효과를 보면 계는 외부 자기장이 형성된 후에도 안정적인 상태를 유지한다. 또 전하가 집결하면서 전류 흐름에 수직 방향으로 전위차이가 형성된다. 이 전위차이(즉 전압)를 V라고 하고, 발생된 전류를 I라고 하면, 홀 저항 R은 전압을 전류로 나눈 값이다. 즉 $R=V/I$이다.

그렇다면 홀 저항 R은 어떤 변수와 관계가 있을까? 저항은 전압을 전류로 나눈 값이다. 전류에 영향을 주는 요인은 전하 밀도와 개별 전하의 하전량이다. 여기에서 다루는 하전입자는 전자이기 때문에 개별 전하의 하전량을 e로 표시할 수 있다.

전하가 모이면서 수평 방향의 전기장이 형성되고, 전기장의 영향으로 전자들은 쿨롱 힘을 받는다. 이 쿨롱 힘은 로렌츠 힘에 대항하는 힘이다. 로렌츠 힘은 외부 자기장의 세기에 비례한다. 이로부터 알 수 있듯 수평 방향의 전기장은 외부 자기장의 세기와 연관된다. 만약 외부 자기장의 세기를 조절한다면 홀 저항도 따라서 변한다. 이때 홀 저항의 변화 그래프는 비스듬히 위로 향하는 비교적 평활한 직선 형태를 가진다. 외부 자기장의 세기가 강해질수록 더 많은 전하들이 집결하고 따라서 가로 방향의 전압이 높아지고 홀 저항도 커진다.

만약 외부 자기장의 크기를 10T(테슬라, 자기장의 세기를 나타내는 단위. 지구 자기장 크기는 약 1/100T에 불과하다. 10T면 지구상에서 만들어낼 수 있는 최강 자기장

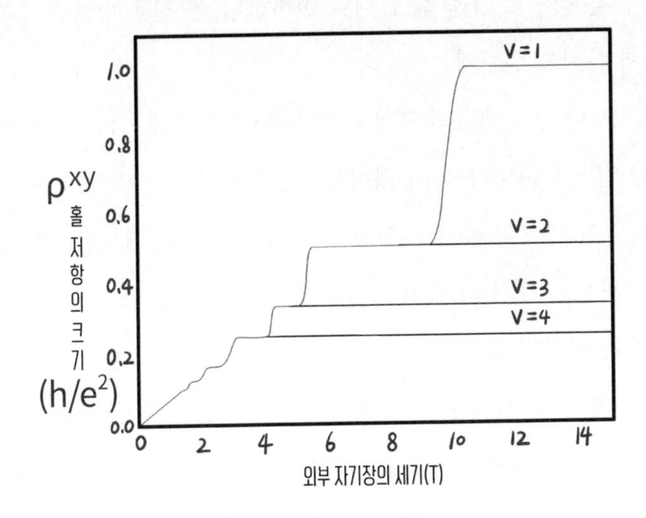

그림20-4 **외부 자기장의 변화에 따른 홀 저항의 변화 그래프**

이라고 해도 좋다)로 늘리고, 온도를 1K 정도로 낮추면 어떻게 될까? 실험 결과는 놀라웠다. 자기장의 변화에 따른 홀 저항의 변화 그래프가 계단 모양을 나타낸 것이다.

그래프를 보면 외부 자기장이 어느 정도로 커진 후에는 홀 저항이 더 이상 평활한 직선이 아닌 계단식으로 증가한다. 즉 홀 저항의 증가 패턴을 보면, 외부 자기장의 세기가 커지는 일정 구간 안에서는 정확하게 같은 값을 유지하다가 외부 자기장의 세기가 특정 시점에 이르렀을 때 한 단계 뛰어오르는 식으로 증가한다. 이어서 또 일정한 구간 안에서 동일한 값을 유지하다가 새로운 시점에 또 한 단계 솟아오른다. 각 단계에 대응하는 홀 저항의 크기를 $(1/v)h/e^2$로 표시할 때 충진율filling factor이라는 변수 v는 1, 2, 3, 4 등 임의의 자연수이다. 달리 말해 홀 저항의 크기는 홀 저항의 단위를 정수로 나눈 값 단위로 변화한다. 충진율의 물리적 의미는 뒷부분에서 다시 다뤄보자.

놀랍게도 계단식 그래프의 형태는 매우 안정적이다. 금속판 형태가 변형돼도, 금속판의 순도가 높지 않아도, 심지어 가벼운 방해나 교란이 생겨도 홀 저항의 계단식 증가에 영향을 미치지 못했다. 또 홀 저항이 가지는 값의 정확도는 정수의 $1/10^{10}$ 정도였다. 즉 오차 범위가 100억분의 1 미만이라는 얘기이다.

무엇 때문에 외부 자기장의 세기는 연속적으로 변화했는데 홀 저항의 크기는 규칙적이고 불연속적으로 변했는가? '불연속적인 변화'라 하면 양자화를 빼놓고 이야기할 수 없다. 홀 저항의 크기를 나타낸 식에는 플랑크 상수 h도 들어 있다. 플랑크 상수는 양자역학과 관련된 상수이다. 게다가 극저온 상태의 다입자계에서는 양자역학적 효과가 우위를 나타낸다.

이제 양자 홀 효과와 홀 저항의 계단식 증가 현상에 대해 알아보자.

20-5
양자 홀 효과

양자화된 홀 저항

그렇다면 어떻게 양자역학으로 양자 홀 효과를 해석할 수 있을까? 먼저 자기장이 약할 때 전자가 어떤 궤도운동을 하는지 알아보자.

자기장이 약할 때는 전자에 작용하는 로렌츠 힘도 작다. 전자는 로렌츠 힘을 받아 원운동을 한다. 원운동의 반지름은 비교적 크다. 하지만 로렌츠 힘이 작은 상황에서는 전자가 진로를 크게 바꿀 수 없다. 즉 원래의 방향을 크게 벗어날 수 없다. 따라서 대부분 전자들은 처음에는 금속판의 측면에 충돌한다. 하지만 자기장의 세기가 매우 커졌을 때는 상황이 달라진다. 전자들에 작용하는 로렌츠 힘이 강해지므로 전자들은 심지어 제자리에서 뱅뱅 돌면서 동그라미 모양의 운동 궤적을 나타낼 수도 있다.

이 상황에서는 금속판에 전기가 통하기 쉽지 않다. 전자들이 제자리에서 뱅뱅 돌기 때문에 전하는 일정한 방향으로 흐르지 못한다. 하지만 금속판 가장자리에 있는 전자들은 전류를 형성할 수 있다. 금속판 가장자리에 있는 전자들이 금속판 가장자리에 탄성 충돌한다고 가정했을 때, 전자는 금속판에 정면으로 충돌한 뒤 원래 속도로 튕겨나와 반원을 그리면서 다시 금속판에 충돌한다. 이처럼 충돌하고 튕겨나오고 다시 충돌하고 튕겨나오기를 반복한다.

그러므로 매우 강한 자기장의 영향 아래 놓였을 때는 금속판 가장자리에 있는 전자들만 전류를 통과시킬 수 있다. 즉 금속판 가장자리는 전기가 통한다.

이제 저온 상태에서 강한 자기장이 형성됐을 때 금속판 내부 전자들의 운동이 어떤 법칙을 따르는지 살펴보자. 고전 전자기학 이론으로는 양자화된 전자들의 운동을 서술할 수 없다. 이때 필요한 이론이 슈뢰딩거 방정식이다.

앞에서 슈뢰딩거 방정식으로 원자 내부 전자 운동에 대한 파동함수를 구했었다. 슈뢰딩거 방정식의 해, 즉 파동함수로 전자의 에너지 상태를 서술할 수 있다. 전자의 에너지는 두 부분으로 구성돼 있다. 하나는 전자의 운동에너지이고, 다른 하나는 원자핵의 쿨롱 힘이 전자에 작용해 생긴 전기적 위치에너지이다.

전자 시스템에서 양자 홀 효과가 나타날 때도 전자의 에너지는 여전히 두 부분으로 구성돼 있다. 즉 금속판 내부 전자들은 운동에너지와 위치에너지를 갖고 있다. 다만 금속 내부의 전자는 자유전자이기 때문에 외부 자기장이 생성됐을 때 전자들이 가지는 위치에너지는 외부 자기장의 영향으로 생긴 위치에너지만 고려하면 된다. 이를 바탕으로 금속판 내부 자유전자들에 대한 슈뢰딩거 방정식을 풀 수 있다. 양자 홀 효과에 대응하는 슈뢰딩거 방정식을 풀면, 양자화된 에너지값이 슈뢰딩거 방정식의 해가 된다는 사실을 알 수 있다. 이는 원자 내부 전자의 에너지가 양자화돼 있는 것과 마찬가지이다. 양자 홀 효과에 대응하는 슈뢰딩거 방정식을 풀어서 얻은 해, 즉 양자화된 에너지 준위를 란다우 준위Landau level라고 한다. 란다우 준위는 러시아 물리학자 레프 란다우가 발견한 전자의 자기 궤도이다.

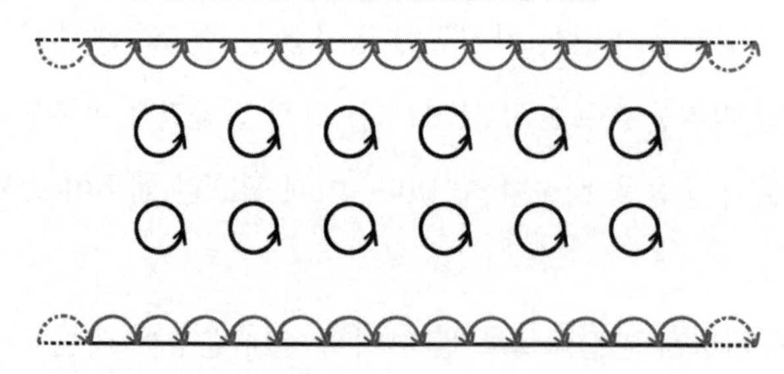

그림20-5 금속판의 전류 흐름

모든 란다우 준위는 전자를 받아들일 수 있다. 양자 홀 상태에서 전자의 에너지는 양자화돼 있다. 그렇다면 전자들이 란다우 준위에 배치될 때 어떤 규칙을 따를까? 사실 양자 홀 상태에 있는 전자들의 배치 상태는 원자 내부의 전자 배치와 비슷하다. 즉 가장 낮은 란다우 준위부터 전자가 채워진다.

그렇다면 란다우 준위는 양자 홀 효과에 어떤 영향을 미칠까? 무엇 때문에 홀 저항 그래프는 계단 형태를 가질까?

이 문제를 해결하려면 홀 저항 개념을 한층 더 깊게 이해해야 한다. 홀 저항은 수평 방향 전압을 전류로 나눈 값이다. 그림20-5를 보면 금속판을 흐르는 전류는 금속판 가장자리에 있는 전자들의 운동과 관계된다. 그렇다면 수평 방향 전압은 무엇과 연관되는가? 수평 방향 전압은 금속판 가장자리에 모인 전하 수와 연관된다. 즉 금속판 가장자리 전하 밀도와 관련된다. 결국 두 가지 밀도(전자 밀도와 전하 밀도)의 비율이 홀 저항의 크기를 결정하는 셈이다.

만약 자기장의 세기가 변했을 때도 금속판 가장자리의 전하 밀도와 전자 밀도의 비율이 여전히 일정한 값을 유지한다면 자기장의 세기가 일정하게 증가했을 때 홀 저항이 여전히 일정한 값을 유지하는 이유도 해석할 수 있다.

슈뢰딩거 방정식의 해는 란다우 준위가 원자 내부 전자들의 에너지 준위에 대응한다는 사실을 알려준다. 즉 전자가 금속판의 2차원 평면상에서 운동하는 경우, 원자 내부의 전자 배치 상황과 마찬가지로 가장 낮은 란다우 준위부터 채워나간다. 전자들이 낮은 란다우 준위에 채워지면 다시 더 높은 에너지 준위에 배치되는 식이다.

그렇다면 란다우 준위는 어떤 특징을 갖고 있을까? 각 란다우 준위에 배치된 전자들은 모두 원운동 또는 반원운동을 한다. 원운동을 하는 이유는 자기장의 영향을 받기 때문이다. 자기장의 세기가 클수록 원운동의 반지름은 작아진다. 자기장의 세기가 클수록 구심력(전자에 작용하는 로렌츠 힘이 곧 구심력이다)이 커지고, 구심력이 클수록 원의 반지름이 작아지기 때문이다. 전자가 원운동을 하면서 그리는 동그라미(원궤도)는 전자가 차지하는 공간을 의미한다. 전자가 그리는 동그라미는 면적을 갖고 있다. 자기장의 세기가 클수록 동그라미의 면적은 작아진다. 여기에서 새로운 물리량 n_ϕ를 정의해 보자. n_ϕ는 단위 면적에 포함된 여러 개의 란다우 준위 중에서 하나의 란다우 준위에 대응하는 동그라미(전자가 원운동을 하면서 그리는 원 궤도) 개수를 나타낸다. 외부 자기장의 세기가 클수록 란다우 준위에 대응하는 동그라미 면적이 작아지고 n_ϕ의 값은 커진다. 전하 밀도를 n_e로 표시할 경우 앞부분에서 언급했던 충진율 v는 n_ϕ에 대한 n_e의 비와 같다. 즉 $v=n_e/n_\phi$이다.

이번에는 하나의 란다우 준위가 차지한 면적 안에 전자가 몇 개 포함돼 있는지 살펴보자. 사실 하나의 란다우 준위가 차지한 면적에 포함된 전자 수는 바로 충진율 v이다. 외부 자기장의 세기가 클수록 v는 작아지고 전기 전도성은 약해지면서 홀 저항은 커진다. 외부 자기장이 증가했을 때 단일 란다우 준위에 대응하는 동그라미 면적은 작아지고, 단위 면적에 포함된 란다우 준위 개수는 증가한다. 따라서 n_ϕ는 커진다. 또 충진율 v는 작아진다. 란다우 준위가 차지한 면적이 작을수록 그 면적에 포함된 전자 수도 적어진다. 그러므로 금속판 가장자리에서 전류를 통과할 수 있는 전자 수는 적어진다. 전류를 통과할 수 있는 전자 수가 적을수록 전류가 약해지고, 전류가 약해질수록 홀 저항이 커진다. 따라서 양자 홀 상태에서 외부 자기장의 증가에 따라 홀 저항이 커진다.

그렇다면 홀 저항 그래프가 계단 모양을 나타내는 현상은 어떻게 해석해야 하는가? 여기에서 핵심 요인은 금속판에 함유된 불순물이다. 일상적인 상황에서 도체인 금속판에 불순물이 없을 수 없다. 이 불순물은 계의 무질서 상태를 불러일으킨다. 이 경우에 전자들은 무질서 구역 주변에 국소적으로 집결돼 전류 흐름에 참여하지 않는다. 외부 자기장의 세기가 조금 변했을 때는 이 같은 국소적인 무질서 상태에 영향을 미치지 못한다. 따라서 외부 자기장의 세기 변화가 크지 않을 때 홀 저항은 일정한 값을 유지한다. 반면 금속판에 불순물이 전혀 섞여 있지 않아서 계 내부에 국소적인 무질서 상태가 존재하지 않을 때는 홀 저항 그래프가 계단 형태를 나타내지 않는다.

이로써 거대 자기장의 영향 아래 홀 저항이 연속적인 변화가 아니라 계단식 변화를 나타내는 이유가 밝혀졌다. 요컨대 자기장의 세기가 일정 범위 안에서 변화할 때 홀 저항 그래프는 계단 형태를 나타낸다.

분수 양자 홀 효과fractional quantum Hall effect

위에서 다룬 홀 효과는 '정수 양자 홀 효과integer quantum Hall effect'이다. 정수 양자 홀 효과는 전자들 사이의 상호작용을 고려하지 않았을 때의 홀 효과이다. 전자들 사이 상호작용을 고려했을 때는 '분수 양자 홀 효과'가 나타난다. 중국계 미국인 물리학자 추이치崔琦는 1998년에 분수 양자 홀 효과의 발견으로 노벨물리학상을 수상했다.

강한 자기장이 형성됐을 때 정수 양자 홀 효과와 더불어 분수 양자 홀 효과도 나타날 수 있다. 분수 양자 홀 효과는 물리학에 새로운 지평을 열었다. 응집물질물리학의 지위를 새로운 단계로 상승시켰다. 분수 양자 홀 효과의 발견을 계기로 인류는 응집물질계에 기반해 자연계에 존재하지 않는 물리학 법칙들을 인위적으로 만들어낼 수 있었다. 한 가지 예를 들어보자.

우주의 모든 기본 입자들은 양자이론의 통계 법칙을 기준으로 보손과 페르미온 두 종류로 분류할 수 있다. 만약 두 개의 보손이 서로 위치를 바꿨다면 두 보손의 전체 파동함수의 위상은 1이다. 예를 들어 원래의 파동함수가 $\Phi(x, y)$(여기에서 x와 y는 두 보손의 좌표임)라면 위치를 바꾼 후의 파동함수는 $\Phi(y, x)$가 된다. 두 보손의 전체 파동함수의 위상이 1이므로 $\Phi(x, y)=\Phi(y, x)$이다. 반면 페르미온의 경우 전체 파동함수의 위상은 −1이다. 즉 $\Phi(x, y)=-\Phi(x, y)$이다.

분수 양자 홀 효과 이론에 따르면 양자계에는 준입자quarsi-particle가 존재한다. 준입자는 입자물리학에서 다루는 실재하는 기본 입자와는 다르다. 준입자는 응집물질계에서 입자처럼 행동하는, 매질 내부의 양자화된 요동이다. 앞에서 다뤘던 포논도 준입자의 일종이다. 준입자는 특정 상황에서 기본 입자처럼 행동하는 양자계의 들뜬상태를 말한다. 입자물리학에서 다루는 진정한 의미의 기본 입자가 아니며, 응집물질계에서 새롭게 생성한 입자이다. 준입자 개념도 레프 란다우가 최초로 발표했다. 분수 양자 홀 효과를 나타내는 준입자들 중에서 일부는 양자이론의 통계 법칙을 기준으로 했을 때 보손에도, 페르미온에도 속하지 않는다. 두 준입자의 위치를 서로 바꿨을 때 전체적인 파동함수의 위상은 1도, −1도 아니고, 절댓값이 1인 복소수이다. 이 같은 통계 법칙을 분수 통계fractional statistics라고 한다. 보손도, 페르미온도 아닌 준입자는 분수 양자 홀 효과 같은 2차원 양자 다체 상태에서만 존재할 수 있다. 보손도 아니고 페르미온도 아닌 준입자는 애니온anyon이라고 부른다.

애니온은 자연계에 존재하지 않는다. 즉 입자물리 실험으로는 애니온을 발견할 수 없다. 입자물리학에서는 분수 통계 관련 이론도 찾아낼 수 없다. 오직 분수 양자 홀 상태에서만 나타나는 기묘한 현상이다. 분수 양자 홀 현상은 기초물리 연구의 새로운 방향을 제시했다. 즉 고에너지 입자 가속기를 이용해 더욱 작은 입자들을 만들어내고 나아가 인위적으로 구축한 응집물질계에서 가장 기본적인 물리학적 원리에 대한 시뮬레이션을 시도해볼 수 있게 되었다. 과학자들은 이미 응집물질계를 활용해 자연계에 존재하지 않는 입자 관련 물리법칙을 발견해 냈다. 앞에서도 말했지만 준입자는 응집물질계에서 새롭게 생성되었다. 그렇다면 입자물리학에서 다루는 진정한 의미의 기본 입자들도 실제로는 어떤 기본적인 응집물질계에서 생겨난 존재가 아닐까? 시공간에 꼭 시간과 공간만 포함된 것은 아니다. 기본 입자는 시공간에 단독으로 존재하지 않는다. 어쩌면 기본 입자도 더욱 기본적인 응집물질계에서 생겨났을지도 모른다. 중국 물리학자 원샤오강文小剛이 이 같은 주장을 담은 '스트링 네트 응집물질string-net condensation' 이론을 발표했다. 이 이론에 따르면 전자와 광자는 모두 스트링 네트string net에서 생성된 개체이다.

20-6

강상관계와 양자컴퓨팅

강상관계

양자 홀 효과, 특히 분수 양자 홀 효과를 발견하면서 '강상관계'라는 새로운 물리학 분야가 탄생했다. 강상관계란 무엇인가? 앞에서 다뤘던 에너지띠 구조와 결정체 내부 전자와 원자핵의 관계를 되새겨 보자.

결정체 내부 원자핵은 양전하를 갖고, 전자들은 음전하를 지닌다. 또 결정체를 구성하는 원자들의 원자핵과 전자들 사이에는 세 가지 상호작용이 존재한다. 하나는 전자와 원자핵의 전자기 상호작용, 또 하나는 원자핵들 사이 전자기 상호작용, 나머지 하나는 전자와 전자의 전자기 상호작용이다. 일반적인 결정체 안에서는 원자핵들 사이 상호작용이 뚜렷하지 않다. 결정체 내부 원자핵의 위치는 상대적으로 고정돼 있다. 그러므로 원자핵의 진동(포논 생성)은 원자의 질적 변화를 이끌어낼 만큼 큰 영향을 미치지 못한다. 또 전자와 전자의 상호작용도 무시할 수 있다. 전자와 전자 사이의 거리는 상당히 멀기 때문에 전자들의 운동에 뚜렷한 영향을 미치지 못한다. 결국 세 가지 상호작용 중에서 전자와 원자핵 사이의 상호작용만 고려하면 된다는 얘기이다. 앞에서 에너지띠 구조를 다룰 때 전자와 원자핵 사이의 상호작용만 고려했던 것도 이 때문이다.

하지만 분수 양자 홀 효과 상태에서(특히 극저온 상태에 있을 때) 전자의 양자적 특성이 우위를 점하면서 전자와 전자 사이에 상호작용한다는 사실을 무시해서는 안 된다. 전자와 전자 사이의 상호작용이 강하게 나타나는 물질을 강상관계라고 한다. '강상관'이란 전자와 전자의 상호작용이 무시하면 안 될 정도로 매우 강한 상태를 말한다. 앞에서 이야기했던 초전도체가 바로 전자들 사이 강한 상호작용의 결과물이다. 두 전자가 포논을 교환하면서 전자 쌍을 형성해 전류의 초유동성이 발생하고 초전도 현상이 나타나는 것이다. 또 다른 예로 모트 절연체를 들 수 있다. 산화니켈(NiO), 산화코발트(CoO), 산화망간(MnO) 같은 화합물은 에너지띠 이론에 따르면 전기 전도성이 매우 높은 도체로 분류돼야 마땅하다. 하지만 이들 화합물은 투명한 절연체이다. 무엇 때문에 이런 모순이 생길까? 에너지띠 이론은 전자들 사이의 상호작용을 무시하는 데 반해 모트 절연체 내부 전자들 사이에는 무시하면 안 될 정도로 강한 상호작용이 존재하기 때문이다. 즉 에너지띠 이론으로 모트 절연체를 분석해서는 안 된다.

앞에서 다뤘던 분수 양자 홀 효과 또한 전자들 사이의 강한 상호작용 때문에 발생하는 현상이다. 이처럼 강상관계는 탐구할 가치가 있는 과제이며 응집물질물리학에서 가장 첨단 분야다.

양자 얽힘 현상

극소 편에서 다뤘던 양자 얽힘 현상을 다시 살펴보자.

양자 얽힘은 몇 개의 양자계가 일정한 중첩 상태를 나타내는 현상을 말한다. 예를 들어 두 개의 전자로 구성된 계에서 두 전자가 동시에 업스핀 상태에 있을 확률과 동시에 다운스핀 상태에 있을 확률이 중첩됐다면 양자 얽힘 상태라고 할 수 있다. 이제 그중의 한 전자 상태를 측정했다면 다른 전자는 더 측정할 필요 없이 동일한 상태라고 판단할 수 있다.

강상관계에서 전자들은 양자 얽힘 상태로 존재할 수 있다. 따라서 고체 내부 전자는 원자들 사이를 자유롭게 이동할 수 있다. 극열 편에서 이상 기체 모형을 분석할 때 전자들 사이에 상호작용이 존재하지만 전자의 운동 상태에 영향을 미치지 않으면서 아주 작은 영향만 미친다고 얘기했었다. 물론 전자와 전자의 상호작용을 항상 무시해도 되는 것은 아니다. 하지만 여기에서는 분석의 편의를 위해 모트 절연체 같은 재료는 미뤄두고 일반적인 재료만 연구 대상으로 삼아보자. 사실 전자와 전자의 상호작용을 고려해서 연구하기도 한다.

결국 세 가지 상호작용 중에서 개별 전자에 작용하는 모든 원자핵들의 전자기력만 고려하면 된다. 그중에서도 결정체를 구성한 전자들의 운동을 집중해서 살펴보자. 결정체를 구성한 원자들은 규칙적으로 배열돼 일정한 기하학적 형태를 나타낸다. 이를테면 염화나트륨의 결정 구조는 정육면체이다. 한 개의 염소 원자는 주위에 있는 여섯 개의 나트륨 원자와 서로 끌어당기고, 마찬가지로 한 개의 나트륨 원자는 그 주위의 여섯 개의 염소 원자와 서로 끌어당겨서 안정적인 상태의 결정을 이룬다. 염화나트륨의 결정 구조는 처음에 세웠던 가설에 들어맞는다. 즉 원자 내부 원자핵이 움직이지 않는다고 볼 수 있다. 이 경우 전자들의 운동만 살펴보면 된다. 앞에서 2차원 이징 모형(스핀 격자 모형)이 커다란 소용돌이 형태를 나타낼 수 있다고 이야기했었다. 이 또한 양자 얽힘 상태의 일종이다. 이징 모형은 물질 내부 전자들 사이의 단거리 상호작용으로 형성된 것이다. 즉 이 경우 전자들은 가까운 거리에 있는 다른 전자들과만 상호작용한다.

하지만 양자역학적 효과가 나타날 경우 전자들 사이에 장거리 상호작용도 가능하다. 즉 전자들은 장거리 얽힘long-range entanglement 상태에 있을

그림20-6 손잡이가 있는 커피잔의 토폴로지 구조는 도넛과 같다.

수 있다.

이 같은 장거리 얽힘 상태는 토폴로지topology와 관계된다. 토폴로지는 기하 도형의 구체적인 형태를 고려하지 않고 연결 형태만 연구하는 분야이다. 예를 들면 손잡이가 있는 커피잔의 토폴로지 구조는 도넛과 같다. 둘 다 구멍이 하나만 있기 때문이다.

고무찰흙으로 만든 커피잔의 손잡이 부분을 쭉 늘리면 도너츠 형태가 된다. 하지만 고무찰흙으로 만든 공은 다르다. 공은 구멍이 없기 때문에 공으로 커피잔을 만들려면 일부러 구멍을 내거나 공의 양끝을 길게 늘려 맞붙이는 방식으로 커피잔 손잡이를 만들어야 한다.

달리 말해 '부드러운' 교란으로는 물체의 토폴로지 구조를 바꿀 수 없다. 토폴로지 구조는 아주 안정적이다. 연속적이고 부드러운 교란이나 방해로는 물체의 토폴로지 구조를 바꿀 수 없다.

양자 입자들의 장거리 얽힘 상태 또한 토폴로지 구조의 일종이다. 양자의 토폴로지 구조는 매우 안정적이기 때문에 부드러운 교란으로는 다른 토폴로지 구조로 바꿀 수 없다. 달리 말해 양자 입자들의 장거리 얽힘 상태가 형성된 뒤에는 계에 가벼운 움직임을 일으키는 방법으로는 그 구조를 바꿀 수 없다.

저온 환경에서 강한 자기장의 영향으로 양자 홀 효과가 나타난 후, 홀 저항이 금속판의 형태나 순도의 변화에 따라 바뀌지 않는 이유도 토폴로지 성질 때문이다. 중학교에서 재료의 전기 저항은 재료의 형태, 단면적, 순도와 밀접하게 연관된다고 배웠었다. 하지만 양자 홀 효과가 나타난 계에서 물체의 형태, 단면적, 순도 같은 요인은 계에 대한 경미한 교란에 불과하다. 따라서 계의 성질을 근본적으로 바꿀 수 없다. 이 같은 토폴로지 재료는 양자컴퓨터 개발에 매우 중요하게 활용되고 있다.

양자컴퓨팅과 토폴로지 재료

양자컴퓨터가 강력한 연산 능력을 지닌 이유는 무엇인가? 양자컴퓨터의 연산 방식은 전자컴퓨터와 본질적인 차이를 가진다.

전자컴퓨터는 모든 정보를 0과 1 두 개의 숫자로만 표현한다. 즉 전자컴퓨터의 신호 체계는 0과 1로 구성된 이진 체계이다. 하나의 전자는 0 아니면 1을 대표한다. 하지만 양자계에서는 상황이 다르다. 양자계에서 전자는 중첩 상태에 있을 수 있다. 예를 들어 전자의 업스핀 상태가 1이라는 신호를 대표하고, 다운스핀 상태가 0이라는 신호를 대표한다면, 한 전자는 1과 0이 중첩된 상태를 가질 수 있다.

두 전자가 양자 얽힘 상태에 있다면 이 두 전자는 00, 01, 10, 11의 네 가지 상태를 동시에 나타낼 수 있다. 만약 세 개의 전자가 양자 얽힘 상태에 있다면 이 전자들은 000, 001, 010, 100, 011, 101, 110, 111의 여덟 가지 상태를 동시에 나타낼 수 있다.

즉 N개의 전자가 양자 얽힘 상태에 있을 때 2^N가지 상태를 나타낼 수 있다. 이 2^N가지 상태는 2^N개의 신호(정보)를 표현한다. 얼마 전 구글이 양자 우월성quantum supremacy, 즉 양자컴퓨터가 기존 슈퍼컴퓨터의 성능을 뛰어넘었다고 발표했다. 구글이 이번에 개발한 양자컴퓨터 칩은 53개의 큐비트(양자비트, 양자 정보 최소 단위)를 연결해 만든 칩이다. 53개의 큐비트로 253개의 정보를 표현할 수 있다. 참으로 어마어마한 정보량이다.

양자컴퓨터와 전자컴퓨터의 연산 능력 차이는 엄청나다. 양자의 연산 원리가 완전히 다르기 때문이다. 전자 컴퓨터로 1만 년에 걸쳐 해낼 연산을 양자컴퓨터는 몇 분 만에 가뿐하게 해결할 수 있다. 하지만 양자컴퓨터도 치명적인 약점이 있다. 미세한 방해 요인에도 너무 민감하게 반응해 계산상 오차를 일으킨다는 점이다. 아주 작은 오류도 양자역학적 불확정성 때문에 최종 결과에 엄청난 차이가 발생한다. 그 차이는 인위적인 수정이 불가능할 정도로 크다.

토폴로지 재료는 양자컴퓨터의 이 같은 약점을 해결할 수 있는 대안으로 주목받고 있다. 토폴로지 재료는 안정성이 매우 높기 때문에 미세한 교란이나 오차에 반응하지 않는다. 그러므로 토폴로지 재료로 양자컴퓨터의 연산 유닛을 만들면 미세한 교란에 영향을 받지 않고 계산상의 오차를 크게 줄일 수 있다. 이 때문에 토폴로지 재료에 대한 연구는 양자컴퓨팅 기술 발전에 큰 도약을 이끌어낼 것이다. 토폴로지 재료에 대한 연구가 오늘날 물리학계에서 가장 활발한 첨단분야로 떠오른 이유도 이 때문이다.

이쯤에서 극냉 편 내용을 마무리하겠다. 저온 환경에서 대부분 물질은 고체 상태로 존재한다. 그러므로 극냉 편에서는 먼저 고체의 역학적 성질, 열학적 성질, 전기적 성질, 자기적 성질 등을 포함한 가시적 성질을 알아봤다.

다음으로 양자역학적 측면에서 탐구한 결과 고체의 성질이 고체의 미시적 구조에 따라 결정된다는 사실을 알았다. 자연스럽게 고체물리학에도 눈길을 돌렸다. 에너지띠 이론은 고체물리학에서 가장 중요한 이론 중 하나이다. 주목할 점은, 고체물리학은 고체 연구의 종착지가 아니라는 것이다. 저온물리학에 대한 탐구도 필요하다.

모든 고체는 온도를 갖고 있다. 입자들의 무질서한 열운동 경향과 입자가 가진 양자적 특성은 항상 서로 우열을 겨루는 상태에 있다. 계의 온도가 절대 0도에 가까울 정도로 내려가면 소립자들의 양자적 특성이 크게 우위를 점한다. 소립자들 사이의 상호작용, 이를테면 전자들 사이의 상호작용은 물질의 상태와 특성에 큰 영향을 미친다. 이 분야를 다루는 응집물질물리학, 그중에서도 강상관계와 토폴로지 재료에 대한 연구는 첨단기술에 응용되며 크게 주목받고 있다.

응집물질계의 발견은 우리에게 새로운 깨우침을 준다. 즉 현대 물리학이 우주의 궁극적인 비밀을 파헤칠 수 있을 뿐만 아니라 응집물질계 시뮬레이션을 활용해 지금까지 없었던 새로운 물리계를 만들어내고 지금까지 자연계에서 발견하지 못했던(심지어 이제껏 자연계에 존재하지 않은) 새로운 물리법칙과 물리적 성질을 발견해 낼 수 있다는 깨우침이다.

• • ● 맺음말 ● • •

물리학 바깥에서 질문하라

먼저 어마어마한 물리학 지식을 섭렵한 여러분에게 박수를 보낸다. 아마 대부분 독자들은 처음으로 물리학을 이토록 깊이 있게 탐구하고 해석해 보았을 것이다. 이 책을 끝까지 읽다니 참으로 대단하다. 만약 여러분이 이 책의 1장부터 20장까지 내용을 모두 읽어냈다면 축하한다. 여러분은 인류가 지금까지 구축한 물리학의 대부분 분야를 아우르는 지식을 배운 셈이다. 이 책의 내용을 간단하게 요약하면 다음과 같다.

1부 극쾌 편에서는 특수상대성이론을 자세하게 다루고 공기역학 지식을 간략하게 소개했다. 2부 극대 편에서는 천체물리학을 집중적으로 살펴보았다. 3부 극중 편에서는 일반상대성이론을 다뤘다. 4부 극소 편에서는 원자물리학, 양자물리학, 핵물리학, 입자물리학을 중점적으로 다루고 일부 양자장 이론을 소개했다. 5부 극열 편에서는 열역학, 통계역학, 복잡계 과학 지식을, 6부 극냉 편에서는 재료물리학, 고체물리학, 응집물질물리학을 소개했다.

좀 더 자세하게 설명하자면, 이 책에는 73명의 위대한 과학자, 47가지 물리학 원리와 정리, 25개의 물리 실험과 사고실험, 44가지 물리학 이론과 541개의 물리학·수학 개념이 등장한다.

이쯤에서 이 책 《익스트림 물리학》의 집필 목적과 기대를 다시 한번 되새겨 보자. 이 책은 여러분이 물리학에 흥미를 가지는 시작점이 되어야지, 물리학 공부의 종착지가 돼서는 안 된다.

《익스트림 물리학》을 쓴 목적은 번잡하고 심오한 수학적 도구를 이용하지 않고 물리학의 핵심 지식을 알기 쉽게 독자들에게 소개하는 것이다. 나는 '대도지간'이라는 말처럼 물리학의 기본 원리는 단순 명료할 것이라고 믿어왔다. 물리학의 핵심 사상을 오직 수학적으로 표현하는 것은 옳지 않다. 수학은 물리학을 연구하고 표현하는 데 필요한 도구일 뿐이다. 육조六祖 혜능慧能 스님에 관한 일화를 하나 소개하겠다. 혜능대사는 글을 읽을 줄 몰랐다. 그래서 어떤 이가 혜능대사에게 이렇게 물었다. "글자도 모르면서 어떻게 불법을 공부하고 다른 사람들에게 깨우침을 줄 수 있습니까?" 그러자 혜능대사는 이렇게 대답했다. "불법은 글과 관계없느니라. 불법이 하늘에 있는 달이라면 문자는 달을 가리키는 손가락이다. 손가락은 달이 어디에 있는지 가리키는 도구일 뿐 달 자체가 아니다. 너는 달을 보느냐, 아니면 손가락을 보느냐?" 물리학적 사고와 물리학의 도道는 혜능대사의 말 속에 있는 '달'과 같다. 많은 사람들이 물리학 공부를 시도할 엄두를 내지 못하는 이유는 수학에 대한 두려움 때문이다. 그래서 사람들이 수학적 도구라는 손가락을 사용하지 않고도 물리학이라는 아름다운 달을 구경할 수 있도록 도와주고 싶었다. 아인슈타인도, "어떤 이론을 쉽게 설명하지 못하는 이유는 그 이론에 대해 알지 못하거나 그 이론이 틀렸기 때문이다"고 말한 적이 있다. 이 책의 경우 극소 편 14장에서 게이지 이론을 설명할 때 수학적 지식을 아주 조금 인용한 것 말고 다른 부분에서는 거의 수학적 계산을 거치지 않고 물리학의 핵심 사상을 독자들에게 전달했다.

그렇다고 수학이 중요하지 않다는 것은 아니다. 아마 대부분 독자들은 이 책을 통해 물리학 지식을 좀 더 깊이 있게 알고 싶어 할 것이다. 여느 교양 지식처럼 수박 겉핥기로 물리학 개념만 외우는 데 그치지 않고 적어도 기본 원리는 이해하고 싶어 할 것이다. 그러므로《익스트림 물리학》은 물리학 지식을 비교적 깊이 있게 배울 수 있는 경로를 마련해 주었다고 자부한다.

앞으로 물리학을 전공하거나 물리학 관련 직업을 가질 계획이 있는 독자들에게 이 책이 과학에 대한 호기심을 불러일으키는 '불씨' 같은 역할을 할 수 있기를 바란다. 사실 물리학, 수학, 공학을 전문적으로 배울 때 강사가 재미없게 강의하면 그보다 더 지루하고 따분한 일은 없다. 미분 방정식이니, 고유함수니 풀고 또 풀어도 끝이 보이지 않는 복잡한 공식뿐이다. 앞으로 언젠가 여러분에게 이처럼 따분하고 지루한 상황이 닥쳤을 때 이《익스트림 물리학》이 조금이라도 도움이 될 수 있기를 바란다. 여러분이《익스트림 물리학》을 계기로 과학에 대한 호기심과 열정을 가졌던 추억을 떠올리면서 힘들고 외롭고 초조한 시간들을 견뎌낼 수 있기를 희망한다.

물리학이나 수학 같은 이공계 학과를 전공할 계획이 없는 독자들은 이 책을 계기로 지금까지 배운 지식을 정리하고 물리학적 사고방식을 배울 수 있었으면 좋겠다. 또 물리학을 전공할 생각이 있는 독자들에게 이 책이 물리학에 대한 좋은 첫인상을 심어줄 수 있었으면 좋겠다.《익스트림 물리학》은 물리학을 정통으로 다룬 책이 아니다. 물리학을 제대로, 본격적으로 배우려면 적어도 대학교에서 배우는 수학 과목은 모든 과정을 빼놓지 않고 섭렵해야 한다. 물리학은 정량적인 분석에 기초한 학과이므로 단순히 논리적인 추리나 인과론에 기대서는 완벽하게 이해할 수 없기 때문이다.

현대 물리학 이론 중에는 실험적으로 검증되지 않은 이론도 매우 많다. 이를테면 암흑물질, 암흑에너지, 우주의 급팽창 등을 다룬 천문학 이론, 자연계의 기본 힘인 강한 상호작용, 약한 상호작용, 전자기력을 하나의 통일된 개념으로 설명하려는 통일장 이론, 일반상대성이론과 양자역학을 결합하려는 시도에서 나온 끈 이론, 시공간의 본질을 파헤치는 루프 양자중력loop quantum gravity 이론 등이 그렇다. 이 책에서는 이들 이론을 체계적으로 소개하지 않았다. 이 이론들은 아직 실험적으로 검증되지 않았으며, 언제든지 반증 가능성이 존재하기 때문이다. 또한 나는 물질 세계를 설명하는 학문으로서 물리학은 실험에 기반한 실증 과학이라고 확신한다. 그러므로 이 책에서는 이미 검증된 물리학 지식만 다뤘다. 끈 이론을 비롯한 몇몇 이론은 현 단계에서 과학의 범위에 포함되기 어렵기 때문에 이 책에서는 굳이 세세하게 소개하지 않았다.

마지막으로 이 맺음말을 통해 독자들과 함께 과학에 대해 토론해 보고 싶다. 과학이란 무엇일까, 과학 정신이란 무엇일까, 과학의 옳고 그름이란 무엇일까?

과학이란 무엇일까? 칼 포퍼의 말을 빌려 표현하면, "반증 가능성을 지녀야만 과학이라고 할 수 있다." 즉 반증 가능성을 지닌 이론만이 과학적인 이론이다. 또 실험적으로 검증 가능해야 과학이다. 옳고 그름을 논할 수 있을 때, 반드시 실세계에서 가능한 방법으로 옳고 그름을 논할 수 있을 때 비로소 '과학적'이다.

그렇다면 과학 정신이란 무엇일까? 먼저 많은 사람들이 갖고 있는 잘못된 인식 한 가지를 짚고 넘어갈까 한다. 바로 '과학적이냐 아니냐'를 사물을 판단하는 유일한 기준으로 삼는 것이다. 이 같은 사고방식은 언뜻 보기에는 과학을 숭상하는 사고방식처럼 보이지만 사실은 그렇지 않다. 매우 비과학적인 사고방식이다. 과학적인 사고방식의 핵심은 바로 '질의 정신'이기 때문이다. 과학의 발전은 완성형이 아니라 현재 진행형이다. 따라서 기존 과학 성과들이 끊임없이 부인되고 뒤집히는 과정이 필요하다. 어떤 것을 '과학적'이라고 무턱대고 믿어버리면 그때는 과학이 '미신'이 돼버린다. 과학은 진리가 아니다. 인류가 언제 궁극의 진리를 알게 될지는 미지수이다. 적어도 수학 영역에서는 수학자 쿠르트 괴델Kurt Gödel이 말했던 것처럼 수학의 전 분야를 정의할 공리는 존재하지 않는다. 즉 수학 공리는 무궁무진한 발전 가능성을 갖고 있다. 그러므로 진정한 과학 정신을 지닌 사람이라면 언제 어디에서나 질의 정신으로 무장해 과학을 논할 수 있어야 한다.

'질의 정신' 얘기가 나왔으니 말인데, 도대체 어떤 질의 정신이 과학적인 질의 정신이라고 할 수 있을까? 이 화제는 과학의 옳고 그름 여부와 연결된다. 사실 어떤 과학이론이 옳다 또는 그르다고 평가하는 것은 아무 의미가 없다. 모든 과학이론은 적용 범위가 있기 때문이다. 모든 과학이론의 옳고 그름은 상대적이다. 따라서 어떤 과학이론의 옳고 그름을 평가할 때는 반드시 먼저 적용 범위를 정해놓고 평가해야 한다. 이를테면 극대 편에서 뉴턴의 만유인력 법칙을 다뤘는데 뒤이어 극중 편에서는 일반상대성이론으로 만유인력 이론을 보강했다. 이는 만유인력 법칙이 틀린 이론이라는 것을 의미하지 않는다. 다만 일반상대성이론의 적용 범위가 만유인력 법칙의 적용 범위보다 넓다는 의미일 뿐이다. 만유인력 법칙은 일정한 적용 범위에서 정확하고 유용하지만, 적용 범위를 벗어나기만 하면 효력을 잃고 정확도가 떨어진다. 이에 비해 일반상대성이론은 만유인력 이론보다 적용 범위가 넓고 좀 더 본질에 가깝게 접근할 수 있다. 그러므로 어떤 과학이론의 옳고 그름을 판단하려면 먼저 그 이론의 적용 범위를 정해야 한다. 적용 범위 안에서 비로소 옳고 그름을 판단할 수 있다. 사실 옳고 그름이라는 표현 자체에 어폐가 있다. 정확하게 표현하자면 '어떤 이론의 적용 범위 안에서 정확성을 판단한다'고 해야 한다. 우리는 진정한 진리를 얻을 수 없다. 선진적이고 적용 범위가 넓은 과학이론일수록 진리에 조금 더 가깝게 접근했을 뿐이다. 인류는 인류 스스로 만들어 낸 논리적 사고 모형을 바탕으로 끊임없이 진리를 탐색하고 있을 뿐이다.

이 점을 분명히 전제하고 과학적인 질의 정신이 무엇인지 얘기해 보자. 자칭 과학 마니아 중에 상대성이론이나 양자역학과 같은 이름 높은 과학이론들을 반박하기 좋아하는 사람들이 있다. 정작 이들은 과학적인 질의 정신이 무엇인지 잘 모른다. 어설픈 과학 마니아이기 때문이다. 이미 원숙한 단계에 이른 이론에 질의를 하려면 이론의 적용 범위 밖에서 제기해야 한다. 적용 범위 밖에서는 아직 정확성을 검증받지 못했기 때문이다. 이 책의 극소 편에 등장한 양전닝과 리정다오 두 물리학자는 약한 상호작용에 반전성이 보존되는지 여부에 의문을 품고 연구한 끝에 반전성 비보존 법칙을 발견해 냈다. 그때까지 약한 상호작용 과정에서의 반전성 보존 여부에 관심을 가진 사람은 없었다. 다들 반전성 보존 법칙이 당연히 모든 상황에 적용된다고 여겼기 때문이다. 이같이 기존 물리학 이론의 적용 범위 밖에서 질의를 제기해야 의미가 있다. 원숙한 이론에 대한 체계적인 지식도 갖추지 못한 채 무턱대고 반박부터 하는 사람들은 결국 망상가로

치부될 확률이 높다. 대다수 사람들은 심오한 이론의 적용 범위만 파악하려고 해도 수년에 걸쳐 꾸준히 관련 분야의 전문 지식을 쌓아야 한다. 과학적인 질의 정신을 정리하면 다음과 같다. (1) 꾸준히 적극적으로 배우는 자세가 필요하다. 그래야 과학이론의 한계가 어디까지인지 파악할 수 있다. (2) 이론의 적용 범위 밖에서 질의해야 한다. 그것이 과학적인 과학 연구 정신이다. 또 그래야 과학의 외연을 한층 더 넓히는 데 기여할 수 있다. 그러지 않고 순전히 어떤 이론을 반박하기 위해 맹목적으로 질의를 제기하면서 스스로 과학 정신으로 무장했다고 자부하는 사람이 있다면 그런 사람들에게 꼭 어울리는 말이 있다. 양장楊絳 선생의 말을 빌리자면 그런 사람들의 문제점은, "머릿속에 든 지식은 부족하고 쓸모없는 생각만 많은 것"이다.

지금까지 한 얘기를 요약하자면 배움을 놓지 않고 끊임없이 사고하고 의문을 품는 자세가 바로 진정한 과학 정신이다. 질의와 사고의 선결 조건은 배움을 게을리하지 않는 것이다.

《익스트림 물리학》이 여러분의 과학에 대한 호기심과 지식욕을 충족시키는 종착지가 되지 않기를 바란다. 여러분이 《익스트림 물리학》을 통해 배운 물리학적 사고방식으로 지식에 대한 갈증을 해소하고 더 넓고 신비한 물리학의 '바다'에서 마음껏 헤엄칠 수 있기를 기대해 본다.

기꺼이 《익스트림 물리학》의 감수를 맡아준 청년 물리학자 저우쓰이周思益 박사에게 감사 드린다. 저우 박사의 해박한 지식은 이 책의 엄밀성과 가독성을 높이는 데 큰 도움이 됐다.

끝으로 이 책을 외조부모님과 부모님께 바친다.

익스트림 물리학

수식 없이 읽는 여섯 가지 극한의 물리

초판 1쇄 발행 2022년 1월 17일

지은이 옌보쥔 | **옮긴이** 홍순도 | **감수** 안종제

펴낸이 윤상열 | **기획편집** 염미희 최은영

디자인 공간42 | **마케팅** 윤선미 | **경영관리** 김미홍

펴낸곳 도서출판 그린북 | **출판등록** 1995년 1월 4일(제10-1086호)

주소 서울시 마포구 방울내로11길 23 두영빌딩 302호

전화 02-323-8030~1 | **팩스** 02-323-8797

이메일 gbook01@naver.com | **블로그** greenbook.kr

ISBN 978-89-5588-397-8 03420